手机维修技能培训教程

第2版

刘成刚　王　冉　韩俊玲　侯海亭　编著

机 械 工 业 出 版 社

本书针对手机维修人员需要掌握的理论知识和技能要求编写，主要内容包括通信电子技术基础、移动通信网络系统、手机电路组成与识图、手机工作原理、手机维修设备使用、手机维修技法、2G手机原理与维修、3G手机原理与维修、4G手机原理与维修等。针对手机维修人员重点关心的如何能快速排除手机故障的特点，在编写时本着“授人以渔”的原则，着重介绍了维修方法与技巧等知识，并给出当前流行的3G、4G手机的维修方法、维修思路以及实际维修案例。

本书可作为手机维修入门人员的学习用书，也可作为短期手机维修班的培训教材，还可作为职业院校的教学用书。

图书在版编目（CIP）数据

手机维修技能培训教程/刘成刚，王冉等编著. —2版. —北京：机械工业出版社，2015.5（2017.6重印）

ISBN 978-7-111-49984-8

Ⅰ.①手… Ⅱ.①刘…②王… Ⅲ.①移动电话机-维修-教材 Ⅳ.①TN929.53

中国版本图书馆CIP数据核字（2015）第079401号

机械工业出版社（北京市百万庄大街22号 邮政编码100037）
策划编辑：陈玉芝 责任编辑：陈玉芝 林运鑫 版式设计：霍永明
责任校对：陈 越 封面设计：张 静 责任印制：李 飞
北京玥实印刷有限公司印刷
2017年6月第2版第3次印刷
184mm×260mm·20.5印张·504千字
6 001—9 000册
标准书号：ISBN 978-7-111-49984-8
定价：45.00元

凡购本书，如有缺页、倒页、脱页，由本社发行部调换

电话服务	网络服务
服务咨询热线：010-88361066	机 工 官 网：www.cmpbook.com
读者购书热线：010-68326294	机 工 官 博：weibo.com/cmp1952
010-88379203	金 书 网：www.golden-book.com
封面无防伪标均为盗版	教育服务网：www.cmpedu.com

前言

随着中国移动通信技术的不断发展，智能手机已经完全融入了我们的生活，根据工业和信息化部的统计数据显示。截止到2014年5月底，中国的手机保有量已达到12.56亿台，比2013年同期增长了7.82%。目前，国内手机已经覆盖了绝大部分人群，成为人们生活中不可或缺的生活用品。

为了适应社会发展对移动通信维修人才的巨大需求和人才结构性调整的需要，特对第1版图书进行了修订。本书在第1版的基础上，剔除了原来老机型的原理介绍，新增加了3G手机、4G手机的原理与故障维修分析；为了帮助初学者尽快入门，还增加了手机基本电子元器件的介绍、手机电路故障的详细维修方法等内容。

本书力求通俗易懂，实用好用，指导初学者快速入门、步步提高，逐渐精通，继而成为通信行业的行家里手。本书在撰写时，既考虑了初学者的“入门”，又兼顾了一般维修人员的“提高”，还考虑了中等层次维修人员的“精通”。

理论与实践紧密结合是本书的一大特点，对于维修人员来讲，不讲理论的维修是很难进步的，但关键是所讲的理论知识要看得懂、用得上；注重方法和思路、注重技巧与操作是本书的第二特点，手机维修是一项操作性和技巧性都比较强的工作，本书汇集了作者多年从事手机维修工作中总结的经验与技巧，这些方法和技巧在传统的教材中是无法获取的。

本书主要内容包括通信电子技术基础、移动通信网络系统、手机电路组成与识图、手机工作原理、手机维修设备使用、手机维修技法、2G手机原理与维修、3G手机原理与维修、4G手机原理与维修等，重点介绍了MTK芯片组手机、iPhone 4S手机、三星i9505手机等新机型的维修方法和思路，并提供了大量的案例说明。另外，为与品牌手机原电路保持一致，本书对其图形符号不做更改。

本书由国家职业技能鉴定考评员、济南市首席技师、高级技师侯海亭组织编写，在本书的编写过程中得到了山东电子商会消费电子产品专业委员会、济南职业学院领导的大力支持，同时也得到了深圳市兰德手机维修培训学校校长文龙、郑州方圆手机维修培训学校校长司振华、西安中天数码手机电脑维修培训学校校长丁宝全、沈阳吉全手机维修培训学校校长王惠明、广州佳音手机维修培训中心刘洪伟、湖南长沙三信专业手机维修培训中心校长肖家保等国内手机维修行业专家的大力支持和指导，在此一并表示感谢。

“志士当勇奋翼”，希望每一个致力于手机维修行业的朋友都能够有所收获。我们衷心地希望本书能够对手机初学者和维修人员有所帮助，更希望业内专家、学者及广大读者提供宝贵意见和建议。

编　者

目录

Chapter 1

第一章 通信电子技术基础

第一节 电子电路知识

一、电荷

首先来做个实验，用丝绸、毛皮或尼龙布料在玻璃棒、橡胶棒或塑料棒上摩擦几下，然后把棒靠近纸屑、头发、羽毛等轻小物体，会看到摩擦过的玻璃棒、橡胶棒或塑料棒，能够吸引轻小物体。摩擦过的物体有了吸引轻小物体的性质，就说物体带了电，或者说带了电荷。

用摩擦的方法使物体带电，叫作摩擦起电。摩擦起电的现象在日常生活中也可以看到，在空气干燥的时候，用塑料梳子梳头发，头发会随着梳子飘起来，就是因为梳子带了电而吸引头发的缘故。

研究发现：用丝绸摩擦过的两根玻璃棒互相排斥，用毛皮摩擦过的两根橡胶棒也互相排斥；但是用丝绸摩擦过的玻璃棒与用毛皮摩擦过的橡胶棒互相吸引。这个现象说明，用丝绸摩擦过的玻璃棒上带的电跟用毛皮摩擦过的橡胶棒上带的电是不同的。

用摩擦起电的方法可以使各种各样的物体带电，实验发现带电后的物体凡是与丝绸摩擦过的玻璃棒互相吸引的，必定与毛皮摩擦过的橡胶棒互相排斥；凡是与毛皮摩擦过的橡胶棒互相吸引的，必定与丝绸摩擦过的玻璃棒互相排斥。这些事实使人们认识到自然界中只有两种电荷，人们把用丝绸摩擦过的玻璃棒上带的电荷叫作正电荷，用毛皮摩擦过的橡胶棒上带的电荷叫作负电荷。同种电荷互相排斥，异种电荷互相吸引。

二、电流

水在水管中沿着一定方向流动，水管中就有了水流。电荷在电路中沿着一定方向移动，电路中就有了电流。电荷的定向移动形成电流。

如图 1-1 所示，把小灯泡与干电池连接起来。合上开关，小灯泡就持续发光，断开开关，小灯泡就熄灭了。

小灯泡持续发光，表示有持续电流通过小灯泡的灯丝。这个持续电流是由干电池提供的，像干电池这样能够提供持续电流的装置叫作电源。干电池是电源，实验室里用的蓄电池也是电源。电源有两个极：一个正极，一个负极。电源的作用是在电源内部不断地使正极聚集正电荷，负极聚集负电荷，以持续对外供电。摩擦起电是用摩擦的方法使正负电荷分开的。干电池和蓄电池是用化学的方法使正负电荷分开的。

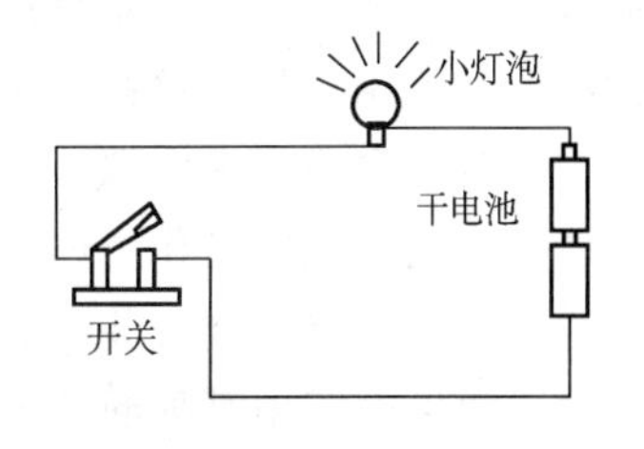

图 1-1 电流通路

水流有方向，那就是水的流动方向，电流的方向又是怎样的呢？电荷有两种，电路中有电流时，发生定向移动的电荷可能是正电荷，也可能是负电荷，还可能是正负电荷同时向相反方向发生定向移动。在19世纪初，物理学家刚刚开始研究电流时，并不清楚在不同的情况下究竟是什么电荷在移动，当时就把正电荷移动的方向规定为电流的方向，这一规定一直沿用至今。

按照这个规定，在电源外部，电流的方向是从电源的正极流向负极。

三、导体和绝缘体

如图1-2所示，在开关和小灯泡之间连着两个金属夹A和B，在金属夹之间分别接入硬币、铅笔芯、橡皮、塑料尺，观察小灯泡是否发光。

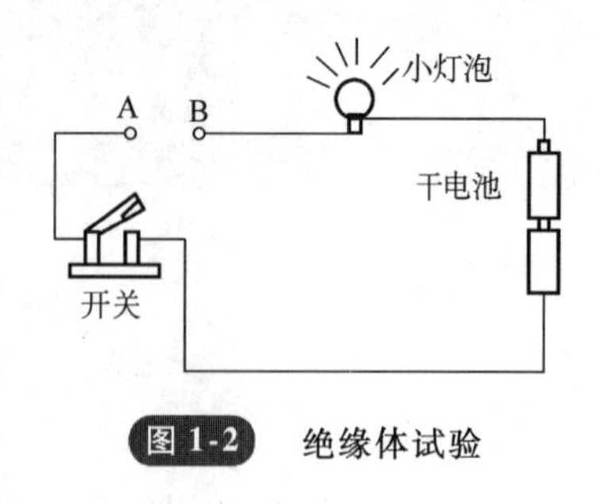

图1-2 绝缘体试验

有的物体容易导电，有的物体不容易导电。硬币、铅笔芯容易导电，接入硬币、铅笔芯时，小灯泡灯丝中有电流通过，小灯泡发光。橡皮、塑料尺不容易导电，接入橡皮、塑料尺时，小灯泡灯丝中没有电流或者电流很小，小灯泡不发光。

容易导电的物体叫作导体。金属、石墨、人体、大地以及酸、碱、盐的水溶液等都是导体。不容易导电的物体叫作绝缘体。橡胶、玻璃、陶瓷、塑料、油等都是绝缘体。

导体和绝缘体之间并没有绝对的界限，而且在一般情况下不容易导电的物体，当条件改变时就可能导电。例如，玻璃是相当好的绝缘体，但如果给玻璃加热，使它达到红炽状态，它就变成导体了。

为什么导体容易导电，绝缘体不容易导电呢？在绝缘体中，电荷几乎都束缚在原子的范围之内，不能自由移动，也就是说，电荷不能从绝缘体的一个地方移动到另外的地方，所以绝缘体不容易导电。相反，导体中有能够自由移动的电荷，电荷能从导体的一个地方移动到另外的地方，所以导体容易导电。

金属是最重要的导体。在金属导体中，部分电子可以脱离原子核的束缚而在金属内部自由移动，这种电子叫作自由电子。金属导电，靠的就是自由电子。金属中的电流是带负电的自由电子发生定向移动形成的。根据电流方向的规定知道，金属中的电流方向跟自由电子的移动方向相反。

四、电路和电路图

什么是电路？电灯、电铃、电风扇、电视机等用电来工作的设备，都叫作用电器，怎样才能使用电器工作呢？

合上开关，电灯就亮了，电铃就响了，电风扇的叶片就转起来了，电视机显示屏上的画面就显示出来了，这些都需要学习电路的知识。

在前面的实验中，已经连成一个最简单的电路。一般的电路，都要比它复杂。但是，不论简单和复杂，组成电路总离不开电源、用电器、开关和导线。所谓电路，就是把电源、用电器、开关用导线连接起来组成的电流的路径。

电路首先必须有电源，没有电源，电路中不会有持续电流，用导线把用电器与电源连接起来，用电器就能工作。但是，电灯不能总是亮着，电铃不能一直响着，为了能够控制用电器的工作，电路还要安装开关。合上开关，电路接通，电路中就有了电流，接通的电路叫作通路。如果电路中某处断开了，如打开开关，电路中就没有电流了，断开的电路叫作开路。直接把导线接在电源上，电路中会有很大的电流，可能把电源烧坏（这是不允许的），这种情况叫作短路。

假设一种门铃的电路，电铃装在室内，电源装在地板下面，门铃开关装在门外。这个电路中各个元器件是怎样连接的，初学者往往不容易看出来。可是，如果用符号把电路的连接情况表示出来，那么即使是初学者，也易于认识电路中的各个元器件是如何连接的。用符号表示电路连接的图，叫作电路图。电路图中用统一规定的符号来代表电路中的各种元器件，如图 1-3 所示。

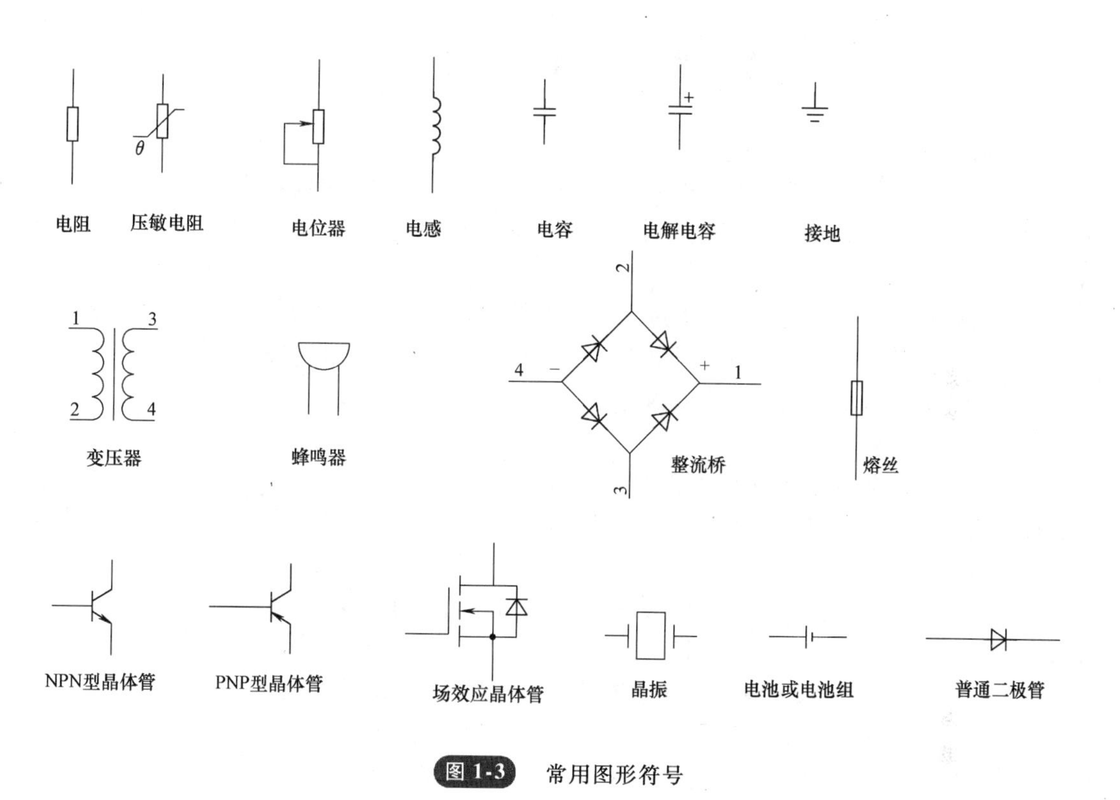

图 1-3　常用图形符号

电路图可以方便地画出，而且使人们比较容易地看清电路中各个元器件的连接情况，在电工学及有关技术资料中的使用很广泛。我们应该学会看电路图，还要学会根据电路图来连接实际电路。

五、串联电路和并联电路

如图 1-4 所示，把两只小灯泡顺次连接在电路里，一只灯泡亮时另一只也亮。像这样把元器件逐个顺次连接起来，就组成了串联电路。在串联电路中通过一个元器件的电流同时也通过另一个。

要求两只灯泡可以各自开和关，互不影响，可以按图 1-5 所示把两只灯泡并列接在电路中，并各自安装一个开关。像这样把元器件并列连接起来，就组成了并联电路。图 1-5 所示的并联电路中，干路的电流在分支处分成两部分，一部分电流流过第一条支路中的灯泡，另一部分电流过第二条支路中的灯泡。

串联电路和并联电路是最基本的电路，它们的实际应用非常普遍。市场上出售的一种装饰用小彩灯，经常用来装饰店堂、居室，用于烘托出一种欢乐的气氛，其中的彩色小灯泡就是串联的。

图 1-4 串联电路

图 1-5 并联电路

第二节 手机的基本元件

一、电阻器

电阻器是在电子产品维修中应用最广泛的电子元器件之一，在日常维修工作中，通常所讲的"电阻"实际上是指一个个的电阻器（简称电阻），"电阻"的含义是指物体对电流的阻力。

任何物质对电流都有阻力，只不过不同的物质对电流的阻力大小不同而已，导体对电流的阻力较小，如铁和铜等。绝缘体对电流的阻力较大，如木头和橡胶等。从实际维修的角度出发，初学者应掌握如下几个方面的内容。

1. 图形符号

在电路图中，各种电子元器件都有它们特定的表达方式，即元器件的图形符号。一般电阻器的图形符号如图 1-6 所示。

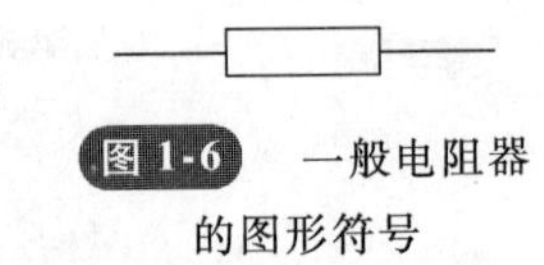

图 1-6 一般电阻器的图形符号

2. 文字符号

电阻器的英文名称为 Resistance，通常用字母 R 表示，它是导体的一种基本性质，与导体的尺寸、材料、温度有关。在欧姆定律中，$I = U/R$，那么 $R = U/I$。有这样的定义：导体上加上 1V 电压时，产生 1A 电流所对应的阻值。电阻器的主要作用就是阻碍电流通过。

电阻器在电路中一般用字母"R"表示，但电路中会有许多电阻器，单用字母"R"不能准确地描述每一个电阻器。为此，通常在字母"R"的后面加数字来表示电路中的电阻器，以方便对电路进行描述。就好像人的名字一样，字母"R"是电阻器的姓，"R"后面的数字就是每一个电阻器的名称。

在图 1-7 所示的电路中，R663、R664 表示两个不同的电阻器。这种表示方式对于后面将要讲到的电容器、电感器、二极管、晶体管和集成电路等都是适用的。

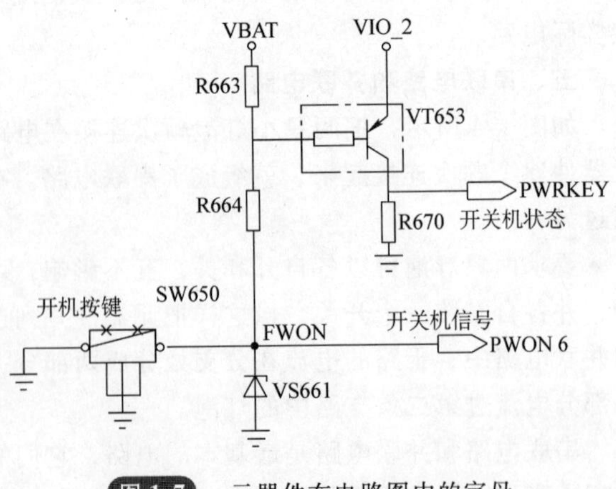

图 1-7 元器件在电路图中的字母

3. 单位

电阻器都有一定的阻值，它代表这个电阻器对电流流动"阻力"的大小，电阻的单位是欧姆，用符号 Ω 表示，常用的还有 kΩ（千欧）、MΩ（兆欧），它们之间的换算关系如下：1MΩ = 1000kΩ，1kΩ = 1000Ω。

电阻器上阻值的表示通常用色环法与数字法，但我们所接触到的手机中的电阻器一般都是贴片元件，很少标上阻值，通常是通过电路图或对正常机器中相同位置处电阻的测量来获得该电阻器的阻值。

4. 特性

电阻器的主要物理特性是变电能为热能，是一个耗能元件，电流经过它时会产生热能。对信号来说，交流与直流信号都可以通过电阻器，但会有一定的衰减。

5. 电阻器的串联和并联

电阻器通常以串联或并联的形式在电路中出现。并联电阻分流，串联电阻分压，即在并联电阻电路中，每个电阻器两端的电压一样，但流过每个电阻器的电流一般不同；在串联电阻电路中，经过每个电阻器的电流一样，但每个电阻器两端的电压不同。

两个电阻器首尾相接就是电阻器的串联，如图 1-8所示。电阻器串联后的总电阻值增大（A、B 间的电阻值），$R = R1 + R2$。

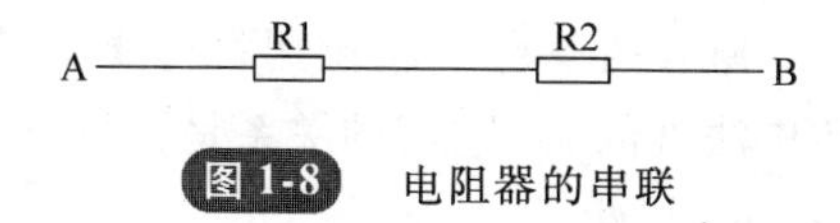

图 1-8 电阻器的串联

但两个或两个以上电阻器的连接方式如图 1-9 所示，则为电阻器的并联，并联电阻器的总电阻值减小（A、B 间的电阻值），$1/R = 1/R1 + 1/R2$。

在实际电路中，电阻器的并联与串联有时是同时存在的，如图 1-10 所示。

4 个电阻器的关系是：R2 和 R3 并联，并联后再与 R1、R4 串联。

6. 电阻器的识别

表面贴片安装的电阻元件多呈薄片形状，引脚在元件的两端。电阻器一般为黑色，两端为银白色，手机中的电阻器大多未标出其阻值，个别体积稍大的电阻器在其表面一般用三位数表示其阻值的大小，三位数的前两位数是有效数字，第三位数是 10 的指数。如 100 表示 10Ω，102 表示 1000Ω，即 1kΩ。当阻值小于 10Ω 时，以 * R * 表示，将 R 看作小数点，如 5R1 表示 5.1Ω。

个别手机采用了组合电阻器，如在诺基亚手机中就采用了很多组合电阻器（或称为排阻）。图 1-11 所示是贴片电阻器的外形。

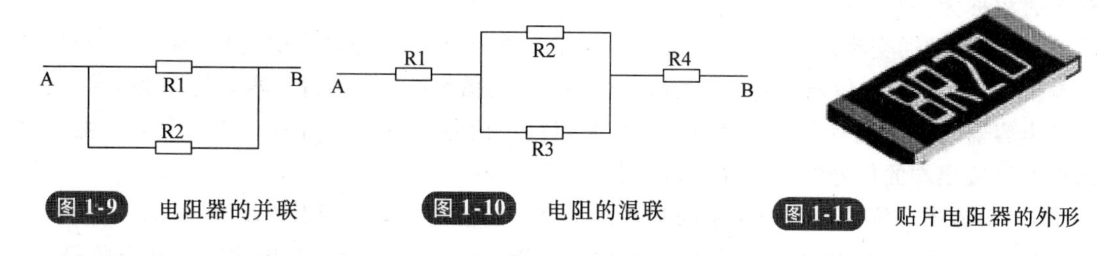

图 1-9 电阻器的并联　图 1-10 电阻的混联　图 1-11 贴片电阻器的外形

7. 电阻的测量

电阻器若损坏，可能会出现这样几种情况：一是电阻的阻值变大；二是电阻开路，电阻的阻值变为无穷大；三是电阻的阻值变小。第三种情况出现得较少，但电阻器被串联到电路中，如不拆下来直接在手机主板上测量，一般要比实际阻值稍小一些。检查电阻器时，可用万用表的欧姆档来检测。

二、电容器

除电阻器外，电容器是第二种最常用的元件，电子电路中经过会用到各种各样的电容器，它们在电路中分别起着不同的作用。与电阻器相似，通常简称其为电容，用字母 C 表示。

1. 图形符号

电容器的图形符号如图 1-12 所示，注意一般电容器和极性电容器的区分，极性电容器用“+”表示电容器的正极。

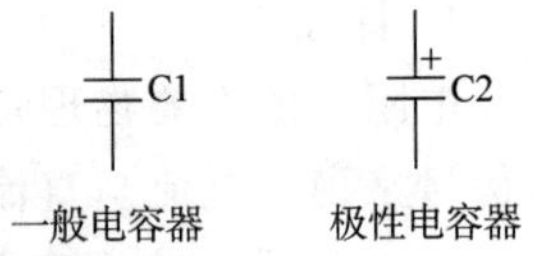

C1 一般电容器 +C2 极性电容器

图 1-12 电容器的图形符号

2. 文字符号

无论哪一种电容器，在电路中都是以字母“C”来表示的，在字母“C”后加不同数字来表示不同位置的电容器，以便于对电路进行描述。

3. 单位

电容的单位用法拉用符号 F 来表示，但法拉（F）的单位太大，通常使用微法（μF）和皮法（pF），它们的关系是：1F = 1000000μF，1μF = 1000nF = 1000000pF。

4. 特性

与电阻器相比，电容器的性质相对复杂一些，在电子电路中，电容器用来通过交流而阻隔直流，也用来存储和释放电荷以充当滤波器，平滑输出脉动信号。小容量的电容器，通常在高频电路中使用，如收音机、发射机和振荡器中。大容量的电容器往往用于滤波和存储电荷。

电子电路中，只有在电容器的充放电过程中，才有电流流过，充电过程结束后，电容器是不能通过直流电的，在电路中起着“隔直流”的作用。电路中，电容器常被用作耦合、旁路、滤波等，都是利用它“通交流，隔直流”的特性。交流电不仅方向往复改变，它的大小也在按规律变化。电容器接在交流电源上，电容器连续地充电、放电，电路中就会流过与交流电变化规律一致的充电电流和放电电流。

在手机维修入门阶段，应注意以下几个特点：

1）电容器两端的电压不能突变。向电容器中存储电荷就像给一个容器装水一样，我们把它称为给电容器“充电”；而电容器中的电荷消失，就像将容器中的水倒掉一样，我们把这个过程称为“放电”。

2）电容器通交流，隔直流（直流信号不能经电容器到其他电路中去）；通高频信号，阻低频信号（对于交流信号，频率高的信号比频率低的信号更容易通过电容器到其他电路中去）。

电容器对信号也有阻力，我们把它称为容抗。信号通过电容器后，其幅度会发生变化，即电容器输出端的信号幅度比输入端的小。

3）电容器的容抗随信号频率的升高而减小，随信号频率的降低而增大。

4）电容器可分为极性电容器与无极性电容器，电解电容器是有极性的，其正负极通常有明显的标志，更换该类型元件时应注意元件的方向，方向错误会导致电路出现故障或其他更严重的影响。

5. 电容器的串联和并联

在电路中，电容器也有串联与并联，两个电容器首尾相接就是串联，如图 1-13 所示。两个电容器首首相连、尾尾相连则是电容器的并联，如图 1-14 所示。

但电容器的串、并联与电阻器的串、并联不同：电容器的串联使电容器的总电容减少；并联使总电容增大。串联电容的计算为 $1/C = 1/C1 + 1/C2$；并联电容的计算为 $C = C1 + C2$。

图 1-13　电容器串联 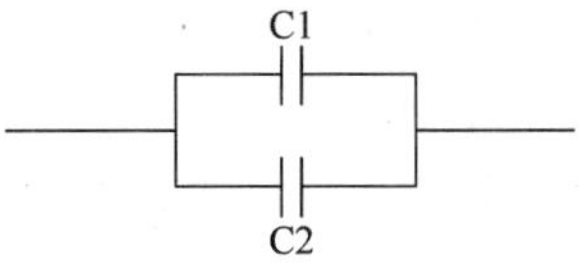　　　图 1-14　电容器并联

6. 电容器的识别

手机电路中大部分固定电容的外观与电阻器的外观有一点相似，两端都为银白色，只不过中间部分通常为灰色或黄色，如图 1-15 所示。

贴片电解电容器的正负极辨认很容易，通常电解电容器的外观是长方体，颜色以黄色和黑色最为常见，电容器的正极一端有一条色带，如图 1-16 所示（黄色电容器的色带通常是深黄色，黑色电解电容器的色带通常是白色）。

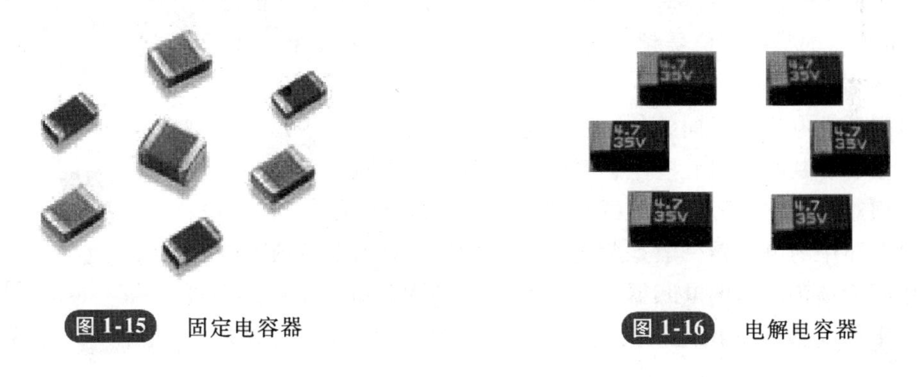

图 1-15　固定电容器　　　图 1-16　电解电容器

7. 电容器的检测

用万用表的欧姆档可以检查电容器是否击穿短路。在手机电路中，通常还需要检查电容器是否断裂（特别是灰色的固定电容器）、脱焊等。在电路中，用示波器检测发现交流通道中的电容器两端的信号相差太大，则应更换该电容器。

三、电感器

电感器是一个电抗元件，它在电子电路中也经常使用。将一根导线绕在铁心或磁心上，或一个空心线圈就是一个电感器。在手机电路中，一条特殊的印制微带线即构成一个电感器，在一定条件下，我们又称其为微带线。电感器的主要物理特性是将电能转换为磁能，并储存起来，因此，可以说它是一个储存磁能的元件。电感器是利用电磁感应的原理进行工作的，当有电流流过某一根导线的时候，就会在这根导线的周围产生一定的电磁场，而这个电磁场又会对处在这个电磁场范围内的导线产生感应作用。

手机上就有不少电感线圈，几乎都是用漆包线绕成的空心线圈或在骨架磁心、铁心上绕制而成的，一般都是升压线圈。

1. 图形符号

电感器的图形符号如图 1-17 所示，分别是不带铁心的电感器与带铁心的电感器，图1-17a所示的电感器符号是最常用的。

a) 不带铁心的电感器　　b) 带铁心的电感器

图 1-17　电感器图形符号

图 1-18 所示的图形符号在手机电路中也较常用，通常被用来进行平衡—不平衡转换。平衡—不平衡转换通常是指将一个信号分离成两个相位相差 90°的信号，常见于手机的射频电路中。

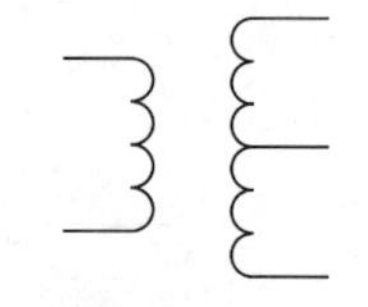

图 1-18 变压器图形符号

2. 文字符号

电感字母“L”表示，在字母“L”后面加数字表示不同的电感器，以方便对电路进行描述。

3. 单位

电感的单位是亨，用符号 H 来表示。常用的有毫亨（mH）、微亳（μH），它们的关系是：1H = 1000mH，1mH = 1000μH。

4. 特性

电感器在电路中有一些特殊的性质，与电容器相反：

1）电感器通低频，阻高频；通直流，阻交流。但若电感器断开（开路），则交流、直流信号都不能通过。电感器对信号也有阻力，我们把它称为感抗。

2）电感器的感抗随信号频率的升高而增大，随信号频率的降低而减小。

5. 电感器的识别

与电阻器、电容器不同的是，手机电路中电感器的外观形状多种多样，有的电感很大，从外观上很容易判断，但有些电感器的外观形状和电阻器、电容器相差无几，很难判断，用万用表的欧姆档才可以检查电感器是否开路。

手机电路中的电感器一般是两端为银白色、中间为白色或两端为白色、中间为蓝色。有的电感器是线绕的，很容易识别。通常，手机电源电路中的电感器体积比较大，容易辨认。图 1-19 所示的都是电感器。

图 1-19 电感器实物

6. 电感的检测

在手机电路中，电感器若损坏，则通常是电感开路，可以用万用表的欧姆档进行检测。正常情况下，电感器的电阻很小。若检测到电感器的电阻很大，则应更换电感器。通常来说，手机中的电感器主要出现在射频电路中，在手机的 LCD 背光升压电路中也使用了电感器。

第三节 半导体器件

一、PN 结基本原理

1. PN 结的定义

将一块 P 型半导体和一块 N 型半导体紧密地结合在一起时，交界面两侧的那部分区域被称为 PN 结，如图 1-20 所示。

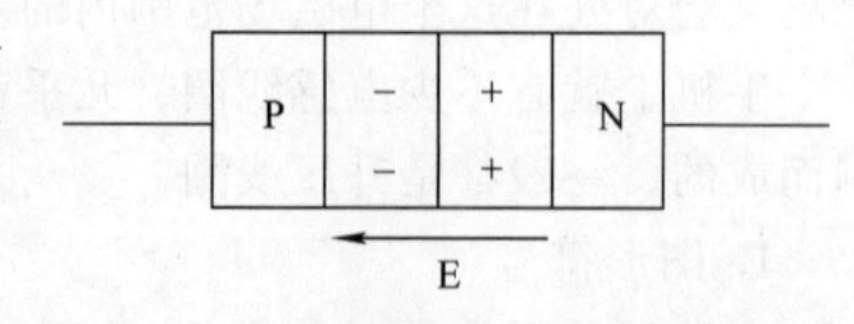

图 1-20 PN 结

2. PN 结的结构

P 型半导体：由单晶硅通过特殊工艺掺入少量的三价元素组成，会在半导体内部形成带正电的空穴。

N 型半导体：由单晶硅通过特殊工艺掺入少量的五价元素组成，会在半导体内部形成带负电的自由电子。

二、二极管

1. 构成与符号

二极管的两个电极分别称为正极（阳极）和负极（阴极）。一般二极管的图形符号如图 1-21所示，正向电流从二极管的正极流入，负极流出。图 1-22 所示为二极管的实物。

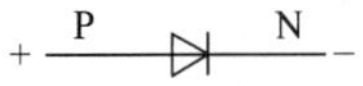

图 1-21 二极管

图 1-22 二极管实物

2. 二极管特性

（1）正向特性　正向电压较小时，正向电流几乎为0——死区。当正向电压超过某一门限电压时，二极管导通，电流随电压的增加呈指数级增大。门限电压（导通电压）：硅二极管是0.5～0.7V，锗二极管是0.1～0.2V。

（2）反向特性　当外加电压小于反向击穿电压时，反向电流几乎不随电压变化。当外加电压大于反向击穿电压时，反向电流随电压急剧增大（击穿）。

3. 二极管的简易测试方法

二极管的极性通常在管壳上注有标记，如无标记，可用万用表的电阻档测量其正反向电阻来判断（一般用 $R\times100$ 或 $R\times1\text{k}$ 档）。二极管的简易测试方法见表 1-1。

表 1-1 二极管的简易测试方法

项　目	正向电阻	反向电阻
测试方法	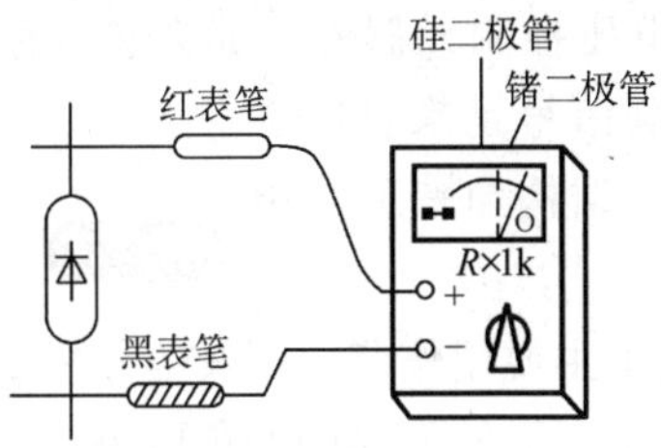 硅二极管　锗二极管　红表笔　黑表笔　$R\times1\text{k}$	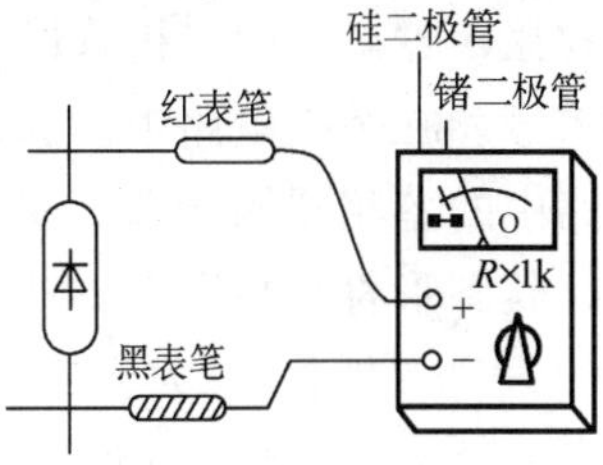 硅二极管　锗二极管　红表笔　黑表笔　$R\times1\text{k}$
测试情况	硅二极管:表针指示位置在中间或中间偏右一点;锗二极管:表针指示在右端靠近满标度的地方,则表明二极管的正向特性是好的 若表针在左端不动,则说明二极管内部已经断路	硅二极管:表针在左端基本不动,极其靠近零位;锗二极管:表针从左端起动一点,但不应超过满标度的1/4,则表明反向特性是好的 若表针指在零位,则说明二极管内部已短路

4. 常用晶体二极管

（1）整流二极管　将交流电源整流成为直流电流的二极管叫作整流二极管，它是面结合型的功率器件，因结电容大，故工作频率低，整流二极管通常用在手机充电电路中。

（2）检波二极管　检波二极管是用于把叠加在高频载波上的低频信号检测出来的器件，它具有较高的检波效率和良好的频率特性。

（3）开关二极管　在脉冲数字电路中，用于接通和关断电路的二极管叫作开关二极管，它的特点是反向恢复时间短，能满足高频和超高频应用的需要。

开关二极管有接触型、平面型和扩散台面型等，一般小于500mA的硅开关二极管，多采用全密封环氧树脂，陶瓷片状封装，引脚较长的一端为正极。

（4）稳压二极管　稳压二极管是由硅材料制成的面结合型二极管，它是利用PN结反向击穿时的电压基本上不随电流的变化而变化的特点，来达到稳压的目的，因为它能在电路中起稳压作用，故称为稳压二极管（简称稳压管），其图形符号如图1-23所示。

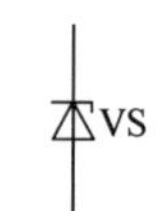

图1-23　稳压二极管的图形符号

稳压二极管在手机中主要应用在充电电路及各种保护电路中，利用稳压二极管的反向击穿特性起到保护电路的作用，在电路中，稳压二极管的正极接地。

（5）变容二极管　变容二极管是采用特殊工艺使PN结电容随反向偏压变化比较灵敏的一种特殊二极管。二极管结电容的大小除了与本身结构和工艺有关外，还与外加的反向电压有关。

与一般二极管不同的是，变容二极管需要反向偏压才能正常工作，即变容二极管的负极接电源的正极，变容二极管的正极接电源的负极。当变容二极管的反向偏压增大时，变容二极管的结电容变小；当变容二极管的反向偏压减小时，变容二极管的结电容增大。

变容二极管是一个电压控制元器件，通常用于振荡电路，与其他元器件一起构成VCO（压控振荡器）。在VCO电路中，主要利用它的结电容随反偏压变化而变化的特性，通过改变变容二极管两端的电压便可改变变容二极管电容的大小，从而改变振荡频率。

一般情况下，在手机电路中，只要看到变容二极管的符号，基本上可以断定这个电路是一个压控振荡器。变容二极管既然是一个电压控制元器件，那么它所存在的电路就有一个电压控制信号。在手机电路中，这个电压控制信号是来自频率合成环路中的鉴相器输出端。变容二极管的结构与普通二极管相似，其图形符号如图1-24所示。

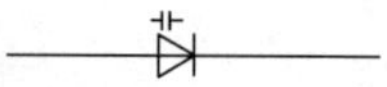

图1-24　变容二极管的图形符号

（6）发光二极管　发光二极管在手机中主要用作背景灯及信号指示灯，发光二极管一般能发红光、绿光、黄光、白光等几种光，发光二极管发光的颜色取决于制造材料。发光二极管对工作电流有要求，一般为几毫安至几十毫安，发光二极管的发光强度基本上与发光二极管的正向电流成线性关系。但如果流过发光二极管的电流太大，就有可能造成发光二极管损坏。

在实际运用中，一般在二极管电路中串接一个限流电阻，以防止大电流将发光二极管损坏。发光二极管只工作在正向偏置状态。正常情况下，发光二极管的正向电压为1.5～3V。主要用在手机键盘灯电路和背光灯电路中。

三、晶体管

1. 晶体管的电流放大原理

晶体管按材料分有两种：锗晶体管和硅晶体管。每一种又有NPN型和PNP型两种结构形式，但使用最多的是硅 NPN 型和硅 PNP 型晶体管，两者除了电源极性不同外，其工作原理都是相同的，下面仅介绍硅 NPN 型晶体管的电流放大原理。

如图 1-25 所示是硅 NPN 型晶体管的结构，它是由两块 N 型半导体和夹在中间的一块 P 型半导体所组成，发射区与基区之间形成的 PN 结称为发射结，而集电区与基区形成的 PN 结称为集电结，3 条引线分别称为发射极 E、基极 B 和集电极 C。

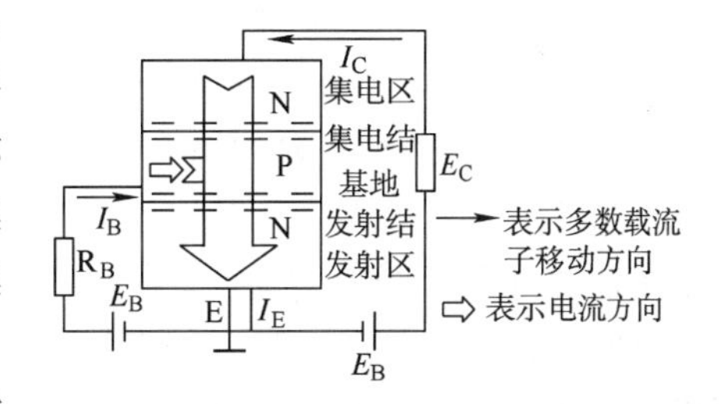

图 1-25 晶体管（NPN 型）的结构

当 B 极电位高于 E 极电位零点几伏时，发射结处于正向偏置状态，而 C 极电位高于 B 极电位几伏时，集电结处于反向偏置状态，集电极电源 E_C 要高于基极电源 E_B。

在制造晶体管时，有意识地使发射区多数载流子的浓度大于基区，同时基区做得很薄，而且要严格控制杂质含量。这样，一旦接通电源后，由于发射结正向偏置，发射区的多数载流子（电子）及基区的多数载流子（空穴）很容易越过发射结互相向反方向扩散，但因前者的浓度大于后者，所以通过发射结的电流基本上是电子流，该电子流称为发射极电流 I_E。

由于基区很薄，加上集电结的反向偏置，注入基区的电子大部分越过集电结进入集电区而形成集电极电流 I_C，只剩下很少（1% ~10%）的电子在基区的空穴进行复合，被复合掉的基区空穴由基极电源 E_B 重新补给，从而形成了基极电流 I_{BO}，根据电流连续性原理得 $I_E = I_B + I_C$，这就是说，在基极补充一个很小的 I_B，就可以在集电极上得到一个较大的 I_C，这就是所谓的电流放大作用，I_C 与 I_B 维持一定的比例关系，即 $\beta_1 = I_C/I_B$（β_1 称为直流放大倍数），集电极电流的变化量 ΔI_C 与基极电流的变化量 ΔI_B 之比为：$\beta = \Delta I_C/\Delta I_B$（$\beta$ 称为交流电流放大倍数），由于低频时 β_1 和 β 的数值相差不大，所以有时为了方便，对两者不作严格区分，β 值为几十至几百。

晶体管是一种电流放大器件，但在实际使用中常常利用晶体管的电流放大作用，通过电阻转变为电压放大作用。

2. 晶体管的图形符号（见图 1-26）

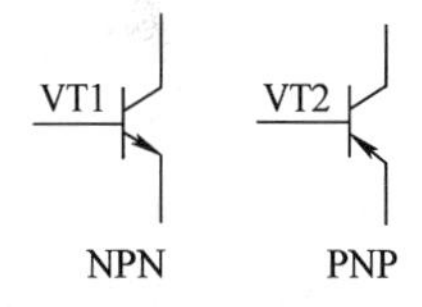

图 1-26 晶体管的图形符号

3. 晶体管的 4 种工作状态

表 1-2 所列是晶体管的 4 种工作状态，在各种工作状态下，要注意发射结和集电结的偏置电压。

表 1-2 晶体管的工作状态

状 态	发射结电压	集电结电压
放大	正	反
截止	反	反
饱和	正	正
倒置	反	正

4. 晶体管的分类

手机电路中使用的晶体管都是贴片元件，从电路结构上划分可分为以下几种：

（1）普通晶体管　普通晶体管有3个电极的，也有4个电极的，外形及引脚排列如图1-27所示。

4个引脚的晶体管中，比较大的一个引脚是晶体管集电极，另有两个引脚相通是发射极，余下的一个是基极。

晶体管的外形和单片晶体管（即两个二极管组成的元器件，也为3个引脚）、场效应晶体管极为相似，判断时应注意区分，以免造成误判。

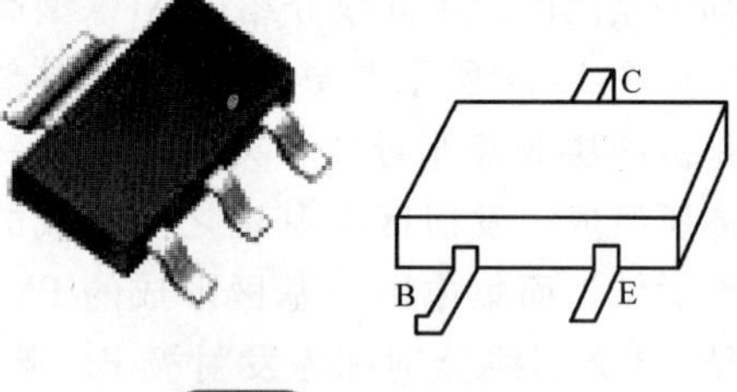

图1-27　普通晶体管

（2）带阻晶体管　带阻晶体管是由一个晶体管及一两个内接电阻组成的，如图1-28所示。

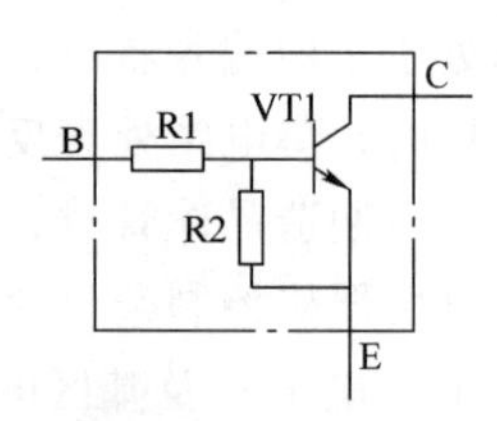

图1-28　带阻晶体管

带阻晶体管在电路中使用时相当于一个开关电路，当状态转换晶体管饱和导通时 I_C 很大，CE间的输出电压很低；当状态转换晶体管截止时，I_C 很小，CE间的输出电压很高，相当于 V_{CC}（供电电压）。晶体管中的R1决定了晶体管的饱和深度，R1越小，晶体管饱和越深，I_C 电流越大，CE间的输出电压越低，抗干扰能力越强，但R1不能太小，否则会影响开关速度。R2的作用是为了减小晶体管截止时集电极的反向电流，并可减小整机的电源消耗。带阻晶体管在外观结构上与普通晶体管并无多大区别，要区分它们只能通过万用表进行测量。

（3）组合晶体管　所谓组合晶体管，就是由几个晶体管共同构成一个模块。组合晶体管在手机电路中得到了广泛的应用。如图1-29所示，其内部由两个普通晶体管组成。

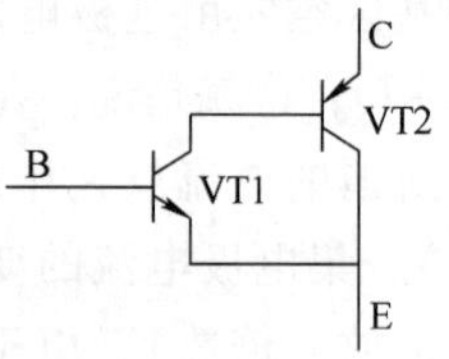

图1-29　组合晶体管

四、场效应晶体管

场效应晶体管（FET）是电压控制器件，它由输入电压来控制输出电流的变化。它具有输入阻抗高、噪声低、动态范围大、温度系数低等优点，因而广泛应用于各种电子电路中。

场效应晶体管有结型和绝缘栅型两种结构，每种结构又有N沟道和P沟道两种导电沟道。

1. 结型场效应晶体管

结型场效应晶体管（JFET）的结构及图形符号如图1-30所示。在N型硅棒两端引出漏极D和源极S两个电极，又在硅棒的两侧各做一个P区，形成两个PN结。在P区引出电极并连接起来，称为栅极G，这样就构成了N型沟道的场效应晶体管。

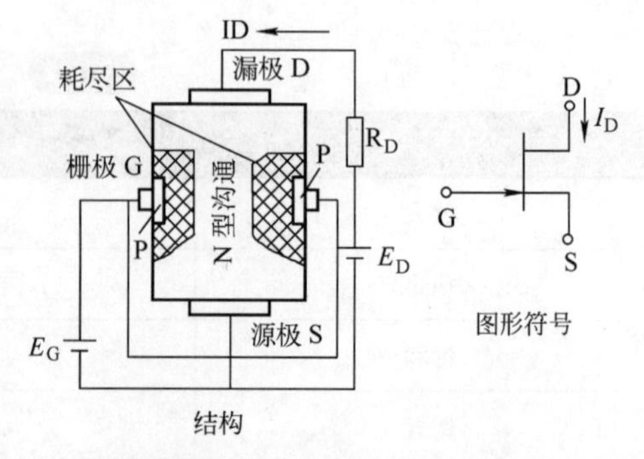

图1-30　N沟道型场效应晶体管的结构及图形符号

由于PN结中的载流子已经耗尽，所以PN基本上是不导电的，形成了所谓耗尽区。如图1-30所示，当漏极电源电压 E_D 一定时，栅极电压越大，PN结交界面所形成的耗尽区就越厚，则漏、源极之间导电的沟道越窄，漏极电流 I_D 就越小；反之，如果栅极电压越小，则沟道越宽，I_D 越大，所以用栅极电压 E_G 可以控制漏极电流 I_D 的变化。也就是说，场效应晶体管是电压控制器件。

2. 绝缘栅型场效应晶体管

绝缘栅型场效应晶体管是由金属、氧化物和半导体组成的，所以又称为金属—氧化物—半导体场效应晶体管，简称 MOS 场效应晶体管。

绝缘栅型场效应晶体管的结构及图形符号如图 1-31 所示，以一块 P 型薄硅片作为衬底，在它上面扩散两个高掺杂质的 N 型区，作为源极 S 和漏极 D。在硅片表面覆盖一层绝缘物，然后再用金属铝引出一个电极 G（栅极）。由于栅极与其他电极绝缘，所以称为绝缘栅型场效应晶体管。

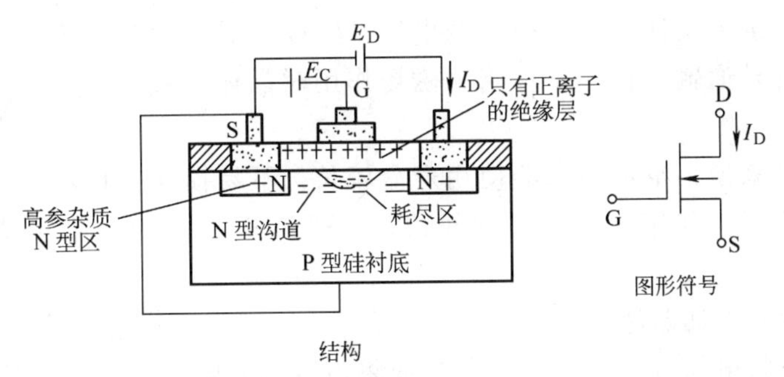

图 1-31　N 沟道（耗尽型）绝缘栅型场效应晶体管的结构及图形符号

在制造晶体管时，通过工艺使绝缘层中出现大量正离子，故在交界面的另一侧能感应出较多的负电荷，这些负电荷把高掺杂质的 N 区接通，形成了导电沟道，即使在 $V_{GS}=0$ 时也有较大的漏极电流 I_D。当栅极电压改变时，沟道内被感应的电荷量也改变，导电沟道的宽窄也随之而变，因而漏极电流 I_D 随着栅极电压的变化而变化。

场效应晶体管的工作方式有两种：当栅极电压为零时有较大漏极电流的称为耗尽型，当栅极电压为零，漏极电流也为零时，必须再加一定的栅极电压之后才有漏极电流的称为增强型。

第四节　手机常用电子元器件

一、电子开关元器件

开关和霍尔元件都是用来控制电路通断的器件。不同的是开关一般是人工手动操作的，而霍尔元件则是通过磁信号来控制电路通断的。

1. 开关

在手机中使用的开关通常是薄膜按键，它由触点和触片组成。按键的两个触点平时都不与触片接触，当按下按键时，触片同时和两个触点接触，使两个触点所连接的电路接通。这种开关通常用于电源开关及各种按键。

在手机上，薄膜按键在电路板通常由铜箔做成，然后用有碳膜的按键胶片来完成这种开关的连接。在手机电路中，开关通常用字母 SW 表示，电源开关又经常使用 ON/OFF 或

PWR ON 等字母来表示。

在滑盖式手机中，电路板上有一个用于挂机的开关，如要挂机，将滑盖推上，滑盖压迫挂机开关导致其中的开关两点相通，从而起到了挂机的作用；在翻盖式手机中，按键上部靠近翻盖的部分有一个突起，当合上手机翻盖的时候，翻盖就会压下突起，使手机内部电路开关闭合，起到挂机作用。

2. 霍尔元件

霍尔传感器的作用是在磁场作用下直接产生通与断的动作。霍尔传感器是一种电子元器件，其外形封装类似于晶体管。图 1-32 所示是霍尔元件的外形。

图 1-32 霍尔元件的外形

它由霍尔元件、放大器、施密特电路及集电极开路输出晶体管组成。当磁场作用于霍尔元件时产生微小的电压，经放大器放大及施密特电路后使晶体管导通输出低电平；当无磁场作用时晶体管截止，输出高电平。

相对于干簧管来说，霍尔传感器使用寿命较长，不易损坏，且对振动、加速度不敏感。作用时开关时间较快，一般为 0.1 ~ 2ms，较干簧管的 1 ~ 3ms 快得多。

二、电声器件和电动器件

电声器件就是将电信号转换为声音信号或将声音信号转换为电信号的器件，包括扬声器、振铃、耳机、送话器等。电动器件主要是指手机的振动器（即振子）。

1. 受话器

受话器是一个电声转换器件，它将模拟的话音电信号转化成声波。受话器又称为扬声器。受话器通常用字母 SPK、SPEAKER 及 EAR 和 EARPHONE 等表示。受话器的外形如图 1-33 所示。

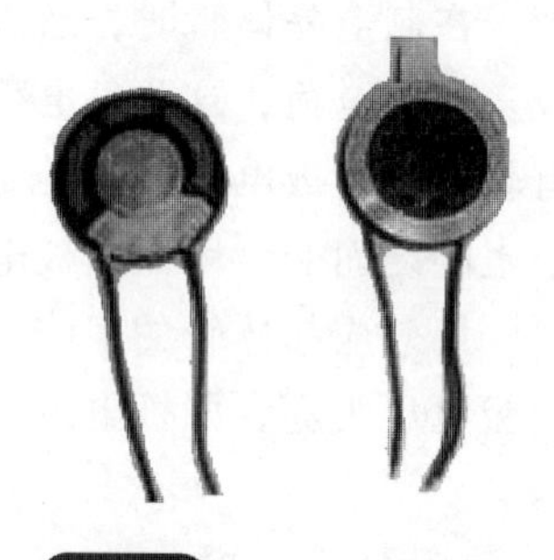

图 1-33 受话器的外形

一般受话器在工作时是利用电感的电磁作用原理，即在一个放于永久磁场中的线圈中以声音转化的电信号，使线圈产生相互作用力，依靠这个作用力来带动受话器的纸盆振动发声。放在永久磁场中的这个线圈，被称为“音圈”。

可以利用万用表对受话器进行简单的判断。一般受话器有一个直流电阻，而且电阻值一般为 32Ω，如果直流电阻明显变得很小或很大，则需更换受话器。

2. 扬声器

手机的扬声器（也称为喇叭）一般是一个动圈式扬声器，也是一种电声器件，其电阻在十几欧到几十欧。振铃的外形如图 1-34 所示。

图 1-34 振铃的外形

3. 耳机

耳机是缩小了的扬声器。它的体积和功率都比一般的扬声器要小，所以它可以直接放在人们的耳朵旁进行收听，这样可以避免外界干扰，也避免了影响他人。目前，所有的耳机基本上都是动圈式的。耳机的结构及工作原理和一般的扬声器基本上是一样的，图 1-35 所示为耳机的外形。

4. 送话器

送话器是用来将声音转换为电信号的一种器件，它将话音信号转化为模拟的话音电信号。送话器用字母 MIC 或 Microphone 表示。图 1-36 所示为送话器的外形。

在手机电路中用得较多的是驻极体送话器，驻极体送话器实际上是利用一个驻有永久电荷的薄膜（驻极体）和一个金属片构成的一个电容器。当薄膜感受到声音而振动时，这个电容器的容量会随着声音的振动而改变。

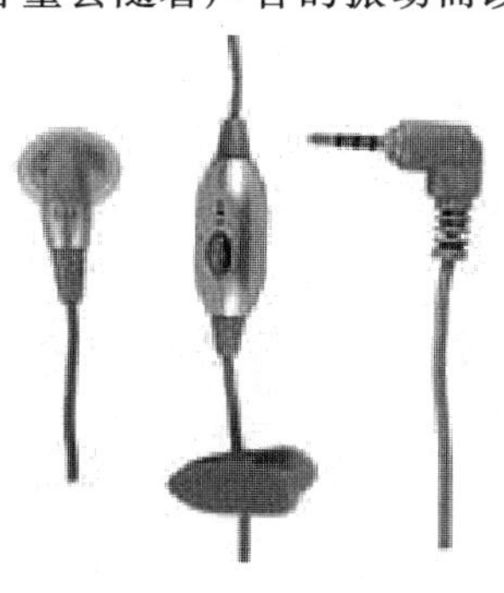

图 1-35 耳机的外形

图 1-36 送话器

但是驻极体上面的电荷量是不能改变的，所以这个电容两端就产生了随声音变化的信号电压。驻极体送话器的阻抗很高，可达 100MΩ。

送话器有正、负极之分，在维修时应注意，如果极性接反，则送话器不能输出信号。另外，送话器在工作时还需要为其提供偏压，否则也会出现不能送话的故障。

有一种简单的方法可以判断受话器是否损坏：将数字式万用表的红表笔接在送话器的正极，黑表笔放在送话器的负极（如用指针式万用表则相反），对着送话器说话，应可以看到万用表的读数发生变化或指针摆动。

5. 振动器

振动器就是一个装有偏心轮的电动机，在手机电路中，振动器用于来电提示。振动器通常用 VIB 或 Vibrator 表示，其外形如图 1-37 所示。

图 1-37 振动器的外形

三、滤波器

滤波器是由 R、L、C 构成，或由其等效电路构成。具有分离信号、抑制干扰、阻抗变换与阻抗匹配和延迟信号等作用。在手机中，往往需要衰减特性很陡的带通滤波器。如采用普通电容、电感构成的滤波电路来代替滤波器，必然使用的元器件很多，电路复杂，并且在高频运用时，电感和电容的 Q 值降低，导致性能变差，而采用滤波器不仅能使整机电路简单、紧凑，而且性能稳定，给维护带来方便。

1. 滤波器的分类

滤波器按所采用的材料分，有声表面滤波器、晶体滤波器和陶瓷滤波器。声表面滤波器是在单晶材料上采用半导体平面工艺制作，具有良好的一致性和重复性，以及极高的温度稳定性，还具有抗辐射能力强、动态范围大、不涉及电子迁移等特点。这种滤波器常用在手机第一中频电路，作为第一中频滤波器对信号进行滤波。晶体滤波器具有品质因数高、衰减特性好、损耗小、选择性高等优点。在手机中常用作中频滤波器，可使中频信号稳定，不易受外部磁场干扰。

滤波器按其所起的作用来分，有双工滤波器、射频滤波器、中频滤波器等。滤波器按通过信号的频率分为高通滤波器、低通滤波器和带通滤波器等。滤波器在手机电路中起的作用，简单地说，就是允许或不允许某部分信号经过。高通滤波器只允许比某个高频率的信号通过；低通滤波器则只允许比某个低频率的信号通过；带通滤波器只允许某个频率范围内的信号通过。

2. 常用滤波器

（1）双工滤波器　手机是一个双工收发信机器，它能接收、发射信号。GSM手机既可用双工滤波器来分离发射、接收信号，又可以由天线开关电路来分离发射、接收信号。

双工滤波器在其表面上一般有“TX”（发射）、“RX”（接收）及“ANT”（天线）字样。双工滤波器有时也称为收发合成器、合路器、天线开关等。现在一些手机的天线开关电路采用了双工器，实际上是一种带开关功能的双工滤波器。

双工滤波器是介质谐振腔滤波器，它由一个介质谐振腔构成，在更换这种双工滤波器时应注意焊接技巧，否则，可能将双工滤波器损坏。

（2）射频滤波器　射频滤波器通常用在手机接收电路的低噪声放大器、天线输入电路及发射机输出电路部分。它是一个带通滤波器，如接收电路中GSM射频滤波器只允许GSM接收频段的信号（935～960MHz）通过；发射电路中GSM、DCS滤波器只允许GSM、DCS发射频段的信号通过等。当然，射频滤波器还有很多，但不管其形状或材料如何，所起的作用大都如此。

（3）中频滤波器　中频滤波器在手机电路中很重要，它对接收机的性能影响很大。不同的手机，中频滤波器可能不一样。但通常来说，接收电路的第一混频器后面的第一中频滤波器较大，第二中频滤波器则较小。如一部手机的接收电路有两个中频，则第二中频滤波器通常对接收电路的性能影响更大，其损坏会造成手机无接收、接收差等故障。

在手机电路中，滤波器的引脚是在其下面，与阻容元件的相似，只不过其引脚较多。

3. 滤波器的结构

下面简要介绍手机中常见的射频、中频滤波器的结构。按输入/输出方式来分，主要有以下几种形式。

（1）单脚输入单脚输出结构　这种滤波器引脚虽然较多，但只有一个输入脚、一个输出脚，其余均接地。

（2）单脚输入双脚输出结构　这种滤波器除具有滤波作用外，还具有平衡/不平衡转换的作用，也就是说，它可以将一路不平衡信号转换为两路平衡信号输出。此类滤波器除有一个输入脚、两个输出脚之外，其余均接地。

（3）双路输入双路输出结构　这种滤波器是一种双工滤波器，也就是说，滤波器内部有两个滤波器，一个工作于GSM频段，另一个工作于DCS频段，只不过是把这两个滤波器组合在一起而已。滤波器的两个输入端中，一个为GSM频段输入端，另一个为DCS频段输入端；两个输出端中，一个为GSM频段输出端，另一个为DCS频段输出端，其余均接地。

四、晶振和压控振荡器

1. 13MHz晶振和13MHz VCO

手机基准时钟振荡电路，是十分重要的电路，产生的 13MHz 时钟，一方面为手机逻辑电路提供了必要条件，另一方面为频率合成电路提供基准时钟。

手机的 13MHz 基准时钟电路，主要有两种电路：一是专用的 13MHz VCO 组件，它将 13MHz 的晶体振荡器（晶振）及变容二极管、晶体管、电阻电容等构成的 13MHz 振荡电路封装在一个屏蔽盒内，组件本身就是一个完整的晶体振荡电路，可以直接输出 13MHz 时钟信号。基准时钟 VCO 组件一般有 4 个端口：输出端、电源端、AFC（自动频率）控制端及接地端。

另一种是由一个 13MHz 石英晶体振荡器（晶振）、集成电路和外接元器件构成的振荡电路，13MHz 晶振在其上面一般标有“13”的字样。图 1-38 所示是 13MHz 晶体振荡器（晶振）的外形。

图 1-38　13MHz 晶振的外形

现在一些 MTK 芯片手机中使用的是 26MHz 晶振，三星 A188 手机使用的是 19.5MHz 晶振，电路产生的 26MHz 或 19.5MHz 信号再进行 2 倍或 1.5 倍分频，来产生 13MHz 信号供其他电路使用。单独的一个石英晶振是不能产生振荡信号的，它必须在有关电路的配合下才能产生振荡。

从以上可以看出，13MHz 晶振和 13MHz VCO 是两种不同的元器件，也就是说，13MHz 晶振是一个元器件，必须配合外电路才能产生 13MHz 信号；而 13MHz VCO 是一个振荡组件，本身就可以产生 13MHz 的信号。

2. 压控振荡器（VCO）

在手机射频电路中，除 13MHz VCO 外，还有第一本振 VCO（UHF VCO、RX VCO、RF VCO）、第二本振 VCO（IF VCO、VHF VCO）、发射 VCO（TX VCO）等，如图 1-39 所示。VCO 电路通常各采用一个组件，组成 VCO 电路的元器件包含电阻器、电容器、晶体管、变容二极管等。VCO 组件将这些电路元器件封装在一个屏蔽罩内，既简化了电路，也减小了外界因素对 VCO 电路的干扰。VCO 组件一般有 4 个引脚：输出端、电源端、控制端及接地端。

图 1-39　手机中的 VCO

VCO 组件引脚的判定有规律可循，接地端的对地电阻为 0；电源端的电压与该机的射频电压很接近；控制端接有电阻或电感，在待机状态下或按“112”启动发射时，该端口有脉冲控制信号；剩下的便是输出端。

五、天线和地线

1. 天线

手机天线既是接收机天线又是发射机天线。由于手机工作在 900MHz 或 1800MHz 的高频段上，所以其天线体积可以很小。天线分为接收天线与发射天线。把高频电磁波转化为高频信号电流的导体就是接收天线。把高频信号电流转化为高频电磁波辐射出去的导体就是发射天线。在电路图上天线通常用字母“ANT”表示。

随着手机小型化的发展，一些手机的天线通过巧妙的设计，变得与传统观念上天线大不一样。比如像多普达手机的天线，看起来只不过是机壳上的一些金属镀膜而已。在手机维修过程中，若发现天线损坏，应尽量选用原装天线，不可随意用其他手机的天线进行代换，这并不是说其他天线增益低，引起手机信号差，更主要的原因是天线是手机高频电路的匹配负载，如果代换不合适，将会造成电路不匹配，增大电路的功率损耗，烧坏高频器件，如功率放大器、滤波器等，而且还会造成手机耗电快、发热等故障。

现在市场上大部分手机的天线都采用内置的天线，如图 1-41 所示。

2. 地线

电路中的地线是一个特定的概念，它不同于其他的器件，实际上找不出“地线”这么一个器件，它只是一个电压参考点。在实际的手机主板上，一般情况下，大面积的铜箔都是“地”。

六、显示屏

薄膜场效应晶体管（Thin Film Transistor，TFT）显示屏是目前手机中应用最多的显示器件，为主动矩阵式显示屏。TFT 显示屏的主要特点是为每个像素配置了一个半导体开关器件。由于每个像素都可以通过点脉冲直接控制，所以每个节点脉都相对独立，并可以进行连续控制。这样的设计方法不仅提高了显示屏的反应速度，而且也可以精确控制显示灰度，这也是 TFT 显示屏色彩较为逼真的原因。

TFT 显示屏的显示采用了“背透式”照射方式，光源路径不是从上至下照射，而是从下向上照射。即在液晶的背部设置了特殊光管，光源照射时通过下偏光板向上透出。由于上下夹层的电极改成 FET 电极和共通电极，在 FET 电极导通时，液晶分子的表现也会发生改变，可以通过遮光和透光来达到显示的目的，响应时间大大提高到 80ms 左右。因其具有更高的对比度和更丰富的色彩，显示屏更新频率也更快，故 TFT 俗称“真彩”。

TFT 显示屏的切面结构如图 1-40 所示。TFT 显示屏的像素结构如图 1-41 所示。

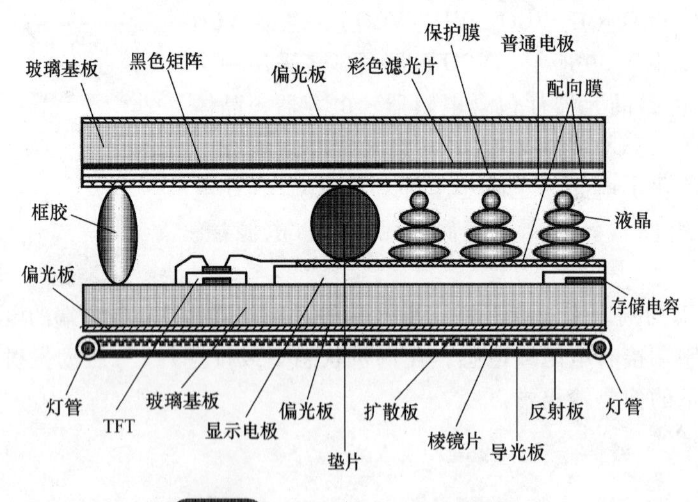

图 1-40 TFT 显示屏的切面结构

七、触摸屏

（1）电阻器式触摸屏　电阻器式触摸屏利用压力感应进行控制。其主要部分是一块与显示器表面非常配合的电阻器薄膜屏，这是一种多层的复合薄膜，它以一层玻璃或硬塑料平板作为基层，表面涂有一层透明的金属氧化物（ITO）导电层，上面再盖有一层外表面硬化处理、光滑防划伤的塑料层（其内表面也涂有一层 ITO 导电层），在它们之间有许多细小的

（大约 1/1000in）透明间隔点把两层 ITO 导电层隔开绝缘。

当手指触摸屏幕时，平常相互绝缘的两层导电层就在触摸点位置有了一个接触，因其中一面导电层接通 Y 轴方向的 5V 均匀电压场，使得侦测层的电压由零变为非零，控制器侦测到这个接通后，进行 A-D 转换，并将得到的电压值与 5V 相比即可得触摸点的 Y 轴坐标，同理得出 X 轴的坐标，这就是所有电阻器式触摸屏共同的最基本原理。

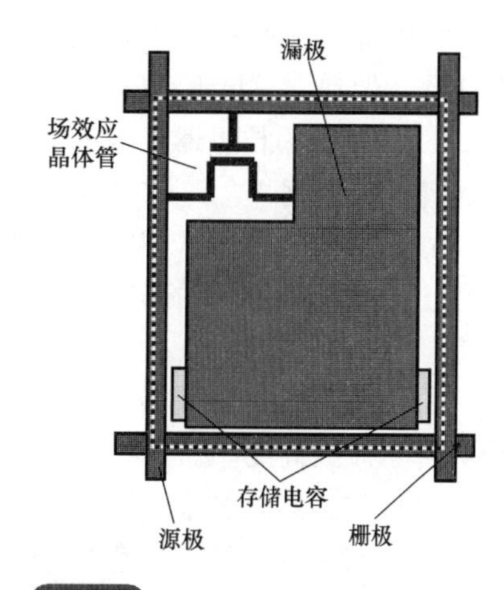

图 1-41　TFT 显示屏的像素结构

（2）电容器式触摸屏　电容器式触摸屏的构造主要是在玻璃屏幕上镀一层透明的薄膜体层，再在导体层外加上一块保护玻璃，双玻璃设计能彻底保护导体层及感应器。

电容器式触摸屏在触摸屏四边均镀上狭长的电极，在导电体内形成一个低电压交流电场。在触摸屏幕时，由于人体电场，手指与导体层间会形成一个耦合电容器式，四边电极发出的电流会流向触点，而电流强弱与手指到电极的距离成正比，位于触摸屏幕后的控制器便会计算电流的比例及强弱，并准确算出触摸点的位置。电容器式触摸屏的双玻璃不但能保护导体及感应器，更能有效地防止外在环境因素对触摸屏造成的影响，就算屏幕沾有污秽、尘埃或油渍，电容器式触摸屏依然能准确算出触摸位置，如图 1-42 所示。

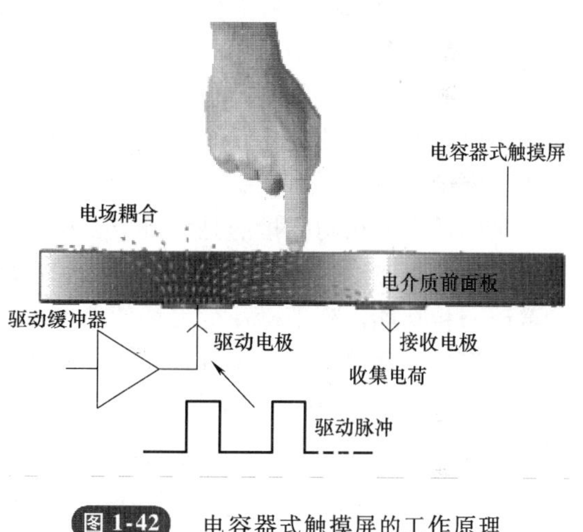

图 1-42　电容器式触摸屏的工作原理

八、SIM 卡座和 SIM 卡

卡座是在手机中提供手机与 SIM 卡通信的接口。通过卡座上的弹簧片与 SIM 卡接触，无论什么机型的 SIM 卡，卡座都有几个基本的 SIM 卡接口端：卡时钟（SIM-CLK）、卡复位（SIM-RST）、卡电源（SIM-VCC）、地（SIM-GND）和卡数据（SIM-I/O 或 SIMDAT）。SIM 卡时钟是 3.25MHz；I/O 端是 SIM 卡的数据输入输出端口。

目前在手机中使用的 SIM 卡有三种，分别是 Mini-SIM 卡、Micro-SIM 卡、Nano-SIM 卡等，如图 1-43 所示。

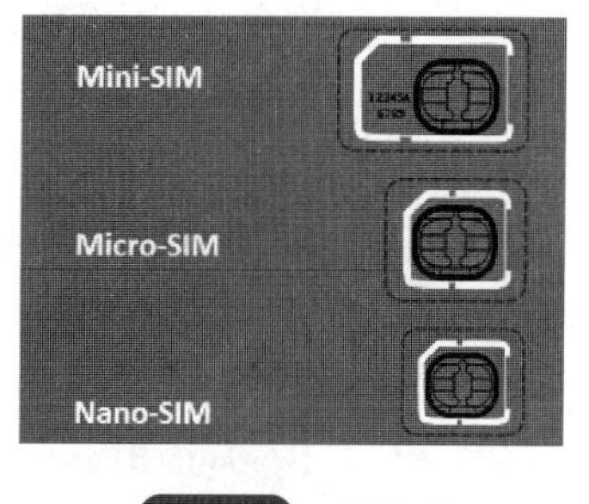

图 1-43　SIM 卡

九、传感器

（1）磁力传感器　手机的磁力传感器是基于三个轴心来探测磁场强度的，基于这个原理的应用最常见的就是手机的电子罗盘，即数字指南针。

电子罗盘一般用磁阻传感器和磁通门加工而成，它可以对 GPS 信号进行有效补偿，保证导航定向信息 100% 有效，即使是在 GPS 信号失锁后也能正常工作，做到“丢星不丢向”。

（2）六维力传感器　六维力传感器是一种可以同时检测三个力分量和三个力矩分量的力传感器，根据 X、Y、Z 方向的力分量和力矩分量可以得到合力和合力矩。

在手机中六维力传感器内部集成了陀螺仪和加速度传感器的功能。陀螺仪是基于三个轴心来探测手机的旋转状态，而加速度传感器基于三个轴心来探测手机当前的运动状态。

（3）气压传感器　手机内置气压传感器，计算用户当前所在位置的大气压。根据气压值计算出海拔高度。

气压传感器的误差一般在 1m 左右，气压传感器配合 GPS 可以把海拔误差降到更低。

（4）颜色传感器　颜色传感器也叫作色彩识别传感器，它是在独立的光敏二极管上覆盖经过修正的红、绿、蓝滤光片，然后对输出信号进行相应的处理，就可以将颜色信号识别出来。

在手机中，颜色传感器主要用于测量光源的红、绿、蓝、白光的强度。

（5）手势传感器　手势传感器是依靠红外线来识别用户在传感器前方的手势动作。

在手机中，位于前置摄像头一侧的两个传感器用于手势和近距离感测。手势传感器可通过探测用户手掌发射的红外线来识别手部动作。

十、摄像头

手机的数码照相功能指的是手机可以通过内置或是外接的数码照相机拍摄静态图片或短片，作为手机一项新的附加功能，手机的数码照相功能得到了迅速的发展。摄像头如图 1-44 所示。

图 1-44　摄像头

手机摄像头的感光器分有 CCD 和 CMOS 两种。手机摄像头的感光器是 CMOS 感光器 CCD 或 CMOS，基本上两者都是利用硒感光二极体（Photodiode）进行光与电的转换。其转换原理与具备“太阳电能”电子计算机的“太阳能电池”相似，光线越强，电力越强；反之，光线越弱，电力也越弱。最终将光影像转换为电子数字信号。

随着新工艺、新技术的发展，越来越多的新技术应用到手机上。例如电子指南针、手机 GPS 导航、手机重力加速感应技术、光感技术、双模双卡技术、蓝牙技术、WiFi 技术、3G 技术等。在此只对手机中应用比较多的器件和技术进行介绍。

第五节　手机常用集成电路

一、LDO 器件

在手机中，不同的电路使用的供电电压不同，需要的供电电流也不同，为了满足这些电路的需求，只能使用 LDO。

1. LDO 的结构

LDO（Low Dropout Regulator，低压差线性稳压器）在手机中使用较多，俗称稳压块。有些 LDO 是单独的芯片，例如射频电路使用的 5 脚或 6 脚 LDO。有些 LDO 集成在芯片内部，例如电源管理芯片内就集成了多个 LDO。

手机中的 LDO 有三种结构，一种是功率型 LDO，主要用于大电流的供电电路中；一种是带有控制功能的 LDO，主要用于智能手机的非连续供电电路中，例如射频处理器、音频放大器电路；还有一种贴片 LDO，内部有 1 路或多路供电输出，一般带有控制功能。常见的 LDO 如图 1-45 所示。

图 1-45 常见的 LDO

2. LDO 电路符号

手机中的 LDO，一般为 5 脚或 6 脚，电路符号如图 1-46 所示。

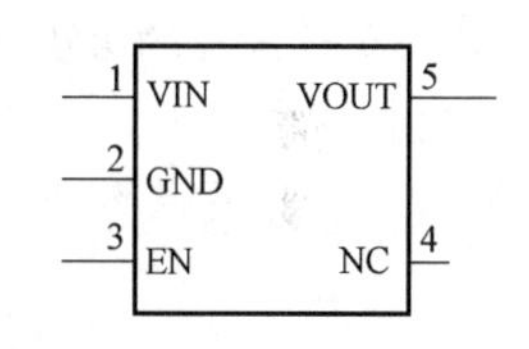

图 1-46 LDO 的电路符号

LDO 的输入端一般输入的是电池电压，用符号 VIN 表示，输出端一般输出 1.2 ~ 3.3V 供电电压，具体根据负载决定，用符号 VOUT 表示。除此之外还有控制端，一般控制端的信号来自于 CPU，控制端加低电平（或高电平）使 LDO 关闭（或工作），在关闭状态下，LDO 耗电很小，约 1μA，控制端用符号 EN 或 ON 表示。在图 1-46 中，EN 直接接到供电电压输入端，只要有供电输入时，LDO 稳压器就会立即工作，不再受 CPU 控制。

除此之外，LDO 稳压器还有接地端，用 GND 表示，图 1-46 中的 4 脚为空脚，一般用 NC 表示。

二、集成电路

集成电路是一种微型电子器件或部件。集成电路是把一个电路中所需的晶体管、二极管、电阻器、电容器和电感器等元器件及布线互连一起，制作在一小块或几小块半导体晶片或介质基片上，然后封装在一个管壳内，成为具有所需电路功能的微型结构。

（1）集成电路简介 集成电路就是把电路集成在一起，这样既缩小了体积，也方便电路和产品的设计。集成电路在智能电路中一般用字母 IC、N、U 等表示。

集成电路并不能把所有的电子元器件都集成在里面，对于大于 1000pF 的电容器、阻值较大的电阻器、电感器，不容易进行集成，所以集成电路的外部会接有很多的元器件。

集成电路具有体积小、重量轻、引出线和焊接点少、使用寿命长、可靠性高、性能好等优点，同时成本低，便于大规模生产。它不仅在工、民用电子设备如收录机、电视机、计算机等方面得到广泛的应用，同时在军事、通信、遥控等方面也得到广泛的应用。

用集成电路来装配电子设备，其装配密度比晶体管可提高几十到几千倍，设备的稳定工作时间也会大大提高。集成电路在手机中的应用更是广泛，随着手机功能的增加和体积的缩小，手机芯片的集成度也越来越高。超大规模集成电路的应用为手机增添了更多功能。

（2）手机集成电路的封装 在手机中，使用的集成电路多种多样，其外形和封装也有多种样式，快速有效地识别手机的集成电路封装和区分引脚是难点。

1）SOP。SOP（Small Outline Package，小外形封装）是一种比较常见的封装形式。其引脚均分布在两边，其引脚数目多在28个以下。如早期手机用的电子开关、电源电路、功放电路等都采用这种封装。常见的SOP集成电路如图1-47所示。

SOP集成电路引脚的区分方法是，在集成电路的表面都会有一个圆点，靠近圆点最近的引脚就是1脚，然后按照逆时针循环依次是2脚、3脚、4脚等。

2）QFP。QFP（Quad Flat Package，方形扁平封装）为四侧引脚扁平封装，是表面贴装型封装之一，引脚从四个侧面引出呈海鸥翼（L）型。基材有陶瓷、金属和塑料三种。从数量上看，塑料QFP是最普及的多引脚大规模集成电路封装。

图1-47 常见的SOP集成电路

QFP的集成电路四周都有引脚，而且引脚数目较多，手机中的中频电路、DSP电路、音频电路、电源电路等都采用QFP。常见的QFP集成电路如图1-48所示。

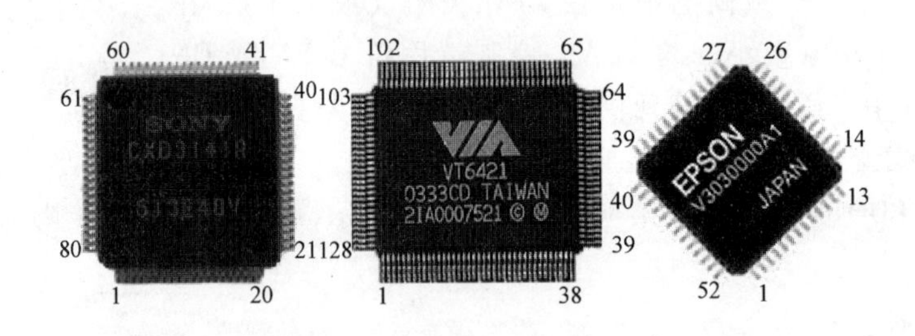

图1-48 常见的QFP集成电路

QFP集成电路引脚的区分方法是，在集成电路的表面都会有一个圆点，如果在四个角上都有圆点，就以最小的一个为准（或者将集成电路摆正，一般左下角的为1脚）。靠近圆点最近的引脚就是1脚，然后按照逆时针依次是2脚、3脚、4脚等。

3）QFN。QFN（Quad Flat No-lead Package，方形扁平无引脚封装）是一种焊盘尺寸小、体积小、以塑料作为密封材料的新型的表面贴装芯片封装技术，现在多称为LCC。由于无引脚，贴装占有面积比QFP小，高度比QFP低。但是，当印刷基板与封装之间产生应力时，在电极接触处就不能得到缓解。因此电极触点难以做到QFP的引脚那样多，一般引脚数为14~100。

QFN封装材料有陶瓷和塑料两种。当有LCC标记时，基本上都是陶瓷QFN。电极触点中心距1.27mm。塑料QFN是以玻璃环氧树脂印制基板基材的一种低成本封装，电极触点中心距除1.27mm外，还有0.65mm和0.5mm两种，这种封装也称为塑料LCC、PCLC、PLCC等。

手机中的电源管理芯片和射频芯片多采用QFN封装，常见的QFN封装的集成电路如图1-49所示。

QFN集成电路引脚的区分方法是：在集成电路的表面都会有一个圆点，如果在四个角上都有圆点，就以最小的一个为准（或者将集成电路摆正，一般左下角的为 1 脚）。靠近圆点最近的引脚就是 1 脚，然后按照逆时针依次是 2 脚、3 脚、4 脚等。

图 1-49　常见的 QFN 集成电路

4）BGA。BGA（Ball Grid Array Package，球栅阵列封装）应用在智能手机中的 CPU、存储器、DSP 电路、音频电路等的集成电路中。

手机中 BGA 集成电路引脚的区分方法是：

① 将 BGA 集成电路平放在桌面上，先找出 BGA 集成电路的定位点，在 BGA 集成电路的一角一般会有一个圆点，或者在 BGA 内侧焊点面会有一个角与其他三个角不同，这个就是 BGA 集成电路的定位点。

② 以定位点为基准点，从左到右的引脚按数字 1、2、3……排列，从上到下按 A、B、C、D……排行，例如 A1 引脚指以定位点从左到右第 A 行，从上到下第一列的交叉点；B6 引脚指从上往下第 B 行，从左到右第 6 列的交叉点。

BGA 封装集成电路引脚的区分方法如图 1-50 所示。

常见的 BGA 集成电路如图 1-51 所示。

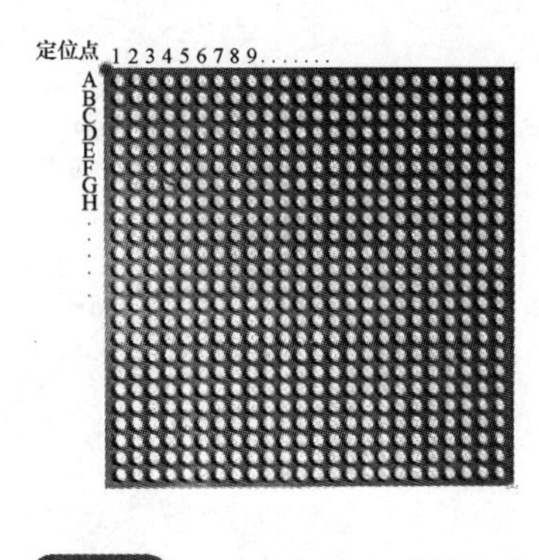

图 1-50　BGA 集成电路引脚的区分方法

图 1-51　常见的 BGA 集成电路

5）CSP。CSP（Chip Scale Package 芯片级封装）是目前世界上最先进的封装形式。

对于 CSP 有多种定义，虽然有些差别，但都指出了 CSP 产品的主要特点为封装体尺寸小。常见的 CSP 集成电路如图 1-52 所示。

CSP 技术和引脚的方式没有直接关系，在定义中主要指内核芯片面积和封装面积的比例。由 CSP 延伸出来的还有 UCSP 和 WLCSP，在智能手机中应用较多。

6）LGA。LGA（Land Grid Array，栅格阵列封装）主要在于它用金属触点式封装，LGA 的芯片与主板的连接是通过弹性触点接触，而不是像 BGA 一样通过锡珠进行连接，BGA 中的“B（Ball）”——锡珠，芯片与主板电路间就是靠锡珠接触的，这就是 BGA 和 LGA 的区别。

在计算机中的 CPU 中，不少是采用 LGA 的芯片。其实在智能手机中，LGA 的芯片仍然通过锡珠和主板进行连接。常见的 LGA 集成电路如图 1-53 所示。

图 1-52 常见的 CSP 集成电路

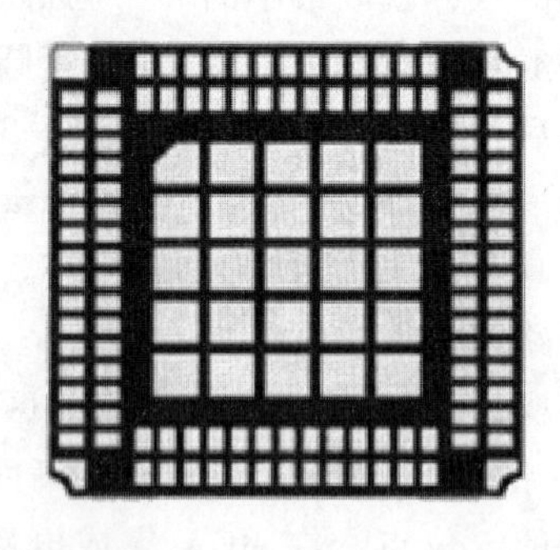

图 1-53 常见的 LGA 集成电路

Chapter 2

第二章 移动通信网络系统

第一节　数字移动通信技术

一、多址技术

多址技术可使众多的用户共用公共的通信线路。为使信号多路化而实现多址的方法基本上有三种，它们分别采用频率、时间或代码分隔的多址连接方式，即人们通常所称的频分多址（FDMA）、时分多址（TDMA）和码分多址（CDMA）三种接入方式。如图 2-1 所示用模型表示了这三种方法的一个简单的概念。FDMA 是以不同的频率信道实现通信的，TDMA 是以不同的时隙实现通信的，CDMA 是以不同的代码序列实现通信的。

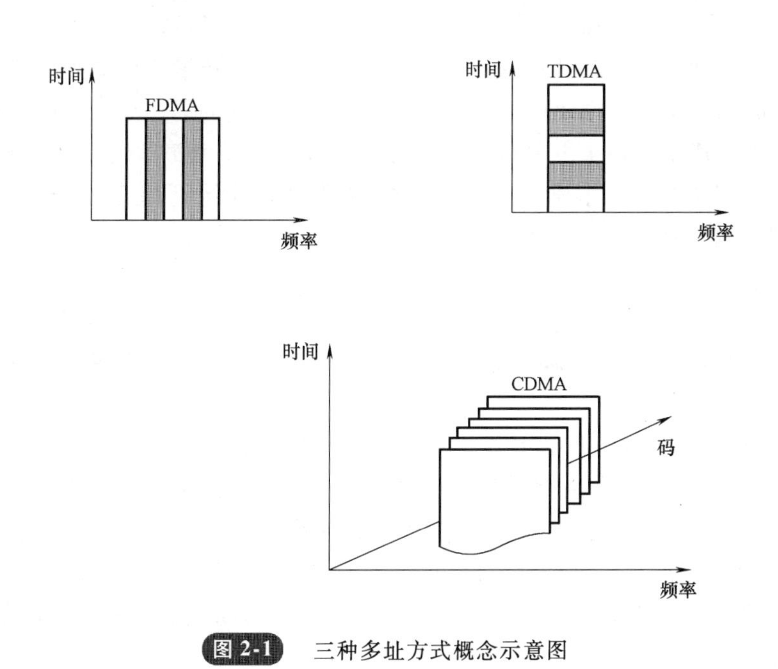

图 2-1　三种多址方式概念示意图

1. 频分多址（FDMA）

频分，有时也称之为信道化，就是把整个可分配的频谱划分成许多单个无线电信道（发射和接收载频对），每个信道可以传输一路话音或控制信息。在系统的控制下，任何一个用户都可以接入这些信道中的任何一个。

模拟蜂窝系统是 FDMA 结构的一个典型例子，数字蜂窝系统中也同样可以采用 FDMA，只是不会采用纯频分的方式，比如 GSM 系统就采用了 FDMA 和 TDMA 的混合方式。

2. 时分多址（TDMA）

时分多址是在一个宽带的无线载波上，按时间（或称为时隙）划分为若干时分信道，每一用户占用一个时隙，只在这一指定的时隙内收（或发）信号，故称为时分多址。此多址方式在数字蜂窝系统中采用，GSM 系统也采用了此种方式。

TDMA 是一种较复杂的结构，最简单的情况是单路载频被划分成许多不同的时隙，每个时隙传输一路猝发式信息。TDMA 中关键部分为用户部分，每一个用户分配给一个时隙（在呼叫开始时分配），用户与基站之间进行同步通信，并对时隙进行计数。当自己的时隙到来时，手机就启动接收和解调电路，对基站发来的猝发式信息进行解码。同样，当用户要发送信息时，首先将信息进行缓存，等到自己时隙的到来。在时隙开始后，再将信息以加倍的速率发射出去，然后又开始积累下一次猝发式传输。

TDMA 的一个变形是在一个单频信道上进行发射和接收，称之为时分双工（TDD）。其最简单的结构就是利用两个时隙，一个发一个收。当手机发射时基站接收，基站发射时手机接收，交替进行。TDD 不仅具有 TDMA 结构的许多优点，即猝发式传输、不需要天线的收发共用装置等，还可以在单一载频上实现发射和接收，而不需要上行和下行两个载频，不需要频率切换，因而可以降低成本。TDD 的主要缺点是满足不了大规模系统的容量要求。

3. 码分多址（CDMA）

码分多址是一种利用扩频技术所形成的不同的码序列实现的多址方式。它不像 FDMA、TDMA 把用户的信息从频率和时间上进行分离，但可在一个信道上同时传输多个用户的信息，也就是说，允许用户之间的相互干扰。其关键是信息在传输之前要进行特殊的编码，编码后的信息混合后不会丢失原来的信息。有多少个互为正交的码序列，就可以有多少个用户同时在一个载波上通信。每个发射机都有自己唯一的代码（伪随机码），同时接收机也知道要接收的代码，用这个代码作为信号的滤波器，接收机就能从所有其他信号的背景中恢复成原来的信息码（这个过程称为解扩）。

二、功率控制

当手机在小区内移动时，它的发射功率需要进行变化。当它离基站较近时，需要降低发射功率，减少对其他用户的干扰；当它离基站较远时，就应该增加功率，以克服增加路径的衰耗。

所有的 GSM 手机都可以以 2dB 为一等级来调整它们的发送功率，GSM900 移动台的最大输出功率是 8W（规范中最大允许功率是 20W，但现在还没有 20W 的移动台存在）。DCS1800 移动台的最大输出功率是 1W。相应地，它的小区也要小一些。

CDMA IS-95A 规范对手机最大发射功率要求为 0.2～1W（23～30dBm），目前网络实际上允许手机的最大发射功率为 23dBm（0.2W），规范对 CDMA 手机最小发射功率没有要求。

三、蜂窝技术

移动通信系统是采用基站来提供无线服务范围的。基站的覆盖范围有大有小，我们把基站的覆盖范围称之为蜂窝。采用大功率的基站主要是为了提供比较大的服务范围，但它的频率利用率较低，也就是说基站提供给用户的通信通道比较少，系统的容量也就大不起来，对于话务量不大的地方可以采用这种方式，称之为大区制。采用小功率的基站主要是为了提供大容量的服务范围，同时它采用频率复用技术来提高频率利用率，在相同的服务区域内增加了基站的数目，有限的频率得到多次使用，所以系统的容量比较大，这种方式称之为小区制或微小区制。下面我们简单介绍频率复用技术的原理。

1. 频率复用的概念

在全双工工作方式中，一个无线电信道包含一对信道频率，每个方向都用一个频率作发射。在覆盖半径为 R 的地理区域 C1 内呼叫一个小区使用无线电信道 f_1，也可以在另一个相距 D、覆盖半径也为 R 的小区内再次使用 f_1。频率复用公式为 $2(D/R)=3K$（D 为频率复用距离，R 为小区半径，K 为频率复用模式），同频复用比例公式为 $Q=D/R$。

频率复用是蜂窝移动无线电系统的核心概念。在频率复用系统中，处在不同地理位置（不同的小区）上的用户可以同时使用相同频率的信道（见图 2-2），频率复用系统可以极大地提高频谱效率。但是，如果系统设计得不好，将产生严重的干扰，同频率干扰保护比 Y = C/I（载波/干扰）≥9dB，这种干扰称为同信道干扰，是由于相同信道公共使用造成的，是在频率复用概念中必须考虑的重要问题。

2. 频率复用的方案

可以在时域与空间域内使用频率复用的概念。在时域内的频率复用是指在不同的时隙里占用相同的工作频率，叫作时分多路（TDM）。在空间域上的频率复用可分为两大类。

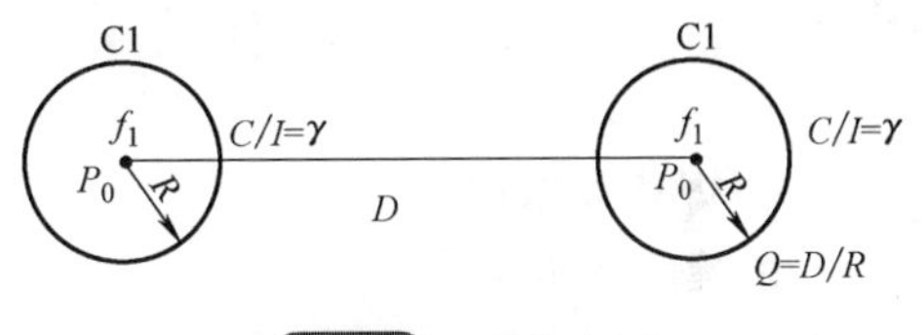

图 2-2 频率复用

1）两个不同的地理区域里配置相同的频率。例如，在不同的城市中使用相同频率的 AM 或 FM 广播电台。

2）在一个系统的作用区域内重复使用相同的频率，这种方案用于蜂窝系统中。蜂窝式移动电话网通常是先由若干邻接的无线小区组成一个无线区群，再由若干个无线区群构成整个服务区。为了防止同频干扰，要求每个区群（即单位无线区群）中的小区，不得使用相同频率，只有在不同的无线区群中，才可使用相同的频率。单位无线区群的构成应满足两个基本条件：

① 若干个单位无线区群彼此邻接组成蜂窝式服务区域。邻接单位无线区群中的同频无线小区的中心间距相等。

② 一个系统中有许多同信道的小区，整个频谱分配被划分为 K 个频率复用的模式，即单位无线区群中小区的个数，如图 2-3 所示，其中 $K=3$、4、7，当然还有其他复用方式，如 $K=9$、12 等。

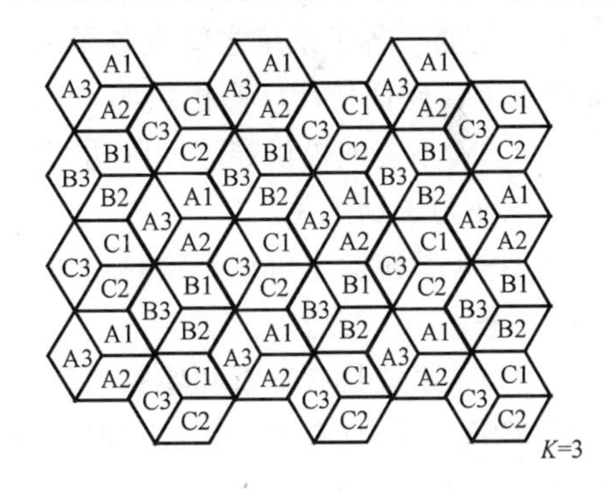

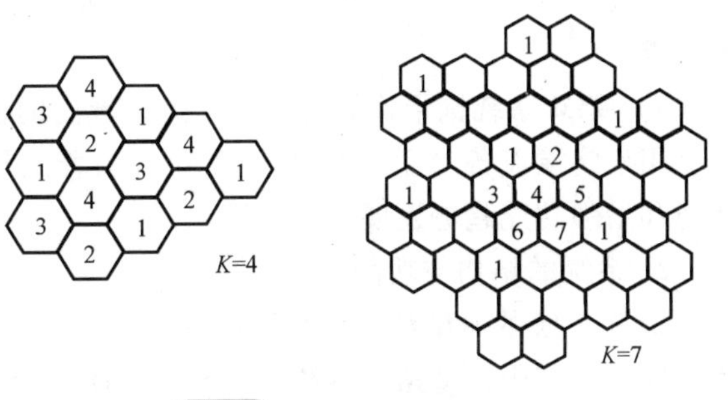

图 2-3 N 个小区复用模式

3. 频率复用距离

允许同频率重复使用的最小距离取决于许多因素，如中心小区附近的同信道小区数、地理地形类别、每个小区基站的天线高度及发射功率。频率复用距

离 D 由下式确定：$D=\sqrt{3K}R$，其中，K 是图 2-3 中所示的频率复用模式，则：$D=3.46R$，$K=4$；$D=4.6R$，$K=7$。如果所有小区基站发射相同的功率，则 K 增加，频率复用距离 D 也增加。增加了的频率复用距离将减小同信道干扰发生的可能。

从理论上来说，K 应该大些，然而，分配的信道总数是固定的。如果 K 太大，则 K 个小区中分配给每个小区的信道数将减少，如果随着 K 的增加而划分 K 个小区中的信道总数，则中继效率就会降低。同理，如果在同一地区将一组信道分配给两个不同的工作网络，系统频率效率也将降低。

因此，现在面临的问题是，在满足系统性能的条件下如何得到一个最小的 K 值。解决它必须估算同信道干扰，并选择最小的频率复用距离 D，以减小同信道干扰。在满足条件的情况下，构成单位无线区群的小区个数 $K=i^2+ij+j^2$（i、j 均为正整数，其中一个可为零，但不能两个同时为零），取 $i=j=1$，可得到最小的 K 值为 $K=3$（见图 2-3）。

第二节 GSM 系统原理

一、GSM 系统结构

1. 系统的基本特点

GSM 数字蜂窝移动通信系统（简称 GSM 系统）是完全依据欧洲通信标准化委员会（ETSI）制定的 GSM 技术规范研制而成的，任何一家厂商提供的 GSM 数字蜂窝移动通信系统都必须符合 GSM 技术规范。GSM 系统作为一种开放式结构和面向未来设计的系统具有下列主要特点：

1）GSM 系统是由几个子系统组成的，并且可与各种公用通信网（PSTN、ISDN、PDN 等）互连互通。各子系统之间或各子系统与各种公用通信网之间都明确和详细定义了标准化接口规范，保证任何厂商提供的 GSM 系统或子系统都能互连。

2）GSM 系统能提供穿越国际边界的自动漫游功能，对于全部 GSM 移动用户都可进入 GSM 系统而与国别无关。

3）GSM 系统除了可以开放话音业务，还可以开放各种承载业务、补充业务和与 ISDN 相关的业务。

4）GSM 系统具有加密和鉴权功能，能确保用户保密和网络安全。

5）GSM 系统具有灵活和方便的组网结构，频率重复利用率高，移动业务交换机的话务承载能力一般都很强，保证在话音和数据通信两个方面都能满足用户对大容量、高密度业务的要求。

6）GSM 系统抗干扰能力强，覆盖区域内的通信质量高。

用户终端设备（手持机和车载机）随着大规模集成电路技术的进一步发展向更小型、轻巧和增强功能趋势发展。

2. 系统的结构与功能

GSM 系统的典型结构如图 2-4 所示。由图可知，GSM 系统是由若干个子系统或功能实体组成的。其中，基站子系统（BSS）在移动台（MS）和网络子系统（NSS）之间提供和管理传输通路，特别是包括了 MS 与 GSM 系统的功能实体之间的无线接口管理。NSS 必须管理通信业务，保证 MS 与相关的公用通信网或与其他 MS 之间建立通信，也就是说 NSS 不直接与 MS 互通，BSS 也不直接与公用通信网互通。MS、BSS 和 NSS 组成 GSM 系统的实体部分。操作支持子系统（OSS）则提供运营部门一种手段来控制和维护这些实际运行部分。

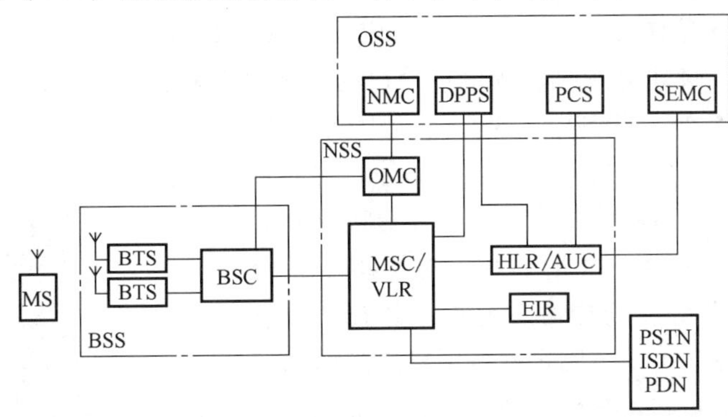

OSS：操作支持子系统
NMC：网路管理中心
DPPS：数据后处理系统
PCS：用户识别卡个人化中心
SEMC：安全性管理中心
MS：移动台

BSS：基站子系统
BTS：基站收发信台
BSC：基站控制器

NSS：网路子系统
OMC：操作维护中心
MSC：移动业务交换中心
VLR：来访用户位置寄存器
HLR：归属用户位置寄存器
AUC：鉴权中心
EIR：移动设备识别寄存器
PSTN：公用电话网
ISDN：综合业务数字网
PDN：公用数据网

图 2-4　GSM 系统的典型结构

（1）移动台（MS）　MS 是公用 GSM 移动通信网中用户使用的设备，也是用户能够直接接触的整个 GSM 系统中的唯一设备。移动台的类型不仅包括手持台，还包括车载台和便携台。随着 GSM 标准的数字式手持台进一步小型、轻巧和增加功能的发展趋势，手持台的用户将占整个用户的极大部分。几种常见移动台的外形如图 2-5 所示。

手持台　便携台　车载台

图 2-5　几种常见移动台的外形

除了通过无线接口接入 GSM 系统的通常无线和处理功能外，移动台必须提供与使用者之间的接口。比如完成通话呼叫所需要的话筒、扬声器、显示屏和按键，或者提供与其他一些终端设备之间的接口。比如，与个人计算机或传真机之间的接口，或同时提供这两种接口。因此，根据应用与服务情况，移动台可以是单独的移动终端（MT）、手持机、车载机或者是由移动终端（MT）直接与终端设备（TE）传真机相连接而构成，或者是由移动终端（MT）通过相关终端适配器（TA）与终端设备（TE）相连接而构成，这些都归类为移动台的重要组成部分之一——移动设备。

移动台另外一个重要的组成部分是用户识别模块（SIM），基本上是一张符合 ISO 标准的“智慧”卡，包含所有与用户有关的和某些无线接口的信息，其中也包括鉴权和加密信息。

使用 GSM 标准的移动台都需要插入 SIM 卡，只有当处理异常的紧急呼叫时，可以在不用 SIM 卡的情况下操作移动台。SIM 卡的应用使移动台并非固定地赋予一个用户，因此，GSM 系统是通过 SIM 卡来识别移动电话用户的，这为将来发展个人通信打下了基础。

（2）基站子系统（BSS） BSS 是 GSM 系统中与无线蜂窝方面关系最直接的基本组成部分。它通过无线接口直接与移动台相接，负责无线发送接收和无线资源管理。另一方面，基站子系统与网路子系统（NSS）中的移动业务交换中心（MSC）相连，实现移动用户之间或移动用户与固定网络用户之间的通信连接、传送系统信号和用户信息等。当然，要对 BSS 部分进行操作维护管理，还要建立 BSS 与操作支持子系统（OSS）之间的通信连接。基站发射台如图 2-6 所示。

图 2-6 基站发射台

基站子系统是由基站收发信台（BTS）和基站控制器（BSC）这两部分的功能实体构成的。实际上，一个基站控制器根据话务量需要可以控制数十个 BTS。BTS 可以直接与 BSC 相连接，也可以通过基站接口设备（BIE）采用远端控制的连接方式与 BSC 相连接。需要说明的是，基站子系统还应包括码变换器（TC）和相应的子复用设备（SM）。码变换器在更多的实际情况下是置于 BSC 和 MSC 之间，在组网的灵活性和减少传输设备配置数量方面具有许多优点。因此，一种具有本地和远端配置 BTS 的典型 BSS 组成方式如图 2-7 所示。

1）基站收发信台（BTS）。BTS 属于基站子系统的无线部分，由基站控制器（BSC）控制，服务于某个小区的无线收发信设备，完成 BSC 与无线信道之间的转换，实现 BTS 与移动台（MS）之间通过空中接口的无线传输及相关的控制功能。BTS 主要分为基带单元、载频单元和控制单元三大部分。基带单元主要用于必要的话音和数据速率适配以及信道编码等。载频单元主要用于调制/解调与发射机/接收机之间的耦合等。控制单元则用于 BTS 的操作与维护。另外，在 BSC 与 BTS 不设在同一处需采用 Abis 接口时，传输单元是必须增加的，以实现 BSC 与 BTS 之间的远端连接方式。如果 BSC 与 BTS 并置在同一处，只需采用 BS 接口时，传输单元是不需要的。

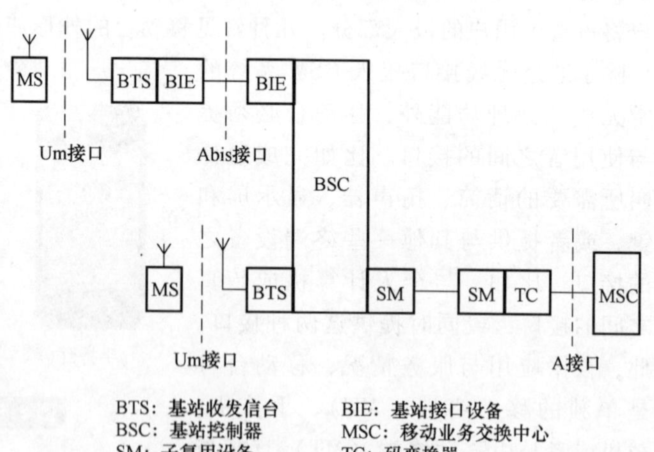

图 2-7 一种典型的 BSS 组成方式

2）基站控制器（BSC）。BSC 是基站子系统（BSS）的控制部分，起着 BSS 的变换设备的作用，即各种接口的管理，承担无线资源和无线参数的管理。BSC 主要由下列部分构成：

① 朝向与 MSC 相接的 A 接口或与码变换器相接的 Ater 接口的数字中继控制部分。

② 朝向与 BTS 相接的 Abis 接口或 BS 接口的 BTS 控制部分。

③ 公共处理部分，包括与操作维护中心相接的接口控制。

④ 交换部分。

（3）网路子系统（NSS） NSS 主要包含有 GSM 系统的交换功能和用于用户数据与移动性管理、安全性管理所需的数据库功能，它对 GSM 移动用户之间通信和 GSM 移动用户与其他通信网用户之间通信起着管理作用。NSS 由一系列功能实体构成，整个 GSM 系统内部，即 NSS 的各功能实体之间和 NSS 与 BSS 之间都通过符合 CCITT 信令系统 No. 7 协议和 GSM 规范的 7 号信令网路互相通信。

1）移动业务交换中心（MSC）。MSC 是网路的核心，它提供了交换功能及面向系统其他功能的实体，即基站子系统（BSS）、归属用户位置寄存器（HLR）、鉴权中心（AUC）、移动设备识别寄存器（EIR）、操作维护中心（OMC）和面向固定网（公用电话网（PSTN）、综合业务数字网（ISDN）、分组交换公用数据网（PSPDN）、电路交换公用数据网（CSPDN））的接口功能，把移动用户与移动用户、移动用户与固定网用户互相连接起来。

移动业务交换中心（MSC）可从三种数据库，即归属用户位置寄存器（HLR）、访问用户位置寄存器（VLR）和鉴权中心（AUC）获取处理用户位置登记和呼叫请求所需的全部数据。反之，MSC 也根据其最新获取的信息请求更新数据库的部分数据。

MSC 可为移动用户提供一系列业务：

① 电信业务。例如。电话、紧急呼叫、传真和短消息服务等。

② 承载业务。例如。3. 1kHz 电话，同步数据 0. 3 ~ 2. 4kbit/s 及分组组合和分解（PAD）等。

③ 补充业务。例如。呼叫前转、呼叫限制、呼叫等待、会议电话和计费通知等。

当然，作为网路的核心，MSC 还支持位置登记、越区切换和自动漫游等移动特征性能和其他网路功能。

对于容量比较大的移动通信网，一个网路子系统（NSS）可包括若干个 MSC、VLR 和 HLR，为了建立固定网用户与 GSM 移动用户之间的呼叫，无需知道移动用户所处的位置。此呼叫首先被接入到入口移动业务交换中心，称为 GMSC，入口交换机负责获取位置信息，且把呼叫转接到可向该移动用户提供即时服务的 MSC，称为被访 MSC（VMSC）。因此，GMSC 具有与固定网和其他 NSS 实体互通的接口。目前，GMSC 功能就是在 MSC 中实现的。根据网路的需要，GMSC 功能也可以在固定网交换机中综合实现。

2）访问用户位置寄存器（VLR）。VLR 是服务于其控制区域内移动用户的，存储着进入其控制区域内已登记的移动用户相关信息，为已登记的移动用户提供建立呼叫接续的必要条件。VLR 从该移动用户的归属用户位置寄存（HLR）处获取并存储必要的数据。一旦移动用户离开该 VLR 的控制区域，则重新在另一个 VLR 登记，原 VLR 将取消临时记录的该移动用户数据。因此，VLR 可看作为一个动态用户数据库。

VLR 功能总是在每个 MSC 中综合实现的。

3）归属用户位置寄存器（HLR）。HLR是GSM系统的中央数据库，存储着该HLR控制的所有存在的移动用户的相关数据。一个HLR能够控制若干个移动交换区域以及整个移动通信网，所有移动用户重要的静态数据都存储在HLR中，包括移动用户识别号码、访问能力、用户类别和补充业务等数据。HLR还存储且为MSC提供关于移动用户实际漫游所在的MSC区域相关动态信息数据。这样，任何入局呼叫可以即刻按选择路径送到被叫的用户。

4）鉴权中心（AUC）。GSM系统采取了特别的安全措施，例如用户鉴权，对无线接口上的话音、数据和信号信息进行保密等。因此，AUC存储着鉴权信息和加密密钥，用来防止无权用户接入系统和保证通过无线接口的移动用户通信的安全。

AUC属于HLR的一个功能单元部分，专用于GSM系统的安全性管理。

5）移动设备识别寄存器（EIR）。EIR存储着移动设备的国际移动设备识别码（IMEI），通过检查白色清单、黑色清单或灰色清单这三种表格，在表格中分别列出了准许使用的、出现故障需监视的、失窃不准使用的移动设备的IMEI识别码，使得运营部门对于不管是失窃还是由于技术故障或误操作而危及网路正常运行的MS设备，都能采取及时的防范措施，以确保网路内所使用的移动设备的唯一性和安全性。

（4）操作支持子系统（OSS） OSS需完成许多任务，包括移动用户管理、移动设备管理以及网路操作与维护。

1）移动用户管理包括用户数据管理和呼叫计费。用户数据管理一般由归属用户位置寄存器（HLR）来完成这方面的任务，HLR是NSS功能实体之一。用户识别卡SIM的管理也可认为是用户数据管理的一部分，但是，作为相对独立的用户识别卡SIM的管理，还必须根据运营部门对SIM的管理要求和模式采用专门的SIM个人化设备来完成。呼叫计费可以由移动用户所访问的各个移动业务交换中心MSC和GMSC分别处理，也可以采用通过HLR或独立的计费设备来集中处理计费数据的方式。

2）移动设备管理是由移动设备识别寄存器（EIR）来完成的，EIR与NSS的功能实体之间是通过SS7信令网路的接口互连的，为此，EIR也归入NSS的组成部分之一。

3）网路操作与维护是完成对GSM系统的BSS和NSS进行操作与维护管理任务的，完成网路操作与维护管理的设施称为操作与维护中心（OMC）。从电信管理网路（TMN）的发展角度考虑，OMC还应具备与高层次的TMN进行通信的接口功能，以保证GSM网路能与其他电信网路一起纳入先进、统一的电信管理网路中进行集中操作与维护管理。直接面向GSM系统BSS和NSS各个功能实体的操作与维护中心（OMC）归入NSS部分。

可以认为，操作支持子系统（OSS）已不包括与GSM系统的NSS和BSS部分密切相关的功能实体，而成为一个相对独立的管理和服务中心。它主要包括网路管理中心（NMC）、安全性管理中心（SEMC）、用于用户识别卡管理的个人化中心（PCS）、用于集中计费管理的数据后处理系统（DPPS）等功能实体。

二、接口和协议

为了保证网路运营部门能在充满竞争的市场条件下灵活选择不同供应商提供的数字蜂窝移动通信设备，GSM系统在制定技术规范时就对其子系统之间及各功能实体之间的接口和协议作了比较具体的定义，使不同供应商提供的GSM系统基础设备能够符合统一的GSM技术规范而达到互通、组网的目的。为使GSM系统实现国际漫游功能和在业务上迈入面向ISDN的数据通信业务，必须建立规范和统一的信令网路，以传递与移动业务有关的数据和各种信令信息，因此，GSM 系统引入 7 号信令系统和信令网路，也就是说，GSM 系统的公用陆地移动通信网的信令系统是以 7 号信令网路为基础的。

三、移动区域定义与识别码

1. 区域定义

在小区制移动通信网中，基站设置很多，移动台又没有固定的位置，移动用户只要在服务区域内，无论移动到何处，移动通信网必须具有交换控制功能，以实现位置更新、越区切换和自动漫游等性能。

2. IMEI（国际移动设备识别码）

IMEI 唯一地识别一个移动台设备，用于监控被窃或无效的移动设备。IMEI 的组成如图 2-8 所示。

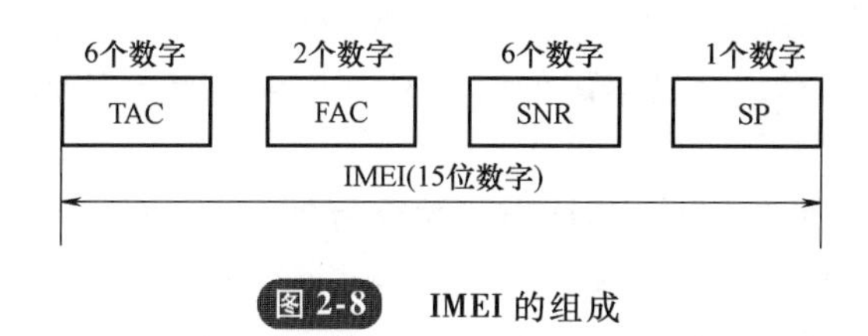

图 2-8　IMEI 的组成

1）TAC 型号批准码，由欧洲型号批准中心分配。
2）FAC 最后装配码，表示生产厂家或最后装配所在地，由厂家进行编码。
3）SNR 序号码，这个数字的独立序号码唯一地识别每个 TAC 和 FAC 的每个移动设备。
4）SP 备用。

NOKIA 7650 手机上的 IMEI 号码如图 2-9 所示。

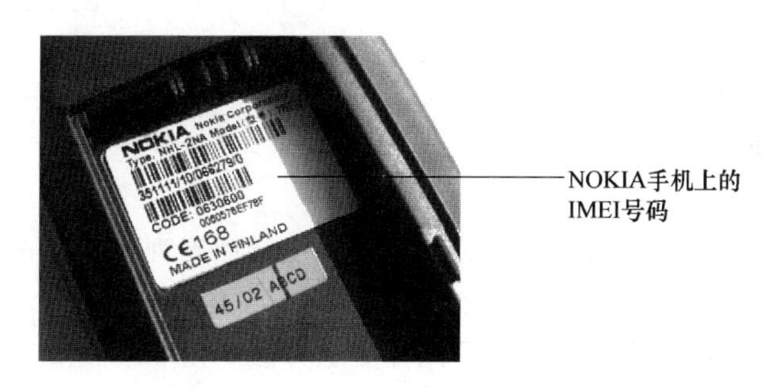

图 2-9　NOKIA 7650 手机上的 IMEI 号码

四、GSM 系统的无线接口

话音信号在无线接口路径的处理过程如图 2-10 所示。

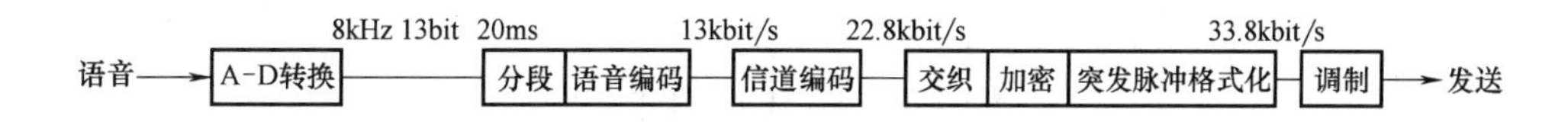

图 2-10　语音在 MS 中的处理过程

首先，语音通过一个模-数转换器（A-D），实际上是经过 8kHz 抽样、量化后变为每 125μs 含有 13bit 的码流；每 20ms 为一段，再经语音编码后降低传码率为 13kbit/s；经信道编码变为22.8kbit/s；再经码字交织、加密和突发脉冲格式化后变为33.8kbit/s的码流，经调制后发送出去。接收端的处理过程相反。

1. 语音编码

此编码方式称为规则脉冲激励——长期预测编码（RPE-LTP），其处理过程是先进行8kHz抽样，调整每20ms为一帧，每帧长为4个子帧，每个子帧长5ms，纯比特率为13kbit/s。

现代数字通信系统往往采用话音压缩编码技术，GSM也不例外。它利用语音编码器为人体喉咙所发出的音调和噪声，以及人的口和舌的声学滤波效应建立模型，这些模型参数将通过TCH（Traffic Channel，传输话音和数据、业务信道）信道进行传送。

2. 信道编码

为了检测和纠正传输期间引入的差错，在数据流中引入冗余——通过加入从信源数据计算得到的信息来提高其速率，信道编码的结果是一个码字流；对话音来说，这些码字长为456 bit。

由语音编码器中输出的码流为13kbit/s，被分为20ms的连续段，每段中含有260bit，其中又细分为50个非常重要的比特，132个重要比特，78个一般比特。

对它们分别进行不同的冗余处理，如图2-11所示。其中，块编码器引入3位冗余码，激励编码器增加4个尾比特后再引入2倍冗余。

用于GSM系统的信道编码方法有三种，分别是卷积码、分组码和奇偶码。

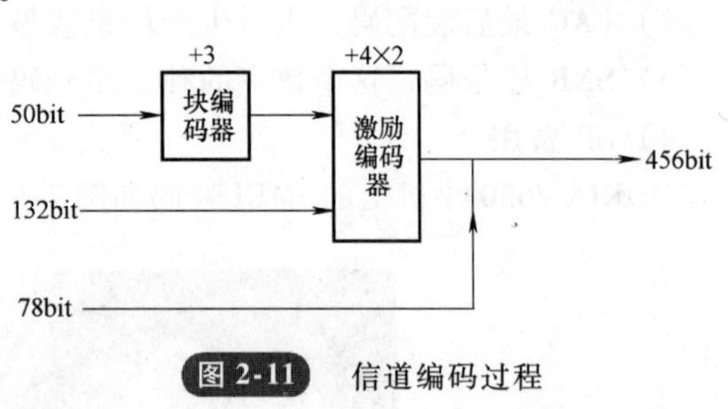

图2-11 信道编码过程

3. 交织

在编码后，语音组成的是一系列有序的帧。而在传输时的比特错误通常是突发性的，这将影响连续帧的正确性。为了纠正随机错误及突发错误，最有效的组码就是用交织技术来分散这些误差。

交织的要点是把码字的b个比特分散到n个突发脉冲序列中，以改变比特间的邻近关系。n值越大，传输特性越好，但传输时延也越大，因此必须作折中考虑，这样交织就与信道的用途有关，所以在GSM系统中规定了几种交织方法。在GSM系统中，采用了二次交织方法。

由信道编码后提取出的456bit被分为8组，进行第一次交织，如图2-12所示。

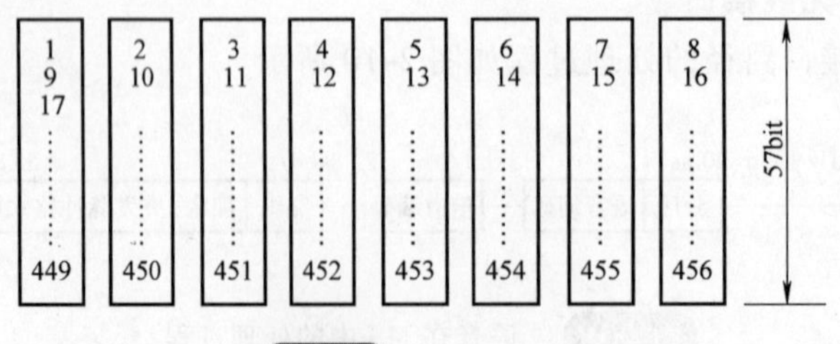

图2-12 456bit交织

由它们组成语音帧的一帧，现假设有三个语音帧，如图2-13所示。而在一个突发脉冲中包括一个语音帧中的两组，如图2-14所示。

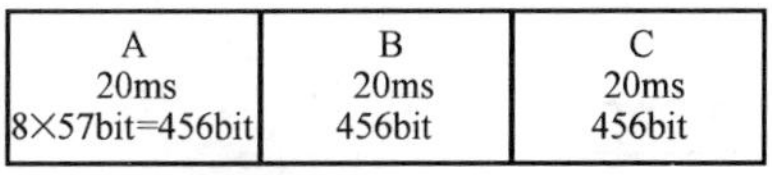

A 20ms 8×57bit=456bit	B 20ms 456bit	C 20ms 456bit

图 2-13　三个语音帧

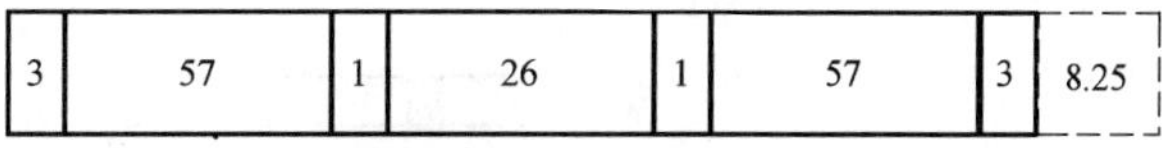

3	57	1	26	1	57	3	8.25

图 2-14　突发脉冲的结构

其中，前后 3 个尾比特用于消息定界，26 个训练比特，训练比特的左右各 1bit 作为"挪用标志"。而一个突发脉冲携带有两段 57bit 的声音信息。在发送时，进行第二次交织见表 2-1。

表 2-1　语音码的二次交织

A	
A	
A	
A	
B	A
B	A
B	A
B	A
C	B
C	B
C	B
C	B
	C
	C
	C
	C

4. 调制技术

GSM 的调制方式是 0.3GMSK，0.3 表示了高斯滤波器的带宽和比特率之间的关系。GMSK 是一种特殊的数字调频方式，它通过在载波频率上增加或者减少 67.708kHz，来表示 0 或 1，利用两个不同的频率来表示 0 和 1 的调制方法称为 FSK。在 GSM 中，数据的比特率被选择为正好是频偏的 4 倍，这可以减小频谱的扩散，增加信道的有效性。比特率为频偏 4 倍的 FSK，称为 MSK，即最小频移键控。通过高斯预调制滤波器可以进一步压缩调制频谱。高斯滤波器降低了频率变化的速度，防止信号能量扩散到邻近信道频谱。

5. 跳频

在语音信号经处理调制后发射时，还会采用跳频技术，即在不同时隙发射的载频也在不断地变化（当然，同时要符合频率规划原则）。

GSM 系统的无线接口采用了慢速跳频（SFH）技术。慢速跳频与快速跳频（FFH）之间的区别在于，后者的频率变化快于调制频率。GSM 系统的慢速跳频技术要点是按固定间隔改变一个信道使用的频率。系统使用慢速跳频（SFH），每秒跳频 217 次，传输频率在一个突发脉冲传输期间保持一定。

如图 2-15 所示，在一给定时间内，频率依次从 f_0、f_2、f_1、f_4 跳变，但在一个突发脉冲期间，频率保持不变。

在上、下行线两个方向上，突发序列号在时间上相差 3BP（3BP 延时在 GSM 系统中是一个常数，也就是上行时隙号是其对应下行时隙号的 3BP 的偏移。GSM 无线路径上的传输

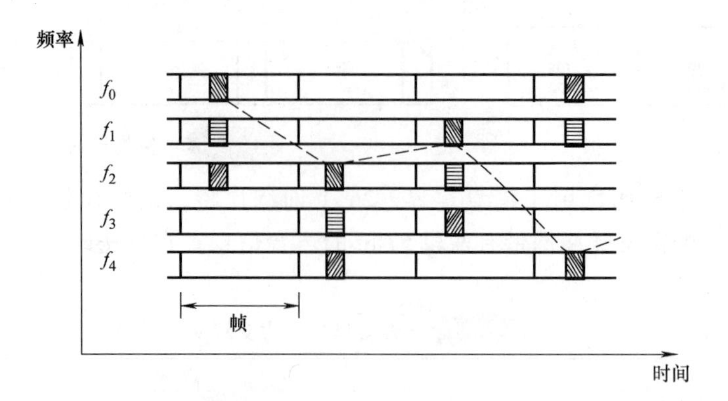

图 2-15 GSM 系统调频示意图

单位是由大约 100 个调制比特组成的脉冲串，称“Burst”。“Burst”是有限长度，占据有限频谱的信息，它在一个时间和频率窗口上发送，这个窗口称为“Slot”。“Slot”的中心频率位于系统频带上 200kHz 的间隔上，并且以 15/26ms（约 0.577ms）的时间重复。这个由频域和时域构成的空间“Slot”就是 FDMA 和 TDMA 在 GSM 中的应用。在一个小区内，全部“Slot”的时间范围都是一样的，这个相同的时间间隔称为时隙，把它作为一个时间单位，恰好是一个“Burst”周期，记作 BP)，跳频序列在频率上相差 45MHz。

GSM 系统允许有 64 种不同的跳频序列，对它的描述主要有两个参数：移动分配指数偏置（MAIO）和跳频序列号（HSN）。MAIO 的取值可以与一组频率的频率数一样多。HSN 可以取 64 个不同值。跳频序列选用伪随机序列。

6. 时序调整

由于 GSM 采用 TDMA，且它的小区半径可以达到 35km，因此需要进行时序调整。因为从手机发出来的信号需要经过一定时间才能到达基地站，所以我们必须采取一定的措施，来保证信号在恰当的时候到达基地站。

如果没有时序调整，那么从小区边缘发射过来的信号，就将因为传输的时延和从基站附近发射的信号相冲突（除非两者之间存在一个大于信号传输时延的保护时间）。通过时序调整，手机发出的信号就可以在正确的时间到达基站。当 MS 接近小区中心时，BTS 就会通知它减少发射前置的时间；而当它远离小区中心时，就会要求它加大发射前置时间。

当手机处于空闲模式时，它可以接收和解调基地站来的 BCH 信号。在 BCH 信号中有一个 SCH 的同步信号，可以用来调整手机内部的时序，当手机接收到一个 SCH 信号后，并不知道它离基站有多远。如果手机和基站相距 30km，那么手机的时序将比基站慢 100μs。当手机发出它的第一个 RACH 信号时，就已经晚了 100μs，再经过 100μs 的传播时延，到达基站时就有了 200μs 的总时延，很可能和基站附近的相邻时隙的脉冲发生冲突。因此，RACH 和其他的一些信道接入脉冲将比其他脉冲短。只有在收到基站的时序调整信号后，手机才能发送正常长度的脉冲。在这个例子中，手机就需要提前 200μs 发送信号。

五、系统消息

在 GSM 移动通信系统中，系统消息的发送方式有两种，一种是广播消息，另一种是随路消息。

移动台在空闲模式下，与网络设备间的联系是通过广播的系统消息实现的。网络设备向移动台广播系统消息，使得移动台知道自己所处的位置，以及能够获得的服务类型，在广播的系统消息中的某些参数还控制了移动台的小区重选。

移动台在进行呼叫时，与网络设备间的联系是通过随路的系统消息实现的。网络设备向移动台发送的随路系统消息中的某些内容，控制了移动台的传输、功率控制与切换等行为。

广播的系统消息与随路的系统消息是紧密联系的。在广播的系统消息中的内容可以与随路的系统消息中的内容重复。随路的系统消息中的内容可以与广播的系统消息中的内容不一致，这主要是由于随路的系统消息只影响一个移动台的行为，而广播的系统消息影响的是所有处于空闲模式下的移动台。

第三节　CDMA 系统原理

一、CDMA 技术的产生

CDMA（Code Division Multiple Access，码分多址），它是在数字技术的分支——扩频通信技术上发展起来的一种崭新而成熟的无线通信技术。

CDMA 技术的出现源自于人类对更高质量无线通信的需求。第二次世界大战期间因战争的需要而研究开发出 CDMA 技术，其思想初衷是防止敌方对己方通信的干扰，在战争期间广泛应用于军事抗干扰通信，后来由美国高通公司更新成为商用蜂窝电信技术。

1995 年，第一个 CDMA 商用系统运行之后，CDMA 技术理论上的诸多优势在实践中得到了检验，从而在北美、南美和亚洲等地得到了迅速推广和应用。全球许多国家和地区，包括中国香港、韩国、日本、美国都已建有 CDMA 商用网络。在美国和日本，CDMA 成为国内的主要移动通信技术，在美国 10 家移动通信运营公司中就有 7 家选用 CDMA 系统。到 2006 年 4 月，韩国有 60% 的人口成为 CDMA 用户。在澳大利亚主办的第 27 届奥运会中，CDMA 技术更是发挥了重要作用。截至 2010 年 7 月，中国电信 CDMA 用户总数达到 7732 万户。

二、CDMA 的主要技术

1. CDMA 扩频通信技术

扩频通信技术是 CDMA 通信技术的核心之一，即将需传送的具有一定信号带宽信息数据，用一个带宽远大于信号带宽的高速伪随机码进行调制，使原数据信号的带宽被扩展，再经载波调制并发送出去。接收端使用完全相同的伪随机码，对接收的带宽信号作相关处理，把宽带信号转换成原信息数据的窄带信号（即解扩）以实现信息通信。

2. CDMA 码分多址通信技术

码分多址技术是 CDMA 通信的另一项基本技术，这是 CDMA 通信区别于传统的 TDMA、FDMA 的重要标志。

CDMA 系统可以在同时同频下完成通信。因为，CDMA 新引入了码域概念，不同的用户可以被不同的高速扩频码所区分，而这些码彼此都是正交或者近似正交的，所以当用这样的扩频码对于不同的低频用户信息进行扩频后，高频信号就可以在空中传播，接收端可以用同样的高速扩频码对高频信号进行解扩处理。由于高速扩频码之间是正交的，所以接收端可以正确地获得低频用户信息，这样 CDMA 就实现了频率可以在多个小区内重复使用。

3. CDMA 信道

任何通信系统都有不同用途的信道，以完成复杂的信令和业务的传输。CDMA 的不同之处在于，它不像其他的通信系统那样要开辟不同的频段或者时隙来做信道，CDMA 的信道都是通过码来区分的。

4. CDMA 功率控制技术

如果说扩频通信技术和码分信道技术是 CDMA 的两个基本标志的话，那么下面讲的功率控制技术和软切换技术就是为改善话音质量和提高网络容量所设置的。

使用和完善功率控制技术是保证 CDMA 系统高质量通信的必要条件，功率控制的目的主要有以下两类：

1）克服远近效应。因为如果 A 手机和 B 手机同时在工作，而 A 手机距离基站比 B 手机近，这时，对于基站而言，就会发生 A 手机的信号将 B 手机的信号淹没的情况。因此必须通过功率控制，让 B 手机发出更大的功率，才能使 A 手机的信号与 B 手机一起被基站接收到。

2）提高系统容量。功率控制的另一个作用就是使 MS 和基站都可以以刚好满足通信要求（目标 FER）的功率进行通信，这是因为 CDMA 是一个自干扰系统，所有手机都在同等的条件下进行通信。为了尽可能地接入最多的用户，必须应用功率控制技术，使所有手机的发射功率都尽可能地降低。

根据功率控制的对象和方式，我们把功率控制分为前向功率控制和反向功率控制。

（1）前向功率控制　前向功率控制是针对 BS 的某个前向业务信道的发射功率所进行的控制。前向功率控制的目的是，在 MS 受到多径衰落或边界小区噪声干扰的情况下，确保每个信道的通信质量，并尽可能减少邻区干扰。

（2）反向功率控制　反向功率控制的对象是手机的发射功率，而控制的依据包括前向的接收信号强度、前向信道的误帧率等参数。反向功率控制则使手机以尽可能小的满足通信质量要求的功率发射信号。

总之，CDMA 的功率控制技术，极大地改善了话音质量和系统容量，同时，也使得 CDMA 手机的发射功率大大地低于 GSM 手机，对人体有益。

5. 切换技术

CDMA 的切换包含了软切换和硬切换两个大类。

（1）软切换技术　软切换技术是 CDMA 系统又一大技术优点。传统的移动通信系统都是采用硬切换方式来处理切换问题的，而 CDMA 所引入的软切换技术进一步提高了切换成功率，有利于保证优质的通信水平。

软切换过程是指在不切断与 BSS（Base Station Subsystem，移动通信网络中的基站子系统模块）联系的情况下，把话路转移到新的更合适的 BTS（Base Transceiver Station，基站收发台）上的过程，即通常所说的“先连后断”。软切换只有在同一载频上的 CDMA 信道之间才可以实现，当 MS（Mobile Station，移动台）处于切换中的两个 BTS 的边界上时，两个 BTS 都会和 MS 建立前向信道和反向信道的连接，当切换结束后，原先那个 BTS 建立的信道就会被释放，MS 将转移到新的 BTS 上来。这样，在整个切换过程中，MS 始终和某个 BTS 保持着业务链路，即使切换不成功，通话也不会受到影响。

（2）硬切换技术　当 MS 要从 CDMA 的一个载频切换到另一个载频，或者是一个系统切换到另一个 CDMA 系统上时，就必须采用硬切换来完成了。

CDMA 的硬切换技术也有很多种，总的来说，可以分为针对系统间切换的技术和针对载频间切换的技术。

CDMA 系统的切换中绝大部分都是可以通过软切换实现的，因此可以保证很高的切换成功率。但由于网络的复杂性，硬切换也是不可避免的。硬切换成功率相对于软切换而言会低一些。因此，提高硬切换成功率一直是网络优化和系统调整的一个重点。

三、CDMA 的优势

1. 发射功率低

CDMA 手机的发射功率平均来说大约是 GSM 手机的 1/10，主要有以下两方面因素：一方面，CDMA 手机采用了完备的功率控制算法，可以将手机的发射功率限制在刚好满足正常通信的发射功率范围内；另一方面，CDMA 本身通过扩频通信方式就可以相当程度上抑制窄带干扰，可以使手机的发射功率降低。

2. 通话质量优

CDMA 的扩频码分通信制式可以过滤环境中的背景噪声，使得用户语音的声音更清晰；同时，CDMA 系统采用的软切换算法极大地提高了切换成功率，使得小区交界处的语音质量得以保证，这也是 CDMA 系统语音质量提升的重要因素。

3. 保密性能佳

CDMA 系统在空中传输的高速扩频信号，而扩频码的构成又是由比较复杂的伪随机码构成，不同用户之间的伪随机码互不相同，因此，CDMA 具有非常强的保密性。

4. 更好的语音容量

CDMA 系统一个小区内的用户容量是柔性的，这种柔性是相对于 GSM 通过频率和时隙单纯的限制容量而言的。CDMA 网络系统限制用户的因素主要是前向功率分配，对于每个用户而言，其通信所需要的前向功率是随着用户环境的改变而改变的，如果小区下的大部分用户前向链路环境较好，小区就可以容纳较多的用户，否则就会比较少。但是，CDMA 功率控制技术的应用可以限制单个用户前向功率的控制范围，以保证容量。平均来说，根据 CDG 研究公布的语音容量：CDMA 系统的容量大约有 12Erl（Erlangs，指测量电话呼叫流量的单位，1Erl 等于一个小时的中继负荷，或 3600s 中继负荷）。以上可见，CDMA 系统具有比较高的容量。

上述的各项技术优势，使得 CDMA 成为新一代移动通信技术的首选。CDMA 技术不但可以满足今天语音和数据通信的需要，而且可以快速、低成本地过渡到 3G 无线通信系统。CDMA 技术提高了语音和数据传输的可靠性，其掉线率更少；不仅如此，CDMA 还增加了通话的私密性，提高了覆盖率。CDMA 技术集众多优势于一身，堪称无线技术之王。

四、CDMA2000 1X 网络

最早的 CDMA 系统就是 IS-95 系统，其诞生于 1996 年，IS-95 的移动通信技术与 GSM 一样，同属 2G 的通信系统。之后诞生的 CDMA 2000 由北美最先提出，CDMA2000 1X 网络构成如图 2-16 所示。

从图 2-16 中可以看出，CDMA 2000 1X 的网络包括 BSS、MSC 和 DCN 三部分。BSS 和 MSC 与 IS-95 的功能一样，分别完成无线接入和交换的功能。而 DCN 即数据核心网，可以完成将 BSS 的高速数据传输到 TCP/IP 构建的 Internet 网络中去。DCN 是 IS-2000 系统区别于 IS-95 系统的根本标志。以前 IS-95 也可以实现一些低速的数据业务，但必须通过交换网络

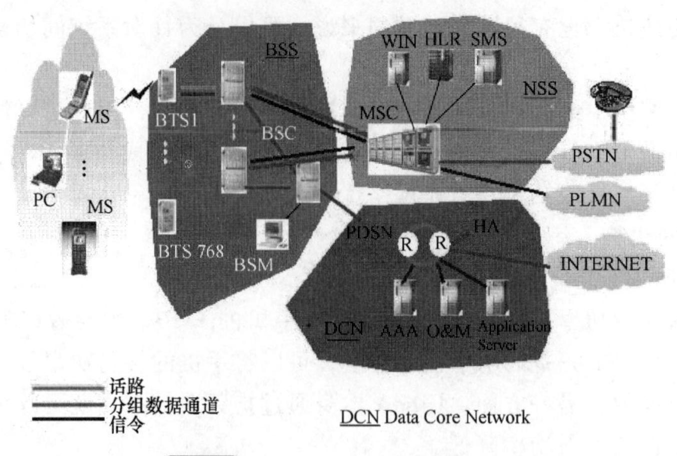

图 2-16 CDMA2000 1X 网络构成

再通过一个网关才能到达数据网络，现在 DCN 可以直接将数据包从 BSS 传送到 Internet，提高了传输数据的效率，简化了网络结构。

CDMA 2000 1X 因为提供了高速数据业务，而被认为是开启了 3G 移动通信时代的先河，如图 2-17 展示了 CDMA 2000 及其一系列无线技术的发展过程。但因为 CDMA 2000 1X 提供的数据速率比较低，所以也被认为是 2G 到 3G 的过渡产品，即 2.5G。

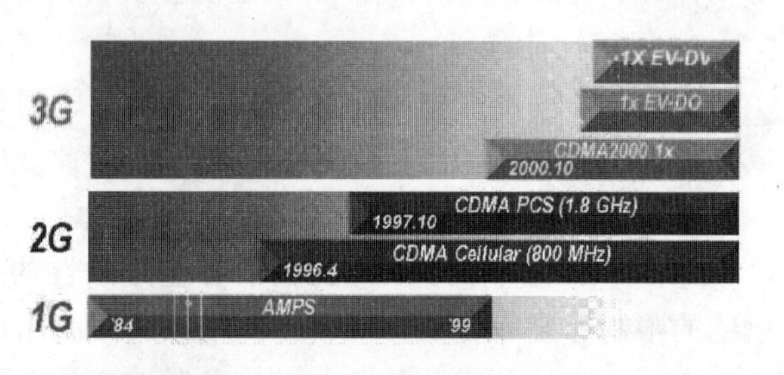

图 2-17 CDMA 2000 技术的演进趋势

CDMA 2000 1X 以后还有一系列的无线数据业务系统，如 1X EV-DO 和 1X EV-DV。1X EV-DO 全称是 1X Evolution-Data Optimized，主要是针对原先 CDMA 2000 1X 的数据对语音业务存在一定干扰的情况下，做了一定程度的优化，结果是 1X EV-DO 成为单纯的数据应用的产品。1X EV-DO 从原先 CDMA 2000 1X 的码分多址系统演变成时分-码分共同工作的系统，一定程度上解决了自干扰的问题，使得 1X Ev-DO 的前向数据速率可以达到 2.4Mbit/s 的高速。

第四节　第三代移动通信系统

一、第三代移动通信标准

1999 年 11 月召开的国际电联芬兰会议确定了第三代移动通信无线接口技术标准，并于 2000 年 5 月举行的 ITU-R 2000 年会上最终批准通过。此标准包括码分多址（CDMA）和时分多址（TDMA）两大类五种技术，分别是 WCDMA、CDMA2000、TD-SCDMA、UWC-136 和 EP-DECT。其中，前三种基于 CDMA 技术的为目前所公认的主流技术，它又分为频分双工（FDD）和时分双工（TDD）两种方式。

WCDMA 最早由欧洲和日本提出，其核心网基于演进的 GSM/GPRS 网络技术，空中接口采用直接序列扩频的宽带 CDMA。目前，这种方式得到欧洲、北美、亚太地区各 GSM 运营商和日本、韩国多数运营商的广泛支持，是第三代移动通信中最具竞争力的技术之一。

3GPP（3G peer protocol，3G 同级协定）WCDMA 标准历经多年的努力，目前已有 R99、R4 和 R5 三个版本。3GPP WCDMA 技术的标准化工作十分规范，目前全球 3GPP R99 标准的商用化程度最高，全球绝大多数 3G 试验系统和设备研发都基于该技术标准规范。今后 3GPP R99 的发展方向将是基于全 IP 方式的网络架构，并将演进为 R4 和 R5 两个阶段的序列标准。2001 年 3 月的第一个 R4 版本初步确定了未来发展的框架，部分功能进一步增强，并启动了部分全 IP 演进内容。R5 为全 IP 方式的第一个版本，其核心网的传输、控制和业务分离及 IP 化将从核心网（CN）逐步延伸到无线接入部分（RAN）和终端（UE）。

CDMA2000 其核心网采用先进的 IS-95 CDMA 核心网（ANSI-41），能与现有的 IS-95 CDMA 向后兼容。CDMA 技术得到 IS-95 CDMA 运营商的支持，主要分布在北美和亚太地区。其无线单载波 CDMA2000 1X 采用与 IS-95 相同的带宽，容量提高了一倍，第一阶段支持 144kbit/s 业务速率，第二阶段支持 614kbit/s，3GPP2 已完成这部分的标准化工作。目前增强型单载波 CDMA2000 1X EV 在技术发展中较受重视，极具商用潜力。

2001 年 3 月，3GPP 通过 R4 版本，由我国大唐电信提出的 TD-SCDMA 被接纳为正式标准，TD-SCDMA 作为 FDD（CDMA 频分双工）方式的一种补充，具有一定的发展潜力。

二、中国 3G 频段的划分

2002 年 10 月，国家信息产业部下发文件《关于第三代公众移动通信系统频率规划问题的通知》（信部无［2002］479 号）中规定：主要工作频段（FDD 方式：1920～1980 MHz 和 2110～2170 MHz；TDD 方式：1880～1920MHz 和 2010～2025MHz）和补充工作频段（FDD 方式：1755～1785MHz 和 1850～1880MHz；TDD 方式：2300～2400MHz，与无线电定位业务共用）。从中可以看到，TDD 得到了 155MHz 的频段，而 FDD（包括 WCDMA FDD 和 CDMA2000）共得到了 2×90MHz 的频段，如图 2-18 所示。

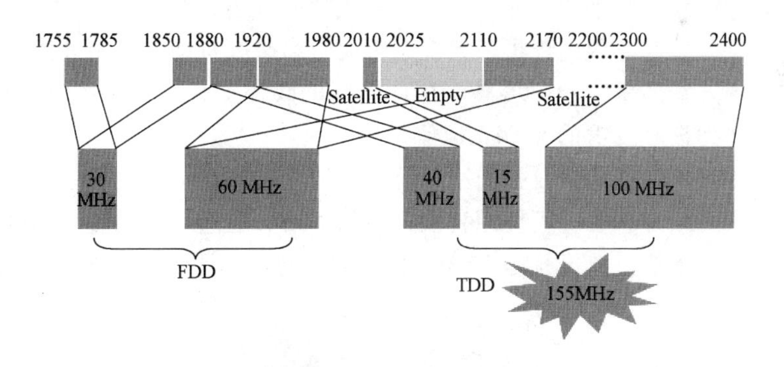

图 2-18　中国 3G 频谱分配

三、TD-SCDMA 移动通信系统

1. TD -SCDMA 系统简介

TD-SCDMA 是英文 Time Division-Synchronous Code Division Multiple Access（时分同步码分多址）的简称，是一种第三代无线通信的技术标准，也是 ITU 批准的三个 3G 标准中的一个，相对于另两个 3G 标准（CDMA 2000 或 WCDMA）其起步较晚。

TD-SCDMA 作为中国提出的第三代移动通信标准（简称 3G），自 1998 年正式向国际电联（ITU）提交以来，已经历 10 多年的时间，完成了标准的专家组评估、ITU 认可并发布、与3GPP（第三代伙伴项目）体系的融合、新技术特性的引入等一系列的国际标准化工作，从而使TD-SCDMA标准成为第一个由中国提出，以我国知识产权为主的、被国际上广泛接受和认可的无线通信国际标准。这是我国电信发展史上重要的里程碑。目前中国移动采用此标准。中国移动的TD-SCDMA品牌LOGO，如图2-19所示。

2. TD-SCDMA系统的多址方式

TD-SCDMA是FDMA、TDMA和CDMA三种基本传输模式的灵活结合。其基本特性之一是在TDD模式下，采用在周期性重复的时间帧里传输基本的TDMA突发脉冲的工作模式，通过周期性的转换传输方向，在同一个载波上交替地进行上下行链路传输。TD-SCDMA的多址方式如图2-20所示。

图2-19 中国移动的TD-SCDMA品牌LOGO

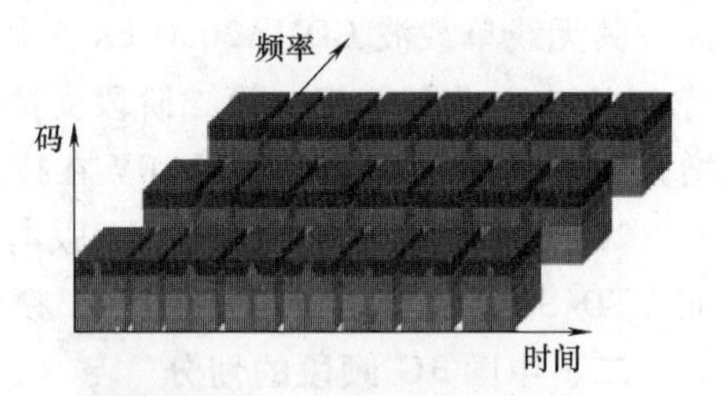

图2-20 TD-SCDMA的多址方式

3. TD-SCDMA系统的关键技术

（1）智能天线 智能天线技术的核心是自适应天线波束赋形技术。自适应天线波束赋形技术在20世纪60年代开始发展，其研究对象是雷达天线阵，为提高雷达的性能和电子对抗的能力。20世纪90年代中期，各国开始考虑将智能天线技术应用于无线通信系统。美国ArrayComm公司在时分多址的PHS系统中实现了智能天线；1997年，由我国信息产业部电信科学技术研究院控股的北京信威通信技术公司成功开发了使用智能天线技术的SCDMA无线用户环路系统。另外，在国内外也开始有众多大学和研究机构广泛地开展对智能天线的波束赋形算法和实现方案的研究。1998年我国向国际电联提交的TD-SCDMA RTT建议是第一次提出以智能天线为核心技术的CDMA通信系统。

使用智能天线的基站，能量仅指向小区处于激活状态的移动终端，正在通信的移动终端在整个小区内处于受跟踪状态。不使用智能天线的基站，能量分布在整个小区内，所有小区内的移动终端均相互干扰，此干扰是CDMA容量限制的主要原因，如图2-21所示。

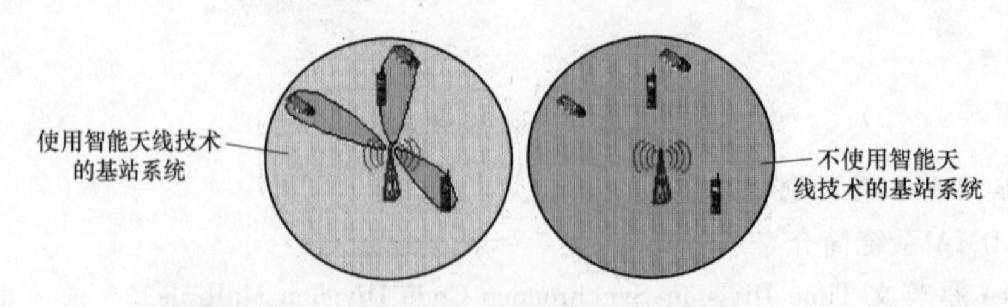

图2-21 使用智能天线技术与不使用智能天线技术之比较

（2）联合检测 联合检测技术是多用户检测（Multi-user Detection）技术的一种。CDMA系统中多个用户的信号在时域和频域上是混叠的，接收时需要在数字域上用一定的信号分离方法把各个用户的信号分离开来。信号分离的方法大致可以分为单用户检测技术和多用户检测技术两种。

（3）接力切换　接力切换适用于同步 CDMA 移动通信系统，是 TD-SCDMA 移动通信系统的核心技术之一。当用户终端从一个小区或扇区移动到另一个小区或扇区时，利用智能天线和上行同步等技术对 UE 的距离和方位进行定位，根据 UE 方位和距离信息作为切换的辅助信息，如果 UE 进入切换区，则 RNC 通知另一基站做好切换的准备，从而达到快速、可靠和高效切换的目的。这个过程就像是田径比赛中的接力赛跑传递接力棒一样，因而我们形象地称之为接力切换。

该技术的优点是，将软切换的高成功率和硬切换的高信道利用率综合到接力切换中，使用该方法可以在使用不同载频的 SCDMA 基站之间，甚至在 SCDMA 系统与其他移动通信系统（如 GSM、IS95）的基站之间实现不中断通信、不丢失信息的越区切换。

（4）动态信道分配　在 TD-SCDMA 系统中的信道是频率、时隙和信道化码三者的组合。动态信道分配就是在终端接入和链路持续期间，对信道进行动态的分配和调整，把资源合理、高效地分配到各个小区、各个用户，使系统资源利用率最大化和提高链路质量。动态信道分配技术主要研究的是频率、时隙、扩频码的分配方法，对 TD 系统而言还可以利用空间位置和角度信息协助进行资源的优化配置。

动态信道分配技术可以提高接入率，降低掉线率，且降低干扰，提高系统容量。

（5）接力切换　接力切换是 TD-SCDMA 移动通信系统的核心技术之一，是介于硬切换和软切换之间的一种新的切换方法。接力切换使用上行预同步技术，在切换测量期间，提前获取切换后的上行信道发送时间、功率信息，从而达到减少切换时间，提高切换成功率、降低切换掉话率的目的。在切换过程中，UE 从源小区接收下行数据，向目标小区发送上行数据，即上下行通信链路先后转移到目标小区。

接力切换是 TD-SCDMA 系统中的主要技术特点之一，它充分利用了同步网络优势，在切换操作前使用预同步技术，使移动台在与原小区通信保持不变的情况下与目标小区建立同步关系，使得在切换过程中大大减少因失步造成的丢包，这样在不损失容量的前提下，极大地提升了通信质量。

相对于以往移动通信系统中硬切换或者软切换，它拥有前两种切换的优点，具有软切换的高成功率和硬切换高信道利用率。

四、WCDMA 移动通信系统

1. WCDMA 系统简介

WCDMA（Wideband Code Division Multiple Access，宽带码分多址），是一种第三代无线通信技术。WCDMA 是一种由 3GPP 具体制定的，基于 GSM MAP 核心网，UTRAN（UMTS 陆地无线接入网）为无线接口的第三代移动通信系统。目前 WCDMA 有 Release 99、Release 4、Release 5、Release 6 等版本。

目前中国联通采用此种 3G 通信标准。中国联通的品牌 LOGO 如图 2-22 所示。

WCDMA（宽带码分多址）是一个 ITU（国际电信联盟）标准，它是从码分多址（CD-MA）演变来的，从官方看被认为是 IMT-2000 的直接扩展，与现在市场上通常提供的技术相比，它能够为移动和手提无线设备提供更高的数据速率。WCDMA 采用直接序列扩频码分多址（DS-CDMA）、频分双工（FDD）方式，码片速率为 3.84Mbit/s，载波带宽为 5MHz。基于 Release 99/ Release 4 版本，可在 5MHz 的带宽内提供最高 384kbit/s 的用户数据传输速率。WCDMA 能够支持移动/手提设备之间的语音、图像、数据以及视频通信，速率可达 2Mbit/s（对于局域网而言）或者 384kbit/s 对于宽带网而言）。输入信号先被数字化，然后在一个较宽的频谱范围内以编码的扩频模式进行传输。窄带 CDMA 使用的是 200kHz 宽度的载频，而 WCDMA 使用的则是一个 5MHz 宽度的载频。

图 2-22 中国联通的品牌 LOGO

2. WCDMA 系统的关键技术

WCDMA 是一个宽带直扩码分多址（DS-CDMA）系统，即将用户数据同由 CDMA 扩频得来的伪随机比特（称为码片）相乘从而把用户信息比特扩展到很宽的带宽上去。

WCDMA 支持两种基本的运行模式，即频分双工（FDD）和时分双工（TDD）。在 FDD 模式下，上行链路和下行链路分别使用两个独立的 5MHz 的载波，在 TDD 模式下只使用一个 5MHz 载波，这个载波在上下行链路之间分时共享。TDD 模式在很大程度上是基于 FDD 模式的概念和思想的，加入它是为了弥补 WCDMA 系统的不足，也是为了能够使用 ITU 为 IMT-2000 分配的不成对频谱。

（1）RAKE 接收机　在 CDMA 扩频系统中，信道带宽远远大于信道的平坦衰落带宽。不同于传统的调制技术需要用均衡算法来消除相邻符号间的码间干扰，CDMA 扩频码在选择时就要求它有很好的自相关特性。这样，在无线信道中出现的时延扩展，就可以被看作只是被传信号的再次传送。如果这些多径信号相互间的延时超过了一个码片的长度，那么它们将被 CDMA 接收机看作是非相关的噪声，而不再需要均衡了。

由于在多径信号中含有可以利用的信息，所以 CDMA 接收机可以通过合并多径信号来改善接收信号的信噪比。其实 RAKE 接收机所做的就是：通过多个相关检测器接收多径信号中的各路信号，并把它们合并在一起。

（2）分集接收原理　无线信道是随机时变信道，其中的衰落特性会降低通信系统的性能。为了对抗衰落，可以采用多种措施，比如信道编解码技术、抗衰落接收技术或者扩频技术。分集接收技术被认为是明显有效而且经济的抗衰落技术，我们知道，无线信道中接收的信号是到达接收机的多径分量的合成，如果在接收端同时获得几个不同路径的信号，将这些信号适当合并成总的接收信号，就能够大大减少衰落的影响，这就是分集的基本思路。分集的字面含义就是分散得到几个合成信号并集中（合并）这些信号，只要几个信号之间是统计独立的，那么经适当合并后就能使系统性能大大改善。

（3）信道编码　信道编码的编码对象是信源编码器输出的数字序列（信息序列）。信道编码按一定的规则给数字序列 M 增加一些多余的码元，使不具有规律性的信息序列 M 变换为具有某种规律性的数字序列 Y（码序列）。也就是说，码序列中信息序列的诸码元与多余码元之间是相关的。在接收端，信道译码器利用这种预知的编码规则来译码，或者说检验接收到的数字序列 R 是否符合既定的规则从而发现 R 中是否有错，进而纠正其中的差错。根据相关性来检测（发现）和纠正传输过程中产生的差错就是信道编码的基本思想。

（4）功率控制　强、快速功率控制是 WCDMA 最重要的方面之一，尤其是在上行链路中。如果没有它，一个功率过强的移动台就可能阻塞整个小区。WCDMA 中功率控制的解决方案是快速闭环功率控制。

(5) 多用户检测技术 多用户检测（MUD）技术是通过去除小区内干扰来改进系统性能，增加系统容量。多用户检测技术还能有效缓解直扩 CDMA 系统中的远/近效应。由于信道的非正交性和不同用户的扩频码字的非正交性，导致用户间存在相互干扰，多用户检测的作用就是去除多用户之间的相互干扰。一般而言，对于上行的多用户检测，只能去除小区内各用户之间的干扰，而小区间的干扰由于缺乏必要的信息（比如相邻小区的用户情况）是难以消除的。对于下行的多用户检测，只能去除公共信道（比如导频、广播信道等）的干扰。

五、CDMA2000 移动通信系统

1. CDMA 2000 系统简介

CDMA 2000（Code Division Multiple Access 2000）是一个 3G 移动通信标准，国际电信联盟 ITU 的 IMT-2000 标准认可的无线电接口，也是 2G CDMA One 标准的延伸。根本的信令标准是 IS-2000。CDMA2000 与另一个 3G 标准 WCDMA 不兼容。

2. CDMA 2000 标准的发展历程

CDMA2000 标准的发展分两个阶段：CDMA2000 1X EV-DO（Data Only，采用话音分离的信道传输数据）和 CDMA2000 1X EV-DV（Data and Voice），即数据信道与话音信道合一。CDMA2000 也称为 CDMA Multi-Carrier，由美国高通北美公司为主导提出，摩托罗拉、Lucent 和后来加入的韩国三星都有参与，韩国现在成为该标准的主导者。

这套系统是从窄频 CDMA One 数字标准衍生出来的，可以从原有的 CDMA One 结构直接升级到 3G，建设成本低廉。但目前使用 CDMA 的地区只有日、韩和北美，所以 CDMA2000 的支持者不如 WCDMA 多。不过 CDMA2000 的研发技术却是目前各标准中进度最快的，许多 3G 手机已经率先面世。

目前中国电信使用此标准，中国电信的品牌 LOGO 如图 2-23 所示。

3. CDMA2000 1X EV-DO

图 2-23 中国电信的品牌 LOGO

EVDO（EV-DO）实际上是三个单词的缩写，即 Evolution（演进）、Data 和 Only。电信 3G 其全称为：CDMA2000 1X EV-DO，是 CDMA2000 1X 演进（3G）的一条路径的一个阶段。这一路径有两个发展阶段，第一阶段叫作 1X EV-DO，它可以使运营商利用一个与 IS-95 或 CDMA2000 相同频宽的 CDMA 载频就可实现高达 2.4Mbit/s 的前向数据传输速率，目前已被国际电联 ITU 接纳为国际 3G 标准，并已具备商用化条件。第二阶段叫作 1X EV-DV，它可以在一个 CDMA 载频上同时支持话音和数据。2001 年 10 月 3GPP2 决定以朗讯、高通等公司为主提出的 L3NQS，标准为框架，同时吸收摩托罗拉、诺基亚等提出的 1XTREME 标准的部分特点，来制定 1X EV-DV 标准。2002 年 6 月，该标准最终确定下来，其可提供 6Mbit/s 甚至更高的数据传输速率。

1X EV-DO 是一种针对分组数据业务进行优化的、高频谱利用率的 CDMA 无线通信技术，可在 1.25MHz 带宽内提供峰值速率达 2.4Mbit/s 的高速数据传输服务。这一速率甚至高于 WCDMA 5MHz 带宽内所能提供的数据速率。

第五节 第四代移动通信系统

到目前为止人们还无法对4G通信进行精确的定义，有人说4G通信的概念来自其他无线服务的技术，从无线应用协定、全球无线服务到4G；有人说4G通信是系统中的系统，可利用各种不同的无线技术；但不管人们对4G通信怎样进行定义，有一点我们能够肯定的是4G通信将是一个比3G通信更完美的新无线世界，它将可创造出许多消费者难以想象的应用。

4G最大的数据传输速率超过100Mbit/s，这个速率是目前移动电话数据传输速率的1万倍，也是3G移动电话速率的50倍。4G手机将可以提供高性能的汇流媒体内容，并通过ID应用程序成为个人身份鉴定设备。它也可以接受高分辨率的电影和电视节目，从而成为合并广播和通信的新基础设施中的一个纽带。此外，4G的无线即时连接等某些服务费用将比3G便宜。还有，4G有望集成不同模式的无线通信——从无线局域网和蓝牙等室内网络、蜂窝信号、广播电视到卫星通信，移动用户可以自由地从一个标准漫游到另一个标准。

4G通信技术并没有脱离以前的通信技术，而是以传统通信技术为基础，并利用了一些新的通信技术，来不断提高无线通信的网络效率和功能的。如果说现在的3G能为我们提供一个高速传输的无线通信环境的话，那么4G通信将是一种超高速无线网络，一种不需要电缆的信息超级高速公路，这种新网络可使电话用户以无线及三维空间虚拟实境连线。

与传统的通信技术相比，4G通信技术最明显的优势在于通话质量及数据通信速度。然而，在通话品质方面，目前的移动电话消费者还是能接受的。随着技术的发展与应用，现有移动电话网中手机的通话质量还在进一步提高。数据通信速度的高速化的确是一个很大优点，它的最大数据传输速率达到100Mbit/s，简直是不可思议的事情。另外，由于技术的先进性确保了成本投资的大大减少，未来的4G通信费用也要比目前的通信费用低。

一、4G技术标准

4G网络是3G网络的演进，但却并非是基于3G网络简单升级而形成的。从技术角度来说，4G网络的核心与3G网络的核心是两种完全不同的技术。3G网络主要以CDMA（Code Division Multiple Access，码分多址）为核心技术，而4G网络则是以正交频分调制（OFDM）和多入多出（MIMO）技术为核心。按照国际电信联盟的定义，静态传输速率达到1Gbit/s，用户在高速移动状态下可以达到100Mbit/s，就可以作为4G的技术之一。

目前4G的标准只有两个，分别为LTE-Advanced与WiMAX-Advanced。其中，LTE-Advanced就是LTE技术的升级版，在特性方面，LTE-Advanced向后完全兼容LTE，其原理类似HSPA升级至WCDMA这样的关系。

而WiMAX-Advanced（全球互通微波存取升级版），即IEEE 802.16m，是WiMAX的升级版，由美国Intel主导，接收下行与上行最高速率可达到300Mbit/s，在静止定点接收可高达1Gbit/s，也是电信联盟承认的4G标准。

4G标准的演进过程如图2-24所示。

实际上，我们目前接触的LTE并非真正的4G网络，虽然上百兆的速度远超3G网络，但与ITU提出的1Gbit/s的4G技术要求还有很大距离，因此，目前的LTE也经常被称为3.9G。

LTE根据其具体的实现细节、采用的技术手段和研发组织的差别形成了许多分支，其中主要的两大分支是TDD-LTE与FDD-LTE版本。中国移动采用的TD-LTE就是TDD-LTE版

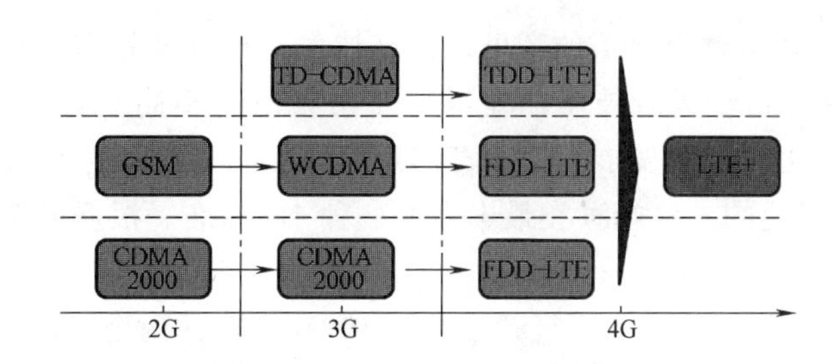

图 2-24　4G 标准的演进过程

本，同时也是由中国主导研制推广的版本，而 FDD-LTE 则是由美国主导研制推广的版本。

二、4G 的双工模式

目前 4G 有两种双工模式，分别是 TDD-LTE 和 FDD-LTE。

1. TDD-LTE 工作原理

TDD-LTE（分时长期演进，简称 TD-LTE）是由阿尔卡特-朗讯、诺基亚、西门子通信、大唐电信、华为技术、中兴通讯、中国移动等共同开发的第四代（4G）移动通信技术与标准，如图 2-25 所示。

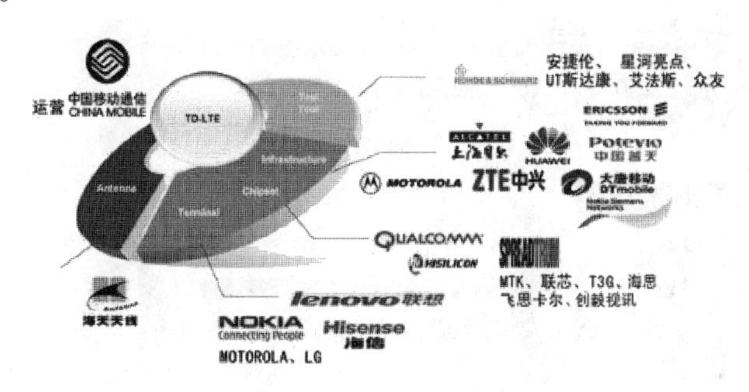

图 2-25　TDD-LTE 阵营

TDD-LTE 与 TD-SCDMA 实际上没有关系，TD-SCDMA 是 CDMA（码分多址）技术，TDD-LTE 是 OFDM（正交频分复用）技术。两者从编解码、帧格式、空口、信令，到网络架构，都不一样。

FDD 是在分离的两个对称频率信道上进行接收和发送，用保护频段来分离接收和发送信道。因此，FDD 必须采用成对的频率，依靠频率来区分上下行链路，其单方向的资源在时间上是连续的。在优势方面，FDD 在支持对称业务时，可以充分利用上下行的频谱，但在支持非对称业务时，频谱利用率将大大降低。

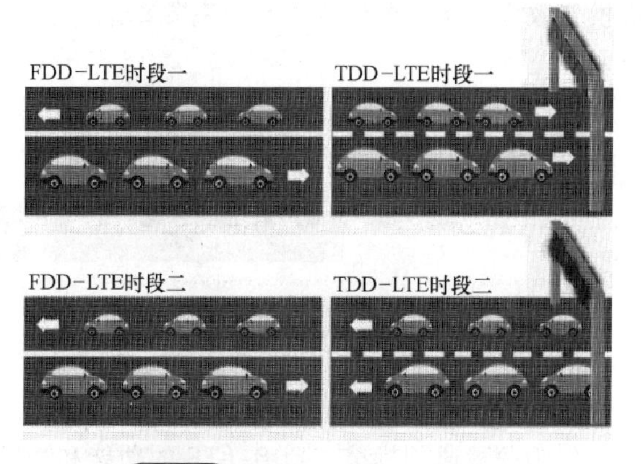

图 2-26　FDD 及 TDD 双工方式

FDD 使用不同频谱，上下行数据同时传输，TDD 使用“信号灯”控制，上下行数据在不同时段内单向传输。FDD 及 TDD 双工方式如图 2-26 所示。

2. FDD-LTE 工作原理

FDD-LTE 中的 FDD 是频分双工的意思，是该技术支持的两种双工模式之一，应用 FDD 式的 LTE 即 FDD-LTE。由于无线技术的差异、使用频段的不同及各个厂家的利益等因素，所以 FDD-LTE 的标准化与产业发展都领先于 TDD-LTE。目前 FDD-LTE 已成为当前世界上采用的国家及地区最广泛的，终端种类最丰富的一种 4G 标准。根据最新数据，2013 年全球共有 285 个运营商在超过 93 个国家部署 FDD 4G 网络。

FDD 模式的特点是在分离（上下行频率间隔 190MHz）的两个对称频率信道上，系统进行接收和传送，用保证频段来分离接收和传送信道。同时，FDD 还采用了分组交换等技术，实现高速数据业务，并可提高频谱利用率，增加系统容量。

在 TDD 方式的移动通信系统中，接收和发送使用同一频率载波的不同时隙作为信道的承载，其单方向的资源在时间上是不连续的，时间资源在两个方向上进行了分配。某个时间段由基站发送信号给移动台，另外的时间由移动台发送信号给基站，基站和移动台之间必须协同一致才能顺利工作。

TDD 及 FDD 的控制如图 2-27 所示。

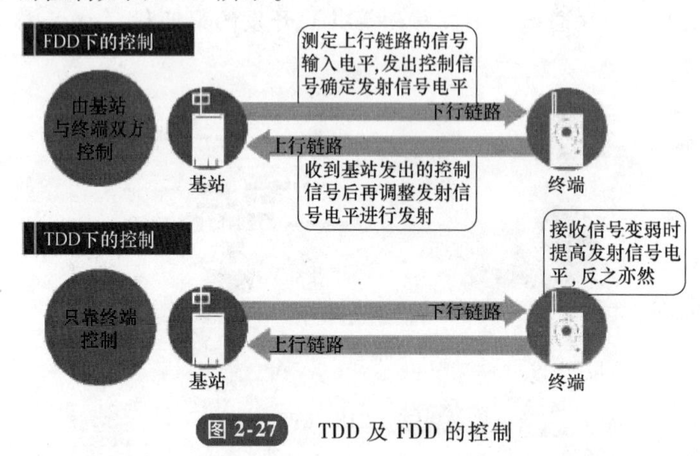

图 2-27 TDD 及 FDD 的控制

3. FDD 和 TDD 的共用性

FDD 和 TDD 的共通性超过 90%，它们拥有相同的核心网，相同的高层设计，只在“何时”处理任务方面有微小的差异，但是工作的内容、方式或原理均相同，如图 2-28 所示。LTE 是全球统一的标准，因此无线行业能够充分利用全球统一的庞大的 LTE 生态系统实现规模化效应，从而更低成本和更高效率地打造相通的 FDD/TDD 基础设施产品和终端。

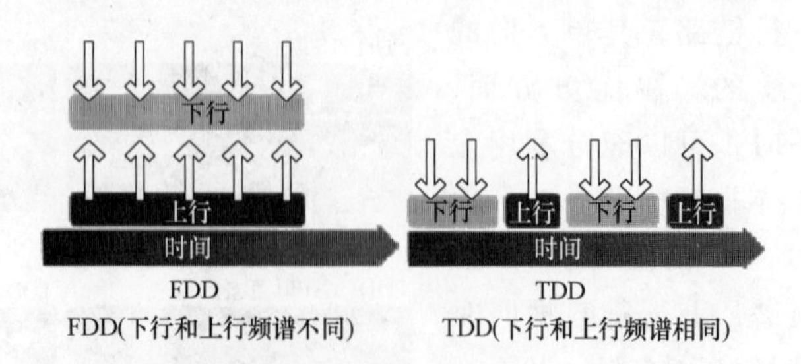

图 2-28 TDD 和 FDD 的微小差异

作为一种通用标准，FDD-LTE 的功能和演进与 TDD-LTE 相同，这种共同性使得厂商能够开发通用的 FDD/TDD 产品，并充分利用庞大且不断扩张的统一 LTE 生态系统。最初，选择 FDD 还是 TDD 纯粹取决于频谱是否可用，但可以预见的是，大多数运营商将同时部署这两种网络，以利用所有可用的频谱资源。

庞大的 LTE 生态系统如图 2-29 所示。

技术标准中高度共通性也使 FDD-LTE 和 TDD 能共享大部分软件和硬件组件。例如，在对产业规模发展至关重要的终端芯片领域，Qualcomm 提供支持 FDD-LTE 和 TDD 的多模芯片。随着 FDD-LTE 和 TDD 融合网络的部署和发展，LTE 的全球市场规模将不断扩大。FDD-LTE 和 TDD 设备通用性如图 2-30 所示。

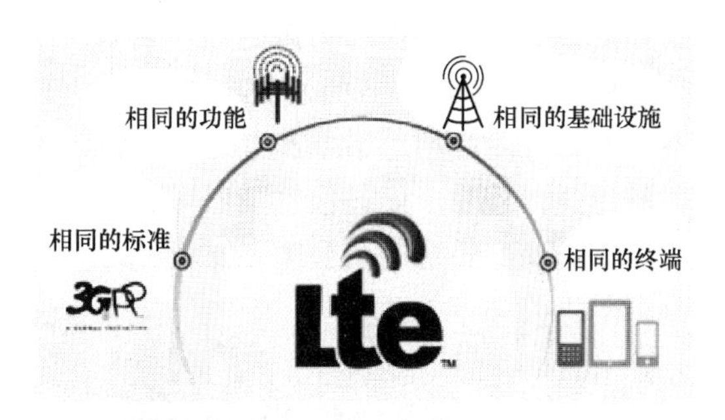

图 2-29 庞大的 LTE 生态系统

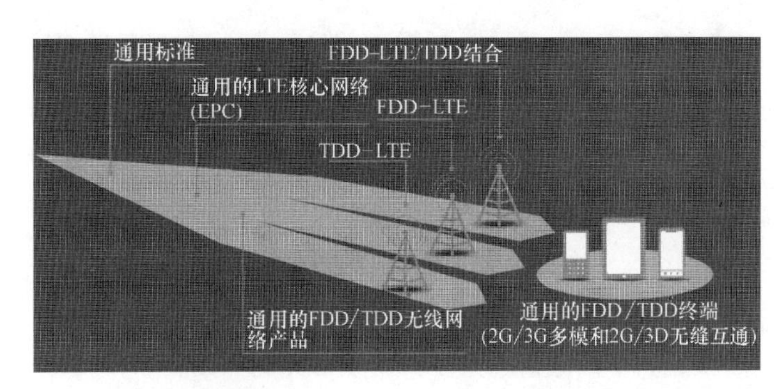

图 2-30 FDD-LTE 和 TDD 设备通用性

FDD-LTE 和 TDD 内在的紧密互通使运营商能够利用其他拥有的全部频谱资源，无论是成对频谱还是非成对频谱，通过相同的基础建设实施融合的 FDD/TDD 网络，提供两种网络覆盖和容量，如图 2-31 所示。

三、中国的 4G

目前中国有中国移动、中国联通和中国电信三大运营商，在 2013 年底，工业和信息化部分别给三家运营商颁发了 4G 牌照，下面对中国的 4G 网络制式和频谱分配进行详细的介绍。

1. 三大运营商网络制式

2013 年 12 月 4 日下午，工业和信息化部正式发放 4G 牌照，宣告我国通信行业进入 4G 时代。中国移动、中国联通和中国电信分别获得一张 TDD-LTE 牌照。与此同时，中国联通与中国电信还分别获得一张 FDD-LTE 牌照。

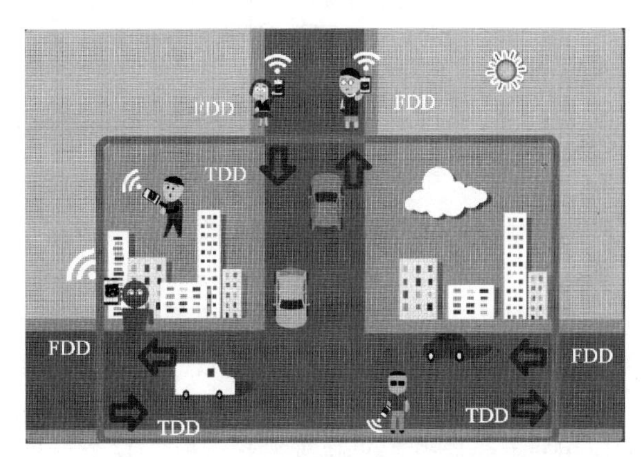

图 2-31 FDD-LTE 和 TDD 基站的融合性

在三大运营商中，中国移动作为 TDD-LTE 标准的主导运营商只运营 TDD-LTE 网络，而中国联通和中国电信则采用 TDD-LTE 与 FDD-LTE 混合组网的模式。

作为国际主流4G标准之一，TDD-LTE具有网速快、频谱利用率高、灵活性强的特点。TDD-LTE制式具有灵活的带宽配比，非常适合4G时代用户的上网浏览等非对称业务带来的数据井喷，更能充分提高频谱的利用效率。

通信业界对4G牌照的发放期盼已久。业界认为，4G牌照的正式发放会对芯片、终端、设备厂商、行业应用等整个产业链产生巨大影响，改变通信运营商的运营方式，将推动宽带中国的建设，进一步促进信息消费增长。

三大运营商网络制式如图2-32所示。

运营商	牌照情况	4G品牌
中国移动通信 CHINA MOBILE	中国移动3G标准为TD-SCDMA，获发TDD牌照，	and和
中国电信 CHINA TELECOM	3G标准为CDMA-2000，获发FDD+TDD牌照	天翼4G
China unicom中国联通	3G标准为WCDMA，，获发FDD+TDD牌照。	沃 WO 精彩在沃

图2-32 三大运营商网络制式

2. 三大运营商频谱分配

中国移动、中国联通和中国电信三大运营商频谱分配如图2-33所示。

运营商	中国移动通信 CHINA MOBILE	中国电信 CHINA TELECOM	China unicom中国联通
频谱	1880～1900MHz 2320～2370MHz 2575～2635MHz	2370～2390MHz 2635～2655MHz	2635～2655MHz 2555～2575MHz

图2-33 三大运营商频谱分配

3. 4G速率与其他网络制式对比

4G速率与其他网络制式对比如图2-34所示。

四、4G的前景

4G的到来，让整个中国的科技圈都兴奋起来——网速越快，越能催生新产品、新应用的爆发，更多的行业将被带入智能时代，在新领域里圈地掘金。

在突破了网速这个瓶颈之后，视频类业务将成为最具推动力的4G应用，但适合4G网络的应用并不会局限在“高清视频播放”这个框框里。视频类业务会延伸出哪些新兴应用呢？它会把哪些传统行业带入新的智能时代呢？

1. 新闻回传

对于国内的广大新闻工作者，尤其是电视台的记者们来说，4G高速网络将成为他们的得力助手。

在未来的电视现场直播过程中，记者无需再使用体形庞大的电视转播车，只要在肩扛摄

无线蜂窝制式	GSM (EDGE)	CDMA 2000 (1x)	CDMA 2000 (EVDO RA)	TD-SCDMA (HSPA)	WCDMA (HSPA)	TD-LTE	FDD-LTE
下行速率	384kbit/s	153kbit/s	3.1Mbit/s	2.8Mbit/s	14.4Mbit/s	100Mbit/s	150Mbit/s
上行速率	118kbit/s	153kbit/s	1.8Mbit/s	2.2Mbit/s	5.76Mbit/s	50Mbit/s	40Mbit/s

图 2-34 4G 速率与其他网络制式对比

像机的传输模块上插入 4G 上网卡，并连接到当地运营商的 4G 网络上，就可以在拍摄画面的同时，把高清影像传回到后方。

而在以往，电视直播活动都需要在现场搭建一个新闻直播间，或者是把卫星转播车开到现场，不仅对场地环境要求很高，调试时间长，而且画面的延时也比较长。

实际上，在 4G 正式商用之前，利用 4G 网络的“即摄即传”技术已经在国内一些地方电视台得到使用。比如，深圳卫视的新闻直播节目，在报道国庆长假出行状况时，就使用了当地移动公司的 4G 网络，从直播效果来看，直播画面与现场实况的时间误差不超过 1s。

可以预见的是，在 4G 高速网络商用普及之后，这项技术将会更频繁地应用于体育赛事、重大活动的电视直播中。电视台和互联网视频类节目，都将逐步进入无线高清直播时代。

2. 智能交通

在 4G 高速网络环境下，实时拍摄、即时传送的道路监控画面，将帮助交警更及时、更便捷地管理城市交通。

比如，部署在交通枢纽、主要路段、高速公路的移动摄像头，可以通过 4G 网络，把拍摄的路况视频实时回传到交通指挥中心，后方就可以及时做出道路交通状况的判断，并采取相应的处理措施。

据了解，在 4G 网络部署较快的广州、深圳等城市，当地的交通管理部门已经在部分区域尝试使用 TDD-LTE 4G 网络，通过警务车上部署车载摄像头，把现场拍摄的高清视屏实时回传到指挥中心。

据当地交通管理部门的反馈，这类应用可适用于警用摩托车、巡逻警车等流动警备车，通过车载终端可以作为定点视频之外的监控管理盲点。这种智能的监控手段，不仅可以帮助交通管理部门快速处理交通突发状况，也可以更好地缓解城市交通拥堵问题。

3. 车联网

说到智能交通，就不可避免地要提到与交通有关的另一个热门名词——智能汽车。

众所周知，未来的汽车必定会向智能汽车的方向发展，而构成智能汽车的三大要素是互联化、自动化和电气化。其中排在首位的要素就是要“联网”，也就是业界经常提到的“车联网”。简单来说，让汽车连接网络，就是要实现对汽车动态信息的实时提取，并根据车主的需要，对车辆进行监控或提供服务。

2010 年，中国移动联合上海贝尔推出了全球第一款 TDD-LTE 概念车，而它就是车联网概念的一个实体应用，它可解决“智能交通”、“安全救助”等一系列问题。不过，受限于当时国内4G网络并没有商用，这项应用长期停留在概念阶段。

4. 智能安防

利用4G网络的高速度、低时延等特性，未来的安防工作也可以变得更加智能。比如，在居民小区里、大型展会或体育赛事现场，安防人员以往使用的各种定点监控设备，可以变成可移动的高清视频监控设备。在需要监控的区域，安防人员可以通过车载高清摄像头，利用4G网络，实时回传现场拍摄的高清视频。

按照不同场合的实际需求，还可以在安防人员的工作服上配备一套小型摄像机、便携式的视频编码器。通过这样一套简易的装备，每个安防人员都可变成一个流动监控头，并通过4G高速网络，把监控拍摄的画面实时回传到后方。

5. 智能家居

使用移动高速网络的“智能家居”也是在很多年前就已经被提出来的概念，国内运营商也曾在部分省市推出了类似的应用，但这一市场并没有被真正打开。

据了解，中国移动物联网基地在2010年曾推出了一款名为“宜居通”产品，通过安装在家中的传感器，实时采集被监控物件的状态，并将采集到的信息通过移动网络传送到用户的手机上。同时，用户还可以通过手机向家中的传感器发出指令，调节家里各种物件的状态。

当时运营商的设想是：第一步实现用户可以随时了解家庭的安全状况；第二步实现手机对家用电器的远程操控，比如，用户可以在回家之前打开空调、热水器；第三步，实现手机对家庭的全掌控。

不过，实现智能家居是一个庞杂的过程，不仅需要高速的移动网络，还需要全产业链的智能化改造。在4G商用普及、高速网络问题被解决了之后，智能家居离我们还有多远?

4G商用给通信行业以及周边产业带来了无限商机，尤其是给移动互联网行业带来了巨大的想象空间。但需要强调的是，4G商用只是为各类新应用、新产品的爆发铺平了一条超级高速公路，未来在这条超级高速公路上，跑什么样的车，怎么跑，还需要业界的进一步探讨和尝试。

Chapter 3

第三章

手机电路组成与识图

第一节　手机基本电路

一、晶体管电路

晶体管是电流放大器件，有三个极，分别叫作集电极 C、基极 B 和发射极 E，分为 NPN 型和 PNP 型两种。仅以 NPN 型晶体管的共发射极放大电路为例来说明一下晶体管放大电路的基本原理。

1. 晶体管的电流放大作用

下面我们以 NPN 型硅晶体管为例，简要说明晶体管的电流放大作用，如图 3-1 所示。

把从基极 B 流至发射极 E 的电流叫作基极电流 I_B，把从集电极 C 流至发射极 E 的电流叫作集电极电流 I_C。这两个电流的方向都从发射极流出的，所以发射极 E 就用一个箭头来表示电流的方向。

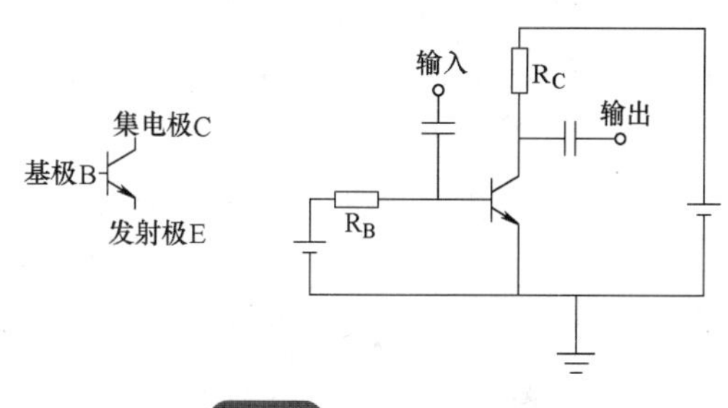

图 3-1　晶体管电路

晶体管的放大作用就是：集电极电流受基极电流的控制（假设电源能够提供给集电极足够大的电流），并且基极电流很小的变化会引起集电极电流很大的变化，且变化满足一定的比例关系：集电极电流的变化量是基极电流变化量的 β 倍，即电流变化被放大了 β 倍，所以我们把 β 叫做晶体管的放大倍数（β 一般远大于 1，例如几十、几百）。

如果将一个变化的小信号加到基极与发射极之间，这就会引起基极电流 I_b 的变化，I_b 的变化被放大后，导致了 I_c 很大的变化。如果集电极电流 I_c 是流过一个电阻 R 的，那么根据电压计算公式 $U=RI$ 可以计算出，电阻上电压就会发生很大的变化。将这个电阻上的电压取出来，就得到了放大后的电压信号了。

2. 晶体管偏置电路

晶体管在实际的放大电路中使用时，还需要加合适的偏置电路。其原因如下：首先是由于晶体管 BE 结的非线性（相当于一个二极管），基极电流必须在输入电压大到一定程度后才能产生（对于硅管，常取 0.7V）。当基极与发射极之间的电压小于 0.7V 时，基极电流就可以认为是 0。但实际中要放大的信号往往远比 0.7V 要小，如果不加偏置，这么小的信号就不足以引起基极电流的改变（因为小于 0.7V 时，基极电流都是 0）。

如果先在晶体管的基极上加上一个合适的电流（叫作偏置电流，图 3-1 中的电阻 R_b 就是用来提供这个电流的，所以它被叫作基极偏置电阻），那么当一个小信号与这个偏置电流叠加在一起时，小信号就会导致基极电流的变化，而基极电流的变化，就会被放大并在集电极上输出。另一个原因就是输出信号范围的要求，如果没有加偏置，那么只有对那些增加的信号放大，而对减小的信号无效（因为没有偏置时集电极电流为0，不能再减小了）。而加上偏置，先让集电极有一定的电流，当输入的基极电流变小时，集电极电流就可以减小；当输入的基极电流增大时，集电极电流就增大。这样减小的信号和增大的信号都可以被放大了。

3. 晶体管的开关作用

下面介绍下晶体管的饱和情况。图3-1中，因为受到电阻 R_C 的限制（R_C 是固定值，那么最大电流为 U/R_C，其中 U 为电源电压），集电极电流是不能无限增加下去的。当基极电流的增大，不能使集电极电流继续增大时，晶体管就进入了饱和状态。

一般判断晶体管是否饱和的准则是 $I_B\beta > I_C$。进入饱和状态之后，晶体管的集电极与发射极之间的电压将变得很小，可以理解为一个开关闭合了。

这样就可以将晶体管当作开关使用。当基极电流为0时，晶体管集电极电流为0（即晶体管截止），相当于开关断开；当基极电流很大，以至于晶体管饱和时，相当于开关闭合。如果晶体管主要工作在截止和饱和状态，那么这样的晶体管一般叫作开关管。

如果在图3-1中，将电阻 R_C 换成一个灯泡，那么当基极电流为0时，集电极电流为0，灯泡灭。如果基极电流比较大时（大于流过灯泡的电流除以晶体管的放大倍数 β），晶体管饱和，相当于开关闭合，灯泡就亮了。由于控制电流只需要比灯泡电流的 $1/\beta$ 大一点就行了，所以就可以用一个小电流来控制一个大电流的通断。如果基极电流从零慢慢增加，那么灯泡的亮度也会随着增加（在晶体管未饱和之前）。

对于PNP型晶体管，分析方法类似，不同的地方就是电流方向与NPN型的正好相反，因此发射极上面那个箭头方向也反了过来，即变成朝里的了。

4. 晶体管的“大坝阀门”

对于晶体管放大作用的理解，切记一点：能量不会无缘无故的产生，所以晶体管一定不会产生能量。

但晶体管特点的地方在于：它可以通过小电流控制大电流。放大的原理就在于：通过小的交流输入，控制大的静态直流。

假设晶体管是个大坝，这个大坝奇怪的地方是，有两个阀门，一个大阀门，一个小阀门。小阀门可以用人力打开，大阀门很重，人力是打不开的，只能通过小阀门的水力打开。

所以，平常的工作流程便是，每当放水时，人们就打开小阀门，很小的水流涓涓流出，这涓涓细流冲击大阀门的开关，大阀门随之打开，汹涌的江水滔滔流下。

如果不停地改变小阀门开启的大小，那么大阀门也相应地不停改变，假若能严格地按比例改变，那么完美的控制就完成了。

在这里，U_{BE} 就是小水流，U_{CE} 就是大水流，人就是输入信号。当然，如果把水流比作电流，会更确切，因为晶体管毕竟是一个电流控制元件。

如果某一天，江水没有了，也就是大的水流那边是空的。这时候人工打开了小阀门，尽管小阀门还是一如既往地冲击大阀门，并使之开启，但因为没有水流的存在，所以，并没有水流出来。这就是晶体管中的截止区。

饱和区是一样的，因为此时江水达到了很大很大的程度，人工开启的阀门大小已经没用了。如果不开启阀门而江水就自己冲开了，这就是二极管的击穿。

在模拟电路中，一般阀门是半开的，通过控制其开启大小来决定输出水流的大小。没有信号时，水流也会流，所以不工作时，也会有功耗。

而在数字电路中，阀门则处于开或是关两个状态。当不工作时，阀门是完全关闭的，没有功耗。

1）截止区：应该是那个小的阀门开启的还不够，不能打开大阀门，这种情况是截止区。

2）饱和区：应该是小的阀门开启的太大了，以至于大阀门里放出的水流已经到了它极限的流量，但是调小小阀门，可以使晶体管工作状态从饱和区返回到线性区。

3）线性区：就是水流处于可调节的状态。

4）击穿区：比如有水流存在一个水库中，水位太高（相应与 U_{CE} 太大），导致有缺口产生，水流流出。而且，随着小阀门的开启，这个击穿电压变低，就更容易击穿了。

二、场效应晶体管电路

场效应晶体管与晶体管一样，也具有放大作用，但与普通晶体管是电流控制型器件相反，场效应晶体管是电压控制型器件。它具有输入阻抗高、噪声低的特点。

场效应晶体管的 3 个电极，即栅极、源极和漏极，分别相当于晶体管的基极、发射极和集电极。图 3-2 所示是场效应晶体管的 3 种组态电路，即共源极、共漏极和共栅极放大器。

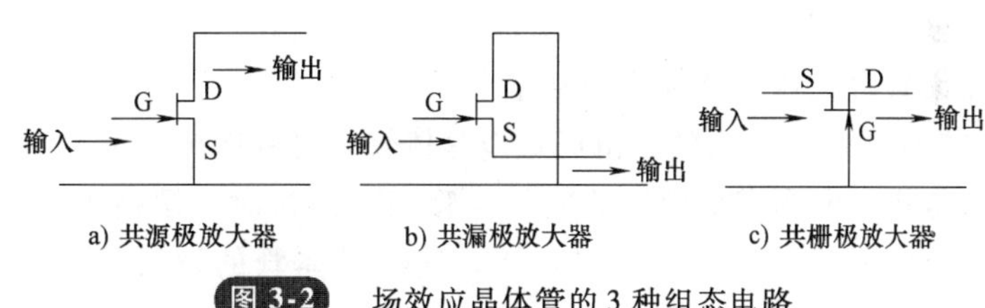

图 3-2 场效应晶体管的 3 种组态电路

图 3-2a 所示是共源极放大器，它相当于晶体管共发射极放大器，是一种最常用的电路；图 3-2b 所示是共漏极放大器，相当于晶体管共集电极放大器，输入信号从漏极与栅极之间输入，输出信号从源极与漏极之间输出，这种电路又称为源极输出器或源极跟随器；图3-2c 所示是共栅极放大器，它相当于晶体管共基极放大器，输入信号从栅极与源极之间输入，输出信号从漏极与栅极之间输出，这种放大器的高频特性比较好。

绝缘栅型场效应晶体管的输入电阻很高，如果在栅极上感应了电荷，很不容易泄放，极易将 PN 结击穿而造成损坏。为了避免发生 PN 结击穿损坏，存放时应将场效应晶体管的 3 个极短接；不要将它放在静电场很强的地方，必要时可放在屏蔽盒内。

焊接时，为了避免电烙铁带有感应电荷，应将电烙铁从电源上拔下。焊进电路板后，不能让栅极悬空。

1. 场效应晶体管放大电路的偏置方法

（1）固定式偏置电路　在场效应晶体管放大器中，有时需要外加栅极直流偏置电源，这种方式被称为固定式偏置电路，如图 3-3 所示。

C_1 和 C_2 分别是输入端耦合电容和输出端耦合电容。$+U_{CC}$ 通过漏极负载电阻 R_2 加到 VT 的漏极，VT 的源极接地。$-U_{CC}$ 是栅极专用偏置直流电源，为负极性电源，它通过栅极偏置电阻 R_1 加到 VT 的栅极，使栅极电压低于源

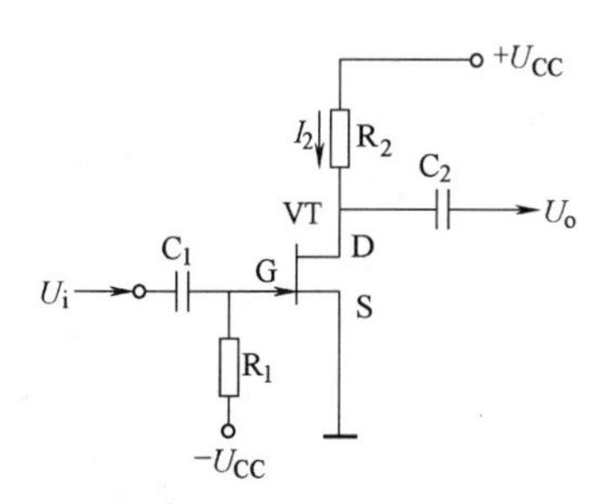

图 3-3 固定式偏置电路

极电压，这样就建立了 VT 的正常偏置电压。

在电路中，输入信号 U_i 经 C_1 耦合至场效应晶体管 VT 的栅极，与原来的栅极负偏压叠加。场效应晶体管受到栅极的作用，其漏极电流 I_2 相应变化，并在负载电阻 R_2 上产生电压降，经 C_2 隔离直流后输出，在输出端即得到放大了的信号电压 U_o。I_2 与 U_i 同相，U_o 与 U_i 反相。

这种偏置电路的优点是 VT 的工作点可以任意选择，不受其他因素的制约，也充分利用了漏极直流电源 $+U_{CC}$，所以可以用于低压供电放大器。其缺点是需要两个直流电源。

（2）自给偏压共源极放大电路　图 3-4 所示是典型的自给偏压共源极放大电路。图中 C_1 和 C_2 分别是输入、输出耦合电容，起通交流、隔直流的作用；$+U_{CC}$为漏极直流电压源，为放大电路提供能源；R_D 是漏极电阻，它能把漏极电流的变化转变为电压的变化，以便输出信号电压；R_S 是源极电阻，其作用是产生一个源极到地的电压降，以提供源极偏压，建立静态偏置，同时具有电流负反馈的作用；C_S 是源极旁路电容，给源极交流信号提供一条通路，以免交流信号在 R_S 上产生负反馈。

由于场效应晶体管在漏极电流较大时，具有温度上升、漏极电流就减小的特点，因而热稳定性好，故源极仅需设置自偏压电路就十分稳定了。

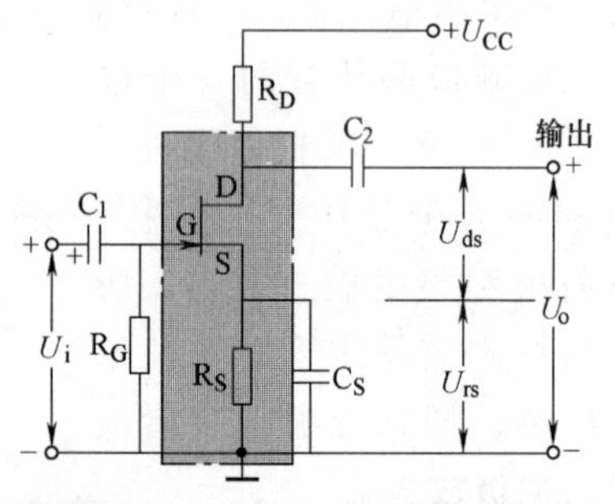

图 3-4　自给偏压共源极放大电路

“自给偏压”指的是由场效应晶体管自身的电流产生偏置电压。N 沟道结型场效应晶体管正常工作时，栅极、源极之间需要加一个负偏置电压，这与晶体管的发射结需要正偏置电压是相反的。为了使栅极、源极之间获得所需负偏压，设置了自生偏压电阻 R_S。当源极电流流过 R_S 时，将会在 R_S 两端产生上正下负的电压降 U_S。由于栅极通过 R_G 接地，所以栅极为零电位。这样，R_S 产生的 U_S 就能使栅极、源极之间获得所需的负偏压 U_{GS}，这就是自给偏压共源极放大电路的工作原理。

（3）分压式自偏压电路　图 3-5 所示为分压式自偏压电路，又称为栅极接正电位偏置电路。它是在自给偏压共源极放大电路的基础上，加上分压电阻 R_{f1} 和 R_{f2} 构成的。

图 3-5 中，电源 $+U_{CC}$、输入耦合电容 C_1、输出耦合电容 C_2、漏极电阻 R_D、源极电阻 R_S、源极旁路电容 C_S 的作用均与自给偏压共源极放大电路相同。R_{f1} 和 R_{f2} 是分压偏置电阻，R_{f1} 与 R_{f2} 的接点通过大电阻 R_G 与场效应晶体管的栅极相连。由于栅极绝缘无电流，所以 R_{f1} 与 R_{f2} 的分压点 A 与场效应晶体管的栅极同电位。由于该电路既有“分压偏置”又有“自给偏置”，所以又称为组合偏置电路。这种偏置电路既可用于耗尽型场效应晶体管，也可用于增强型场效应晶体管。

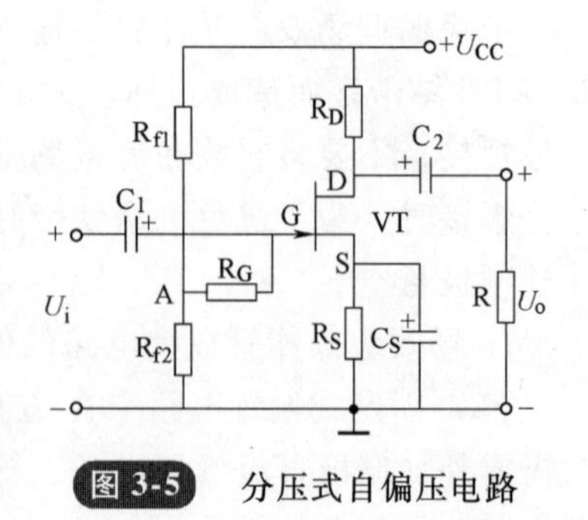

图 3-5　分压式自偏压电路

2. 场效应晶体管放大电路的工作原理

（1）源极接地放大器　源极接地放大器是场效应晶体管放大器最重要的电路形式，其工作原理如图 3-6 所示。

图 3-6 中，交流输入电压 U_i 在 1/4 周期内处于增大的趋势，因此在这段时间内漏极电

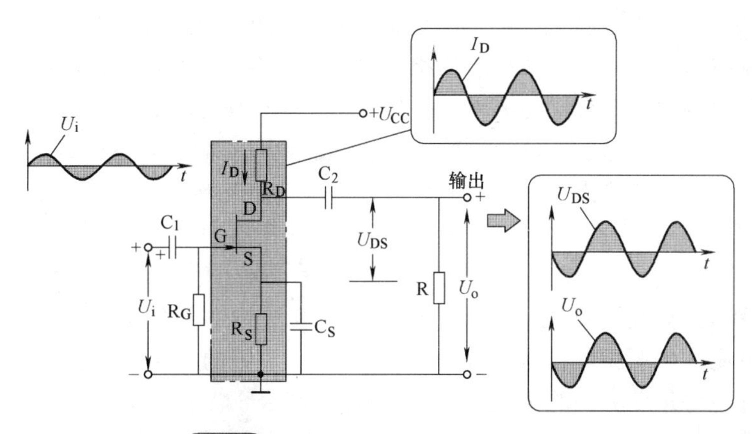

图 3-6　源极接地放大器的工作原理

流 I_D 增大。I_D 的增大使负载上的压降增大，U_{DS}就下降；当 U_i 在 2/4 周期内时，处于减小状态，U_{GS}增大，I_D 则减小，而 I_D 的减小使负载上的压降减小，U_{DS}就上升。依此类推，其输入与输出信号的波形如图 3-6 中所示。U_i 和 I_D 的相位相同，与输出信号电压 U_{DS}的相位相反。

（2）栅极接地放大器　栅极接地放大器适用于高频宽带放大器，其基本连接方式如图 3-7 所示。

（3）漏极接地放大器　漏极接地放大器也称为源极跟随器或源极输出器，相当于双极型晶体管的集电极接地电路。图 3-8 为其基本连接方式。源极跟随器最主要的特点是输出阻抗低。

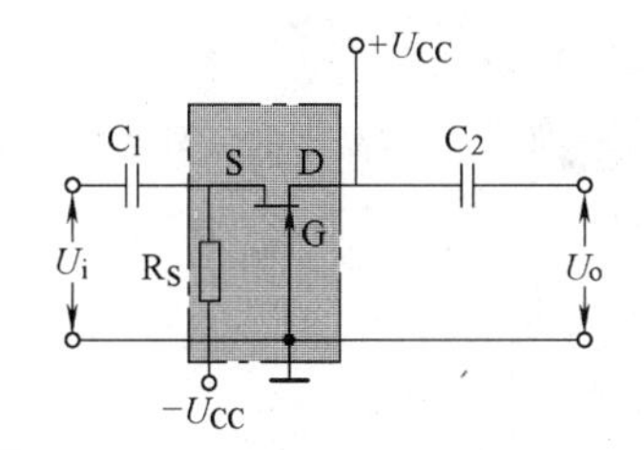

图 3-7　栅极接地放大器的基本连接方式

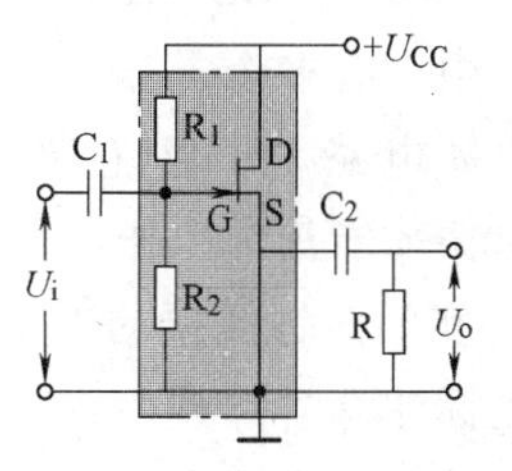

图 3-8　漏极接地放大器的基本连接方式

三、晶体振荡器电路

在手机众多的元器件中，有一个元件不可或缺，它就是晶振。它在频率合成器电路、蓝牙电路、GPS 电路乃至应用处理器中都起着关键性作用。

晶振在手机中的作用就好比“北京时间”一样，手机和基站按一个节拍同步工作，如果手机的晶振频率偏移，就和你的手表和北京时间不一致，手机频偏会造成没有信号。

1. 晶振的工作原理

晶振即石英晶体振荡器，它的作用在于产生原始的时钟频率，这个频率经过倍频或分频后就成了设备所需要的频率。

石英晶体振荡器是高精度和高稳定度的振荡器，被广泛应用于彩色电视机、计算机、遥控器等各类振荡电路中，它在通信系统中可用于频率发生器，为数据处理设备产生时钟信号以及为特定系统提供基准信号。

（1）压电效应　若在石英晶体的两个电极上加一电场，晶片就会产生机械变形。反之，若在晶片的两侧施加机械压力，则在晶片相应的方向上将产生电场，这种物理现象称为压电效应。如果在晶片的两极上加交变电压，晶片就会产生机械振动，同时晶片的机械振动又会产生交变电场。在一般情况下，晶片机械振动的振幅和交变电场的振幅非常微小，但当外加交变电压的频率为某一特定值时，振幅明显加大，比其他频率下的振幅大得多，这种现象称为压电谐振，它与LC回路的谐振现象十分相似。它的谐振频率与晶片的切割方式、几何形状、尺寸等有关。

（2）符号和等效电路　石英晶体谐振器的符号和等效电路如图3-9所示。当晶体不振动时，可把它看成一个平板电容器（称为静电电容C），它的大小与晶片的几何尺寸、电极面积有关，一般约为几皮法到几十皮法。当晶体振荡时，机械振动的惯性可用电感L来等效，一般L的值为几十毫亨到几百毫亨。晶片的弹性可用电容C来等效，C的值很小，一般只有0.0002～0.1pF。晶片振动时因摩擦而造成的损耗用R来等效，它的数值约为100Ω。由于晶片的等效电感很大，而C很小，R也小，所以回路的品质因数Q很大，可达1000～10000。而且晶片本身的谐振频率基本上只与晶片的切割方式、几何形状、尺寸有关，而且可以做得精确，因此利用石英谐振器组成的振荡电路可获得很高的频率稳定度。

2. 手机中晶振的外形与结构

众所周知，所有的实时系统都需要在每一个时钟周期去执行程序代码，而这个时钟周期就由晶振产生。在手机中一般至少有2个晶振，即32.768kHz的实时时钟（Real-Time Clock，简称RTC）晶振和13MHz/26MHz基准时钟晶振。

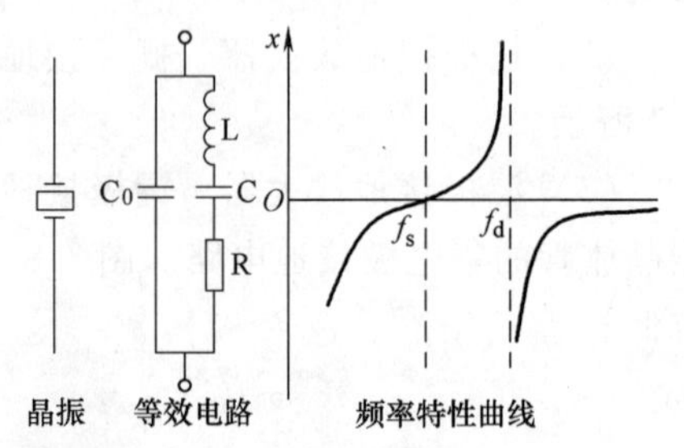

图3-9　石英晶振的符号和等效电路

手机中会有多个晶振，例如GPS电路、蓝牙电路、多媒体电路、WiFi电路、应用处理器电路等，都需要晶振才能正常工作。

（1）实时时钟晶振的外形与结构　手机中的实时时钟晶振的外形如图3-10所示，大多在外壳上标注有时钟频率，有的厂家用字母来标示型号和频率。

塑封的时钟晶振有4个引脚，外形为长方形，颜色大部分为黑色或浅黄色、浅紫色等。铁壳的时钟晶振一般为银白色和金色，一般有两个引脚，外壳接地。

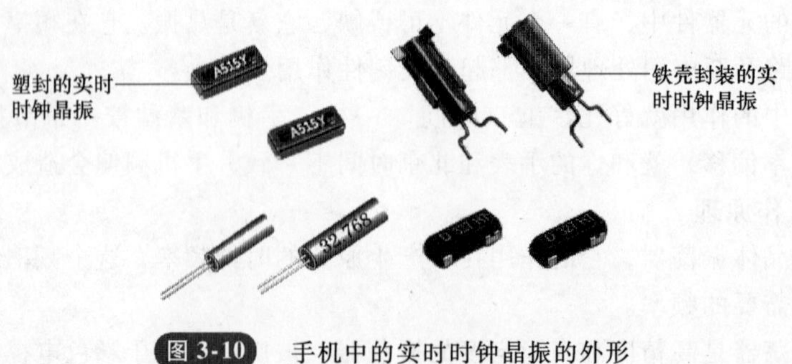

图3-10　手机中的实时时钟晶振的外形

（2）基准时钟晶振的外形与结构　如图3-11所示是手机中的基准时钟晶振，主要应用于系统基准振荡电路、多媒体电路、蓝牙电路、GPS电路、应用处理器电路、WiFi电路等。

这里主要以系统基准时钟晶振为例进行介绍。

图 3-11 手机中的基准时钟晶振的外形

GSM 手机中的系统基准时钟晶振一般为 13MHz、26MHz，CDMA 手机中的系统基准时钟晶振一般为 19.68MHz。

手机中的基准时钟晶振分为无源晶振和有源晶振。无源晶振外观为长方体，顶部为白色，顶部四周为金黄色，底部为陶瓷基片，有 4 个引脚；有源晶振外观为长方体，一般有一个金属屏蔽罩，拆开屏蔽罩后，里面是晶振电路的元件。

3. 石英晶体振荡电路

石英晶体振荡电路形式有很多种，常用的有两类：一类是石英晶体接在振荡电路中，作为电感元件使用，这类振荡电路称为并联晶体振荡电路；另一类是把石英晶体作为串联短路元件使用，使其工作于串联谐振频率上，称为串联晶体振荡电路。

（1）并联晶体振荡电路 这类晶体振荡电路的原理和一般 LC 振荡器相同，只是把晶体接在振荡电路中作为电感元件使用，并与其他电路元件一起，按照三点式电路的组成原则与晶体管相连，如图 3-12 所示。

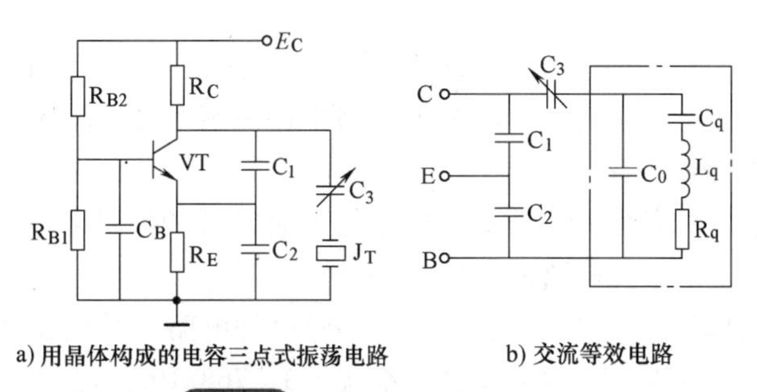

图 3-12 并联晶体振荡电路

石英晶体的振荡频率由石英谐振器和负载电容 C_L 共同决定。所谓“负载电容”是指从晶振的引脚两端向振荡电路的方向看进去的等效电容，晶振在振荡电路中起振时等效为感性，负载电容与晶振的等效电感形成谐振，决定振荡器的振荡频率。对于图 3-12 所示电路，负载电容 C_L 由 C_1、C_2 和 C_3 共同组成，由于 C_3 远远小于 C_1 和 C_2，可见石英晶体确定后，L_q、C_0、C_q 也就确定了。振荡频率主要由 C_3 决定，实际电路中，C_3 一般用一个变容二极管代替，通过改变变容二极管的反偏压来使变容二极管的结电容发生变化，从而改变了振荡频率，使振荡频率符合要求。

（2）串联晶体振荡电路　串联晶体振荡电路是把晶体接在正反馈支路中，当晶体工作在串联谐振频率上时，其总电抗为零，等效为短路元件，这时反馈作用最强，满足振幅起振条件，如图 3-13 所示。

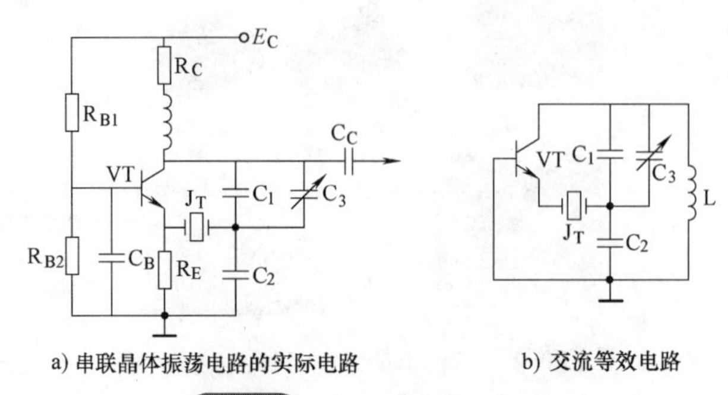

图 3-13　串联晶体振荡电路

由图 3-13 可知，该电路与电容三点式振荡电路十分相似，所不同的只是反馈信号不是直接接到晶体管的输入端，而是经过石英晶体接到振荡的发射极，从而实现正反馈。当石英晶体工作在串联谐振频率时，石英晶体呈现极低的阻抗，可以近似地认为是短路的，则在这个频率上，该电路与三点式振荡器没有什么区别。基于这种原理，我们可以调节振荡电路，使振荡频率正好等于晶体的谐振频率，这时，正反馈最强，正好满足起振条件。对于其他频率，石英谐振器不可能发生串联谐振，它在反馈支路中呈现为一个较大的电阻，使振荡电路不能满足起振条件，故不能振荡。可见，串联石英晶体振荡器的振荡频率及频率稳定度都是由石英谐振器的串联振荡频率决定的，而不是由振荡电路决定的。显然，由振荡电路元件决定的固有频率，必须与石英谐振器的串联谐振频率相一致。

由于串联晶振电路中振荡频率等于晶体串联谐振频率，所以它不需要外加负载电容 C_L，通常这种晶体标明其负载电容为无穷大。在实际应用中，若有小的误差，则可以通过电路电容 C_3 来微调频率。

实际电路中，C_3 一般用一个变容二极管代替，通过改变变容二极管的反偏压来使变容二极管的结电容发生变化，从而使串联晶振电路中振荡频率等于晶体串联谐振频率。

4. 手机中的晶体振荡电路

在手机中一般会使用多个晶体振荡器电路，下面以 32.768kHz 时钟晶振和系统基准时钟为例简要说明手机中晶体振荡电路的工作原理。

（1）实时时钟晶体振荡电路　32.768kHz 实时时钟电路为手机提供实时时钟的电路，为什么实时时钟电路一定要用 32.768kHz 的晶振呢？32.768kHz 的晶振产生的振荡信号经过石英钟内部分频器进行 15 次分频后得到 1Hz 秒信号，即每秒石英钟内部分频器只能进行 15 次分频，要是换成别的频率的晶振，15 次分频后就不是 1Hz 的秒信号，时间就不准了。

32.768kHz 实时时钟电路一般由 32.768kHz 时钟晶振和电源块内部或与 CPU 内部共同产生振荡信号，也有一部分由 32.768kHz 晶振和专用的集成电路构成振荡信号。

如图 3-14 所示为实时时钟电路的结构。

实时时钟电路在手机中最常见的作用就是计时，32.768kHz 时钟信号都要送 CPU 以保障实时时钟的正常运行显示，手机显示的时间日期就是由实时时钟电路提供的。

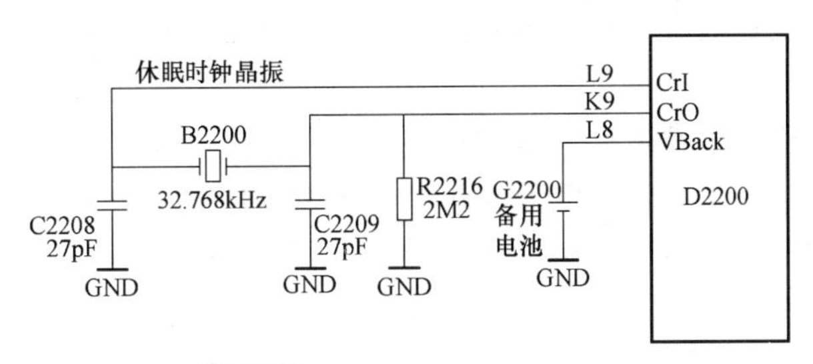

图 3-14　实时时钟电路的结构

另外，实时时钟电路还提供睡眠时钟、逻辑启动时钟等作用，32.768kHz 实时时钟与CPU 共用串行总线，像三星系列手机，也有的手机 32.768kHz 实时时钟信号参与逻辑运行。

（2）系统基准时钟振荡电路　手机中的系统基准时钟晶体是手机中一个非常重要的器件，它产生的系统时钟信号一方面作为逻辑电路提供时钟信号，另一方面为频率合成器电路提供基准信号。

1）系统基准时钟工作原理。手机中的系统基准时钟晶体振荡电路由逻辑电路提供的AFC（自动频率控制）信号控制。由于 GSM 手机采用时分多址（TDMA）技术，以不同的时间段（Slot，时隙）来区分用户，所以手机与系统保持时间同步就显得非常重要。若手机时钟与系统时钟不同步，则会导致手机不能与系统进行正常的通信。

在 GSM 系统中，有一个公共的广播控制信道（BCCH），它包含频率校正信息与同步信息等。手机一开机，就会在逻辑电路的控制下扫描这个信道，从中获取同步与频率校正信息，如手机系统检测到手机的时钟与系统不同步，手机逻辑电路就会输出 AFC 信号。AFC 信号改变手机中的系统基准时钟晶振电路中 VCO 两端的反偏压，从而使该 VCO 电路的输出频率发生变化，进而保证手机与系统同步。

GSM 手机的系统基准时钟一般为 13MHz，现在一些手机使用的是 26MHz 晶振，三星部分手机使用的是 19.5MHz 晶振，电路产生的 26MHz 或 19.5MHz 信号再进行 2 倍或 1.5 倍分频，来产生 13MHz 信号供其他电路使用。

单独的一个石英晶振是不能产生振荡信号的，它必须在有关电路的配合下才能产生振荡，如图 3-15 所示。

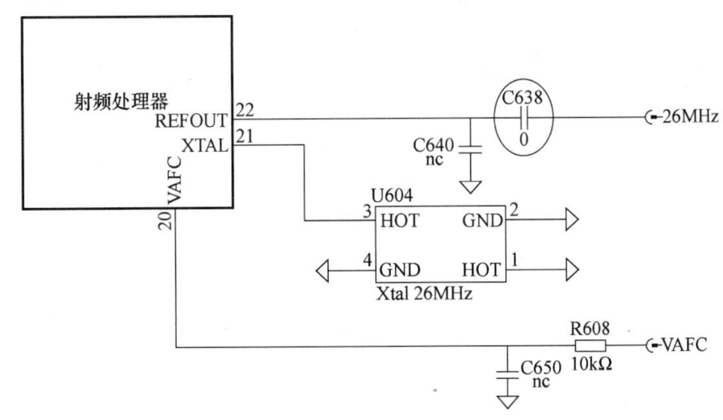

图 3-15　系统基准时钟电路

2）手机中系统基准时钟的作用。以 13MHz 系统基准时钟为例进行介绍，13MHz 作为逻辑电路的主时钟，是逻辑电路工作的必要条件。开机时需要有足够的幅度（9～15MHz 范围内均可开机）。

开机后，13MHz 作为射频电路的基准频率时钟，完成射频系统共用收发本振频率合成、PLL 锁相以及倍频作为基准副载波用于 I/Q 调制解调。因此，信号对 13MHz 的频率要求精度较高（应为 12.9999～13.0000MHz，±误差不超过 150Hz），只有 13MHz 基准频率精确，才能保证收发本振的频率准确，使手机与基站保持正常的通信，完成基本的收发功能。

第二节 手机电路识图基本方法

电路图是为了研究和工程的需要，用国家标准化的符号绘制的一种表示各种元器件组成的图形。通过电路图可以详细地了解它的工作原理，是分析性能、安装电子产品的主要设计文件。在设计电路时，也可以在纸或计算机上进行，确认完善后再进行实际安装，通过调试、改进，直至成功。

一、电路图的组成及分类

手机中的电路图包括原理图、框图、装配图和印制电路板图等，应掌握看图方法，并能够实际运用到维修工作中去。

维修手机离不开电路图，否则维修便是瞎子摸象，掌握和了解电路图的组成和分类是学习手机原理的基础，只有基础扎实，后面的理论学习才能轻车熟路。

1. 电路图的组成

电路图主要由元器件符号、连线、结点和注释四部分组成。

1）元器件符号表示实际电路中的元器件，它的形状与实际的元器件不一定相似，甚至完全不一样。但是它一般都表示出了元器件的特点，而且引脚的数目都和实际元器件保持一致。

手机中的元器件符号举例如图 3-16 所示。

2）连线表示的是实际电路中的导线，在原理图中虽然是一根线，但在常用的印制电路板中往往不是线而是各种形状的铜箔块，就像收音机原理图中的许多连线在印制电路板图中并不一定都是线形的，也可以是一定形状的铜膜。

3）结点表示几个元器件引脚或几条导线之间相互的连接关系。所有和结点相连的元器件引脚、导线，不论数目多少，都是导通的。

手机的连线和结点如图 3-17 所示。

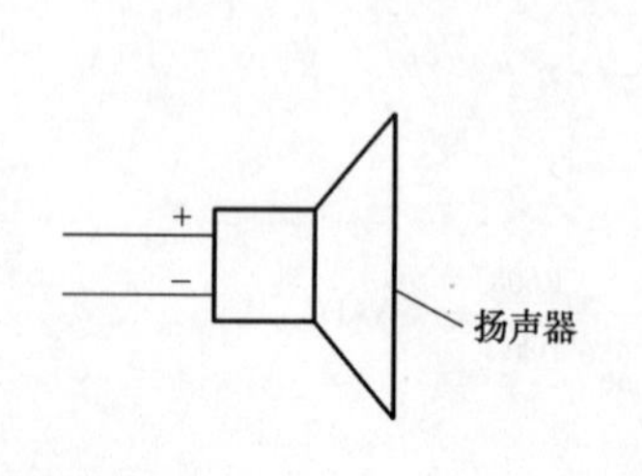

图 3-16 手机中的元器件符号举例

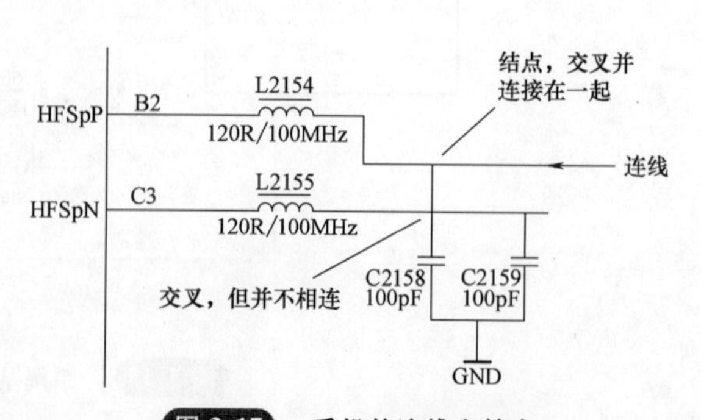

图 3-17 手机的连线和结点

4）注释在电路图中是十分重要的，电路图中所有的文字都可以归入注释一类。从以上各图中会发现，在电路图的各个地方都有注释存在，它们被用来说明元器件的型号、名称等。

手机的注释如图3-18所示。

2. 电路图的分类

（1）原理图　原理图又叫作“电原理图”。由于它直接体现了电子电路的结构和工作原理，所以一般用在设计、分析电路中。

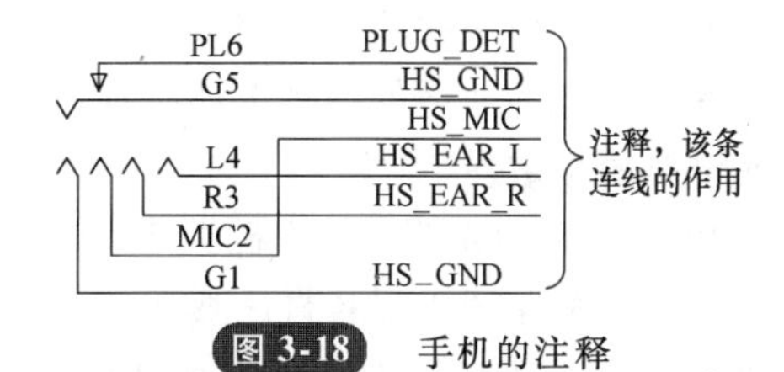

图3-18　手机的注释

分析电路时，通过识别图样上所画的各种电路元器件符号，以及它们之间的连接方式，就可以了解电路实际工作时的原理。原理图就是用来体现电子电路的工作原理的一种工具。

（2）框图　框图是一种用方框和连线来表示电路工作原理和构成概况的电路图。从根本上说，这也是一种原理图，不过在这种图样中，除了方框和连线，几乎就没有别的符号了。

它和上面的原理图主要的区别就在于原理图上详细地绘制了电路的全部的元器件和它们的连接方式，而框图只是简单地将电路按照功能划分为几个部分，将每一个部分描绘成一个方框，在方框中加上简单的文字说明，在方框间用连线（有时用带箭头的连线）说明各个方框之间的关系。

所以框图只能用来体现电路的大致工作原理，而原理图除了详细地表明电路的工作原理之外，还可以用来作为采集元件、制作电路的依据。

（3）元器件分布图（装配图）　它是为了进行电路装配而采用的一种图样，图上的符号往往是电路元器件的实物外形图。只要照着图上画的样子，依样画葫芦地把一些电路元器件连接起来就能够完成电路的装配。这种电路图一般是供初学者使用的。

装配图根据装配模板的不同而各不一样，大多数作为电子产品的场合，用的都是印制电路板，所以印制电路板图是装配图的主要形式。

（4）印制电路板图　印制电路板图和装配图其实属于同一类的电路图，都是供装配实际电路使用的。

印制电路板是在一块绝缘板上先覆上一层金属箔，再将电路不需要的金属箔腐蚀掉，剩下的部分金属箔作为电路元器件之间的连接线，然后将电路中的元器件安装在这块绝缘板上，利用板上剩余的金属箔作为元器件之间导电的连线，完成电路的连接。由于这种电路板的一面或两面覆的金属是铜皮，所以印制电路板又叫作“覆铜板”。

印制电路板图的元器件分布往往和原理图中大不一样。这主要是因为，在印制电路板的设计中，主要考虑所有元器件的分布和连接是否合理，要考虑元件体积、散热、抗干扰、抗耦合等诸多因素，综合这些因素设计出来的印制电路板，从外观看很难和原理图完全一致，而实际上却能更好地实现电路的功能。

随着科技的发展，现在印制电路板的制作技术已经有了很大的发展；除了单面板、双面板外，还有多面板，已经大量运用到日常生活、工业生产、国防建设、航天事业等许多领域。在上面介绍的四种形式的电路图中，原理图是最常用也是最重要的，能够看懂原理图，也就基本掌握了电路的原理，绘制框图、设计装配图、印制电路板图都比较容易了。掌握了原理图，进行智能手机的维修、设计，也是十分方便的。

二、电路图识图技巧

1. 对手机有基本了解

要看懂某一款手机的电路图，还需对该手机有一个大致的了解，例如一部手机的功能模块组成，各个模块的功能作用及特点。

除了基本的通话外，是否还有其他如红外、蓝牙、照摄像、导航等功能模块，弄清模块单元电路的组成。

2. 从熟悉的元器件和电路入手

经常在电路图中寻找自己熟悉的元器件和单元电路，看它们在电路中所起的作用，每部手机都有共同的标志性器件，如功放、CPU、晶振、滤波器等。然后与它们周围的电路联系，分析这些外部电路怎样与这些元器件和单元电路互相配合工作，逐步扩展，直至对全图能理解为止。

3. 分割电路，各个击破

不断尝试将电路图分割成若干条条框框，然后各个击破，逐个了解这些条条框框电路的功能和工作原理，再将各个条条框框互相联系起来，从而看懂、读懂整个电路图。

4. 掌握“四多”技巧

“四多”就是要多看、多读、多分析和多理解各种电路图。可以由简单电路到复杂电路，遇到一时难以弄懂的问题除自己反复独立思考外，也可以向内行、专家请教，还可以多阅读这方面的教材与报刊，还可以上专门的网站，从中学习。只要坚持不懈地努力，学会看懂电路图并非难事。

三、英文注释识别技巧

在手机的电路图中，几乎所有的注释都用英文标注，有些还用英文的缩写进行标注，这样就给初学者造成不小的障碍，如何能够有效地突破英文注释的关卡，掌握看图的技巧呢？下面从几个方面进行说明。

1. 从出现频率高的英文注释入手

仔细观察手机原理图不难发现，即使在不同型号的手机图样中，也能找到一些通用的英文单词，有些单词的出现频率非常高。例如：VCC 表示电源供电的意思，在手机电路图中，不论哪一个单元电路，都会有供电，而且供电差不多都用 VCC 表示，那么记忆这个单词应该就简单了。VBATT、DATA、GND、OFF、ON 等都属于这一类出现频率非常高而且在各个图样中都通用的英文单词。

2. 掌握图样中英文注释的缩写

在手机图样中，由于空间限制，一般过长的单词无法在图样中标注出来，这时候一般采用英文单词的缩写，记忆这样的单词也有技巧。例如：AFC 是自动频率控制（Automatic Frequency Control），分别取这三个单词的第一个字母，Automatic 是自动，Frequency 是频率，Control 是控制。APC 是自动功率控制（Automatic Power Control），分别取这三个单词的第一个字母，Automatic 是自动，Power 是功率，Control 是控制。还有，AGC 表示自动增益控制，ALC 表示自动电平控制，ABC 表示自动亮度控制等。对于手机中这类采用缩写，而且有相似性的英文单词可以放在一起进行记忆和识别。

3. 经常在一起使用的英文注释

在手机电路图中，有些英文单词总是在一起出现，例如手机 SIM 卡电路中，VCC（SIM 卡电源）、RST（SIM 卡复位）、CLK（SIM 卡时钟）、SIMDATA（SIM 卡数据，有些手机中为 SIM IO）等，那么，我们可以把这些单词对应的电路作为 SIM 卡工作的必要条件来进行记忆，所有 GSM 手机的这块电路基本都是类似的。

手机的 SIM 卡电路如图 3-19 所示。

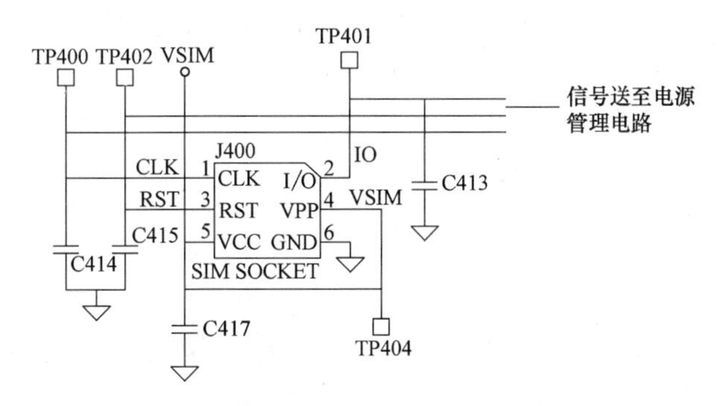

图 3-19　SIM 卡电路

还有 SCLK（频率合成时钟，或 CLK）、SDATA（频率合成数据，或 DATA）、SYNEN（频率合成使能，或 EN、LE）、SYNON（频率合成启动，或 ENRFVCO、RFVCOEN），这 4 个信号都是频率合成器电路工作的必要信号，在查看射频部分电路时就会发现这几个信号总是挨在一起。

如图 3-20 所示是频率合成器控制信号。

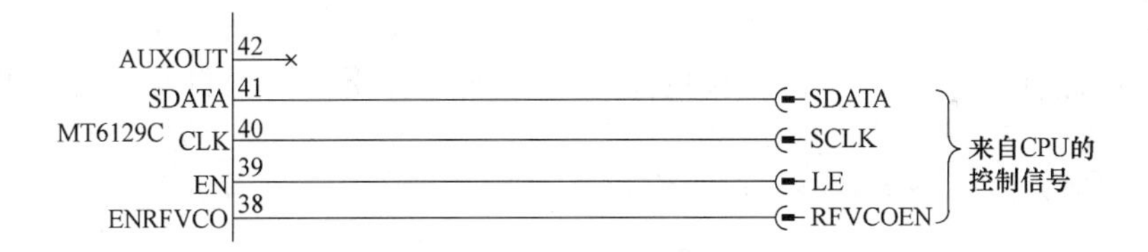

图 3-20　频率合成器控制信号

发现这些规律后，我们就可以把这一类的英文注释放在一起识别和记忆，既能提高看图速度，也能加强对原理图的分析和理解能力。

4. 机型独有的英文注释

除了以上 3 种方法可以记忆手机电路中使用频率最高的大部分单词外，还有一些单词是某些机型独有的，只在这个机型中使用，而不在其他机型中使用。例如：WATCH DOG（WHD）看门狗信号，这个信号是手机的电源维持信号，只有在 MOTOROLA 手机中才使用，在 NOKIA 和三星的手机中则不使用这个单词，这样的单词则需要单独记忆。

还要注意电路图中的英文有些是简写的缩略语，有时是组合使用的，如 ant 是 anttenna 天线的简写，而 antsw 是 ant（天线）和 sw（开关）的组合，其含义就是天线开关。另外，有的词只出现在其特定的部分，它的出现也代表所在电路的基本功能，如电路图中出现“ant”，表示是手机射频部分中的天线相关电路。

第三节 框图的识图

手机框图是一种用各种方框和连线来表示手机电路工作原理和构成概况的电路图。在这种图样中，除了方框和连线，几乎就没有别的符号了。它与手机原理图的区别，在于手机原理图详细地绘制了手机电路的全部元器件与它们的连接方式，而手机框图只是简单地将电路按照功能划分为几个部分，将每一个部分描绘成一个方框，再在方框中标注上简单的文字说明，并在方框之间用连线来说明各方框之间的关系。

一、框图的种类

手机框图种类较多，常用的主要有三种：整机电路框图、系统电路框图和集成电路内电路框图。

1. 整机电路框图

整机电路框图是表达整机电路图的框图，也是众多框图中最为复杂的框图，关于整机电路框图，主要说明下列几点：

1）从整机电路框图中可以了解到整机电路的组成和各部分单元电路之间的相互关系。

2）在整机电路框图中，通常在各个单元电路之间用带有箭头的连线进行连接，通过图中的这些箭头方向，还可以了解到信号在整机各单元电路之间的传输途径等。

3）有些手机的整机电路框图比较复杂，有的用一张框图表示整机电路结构情况，有的则将整机电路框图分成几张。

4）并不是所有的整机电路在图册资料中都给出整机电路的框图，但是同类型的整机电路其整机电路框图基本上是相似的，所以利用这一点，可以借助于其他整机电路框图了解同类型整机电路组成等情况。

5）整机电路框图不仅是分析整机电路工作原理的有用资料，更是故障检修中逻辑推理、建立正确检修思路的依据。

如图 3-21 所示是一款某双模手机的整机电路框图，在这个整机框图中，利用箭头、图框、文字说明和简单符号说明了双模手机的整机功能。通过这个框图，我们可以简单了解各单元电路之间的相互关系。

2. 系统电路框图

一个整机电路通常由许多系统电路构成，系统电路框图就是用框图形式来表示系统电路的组成等，它是整机电路框图下一级的框图，往往系统框图比整机电路框图更加详细。双模手机的 CDMA 部分系统电路框图是整机框图中 CDMA 通信模块部分的详细的框图。如图 3-22 所示是某双模手机的 CDMA 部分系统电路框图。

3. 集成电路内电路框图

集成电路内电路框图是一种十分常见的图。集成电路内电路的组成情况可以用集成电路内电路框图来表示。由于集成电路十分复杂，所以在许多情况下用内电路框图来表示集成电路的内电路组成情况，更利于识图。

从集成电路的内电路框图中可以了解到集成电路的组成、有关引脚作用等识图信息，这对分析该集成电路的应用电路是十分有用的。如图 3-23 所示是某手机的功放及天线开关集成电路 U150 内部框图。从这一集成电路内电路框图中可以看出，该集成电路内电路是由功率放大器电路和天线开关电路组成的。

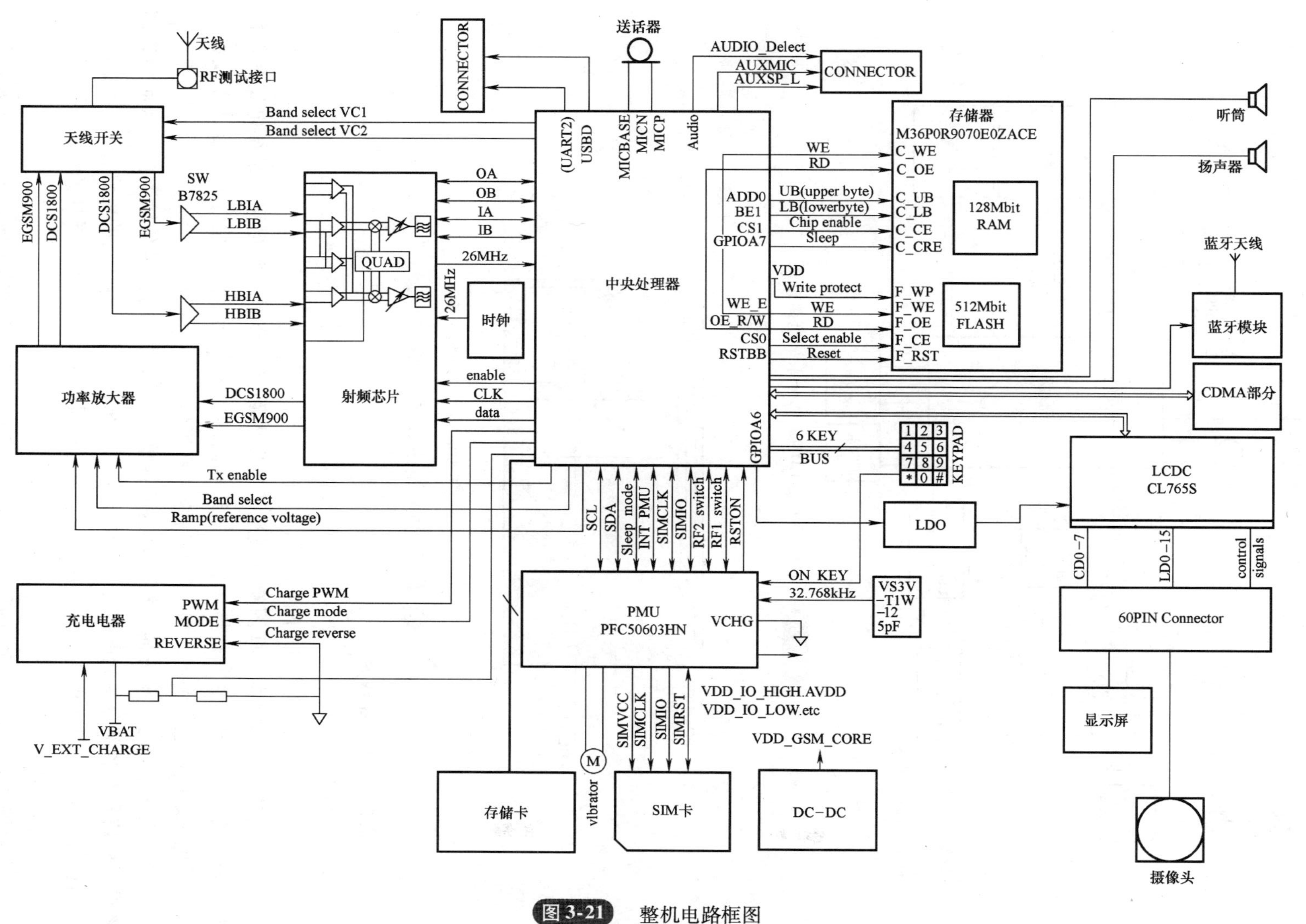

天线
RF测试接口
CONNECTOR
送话器
AUDIO_Delect
AUXMIC
AUXSP_L
CONNECTOR
天线开关
Band select VC1
Band select VC2
(UART2)
USBD
MICBASE
MICN
MICP
Audio
存储器
M36P0R9070E0ZACE
WE
RD
C_WE
C_OE
听筒
扬声器
EGSM900
DCS1800
DCS1800
EGSM900
SW
B7825
LBIA
LBIB
HBIA
HBIB
OA
OB
IA
IB
26MHz
26MHz
QUAD
时钟
ADD0
BE1
CS1
GPIOA7
UB(upper byte)
LB(lowerbyte)
Chip enable
Sleep
C_UB
C_LB
C_CE
C_CRE
128Mbit
RAM
蓝牙天线
中央处理器
VDD
Write protect
WE_E
OE_R/W
CS0
RSTBB
WE
RD
Select enable
Reset
F_WP
F_WE
F_OE
F_CE
F_RST
512Mbit
FLASH
蓝牙模块
功率放大器
DCS1800
EGSM900
射频芯片
enable
CLK
data
CDMA部分
GPIOA6
6 KEY
BUS
KEYPAD
LCDC
CL765S
Tx enable
Band select
Ramp(reference voltage)
SCL
SDA
Sleep mode
INT PMU
SIMCLK
SIMIO
RF2 switch
RF1 switch
RSTON
LDO
CD0-7
LD0-15
control
signals
充电电器
PWM
MODE
REVERSE
Charge PWM
Charge mode
Charge reverse
PMU
PFC50603HN
VCHG
ON_KEY
32.768kHz
VS3V
-T1W
-12
5pF
60PIN Connector
VBAT
V_EXT_CHARGE
SIMVCC
SIMCLK
SIMIO
SIMRST
VDD_IO_HIGH.AVDD
VDD_IO_LOW.etc
VDD_GSM_CORE
显示屏
M
vibrator
存储卡
SIM卡
DC-DC
摄像头

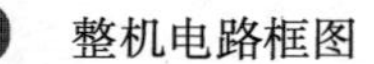
图3-21 整机电路框图

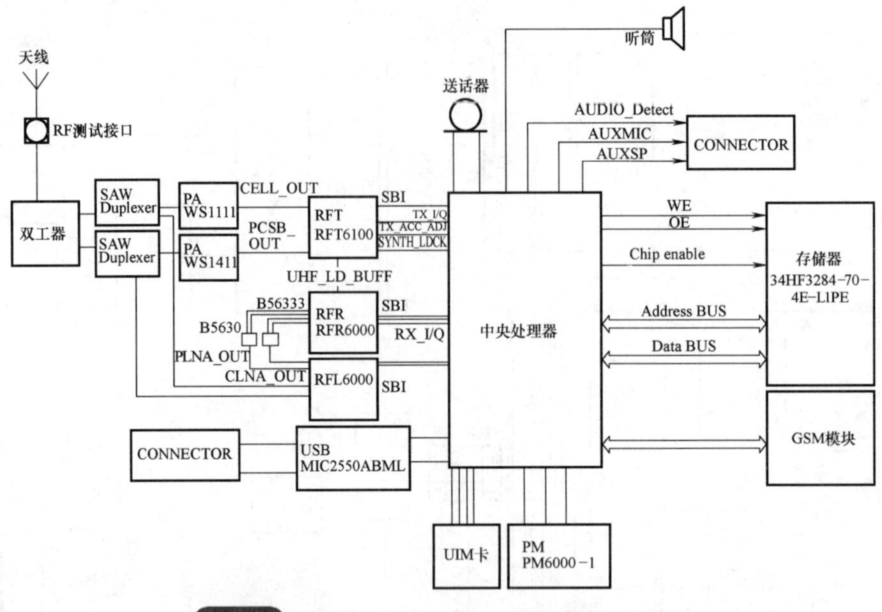

图 3-22 双模手机的 CDMA 部分系统电路框图

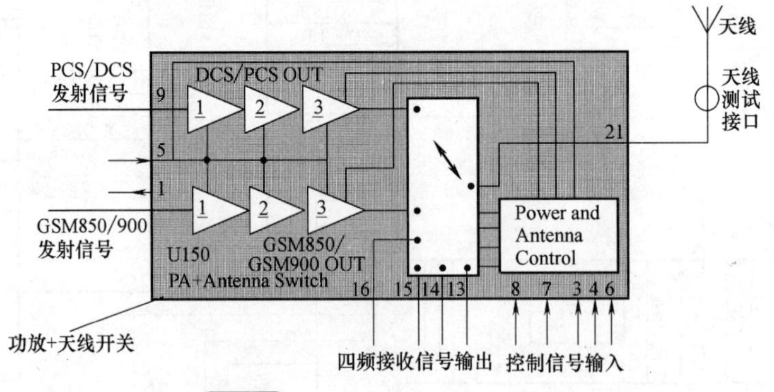

图 3-23 集成电路 U150 内部框图

二、框图的功能与特点

1. 框图的功能

框图的功能主要体现在以下两方面。

（1）表达了众多信息　框图粗略表达了复杂电路（可以是整机电路、系统电路和功能电路等）的组成情况，通常是给出这一复杂电路的主要单元电路的位置和名称，以及各部分单元电路之间的连接关系，如前级和后级关系等信息。

（2）表达了信号传输方向　框图表达了各单元电路之间的信号传输方向，从而使识图者能了解信号在各部分单元电路之间的传输次序；根据框图中所标出的电路名称，识图者可以知道信号在这一单元电路中的处理过程，为分析具体电路提供了指导性的信息。

2. 框图的特点

1）框图简明、清楚，可方便地看出电路的组成和信号的传输方向、途径，以及信号在传输过程中受到的处理过程等，例如信号是得到了放大还是受到了衰减。

2）由于框图比较简洁、逻辑性强，所以便于记忆，同时它所包含的信息量大，这就使得框图更为重要。

3）框图有简明的，也有详细的，框图越详细，为识图提供的有益信息就越多。在各种框图中，集成电路的内电路框图最为详细。

4）框图中往往会标出信号传输的方向（用箭头表示），它形象地表示了信号在电路中的传输方向，这一点对识图是非常有用的，尤其是集成电路内电路框图，它可以帮助识图者了解某引脚是输入引脚还是输出引脚（根据引脚上的箭头方向可得知这一点）。

三、框图的识图方法

1. 分析信号传输过程

了解整机电路图中的信号传输过程时，主要是看图中箭头的方向，箭头所在的通路表示了信号的传输通路，箭头方向指示了信号的传输方向，如图 3-24 所示。

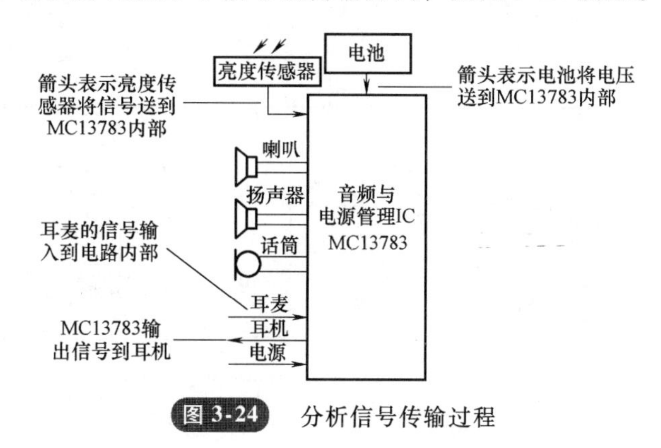

图 3-24　分析信号传输过程

2. 记忆电路组成结构

记忆一个电路系统的组成时，由于具体电路太复杂，所以要使用框图。

在框图中，可以看出各部分电路之间的相互关系（相互之间的连接方式），特别是控制电路系统，可以看出控制信号的传输过程、控制信号的来路和控制的对象。

3. 分析集成电路功能

分析集成电路应用电路的过程中，没有集成电路的引脚资料时，可以借助于集成电路的内电路框图来了解、推理引脚的具体作用，特别是可以明确地了解哪些引脚是输入脚，哪些是输出脚，哪些是电源引脚，而这三种引脚对识图是非常重要的。

当引脚引线的箭头指向集成电路外部时，这是输出引脚，箭头指向内部时都是输入引脚。如图 3-25 所示是某手机的射频电路框图。

集成电路 U100 的 A2、A3、A4 和 A5 脚箭头的方向都是指向 U100 的内部，说明信号是由 U150 输出送到 U100 内部的声表面滤波器的。集成电路 U100 的 G1、F1 脚箭头的方向是向外的，说明信号是由 U100 输出送到下一级电路中的。

当引线上没有箭头时，说明该引脚外电路与内电路之间不是简单的输入或输出关系，框图只能说明引线内、外电路之间存在着某种联系，具体是什么联系，框图就无法表达清楚了，这也是框图的一个不足之处。另外，在有些集成电路内电路框图中，有的引脚上箭头是双向的，这种情况在数字集成电路中比较常见，表示信号既能够从该引脚输入，也能从该引脚输出。

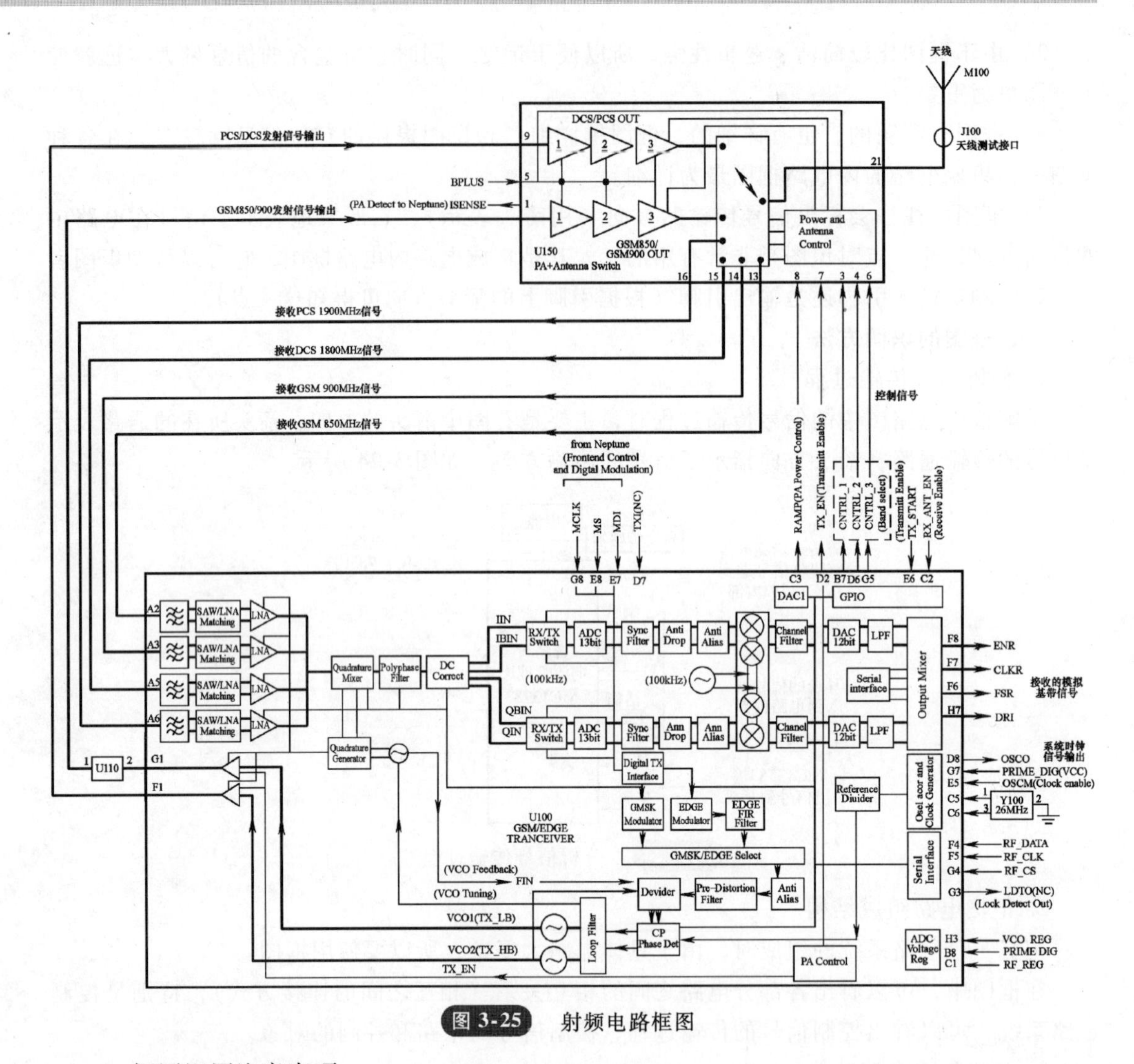

图 3-25 射频电路框图

4. 框图识图注意事项

1）厂家提供的电路资料一般情况下都不给出整机电路框图，不过大多数同类型手机的电路组成是相似的，利用这一特点，可以用同类型手机的整机框图作为参考。

2）一般情况下，对集成电路的内电路是不必进行分析的，只需要通过集成电路内电路框图来弄清楚是输入引脚还是输出引脚，理解信号在集成电路内电路中的放大和处理过程就行了。

3）框图是众多电路图中首先需要记忆的，记住整机电路框图和其他一些主要系统电路的框图，是学习电子电路的第一步。

第四节 等效电路图及集成电路应用电路图的识图

一、等效电路图的识图方法

等效电路图是一种为便于对电路工作原理的理解而简化的电路图，它的电路形式与原电路有所不同，但电路所起的作用与原电路是一样的（等效的）。在分析某些电路时，采用这种电路形式去代替原电路，更有利于对电路工作原理的理解。

1. 三种等效电路图

等效电路图主要有下列三种：

（1）直流等效电路图　直流等效电路图只画出了原电路中与直流相关的电路，省去了交流电路，这在分析直流电路时才用到。画直流等效电路时，要将原电路中的电容看成开路，而将线圈看成通路。

（2）交流等效电路图　交流等效电路图只画出了原电路中与交流信号相关的电路，省去了直流电路，这在分析交流电路时才用到。画交流等效电路时，要将原电路中的耦合电容看成通路，将线圈看成开路。

（3）元器件等效电路图　对于一些新型、特殊元器件，为了说明它的特性和工作原理，需画出等效电路。如图 3-26 所示是常见的双端陶瓷滤波器的等效电路图。

从等效电路图中可以看出，双端陶瓷滤波器在电路中的作用相当于一个 LC 串联谐振电路，所以它可以用线圈 L1 和电容 C1 串联电路来等效，而 LC 串联谐振电路是常见电路，大家比较熟悉它的特性，这样可以方便地理解电路的工作原理。

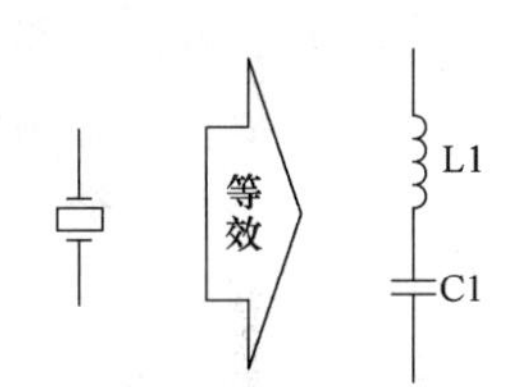

图 3-26　双陶瓷滤波器等效电路图

2. 等效电路图的分析方法

等效电路的特点是电路简单，是一种常见、易于理解的电路。等效电路图在整机电路图中不会不到，它在电路原理图中，是一种为了方便电路工作原理分析而采用的电路图。关于等效电路图识图方法，主要说明以下几点：

1）分析电路时，用等效电路去直接代替原电路中的电路或元器件，用等效电路的特性去理解原电路的工作原理。

2）三种等效电路有所不同，电路分析时要弄清楚使用的是哪种等效电路。

3）分析复杂电路的工作原理时，通过画出直流或交流等效电路后进行电路分析比较方便。

4）不是所有的电路都需要通过等效电路图去理解。

二、集成电路应用电路图的识图方法

1. 集成电路应用电路图的功能说明

1）它表达了集成电路各引脚外电路结构、元器件参数等，从而表示了某一集成电路的完整工作情况。

2）有些集成电路应用电路图中画出了集成电路的内电路框图，这对分析集成电路应用电路是相当方便的，但采用这种表示方式的情况不多。

3）集成电路应用电路有典型应用电路和实用电路两种，前者在集成电路手册中可以查到，后者出现在实用电路中，这两种应用电路相差不大。根据这一特点，在没有实际应用电路时，可以用典型应用电路图作为参考电路，这一方法在手机维修工作中常常采用。

一般情况下，集成电路应用电路表达了一个完整的单元电路，或一个电路系统，但有些情况下，一个完整的电路系统要用到两个或更多的集成电路。

2. 集成电路应用电路图的特点说明

1）大部分应用电路图不画出内电路框图，这对识图不利，尤其对初学者进行电路工作原理分析更不利。

2）对初学者而言，分析集成电路的应用电路比分析分立元器件的电路更困难，这是由于对集成电路内部电路不了解而造成的。实际上，无论是对识图，还是对修理，集成电路都要比分立元器件电路更简单。

对集成电路应用电路而言，在大致了解集成电路内部电路和详细了解各引脚作用的情况下，识图是比较方便的。这是因为同类型集成电路具有规律性，在掌握了它们的共性后，可以方便地分析许多同功能、不同型号的集成电路应用电路。

3. 了解各引脚的作用是识图的关键

要了解各引脚的作用，可以查阅有关集成电路应用手册。知道了各引脚的作用之后，分析各引脚外电路工作原理和元器件的作用就方便了。

例如：知道集成电路的①脚是输入引脚，那么与①脚所串联的电容就是输入端耦合电容，与①脚相连的电路就是输入电路。

了解集成电路各引脚作用有三种方法：一是查阅有关资料，二是根据集成电路的内电路框图分析，三是根据集成电路的应用电路中各引脚外电路的特征进行分析。

对第三种方法来说，要求有比较好的电路分析基础。

4. 电路分析步骤

（1）直流电路分析　主要分析电源和接地引脚外电路。在手机电路中，为了避免电路之间的相互干扰，这些电路通常采用多路供电的模式进行供电。

电源有多个引脚时，要分清这几个电源引脚之间的关系，例如是否是前级电路、后级电路的电源引脚，或是射频、逻辑部分的电源引脚；对多个接地引脚也要分清。分清多个电源引脚和接地引脚，对维修工作是有用的。

（2）信号传输分析　主要分析信号输入引脚和输出引脚外电路。当集成电路有多个输入、输出引脚时，要清楚是前级电路还是后级电路的引脚，对于控制信号要弄清楚是输入信号还是输出信号。

（3）其他引脚外电路分析　例如找出负反馈引脚、振荡电路外接引脚等，这一步的分析是最困难的，对初学者而言，要借助于引脚资料或内电路框图来进行。

（4）掌握引脚外电路规律　有了一定的识图能力后，要学会总结各种功能集成电路的引脚外电路规律，并要掌握这种规律，这对提高识图速度是有用的。

例如，输入引脚外电路的规律是：通过一个耦合电容或一个耦合电路与前级电路的输出端相连；输出引脚外电路的规律是：通过一个耦合电路与后级电路的输入端相连。

（5）分析信号放大、处理过程　分析集成电路内电路的信号放大、处理过程时，最好是查阅该集成电路的内电路框图或者手机生产厂家提供的维修手册。

分析内电路框图时，可以通过信号传输线路中的箭头指示了解信号经过了哪些电路的放大或处理，最后信号是从哪个引脚输出的。

（6）了解一些关键点　当集成电路两个引脚之间接有电阻时，该电阻将影响这两个引脚上的直流电压。当两个引脚之间接有线圈时，这两个引脚的直流电压是相等的；若不等，则必定是线圈开路了。

当两个引脚之间接有电容或接 RC 串联电路时，这两个引脚的直流电压肯定不相等；若相等，则说明该电容已经击穿。

第五节　整机电路图及元件分布图的识图

一、整机电路图的识图方法

1. 整机电路图的功能

（1）表明手机电路结构　整机电路图表明了整个手机的电路结构、各单元电路的具体形式和它们之间的连接方式，从而表达了整机电路的工作原理，这是电路图中最大的一张，当然有些手机并不一定是一张电路原理图，可能采用多张的方式。

（2）给出元器件参数　整机电路图给出了电路中所有元器件的具体参数，如型号、标称值和其他一些重要数据，为检测和更换元器件提供了依据。例如，要更换某个晶体管时，查阅图中的晶体管型号标注就能知道要换晶体管的型号。

（3）提供测试电压值　许多整机电路图中还给出了有关测试点的直流工作电压，为检修电路故障提供了方便，例如集成电路各引脚上的直流电压标注、晶体管各电极上的直流电压标注等，都为检修这部分电路提供了方便。

在手机电路原理图中，大部分图样只给出了关键测试点的波形，由于4G手机中大部分芯片采用BGA焊接方式，根本无法测量到引脚的数据，只能通过测量测试点了解电路工作情况。

（4）提供识图信息　整机电路图给出了与识图相关的有用信息。例如：通过各开关件的名称和图中开关所在位置的标注，可以知道该开关的作用和当前开关的状态；引线接插件的标注能够方便地将各张图样之间的电路连接起来。

2. 整机电路图的特点

1）整机电路图包括了整个机器的所有电路。

2）不同型号的机器其整机电路中的单元电路变化是很大的，这给识图造成了不少困难，要求有较全面的电路知识。同类型的机器其整机电路图有其相似之处，不同类型机器之间则相差很大。

3）各部分单元电路在整机电路图中的画法有一定规律，了解这些规律对识图是有益的，其分布规律的一般情况是：在逻辑电路和电源电路在一起的图样中，一般是电源居右下，逻辑部分居左下；在射频电路和逻辑电路在一起的图样中，一般是左边上方是射频接收部分，左边下方是发射部分，左边的中间是本振电路部分，右侧部分是逻辑电路部分；各级放大器电路是从左向右排列的，各单元电路中的元器件是相对集中在一起的。

记住上述整机电路的特点，对整机电路图的分析是有益的。

3. 整机电路图的主要分析内容

1）分析单元电路在整机电路图中的具体功能。

2）单元电路的类型。

3）直流工作电压供给电路分析。直流工作电压供给电路的识图是从左向右进行，对某一级放大电路的直流电路识图方向是从上向下。

4）交流信号传输分析。一般情况下，交流信号的传输是从整机电路图的左侧向右侧进行分析。

5）对一些以前未见过的、比较复杂的单元电路的工作原理进行重点分析。

4. 其他知识点

1）对于分成几张图样的整机电路图，可以一张一张地进行识图。如果需要进行整个信号传输系统的分析，则要将各图样连起来进行分析。

2）对整机电路图的识图，可以在学习了一种功能的单元电路之后，分别在几张整机电路图中去找到这一功能的单元电路进行详细分析。由于在整机电路图中的单元电路变化较多，而且电路的画法受其他电路的影响而与单个画出的单元电路不一定相同，所以加大了识图的难度。

3）在分析整机电路过程中，如果对某个单元电路的分析有困难，例如对某型号集成电路应用电路的分析有困难，可以查找这一型号集成电路的识图资料（内电路框图、各引脚作用等），以帮助识图。

4）一些整机电路图中会有许多英文标注，了解这些英文标注的含义，对识图是相当有利的。在某型号集成电路附近标出的英文说明就是该集成电路的功能说明，如图 3-27 所示是电路图中的英文标注示意图。

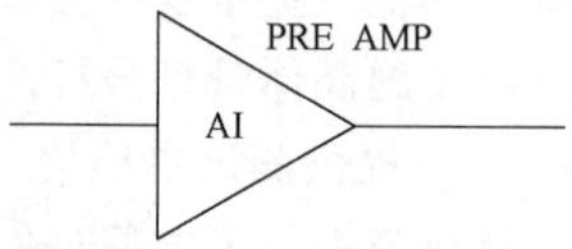

图 3-27 电路图中的英文标注

二、元件分布图的识图方法

1. 元件分布图的功能

元件分布图与维修密切相关，元件分布图不仅印制了元器件的位置编号，而且标注了集成电路的定位脚方向，对维修的重要性仅次于整机电路原理图，元件分布图主要为维修服务。如图 3-28 所示是某手机部分电路的元件分布图。

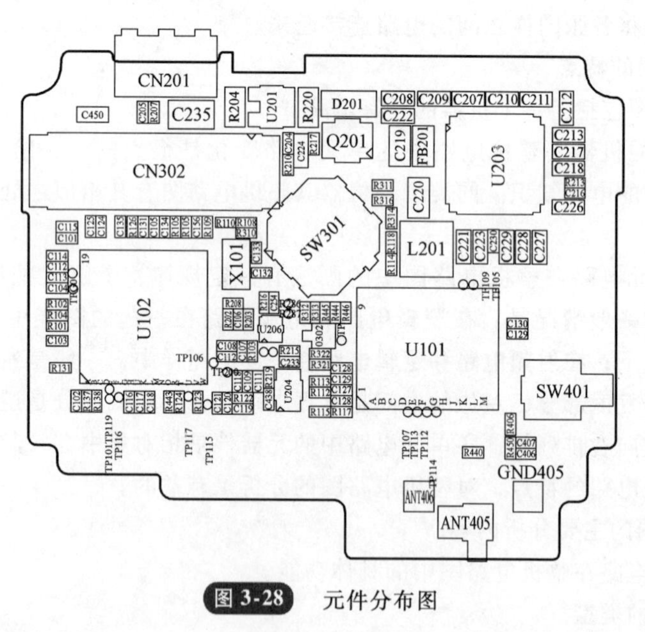

图 3-28 元件分布图

2. 元件分布图的作用

元件分布图是专门为元器件装配和手机维修服务的图，它与各种电路图有着本质上的不同。元件分布图的主要作用如下：

1）通过元件分布图可以方便地在实际电路板上找到电路原理图中某个元器件的具体位置，没有元件分布图查找就不方便。

2）元件分布图起到电路原理图和实际电路板之间的沟通作用，是方便修理不可缺少的图样资料之一，没有印制电路板图将影响修理速度，甚至妨碍正常检修思路的顺利展开。

3）元件分布图表示了电路原理图中各元器件在电路板上的分布状况和具体的位置。

4）元件分布图是一种十分重要的维修资料，把电路板上的情况 1:1 地画在元件分布图上。

3. 元件分布图的特点

1）从元件分布图的效果出发，电路板上的元器件排列、分布不像电路原理图那么有规律，这给元件分布图的识图带来了诸多不便。

2）元件分布图表达的原理图中元器件的位置，一般用方框、文字和字母符号表示。

3）从元件分布图上无法体现电路关系，只能确定元件的分布位置，除非通过文字和字母，否则无法辨别电阻、电容、电感的外形。

4. 元件分布图的看图方法和技巧

1）根据一些元器件的外形特征，可以比较方便地找到这些元器件。例如，天线、尾插、LCD 等。

2）对于集成电路而言，根据集成电路上的型号，可以找到某个具体的集成电路。尽管元器件的分布、排列没有什么规律可言，但是同一个单元电路中的元器件相对而言是集中在一起的。

3）一些单元电路比较有特征，根据这些特征可以方便地找到它们。如电源电路中电容比较多，射频电路会有屏蔽罩，逻辑电路中 CPU 是体积最大等。

4）查找地线时，电路板上的大面积铜箔线路是地线，一块电路板上的地线处处相连；另外，有些元器件的金属外壳接地。查找地线时，上述任何一处都可以作为地线使用。在有些机器的各块电路板之间，它们的地线也是相连接的，但是当每块电路板之间的接插件没有接通时，各块电路板之间的地线是不通的，这一点在检修时要注意。

5）在将元件分布图与实际电路板对照过程中，要把元件分布图和电路板放在一致的方向上看，省去每次都要对照看图的方向，这样可以大大方便看图。

6）找某个电阻器或电容器时，不要直接去找它们，因为电路中的电阻器、电容器很多，寻找不方便，可以间接地找到它们，方法是先找到与它们相连的晶体管或集成电路，再找到它们。或者根据电阻器、电容器所在单元电路的特征，先找到该单元电路，再寻找电阻器和电容器。

7）看元件标号，通常一个单元电路的元件都是使用相同标号。比如同一个单元电路的电阻是 R7XXX，电容就会是 C7XXX，电感则会是 L7XXX，集成电路是 U7XXX 等。这样可以快速确定一个具体编号的元件在哪一个区域。

第六节 单元电路图的识图

单元电路是指手机中某一级功能电路，或某一级放大器电路，或某一个振荡器电路、变频器电路等，它是能够完成某一电路功能的最小电路单位。从广义上讲，一个集成电路的应用电路也是一个单元电路。

一、单元电路图的功能和特点

1. 单元电路图的功能

1）单元电路图主要用来讲述电路的工作原理。

2）单元电路图能够完整地表达某一级电路的结构和工作原理，有时还会全部标出电路中各元器件的参数，如标称阻值、标称容量和晶体管型号等。如图 3-29 所示，已标出了元件的型号及详细参数。

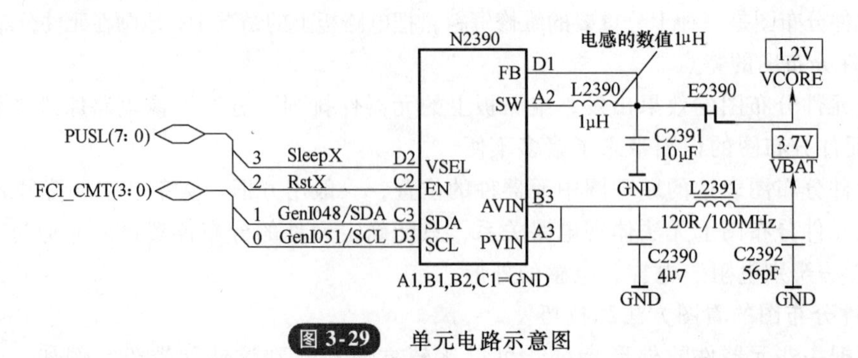

图 3-29 单元电路示意图

3）单元电路图对深入理解电路的工作原理和记忆电路的结构、组成很有帮助。

2. 单元电路图的特点

单元电路图主要是为了分析某个单元电路工作原理的方便，而单独将这部分电路画出的电路图，所以在图中已省去了与该单元电路无关的其他元器件和有关的连线、符号，这样单元电路图就显得比较简洁、清楚，识图时没有其他电路的干扰，这是单元电路的一个重要特点。单元电路图中对电源、输入端和输出端已经进行了简化。如图 3-30 所示是一个某手机的闪光灯单元电路。

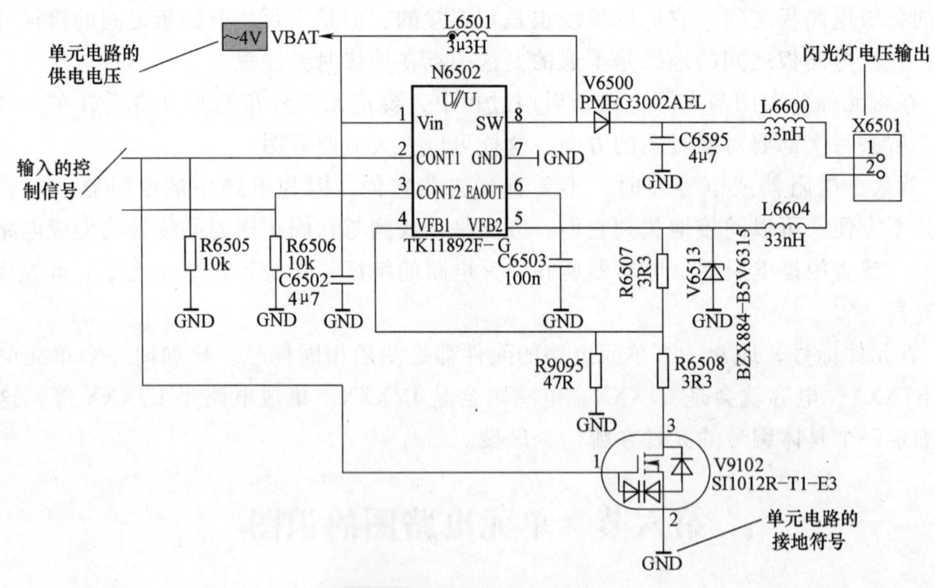

图 3-30 闪光灯单元电路

在电路图中，用 VBAT 表示直流供电工作电压，地端接电源的负极。集成电路 N6502 的 2、3 脚输入控制信号，是这一单元电路工作所需要的信号；X6501 接口输出闪光灯信号，是经过这一单元电路放大或处理后的信号。

通过单元电路图中这样的标注可方便地找出电源端、输入端和输出端，而在实际电路中，这 3 个端点的电路均与整机电路中的其他电路相连，将会给初学者识图造成一定的困难。

二、单元电路图的识图方法

单元电路的种类繁多，而各种单元电路的具体识图方法有所不同，这里只对具有共性的问题进行说明。

1. 有源电路分析

有源电路就是需要直流电压才能工作的电路，例如放大器电路。对有源电路的识图，首先要分析直流电压供给电路，此时可将电路图中的所有电容器看成开路（因为电容器具有隔直特性），将所有电感器看成短路（电感器具有通直的特性）。如图 3-31 所示是直流电路分析示意图。

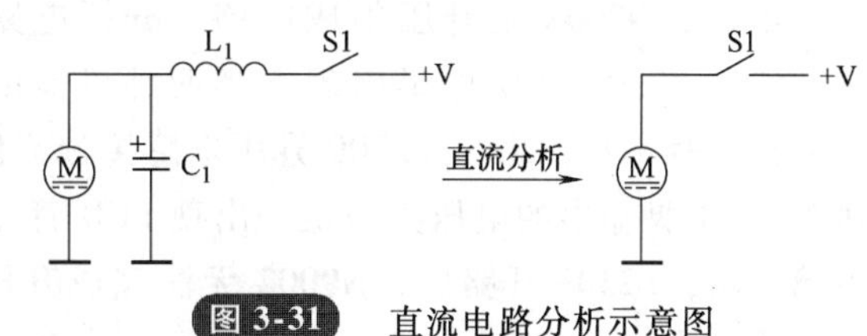

图 3-31 直流电路分析示意图

在手机整机电路的直流电路分析中，电路分析的方向一般是从右向左，电源电路通常画在整机电路图的右侧下方。如图 3-32 所示是整机电路图中电源电路位置示意图。

对具体单元电路的直流电路进行分析时，再从上向下分析，因为直流电压供给电路通常画在电路图的上方。如图 3-33 所示是某单元电路直流电路分析方向示意图。

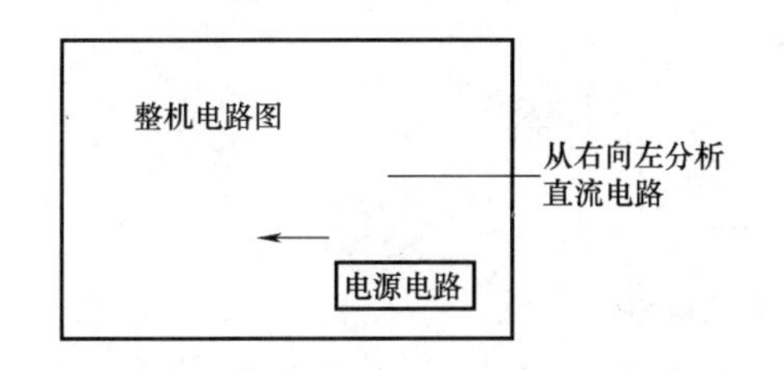

图 3-32 整机电路图中电源电路位置示意图

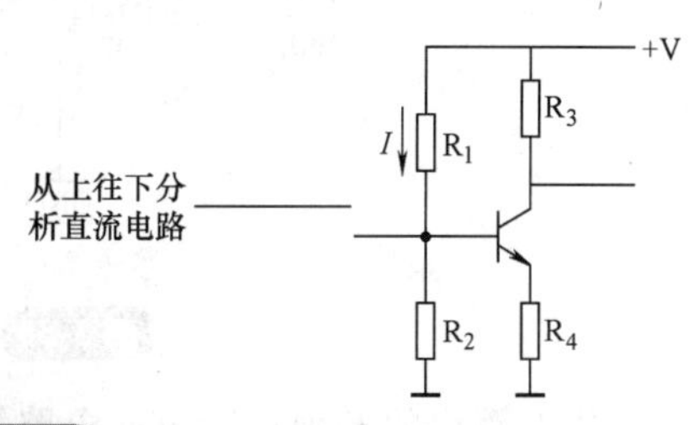

图 3-33 某单元电路直流电路分析方向示意图

2. 信号传输过程分析

信号传输过程分析就是分析信号在该单元电路中如何从输入端传输到输出端，信号在这一传输过程中受到了怎样的处理（如放大、衰减、控制等）。

如图 3-34 所示是信号传输的分析方向示意图，一般是从左向右进行。

3. 元器件作用分析

对电路中元器件作用的分析非常关键，能不能看懂电路的关键其实就是能不能搞懂电路中各元器件的作用。

如图 3-35 所示，对于交流信号而言，V7500 管发射极输出的交流信号电流流过了 R7507，使 R7507 产生交流负反馈作用，能够改善放大器的性能。而且，发射极负反馈电阻 R7507 的阻值越大，其交流负反馈越强，性能改善得越好。对交流信号而言，电容 C7510、C9088 将前级的信号耦合至下一级，同时隔断了两级之间直流电压信号的影响。

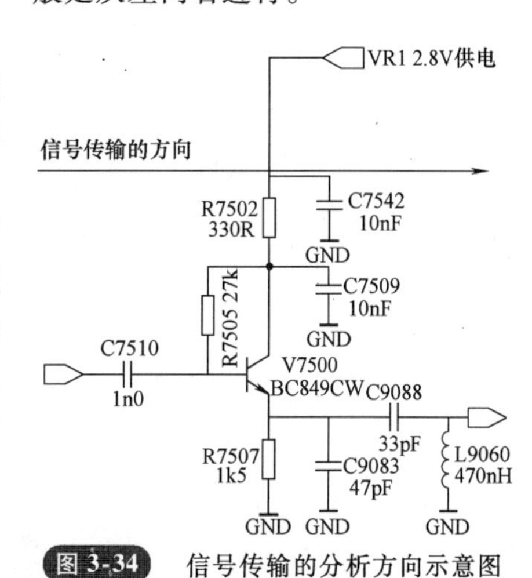

图 3-34 信号传输的分析方向示意图

4. 电路故障分析

电路故障分析就是分析当电路中元器件出现开路、短路、性能变劣后，对整个电路的工作会造成什么样的不良影响，使输出信号出现什么故障现象，例如出现无输出信号、输出信号小、信号失真、噪声等故障。

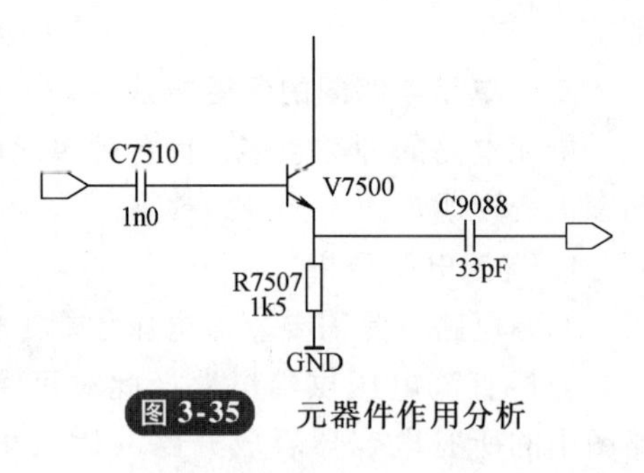

图 3-35 元器件作用分析

如图 3-36 所示是 LCD 背光灯驱动电路，L2309 是升压电感，N9002 是升压集成电路。分析电路故障时，假设 L2309 升压电感出现下列两种可能的故障：一是接触不良，由于 L2309 升压电感接触不良，会造成背光灯驱动电路无法持续工作，N9002 的 C1 脚输出的电压不稳定，出现 LCD 背光灯闪烁、断续发光等问题；二是 L2309 升压电感开路，L2309 开路后，N9002 无法完成升压过程，C1 脚输出的电压偏低，无法驱动 LCD 背光灯发光。

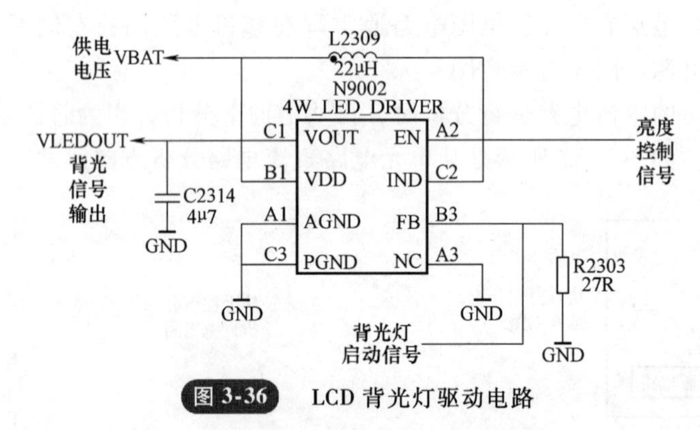

图 3-36 LCD 背光灯驱动电路

在整机电路中的各种功能单元电路繁多，许多单元电路的工作原理十分复杂，若在整机电路中直接进行分析就显得比较困难；而在对单元电路图分析之后，再去分析整机电路就显得比较简单，所以单元电路图的识图也是为整机电路分析服务的。

Chapter 4

第四章 手机工作原理

第一节 手机基本通信过程

手机是如何开机的？开机后又是如何与基站进行联系的？如何进行待机的？呼叫的时候手机是如何工作的？关机时手机又是如何与基站断开联络的？这些问题对初学者来看，都是迷茫的。在本节以 GSM 手机为例，简要介绍手机的基本通信过程，了解手机在每个环节中的信号控制方式。

GSM 手机所有的工作过程都是在中央处理器（CPU）的控制下进行的，具体包括开机、上网、待机、呼叫和关机五个过程，这些流程都是以软件数据的形式存储于手机的 EEPROM 和 FLASH 中。

一、开机过程

当按下手机的电源开关键后，开机触发信号送到电源电路启动电源，输出供电到各部分电路，当时钟电路得到供电电压后产生振荡信号，送入逻辑电路，CPU 在得到电压和时钟信号后会执行开机程序，首先从 ROM 中读出引导码，执行逻辑系统的自检，并且使所有的复位信号置高，如果自检通过，则 CPU 发送开机维持信号给各模块，然后电源模块在开机维持信号的作用下保持各路电源的输出，维持手机开机状态。

手机在开机后，手机的发射机会工作一次，向基站发送一个请求，这时候手机的电流会上升到 300 ~ 400mA，然后很快回落到 10 ~ 20mA，进入守候状态。

GSM 手机开机工作流程如图 4-1 所示。

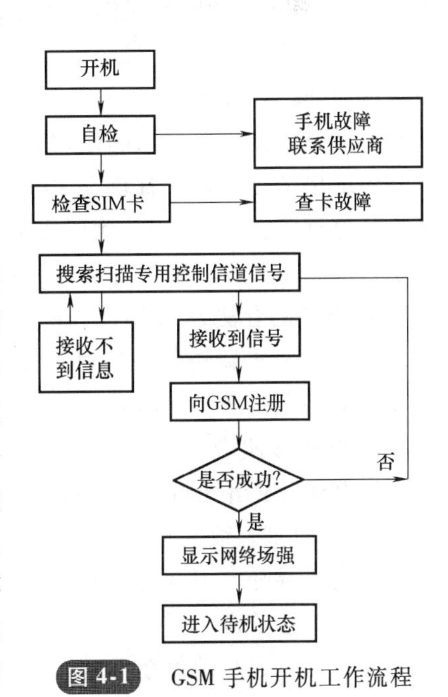

图 4-1 GSM 手机开机工作流程

二、上网过程

手机开机后，内部的锁相环（PLL）开始工作，从频率低端到高端扫描信道，即搜索广播控制信道（BCCH）的载频。因为系统随时都向在小区中的各用户发送出用户广播控制信息。手机收集搜索到最强的 BCCH 的载频对应的载频频率后，读取频率校正信道（FCCH），使手机（MS）的频率与之同步。所以每一个用户的手机在不同上网位置（即不同的小区）的载频是固定的，它是由 GSM 网络运营商组网时确定的，而不是由用户的 GSM 手机来决定的。手机内锁相环（PLL）在工作时，手机的电流会有小范围的波形，如果观察电流表，发现电流有轻微的规律性波动，说明手机的 PLL 电路工作正常。

手机读取同步信道（SCH）的信息后，找出基地站（BTS）的识别码，并同步到超高帧 TDMA 的帧号上。手机在处理呼叫前读取系统的信息。比如，邻近小区的情况、现在所处小区的使用频率及小区是否可以使用移动系统的国家号码和网络号码等，这些信息都可以在 BCCH 上得到，手机在请求接入信道（RACH）上发出接入请求信息，向系统发送 SIM 卡账号等信息。

系统在鉴权合格后，对手机的 SIM 卡做出身份证实，是否欠费、是否合法用户。然后登录入网，手机屏幕会显示“中国移动”或“中国联通”，这个过程也称为登记。这时，手机的相关信息，如移动台识别 MIIN、串号 ESN（IMEI）便存入基站的访问位置寄存器 VLR 中，以备用户寻呼它。通过允许接入信道（AGCH）使 GSM 手机接入信道上并分配到一个独立专用控制信道（SDCCH），手机在 SDCCH 上完成登记。在慢速随路控制信道（SACCH）上发出控制指令，然后手机返回空闲状态，并监听 BCCH 和公共控制信道（CCCH）来控制信道上的信息。此时手机已经做好了寻呼的准备工作。

三、待机过程

用户监测 BCCH 时，必须与相近的基站取得同步。通过接收 FCCH、SCH、BCCH 信息，用户将被锁定到系统及适应的 BCCH 上。

四、呼叫过程

1. 手机作主叫

GSM 系统中由手机发出呼叫的情况，首先，用户在监测 BCCH 时，必须与相近的基站取得同步。通过接收 FCCH、SCH、BCCH 信息，用户将被锁定到系统及适当的 BCCH 上。

为了发出呼叫，用户首先要拨号，并按下 GSM 手机的发射键。手机用锁定它的基站系统的 ARFCN 来发射 RACH 数据突发序列。然后基站以 CCCH 上的 AGCH 信息来响应，CCCH 为手机指定一个新的信道进行 SDSSH 连接。正在监测 BCCH 中 T 的用户，将从 AGCH 接收到它的 ARFCN 和 TS 安排，并立即转到新的 ARFCN 和 TS 上，这一新的 ARFCN 和 TS 分配就是 SDCH（不是 TCH）。一旦转接到 SDCCH，用户首先会等待传给它的 SCCH（等待最多持续 26ms 或 120ms）。

这个信息告知手机要求的定时提前量和发射功率。基站根据手机以前的 RACH 传输数据能够决定出适合的定时提前量和功率级，并且通过 SACCH 发送适当的数据供手机处理。在接收和处理完 SACCH 中的定时提前量信息后，用户能够发送正常的、话音业务所要求的突发序列消息。当 PSTN 从拨号端连接到 MSC，且 MSC 将话音路径接入服务基站时，SDCCH 检查用户的合法及有效性，随后在手机和基站之间发送信息。几秒钟后，基站经由 SDSSH 告知手机重新转向一个为 TCH 安排的 ARFCN 和 TS。一旦再次接到 TCH，语音信号就在前向链路上传送，呼叫成功建立，SDCCH 被腾空。

2. 手机作被叫

当从 PSTN 发出呼叫时，其过程与上述过程类似。基站在 BCCH 适应内的 TSO 期间，广播一个 PCH 消息。锁定于相同 ARFCN 上的手机检测对它的寻呼，并回复一个 RACH 消息，以确认接收到寻呼。当网络和服务器基站连接后，基站采用 CCCH 上的 AGCH 将手机分配到一个新的物理信道，以便连接 SDCCH 和 SACCH。一旦用户在 SDCCH 上建立了定时提前量并获准确认后，基站就在 SDCCH 上面重新分配物理信道，同时也确立了 TCH 的分配。

五、越区切换

移动中的手机，无论是处于待机状态还是通话状态，从当前小区进入另一个小区，使当前小区的无线信道切换到新小区的无线信道上，称为越区切换。越区切换分为以下两种情况。

1. 待机状态下的越区切换

处于待机状态下的手机，除收听本小区的 BCH 外，还监听周围六个小区的无线环境（场强、频率和网标）。根据测量结果，将六个基站的基本信息列表，并报送本基站。基站将此信息报送移动交换中心 MSC，MSC 进行分析，决定是否要切换、何时切换、切换到哪个基站。当分析结果确认新小区的无线环境比当前小区好时，就向当前小区发出分离请求，向新小区发接入请求。接续到新小区的过程与前述开机入网的过程相同。

2. 通话状态下的越区切换

通话期间，无论主呼叫还是被呼叫，手机里用语音复帧中的空闲帧测量周边小区的无线环境，并对测量结果进行分析。在慢速随路控制信道 SACCH 上与基站交换信息。当需要越区切换时，手机转到快速随路控制信道 FACCH 上，这时不传语音，只传信令，语音信道 TCH 暂被 FACCH 代替。手机在 FACCH 上向基站发越区切换的请求，基站将此请求上报移动交换中心 MSC。MSC 根据手机的请求信息，查找最佳的替补信道进行转接，在短时间内完成小区的频率锁定、时隙同步，并很快地接续到新小区的 TCH 上。如无最佳替补频道，则转换次佳的信道，如果新小区的信道已经占满，越区切换失败，电话中断，就会出现平时我们见到的“掉线”问题。

六、漫游过程

移动手机申请入网登记和结算的移动交换局称为归属局，又称为家区。当手机移动到另一个移动交换局通信时，称为客区，该用户也称为漫游用户。如果家区有两个重叠覆盖的移动通信网，从本网到协议网也是漫游用户。下面看一下自动漫游的过程。

设家区用户 A 携机到客区 B，若 B 区是 A 地的联网协议区，家区用户开机后就产生前面所述的搜台、入网过程，并向客区基站报告自身的电话号码及个人识别码。客区基站收悉后将此信息转到本区的 MSC，MSC 对此用户进行身份鉴别：是否有漫游登记手续，从而确定接收还是拒绝服务。当客区 MSC 证实漫游用户有效，即将其号码存入本区数据库，并分配给漫游用户一个漫游号码。相当于发给该用户一个“临时户口”，并通过网络链路将此信息通知家区的 MSC。这样，家区的 MSC 便知道了漫游手机的新地址。

如果家区用户呼叫该漫游用户，经家区的 MSC 转到客区的 MSC，建立通信；如果客区的用户呼叫漫游用户，尽管两部手机都在客区，但呼叫信号仍然要先到家区的 MSC，经网络转到客区的 MSC，取得联系，然后两个用户就可以通过客区的 MSC 区域内进行通信。

七、关机过程

GSM 手机关机时，它将向系统发最后一次信息，包括分离请求，因此测量关机电流，会发现从 20mA（守候电流）上跳到 200mA（发射电流），然后再回到 0mA（关机电流）。

具体过程是：按下关机键，手机在随机接入信道 RACH 上发网络分离请求，基站接收到分离请求信息，就在该用户对应的 IMSI 上作网络分离标记（IMSI 为国际移动用户号码），系统中的访问位置寄存器会注销手机的相关信息。同时检测电路会向数字逻辑部分发出一个关机请求信号，逻辑电路会启动执行关机程序，一切准备妥当后，会有一个关机信号送入电源模块电路停止各部分的电源输出，手机各部分电路随即停止工作，从而完成关机。如果在开机状态下强制关机（取下电池）也有可能会造成手机内部软件运行错误或数据丢失，造成故障。

另外，手机还包含其他软件的工作过程，如充电过程、电池监测、键盘扫描、测试过程等。

第二节 手机射频电路

在对手机整机电路原理进行介绍时，按无线部分和应用处理器进行区分，在无线部分中又可分为射频电路和基带电路，在本节中，我们主要介绍射频电路的工作原理。

一、手机接收机电路

手机接收机主要完成对接收到的射频信号进行滤波、混频解调、解码等处理，最终还原出声音信号。

1. 接收机信号流程

天线感应到无线信号，经过天线匹配电路和接收滤波电路滤波后再经低噪声放大器（LNA）放大，放大后的信号经过接收滤波后被送到混频器（MIX），与来自本机振荡电路的压控振荡信号进行混频，得到接收中频信号，经过中频放大后在解调器中进行正交解调，得到接收基带（RX I/Q）信号。

接收基带信号在基带电路中经 GMSK 解调，进行去交织、解密、信道解码等处理，再进行 PCM 解码，还原为模拟话音信号，推动受话器，我们就能够听到对方讲话的声音了。

2. 接收机各部分功能电路

（1）天线开关　天线开关属于接收和发射共用，主要完成两个任务：一是完成接收和发射信号的双工切换，为防止相互干扰，需要有控制信号完成接收和发射的分离，控制信号来自基带处理器的接收启动（RX-EN）、发射启动（TE-EN），或由它们转换而得来的信号；二是完成双频和三频的切换，使手机在某一频段工作时，另外的频段空闲，控制信号主要来自切换电路。

（2）带通滤波器（BPF）　带通滤波器只允许某一频段中的频率通过，而对高于或低于这一频段的成分衰减。带通滤波器在高频放大器前后一般都有。

（3）低噪声放大器（LNA）　低噪声放大器一般位于天线和混频器之间，是第一级放大器，所以叫作接收前端放大器或高频放大器。

低噪声放大器主要完成两个任务：一是对接收到的高频信号进行第一级放大，以满足混频器对输入的接收信号幅度的要求，提高接收信号的信噪比；二是在低噪声放大管的集电极上加了由电感与电容组成的并联谐振回路，选出我们所需要的频带，所以叫作选频网络或谐振网络。一般采用分离元件或集成在电路内部。

（4）混频器（MIX）　混频器实际上是一个频谱搬移电路，它将包含接收信息的射频信号（RF）转化为一个固定频率的包含接收信息的中频信号。由于中频信号频率低而且固定，容易得到比较大而且稳定的增益，提高接收机的灵敏性。

它的主要特点是：由非线性器件构成，混频器有两个输入端，一个输出端，均为交流信号。混频后可以产生许多新的频率，并在多个新的频率中选出我们需要的频率（中频），滤除其他成分后送到中放。将载波的高频信号不失真的变换为固定中频的已调信号，且保持原调制规律不变。接收机中的混频器位于低噪声放大器和中频放大器之间，是接收机的核心。

（5）中频滤波器　中频滤波器在电路中体积比较大，一般为低通滤波器，保证中频信号的纯净，在超外差接收机中应用较多。

（6）中频放大器（IFA）　中频放大器是接收机的主要增益来源，它一般都是共射极放大器，带有分压电阻和稳定工作点的放大电路。对工作电压要求高，一般需专门供电，且在中频电路内或独立。

（7）解调器　调制的反过程叫作解调，多数手机往往都是对基带信号进行正交解调，得到四路基带I/Q信号，其中I信号为同相支路信号，Q信号为正交支路信号，两者相位相差90°，所以叫作正交。从天线到I/Q解调，接收机完成全部任务。

判断接收机好坏就是测试I/Q信号，测到I/Q信号，说明前边各部分电路，包括本振电路都没有问题，接收机已经完成其接收任务。

解调电路的I/Q信号是射频电路和逻辑电路的分水岭。

（8）数字信号处理（DSP）　其过程是接收基带（I/Q）信号在逻辑电路中经GMSK解调，去进行交织、解密、信道解码等处理，再进行PCM解码，还原为模拟话音信号，推动受话器，就能够听到对方讲话的声音。

3. 接收机电路结构框图

手机的接收机有三种的基本框架结构，即超外差式接收机、零中频接收机和低中频接收机。

（1）超外差接收机　由于天线接收到的信号十分微弱，而鉴频器要求的输入信号电平较高，且需要稳定。放大器的总增益一般需在120dB以上，这么大的放大量，要用多级调谐放大器且要稳定，实际上是很难办得到的。而且高频选频放大器的通带宽度太宽，当频率改变时，多级放大器的所有调谐回路必须跟着改变，而且要做到统一调谐，这是很难做到的。

超外差接收机则没有这种问题，它将接收到的射频信号转换成固定的中频，其主要增益来自于稳定的中频放大器。

1）超外差一次混频接收机。超外差一次混频接收机射频电路中只有一个混频电路，超外差一次混频接收机的原理框图如图4-2所示。

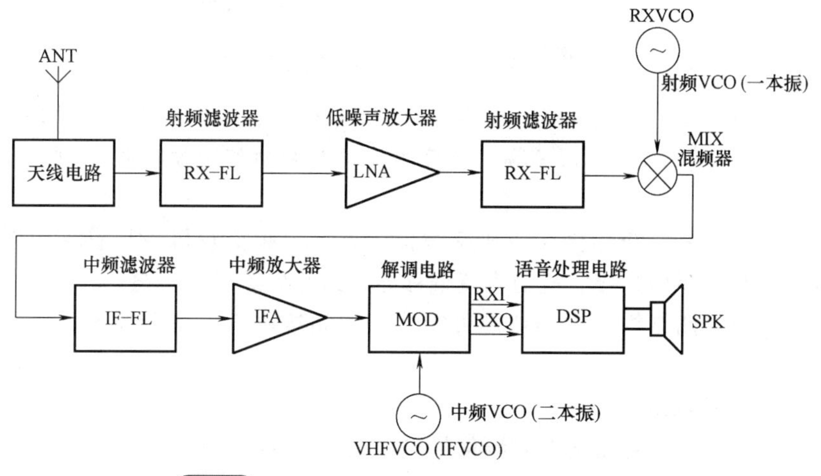

图4-2　超外差一次混频接收机原理方框图

2）超外差二次混频接收机。超外差二次混频接收机射频电路中有两个混频电路，超外差二次混频接收机的原理图如图 4-3 所示。

与一次混频接收机相比，二次混频接收机多了一个混频器及一个 VCO，这个 VCO 在一些电路中被叫作 IFVCO 或 VHFVCO。在这种接收机电路中，若 RXI/Q 解调是锁相解调，则解调用的参考信号通常都来自基准频率信号。

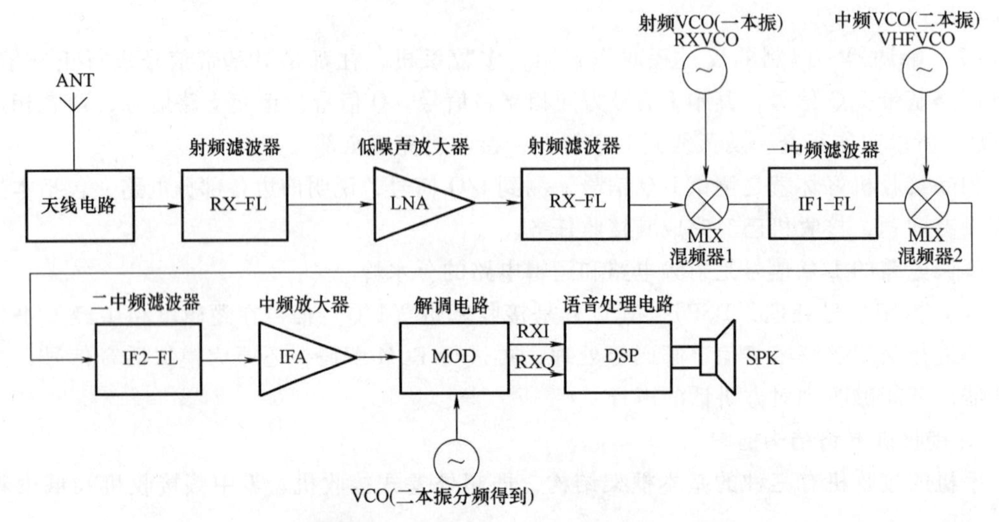

图 4-3 超外差二次混频接收机原理图

（2）零中频接收机 零中频接收机可以说是目前集成度最高的一种接收机。由于体积小、成本低，所以是目前应用最广泛的接收机。零中频接收机的原理图如图 4-4 所示。

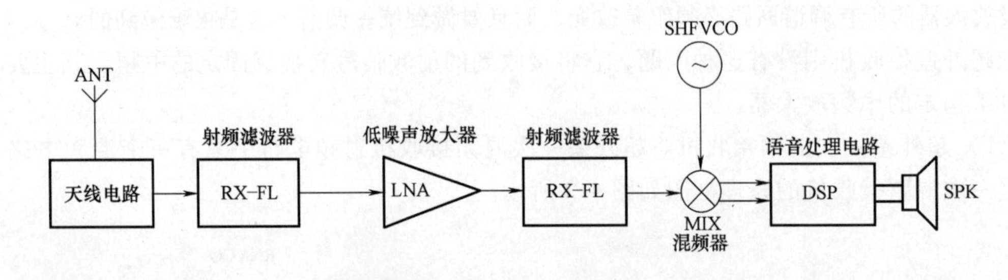

图 4-4 零中频接收机的原理图

零中频接收机中没有中频电路，直接解调出 I/Q 信号，所以只有收发共用的调制解调载波信号振荡器（SHFVCO），其振荡频率直接用于发射调制和接收解调（收、发时振荡频率不同）。

（3）低中频接收机 低中频接收机又被称为近零中频接收机，具有零中频接收机类似的优点，同时避免了零中频接收机的直流偏移导致的低频噪声的问题。

低中频接收机电路结构有点类似超外差一次混频接收机，低中频接收机的原理图如图 4-5 所示。

二、手机发射机电路

手机发射机主要完成对发射的射频信号进行调制、发射变换、功率放大，并通过天线发射出去。

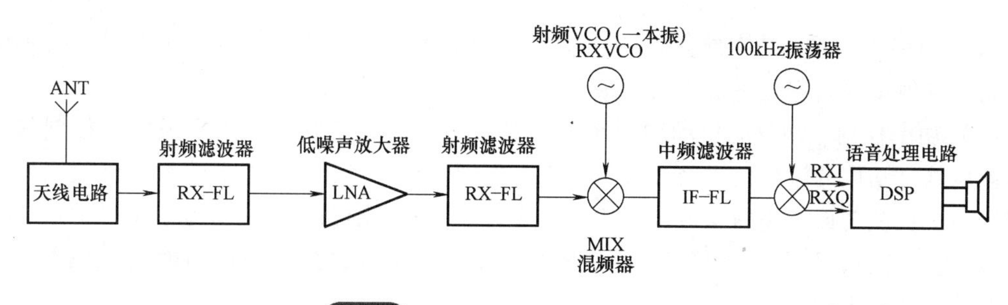

图 4-5 低中频接收机的原理框图

1. 发射机信号流程

送话器将声音转化为模拟电信号，经过 PCM 编码，再将其转化为数字信号，经过逻辑音频电路进行数字语音处理，即进行语音编码、信道编码、交织、加密、突发脉冲形成、TX I/Q 分离。

分离后的四路 TX I/Q 信号到发射中频电路完成 I/Q 调制，该信号与频率合成器的接收本振（RXVCO）和发射本振（TXVCO）的差频进行比较（即混频后经过鉴相），得到一个包含发射数据的脉动直流信号，来控制发射本振的输出频率，作为最终的信号，经过功率放大，从天线发射。

2. 发射机各部分功能电路

（1）发射音频通道　MIC 将声音信号转换为模拟电信号，并只允许 300～3400Hz 的信号通过。模拟信号经过 A-D 转换，变为数字信号，经过语音编码、信道编码、交织、加密、突发脉冲串等一系列处理，对带有发射信息、处理好的数字信号进行 GMSK 编码并分离出 4 路 I/Q 信号，送到发射电路。

（2）I/Q 调制　经过发射音频通道分离出来的 4 路 I/Q 信号在调制器中被调制在载波上，得到发射中频信号。四路 I/Q 调制所用的载波，一般由中频电路内振荡电路或由二本振分频得到。

（3）发射变换电路　四路 TX I/Q 信号经过调制后得到发射中频信号后，在鉴相器（PD）中与 TXVCO 和 RXVCO 混频后得到的差频进行鉴相，得到误差控制信号去控制 TXVCO 输出频率的准确性。

（4）发射本振（TXVCO）　由振荡器和锁相环共同完成发射频率的合成，发射本振的去向有两个地方：一路经过缓冲放大后，送到前置功放电路，经过功率放大后，从天线发射出去；另一路送回发射变换电路，在其内部与 RXVCO 经过混频后得到差频作为发射中频信号的参考频率。

（5）环路低通滤波器（LPF）　低通滤波器是从零频率到某一频率范围内的信号能通过，而又衰减超过此频率范围的高频信号的元件。环路低通滤波器的目的是平滑调谐控制信号，以防止在进行信道切换时出现尖峰电压，防止对发射造成干扰，使调谐控制信号准确控制 TXVCO 振荡频率的精确性。

（6）前置放大器　前置放大器的作用有两个，一是将信号放大到一定的程度，以满足后级电路的需要；二是使发射本振电路有一个稳定的负载，以防止后级电路对发射本振造成影响。

（7）功率放大器　功率放大器的作用是放大即将发射的调制信号，使天线获得足够的功率将其发射出去。它是手机中负担最重、最容易损坏的元件。

（8）功率控制　功放的启动和功率控制是由一个功率控制电路来完成的，控制信号来自射频电路。功放的输出信号经过微带线耦合取回一部分信号送到功控电路，经过高频整流后得到一个反映功放大小的支流电平 U，与来自基站的基准功率控制参考电平自动过载控制（AOC）进行比较，如果 $U<AOC$，功率控制输出电压上升，控制功放的输出功率上升，反之控制功放的输出功率下降。

3. 发射机电路结构框图

手机的发射机有三种基本框架结构，即带有发射变换电路的发射机、带发射上变频电路的发射机和直接调制发射机。

在手机发射机电路中，TX I/Q 信号之前的部分基本相同，本节只描述 TX I/Q 信号之后至功率放大器之间的电路工作原理。

（1）带有发射变换电路的发射机　发射变换电路也被称为发射调制环路，它由 TX I/Q 信号调制电路、发射鉴相器（PD）、偏移混频电路、低通滤波器（Loop Filter，LPF，环路滤波器）及发射 VCO（TX VCO）电路、功率放大器电路组成。

发射流程如下：送话器将话音信号转换为模拟音频信号，在语音电路中，经 PCM 编码转换为数字信号，然后在语音电路中进行数字处理（信道编码、交织、加密等）和数模转换，分理处模拟的 67.707kHz 的 TX I/Q 基带信号，TX I/Q 基带信号送到调制器对载波信号进行调制，得到 TX I/Q 发射已调中频信号。用于 TX I/Q 调制的载波信号来自发射中频 VCO。

在发射电路中，TX VCO 输出的信号一路到功率放大器电路，另一路与一本振 VCO 信号进行混频，得到发射参考中频信号。已调发射中频信号与发射参考中频信号在发射变化器中的鉴相器中进行比较，输出一个包含发射数据的脉动直流误差信号 TX-CP，经低通滤波器后形成直流电压，再去控制 TX VCO 电路，形成一个闭环回路，这样，由 TX VCO 电路输出的最终发射信号就十分稳定。

发射 VCO 输出的已调发射射频信号，即最终的发射信号（GSM 频段 890～915MHz、DCS 频段 1710～1785MHz、PCS 频段 1850～1910MHz），经功率放大、功率控制后，通过天线电路由天线发送出去。

带有发射变换电路的发射机电路原理图如图 4-6 所示。

（2）带发射上变频电路的发射机　带发射上变频电路的发射机与带有发射变换模块电路的发射机在 TX I/Q 调制之前是一样的，其不同之处在于 TX I/Q 调制后的发射已调信号与一本振 VCO（或 UHF VCO、RF VCO）混频，得到最终发射信号。

带有发射上变频电路的发射机电路原理图如图 4-7 所示。

（3）直接调制发射机　直接调制发射机与前面两种的发射机电路结构有明显区别，调制器直接将 TX I/Q 信号变换到要求的射频信道。这种结构的特点是结构简单、性价比高，是目前使用比较多的一种发射机电路结构。直接调制发射机电路原理图如图 4-8 所示。

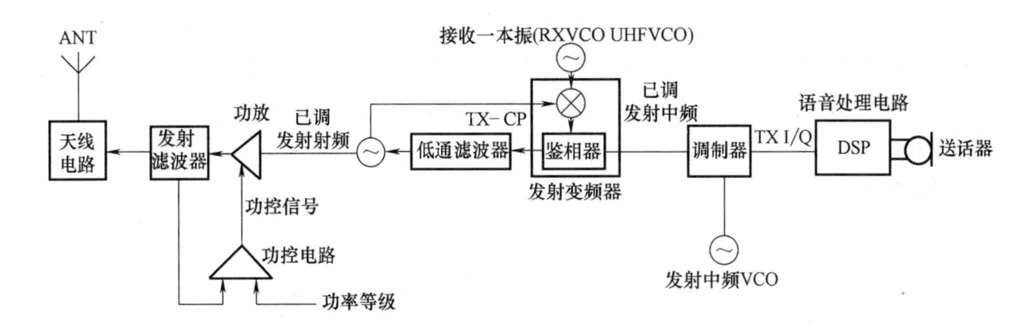

图 4-6　带有发射变换电路的发射机电路原理图

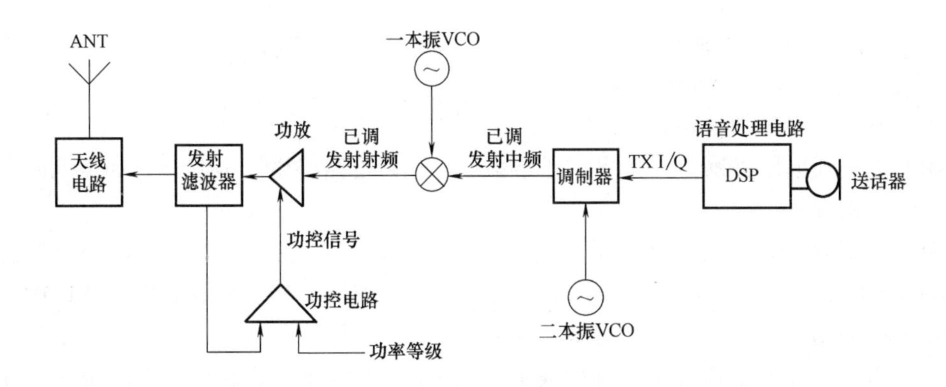

图 4-7　带有发射上变频电路的发射机电路原理图

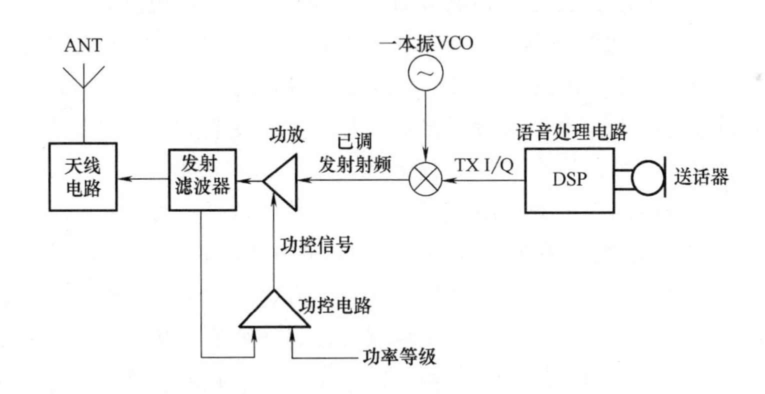

图 4-8　直接调制发射机电路原理图

三、频率合成器电路

在移动通信中，要求系统能够提供足够的信道，移动台也必须在系统的控制下随时改变自己的工作频率，提供多个信道的频率信号。但是在移动通信设备中使用多个振荡器是不现实的，通常使用频率合成器来提供有足够精度、稳定性好的工作频率。

利用一块或少量晶体又采用综合或合成手段，可获得大量不同的工作频率，而这些频率的稳定度和准确度或接近石英晶体的稳定度和准确度的技术称为频率合成技术。

1. 频率合成器电路的组成

在手机中通常使用带有锁相环的频率合成器，利用锁相环路（PLL）的特性，使压控振荡器（VCO）的输出频率与基准频率保持严格的比例关系，并得到相同的频率稳定度。

锁相环路是一种以消除频率误差为目的的反馈控制电路。锁相环的作用是使压控振荡输出振荡频率与规定基准信号的频率和相位都相同（同步）。

锁相环由参考晶体振荡器、鉴相器、低通滤波器、压控振荡器和分频器5部分组成，如图4-9所示。

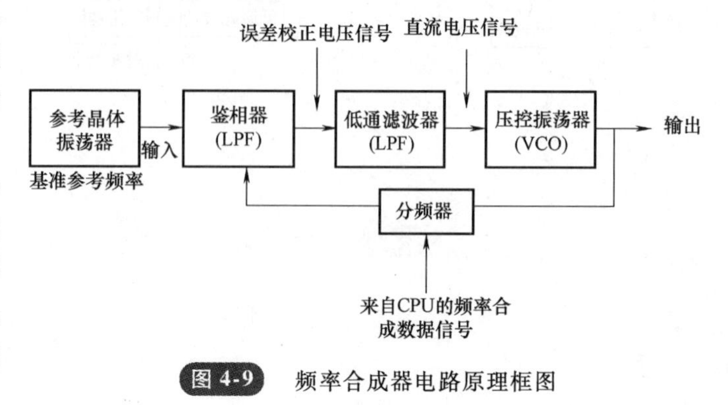

图4-9 频率合成器电路原理框图

(1) 参考晶体振荡器　参考晶体振荡器在频率合成乃至在整个手机电路中都是很重要的。在手机电路中，特别是GSM手机中，这个参考晶体振荡器被称为基准频率时钟电路，它不但给频率合成电路提供参考频率，还给手机的逻辑电路提供基准时钟，如该电路出现故障，手机将不能开机。

GSM手机参考晶体振荡器产生的信号有13MHz、26MHz或19.5MHz。CDMA手机通常使用19.68MHz的信号作为参考信号，也有的使用19.2MHz、19.8MHz信号。WCDMA手机一般使用19.2MHz，有的使用38.4MHz、13MHz。

(2) 鉴相器　鉴相器简称PD、PH或PHD（Phase Detector），它是一个相位比较器，它将压控振荡器的振荡信号的相位变换为电压的变化，鉴相器输出的是一个脉动直流信号，这个脉动直流信号经低通滤波器滤除高频成分后去控制压控振荡器电路。

(3) 低通滤波器　低通滤波器（Low Pass Filter，LPF）在频率合成器环路中又称为环路滤波器。它是一个RC电路，位于鉴相器与压控振荡器之间。

低通滤波器通过对电阻、电容进行适当的参数设置，使高频成分被滤除。由于鉴相器输出的不但包含直流控制信号，还有一些高频谐波成分，这些谐波会影响压控振荡器的工作，低通滤波器就是要把这些高频成分滤除，以防止对压控振荡器造成干扰。

(4) 压控振荡器　压控振荡器（Voltage Control Oscillator，VCO），是一个“电压-频率”转换装置。它将鉴相器PD输出的相差电压信号的变化转化成频率的变化。

压控振荡器是一个电压控制电路，电压控制功能是靠变容二极管来完成的，鉴相器输出的相差电压加在变容二极管的两端。当鉴相器的输出发生变化时，变容二极管两端的反偏发生变化，导致变容二极管结电容改变，压控振荡器的振荡回路改变，输出频率也随之改变。

(5) 分频器　在频率合成中，为了提高控制精度，鉴相器在低频下工作。而压控振荡器输出频率比较高，为了提高整个环路的控制精度，这就离不开分频技术。分频器输出的信号送到鉴相器，和基准信号进行相位比较。

接收机的第一本机振荡（RXVCO、UHFVCO、RHVCO）信号是随信道的变化而变化的，该频率合成环路中的分频器是一个程控分频器，其分频比受控于手机的逻辑电路。程控分频器受控于频率合成数据信号（SYNDAT、SYNDATA或SDAT）、时钟信号（SYNCLK）、使能信号（SYN-EN、SYN-LE）。这三个信号又称为频率合成器的“三线”。

中频压控振荡器信号是固定的，中频压控振荡器频率合成环路中的分频器的分频比也是固定的。

2. 频率合成器的基本工作过程

（1）VCO 频率的稳定　当 VCO 处于正常工作状态时，VCO 输出一个固定的频率 f_0。若某种外接因素如电压、温度导致 VCO 频率 f_0 升高，则分频输出的信号为 f_n（$f_n = f_0/f_n$），比基准信号 F_R 高，鉴相器检测到这个变化后，其输出电压减小，使电容二极管两端的反偏压减小，这使得电容二极管的结电容增大，振荡回路改变，VCO 输出频率 f_0 降低。若外界因素导致 VCO 频率下降，则整个控制环路执行相反的过程。

（2）VCO 频率的变频　为什么 VCO 的频率要改变呢？因为手机是移动的，移动到另外一个地方后，为手机服务的小区就变成另外一对频率，所以手机就必须改变自己的接收和发射频率。

VCO 改变频率的过程如下：手机在接收到新小区的改变频率的信令以后，将信令解调、解码，手机的 CPU 就通过“三线信号”（即 CPU 的 SYNEN、SYNDAT、SYNCLK）对锁相环电路发出改变频率的指令，去改变程控分频器的分频比，并且在极短的时间内完成。在“三线信号”的控制下，锁相环输出的电压就改变了，用这个已变大或变小的电压去控制压控振荡器内的变容二极管，则 VCO 输出的频率就改变到新小区的使用频率上。

3. 手机常用频率合成器电路

（1）一本振 VCO 频率合成器　对于带发射 VCO 电路的手机，一本振 VCO 频率合成器产生一本振信号，一方面送到接收混频电路，和接收信号进行混频，从混频器输出一中频信号；另一方面，产生的一本振信号与发射 VCO（TCVCO）输出的信号进行混频，输出发射中频参考信号，发射中频参考信号和已调发射中频信号在发射变化电路的鉴相器中进行比较，输出包含发送数据的脉动直流信号，再去控制发射 VCO 电路。

对于采用带发射上变频电路的手机，一本振 VCO 频率合成器产品一本振信号，一方面送到接收混频电路，和接收信号进行混频，从混频器输出一中频信号；另一方面，产生的一本振信号直接与已调发射中频信号进行混频（因为没有发射 VCO），得到最终的发射信号。

（2）二本振 VCO 频率合成器　二本振 VCO 的输出主要有三个地方：一是与一中频混频得到二中频（超外差二次变频接收电路）；二是经分频后作为接收解调参考信号，解调出 RX I/Q 信号；三是在发射电路中，用来作为发射中频的载波信号，以产生已调发射中频信号。

（3）发射中频 VCO 频率合成器　发射中频 VCO 电路的主要作用是产生已调发射射频信号，送往功率放大器电路。

第三节　手机基带处理器电路

基带处理器（Baseband），就是负责 A-D、D-A、信号处理的集成电路，也称为手机基带芯片。基手机带处理器主要功能为通信协议编码/译码、模数/数模（AD-D）转换、数据处理和存储等。

一款最基本的基带处理器需要 3 个部分组成，即模拟基带处理器（ABB）、数字基带处理器（DBB）、微控制器或微处理器（MCU/CPU）

一、模拟基带与数字基带

在普通手机中，通常将微控制电路（Micro Control Unit，MCU）、数字信号处理（Digital

Signal Processing，DSP）、专用集成电路（Application Specific Integrated Circuit，ASIC）电路集成在一起，得到数字基带信号处理器；将射频接口电路、音频编译码电路及一些模-数转换器（A-D 转换器）、数-模转换器（D-A 转换器）电路集成在一起，得到模拟基带信号处理器。

在智能手机中，一般将数字基带信号处理器和模拟基带信号处理器集成在一起，称为基带处理器。不论移动电话的基带电路如何变化，它都包括 MCU 电路（也称为 CPU 电路）、DSP 电路、ASIC 电路、音频编译码电路、射频逻辑接口电路等最基本的电路。

我们可以这样理解智能手机的无线部分，将智能手机无线部分电路再分为两部分，一部分是射频电路，完成信号从天线到基带信号的接收和发射处理；一部分是基带电路，完成信号从基带信号到音频终端（受话器或送话器）的处理。这样，基带处理器的主要工作内容和任务就比较容易理解了。

以基带处理器电路 PMB8875 为例，其原理图如图 4-10 所示。

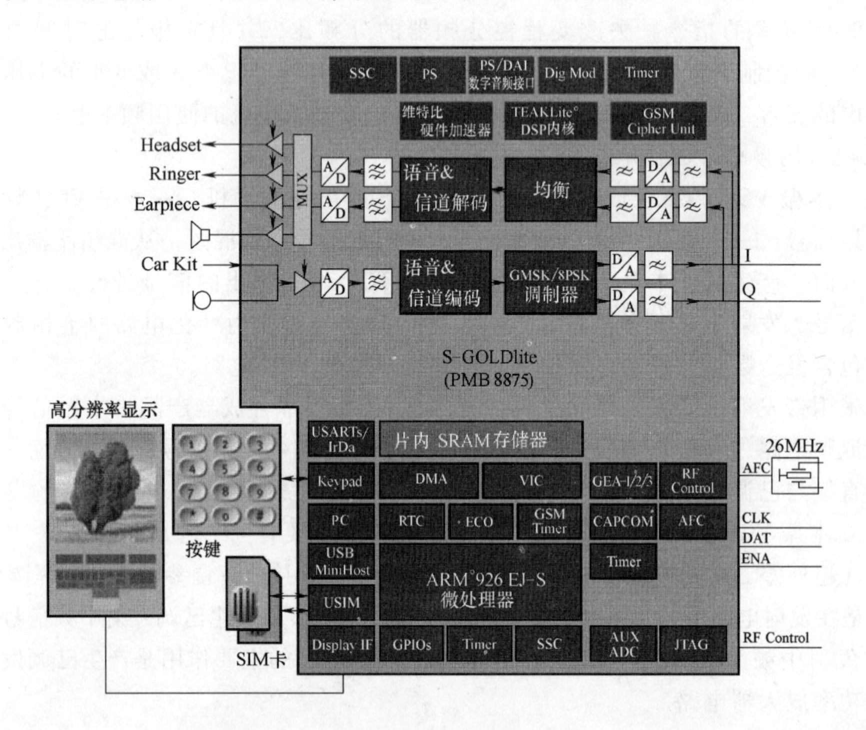

图 4-10 基带处理器电路 PMB8875 的原理图

1. 模拟基带电路

模拟基带信号处理器（ABB）又称为话音基带信号转换器，包含手机中所有的 A-D 转换器与 D-A 转换器电路。

模拟基带信号处理器包含基带信号处理电路、话音基带信号处理电路（也称为音频处理电路）和辅助变换器单元（也称为辅助控制电路）。

（1）基带信号处理电路　基带信号处理电路将接收射频电路输出的接收机基带信号（RX I/Q）转换成数字接收基带信号，送到数字基带信号处理器（DBB）。

在发射方面，该电路将 DBB 电路输出的数字发射基带信号转换成模拟的发射基带信号

(TX I/Q)，送到发射射频部分的 I/Q 调制器电路。

基带信号处理电路是用来处理接收、发射基带信号的，连接数字基带与射频电路-射频逻辑接口电路。在基带方面，通过基带串行接口连接到数字基带信号处理器；在射频方面，它通过分离或复合的 I/Q 信号接口连接到接收 I/Q 解调与发射 I/Q 调制电路。

接收基带信号处理框图如图 4-11 所示。发射基带信号处理框图如图 4-12 所示。

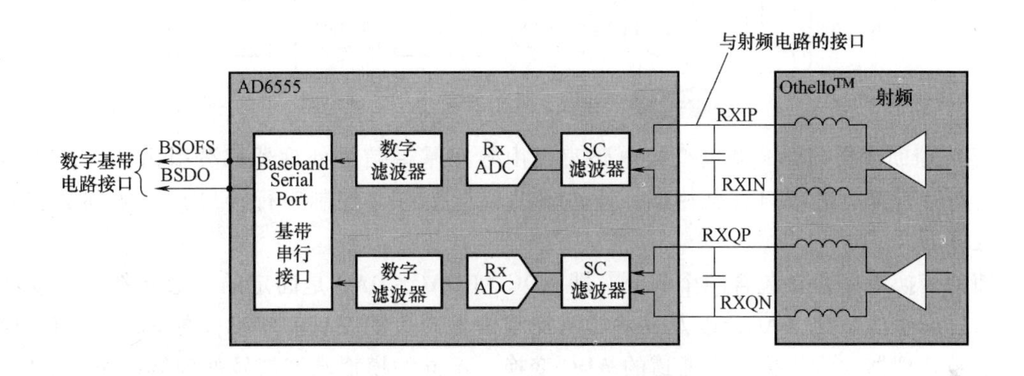

图 4-11　接收基带信号处理框图

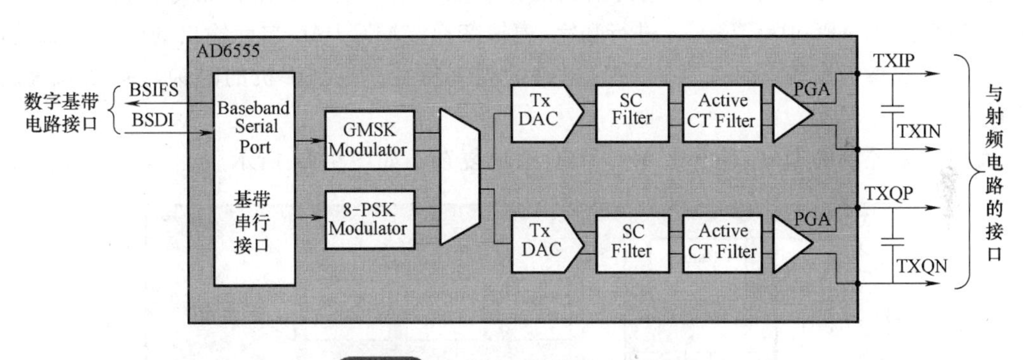

图 4-12　发射基带信号处理框图

(2) 话音基带信号处理电路　话音处理电路用来处理接收、发射音频信号。在接收方面，将数字基带处理器电路处理得到的接收数字音频信号转换成模拟的话音信号；在发射方面，将模拟话音信号转换成数字音频信号，送到数字基带处理器电路。

接收音频信号处理将数字基带信号处理器得到的接收数字语音信号进行转换，得到模拟的话音信号，即数-模转换（D-A）过程。数字基带信号处理对接收数字基带信号进行解密、信道解码、去分间插入等一系列的处理后，得到数字音频信号，经音频串行接口总线输出数字音频信号到模拟基带信号处理器。

接收、发射音频信号处理电路如图 4-13 所示。

接收音频处理电路处理得到的模拟话音信号通常用于手机内的受话器、扬声器、耳机，或输出到外接的音频附件。接收音频终端电路通常都比较简单，模拟基带处理电路输出的信号或直接送到音频终端，或通过模拟电子开关、外部的音频放大器到音频终端。

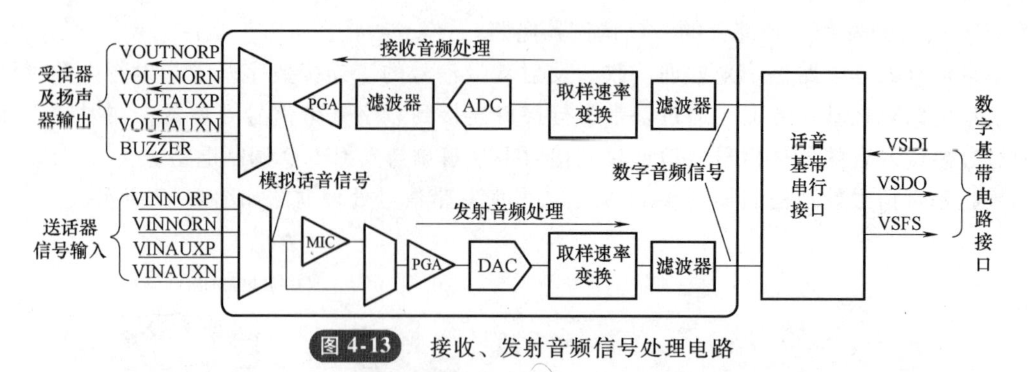

图 4-13 接收、发射音频信号处理电路

(3) 辅助变换电路 辅助变换电路直接由数字基带信号处理器部分引出的同步串行口寻址，与基带部分的串口有点相似，通过辅助串行接口（控制串行接口）连接到数字基带信号处理器。

辅助变换电路通常包含两个部分，即 ADC 和 DAC。DAC 是固定的，通常都是自动频率控制信号产生的 AFC DAC，以及发射功率控制信号产生的 VAPC DAC；在 ADC 方面，模拟基带信号处理器通常提供多个通道的 ADC 变换，不同的模拟基带信号处理器提供的 ADC 通道不同。

1）DAC 电路。在 DAC 方面，AFC 和 APC 的控制数据信号都是数字基带处理电路输出，经控制串行接口到模拟基带处理电路。

在 AFC 方面，数字基带处理电路输出的控制数据信号通常要由控制寄存器缓冲，然后将控制数据送到 AFC DAC 单元，进行数字-模拟变换。AFC DAC 单元输出的信号经滤波后，被送到手机的参考振荡（系统主时钟）电路的频率特性，控制手机的时钟与基站系统的时钟同步。

发射功率控制的 DAC 通道比 AFC DAC 通道复杂，如图 4-14 所示。

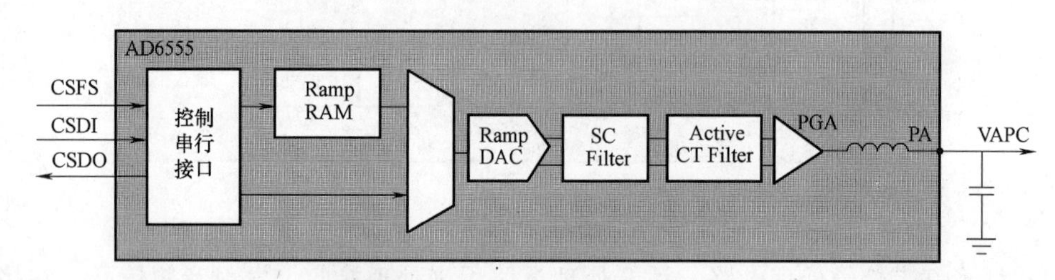

图 4-14 发射功率控制的 DAC 通道

2）ADC 电路。ADC 通道主要被用来进行电池电压监测、电池温度监测和环境温度监测等。

ADC 的输入信号端口连接到各相应的监测电路，以得到模拟的监测电压（或电流）信号。输入的模拟电信号经 A-D 变换后，得到的数据信号经控制串行接口送到数字基带信号处理器。

手机系统通过访问系统软件中的参数值与手机的相关工作状态来决定相应的控制动作。

2. 数字基带电路结构

数字基带电路包括微处理器电路、数字语音处理器电路（DSP）、ASIC 电路、音频编译码电路、射频逻辑接口电路等。

(1) 微处理器电路 微处理器（Microcontroller Unit，MCU）相当于计算机中的 CPU，它通常是简化指令集的计算机芯片（RISC）。

MCU 电路通常会提供一些用户界面、系统控制等，它包括一个中央处理器（CPU）核心和单片机支持系统，手机的微处理器有采用 Intel 处理器内核的，也有采用 ARM 处理器内核的，多数手机的微处理器都采用 ARM 处理器内核。

在智能手机中，基带电路的 MCU 执行多个功能，包括系统控制、通信控制、身份验证、射频监测、工作模式控制、附件监测和电池监测等，提供与计算机、外部调试设备的通信接口，如 JTAG 接口等。

不同厂家 MCU 或许在构造上有些不同，但它们的基本功能都相似，手机中的 MCU 电路都被集成在（数字）基带信号处理器中。

(2) 数字语音处理器电路 DSP 是 Digital Signal Processing 的缩写，即数字信号处理。手机的 DSP 由 DSP 内核加上内建的 RAM 和加载了软件代码的 ROM 组成。

DSP 通常提供如下的一些功能：射频控制、信道编码、均衡、分间插入与去分间插入、AGC、AFC、SYCN、密码算法、邻近蜂窝监测等。DSP 核心还要处理一些其他的功能，包括双音多频音的产生和一些短时回声的抵消，在 GSM 移动电话的 DSP 中，通常还有突发脉冲（Burst）建立。

数字语音处理器电路框图如图 4-15 所示。

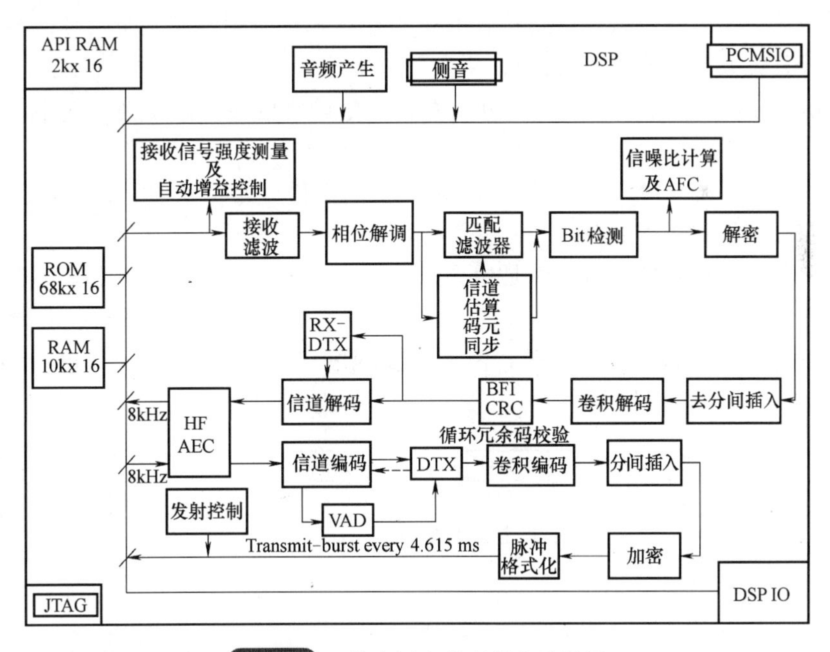

图 4-15 数字语音处理器电路框图

(3) ASIC 电路 ASIC 是 Application Specific Integrated Circuit 的缩写，即专用应用集成电路。

在手机中，ASIC 通常包含如下的一些功能：提供 MCU 与用户模组之间的接口；提供 MCU 与 DSP 之间的接口；提供 MCU、DSP 与射频逻辑接口电路之间的接口；产生时钟；提供用户接口；提供 SIM 卡接口（GSM 手机），或提供 UIM 接口（CDMA 手机）；提供时间管理及外接通信接口等。

除了诺基亚早期的一些 GSM 手机外，很少有独立的 ASIC 单元，ASIC 单元所包含的接口电路通常被集成在数字基带信号处理器中。

(4) 音频编译码电路　音频编译码电路完成了语音信号的 A-D 转换、D-A 转换、PCM 编译码转换、音频路径转换；发射话音的前置放大；接收话音的驱动放大器；双音多频 DT-MF 信号发生等功能。

接收音频处理电路框图如图 4-16 所示。发射音频处理框图如图 4-17 所示。

图 4-16　接收音频处理电路框图　　图 4-17　发射音频处理框图

(5) 射频逻辑接口　在接收方面，接收射频电路输出的接收机模拟基带信号，并通过 ADC 处理将接收基带信号转换为数字接收基带信号，接收数字基带信号被送到 DSP 电路进行进一步的处理。

在发射方面，射频逻辑接口电路接收 DSP 电路输出的发射数字基带信号，并通过 GMSK 调制（或 QPSK 调制等）和 DAC 转换，将发射数字基带信号转化为模拟的发射基带信号 TX I/Q。TX I/Q 信号被送到发射机射频部分的发射 I/Q 调制电路，调制到发射中频（或射频）载波上。

射频逻辑接口还提供 AFC 信号处理、AGC 与 APC 信号处理等。

二、基带处理器的工作原理

智能手机基带处理器的核心元件是中央处理器（CPU）。中央处理器是手机电路中不可缺少和十分重要的电路之一，负责对手机的接收机、发射机、频率合成器、电源、键盘、显示、音频处理等电路进行控制、协调，使手机按程序有条不紊地工作。CPU 控制功能框图如图 4-18 所示。

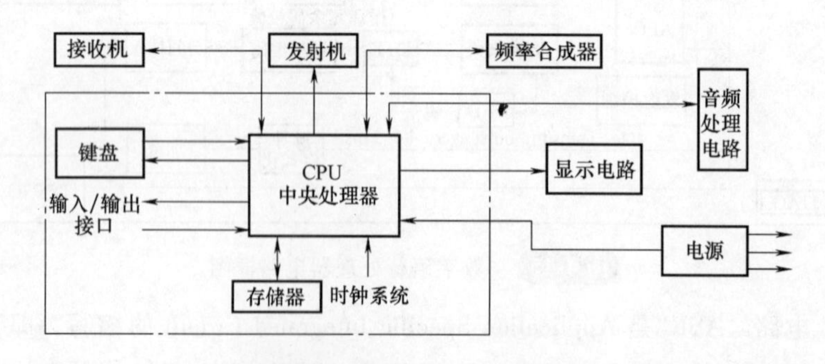

图 4-18　CPU 控制功能框图

CPU 电路主要由以下几部分组成：

(1) 中央处理器　这是微控制器的核心。

（2）存储器　包括两个部分，一是 ROM，它用来存储程序；二是 RAM，它用来存储数据。ROM 和 RAM 两种存储器是有所不同的。

（3）时钟及复位电路　智能手机中常见的是 13MHz（26MHz）、38.4MHz 和 32.768kHz 等。

（4）接口电路　接口电路分为两种，即并行输入/输出接口和串行输入/输出接口。这两种接口电路结构不同，对信息的传输方式也不同。

中央处理器与各部分电路之间通过地址总线（AB）、数据总线（DB）和控制总线（CB）连接在一起，再通过接口外部电路进行通信。

1. 中央处理器（CPU）

中央处理器在智能手机中的基带处理器电路起着核心作用，手机所有操作指令的接收和执行、各种控制功能、辅助功能等都在中央处理器的控制下进行。同时，中央处理器还要担任各种运算工作。在手机中，中央处理器起着指挥中心的作用。

通俗地讲，中央处理器相当于“司令部”和“算盘”的作用，其中“司令部”用来指挥单片机的各项工作，“算盘”则用来进行各种数据的运算。

（1）中央处理器的基本功能　中央处理器是手机的核心部分，主要完成以下功能：

① 信道编解码交织、反交织、加密、解密。

② 控制处理器系统包括：16 位控制处理器，并行和串行显示接口，键盘接口，EEPROM 接口，存储器接口，SIM 卡接口，通用系统连接接口，与无线部分的接口控制，对背光进行可编程控制、实时时钟产生与电池检测及芯片的接口控制等。

③ 数字信号处理：16 位数字信号处理与 ROM 结合的增强型全速率语音编码，DTMF 和呼叫铃声发生器等。

④ 对射频电路部分的电源控制。

（2）中央处理器的工作流程　CPU 的基本工作条件有三个：一是电源，一般是由电源电路提供；二是时钟，一般是由 13MHz 晶振电路提供；三是复位信号，一般是由电源电路提供。CPU 只有具备以上三个基本工作条件后，才能正常工作。

手机中的中央处理器一般是 16 位微处理器，它与外围电路的工作流程如下：

按下手机开机按键，电池给电源部分供电，同时电源供电给中央处理器电路，中央处理器复位后，再输出维持信号给电源部分，这时即使松开手机按键，手机仍然维持开机。

复位后，中央处理器开始运行其内部的程序存储器，首先从地址 0（一般是地址 0，也有些厂家中央处理器不是）开始执行，然后顺序执行它的引导程序，同时从外部存储器（字库、EEPROM）内读取资料。如果此时读取的资料不对，则中央处理器会内部复位（通过 CPU 内部的“看门狗”或者硬件复位指令）引导程序，如果顺利执行完成后，中央处理器才从外部字库里取程序执行，如果取的程序异常，它也会导致“看门狗”复位，即程序又从地址 0 开始执行。

中央处理器读取字库是通过并行数据线和地址线，再配合读写控制时钟线 W/R，中央处理器还有一根外部程序存储器片选信号线或称为 CS、CE，它和 W/R 配合作用，就能使字库区分读的是数据，还是程序。

2. 存储器（FLASH）

存储器的作用相当于“仓库”，用来存放手机中的各种程序和数据。

1）程序是指根据所要解决问题的要求，应用指令系统中所包含的指令，编成一组有次序的指令的集合。

2）数据是指手机工作过程中的信息、变量、参数、表格等，例如键盘反馈回来的信息。

（1）只读存储器（ROM，FLASH） 只读存储器是一个程序存储器，在手机系统中，有的程序是固定不变的，如自举程序或引导程序；有的程序则可以进行升级，如 FLASH 的特点是响应速度和存储速度高于一般的 EPROM，在手机中它存储着系统运行软件和中文资料，所以叫作版本或字库。

1）FLASH 的作用。FLASH 在手机的作用很大，地位非常重要，具体作用如下：存储主机主程序、存储字库信息、存储网络信息、存储录音、存储加密信息、存储序列号（IMEI码）等。

2）FLASH 的工作流程。当手机开机时，中央处理器便传出一个复位信号 RESET 到 FLASH，使系统复位。再待中央处理器把字库的读写端、片选端选定后，中央处理器就可以从 FLASH 内取出指令，在中央处理器里运算、译码、输出各部分协调的工作命令，从而完成各自功能。

FLASH 的软件资料是通过数据交换端和地址交换端与微处理器进行通信的。CE（CS）端为字库片选端，OE 端为读允许端，RESET 端为系统复位端，这四个控制端分别是由中央处理器加以控制的。如果 FLASH 的地址有误或未选通，都将导致手机不能正常工作，通常表现为不开机和显示字符错乱等故障现象。

由于 FLASH 可以用来擦除，所以当出现数据丢失时可以用编程器或免拆机维修仪重新写入。和其他元件一样，FLASH 本身也可能会损坏（即硬件故障），如果是硬件出现故障，应重新更换 FLASH。

（2）电可擦可编程只读存储器（EEPROM） 电可擦可写可编程存储器以二进制代码的形式存储手机的资料，它存储的是：手机的机身码；检测程序，如电池检测、显示电压检测等；各种表格，如功率控制（PC）、数模转换（DAC）、自动增益控制（AGC）、自动频率控制（AFC）等；手机的随机资料，可随时存取和更改，如电话号码菜单设定等。

其中，EEPROM 中存储的一些系统可调节的参数，对生产厂家来说存储的是手机调试的各种工作参数及与维修相关的参数，如电池门限、输出功率表、话机锁，网络锁等；对于手机用户来说存储的是电话号码本、语音记事本及各种保密选项，如个人保密码，以及手机本身（串号）等。手机在出厂前都要在综测台上对手机的各种工作进行调试，以使手机工作在最佳状态。调试的结果就存在 EEPROM 里，所以不是在很必要的情况下不要去重写 EEPROM，以免降低手机的性能。

随着手机集成化程度的提高，手机已经没有“EEPROM”这个单独的器件了，它们已经被集成到 FLASH 内部。

（3）数据存储器（RAM） 数据存储器可读可写，是暂时寄存。前加 S 是静态的意思，SRAM 平时没有资料，只是单机片系统工作时，为数据和信息在传输过程中提供一个存放空间，像旅途中的“旅店”，它存放的数据和资料断电就消失。

现在 RAM 仍是中央处理器系统中必不可少的数据存储器，其最大的特点是存取速度快，断电后数据自动消失。随着手机功能的不断增加，中央处理器系统所运行的软件越来越大，相应的 RAM 的容量也越来越大。

3. 时钟及复位

（1）实时时钟　实时时钟电路（RTC）有被设计在数字基带部分的，有被设计在复合电源管理电路（PMU）的。在 TI、ADI、英飞凌、杰尔、Skyworks 等基带芯片组电路中，实时时钟振荡电路通常都是被设计在数字基带部分的；NOKIA 大部分机型实时时钟振荡电路被设计在复合电源管理电路。

实时时钟振荡电路通常都很简单，由基带芯片内的 RTC 振荡器与外接的实时时钟晶体（32.768kHz 的晶体）及补偿电容或电阻一起组成。

（2）系统主时钟　系统主时钟信号通常由射频部分的参考振荡电路产生，时钟信号被送到 DBB 电路后，该信号并不直接使用，还需要经一系列的处理，以得到各种相应的时钟信号。

（3）复位信号　为确保 CPU 电路稳定可靠工作，复位电路是必不可少的一部分，复位电路的第一功能是上电复位。

由于 CPU 电路是时序数字电路，它需要稳定的时钟信号，因此在电源上电时，只有当供电稳定供给以及晶体振荡器稳定工作时，复位信号才被撤除，CPU 电路开始正常工作。

4. 接口电路

接口电路是指 CPU 与外部电路、设备之间的连接通道及有关的控制电路。由于外部电路、设备中的电平大小、数据格式、运行速度、工作方式等均不统一，一般情况下是不能与 CPU 相兼容的（即不能直接与 CPU 连接），外部电路和设备只有通过输入/输出接口的桥梁作用，才能进行相互之间的信息传输、交流并使 CPU 与外部电路、设备之间协调工作。

（1）并行总线接口　并行总线主要包括地址总线、数据总线和控制总线，在逻辑控制电路中，CPU 和外部存储器（FLASH 和暂存器）一般是通过并行总线进行通信的。

1）地址总线。地址总线用 AB 表示，AB 是英文 Address Bus 的缩写。地址总线（AB）用来由 CPU 向存储器单元发送地址信息，由于存储器单元不会向 CPU 传输信息的，所以地址总线（AB）是单向传输总线。

一个 8 位的 CPU，其地址总线（AB）数目一般为 16 根，一般用 A0 ~ A15 表示，这 16 根地址总线可以寻址的存储单元目录是 216 = 65536 = 64KB。一个 32 位的单片机，其地址总线（AB）数目一般为 32 根，一般用 A0 ~ A31 表示。

另外，需要特别明确地址总线的信号传输方向，只能从 CPU 出发，而字库也只能被动地接收 CPU 发过来的寻址信号。明确了这一点，对我们检修不开机的手机是很有帮助的，对于一台不开机的手机，取下字库测其他地址总线的寻址信号，如果正常，则要注意先检查 CPU 的工作条件是否满足，如供电、复位、时钟等。如果 CPU 的工作条件完全正常，CPU 还不能正常发出寻址信号的话，则 CPU 可能损坏。

2）数据总线。数据总线用 DB 表示，DB 是英文 Data Bus 的缩写。数据总线（DB）用来在 CPU 与存储器之间传输数据。由于数据可以从 CPU 传输到存储器，也可以反方向传输到 CPU 中，所以数据总线（DB）是双向数据传输的总线，与地址总线（AB）不同。

数据总线的根数与CPU的位数相对应，一个8位的微处理器，其数据总线（DB）数目一般为8根，分别用D0～D7表示，一个32位的CPU，其数据总线（DB）数目一般为32根，分别用D0～D31表示。

3）控制总线。控制总线用CB表示，CB是英文Control Bus缩写。控制总线（CB）用来传输控制信息，例如传送中断请求（IRQ、INT）、片选（CE、CS）、数据读/输出使能（OE）、数据写/输入使能（WE）、读使能（RE）、写保护（WP）、地址使能信号（ALE）、命令使能信号（CLE）等。控制总线（CB）是单向传输的，但对CPU来讲，根据各种控制信息的具体情况，有的是输入信息、有的是输出信息。

控制总线采用能表明含义的缩写英文字母符号，若符号上有一横线，表明用负逻辑（低电平有效），否则为高电平有效。

（2）I^2C串行总线接口　I^2C总线（Inter Integrated Circuit Bus，内部集成电路总线或集成电路间总线），是荷兰飞利浦公司的一种通信专利技术。它可以由两根线组成，即串行数据线（SDA）和串行时钟线（SCL），可使所有挂接在总线上的器件进行数据传递。I^2C总线使用软件寻址方式识别挂接于总线上的每个I^2C总线器件，每个I^2C总线都有唯一确定的地址号，以使在器件之间进行数据传递，I^2C总线几乎可以省略片选、地址、译码等连线。

在I^2C总线中，CPU拥有总线控制权，又称为主控器，其他电路皆受CPU的控制，故将它们统称为控制器。主控器能向总线发送时钟信号，又能积极地向总线发送数据信号和接收被控制器送来的应答信号，被控制器不具备时钟信号发送能力，但能在主控制器的控制下完成数据信号的传送，它发送的数据信号一般是应答信息，以将自身的工作情况告诉CPU。CPU利用SCL线和SDA线与被控电路之间进行通信，进而完成对被控电路的控制。

在手机电路中，很多芯片都是通过I^2C总线和CPU进行通信的。

第四节　手机应用处理器电路

应用处理器的全名叫多媒体应用处理器（Multimedia Application Processor），简称MAP。应用处理器是在低功耗CPU的基础上扩展音视频功能和专用接口的超大规模集成电路，MAP（应用处理器）是伴随着智能手机而产生的。

一、应用处理器简介

应用处理器的技术核心是一个语音压缩芯片，称基带处理器。发送时对语音进行压缩，接收时解压缩，传输码率只是未压缩的几十分之一，在相同的带宽下可服务更多的人。

智能手机上除通信功能外还增加了照相机、音频播放器、FM广播接收、视频图像播放、游戏等功能，基带处理器已经没有能力处理这些新加的功能。另外，视频、音频（高保真音乐）处理的方法和语音不一样，语音只要能听懂，达到传达信息的目的就行了。视频要求亮丽的彩色图像，动听的立体声伴音，目的使人能得到最大的感官享受。为了实现这些功能，需要另外一个协处理器专门处理这些信号，它就是应用处理器。

早期，智能手机的应用处理器种类很多，而随着淘汰和发展。目前智能手机的应用处理器，基本都是 ARM 授权核心加上厂商自行添加功能模块的方式。目前，市面上能见到的 ARM 核心包括 ARM7、ARM9、ARM11、ARM Cortex A8、ARM Cortex A9 等。每一代流水线程度、内存支持、乱序执行、顺序执行都不一样，具体指标无需深究，有兴趣可去 ARM 官网查找 PDF 文档。这几代 CPU 中，ARM Cortex A8 相对于 ARM11 有接近 100% 的巨大性能提升，其他每代之间的提升幅度不大（20% ~30%）。

从用户的角度来说，ARM7 属于很古老的核心，性能很差，可以满足一些基本应用，现在低档山寨机采用的 MTK 方案，核心就是 ARM 7 的 CPU。ARM9 是早期 WM 智能机的主流 CPU，三星著名的 2420 是 ARM9，Intel 当年的 PXA 系列则是性能最好的 ARM9，MTK 最新的 MT6239 芯片也是 ARM9。

可以说，现在的中档 MTK 山寨机，在性能上已经达到当年多普达部分智能机的水平。ARM 11 以前属于高端解决方案，NOKIA N95 的用德州仪器 OMAP2420 、苹果 iPhone 用的三星 6410 都是 ARM11 核心的处理器，它们搭配的功能模块性能也比较强。在安卓时代到来之后，一些低端的智能机依然采用高频的 ARM11 处理器。

ARM Cortex A8 是目前的主流处理器，性能比 ARM11 有了巨大的提升，接近当年奔腾三计算机的性能水平，iPhone 4 用的 A4 处理器，三星 i9000 用的 C111 处理器，华为 U8800 用的高通 MSM7320 都是 ARM Cortex A8 核心的处理器，ARM Cortex A9 支持双核心、四核心，但是目前市面上主要还是双核心的处理器，性能比单核心的 A8 有成倍的提升。三星 i9100 用的猎户座，天语 W700 用的 Tegra2 都是 A9 的核心。

应用处理器的一个重要模块是显示部分，智能手机显示芯片厂商，基本就是早期提供计算机显示芯片的厂商，Nvidia 延续了桌面的 Geforce 技术，高通是买的 ATI 当年的移动显示部分，Powervr 当年在桌面市场惨败后进军移动市场，靠先发优势获得了软件兼容性。智能手机的 3D 性能评判与计算机一致，也是看流水线条数、像素渲染能力、多边形生成能力，只是智能手机还没有形成标准的 3D 接口，游戏的兼容性和对硬件的利用率不如计算机高。

二、应用处理器结构

应有处理器完成了所有多媒体应用程序的处理，在智能手机的应用处理器电路结构中，一般为：单一内核芯片系统架构和基带处理器 + 应用处理器的系统架构。

采用单一内核处理器系统的手机，一般使用一个处理器完成射频部分和应用程序部分的工作，采用这种单一内核芯片系统架构的手机，若要增加新的通信功能或新应用功能，需要升级基带芯片以获得更强的 CPU 能力，并在基带芯片上编写和执行新应用程序。基带部分的代码要移植到新的芯片中，现有的功能需要重新验证。目前很少有智能手机采用单一内核处理器系统架构。

基带处理器 + 应用处理器的系统架构把基带处理器工作和应用处理器工作分开。基带处理器实现目前手机所做的呼叫、接听等基本的电话功能，应用处理器专用于处理高负荷的多媒体应用，二者之间的通信通过消息传递实现。

基带处理器 + 应用处理器的系统架构是目前智能手机主流的电路结构，目前包括 iPhone 及三星在内的众多手机厂家都采用这种架构。典型电路结构是三星 i9505 手机，i9505 是三星一款 4G 手机，该机搭载的是高通骁龙 Snapdragon 600 四核处理器。三星 i9505 手机电路结构框图如图 4-19 所示。

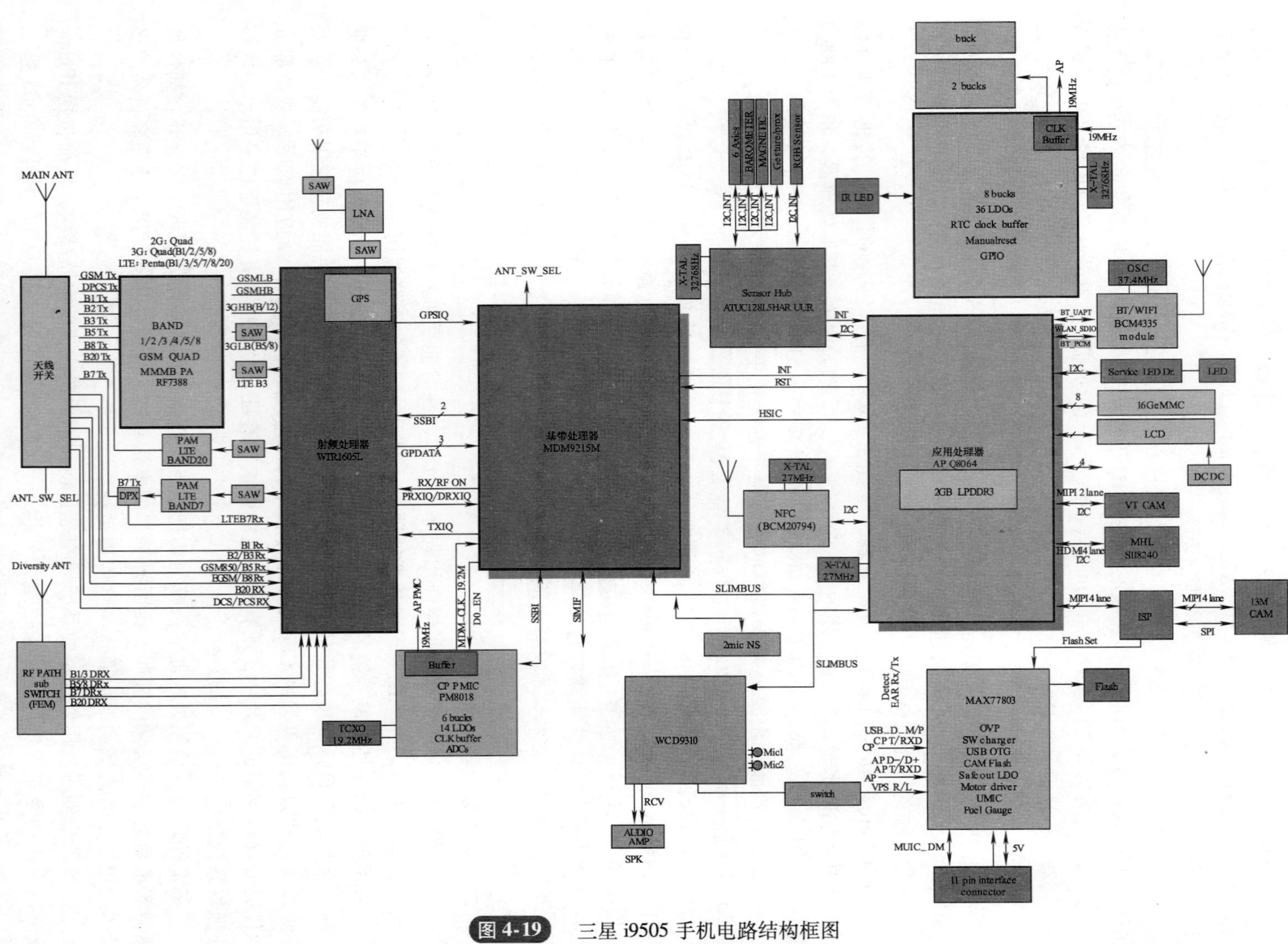

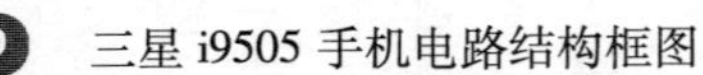

图4-19 三星i9505手机电路结构框图

Chapter 5

第五章 手机维修设备使用

第一节　恒温防静电电烙铁的使用

一、电烙铁的分类

1. 外热式电烙铁

外热式电烙铁一般由烙铁头、烙铁芯、外壳、手柄、插头等部分组成。烙铁头安装在烙铁芯内，由以导热性好的铜为基体的铜合金材料制成。烙铁头的长短可以调整（烙铁头越短，烙铁头的温度越高），且有凿式、尖锥形、圆面形、圆和半圆沟形等不同的形状，以适应不同焊接面的需要。

2. 内热式电烙铁

内热式电烙铁由连接杆、手柄、弹簧夹、烙铁芯和烙铁头（也称铜头）5 部分组成。烙铁芯安装在烙铁头的里面（发热快，热效率高达 85% ~100%）。烙铁芯采用镍铬电阻丝绕在瓷管上制成，一般 20W 电烙铁的电阻为 2.4kΩ 左右，35W 电烙铁的电阻为 1.6kΩ 左右。

一般来说，电烙铁的功率越大，热量越大，烙铁头的温度越高。焊接集成电路、印制电路板、CMOS 电路一般选用 20W 内热式电烙铁。使用的烙铁功率过大，容易烫坏元器件（一般二极管、晶体管的结点温度超过 200℃时就会烧坏），使印制导线从基板上脱落；使用的烙铁功率太小，焊锡不能充分熔化，焊剂不能挥发出来，焊点不光滑、不牢固，易产生虚焊。焊接时间过长，也会烧坏器件，一般每个焊点在 1.5 ~4s 内完成。防静电内热式电烙铁如图 5-1 所示。

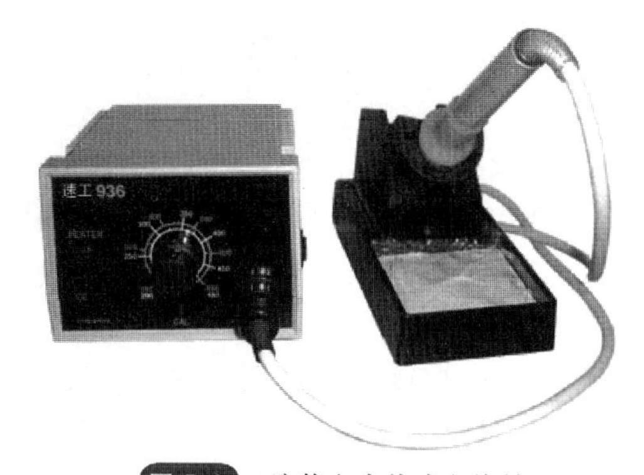

图 5-1　防静电内热式电烙铁

3. 其他烙铁

（1）恒温电烙铁　恒温电烙铁通过烙铁头内装有磁铁式的温度控制器来控制通电时间，实现恒温的目的。在焊接温度不宜过高、焊接时间不宜过长的元器件时，应选用恒温电烙铁，但它的价格较高。

（2）吸锡电烙铁　吸锡电烙铁是将活塞式吸锡器与电烙铁融于一体的拆焊工具，它具有使用方便、灵活、适用范围宽等特点。不足之处是每处只能对一个焊点进行拆焊。

（3）气焊烙铁　它是一种用液化气、甲烷等可燃气体燃烧加热烙铁头的烙铁，适用于供电不便或无法供给交流电的场合。

二、电烙铁的选择和使用

1. 电烙铁的选择

（1）电烙铁的选用原则

1）烙铁头的形状要适应被焊件物面要求和产品装配密度。

2）烙铁头的顶端温度要与焊料的熔点相适应，一般要比焊料熔点高 30～80℃（不包括在电烙铁头接触焊接点时下降的温度）。

3）电烙铁的热容量要适当。烙铁头的温度恢复时间要与被焊件物面的要求相适应。温度恢复时间是指在焊接周期内，烙铁头顶端温度因热量散失而降低后，再恢复到最高温度所需的时间。它与电烙铁的功率、热容量，以及烙铁头的形状、长短有关。

（2）电烙铁功率的选用原则

1）焊接集成电路、晶体管及其他受热易损件的元器件时，考虑选用20W 内热式或 25W 外热式电烙铁。

2）焊接较粗导线及同轴电缆时，考虑选用 50W 内热式或 45～75W 外热式电烙铁。

3）焊接较大元器件时，如金属底盘接地焊片，应选 100W 以上的电烙铁。

2. 电烙铁的使用

（1）电烙铁的握法　电烙铁的握法分为以下 3 种。

1）反握法：是用五指把电烙铁的柄握在掌内。此法适用于大功率电烙铁，焊接散热量大的被焊件。

2）正握法：此法适用于较大的电烙铁，为弯形烙铁头时一般也用此法。

3）握笔法：用握笔的方法握电烙铁，此法适用于小功率电烙铁，焊接散热量小的被焊件，如焊接手机、MP3 的印制电路板及其维修等。

（2）电烙铁使用前的处理　在使用前先通电给烙铁头“上锡”。首先要选择外形合适的烙铁头，然后接上电源，当烙铁头温度升到能熔锡时，将烙铁头在松香上沾涂一下，等松香冒烟后再沾涂一层焊锡，如此反复进行二三次，使烙铁头的刃面全部挂上一层锡便可使用了。

电烙铁不宜长时间通电而不使用，这样容易使烙铁心加速氧化而烧断，缩短其使用寿命，同时也会使烙铁头因长时间加热而氧化，甚至被“烧死”不再“吃锡”。

（3）电烙铁使用注意事项

1）根据焊接对象合理选用不同类型的电烙铁。

2）使用过程中不要任意敲击电烙铁头以免损坏。内热式电烙铁连接杆钢管壁厚度只有 0.2mm，不能用钳子夹以免损坏。在使用过程中应经常维护，保证烙铁头挂上一层薄锡。

3. 焊料

焊料是一种易熔金属，它能使元器件引线与印制电路板的连接点连接在一起。锡（Sn）是一种质地柔软、延展性大的银白色金属，熔点为 232℃，在常温下化学性能稳定，不易氧化，不失去金属光泽，抗大气腐蚀能力强。

铅(Pb) 是一种较软的浅青白色金属，熔点为 327℃，高纯度的铅耐大气腐蚀能力强，化学稳定性好，但对人体有害。锡中加入一定比例的铅和少量其他金属可制成熔点低、流动性好、对元器件和导线的附着力强、机械强度高、导电性好、不易氧化、抗腐蚀性好、焊点光亮美观的焊料，一般称为焊锡。焊锡按含锡量的多少可分为 15 种，按含锡量和杂质的化学成分分为 S、A 和 B 共 3 个等级。手工焊接常用丝状焊锡。

4. 焊剂

1）助焊剂。助焊剂一般可分为无机助焊剂、有机助焊剂和树脂助焊剂，能去除金属表面的氧化物，并在焊接加热时包围金属的表面，使之和空气隔绝，防止金属在加热时氧化；可降低熔融焊锡的表面张力，有利于焊锡的湿润。

2）阻焊剂。限制焊料只在需要的焊点上进行焊接，把不需要焊接的印制电路板的板面部分覆盖起来，保护面板使其在焊接时受到的热冲击小，不易起泡，同时还能防止发生桥接、拉尖、短路、虚焊等情况。

使用焊剂时，必须根据被焊件的面积大小和表面状态适量施用，用量过小则影响焊接质量；用量过多，焊剂残渣将会腐蚀元件或使电路板的绝缘性能变差。

5. 对焊接点的基本要求

1）焊接点要有足够的机械强度，保证被焊件在受振动或冲击时不致脱落、松动。不能用过多焊料堆积，这样容易造成虚焊、焊点与焊点的短路。

2）焊接可靠，具有良好的导电性，必须防止虚焊。虚焊是指焊料与被焊件表面没有形成合金结构，只是简单地依附在被焊金属表面上。

3）焊接点表面要光滑、清洁。焊接点表面应有良好的光泽，不应有毛刺、空隙，无污垢，尤其是不能有焊剂的有害残留物质，要选择合适的焊料与焊剂。

6. 手工焊接的基本操作方法

1）焊前准备：准备好电烙铁以及镊子、剪刀、斜口钳、尖嘴钳、焊料、焊剂等工具，将电烙铁及焊件搪锡，左手握焊料，右手握电烙铁，保持随时可焊状态。

2）用烙铁加热备焊件。

3）送入焊料，熔化适量焊料。

4）移开焊料。

5）当焊料流动覆盖焊接点时，迅速移开电烙铁。

掌握好焊接的温度和时间。在焊接时，要有足够的热量和温度。如果温度过低，焊锡流动性差，很容易凝固，形成虚焊；如果温度过高，将使焊锡流淌，焊点不易存锡，焊剂分解速度加快，使金属表面加速氧化，并导致印制电路板上的焊盘脱落。尤其在使用天然松香作为助焊剂时，如果锡焊温度过高，易氧化脱皮而产生炭化，造成虚焊。

第二节 热风枪的使用

一、热风枪的使用和操作

1. 注意事项

1）使用前，必须仔细阅读使用说明书。

2）使用前，必须接好地线，以备泄放静电。

3）请勿损毁防拆片，否则保修服务失效。

4）禁止在焊铁前端网孔放入金属导体，此举会导致发热体损坏及人体触电。

5）当机器出现故障而不能使用，请与供应商联系。

2. 热风枪的使用

（1）指导 热风枪是一种贴片元件和贴片集成电路的拆焊、焊接工具，热风枪主要由气泵、线性电路板、气流稳定器、外壳和手柄组件组成，如图5-2所示。性能较好的850热风枪采用850原装气泵，具有噪声小、气流稳定的特点，而且风流量较大，一般为27L/mm。使调节符合标准温度（气流调整曲线），从而获得均匀稳定的热量、风量。手柄组件采用消除静电的材料制造，可以有效地防止静电干扰。

图5-2 热风枪

（2）操作

1）将热风枪电源插头插入电源插座，打开热风枪电源开关。

2）在热风枪喷头前10cm处放置一纸条，调节热风枪风速开关，当热风枪的风速在1～8档变化时，观察热风枪的风力情况。

3）在热风枪喷头前10cm处放置一纸条，调节热风枪的温度开关，当热风枪的温度在1～8档变化时，观察热风枪的温度情况。

4）实习完毕后，将热风枪电源开关关闭，此时热风枪将向外继续喷气，当喷气结束后再将热风枪的电源插头拔下。

二、使用热风枪拆装元器件

1. 直插元器件的拆卸

按照以上所述操作，使热风部分正常工作，根据焊盘大小换上合适的风咀和吸锡针，加热即可。根据不同的电路基板材料和不同的焊盘，选择合适的温度和风量。本方法适合多种单、双面板及各种大小不同的焊点。

2. 贴片元件的拆装

1）贴片元件的拆卸：根据不同的电路基板材料选择合适的温度及风量，使风咀对准贴片元件的引脚，反复均匀加热，待达到一定温度后，用镊子稍加力量使其自然脱离主板。

2）贴片元件的焊装：在已拆贴片元件的位置上涂上一层助焊剂，然后把焊盘整平，用热风把助焊剂吹匀，对准位置，放好贴片元件，用焊锡定位。在贴片元件应该焊接的地方，全部堆上焊锡（堆锡法），然后再按上述方法除去多余的焊锡，用电烙铁稍加整形即可。用本方法焊接贴片元件，焊点美观，焊接迅速牢固、可靠。

3. 使用注意事项

1）在热风枪内部装有过热自动保护开关，枪嘴过热保护开关动作，机器停止工作。必须把风量钮（ATPCAPACITY）调至最大，延迟2min左右，加热器才能工作，机器恢复正常。

2）使用后，要注意冷却机身：关闭电源后，发热管会自动短时间喷出冷风，在此冷却阶段，不要拔去电源插头。

3）不使用时，请把手柄放在支架上，以防意外。

三、手机小元器件的拆卸和焊接

1. 小元器件的拆卸和焊接工具

拆卸小元器件前要准备好以下工具：

1）热风枪：用于拆卸和焊接小元器件。

2）电烙铁：用以焊接或补焊小元器件。

3）手指钳：拆卸时将小元器件夹住，焊锡熔化后将小元器件取下。焊接时用于固定小元器件。

4）带灯放大镜：便于观察小元器件的位置。

5）手机维修平台：用以固定电路板。维修平台应可靠接地。

6）防静电手腕：戴在手上，用以防止人身上的静电损坏手机元器件。

7）小刷子、吹气球：用以将小元器件周围的杂质吹跑。

8）助焊剂：可选用品牌助焊剂或松香水（酒精和松香的混合液），将助焊剂加入小元器件周围，以便于拆卸和焊接。

9）无水酒精或天那水：用以清洁电路板。

10）焊锡：焊接时使用。

2. 小元器件的拆卸和焊接

（1）指导　手机电路中的小元器件主要包括电阻器、电容器、电感器和晶体管等。由于手机体积小、功能强大，电路比较复杂，所以这些元器件必须采用 SMD（表面贴装器件）。片式元器件与传统的通孔元器件相比，贴片元器件安装密度高，减小了引线分布的影响，增强了高电磁干扰和射频干扰能力。对这些小元器件，一般使用热风枪进行拆卸和焊接（焊接时也可使用电烙铁），在拆卸和焊接时一定要掌握好风力、风速和风力的方向，操作不当，不但将小元器件吹跑，而且还会“殃及池鱼”，将周围的小元器件也吹离原来的位置或吹跑。

（2）操作

1）小元器件的拆卸：

① 在用热风枪拆卸小元器件之前，一定要将手机电路板上的备用电池拆下（特别是备用电池离所拆元器件较近时），否则备用电池很容易受热爆炸，对人身构成威胁。

② 将电路板固定在手机维修平台上，打开带灯放大镜，仔细观察欲拆卸的小元器件的位置。用小刷子将小元器件周围的杂质清理干净，往小元器件上加注少许松香水。

③ 安装好热风枪的细嘴喷头，打开热风枪电源开关，调节热风枪温度开关在 2 ~3 档，风速开关在 1 ~2 档。

④ 一只手用手指钳夹住小元器件，另一只手拿稳热风枪手柄，使喷头与欲拆卸的小元器件保持垂直，距离为 2 ~3cm，在小元器件上均匀加热，喷头不可接触小元器件。待小元器件周围焊锡熔化后，用手指钳将小元器件取下。

2）小元器件的焊接：

① 用手指钳夹住欲焊接的小元器件放置到焊接的位置，注意要放正，不可偏离焊点。若焊点上焊锡不足，可用电烙铁在焊点上加注少许焊锡。

② 打开热风枪电源开关，调节热风枪温度开关在 2 ~3 档，风速开关在 1 ~2 档。使热

风枪的喷头与欲焊接的小元器件保持垂直，距离为 2～3cm，在小元器件上均匀加热。待小元器件周围焊锡熔化后移走热风枪喷头。焊锡冷却后移走手指钳。用无水酒精将小元器件周围的松香清理干净。

四、手机贴片集成电路的拆卸和焊接

1. 贴片集成电路拆卸和焊接工具

拆卸贴片集成电路前要准备好以下工具：

1）热风枪：用于拆卸和焊接贴片集成电路。

2）电烙铁：用以补焊贴片集成电路虚焊的引脚和清理余锡。

3）手指钳：焊接时便于将贴片集成电路固定。

4）医用手术刀：拆卸时可用于将集成电路掀起。

5）带灯放大镜：便于观察贴片集成电路的位置。

6）手机维修平台：用以固定电路板，维修平台应可靠接地。

7）防静电手腕：戴在手上，用以防止人身上的静电损坏手机元器件。

8）小刷子、吹气球：用以扫除贴片集成电路周围的杂质。

9）助焊剂：可选用品牌助焊剂或松香水（酒精和松香的混合液），将助焊剂加入贴片集成电路引脚周围，便于拆卸和焊接。

10）无水酒精或天那水：用以清洁电路板。

11）焊锡：焊接时用以补焊。

2. 贴片集成电路的拆卸和焊接

（1）指导　手机贴片安装的集成电路主要有小外型封装和四方扁平封装两种。小外型封装又称为 SOP，其引脚数目在 28 个以下，引脚分布在两边，手机电路中的码片、字库、电子开关、频率合成器、功率放大器等集成电路常采用这种 SOP 集成电路。四方扁平封装适用于高频电路和引脚较多的模块，以及简单 QFP。其四边都有引脚，引脚数目一般为 20 个以上，如许多中频模块、数据处理器、音频模块、微处理器、电源模块等都采用 QFP。

这些贴片集成电路的拆卸和安装都必须采用热风枪才能将其拆下或焊接好。和手机中的一些小元器件相比，这些贴片集成电路由于相对较大，拆卸和焊接时可将热风枪的风速和温度调得高一些。

（2）操作

1）贴片集成电路的拆卸：

① 在用热风枪拆卸贴片集成电路之前，一定要将手机电路板上的备用电池拆下（特别是在备用电池离所拆集成电路较近时），否则备用电池很容易受热爆炸，对人身构成威胁。

② 将电路板固定在手机维修平台上，打开带灯放大镜，仔细观察欲拆卸集成电路的位置和方位，并做好记录，以便焊接时恢复。

③ 用小刷子将贴片集成电路周围的杂质清理干净，往贴片集成电路引脚周围加注少许松香水。调好热风枪的温度和风速。温度开关一般调至 3～5 档，风速开关调至 2～3 档。

④ 用单喷头拆卸时，应注意使喷头和所拆集成电路保持垂直，并沿集成电路周围引脚

慢速旋转，均匀加热，喷头不可触及集成电路及周围的外围元器件，吹焊的位置要准确，且不可吹跑集成电路周围的外围小元器件。

⑤ 待集成电路的引脚焊锡全部熔化后，用医用手术刀或手指钳将集成电路掀起或镊走，且不可用力，否则极易损坏集成电路的铜箔。

2）贴片集成电路的焊接：

① 将焊接点用平头烙铁整理平整，必要时对焊锡较少焊接点应进行补锡，然后用酒精清洁干净焊点周围的杂质。

② 将更换的集成电路和电路板上的焊接位置对好，用带灯放大镜进行反复调整，使之完全对正。先用电烙铁焊好集成电路的四脚，将集成电路固定，然后再用热风枪吹焊四周。焊好后应注意冷却，不可立即去动集成电路，以免其发生位移。

③ 冷却后，用带灯放大镜检查集成电路的引脚有无虚焊，若有，应用尖头烙铁进行补焊，直至全部正常为止。最后，用无水酒精将集成电路周围的松香清理干净。

五、手机 BGA 芯片的拆卸和焊接

1. BGA 芯片拆卸和焊接工具

拆卸手机 BGA 芯片前要准备好以下工具：

1）热风枪：用于拆卸和焊接 BGA 芯片。最好使用有数控恒温功能的热风枪，容易掌握温度，去掉风嘴直接吹焊。

2）电烙铁：用以清理 BGA 芯片及电路板上的余锡。

3）手指钳：焊接时便于将 BGA 芯片固定。

4）医用手术刀：拆卸时用于将 BGA 芯片掀起。

5）带灯放大镜：便于观察 BGA 芯片的位置。

6）手机维修平台：用以固定电路板。维修平台应可靠接地。

7）防静电手腕：戴在手上，用以防止人身上的静电损坏手机元器件。

8）小刷子、吹气球：用以扫除 BGA 芯片周围的杂质。

9）助焊剂：建议选用品牌助焊剂，呈白色。其优点如下：一是助焊效果极好；二是对 IC 和 PCB 没有腐蚀性；三是沸点仅稍高于焊锡的熔点，在焊接时焊锡熔化不久便开始沸腾吸热汽化，可使 IC 和 PCB 的温度保持在这个温度。另外，也可选用类似松香水的助焊剂，效果也很好。

10）无水酒精或天那水：用以清洁电路板。用天那水最好，天那水对松香助焊膏等有极好的溶解性。

11）焊锡：焊接时用以补焊。

12）植锡板：用于 BGA 芯片植锡。市售的植锡板大体分为两类：一种是把所有型号的 BGAIC 都集中在一块大的连体植锡板上；另一种是每种 IC 占一块板。这两种植锡板的使用方式不一样。连体植锡板的使用方法是将锡浆印到 IC 上后，就把植锡板扯开，然后再用热风枪吹成球。这种方法的优点是操作简单、成球快；缺点如下：一是锡浆不能太稀；二是对于有些不容易上锡的 IC，如软封的 Flash 或去胶后的 CPU，吹球的时候锡球会乱滚，极难上锡，一次植锡后不能对锡球的大小及空缺点进行二次处理；三是植锡时不能连植锡板一起用热风枪吹，否则植锡板会变形隆起，造成无法植锡。小植锡板的使用方法是将 IC 固定到植锡板下面，刮好锡浆后连板一起吹，成球冷却后再将 IC 取下。它的优点是热风吹时植锡板基本不变形，一次植锡后若有缺脚或锡球过大过小的现象可进行二次处理，特别适合初学者使用。下面介绍的方法都是使用这种植锡板。另外，在选用植锡板时，应选用扬声器型、激光打孔的植锡板，要注意的是，现在很多植锡板都不是激光加工的，而是靠化学腐蚀法，这种植锡板除孔壁粗糙不规则外，其网孔没有扬声器型或出现双面扬声器型，这类钢片植锡板在植锡时就十分困难，成功率很低。

13）锡浆：用于植锡，建议使用瓶装的进口锡浆，多为每瓶0.5～1kg。颗粒细腻均匀，稍干的为上乘，不建议购买那种注射器装的锡浆。在应急使用中，锡浆也可自制，可将熔点较低的普通焊锡丝用热风枪熔化成块，用细砂轮磨成粉末状后，然后用适量助焊剂搅拌均匀后使用。

14）刮浆工具：用于刮除锡浆。可选用6件一套的助焊工具中的扁口刀。一般的植锡套装工具都配有钢片刮刀或胶条。

2. BGA芯片的拆卸和焊接

（1）指导　随着全球移动通信技术日新月异的发展，众多的手机厂商竞相推出了外形小巧功能强大的新型手机。在这些新型手机中，普遍采用了先进的BGA IC（Balld Arrays球栅阵列封装），这种已经普及的技术可大大缩小手机的体积，增强功能，减小功耗，降低生产成本。但有利则有弊，BGA封装IC很容易因摔而引起虚焊，给维修工作带来了很大的困难。BGA封装的芯片均采用精密的光学贴片仪器进行安装，误差只有0.01mm，而在实际的维修工作中，大部分维修者并没有贴片机之类的设备，光凭热风机和感觉进行焊接安装，成功的机会微乎其微。

要正确地更换一块BGA芯片，除能熟练使用热风枪、BGA植锡工具之外，还必须掌握一定的技巧和正确的拆焊方法。这些方法和技巧将在下面的实习操作中进行介绍。

（2）操作

1）BGA IC的定位：在拆卸BGA IC之前，一定要搞清BGA IC的具体位置，以方便焊接安装。在一些手机的电路板上，事先印有BGA IC的定位框，这种IC的焊接定位一般不成问题。下面，主要介绍电路板上没有定位框的情况下IC定位的方法。

① 画线定位法：拆下IC之前用笔或针头在BGA IC的周围画好线，记住方向，做好记号，为重焊作准备。这种方法的优点是准确方便，缺点是用笔画的线容易被清洗掉，用针头画线如果力度掌握不好，容易伤及电路板。

② 贴纸定位法：拆下BGA IC之前，先沿着IC的四边用标签纸在电路板上贴好，纸的边缘与BGA IC的边缘对齐，用镊子压实粘牢。这样，拆下IC后，电路板上就留有标签纸贴好的定位框。重装IC时，只要对着几张标签纸中的空位将IC放回即可，要注意选用质量较好黏性较强的标签纸来贴，这样在吹焊过程中不易脱落。如果觉得一层标签纸太薄找不到感觉，可用几层标签纸重叠成较厚的一张，用剪刀将边缘剪平，贴到电路板上，这样装回IC时手感就会好一点。

③ 目测法：拆卸BGA IC前，先将IC竖起来，这时就可以同时看见IC和电路板上的引脚，先横向比较一下焊接位置，再纵向比较一下焊接位置。记住IC的边缘在纵横方向上与电路板上的哪条线路重合或与哪个元器件平行，然后根据目测的结果按照参照物来定位IC。

2）BGA IC的拆卸：

① 认清BGA芯片放置位置之后应在芯片上面放适量助焊剂，既可防止干吹，又可帮助

芯片底下的焊点均匀熔化，不会伤害旁边的元器件。

② 去掉热风枪前面的套头用大头，将热量开关一般调至 3 ~ 4 档，风速开关调至 2 ~ 3 档，在芯片上方约 2.5cm 处作螺旋状吹，直到芯片底下的锡珠完全熔解，用镊子轻轻托起整个芯片。需要说明两点：一是在拆卸 BGA IC 时，要注意观察是否会影响到周边的元器件，如摩托罗拉 L2000 型手机，在拆卸字库时，必须将 SIM 卡卡座连接器拆下，否则，很容易将其吹坏；二是拆卸软封装的字库时，这些 BGA IC 耐高温能力差，吹焊时温度不宜过高（应控制在 280°以下），否则，很容易将它们吹坏。

③ BGA 芯片取下后，芯片的焊盘上和手机电路板上都有余锡，此时，在电路板上加上足量的助焊膏，用电烙铁将板上多余的焊锡去除，并且可适当上锡使电路板的每个焊脚都光滑圆润（不能用吸锡线将焊点吸平），然后再用天那水将芯片和机板上的助焊剂洗干净。吸锡的时候应特别小心，否则会刮掉焊盘上面的绿漆使焊盘脱落。

3）植锡操作：

① 做好准备工作。对于拆下的 IC，建议不要将 IC 表面上的焊锡清除，只要不是过大，且不影响与植锡钢板的配合即可，如果某处焊锡较大，可在 BGA IC 表面加上适量的助焊膏，用电烙铁将 IC 上的过大焊锡去除（注意最好不要使用吸锡线去吸，因为对于那些软封装的 IC，如摩托罗拉的字库，如果用吸锡线去吸的话，会造成 IC 的焊脚缩进褐色的软皮里面，造成上锡困难），然后用天那水洗净。

② BGA IC 的固定。将 IC 对准植锡板的孔后（注意，如果使用的是那种一边孔大一边孔小的植锡板，大孔一边应该与 IC 紧贴），用标签贴纸将 IC 与植锡板贴牢，IC 对准后，把植锡板用手或镊子按牢不动，然后另一只手刮浆上锡。

③ 上锡浆：如果锡浆太稀，吹焊时就容易沸腾导致成球困难，因此锡浆越干越好，只要不是干得发硬成块即可。平时可挑一些锡浆放在锡浆瓶的内盖上，让它自然晾干。用平口刀挑适量锡浆到植锡板上，用力往下刮，边刮边压，使锡浆均匀地填充于植锡板的小孔中。

注意 IC 四角的小孔。上锡浆时的关键在于要压紧植锡板，如果不压紧使植锡板与 IC 之间存在空隙的话，空隙中的锡浆将会影响锡球的生成。

④ 吹焊成球：将热风枪的风嘴去掉，将风量调至最小，将温度调至 330 ~ 340°，也就是 3 ~ 4 档。晃风嘴对着植锡板缓缓均匀加热，使锡浆慢慢熔化。当看见植锡板的个别小孔中已有锡球生成时，说明温度已经到位，这时应当抬高热风枪的风嘴，避免温度继续上升。过高的温度会使锡浆剧烈沸腾，造成植锡失败，严重的还会使 IC 过热损坏。

如果吹焊成球后，发现有些锡球大小不均匀，甚至有个别脚没植上锡，可先用裁纸刀沿着植锡板的表面将过大锡球的露出部分削平，再用刮刀在锡球过小和缺脚的小孔中上满锡浆，然后用热风枪再吹一次即可。如果锡球大小还不均匀的话，可重复上述操作直至理想状态。重植时，必须将置锡板清洗干净、擦干。

4）BGA IC 的安装：

① 先将 BGA IC 有焊脚的那一面涂上适量助焊膏，用热风枪轻轻吹一吹，使助焊膏均匀分布于 IC 的表面，为焊接作准备。再将植好锡球的 BGA IC 按拆卸前的定位位置放到电路板上，同时用手或镊子将 IC 前后左右移动并轻轻加压，这时可以感觉到两边焊脚的接触情况。因为两边的焊脚都是圆的，所以来回移动时如果对准了，IC 有一种“爬到了坡顶”的感觉，

对准后，因为事先在 IC 的脚上涂了一点助焊膏，有一定黏性，IC 不会移动。如果 IC 对偏了，要重新定位。

② BGA IC 定好位后，就可以焊接了。和植锡球时一样，把热风枪的风嘴去掉，调节至合适的风量和温度，让风嘴的中央对准 IC 的中央位置，缓慢加热。当看到 IC 往下一沉且四周有助焊膏溢出时，说明锡球已和电路板上的焊点熔合在一起。这时可以轻轻晃动热风枪使加热均匀充分，由于表面张力的作用，BGA IC 与电路板的焊点之间会自动对准定位，注意在加热过程中切勿用力按住 BGA IC，否则会使焊锡外溢，极易造成脱脚和短路。焊接完成后用天那水将板洗干净即可。

在吹焊 BGA IC 时，高温常常会影响旁边一些封了胶的 IC，往往造成不开机等故障。不能利用手机上拆下来的屏蔽盖，因为屏蔽盖挡住你的眼睛，却挡不住热风。此时，可在旁边的 IC 上面滴上几滴水，水受热蒸发会吸去大量的热，只要水不干，旁边 IC 的温度就是保持在 100°左右的安全温度。当然，也可以用耐高温的胶带将周围元器件或集成电路粘贴起来。

初学者在焊接前固定 BGA IC 的时候，可能会因为手的抖动而引起焊接失败，这时候可以用双面胶用十字架的粘贴方式固定在主板上，这样就可以将拿镊子的手松开，焊接过程中等粘贴的双面胶纸糊了的时候，焊锡也差不多融化了。

3. 常见问题的处理方法

（1）没有相应植锡板的 BGA 芯片的植锡方法　对于有些机型的 BGA 芯片，手头上如果没有这种类型的植锡板，可先试试手头上现有的植锡板中有没有和那块 BGA 芯片的焊脚间距一样，能够套得上的，即使植锡板上有一些脚空掉也没关系，只要能将 BGA 芯片的每个脚都植上锡球即可。

（2）胶质固定的 BGA 芯片的拆取方法　很多手机的 BGA 芯片采用了胶质固定方法，这种胶很难对付，要取下 BGA 芯片相当困难，下面介绍几种常用的方法，供拆卸时参考。

1）对有底胶的 BGA 芯片，用目前市场上出售的许多品牌的胶水基本上都可以达到要求。经实验发现，用香蕉水（油漆稀释剂）浸泡效果较好，只需浸泡 3～4h 就可以把 BGA 芯片取下。

2）有些手机的 BGA 芯片底胶是 502 胶，在用热风枪吹焊时，就可以闻到 502 的气味，用丙酮浸泡较好。

3）有些手机的底胶进行了特殊注塑，目前无比较好的溶解方法，拆卸时要注意拆卸技巧，由于底胶和焊锡受热膨胀的程度是不一样的，往往是焊锡还没有溶化胶就先膨胀了。所以，吹焊时，热风枪调温不要太高，在吹焊的同时，用镊子稍用力下按，会发现 BGA 芯片四周有焊锡小珠溢出，说明压得有效；吹得差不多时就可以平移一下 BGA 芯片，若能平移动，说明，底部都已溶化，这时将 BGA 芯片揭起来就比较安全了。

（3）线路板脱漆的处理方法　例如在更换 CPU 时，拆下 CPU 后很可能会发现印制电路板上的绿色阻焊层有脱漆现象，重装 CPU 后手机发生大电流故障，用手触摸 CPU 有发烫迹象。则一定是 CPU 下面阻焊层被破坏的原因，重焊 CPU 发生了短路现象。

这种现象在拆焊 CPU 时，是很常见的，主要原因是用溶剂浸泡的时间不够，没有泡透。另外在拆下 CPU 时，要一边用热风吹，一边用镊子在 CPU 表面的各个部位充分轻按，这样对预防线路板脱漆和印制电路板焊点断脚有很好的预防作用。

如果发生了“脱漆”现象，可以到生产印制电路板的厂家找专用的阻焊剂（俗称“绿油”）涂抹在“脱漆”的地方，待其稍干后，用电烙铁将印制电路板的焊点点开便可焊上新的 CPU。另外，我们在市面上买的原装封装的 CPU 上的锡球都较大，容易造成短路，而我们用植锡板做的锡球都较小。可将原来的锡球去除，重新植锡后再装到印制电路板上，这样就不容易发生短路现象。

（4）焊点断脚的处理方法　许多手机，由于摔跌或拆卸时不注意，很容易造成 BGA 芯片下的印制电路板的焊点断脚。此时，应首先将印制电路板放到显微镜下观察，确定哪些是空脚，哪些确实断了。如果只是看到一个底部光滑的“小窝”，旁边并没有线路延伸，这就是空脚，可不做理会；如果断脚的旁边有线路延伸或底部有扯开的、毛刺，则说明该点不是空脚，可按以下方法进行补救。

1）连线法。对于旁边有线路延伸的断点，可以用小刀将旁边的线路轻轻刮开一点，用上足锡的漆包线（漆包线不宜太细或太粗，如太细则重装 BGA 芯片时漆包线容易移位）一端焊在断点旁的线路上，一端延伸到断点的位置；对于往印制电路板夹层的断点，可以在显微镜下用针头轻轻地在断点中掏挖，挖到断线的根部时，再焊接一小段线出来。将所有断点连接后，小心地把 BGA 芯片焊接到位。

2）飞线法。对于采用上述连线法有困难的断点，首先可以通过查阅资料和比较正常板的办法来确定该点是通往印制电路板上的何处，然后用一根极细的漆包线焊接到 BGA 芯片的对应锡球上。焊接的方法是将 BGA 芯片有锡球的一面朝上，用热风枪吹热后，将漆包线的一端插入锡球，接好线后，把线沿锡球的空隙引出，翻到芯片的反面用耐热的贴纸固定好准备焊接。小心地焊好，待芯片冷却后，再将引出的线焊接到预先找好的位置。

3）植球法。对于那种周围没有线路延伸的断点，我们在显微镜下用针头轻轻掏挖，看到亮点后，用针尖掏少许植锡时用的锡浆放在上面，用热风枪小风轻吹成球后，如果锡球用小刷子轻刷不会掉下，或对照资料进行测量证实焊点确已接好。注意，板上的锡球要做得稍大一点，如果做得太小在焊上 BGA 芯片时，板上的锡球会被芯片上的锡球吸引过去而前功尽弃。

（5）电路板起泡的处理方法　有时在拆卸 BGA 芯片时，由于热风枪的温度控制不好，结果使 BGA 芯片下的印制电路板因过热起泡而隆起。一般来说，过热起泡后大多不会造成断线，维修时只要巧妙地焊好上面的 BGA 芯片，手机就能正常工作。维修时可采用以下三个措施：

1）压平线路板。将热风枪调到合适的风力和温度轻吹印制电路板，边吹边用镊子的背面轻压线板隆成的部分，使之尽可能平整一点。

2）在芯片上面植上较大的锡球。不管如何处理印制电路板，线路都不可能完全平整，我们需要在芯片上植成较大的锡球便于适应在高低不平的印制电路板上焊接。我们可以取两块同样的植锡板并在一起用胶带粘牢，再用这块“加厚”的植锡板去植锡。植好锡后会发现取下芯片比较困难，这时不要急于取下，可在植锡板表面涂上少许助焊膏，将植锡板架空，芯片朝下，用热风枪轻轻一吹，焊锡熔化芯片就会和植锡板轻松分离。

3）为了防止焊上 BGA 芯片时印制电路板原来起泡处又受高温隆起，可以在安装芯片时，在印制电路板的反面垫上一块吸足水的海绵，这样就可避免印制电路板温度过高。

第三节 数字式万用表的使用与操作

数字式万用表以其性能优良，价格较低等优点而迅速流行起来。数字式万用表除了具有指针表的功能外，还可以用来测量电容，频率，温度等，并且其以数字显示读数，使用者也就不必担心读错数了。如图5-3所示为数字万用表，表的上部是液晶显示屏，在中间部分是功能选择旋钮，下部是表笔插孔，包括“COM”，即公共端，以及“-”端和“+”端，还有电流插孔，测晶体管β值的插孔和测电容的插孔。

一、电压的测量

1. 直流电压的测量

首先将黑表笔插入“COM”孔，红表笔插入“VΩ”。把旋钮置于比估计值大的量程（注意：表盘上的数值均为最大量程，“V-”表示直流电压档，“V~”表示交流电压档，“A”是电流档），接着把表笔接电源或电池两端，保持接触稳定。数值可以直接从显示屏上读取，若显示为“1.”，则表明量程太小，那么就要加大量程后再测量。如果在数值左边出现“-”，则表明表笔极性与实际电源极性相反，此时红表笔接的是负极。

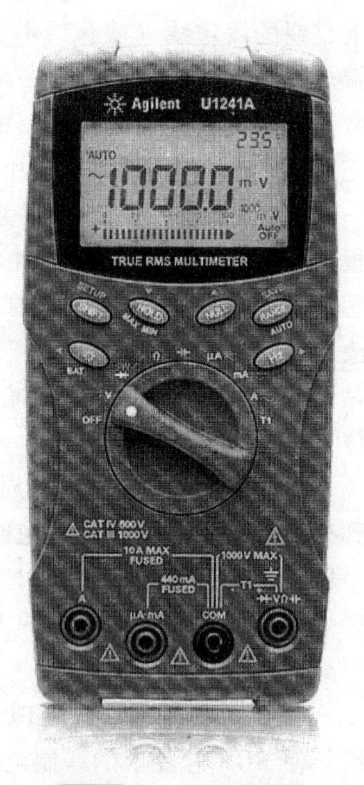

图5-3 数字式万用表

2. 交流电压的测量

表笔插孔与直流电压的测量一样，不过应该将旋钮置于交流档“V~”处所需的量程即可。交流电压无正负之分，测量方法与前面相同。无论测量交流电压还是直流电压，都要注意人身安全，不要随便用手触摸表笔的金属部分。

二、电流的测量

1. 直流电流的测量

先将黑表笔插入“COM”孔。若测量大于200mA的电流，则要将红表笔插入“10A”插孔，并将旋钮置于直流“10A”档；若测量小于200mA的电流，则将红表笔插入“200mA”插孔，将旋钮置于直流200mA以内合适的量程。调整好后，就可以测量了。将万用表串联在电路中，保持稳定，即可读数。若显示为“1.”，那么就要加大量程；如果在数值左边出现“-”，则表明电流从黑表笔流进万用表。

2. 交流电流的测量

测量方法与上面相同，不过档位应该置于交流档位，电流测量完毕后应将红表笔插入“VΩ”孔，若忘记这一步而直接测电压，则万用表会损坏。

三、电阻的测量

将表笔插入“COM”和“VΩ”孔中，把旋钮置于“Ω”所需的量程，将表笔接在电阻两端金属部位，测量中可以用手接触电阻，但不要用手同时接触电阻两端，这样会影响测量的精确度——人体是电阻很大但是有限的导体。读数时，要保持表笔和电阻有良好的接触。注意单位：在“200”档时单位是“Ω”，在“2k”到“200k”档时单位为“kΩ”，“2M”

以上的单位是“MΩ”。

四、二极管的测量

数字式万用表可以测量发光二极管、整流二极管。测量时，表笔位置与电压测量时一样，将旋钮调到二极管档；用红表笔接二极管的正极，黑表笔接负极，这时会显示二极管的正向压降。肖特基二极管的压降是0.2V左右，普通硅整流管（1N4000、1N5400系列等）约为0.7V，发光二极管为1.8~2.3V。调换表笔，显示屏显示“1.”则为正常，因为二极管的反向电阻很大，否则此二极管已被击穿。

五、晶体管的测量

表笔插位同二极管，其原理同二极管。先假定A脚为基极，用黑表笔与该脚相接，红表笔分别接触其他两脚；若两次读数均为0.7V左右，然后再用红表笔接A脚，黑表笔接触其他两脚，若均显示“1”，则A脚为基极，否则需要重新测量，且为PNP型晶体管。那么集电极和发射极如何判断呢？数字式万用表不能像指针表那样利用指针摆幅来判断，可以利用“h_{FE}”档来判断。先将档位打到“h_{FE}”档，可以看到档位旁有一排小插孔，分别为PNP型晶体管和NPN型晶体管的测量。前面已经判断出类型，将基极插入对应管型“B”孔，其余两脚分别插入“C”、“E”孔，此时可以读取数值，即β值；再固定基极，其余两脚对调。比较两次读数，读数较大的引脚位置与表面“C”、“E”相对应。

小技巧：上述方法只能直接对如9000系列的小型晶体管进行测量，若要测量大型晶体管，可以采用接线法，即用小导线将3个引脚引出，这样方便了很多。

六、场效应晶体管的测量

N沟道的有国产的3D01、4D01。利用万用表的二极管档可确定G极。若某脚与其他两脚间的正反压降均大于2V，即显示“1”，此脚即为栅极G。再交换表笔测量其余两脚，压降小的那次，黑表笔接的是D极（漏极），红表笔接的是S极（源极）。

第四节　频率计的使用

一、频率计基本性能参数

本节以HC－F1000型多功能频率计为例进行说明。HC－F1000型多功能频率计是一个10Hz~1000MHz多功能计数器。它具有8位亮度等级LED显示，并具备高稳定性的晶体振荡器，能保证测量精度和进行全输入信号检查。可用来测量频率、时间、周期，也可用来计数。

二、面板控制键的作用

1. 面板结构

频率计的面板结构如图5-4所示。

1）电源开关：按下按钮则打开，再按一下则关闭。

2）暂停：暂停开关按下，中止测量，并保持中止前的数据。

3）复位：按下时，立即复位计数器，可开始新一轮的测试。

4）闸门周期：用于测量频率、周期时，应选择不同的分辨率及计数器计数的周期。

5）自校：主要检查整个计数器是否正常和基准时间的精度。

6）A. TOT：累计测量。

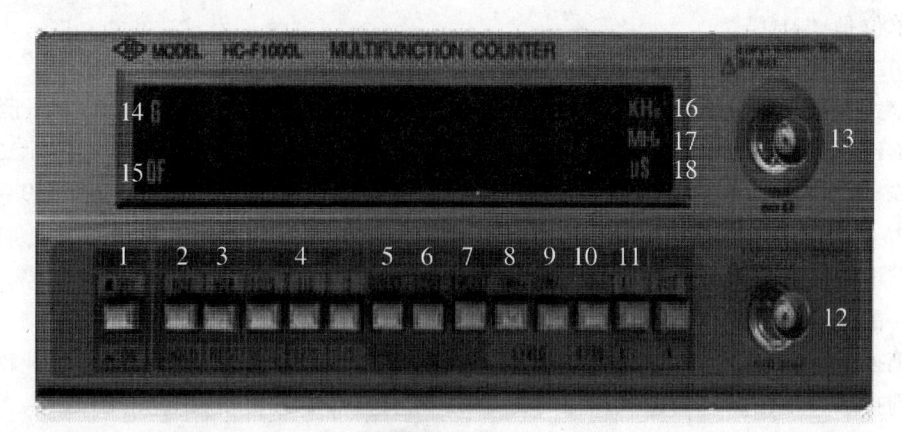

图 5-4 频率计

7）A. PERI：周期测量。

8）A. FREQ. 10MHz：10Hz ~ 10MHz 量程。

9）A. TREQ. 100MHz：10Hz ~ 100MHz 量程。

10）B. FREQ：按下该按钮，频率范围为 100 ~ 1000MHz。

11）ATT：输入信号衰减开关。当按下时，输入灵敏度降为原来的 1/20（注：当 A 通道输入信号幅度大于 50V 时必须按下此开关）。

12）A. INPUT：A 通道输入端。当输入信号幅度大于 300mV 时，应按下衰减开关 ATT 以降低输入信号，能提高测量值的精确度。

13）B. INPUT：B 通道输入端。

14）闸门指示：指示闸门的开关状态，门开时显示亮点。

15）益出指示器：显示超出 8 位时灯亮。

16）kHz 信号器：显示器所显示的频率单位。

17）MHz 信号器：显示器所显示的频率单位。

18）μs 信号器：显示器所显示的周期单位。

2. 使用方法

1）接通电源，数字管亮，预热 15min。

2）按下“复位开关”使计数复位（0），即可进行测试。

3）若重新计数时，必须再次复位置 0，方可进行新一轮测试。

第五节 示波器的使用

示波器是一种用途广泛的电子测量仪器，本节将介绍示波器的框图和原理，使读者在了解工作原理的前提下，能够使用示波器检修手机。

示波器是一种能观察各种电信号波形并可测量其电压、频率等的电子测量仪器。示波器还能对一些能转化成电信号的非电量进行观测，因而它是一种应用非常广泛的、通用的电子仪器。

一、示波器的基本结构

示波器的型号很多，但其基本结构类似。示波器主要是由示波管、*X* 轴与 *Y* 轴衰减器、放大器、锯齿波发生器、整步电路和电源等几部分组成。其结构框图如图 5-5 所示。

示波管由电子枪、偏转板和显示屏组成。

二、示波器的工作原理

示波器能使一个随时间变化的电压波形显示在显示屏上，是通过两对偏转板对电子束的控制作用来实现的。如图 5-6a 所示，Y 轴不加电压时，X 轴加由本机产生的锯齿波电压 u_x，$u_x=0$ 时电子在 E 的作用下偏转至 a 点，随着 u_x 线性增大，电子向 b 偏转，经过时间 T_x，达到最大值 u_{xm}，电子偏转至 b 点。下一周期，电子将重复上述扫描，就会在显示屏上形成一水平扫描线 ab。

如图 5-6b 所示，Y 轴加正弦信号 u_y，X 轴不加锯齿波信号，则电子束产生的光点只在上下方向进行振动，电压频率较高时则形成一条竖直的亮线 cd。

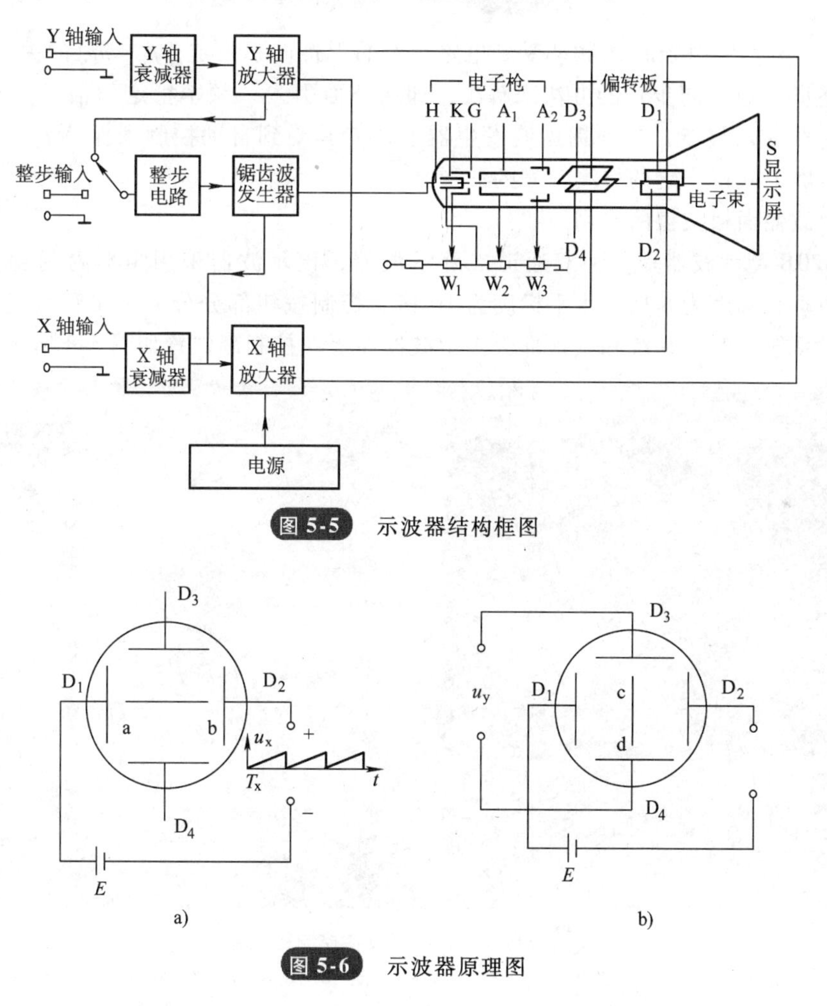

图 5-5　示波器结构框图

图 5-6　示波器原理图

如图 5-7 所示，Y 轴加正弦电压 u_y，X 轴加上锯齿波电压 u_x，且 $f_x=f_y$，这时光点的运动轨迹是 X 轴和 Y 轴运动的合成。最终在荧光屏上显示出一个完整周期的 u_y 波形。

从上述分析可知，要在显示屏上呈现稳定的电压波形，待测信号的频率 f_y 必须与扫描信号频率 f_x 相等或是其整数倍，即 $f_y=nf_x$（或 $T_x=nT_y$），只有满足这样的条件，扫描轨迹才是重合的，故形成稳定的波形。通过改变示波器上的扫描频率旋钮，可以改变扫描频率

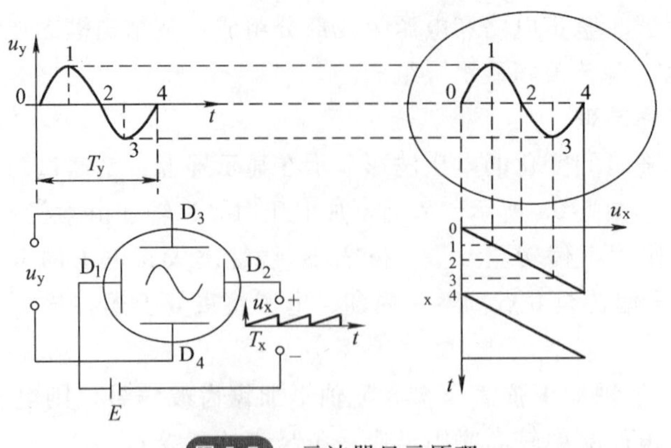

图 5-7 示波器显示原理

f_x，满足 $f_y = nf_x$。但由于 f_x 的频率受到电路噪声的干扰而不稳定，$f_y = nf_x$ 的关系常被破坏，这就要用整步（或称同步）的办法来解决，即从外面引入一频率稳定的信号（外整步）或者把待测信号（内整步）加到锯齿波发生器上，使其受到自动控制来保持 $f_y = nf_x$ 的关系，从而在显示屏上获得稳定的待测信号的波形。

三、示波器面板按键的作用

COS5020B 型示波器是一种双通道二踪示波器，该示波器采用矩形内刻度显示屏示波管，工作面垂直标度为 8 格，水平标度为 10 格。控制按钮部分分为示波管系统、垂直偏转系统、触发系统、时基系统和其他部分。示波器面板各控制键位置如图 5-8 所示

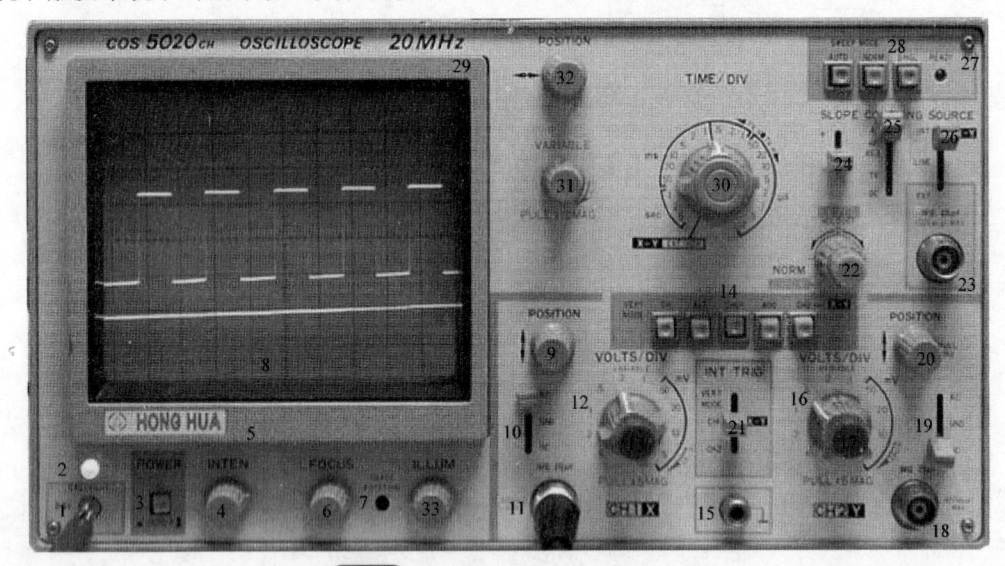

图 5-8 示波器面板各控制键位置

1—校准信号 2—电源指示灯 3—电源开关 4—辉度 5—聚光圈 6—聚焦 7—光迹旋转 8—屏幕 9、20—垂直位移 10、19—AC、地、DC 输入信号与垂直放大器连接方式选择开关 11—Y1 输入端 12、16—垂直衰减 13、17—Y 轴微调 14—Y 方式选择 15—接地 18—Y2 输入端 21—内触发开关 22—电平旋钮 23—外触发输入端 24—触发极性 25—耦合开关 26—触发源开关 27—面板框 28—扫描方式 29—铭牌 30—扫描时间因数 31—扫描时间因数微调 32—水平位移 33—亮度

1. 示波管系统

（1）电源（POWER）开关“3”（“3”为图 5-8 中的数字，下同） 示波器的主电源开

关，当按下开关时，开关上方的指示灯“2”亮，表示主电源已接通。

（2）辉度（INTEN）“4” 控制光点和扫描线的亮度。

（3）聚焦（FOCUS）“6” 调节该旋钮使扫描线达最清晰。

（4）光迹旋转（TRACEROTATION） 用来调整水平扫线，使之平行于刻度线。

2. 垂直偏转系统

（1）Y1（X）“11” Y1 的垂直输入端，在 X—Y 工作时为 X 轴输入端。

（2）Y2（Y）“18” Y2 的垂直输入端，在 X—Y 工作时为 Y 轴输入端。

（3）AC—⊥—DC“10、19” 输入信号与垂直放大器连接方式的选择开关。置于 AC 时为交流耦合（对于输入信号中含有的直流成分予以切断）；置于⊥时为输入信号与放大器断开同时放大器输入端接地；置于 DC 时为直流耦合（能观察含有直流成分的输入信号）。

（4）V/div 旋钮“12、16”和微调（VARIABLE）“13、17” 灰色旋钮是 Y 轴灵敏度的粗调装置。红色旋钮是微调，可以连续调节输入信号增益，当此旋钮以反时针转到满度时，其变化范围大于 2.5 倍，当顺时针旋钮满度转到的“校准”位置上 。按灰色旋钮所指的标称读取被测信号的幅度值。当该旋钮被拉出（X5）扩展状态时，是面板指示值的 1/5。

（5）Y 方式（VERTMODE）“14” 选择垂直系统的工作方式。其中，“Y1”是指 Y1 通道单独工作（可作单踪示波器）；“交替”是指 Yl 和 Y2：交替工作，适用于较高扫速；“断续”是指以频率为 250kHz 的速率轮流显示 Y1 和 Y2，适用于低扫速；“相加”指用来测量代数和（Y1 + Y2）。若 Y2 旋钮拉出时，则测量两通道之差；“Y2”是指 Y2 通道单独工作。

（6）内触发（1NT TRIG）“21” 选择内部的触发信号源。当触发源开关设置在“内”时，由此开关选择馈送到触发电路的信号，其中 Y1（X—Y）指 Y1 输入信号作触发源信号，在 X—Y 工作时，该信号连接到 X 轴上；Y2 指 Y2 输入信号作为触发信号；在 Y 方式时把显示在荧光屏上的输入信号作为触发信号，当“Y 方式”开关置于交替时，触发也处在交替方式中，Y1 和 Y2 的信号交替地作为触发信号。

3. 触发系统

（1）触发源开关（SOURCE）“26” 选择触发信号；“内”是指内触发开关选择的内部信号作为触发信号，当置“X-Y”（X-Y）工作方式时，起连通信号的作用；“电源”是指交流电源信号作为触发信号；“外”是指外触发输入端的输入信号作为触发信号。

（2）耦合开关（COUPLING）“25” 选择触发信号和触发电路之间耦合方式，也选择 TV 同步触发电路的连接方式，其中“AC”是指通过交流耦合施加触发信号；“HFR”也是 AC 耦合，可抑制高于 50kHz 的信号；“TV”是指触发信号通过电视同步分离电路连接到触发电路，由“t/div”开关选择 TV-H 或 TV-V 同步，TV-H 范围为 0.2 ~ 50μs/ 格，TV-V 范围为 0.1ms ~ 0.5s/格，“DC”为通过直流耦合施加触发信号。

（3）触发极性开关（SLOPE）“24” 选择触发极性。“ + ”在信号正斜率上触发，“ - ”在信号负斜率上触发。

（4）电平旋钮“22” 用于调节触发电平，当旋钮转向“ + ”时，表示波形的触发电平上升；当旋钮转向“ - ”时，表示波形的触发电平下降。

4. 时基系统

（1）“T/div”“30” 选择扫描时间因数，根据被测信号的频率选择不同的扫描速度，从而改变显示波形的宽度，共20档，选择范围为0.2～0.5us/格。

（2）微调及“拉×10”旋钮“31” 微调扫描时间因数用，扫描时间因数可调至面板指示值的2.5倍以上，“微调”处于校准位置时，扫描时间因数被校准到面板指示值，该旋钮拉出时处于×10扩展状态。

（3）水平位移旋钮“32”（POSITION） 可调节扫线光点的水平位置。

（4）扫描方式开关（SWEEP MODE）“28” 可选择需要的扫描方式。“自动”（AUTO）为 当无触发信号加入，或触发信号频率低于50Hz时，扫描为自激方式；常态（NORM）为当无触发信号加入时，扫描处于准备状态，没有扫描线。主要用于观察低于50Hz的信号；“单次”（SINGLE）为用于单次扫描启动、类似复位开关。当扫描方式的三个键均未按下时，电路即处于单次扫描工作方式。当按下此按钮时，扫描电路复位。此时准备灯亮、单次扫描结束后灯熄灭。

5. 其他

（1）校准信号（CAL（V_{p-p}））“1” 该输出端提供频率1kHz，校准电压0.5V_{p-p}的方波。

（2）⊥端子“15” 示波器外壳接地端子。

四、示波器开机基本操作

1. 开机前仪器面板上各个控制件的位置

开机前仪器面板上各个控制件的位置见表5-1。

表5-1 开机前仪器面板上各个控制件的位置

项　目	位置设置
辉度	居中
聚焦	居中
↕位移	中间位置，推进去
V/div	10mV/div
微调	校准（顺时针旋到底）推进去
AC—⊥—DC	⊥
内触发	Y1
触发源	内
耦合	AC
极性	+
电平	锁定（逆时针旋到底）
释抑	常态（逆时针旋到底）
扫描方式	自动
t/div	0.5ms/div
微调	校准（顺时针旋到底）推进去
↔位移	中间位置

2. 使用前的校准

1）接通电源，指示灯亮，预热15min。

2）调节辉度、聚焦、辅助聚焦旋钮，亮度适中，使光迹清晰。

3）将触发电平逆时针转动，使标准信号与通道相连，直至方波波形得到同步，然后用Y位移、X位移将波形移至屏幕中间。

4）如果屏幕显示方波的垂直幅度不是恰好为5格，必须调整垂直系统的“增益校准”，使其幅度恰为5格。当水平时基轴上的宽度不是恰好为10格时，必须调整水平系统的“扫描校准”，使其周期的宽度恰为10格，如图5-9所示。

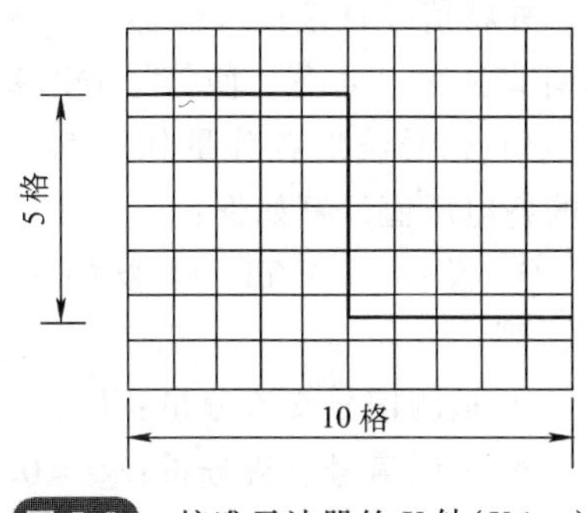

图5-9 校准示波器的Y轴(V/cm)和X轴(t/cm)

五、示波器的基本使用方法

在手机中有很多关键测试点，用普通万用表很难确定信号是否正常，此时，必须借助示波器进行测量。示波器是反映信号瞬变过程的仪器，它能把信号波形变化直观显示出来。手机中的脉冲供电信号、时钟信号、数据信号、系统控制信号，RX I/Q、TX I/Q，以及部分射频电路的信号等，都能在示波器的显示屏上看到。通过将实测波形与图样上的标准波形（或平时积累的正常手机波形）进行比较，就可以为维修工作提供判断故障的依据。

1. 使用前的准备

以COS5020B型示波器为例，接通电源，指示灯亮，预热15min；调节辉度、聚焦、辅助聚焦旋钮，亮度适中，使光迹清晰；将触发电平逆时针转动，使标准信号与通道相连，直至方波波形同步，然后用Y移位、X移位将波形移至屏幕中间。

将探头置于衰减1:1，放在标准信号输出端，电压灵敏度旋钮置于10mV/div档位，时间灵敏度旋钮置于0.5ms/div档位，如果屏幕显示方波的垂直幅度不是恰好为5格，必须调整垂直系统的“增益校准”，使其幅度恰为5格。当水平时基轴上的宽度不是恰好为10格时，必须调整水平系统的“扫描校准”，使其周期的宽度恰为10格。至此，示波器就可以使用了。

2. 波形幅度的测量

波形幅度是指显示波形的垂直幅度。若被测信号在垂直方向上所占的格数为d，而此时Y轴衰减开关档位为c，则被测信号的幅值为$U=dc$。

如果示波器屏幕上显示的图形在垂直方向占5格，Y衰减档位c=10mV/格，则其幅值为5格×10mV/格=50mV。

（1）直流电压的测量　将AC/DC开关置于DC位置，扫描速度开关可以置于任意档位，调Y位移调节旋钮将扫描基线调到某一位置，譬如在屏幕中间的一条水平坐标线上，测量过程中不要再调此旋钮。被测直流信号从Y输入端加入，若被测量信号为正电压，则扫描线上移，若被测量信号为负电压，则扫描线下移。扫描线偏移的格数乘以Y衰减档位，即可算出该直流电压的测量值。

被测信号中如含有直流电平，且此直流电平亦需测量时，首先应确定一个相对的参考基准电压，一般情况下的基准电压直接采用仪器的低电位，其测量步骤如下：

1）将Y输入端接地，触发方式置于“自动”的自激工作状态，使屏幕上出现一条扫描基线，调“波形垂直方向位移”移位电位使光迹向下移动在某一特定基准位置，定为0V。

按被测信号的幅度和频率将 V/div 档级开关和 t/div扫速开关置于适当位置。

2）将输入耦合选择开关改置于“DC”位置，并将信号直接接入仪器的 Y 轴输入插座，然后调节触发“电平”使信号波形稳定。

3）信号波形各分量如图 5-10 所示，被测信号的各电压值计算如下：

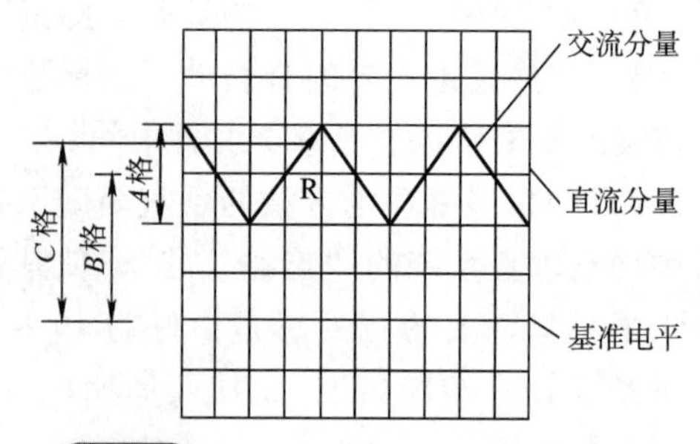

图 5-10 直流电压波形各分量的测量

① 若仪器 V/div 档级的标称值为 0.2V/div，则

- 被测信号交流分量：$U_{(p-p)}$ =0.2V/div ×A 格 =0.2A V。
- 被测信号直流分量：U =0.2 V/div ×B 格 =0.2B V。
- 被测信号 R 的瞬时值：U_r =0.2 V/div ×C 格 =0.2C V。

② 如果 Y 轴给 X 端使用 10∶1 衰减探极，则

- 被测信号交流分量：$U_{(p-p)}$ =$U_{(p-p)}$ =0.2V/div ×A 格 ×10 =2A V。
- 被测信号直流分量：U =0.2 V/div ×B 格 ×10 =2B V。
- 被测信号 R 的瞬时值：U_r =0.2 V/div ×C 格 ×10 =2C V。

（2）交流电压的测量（峰 - 峰值测量） 将 AC/DC 开关置于 DC 位置，被测交流电压信号从 Y 输入端加入，调节 Y 衰减开关，使波形幅度合适。如果不知道被测信号的幅度，可先放在衰减的档位，然后逐步减小衰减量使幅度便于观察。调节时间灵敏度开关以便于观察读数为宜，然后调节同步旋钮，使屏幕上出现稳定的波形。

从屏幕上读出该信号的峰-峰值的垂直格数 D，将其乘以衰减档位 c，即可算出待测交流电压的峰 - 峰值 U，如图 5-11 所示。

例如，测量一个波形的峰-峰值所占垂直格数为 4 格，Y 衰减开关在 1V/格，则该波形的峰 - 峰值 U 为：U =4 格 ×1V/格 =4V。

3. 时间的测量

1）对时基扫速 t/div 进行校准，即可对被测信号波形上任意两点的时间间隔参数进行定量的测量。

2）适当调节 t/div 扫速档级，使被测信号波形两点 P 与 Q 的距离，在屏幕的有效工作面积内达到最大限度，以提高测量精度，如图 5-12 所示。

3）若在 X 轴线上 P 与 Q 间的距离为 D 格，并假定 t/div 扫描开关档级的标称值为 2ms/div，则 t =2ms/div ×D 格 =2D ms。

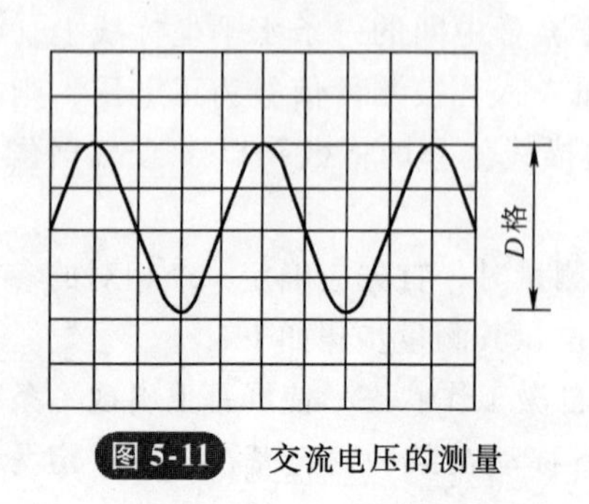

图 5-11 交流电压的测量

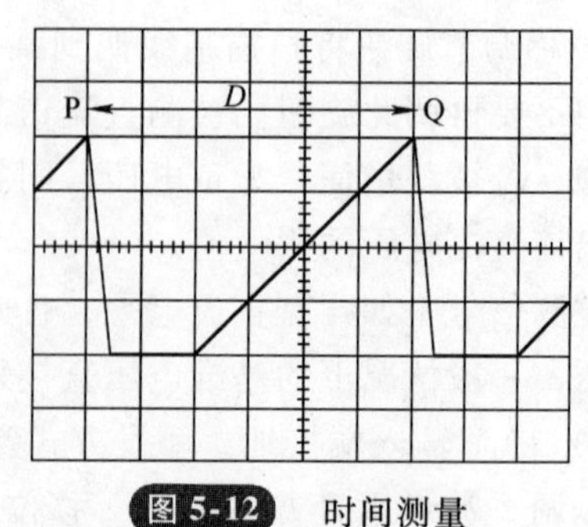

图 5-12 时间测量

4. 频率的测量

1）对于重复信号频率的测量，可按上述公式先测出信号的周期，然后用频率与周期的关系，计算出频率值，即$f=1/T$。

2）借助已知频率的信号发生器，用李沙育图形方法也可以测出信号源的频率值。

① 将被测信号f_y输入至Y1输入插座，而将已知频率信号f_x输入至Y2输入插座。

② 据屏幕上显示李沙育图形的比值已知频率信号f_x，计算被测信号的频率值f_y。

5. 脉冲上升时间的测量

先校准仪器的时基扫速t/div，然后可对脉冲的前沿上升时间进行测定。

1）按照被测信号的幅度选择V/div档级，并调节灵敏度“微调”电位器，使屏幕上所显示的波形垂直幅度恰为5div。

2）调节触发“电平”及水平移位电位器，并按照脉冲前沿上升时间宽度，选择适当的t/div扫速档级，使屏幕上显示的信号波形如图5-13所示。

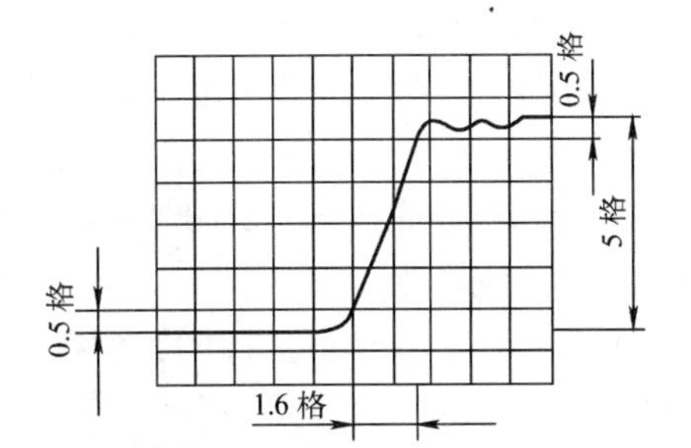

图5-13 脉冲上升时间的测量

3）根据屏幕上坐标刻度显示的波形位置，被测信号波形的前沿，在垂直幅度的10%与90%两位置的时间间隔距离为D div，若t/div扫速档级的标称值为0.1μs/div，$D=1.6$格，则前沿上升时间为

$$
\begin{aligned}
t_r &= \sqrt{t_1^2 - t_2^2} \\
&= \sqrt{(1.6\times100)^2 - 70^2} \\
&\approx 144\text{ns}
\end{aligned}
$$

式中，t_1为垂直幅度10%～90%的时间间隔；t_2为仪器固有上升时间，约为70ns。

6. 脉冲宽度的测量

首先是屏幕中心显示出Y轴幅度为2～4div的脉冲波形，再调节“t/div”开关使它在屏幕显示X轴方向占4～6div的幅度，如图5－14所示。此时，脉冲前沿及后沿的中心点距离D为脉冲宽度时间T，其计算公式与前述相同，即$T=t/\text{div}\times D$格。

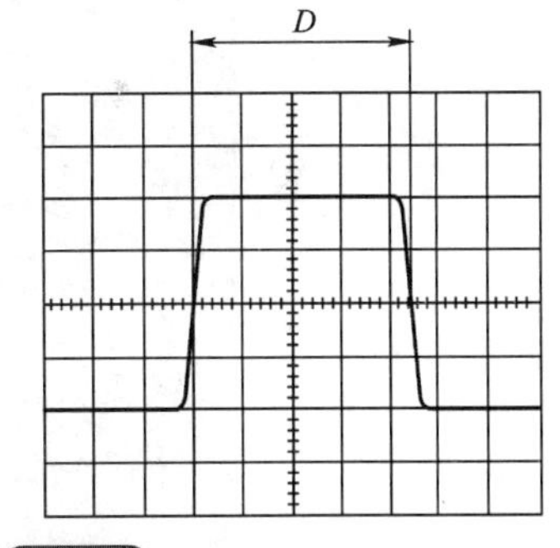

图5-14 脉冲宽度时间的测量

第六节 频谱分析仪的使用

R3131A型频谱分析仪是日本ADVANTEST公司的产品，用于测量高频信号，可测量的频率范围为9kHz～3GHz。对于GSM手机的维修，通过频谱仪可测量射频电路中的电路信号如下：手机参考基准时钟（13MHz、26MHz等）；射频本振（RF VCO）的输出频率信号（视手机型号而异）；发射本振（TX VCO）的输出频率信号（GSM 890～915MHz；DCS 1710～1785MHz）；由天线至中频芯片间接收和发射通路的高频信号；接收中频和发射中频信号（视手机型号而异）。维修人员可以通过对所测出信号的幅度、频率偏移、干扰程

度等参数进行分析，以判断出故障点，进行快速有效的维修。

一、面板功能介绍

面板上各按键（见图 5-15）的功能如下：

1）A 区：此区按键是其他区功能按键对应的详细功能选择按键，如按下 B 区的“FREQ”键后，会在屏幕的右边弹出一系列功能菜单，要选择其中的“START”功能就可通过按下其对应位置的键来实现。

2）B 区：此区按键是主要设置参数的功能按键区，包括 FREQ（中心频率）、SPAN（扫描频率宽度）、LEVEL（参考电平）。此区中按键只需直接按下对应键输入数值及单位即可。

3）C 区：此区是数字数值及标点符号选择输入区，其中“1”键的另一个功能是“CAL（校）”，此功能要先按下“SHIFT”键后再按下“1”键进行相应选择才起作用。“—”键是退格删除键，可删除错误输入。

4）D 区：参数单位选择区，包括幅度、电平、频率、时间的单位，其中“Hz”键还有“ENTER（确认）”的作用。

5）E 区 ：系统功能按键控制区，较常使用的有“SHIFT”第二功能选择键，“SHIFT + CONFIG(PRESET)”选择系统复位功能，“RECALL”调用存储的设置信息键，“SHIFT + RECALL(SAVE)”选择将设置信息保存功能。

图 5-15 面板上的按键

6）F 区：信号波形峰值检测功能选择区。

7）G 区：其他参数功能选择控制区，常用的有“BW”信号带宽选择及“SWEEP”扫描时间选择，“SWEEP”是指显示屏幕从左边到右边扫描一次的时间。

二、频谱分析仪操作步骤

“椭圆框”表示的是菜单面板上的直接功能按键，“方框”表示单个菜单键的详细功能按键（在显示屏幕的右边），如图 5-16 所示。

1）按 < Power On > 键开机。

2）每次开始使用时，开机 30min 后进行自动校准，先按 < Shift + 7（cal）> 组合键，再按 < cal all > 键，校准过程中出现“Calibrating”字样，校准结束后如通过则回到校准前的状态。校准过程约进行 3min。

3）校准完成后首先按 < FREQ > 键，设置中心频率数值，例如需测中心频率为 902.4MHz 的信号，按下该键后，在“DATA”区输入对应数值及数值的单位即可。

4）按 < Span > 键，输入扫描的频率宽度数值（可以估计），然后键入单位（MHz、kHz 等）。

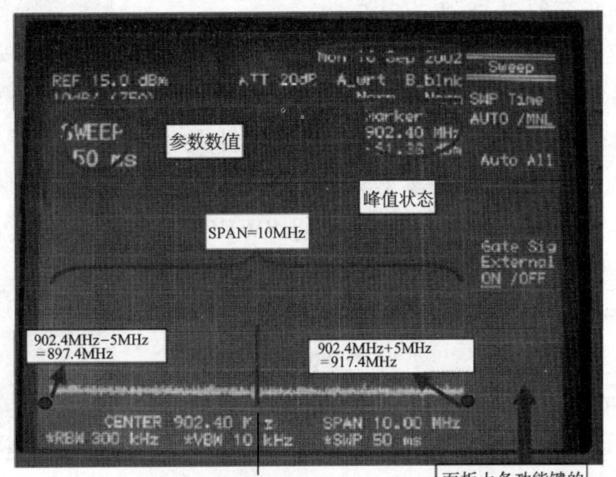

图 5-16　屏幕功能区

5）按 < Level > 键，输入功率参考电平 REF（参考线）的数值，然后键入单位（+dBm 或 −dBm）。

6）在 < Level > 键下，按 < REF offset on > 键，将接头损耗、线损耗和仪器之间的误差值进行输入（单位为 dB），如 3dB 的损耗时，直接设置 3dB。

7）按 < BW > 键，分别设置“RBW”和“VBW”。“RBW”为分辨带宽，指所测信号波形峰值下降 3dB 处信号波形的频率宽度；“VBW”为视频宽度，主要用于消除信号的干扰波形。两个参数可在设置中心频率、扫描频宽、参考电平测出信号波形后再进行调整，其单位为 GHz、MHz 或 kHz。

8）按 < Sweep > 键，再按 < SWP Time AUTO/MNL > 输入扫描时间周期，输入单位（s 或 ms）。

9）按 < shift + Recall > 组合键，在“Save Item”选择“Setup on/off”状态下将以上设置好的信息进行保存，先选择保存位置（可选 1～10）按 < ENTER > 键。同时可选择保存于本机或硬盘（RAM/FD）。保存下来的设置信息可在下次使用时直接调用，而不必重新设置。

10）按 < Recall > 键，选择需调用信息的位置按 < ENTER > 键，将需要的设置信息调出来（可从软盘或本机）。

11）按 < PK SRCH > 键，通过“Mark”键可读出峰值数值，判断峰值是否合格。

三、设置操作实例

测试功率放大器输出的 62 信道发射频率（902.4MHz），其操作步骤如下：

1）首先设置中心频率 FREQ 为 902.4MHz。

2）然后设置扫描频率宽度 SPAN，因 GSM 系统中信道间隔是 200kHz，选择的 SPAN 应是此间隔频率的 10 倍以上，一般选择为 10MHz，这里选择 4MHz。

3）设置参考电平值 LEVEL，因 GSM 系统中发射功率一般不会超过 30dBm，所以一般将此参数设置为30dBm。

设置了以上3个参数后，即可测出902.4MHz频率波形，但此时测出的信号波形可能未满足直观性的要求，还应对带宽参数BW（包括RBW和VBW）及扫描时间周期SWEEP进行调节，一般设置RBW为300kHz，VBW为10kHz，SWP Time为1s。这里设置这些参数为RBW = 100kHz，VBW = 10kHz，SWP Time = 2s，设置了以上参数所测得的波形如图5-17所示。

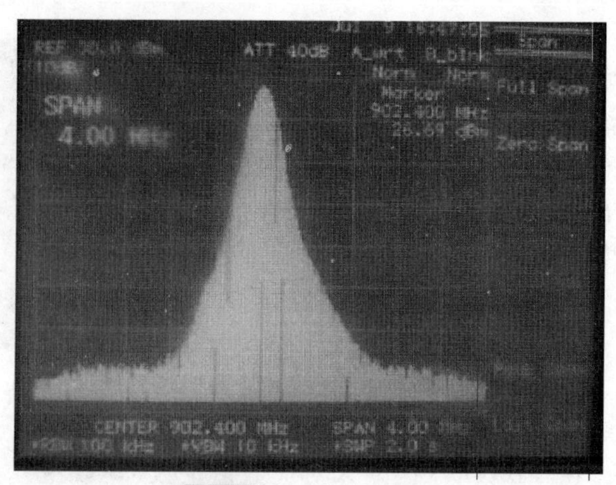

图5-17　射频发射波形

第七节　综合测试仪器的使用

Wavetek 4201S是中等水平维修的理想仪表，并且涵盖GSM手机新功能的各个领域，包括双频段GSM移动手机的数据、传真及短消息业务（SMS）测试功能，屏幕上能清楚地显示操作及测试提示，便于观测。它的体积很小，占用最少的工作台空间，以便为手机维修留出更多空间。

Wavetek 4201S是目前维修中心配备较多的一种综合测试仪器。本节以4201S综合测试仪为例讲述综合测试仪的使用方法。它的操作面板非常简洁，显示操作界面也非常友好。

一、面板功能键介绍

面板右边部分有12个键可以输入0～9共10个数字、26个英文字母、空格、*、#、+、-。中上侧有6个键，功能分别为："扳手"退回主界面，"Esc"退回上一界面，"?"帮助键，"√"确认键，"↑↑"向上移动光标，"↓↓"向下移动光标。当在某一个界面按下"?"帮助键后，将出现对该界面一些描述的资料，通过和下面介绍的软键的配合，可以将该资料通过打印机打印出来。该部分移动光标的键也可以在某一些场合用作修改数据。

中下侧有4个键，可以上/下/左/右移动光标。显示屏幕的下方有5个功能软键，对应于菜单功能选项，该仪器许多功能的实现都通过这几个键完成，如图5-18所示。

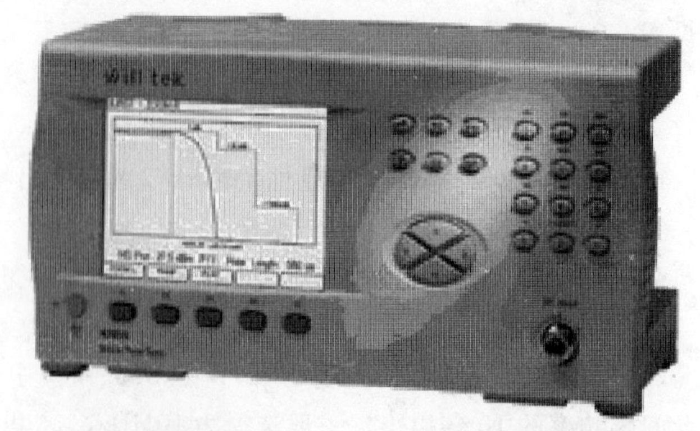

图5-18　Wavetek 4201S综合测试仪

二、基本功能操作

1）确认所用电源（220V/50Hz）正确后，开机，仪器将自动装载系统。

2）系统装载完毕后，界面将显示仪器名称、型号、内存使用状况、同步类型（因版本不同而异，在此使用的机子为内接同步），此时还可以看到下面有5个选项：自动、结果、系统信息、诊断和设置，这5项对应下面的5个软键。

3）按<F1>键进入手机型号的设置或测试界面，再按<F5>键设置选项可以修改手机的型号（手动更改），或按<F2>键进入扫描测试界面，可以在GSM 900MHz和GSM 1800MHz两个频段进行扫描测试，并分别可在每个频段手动设置4个信道，然后可以用<F5>键选择单次测试，<F1>键连续测试，将缆线接好后按<F3>键开始进行测试，按界面的要求动作之后，界面会显示测试结果以及一些测试参数，界面允许将测试结果进行诸如打印、修改等处理。

4）按<F2>键进入测试结果界面，可以对每一次的测试结果进行删除或打印处理，用上下键移动光标选择好测试的时间按确认键，就显示该次测试的结果的界面并允许进行相应的处理。

5）按<F3>键进入系统信息选项，显示内容包括系统的序号、型号、Options、版本、MCU序号、HF序号、HW版本、Last Calibration，与软键配合可以将该界面信息打印下来。

6）按<F4>键进行手机系统的选择，用光标选择好系统以后可以进行信道选择，然后按<F2>键进行信道的扫描或者按<F4>键进入模式选择界面，共有语音测试（进入语音测试界面后可以选择由基站或移动台发起呼叫，以及测试频率误差、相位误差、功率、脉冲参数、相位参数、话音环回测试、基战功率等级、手机功率等级BER误码率/FER误帧率测试和手机的资料等，手机的资料包含很多内容，可以按界面提示进行操作）、数据9600和异步模式。

7）进入仪器设置界面，包括对比度的调整、语言选择、打印机的设置、时间的设置、用户名称的设置、串口的设置、按键声音的设置、自检的启动8项内容，每一项具体的设置可以按照操作提示进行。

该仪器由于智能化程度较高，操作可按界面提示进行，因此其操作相对简单，但上面提到的注意事项仍需重视，这样才能提高测量的质量和延长仪器的使用寿命。要更深入地了解该仪器的使用功能，请参照随机附带的详细的中文说明书，同时要在平时的实际工作中不断思考和提高。

Chapter 6

第六章 手机维修技法

第一节 手机维修基本流程

随着新技术和新机型的推陈出新，目前社会上手机型号不断增加，但是纵观整个手机维修市场，手机的主控芯片不外乎 MTK、英飞凌、ADI、展讯、高盛等。从维修角度来看，由于主控芯片的统一，给故障维修带来了方便。

在各种品牌的手机中，除了外观不同外，内部芯片布局、硬件等几乎完全一样，在手机维修思路上，也应该抛弃旧的方法。

从硬件结构来看，手机硬件结构主要由专用集成电路（IC）构成，它们在中央处理器（CPU）的控制下，按照系统的要求并按照各种存储器中程序的安排进行工作，如开机加电、信道搜索、呼叫处理、中文短信息、号码存储机内录音、语音拨号等功能。虽然手机主控芯片有不同的区分，但是都要符合 GSM、CDMA 的相关系统规范要求。

一、手机维修常识

1. 引起手机故障的原因

（1）菜单设置故障　严格地说，菜单设置故障并不是故障，如无来电反应，可能是设置了呼叫转移；打不出电话，可能是设置了呼出限制功能。对于某些莫名其妙的问题，可先用总复位或者恢复出厂设置。

（2）使用故障　使用故障一般指用户操作不当，错位调整而造成的。比较常见的有如下几种：

1）机械性破坏。由于操作用力过猛或方法应用不正确，造成手机器件破裂、变形及模块引脚脱焊等。另外，翻盖式手机轴裂、天线折断、机壳甩裂、进水、显示屏断裂等也属于这类故障。

2）使用不当。使用手机的键盘时用指甲尖触键会造成键盘磨损甚至脱落；用组装充电器会损坏手机内部的充电电路，甚至引发失火、爆炸事故；对手机菜单进行非法操作使某些功能处于关闭状态，使手机不能正常使用；错误输入密码导致 SIM 卡被锁后，盲目尝试造成 SIM 卡保护性闭锁。

（3）保养不当　手机是非常精密的高科技电子产品，使用时应当注意在干燥、温度适宜的环境下使用和存放。例如，在下雨天室外打接电话、将手机放在车上的空调出风口等都会造成损坏。

（4）质量故障　有些手机是经过拼装、改装而成，质量无法保证。有的手机不符合 GSM 规范，无法使用，如发射功率偏低。

2. 故障分类

不拆开手机只从手机的外表来看其故障，可分为 3 大类：

1）完全不工作。其中包括不能开机，接上电源后按下手机电源开关键无任何反应。

2）开机不正常。按下手机开关键后能检测到电流，但无开关机正常提示信息，如按键照明灯、显示屏照明灯全亮，显示屏有字符信息显示，振铃器有开机后自检通过的提示音等信息。

3）能正常开机，但有部分功能发生故障，如按键失灵、显示不正常、无声、不送话。

拆开手机，从主板布局来看其故障，也可分为 3 大类：

1）供电、充电及电源部分故障。

2）手机软件故障。

3）手机射频部分故障。

这 3 类故障之间有着紧密的联系。例如，手机软件影响电源供电系统、射频通路锁相环电路、发射功率等级控制、收发通路分时同步控制等，而射频通路的参考晶体振荡器又为手机软件工作提供运行的时钟信号。所以在判断故障的时候，思维要有逻辑性，只有找到故障的关键点，才能准确判断故障部位。

二、常见手机元器件的故障特点

无论是自然损耗所出现的故障，还是人为损坏所出现的故障，一般可归结为电路接点开路、主板元器件损坏和软件故障 3 种故障。对于接点开路，如果是导线的折断、拨插件的断开、接触不良等，检修起来一般比较容易。而对于主板元器件的损坏（除明显的烧坏，发热外），一般很难凭观察发现，在许多情况下，必须借助于仪器才能检测判断，因此对于维修人员来说，首先必须了解各种元器件失效的特点，这对于检修电路故障，提高检修效率是极为重要的。下面举一些常用主板元器件失效的特点。

1. 集成电路

集成电路一般是局部损坏，如击穿、开路、短路、功率放大器芯片损坏，储存器容易出现软件故障，其他芯片有时会出现虚焊。

在 MTK 芯片中，CPU 由于集成了电路的很多功能，又加上引脚密集，所以出现故障的概率会明显增高。

2. 晶体管

晶体管比较容易出现的故障是击穿、开路、严重漏电、参数变劣等，不过在新型手机中已经很少有晶体管了，大部分已被场效应晶体管代替了。

3. 二极管

二极管（整流、发光、稳压、变容）比较容易被击穿、开路，使正向电阻变大，反向电阻变小。发光二极管由于长时间工作，损坏的概率更高一些，还有就是电源电路的整流二极管、保护电路的稳压二极管损坏的概率也很高。

4. 电阻器

在一般情况下，电阻器的失效概率是比较低的。但电阻器在电路中的作用很大，在一些重要电路中，电阻值的变化会使晶体管的静态工作点变化，从而引起整个单元电路工作不正常。例如，在电源电路的电压检测和电流检测电路中，阻值的小范围变化就会影响充电电路的工作。电阻器的失效现象是：脱焊，阻值变大或变小，温度特性变差。

5. 电容器

电容器分为有极性电容器与无极性电容器。电解电容器失效的现象是：击穿短路、漏电增大、容量变小或断路。无极性电容器失效的现象是：击穿短路或开路，漏电严重。

6. 电感器

电感器失效的现象是开路。

以上说的都是主要元器件，还有些元器件如场效应晶体管、石英晶体等在维修中也不能忽视。尤其是受振动易损的石英晶体及大功率器件（功率放大器、电源供给电路、压控振荡器）出现问题，会有不开机或开机后不能上网、听不到对方声音、联系供应商等故障。

三、故障维修的基本步骤

手机无论发生何种故障，都必须经过问、看、听、摸、思、修这6个阶段。只不过对于不同的机型、不同的故障、不同的维修方法，用于这6个阶段的时间不同而已。熟练地使用判断方法和各判断方法之间相互配合才能快速有效地解决故障。

1）问。如同医生问诊一样，首先要向用户了解一些基本情况，如产生故障的过程和原因，手机的使用年限及新旧程度等有关情况，这种询问应该成为进一步观察所要注意和加以思考的线索。

2）看。由于手机的种类繁多，难免会遇到自己以前接触不到的新机型或市面上较少的机型，尤其是现在市场上的高仿机和山寨机，应结合具体机型进行。维修手机时，看待机时的绿色 LED 状态指示灯是否闪烁，以及呼叫拨出时显示屏的信息等，结合这些观察到的现象为进一步确诊故障提供思路。

3）听。可以从待修手机的话音质量、音量情况、声音是否断续等现象初步判断故障。

4）摸。主要是针对功率放大器、晶体管、集成电路以及某些组件，用手摸可以感触到表面温度的高低，如烫手，可联想到是否电流过大或负载过重，即可根据经验粗略地判断出故障部位。

5）思。即分析思考。根据以前的观察及搜集到的资料，运用自己的维修经验，结合具体电路的工作原理，运用必要的测量手段，综合分析、思考、判断，最后确定检修方案。

6）修。对于已经失效的元器件进行调换和焊接。

对于新手机，因为生产工艺上的缺陷，故障多发生在机心与机壳结合部分的机械应力点附近，且多为元器件焊接不良、虚焊等引起的。与摔落、挤压损坏的手机故障有共同点，碰坏的手机在机壳上能观察到明显的机械损伤，在机心的相应部分是重点检查部分。而进水与电源供电造成的手机故障有共同点。进水的手机，如没有及时处理，时间一长就被氧化、断线，进行检修时不要盲目地通电实验及随便拆卸，吹焊元器件及电路板，这样很容易使旧的故障没排出又产生新的故障，使原来可简单修复的手机变得复杂了。

以上几种方法的综合应用，是判断手机故障的精髓，不仅要看明白，而且要理解，能够灵活运用。

四、手机维修的一般流程

在接到故障机时，应该按照下列流程去做：

1）先了解后动手。拿到一部待修机后，先不要急于动手，而是要首先询问故障现象，发生时间以及有什么异常现象。观察手机的外观，有无明显的裂痕、缺损，若是翻盖没有了，天线折了，键盘缺损，就可大致判断机器的故障。另外，问清机器是否是二手手机，在别的地方修过没有，使用的年限大概是多少。对于一位优秀的维修技术人员来说，在询问了解故障的过程中，可以大致判断故障的范围和可能出现故障的部件，从而为高效、快捷地检修故障奠定基础。

2）先简后繁，先易后难。

3）先电源后整机。把电源用稳压电源代替，注意稳压电源的电压值需用万用表的电压挡去校正，稳压源的输出值应当调到和电池电压标准值一样，目前手机的供电电压一般为3.6～4.2V。用金属夹找到电池座的正负端，加上稳压源，在开机前先看电源的输出是不是0mA，如果不是，说明手机电路存在漏电。

4）先通病后特殊。

5）先末级后前级。

6）记录故障。故障的种类有不开机、进水、摔坏、无显示、掉线等十余种，但是每种故障发生的机理可能相差许多。记录故障，是为了明确要修复的目标，使用户和维修人员之间有一定的认定。

7）记录待修手机的机型、IMEI码、ESN码。每部手机的IMEI码和ESN码就像手机的名字，这样就不会出现交接时的差错。

8）掌握待修手机的操作方法。维修手机不会使用手机，就像修汽车不会开汽车一样，有的维修人员对手机的操作很模糊，甚至不知道手机的状态指示灯的含义（红绿灯交替闪表示来电，出服务范围红灯闪，服务范围内绿灯闪）。菜单操作可以调整出来的功能，是不可能从硬件的维修中解决的。

9）没有充分的把握，不要在用户面前修手机。最多只是拆机观察，以防止紧张造成操作失误。

10）仔细观察电路板。用眼睛观察到的故障无需再采用其他检测手段，如集成电路工作时，不应产生很高的温度，如果摸上去烫手，就可以初步判定集成电路内部有短路的现象。总之，通过直接观察，就可以发现一些故障线索。

但是，直接判定是建立在以往经验的基础上，没有一定的检修经验，则不奏效。

11）加电。在上面检查之后，开机加电，观察稳压电源的电流表，看电源的输出是不是相应的待机电流数，如果不是，那么一定有故障。可检查功率放大器、漏电、软件等。

12）查电源通路。

13）查接收通路。

14）查输入/输出接口，SIM卡、振铃、键盘、显示屏等的通路。

15）查发射通路。

16）用热风枪补焊虚焊点。

17）按正确次序拆卸。检修故障时，往往要拆机。在拆机前，应弄清其结构和螺钉及配件的位置。拆机时弄清各种螺钉、配件的连接位置，在最后装机时才不会出现错位。

18）记录维修日志。每天的维修日志都要做好记录，每天修了什么机器，机器使用多长时间，检查现象是什么，怎么修的，是否修好，都要记录下来。修好了不要兴奋，想想自己是怎样解决问题的，走了哪些弯路；没有修好也不要泄气，分析一下为什么没有修好，是没有发现故障原因，还是有什么解决不了，以后碰到这样的情况怎么办。这是自我学习提高的好办法。

五、手机维修的注意事项

1）手机发展很快，销售和维修服务不平衡，致使目前维修水平低下、维修质量不一、价格迥异、维修效率低、维修网点少、专业维修人员少。为了适应手机的发展速度，相应的维修服务必须跟上去，维修人员应考维修技术合格证，才能上岗维修，手机用户应找技术合格的人员维修。

2）按要求连接测试仪表，打开测试仪表并正确设置，初步判断手机故障类型及故障范围。在手机内部的印制电路板上，都有不少CMOS芯片，还有些新型的元器件，因此不要在强磁场高电压下进行维修操作，以免遭大电流冲击损坏。维修操作时，需在防静电的工作台上进行，仪表及维修人员、工作台应静电屏蔽，做到良好接地，以防静电。

3）工作台要保持清洁、卫生，维修工具齐全，并放在手边。维修操作时，要按一定的前后顺序装卸，取放的芯片、元器件也要按一定的顺序排放，以免搞混。保持电路板的清洁，防止所有的焊料、锡珠、线料落入电路板中，避免造成其他方面的故障。

4）不同的生产厂家，不同的机型，不同的款式，它的版本号不同，使用合格的同型号的芯片、元器件，避免更换不同型号的芯片。切莫使用不合格、盗版、走私的芯片、元器件，以免造成更复杂的故障。在此基础上，正确分析电路，正确判断错误。正确寻找故障部位很重要，应避免误判。

5）维修完毕，清洁、整理工作台很有必要。让维修工具归位，把所有的附件（长螺钉、天线套、胶粒、绝缘体等）重新装上，防止修一次少一点东西。

手机维修完毕，要进行有效的检测，保证故障排除且无其他问题时方可交付用户，防止因检查不当引起其他故障。

第二节 手机常见故障及维修方法

一、常见维修方法

1. 电压法

这是在所有的电子产品维修中采用的一种最基本的方法。维修人员应注意积累一些在不同状态下的关键电压数据，这些状态是：通话状态、单接收状态、单发射状态和待机状态等。

关键点的电压数据有：电源管理IC的各路输出电压和控制电压、RF VCO工作电压、13MHz VCO工作电压、CPU工作电压、控制电压和复位电压、RF IC工作电压、基带IC工作电压、LNA工作电压、I/Q电路直流偏置电压等。

在多数情况下，电压法可以排除手机的大多数故障，如不开机故障等。

2. 电流法

该法也是在电子产品维修中常用的一种方法。由于手机几乎全部采用超小型SMD，在PCB上的元器件安装密度相当大，故若要断开某处的测量电流有一定的困难，一般通过测量电阻的端电压值再除以电阻值来间接测量电流。电流法可测量整机的工作电流、待机电流和关机电流。

3. 电阻法

该法也是一种最常用的方法，其特点是安全、可靠，尤其是对高密度元器件的手机更是如此。维修人员应掌握常用手机关键部位和 IC 的电路正、反向电阻值的测量方法。采用该法可排除常见的开路、短路、虚焊、器件烧毁等故障。

4. 信号追踪法

要想排除一些较复杂的故障，需要采用此法。运用该法必须懂得手机的电路结构、框图、信号处理过程、各处的信号特征（频率、幅度、相位、时序），能看懂电路图。采用该法时先通过测量和对比将故障点定位于某一单元（如 PA 单元），然后再采用其他方法进一步将故障元器件找出来。

5. 观察法

该法是通过维修者的感觉器官眼、耳、鼻的感觉来提高故障点的判断速度。该法具有简单、有效的特点。

1）视觉：看手机外壳有无破损、机械损伤；前盖、后盖、电池之间的配合是否良好和合缝；LCD 的颜色是否正常；接插件、接触簧片、PCB 的表面有无明显的氧化和变色。

2）听觉：听手机内部有无异常的声音；异常声音是来自受话器还是其他部位。

3）嗅觉：手机在大功率电平工作时，有无闻到异常的焦味。焦味是来自电源部分还是 PA 部分。

6. 温度法

该法是在大电流故障时常采用的一种有效、简单的方法。该法可用于手机的电源部分、PA、电子开关和一些与温度相关的软故障的维修中，因为当这些部分出现问题时，它们的表面温升肯定是异常的。

具体操作时可用下列方法：

1）手摸。

2）酒精棉球。

3）吹热风或自然风。

4）喷专用的制冷剂。元器件表面异常的温升情况有助于判断故障。

7. 清洗法

由于手机的结构不是全密闭的，而且又是在户外使用的产品，故内部的电路板容易受到外界水汽、酸性气体和灰尘的不良影响，再加上手机内部的接触点面积一般都很小，因此由于接触点被氧化而造成的接触不良的现象是常见的。根据故障现象清洗的位置可在相应的部位进行。例如，SIM 卡座、电池簧片、振铃簧片、送话器簧片、受话器簧片、振子器簧片。对于旧型号的手机可重点清洗射频和基带之间的连接器簧片、按键板上的导电橡胶。

清洗可用无水酒精或超声波清洗机进行清洗，尤其是对进水的手机、掉入厕所和污水的手机使用这种方法尤其奏效。

8. 补焊法

由于现在的手机电路全部采用超小型 SMD，故与其他电子产品相比较，手机电路的焊点面积要小很多，因此能够承受的机械应力（如按压按键时的应力）很小，极容易出现虚焊的故障，而且往往虚焊点难以用肉眼发现。该法就是根据故障的现象，通过工作原理的分析判断故障可能在哪一单元，然后在该单元采用“大面积”补焊并清洗，即对相关的、可疑的焊接点均补焊一遍。补焊的工具可用尖头防静电烙铁或热风枪。

对于摔过的机器，对重点元器件进行补焊，是最常用的方法。

9. 重新加载软件

该方法在其他所有电子产品维修中很少采用，但在手机维修中却经常采用。其原因是：手机的控制软件相当复杂，容易造成数据出错、部分程序或数据丢失的现象，因而造成一些较隐蔽的“软”故障，甚至无法开机，所以与其他电子产品不同，重新对手机加载软件是一种常用的、有效的方法。

尤其对新型的智能手机，由于采用安卓或者 ios 操作系统，软件引起故障的几率会更高，通过打“补丁”软件可解决大部分使用中的故障。

10. 甩开法

当出现无法开机或开机即保护关机的故障时，原因之一可能是电源管理 IC 块有问题，也可能是其相关的负载有短路或漏电故障。这时可采用该方法排除故障，即逐一将电源 IC 的各路负载甩开，采用人工控制 IC 的 Power ON/OFF 信号来查找故障点。

11. 假负载法

由于现在市场上手机电池的质量有很大的差别，当故障现象是与电池相关时（如工作时间或待机时间明显变短），可采用该法来判断故障点是在电池还是在电路部分。具体方法是：先将电池充足电，再用电池对一假负载供电，供电电流控制在 300mA 左右，时间为 5min 左右。若电池基本正常，则其端电压应不会下降。较严格的方法是，测量电池的容量，但较费时。

12. 短接法

该法是在电子产品维修中采用的一种应急的方法。其前提条件是不能对整机电气指标造成大的影响，不能危及设备安全（如对开关电源进行跳线维修）。对于手机维修，可用细的高强度漆包线（ϕ0.1mm）跨接 0Ω 电阻（作跳线用）或某一单元，用 100pF 的电容跨接 RF 或 IFSAW 滤波器等。

13. 自检法

大多数 GSM 手机具有一定程度的自检和自我故障诊断功能，这对于快速地将故障定位到某一单元很有帮助。在采用该法时，要求手机能正常开机，而且维修者还必须知道怎样进入诊断模式。后者需要维修者有相关手机的详细维修资料。

利用手机的工程模式指令对手机功能进行自检，有些智能手机还有自我软件修复功能，这些方法可以有效利用，使维修工作事半功倍。

二、手机常见故障维修

本节主要介绍一些手机维修的基本常识、故障的大致范围及手机维修的一般技巧，以便初学者能快速维修常见故障手机。

1. 自动开机

加上电池后，不用按开/关机键就处于开机状态，主要由于开/关机键对地短路或开机电路上其他元器件对地短路造成。取下手机主板，用酒精泡后清洗，大多可以解决此故障。

2. 自动关机（自动断电）

1）振动时自动关机。这主要是由于电池与电池触片间接触不良引起。

2）按键关机。手机只要不按键盘，就不会关机，一按某些键手机就自动关机，主要是由于 CPU 和存储器虚焊导致，加强对 CPU 及存储器的焊接一般可解决此类问题。

3）发射关机。手机一按发射键就自动关机，主要是由于功率放大器部分故障引起，一般是由于供电 IC（或功放控制）引起此故障。

4）静电关机。手机放在衣袋里，过一段时间拿出来后手机关机，在冬季更为严重，主要原因是静电引起的。

3. 发射弱电和发射掉信号

（1）发射弱电　手机在待机状态时，不显弱电，一打电话，或打几个电话后马上显示弱电，出现低电告警的现象。这种现象首先是由于电池与触片接口间脏或接触不良造成，其次可能是电池触片与手机电路板间接口接触不良引起，还可能是功率放大器本身损坏而引起。

软件问题也会引起发射低电情况，要注意对故障进行区分。

（2）发射掉信号　手机在待机状态时，信号正常，手机一发射马上掉信号，这种现象是由于手机功率放大器虚焊或损坏引起的故障。

4. 漏电

手机漏电是较难维修的故障。首先，判断电源部分、电源开关管是否烧坏造成短路。其次，判断功率放大器是否损坏。接着在漏电流不大的情况下，给手机加上电源 1～2min 后用手背去感觉哪部分元器件发热严重，如发热则此元器件必坏无疑，可将其更换。如果上面的方法仍没有解决故障，就要查找电路是否有电阻器、电容器或印制电路短路。

5. 不入网

不入网可分为有信号不入网和无信号不入网两种情况。在判断故障范围时，给手机插上 SIM 卡，调菜单，用手动搜寻方法找网络。此时，能找到网络，证明接收通道是好的，是发射通道故障引起的不入网；用菜单方法找不到网络说明接收通道有故障，先维修接收通道。

6. 信号不稳定（掉信号）

信号不稳定大多是由于接收通道元器件有虚焊所致（摔过的手机易出现此故障）。主要对接收滤波器、声表面滤波器、中频滤波器和接收 IC 等元器件进行补焊，大部分能恢复正常。

7. 软件故障

归纳起来，手机软件故障主要有：

1）手机屏幕上显示联系服务商、返厂维修等信息都是软件故障，重写码片资料即可。

2）用户自行锁机，但所有的原厂密码均被改动，因此出厂开锁密码无用，重写码片资料即可。

3）手机能打出电话，但存在设置信息无记忆、显示黑屏、背光灯不熄、电池正常出现弱电警告等故障，在相关硬件电路正常的情况下，软件也能引起这些故障，必须重写软件资料。

8. 根据手机电流情况判断故障原因

1）不开机，按开机键电流表指针微动或不动，这种故障主要是由于开机信号断路或电源 IC（不工作）引起。

2）不开机，按开机键电流表指针所指示电流在 200mA 左右，但松开开机键电流表指针回到零，这种现象说明电源部分基本正常，时钟电路没有正常工作或者 CPU 没有正常工作。

3）不开机，按开机键电流表指针指示电流 200mA 左右，稍停一下马上又回到 0mA。这是典型的码片资料错乱引起软件不开机故障。

4）按开机键有20～30mA漏电流，表明电源部分有元器件短路或损坏。

5）按开机键有大电流漏电表明电源部分有短路现象或负载部分有元器件损坏。

6）加上电池就漏电，首先取掉电源集成块，若不漏电，说明故障由电源IC引起。如仍漏电，说明故障由电池正极直接供电的元器件损坏或其通电电路自身短路（进水易出现此故障）造成。根据电池给手机的供电原理查找电路或元器件（电源滤波电容、电源保护二极管有时会出现短路）的故障。

7）手机能工作，但待机状态时电流比正常情况大了许多。这种故障的排除方法是：给手机加电1～2min，用手背去感觉哪个元器件发热，将发热的元器件更换，大多数情况下，可排除故障。如仍不能排除，查找其发热元器件的负载电路是否有元器件损坏或其他供电元器件是否损坏。

8）手机无信号强度指示或无网络，可根据电流表指针的摆动情况判断故障的大致范围。正常情况下，在手机寻找网络的同时，电流表指针不停地摆动，幅度在10mA左右。如果电流表指针摆动正常，仍无网络，故障范围大多在发射VCO部分或功率放大器电路部分；如电流表指针摆动不正常，也无信号强度指示，则故障范围大多在接收VCO部分、本振部分或接收通道其他部分，同时也要考虑软件问题。

第三节　手机漏电故障维修技法

一、漏电原因分析

无论什么型号手机，漏电从故障原因来分，可以大致分为以下3种：

（1）B+漏电　这种漏电是指接上电源，不按开机键即有漏电。在维修时重点查找B+通路上的元器件，一般多为电源IC、功率放大器、B+滤波电容等元器件漏电所引起。

（2）负载漏电　负载漏电即是电源输出通路上有元器件漏电。这种情况下接上电源时，不按开机键是不会漏电的，按开机键后才会漏电（即电流比正常手机时要大）。这种情况就比较复杂了，首先是因为电源输出通路上的元器件比较多，电路较为复杂。其次，有时漏电元器件本身并不发热，而是电源IC发热，这种情况令一些维修技术人员头痛。

（3）开机线漏电　这种漏电的特点很像是B+漏电，接电源即有漏电，拆下电源就不漏电，但换过电源仍无效，这时就肯定是开机线有漏电了，一般为开机线的电容有漏电，把它拆掉就可以了，也可能有对地漏电。

二、漏电电流分析

无论什么手机，漏电从电流大小来分，也可大致分为以下两种：

1）大电流漏电　电流接近或超过100mA，漏电元器件发热明显，可以比较容易查找故障原因。

2）小电流漏电　漏电电流在数十毫安以下，无明显发热的元器件。不少维修人员对这种故障没有什么好办法，一般都采用“排除法”，即怀疑是哪个元器件漏电，就把它取下，若取下后不漏了，就是它坏了。但是手机元器件这么多，而且有带胶IC，或且漏电元器件不是大件，而是一些电容、电感等小元件，“排除法”就起不到作用。

三、漏电故障维修方法

对于大电流漏电（元器件发热明显），且发热元器件就是漏电元器件，直接更换发热元器件即可。这里着重分析两种故障：负载漏电，但发热的却是电源IC；小电流漏电，发热极其不明显。

1. 稳压电源供负载法

如果负载漏电，但发热的却是电源IC，一般是负载漏电所引起的发热。使用“稳压电源供负载法”可以迅速地解决这个问题：将稳压电源正极接到手机电源电路的输出端上，稳压电源负极接手机主板的地。然后稳压电源慢慢从0V调到该路供电的标准值，注意观察稳压电源的电流表，即可发现该电路是否漏电。若该路有漏电，可用“触摸法”（此法针对发热比较明显的大电流漏电，即用手或嘴唇去触碰手机元器件）或“松香烟法”（此法针对发热不明显的小电流漏电，后面将有详细介绍），这两种方法可很快判断出漏电元器件。

2. 松香烟法

针对小电流漏电，发热极其不明显。这种情况下用手或嘴唇去触碰手机元器件均很难感觉出来，尤其当漏电的是电容、电感等小元件时，手或唇根本就很难接触到，这时“松香烟法”就可以发挥作用了。用936烙铁醮到松香里，这时烙铁上会冒出一股松香烟，将松香烟靠近手机主板，松香烟即附着在手机元器件上，形成一层白色、薄薄的“松香霜”（注意，熏松香烟时不能使用普通烙铁，因为普通烙铁发热太大，松香烟很快就挥发完了，来不及熏到主板上）。怀疑哪里漏电，就可以在那儿熏上一层松香霜，若根本不知哪里漏电，可以将整块手机板一起熏。熏完后，给手机加电，加电时可以从0V开始慢慢上升，如果电流太小，可适当将电压加得高些，但要注意不要太高了，以防将其他元器件烧坏。加电过程中，注意观察手机主板上的元器件，若哪个元器件漏电了，该元器件上白色的松香霜就会熔化而显示出故障所在。

第四节　手机进水故障维修技法

一、进水原因分析

手机进水或摔过是造成手机故障的重要原因，因为手机内部元器件工作比较稳定且手机工作电压、工作电流都比较低，一般不会烧坏手机内部元器件。但由于手机具有移动性，对手机适应外界环境的要求比较高，所以因为外力原因使手机产生故障。例如，手机进水、摔过都会造成手机无法正常工作，且进水手机产生故障的几率更高。如冬天室内、室外温差过大，会有水蒸气附着在手机上，造成手机受潮。还有夏天汗水、雨水淋湿手机都会使手机内部电器参数改变，而造成手机不正常工作。更严重的如手机掉进厕所、油污等腐蚀较严重的污水里，都会使手机产生严重的故障，且很多手机由于进水后不及时清理，给维修带来很大的难度。

二、进水故障维修方法

下面介绍手机进水后的处理方法，手机进水后多数情况造成不能开机、手机显示不正常及通话出现杂音等故障，且有些进水机腐蚀电路板情况较严重，造成了手机无法修复。所以，当手机进水后，无论是掉进清水或者脏水中，都应将手机电池去掉，不应再给手机加电，如继续为手机加电，会使手机内部元器件短路，烧坏元器件。这样会进一步使故障扩大，加大维修难度，所以遇到手机进水后，应不要再给手机加电，立即去掉电池。然后再看是掉进清水中，还是掉进脏水中。如掉进清水中，只要立即停止手机工作，一般不会扩大故障，只是手机受潮后，水分会使元器件引脚氧化而产生虚焊现象，所以，掉进清水中的手机拆下电池后，将手机用无水酒精清洗一遍，因为酒精挥发较快，可将电路板上的水分一起挥发带走。

然后用热风枪电吹风将电路板烘干后，即可加电试机，多数手机会正常工作。如还不能正常工作，可将元器件重新补焊一遍，因为进水机极易造成元器件引脚氧化，导致引脚虚焊。补焊后，一般故障都会排除，手机恢复正常工作。如手机掉进污水中，首先要拆机看一看手机电路板的腐蚀程度。因为污水中有很多酸、碱化合物，会对手机造成不同程度的腐蚀，且掉进脏水后，应立即清洗，不然时间过长，会使腐蚀残渣附着在手机电路板上，使手机不能开机。这样修复起来难度将会很大，甚至无法修复。

所以手机掉进污水后，应迅速清洗，处理时，先将能看到的腐蚀物处理干净。用毛刷将附着在元器件引脚上的杂质刷掉（注意：不要将芯片周围小元器件刷掉）。然后，用酒精棉球将电路板进行清洗。如腐蚀严重的，还需用超声波清洗仪进行清洗，因为各元器件底部残渣不易清洗干净，只能靠超声波的分子振动将杂质振动出后，处理干净。

再用风枪吹干电路板，将所有芯片都补焊一遍，因为进水机极易使元器件引脚氧化而造成虚焊。焊完后试机，如仍不开机，或者其他故障，应按维修步骤查线路是否有元器件烧坏，及元器件有无短路现象，其中电源模块坏得较多，多数进水机不能开机的手机更换电源模块后，故障排除，可恢复正常工作。

第五节 供电电路故障维修技法

对于手机供电电路的故障维修，一般采用“三电一流”法，所谓“三电”是指手机在不同阶段或者不同模式下产生的电压。它包括三种类型，一是手机在装上电池时就有部分供电产生，例如：备用电池电路、功放供电电路等；二是手机在按下开机键后就能够出现的电压，例如：13M 电路的供电、CPU 电路供电、FLASH 供电等，这些电压必须是持续供电的；三是软件运行正常后才能出现的供电，例如：接收机部分供电、发射机部分供电等。“一流”是指通过“电流法”观察手机工作电路再判断手机故障范围。结合“三电”，配合电流法，基本可以准确判定手机供电电路的故障点。

一、装上电池产生的电压

手机装上电池后，电池电压首先送到电源电路，手机处于待命状态，若此时按下手机开机按键，手机立即执行开机程序。如图 6-1 所示是电池接口电路，电池电压从电池触点的 1 脚输入，送入到手机内部各部分电路。

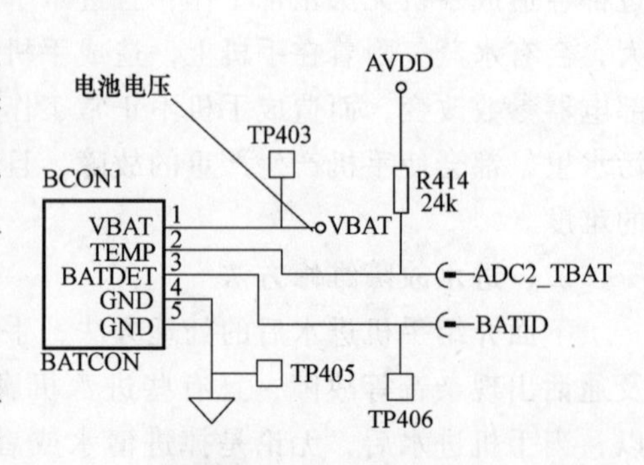

图 6-1 电池接口电路

1. 电源管理芯片供电

手机装上电池后，电池电压首先加到电源管理芯片 U400 的 7、19、26、47 脚，为电源管理芯片工作提供电压，使手机处于待命状态。

电源管理芯片供电电路如图 6-2 所示。

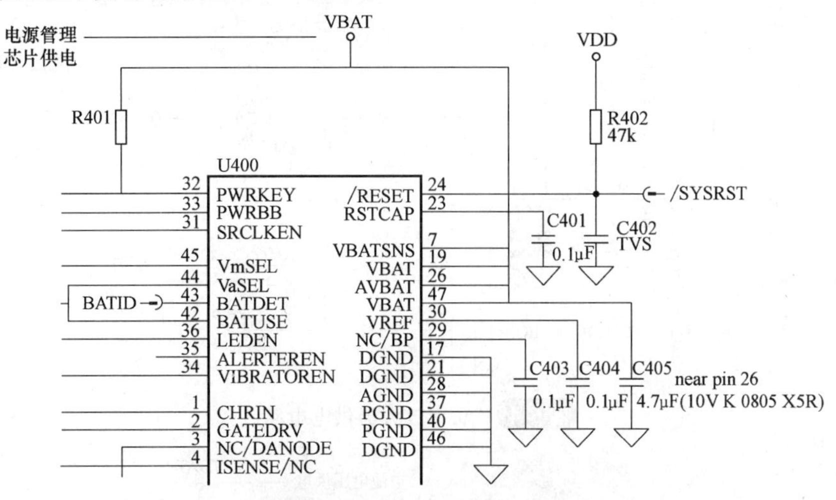

图 6-2 电源管理芯片供电电路

2. 射频 IC 供电电压

电池电压加到射频处理器 U602 的 3 脚，为开机工作准备。射频处理器供电电路如图6-3所示。

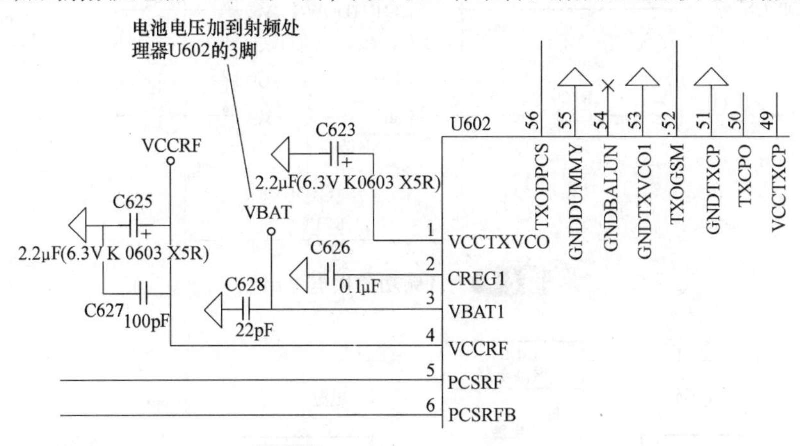

图 6-3 射频处理器供电电路

3. 功率放大器供电电压

手机装上电池后，电池电压 VBATT 加到功率放大器 U600 的 42、43 脚，为功率放大器 RF 3146 提供供电电压。功率放大器供电电路如图 6-4 所示。

4. 音频功放供电电压

音频功放的供电电压由电池提供，电池电压 VBATT 送到音频功放芯片 U200 的 6 脚。音频功放供电电路如图 6-5 所示。

二、按下开机按键产生的电压

按下开机按键后，要想维持开机，电源必须持续供电给逻辑部分和系统时钟部分电路，如图 6-6 所示。

MT6305 芯片供电输出电路如图 6-7 所示，从原理图可以看出，电源管理芯片 MT6305 分别输出 7 路工作电压。

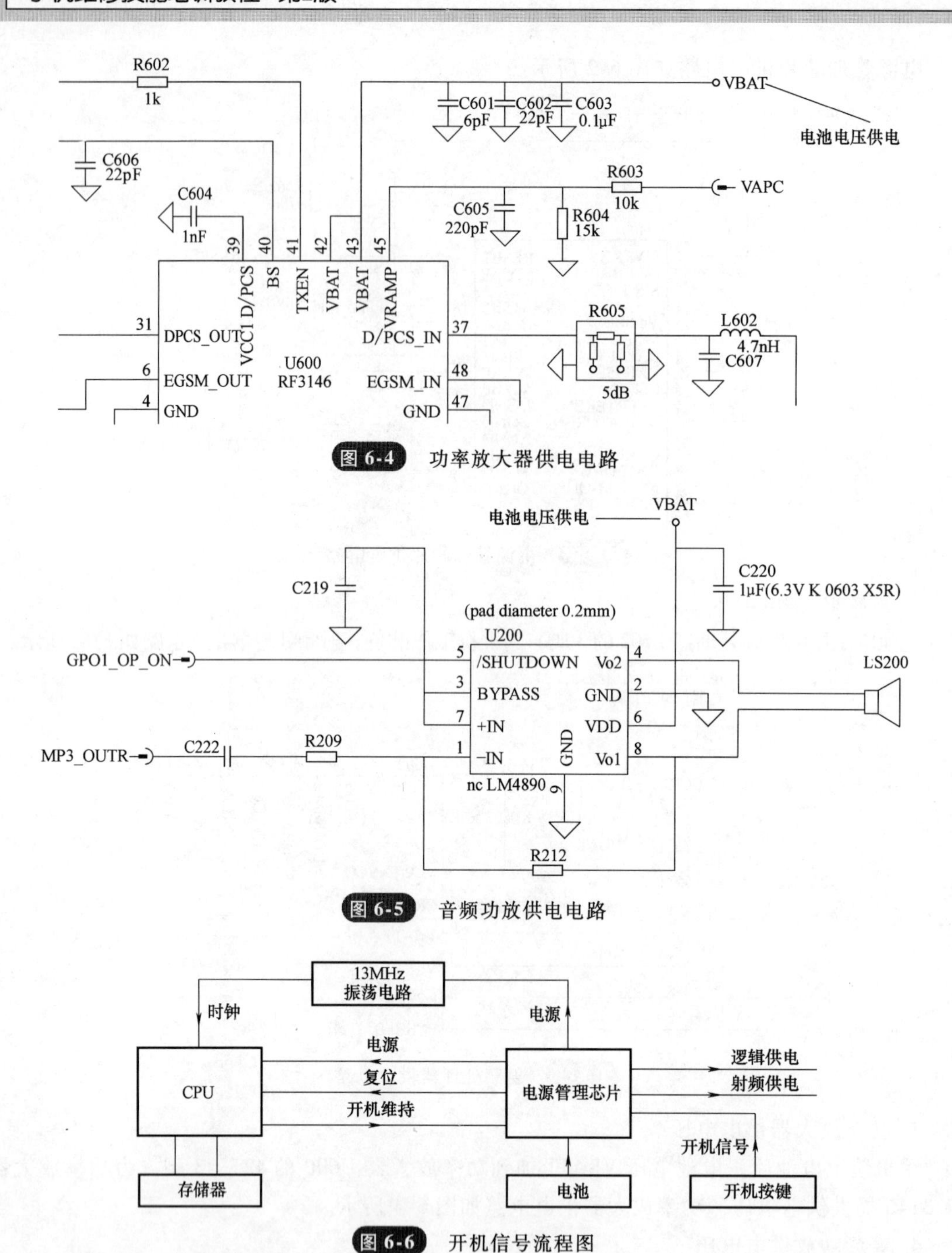

图 6-4 功率放大器供电电路

图 6-5 音频功放供电电路

图 6-6 开机信号流程图

1. 逻辑供电

电源 18 脚（VMEM）= 2.8V，供给字库；电源 20 脚（VDD）= 2.8V，供给逻辑电路；电源 22 脚（VRTC）= 1.5V，供给时钟电路；电源 25 脚（VTCXO）= 2.8V，供给 13M 晶体 4 脚；电源 48 脚（VCORE）= 1.8V，供给 CPU。

2. 射频供电

电源 27 脚（AVDD）= 2.8V，供给射频电路。

以上供电电压都是按下开机按键后持续存在的，也是维持逻辑部分持续工作的电压。

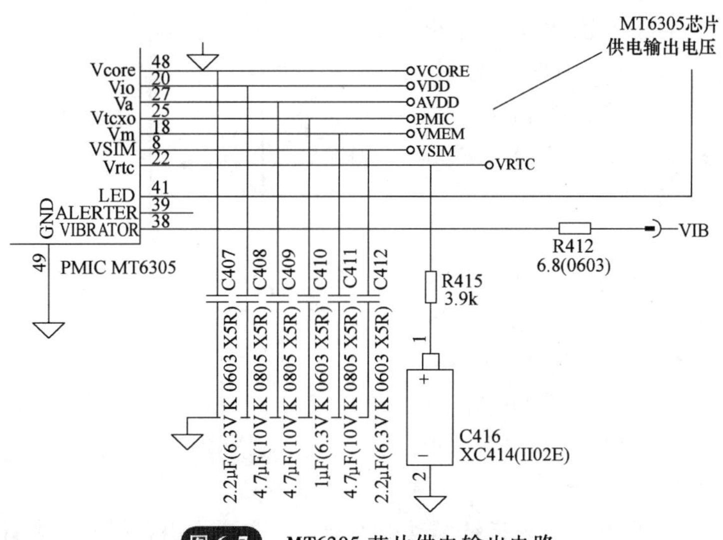

图 6-7 MT6305 芯片供电输出电路

三、软件工作才能产生的电压

在手机中，有些电压不是持续存在的，而是根据需要由 CPU 控制电压输出的，尤其是射频部分和人机接口电路等。

1. 送话器偏置电压

送话器的偏置电压只有在建立通话时才能出现，它是一个 2.1V 左右的电压，加到送话器的正极，在待机状态下无法测量到这个偏置电压。送话器偏置电压如图 6-8 所示。

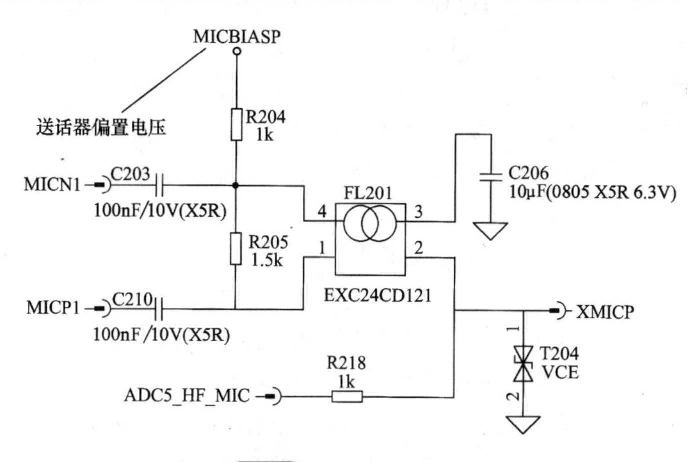

图 6-8 送话器偏置电压

2. 射频电路工作电压

射频电路工作电压由射频 IC MT6129 内部产生，4 脚输出 VCC-RF 2.8V 电压，16 脚输出 VCC SYN 2.8V 电压。这两个电压不是开机就存在的，是受 CPU VCXOEN 信号的控制，只有当 CPU 输出 VCXOEN 信号到 MT6129 的 14 脚时，以上两个电压才能产生。射频电路工作电压如图 6-9 所示。

四、“一流”（电流法）

在手机维修中，利用“电流法”判断手机故障是常用的方法之一，尤其是针对开机故障，手机开机后，工作的次序依次是电源、时钟、逻辑、复位、接收、发射，手机在每一部分电路工作时电流的变化都是不同的，电流法就是利用这个原理来判断故障点或者故障元件，然后再测量更换元件。

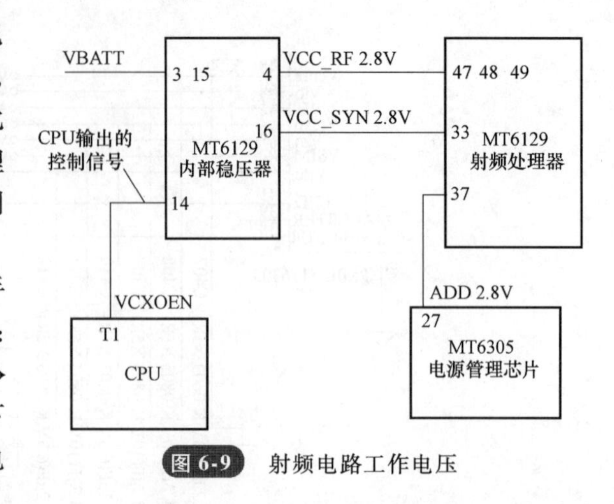

图 6-9 射频电路工作电压

接收正常的普通功能手机（非智能手机），不装入 SIM 卡时，电流变化为：0mA（低）→50mA（中）→180mA（高）→140mA（中）抖动、灯灭待机 20mA。下面介绍一下如何用直流稳压电源配合“电流法”判断手机故障。

1）不开机，按开机键电流表指针微动或不动。这主要是由开机信号断路或电源 IC（不工作）引起的。

2）不开机，按开机键电流表指针指示电流，比正常值 20mA 小了许多，但松开开机键电流表指针回到零。这说明电源部分基本正常，时钟电路没有正常工作或者 CPU 没有正常工作。

3）不开机，按开机键电流表指针指示电流 200mA 左右，稍停一下又立刻回到 0mA。这是典型的字库资料错乱引起的软件不开机故障。

4）按开机键有 20～30mA 的漏电流，表明电源部分有元器件短路或损坏。

5）按开机键有大电流漏电，表明电源部分有短路现象或负载部分有元器件损坏。

6）加上电源就漏电。首先取掉电源集成块，若不漏电，说明故障由电源管理芯片引起；如仍漏电，说明故障由电池正极直接供电的元器件损坏或其通电线路自身短路（进水易出现此故障）造成。根据电池给手机供电原理查找线路或元器件（电源滤波电容、电源保护二极管有时会出现短路）。

7）手机能工作，但待机状态时电流比正常情况大了许多。这种故障的排除方法是：给手机加电，1～2min 后用手背去感觉哪个元器件发热，将其更换，大多数情况下可排除故障。如仍不能排除，查找其发热元器件的负载电路是否有元器件损坏或其他供电元器件是否损坏。

8）手机无信号强度指示或无网络，可根据电流表指针摆动情况判断故障的大致范围。正常情况下，在手机寻找网络的同时，电流表指针不停地摆动，幅度在 10mA 左右。如果电流表指针摆动正常，仍无网络，故障范围大多在发射 VCO 部分或功放电路部分；如电流表指针摆动不正常且无信号强度指示，则故障范围大多在接收 VCO、本振部分或接收通道其他部分，同时也要考虑软件问题。

以上是用“电流法”配合直流稳压电源判断传统功能手机故障的方法，也可以用在 4G 手机中。

第六节 基带电路故障维修技法

基带部分故障主要表现在 CPU 工作条件不具备或软件工作不正常引起的不开机、死机、开机不维持等问题。维修基带部分故障的基本方法是“三点三线”法。

一、“三点”

“三点”指 CPU 工作的三个最基本条件，是 CPU 部分故障检修的三个关键点，分别是供电、时钟和复位。

1. 供电

CPU 的供电电压来自电源管理芯片，是由电源管理芯片持续供给的，只要按下开机按键后，这个电压就持续存在。CPU 供电电压如图 6-10 所示。

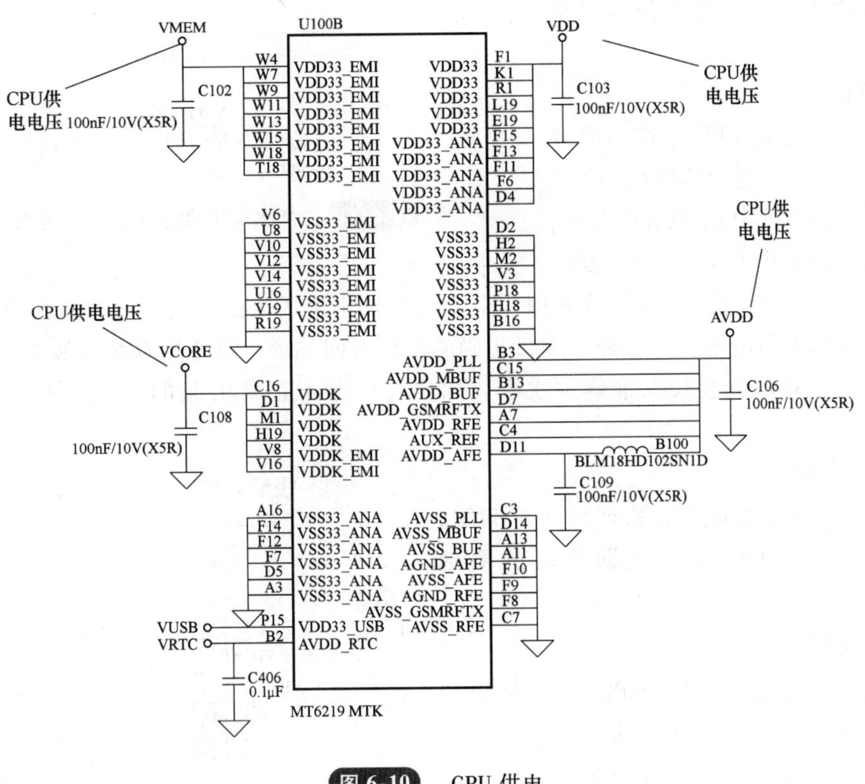

图 6-10 CPU 供电

2. 时钟

系统时钟是 CPU 正常工作的必要条件之一，手机的系统时钟一般采用 13MHz。若 13MHz 时钟不正常，则基带电路不工作，即手机不开机。

13MHz 时钟信号应能达到一定的幅度并稳定。用示波器测 13MHz 时钟输出端上的波形，如果无波形则检测 13MHz 时钟振荡电路的电源电压（对于 13MHz VCO，供电电压加到 13MHz VCO 的一个引脚上；对于 13MHz 晶振组成的振荡电路，这个供电电压一般供给中频 IC），若有正常电压，则 13MHz 时钟晶体、中频 IC 或 13MHz VCO 损坏。

注意，有的示波器直接在晶体上检测可能会使晶体停振，此时，可在探头上串联一个几十皮法以下的电容。如果有条件，最好使用代换法进行维修，以节约时间，提高效率。

13MHz 时钟电路起振后，应确保 13MHz 时钟信号能通过电阻、电容及放大电路输入到 CPU 引脚上，测试 CPU 时钟输入脚；如没有，应检查线路中电阻、电容、放大电路是否虚焊或无供电及损坏。

另外，有些手机的时钟晶体或时钟 VCO 是 26MHz（如 MTK 芯片的手机）或 19.5MHz（如三星个别手机），产生的振荡频率要经过中频 IC 分频为 13MHz 后才能供给 CPU。

如图 6-11 所示是 MTK 芯片组手机的系统时钟电路，系统时钟是 CPU 工作的必要条件，我们一般用频率和示波器就可以很方便地测量系统时钟。

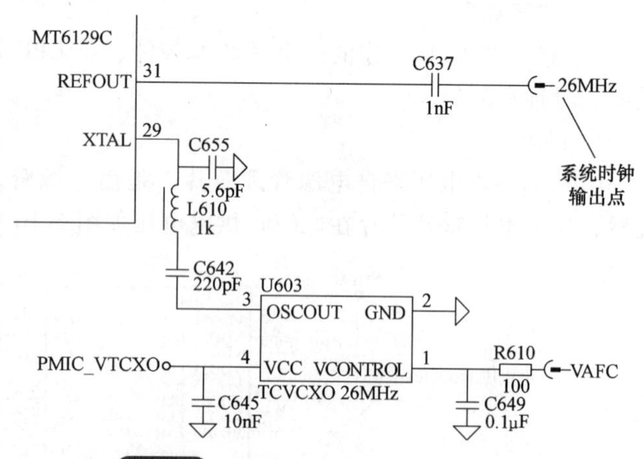

图 6-11 MTK 芯片组手机的时钟电路

3. 复位信号

复位信号也是 CPU 工作的必要条件之一，符号是 RESET，简写 RST，诺基亚手机中用 PURX 表示，其中对应电路如图 6-12 所示。复位一般直接由电源 IC 通往 CPU，或使用一个专用复位小集成电路。复位在开机瞬间存在，开机后测量时已为高电平。如果需要测量正确的复位时间波形，应使用双踪示波器，一路检测 CPU 电源，一路检测复位。维修中发现，因复位电路不正常引起的手机不开机现象并不多见。

二、“三线”

“三线”是指地址线、数据线和控制线，是 CPU 与 FLASH 等进行数据读写的关键条件。

1. 地址线

在按下开机键 2s 内，CPU 就不断地向 FLASH 和 I/O 接口发送地址信息，发送地址信息的目的就是在 FLASH 内寻找指令的存储单元，地址线只能由 CPU 向 FLASH 发出，而 FLASH 却无法向 CPU 发出。

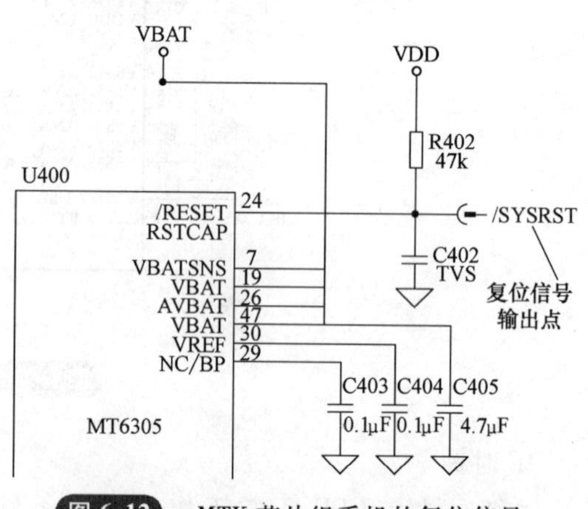

图 6-12 MTK 芯片组手机的复位信号

2. 控制线

控制线分别是 R/W 和 CS 信号，R 是读，W 是写，是由 CPU 决定对存储器进行读出数据还是写入数据的，以此确定数据的流向。CS 是片选信号，有时也称为片选启动控制线（CE），同样也控制 CPU 的工作。

3. 数据线

CPU 和 FLASH 的双向通信是通过数据线来进行的。在控制线正常的情况下，数据线才能工作，FLASH 把存储在字库内的指令通过数据线向 CPU 进行传输，数据线和地址线最大的区别是数据线是双向传输的，地址线是单线传输的。

只要能够把握维修基带部分故障的“三点三线”，合理选择维修思路和方法，问题都会迎刃而解。如图 6-13 所示是一个机器的 FLASH 电路的数据线、地址线和控制线。

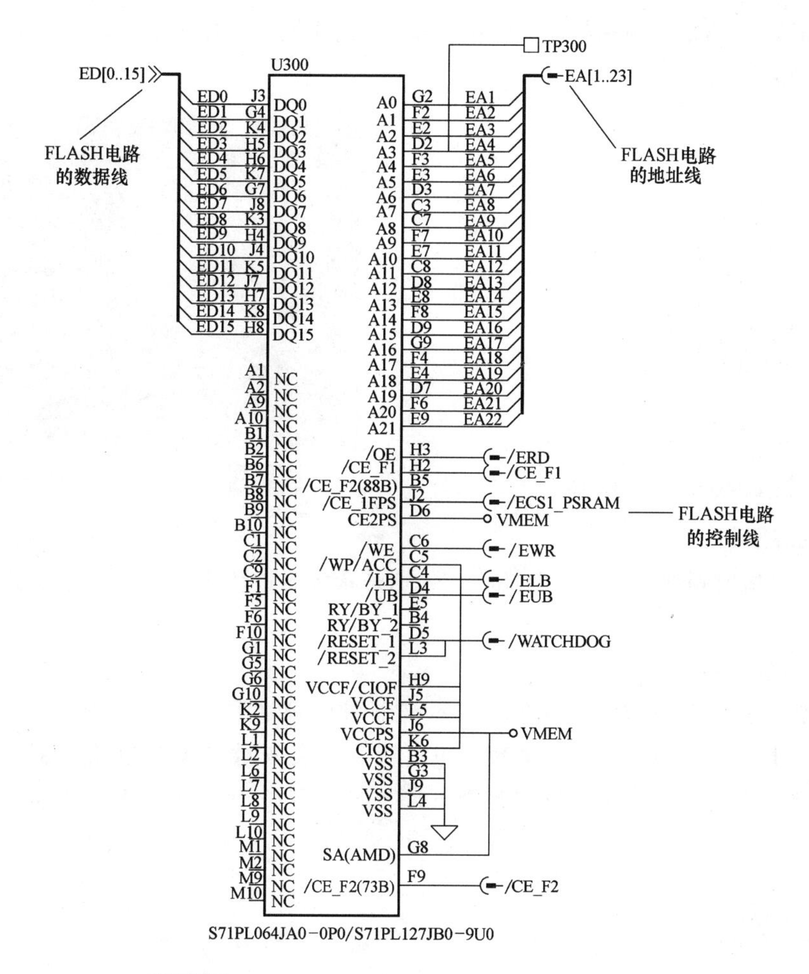

图 6-13 FLASH 电路的数据线、地址线和控制线

第七节 射频电路故障维修方法

射频电路的故障一般表现为信号弱、无信号、无发射等现象，维修射频电路故障，一般采用“一信三环”法。

一、“一信”

“一信”是指 I/Q 信号。在手机维修中，I/Q 信号是手机射频和逻辑部分的分水岭，通过利用示波器测量四路 I/Q 信号的方法来判定故障范围。通过这一步缩小手机的故障范围，确定故障是由射频部分引起的，还是由基带部分引起的。正交 I/Q 信号解调框图如图 6-14 所示。

正交 I/Q 信号解调电路输入的信号有两个，一个是接收中频信号（或射频信号），一个是本振信号。

通常情况下，I/Q 信号解调电路所使用的本振信号都是来自 VCO 电路。但是，VCO 信号并不直接输入到 I/Q 信号解调电路，而是需要经分频、移相电路处理，得到频率与接收中频（或接收射频）的中心频率相同、相位相差90°的正交本机振荡信号。使用数字示波器实测的I/Q信号波形如图6-15所示。

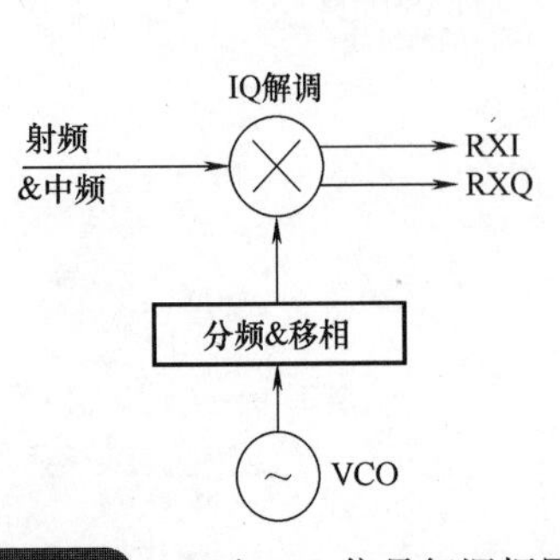

图6-14 正交I/Q信号解调框图

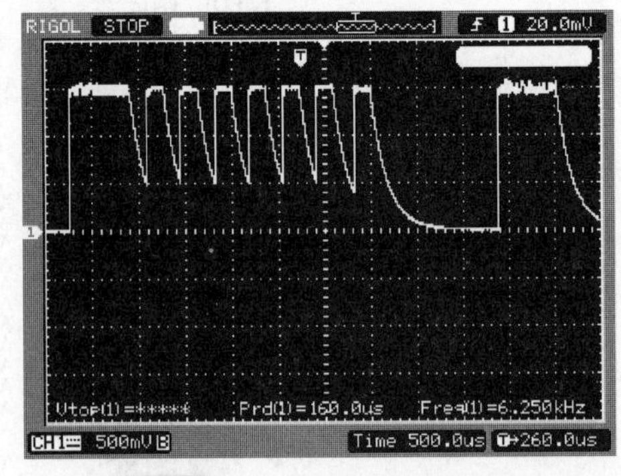

图6-15 实测的I/Q信号波形

二、"三环"

"三环"是指射频部分工作三个环路，分别是系统时钟环路、VCO环路和功放电路的功率控制环路。

1. 系统时钟环路

系统时钟环路的测试方法很简单，用示波器可以测量13MHz（26MHz）信号波形，或者用频率计测量13MHz（26MHz）频率，也可用万用表来测试AFC电压。通过这三种测量手段可以判断13MHz（26MHz）环路是否正常。如图6-16所示是MTK芯片组系统时钟工作电路。

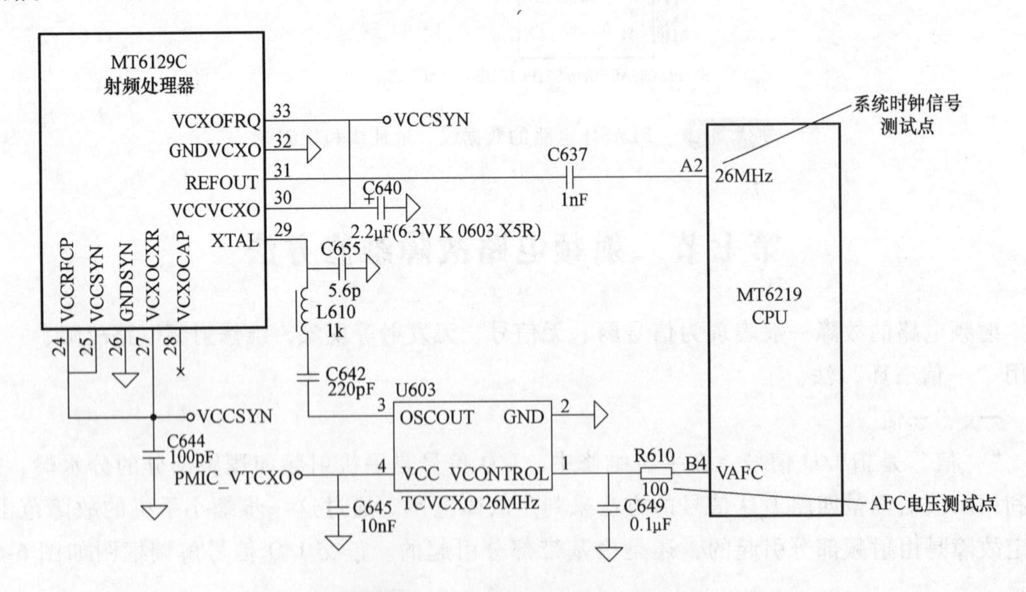

图6-16 MTK芯片组系统时钟电路

2. VCO环路

VCO环路的工作频率受VCO调谐电压的控制，如果通过测量工作频率和波形非常困难，在维修中实际应用的方法是通过测试VC调谐电压来判定整个环路工作是否正常。

在集成度较高的手机中，VCO 电路基本都集成在集成电路的内部，外部环路中可以测量的信号有分频器的控制信号时钟、数据和启动（一般称这三个信号为“三线”控制信号）等，通过测量这三个信号来判定 VCO 环路是否工作。VCO 环路框图如图 6-17 所示。如图 6-18 所示是 MT 芯片组手机的频率合成器“三线”控制信号。

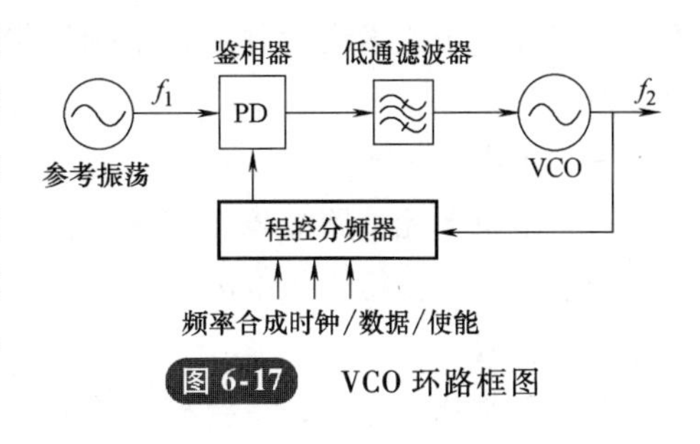

图 6-17 VCO 环路框图

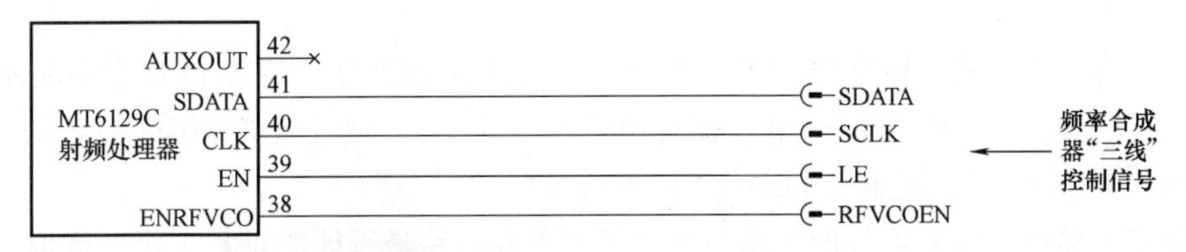

图 6-18 频率合成器“三线”控制信号

3. 功放电路的功率控制环路

功放电路的功率控制环路受功率控制信号 APC 电压的控制，对于这部分电路的维修，主要通过测量功率控制电压（APC）来判断功放电路工作是否正常。功率控制环路电路框图如图 6-19 所示。

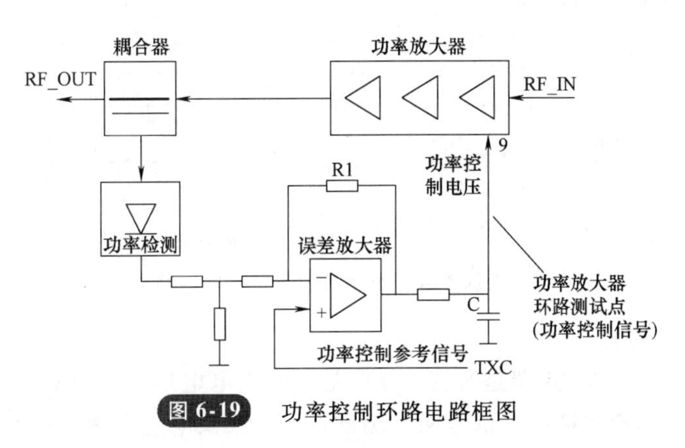

图 6-19 功率控制环路电路框图

在功放的输出端，通过一个取样电路取一部分发射信号，经高频整流得到一个反映发射功率大小的直流电平，这个电平在比较电路中与来自逻辑电路的功率控制参考电平进行比较，输出功率放大器的偏压，以控制功率放大器的输出功率。

在维修工作中，一般使用示波器测量功率控制电压信号，通过测量这个电压信号，看整个功率控制环路工作是否正常，这也是功率放大电路的一个关键测试点。

第八节 单元电路故障维修技法

对于手机的单元电路，例如键盘背景灯电路、振动器电路、摄像头电路、GPS 电路等，都可以采用“单元三步”法维修。

“单元三步”法就是在维修中针对供电、控制、信号三个要素进行判定，通过对供电、控制、信号三个要素进行测量，来判定手机的故障范围，“单元三步”法可以总结为“电、信、控”。

一、供电

对于手机单元电路故障，首先要检查供电电压是否正常，是否能够输送到单元电路，如果供电不正常首先检查供电电压。

二、信号

在实际维修工作中，主要检查单元电路中信号的处理过程，尤其是关键的测试点。

三、控制

手机大部分电路的工作是受 CPU 控制的，翻盖手机如果合上翻盖 LCD 会不显示，这就是控制信号的作用。在基带部分电路还有数据线（Data）、地址线（ADD）、复位（RST）、读写控制（W/R）、启动控制（LCD-EN）等信号。

在单元电路中，控制信号的工作与否关系着单元电路是否能够正常工作，这也是单元电路故障维修中的关键测试点。

四、“单元三步法”维修实例

“单元三步法”在手机维修中可以适用于所有手机的故障维修，主要是要掌握好方法和技巧。下面以某手机显示屏背景灯供电电路（见图 6-20）的维修为例进行分析。

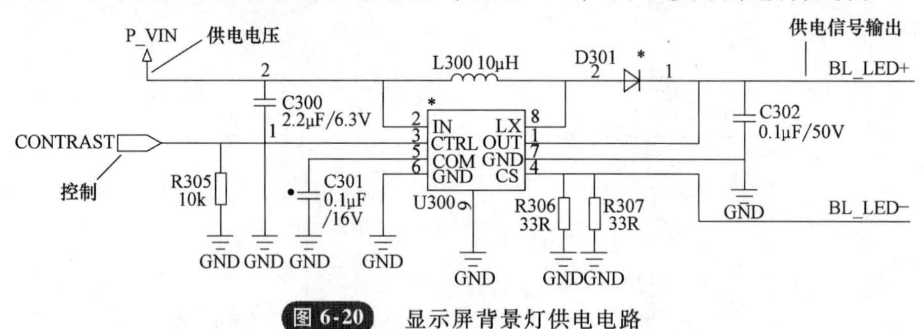

图 6-20 显示屏背景灯供电电路

1. 供电电压的测量

使用万用表测量 C300 两端是否有 3.7V 左右的供电电压，如果有电压，说明供电部分是正常的，就需要再检查控制、信号两个测试点。如果供电这个测试点不正常，那就要检查供电部分是否有故障，负载是否存在短路问题等。

2. 控制电平的测量

显示屏背景灯供电电路的工作受 CPU 的控制，显示屏背景灯芯片 U300 的 3 脚为控制引脚，该控制电平的测试点为 R305 两端，如果该电平为低电平，显示屏背景灯芯片不工作；如果该电平为高电平，显示屏背景灯芯片开始工作。

3. 信号的测量

当单元电路具备了供电电压、控制电平两个基本工作条件以后，电路开始工作，电压信号从 U300 的 1 脚、7 脚输出，信号的测试点就是 BL_ LED +、BL_ LED –。如果该输出点没有输出信号，说明电路没有工作，测量单元电路的输出点，是把握整个电路是否工作的关键。

以上是简析“单元三步法”在手机单元电路故障维修中的应用，同样，“单元三步法”也可以应用在手机其他单元电路的维修中。

Chapter 7

第七章 2G手机原理与维修

在目前手机市场中，尤其是在农村市场，MTK 芯片组手机占有量在 80% 以上。因此只要掌握了 MTK 芯片组手机的维修方法，就可以掌握市场上大部分手机的维修技术了。在本章中我们以 OPPO A115 手机为例，介绍 MTK 芯片组的维修方法。

第一节　射频电路原理与维修

在 MTK 芯片组手机中，射频处理芯片主要有 MT6129、MT6139、MT6140 和 MT6159。MT6219 支持 GSM 和 GPRS 网络，电池直接供电给射频处理芯片内部的 LDO，采用超低中频接收机、带偏移锁相环发射机结构，外部使用 26MHz 晶振模块；MT6139 支持 GSM 和 GPRS 网络，由单独的 LDO 器件为射频处理芯片供电，接收机和发射机都采用零中频结构，外部使用 26MHz 晶振元件；MT6140 支持 GSM、GPRS 和 EDGE 网络；MT6159 支持 WCDMA 和 EDGE 网络。

在本节中，以 OPPO A115 手机的射频处理器 MT6139 为例，介绍 MTK 芯片组手机射频电路的原理和故障维修方法。

一、射频处理器 MT6139 简介

MT6139 是一款 4 频高度集成的 QFN 封装射频处理芯片，有 40 个引脚，内置 3 个 LDO，提供给 VCO、VCXO 及 SDM。MT6139 是一款稳定性和一致性都非常好的射频芯片。

1. 接收器电路

MT6139 接收部分包括 4 个频带的低噪声放大器、射频正交混频器、片上信道滤波器、增益可编程放大器、二级正交混频器和低通滤波器，使用镜像抑制混频器和滤波器可抑制并减弱中频干扰。射频采用精确的正交信号，混频器输入、输出有效匹配，各频段镜像抑制度均可达到 35dB 以上，有效减弱了阻塞、邻频等干扰，同时降低了对直流偏置校准的要求。4 路低噪声放大器与 200Ω SAW 滤波器之间采用 LC 网络已达到匹配，低噪声放大器具有 35dB 的可调动态范围。中频增益可编程放大器具备 78dB 动态范围，保证恰当的信号强度用于解调。

2. 发射器电路

MT6139 发射部分包括反馈缓存放大器、向下转换混频器、正交调制器、模拟鉴相器和数字相位鉴频器，利用除法器和滤波器从混频器和正交调制器获取期望的中频频率。当给定发射信道时，发射器将从两个不同的发射参考分频数中选择一个进行分频，通过锁相环对发射频率进行锁定后，进入功放电路放大输出。

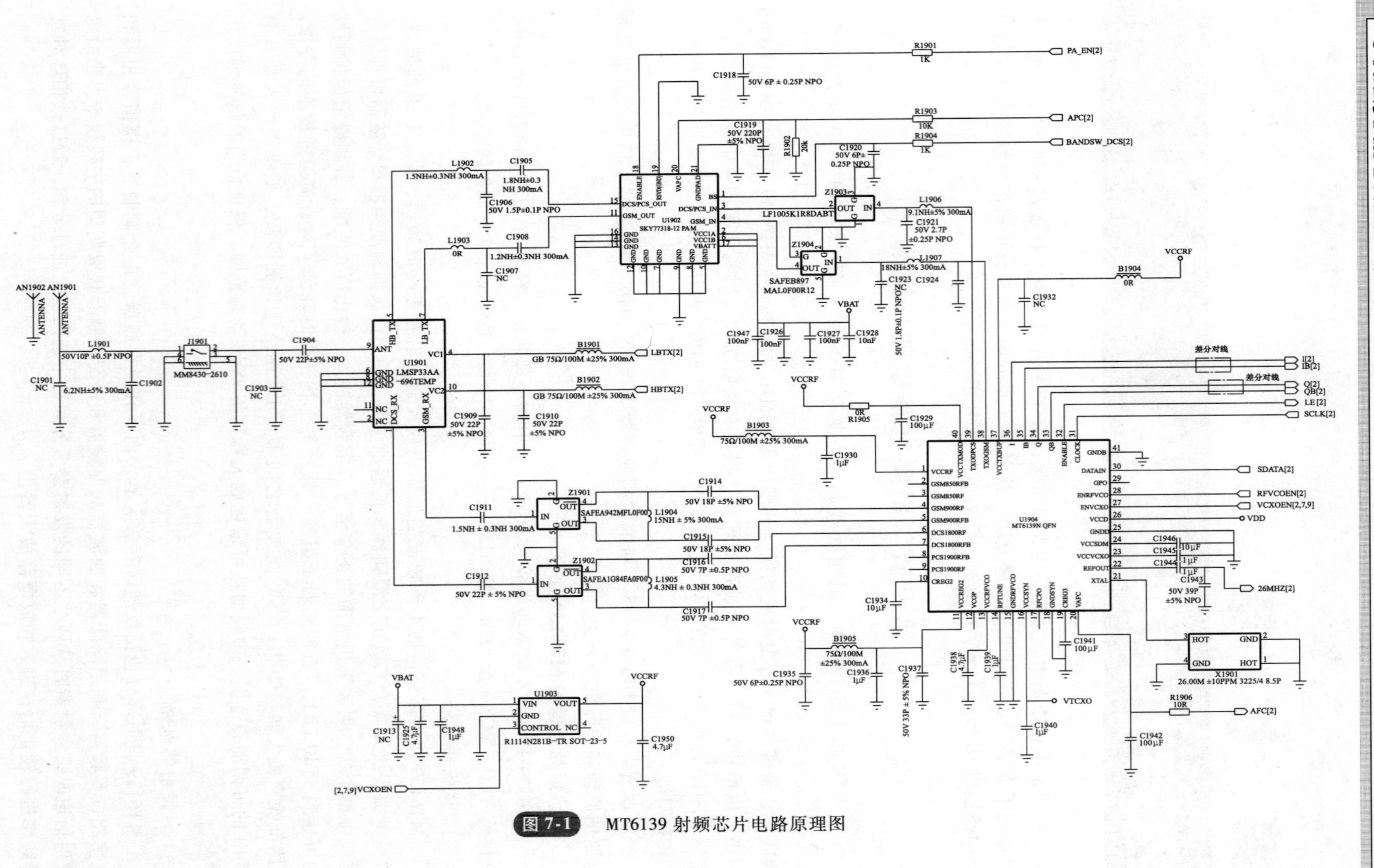

图 7-1 MT6139射频芯片电路原理图

3. 频率合成器

MT6139射频频率合成器采用集成的射频压控振荡器产生接收和发射的本机振荡信号频率，锁相环电路将压控振荡器射频输出的通过分频保持和精确的26MHz基准频率一致，为了减少频率合成器内部杂散信号的产生，增加了预分频电路，分频数在64～127之间可编程，同时为了减少捕捉时间，以应对如GPRS等多时隙数据服务的要求，频率合成器内置了快速捕捉系统。

二、射频处理器MT6139工作原理

MT6139提供了GSM850MHz、GSM900MHz、DCS1800MHz和PCS1900MHz四频段的收发通道。在OPPO A115手机中只使用了其中两个频段，分别为GSM900MHz和DCS1800MHz，MT6139集成了包括接收电路、发射电路、频率合成电路、RF和TX VCO以及相应的控制电路。

射频电路有两个主要功能：一是从天线接收到的射频信号中选出需要的信号并解调出基带信号传送给CPU（MT6225）；二是将CPU输出的基带I/Q信号进行调制，经过混频后，由功率放大器送到天线发射出去。MT6139射频芯片电路原理图如图7-1所示。

1. MT6139供电电路

MT6139射频电路供电（见图7-2）由一个外部LDO提供，由VBAT供电给LDO U1903的1脚，在MT6225的U2脚的控制下，LDO输出2.8V的电压送到射频处理芯片MT6139的1、11、16、37、40脚，给内部电路供电。

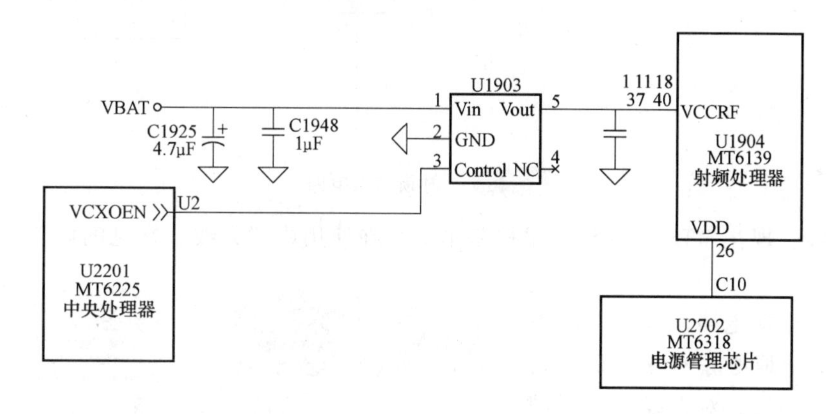

图7-2 MT6139射频电路供电

2. MT6139接收前端电路

MT6139的接收单元集成了低噪声放大器、接收正交混频器、信道滤波器和可编程增益放大器。MT6139的零中频接收机结构采用了镜像抑制混频器和滤波器。

MT6139内的4组低噪声放大器分别用于GSM850（869～893MHz）、E-GSM900（925～960MHz）、DCS1800（1805～1880MHz）和PCS1900（1930～1990MHz）。

在天线与MT6139的低噪声放大器输入口之间，有天线、天线匹配电路、天线开关，接收射频滤波器。接收射频信号经过天线、天线匹配电路、天线开关的切换，把接收、发射信号分离。分离出的接收信号被送进接收射频滤波电路。滤波电路通常采用复合的滤波器，它既过滤接收频带以外的信号，还对接收射频信号进行分离，以得到满足MT6139内低噪声放大器要求的输入信号。射频前端电路如图7-3所示。

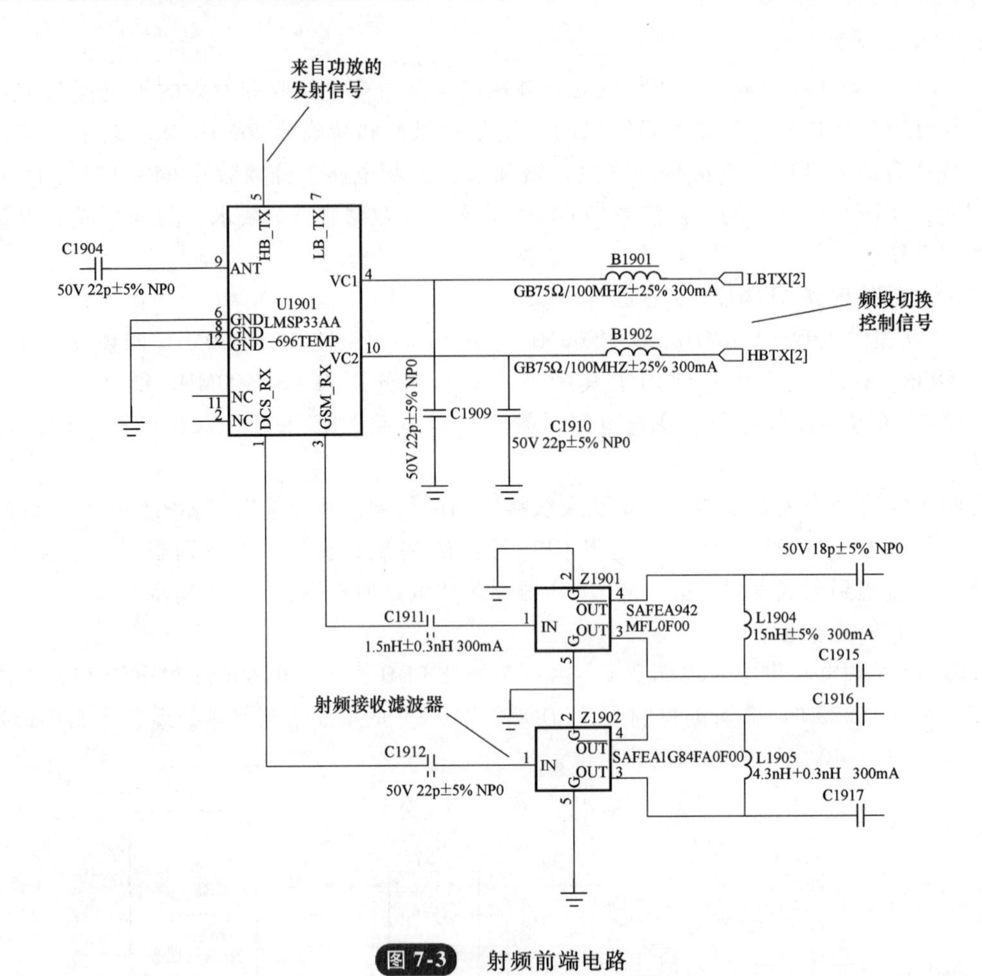

图 7-3 射频前端电路

（1）天线 现在 MTK 芯片组的手机基本上都在使用内置天线，常见的内置天线结构如图 7-4 所示。

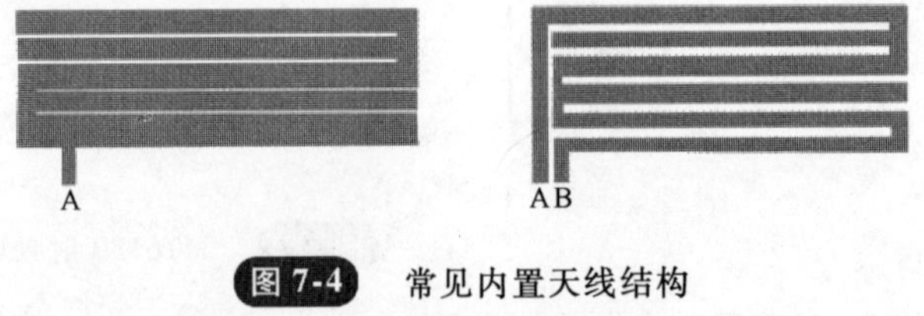

图 7-4 常见内置天线结构

（2）天线匹配电路 天线匹配电路的作用是更好地滤除 GSM、DCS 射频信号之外的杂波，对天线来说要同时满足不同频段的需求。为了将手机中不同频段的射频信号送至天线，各频段信号电路中分别设有对应的匹配电路，使得各频段信号电路经天线发射、接收信号时不会互相影响。常见的天线匹配电路如图 7-5 所示。

（3）天线开关电路 天线开关电路的作用是频段切换、分离接收、发射信号，在射频电路中，天线开关电路对手机信号影响很大。在应急维修时，可以将其短路，有配件代换时尽量更换同型号配件。天线开关电路结构框图如图 7-6 所示。

R1 为 100～200Ω 电阻。VD1、VD2 是快速二极管，它是起开关作用的。接收时控制端为低电平，该开关不工作，接收信号直接传送至接收滤波器；发射时控制端为高电平，快速二极管导通，功放输出信号直接从天线发射出去，这样接收、发射信号可以独立工作，互不干扰。

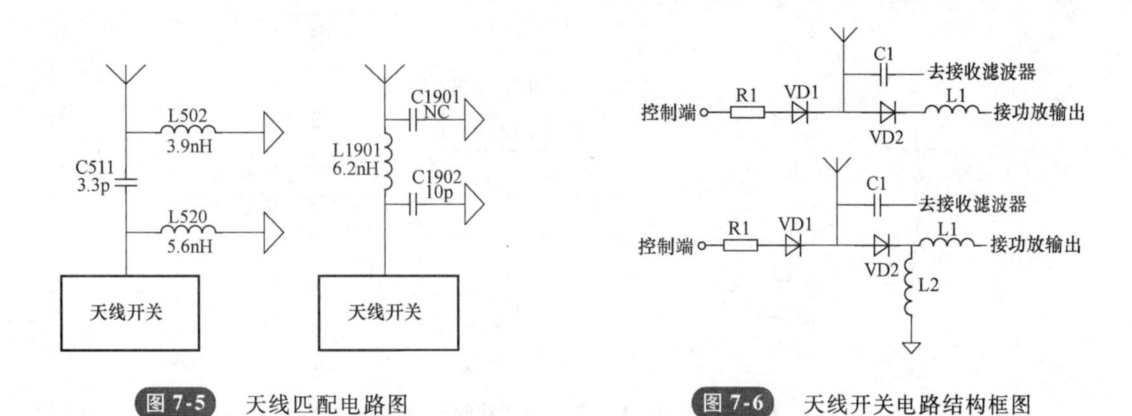

图 7-5　天线匹配电路图

图 7-6　天线开关电路结构框图

（4）射频接收滤波器　MT6139 有 4 个频段的接口，一般使用其中 2 个频段。接收射频信号经天线开关分别输出 DCS 接收射频信号、GSM 接收射频信号。MT6139 的 4～7 脚分别是 2 个频段的接收射频信号输入端口。这两个滤波器都是单端输入双端输出的滤波器，这种滤波器也称为不平衡-平衡变换器。射频接收滤波器电路结构图如图 7-7 所示。

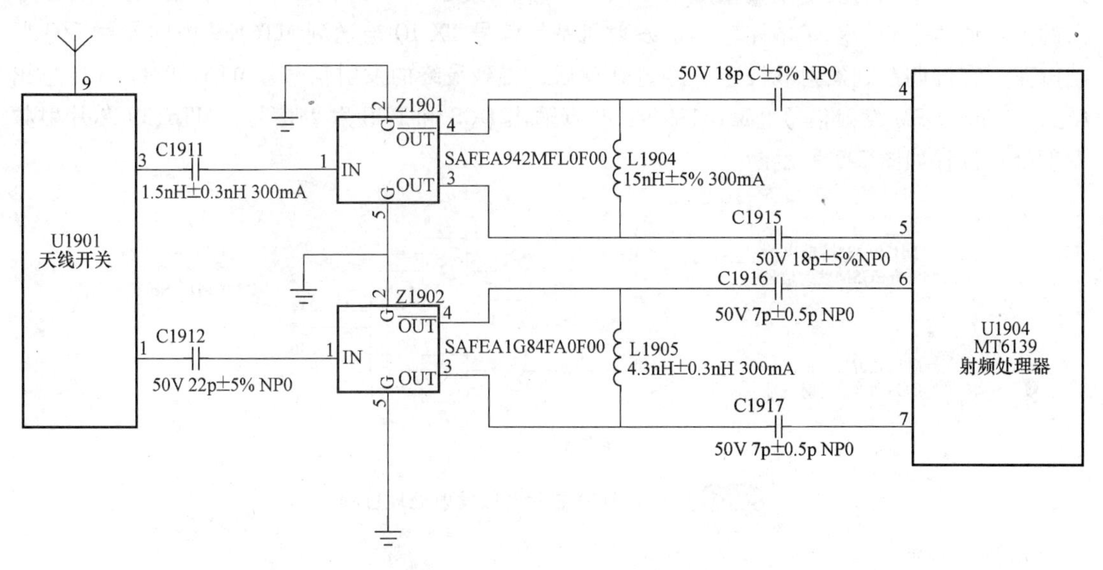

图 7-7　射频接收滤波器电路结构图

3. MT6139 接收解调电路

接收射频信号在 MT6139 内首先由低噪声放大器放大，放大后的接收射频信号被送到接收混频单元。

MT6139 内的接收混频支持正交解调，属于下变频电路。混频单元包含两组混频电路：一组用于 GSM 接收，另一组则共用于 DCS 和 PCS 接收。混频单元所使用的本机振荡信号由 MT6139 内的频率合成单元生成。

接收射频信号与本机振荡信号混频后，得到接收基带信号，接收基带信号经滤波、放大和直流偏移补偿后，从 MT6139 的 33～36 脚输出。接收射频单元处理得到的接收基带信号被送到基带电路，经基带部分的一系列处理后，得到模拟的语音信号。MT6139 芯片射频接收处理过程如图 7-8 所示。

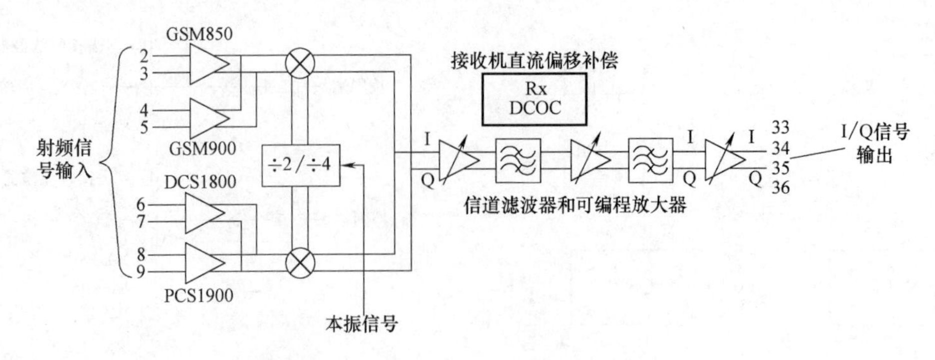

图 7-8 MT6139 芯片射频接收处理过程

4. 射频发射电路

MT6139 的发射机电路仍然采用的是零中频的发射机结构，MT6139 集成了发射 VCO 电路，发射环路滤波电路也被集成在 MT6139 内。需发送的模拟语音信号经基带电路的一系列处理后，输出模拟的发射基带信号 TXIQ、TXIQ 信号从 MT6139 的 33 ~ 36 脚输入到 MT6139 内的 I/Q 调整电路。基带电路输出的发射机基带信号 TX IQ 被送到 MT6139 内的发射 I/Q 调制电路，直接调制到发射载波上，经过处理后，得到最终的发射信号。MT6139 的 38 脚输出 GSM850 和 EGSM 发射信号，MT6139 的 39 脚输出 DCS 和 PCS 发射信号。MT6139 芯片射频发射处理过程如图 7-9 所示。

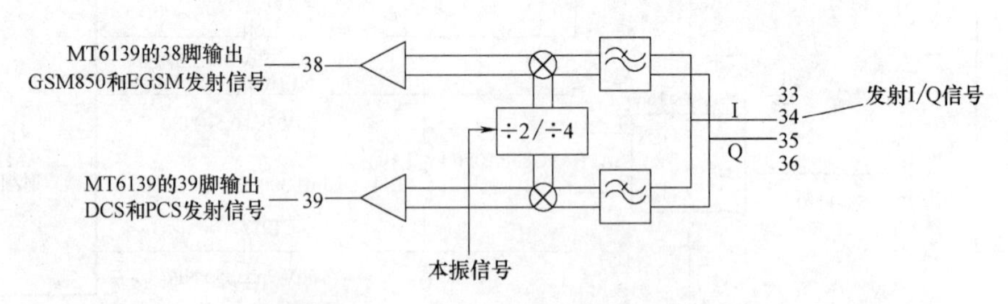

图 7-9 MT6139 芯片射频发射处理过程

5. 射频控制

以射频处理器 MT6139 为核心的射频单元受基带单元的控制。基带单元的射频接口包括 BSI（基带串行接口）、BPI（基带并行接口）、APC（自动功率控制）、AFC（自动频率控制）以及 I/Q 信号。

其中，BSI 接口有 3 条信号线：BSI 串行时钟、BSI 串行数据和 BSI 片选。BSI 串行接口用于射频电路的 PLL（锁相环）控制、接收增益控制和其他一些射频控制。MT6139 的 30 脚是串行数据端口，31 脚是串行时钟端口，32 脚是串行接口的使能信号端口。PLL 锁相环控制电路的串行“三线”如图 7-10 所示。

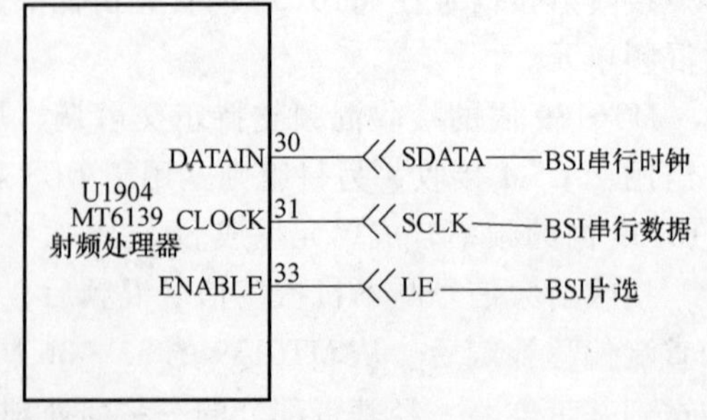

图 7-10 PLL 锁相环控制电路的串行“三线”

BPI 接口用于严格时间控制的射频电路，

如发射的允许、频段切换等，即控制天线开关、频段切换、发射使能等。天线开关控制信号及发射使能信号如图 7-11 所示。

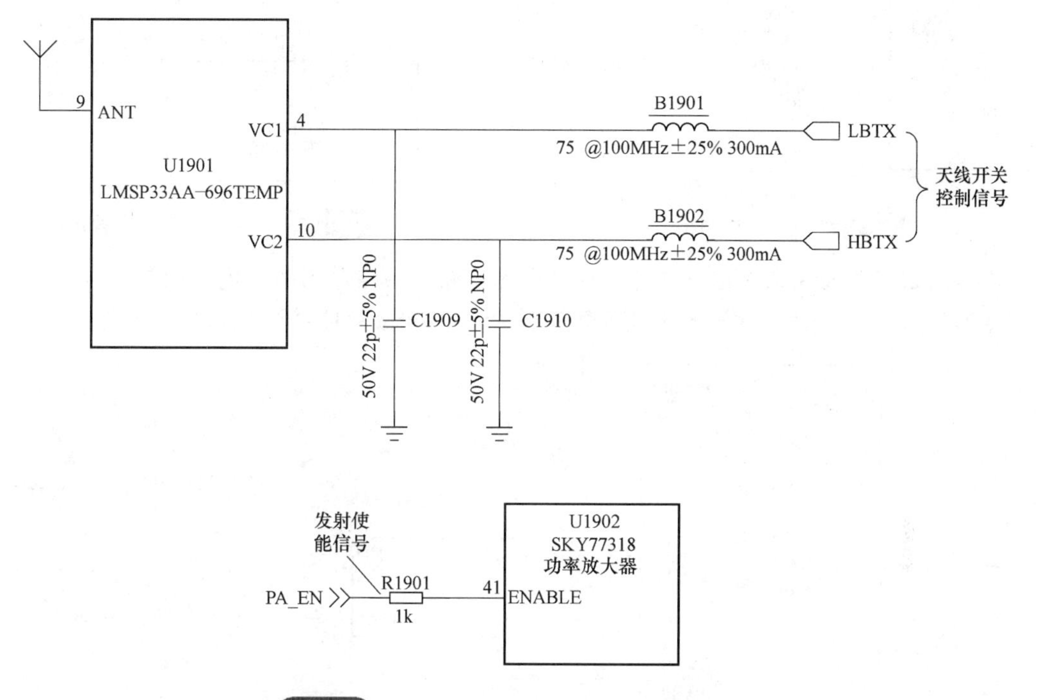

图 7-11　天线开关控制信号及发射使能信号

基带单元输出的 APC（自动功率控制）控制信号被用来控制发射功率放大器，通过控制功放来获得标准的突发（Burst），准确控制 GSM 发射信号上升沿和下降沿的形状。APC 控制信号如图 7-12 所示。

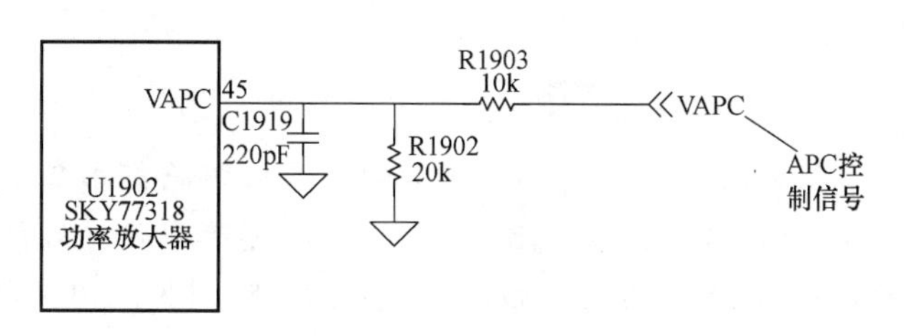

图 7-12　APC 控制信号如图

基带单元输出的 AFC（自动频率控制）控制信号被用来控制射频单元的参考振荡电路，使手机的时钟与基站系统时钟同步。AFC 控制信号如图 7-13 所示。

射频与基带间还有一个重要的信号接口——I/Q 信号接口，分为发射 I/Q 和接收 I/Q。在发射通道，基带单元把比特数据流转换为 I/Q 信号，输出到射频单元的 I/Q 调制器。在接收通道，接收到的 I/Q 信号经过 FIR 滤波，结果送到基带单元进行解密、解码、D/A 转换、滤波等处理，得到模拟的语音信号。射频 I/Q 信号输出电路如图 7-14 所示。

6. 频率合成器电路

（1）基准参考时钟　频率合成器电路的基准参考时钟是由晶体 X1901 和 MT6139 组成的，MT6139 的 21 脚外接 26MHz 晶体，26MHz 晶体和 TM6139 内部电路共同组成了基准参考时钟电

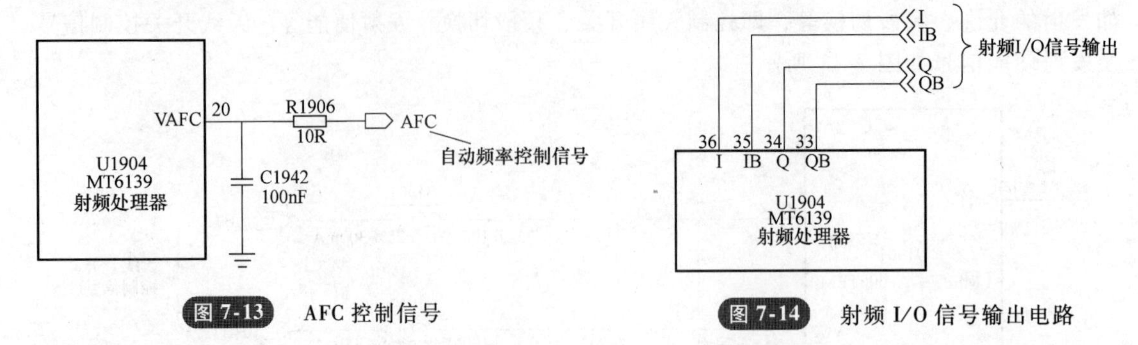

图 7-13 AFC 控制信号

图 7-14 射频 I/O 信号输出电路

路。产生的 26MHz 参考时钟信号在芯片内部分为两路，一路送到芯片内部的频率合成器，另一路由芯片的 22 脚输出，送至基带处理器 MT6225。基准参考时钟电路如图 7-15 所示。

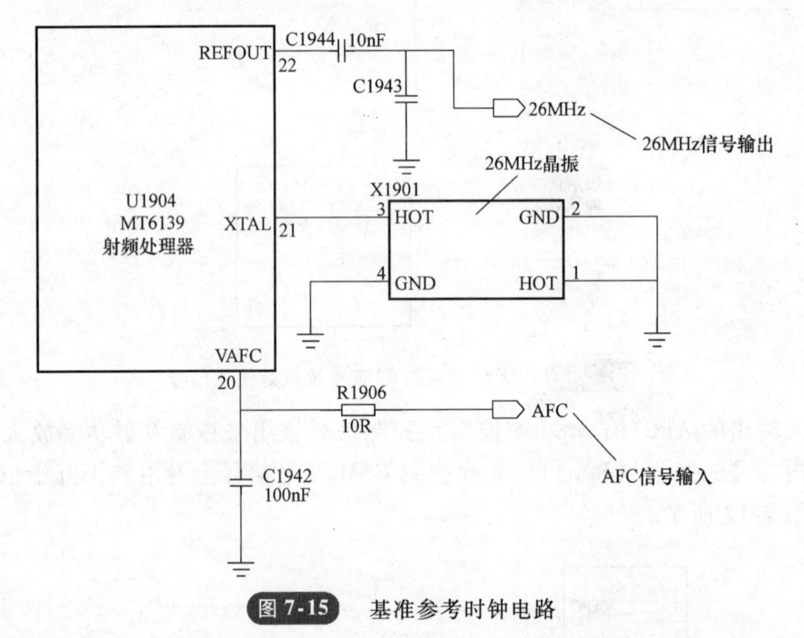

图 7-15 基准参考时钟电路

（2）频率合成器电路 除参考振荡外，整个频率合成电路都被集成在射频信号处理器 MT6139 中。频率合成单元的参考振荡使用 MT6139 内的振荡电路和外部晶体组成。CPU 输出的三个频率合成信号送到射频处理器 MT6139 的 32 脚（EN）、31 脚（SCLK）和 30 脚（SDATA）。频率合成器电路框图如图 7-16 所示。

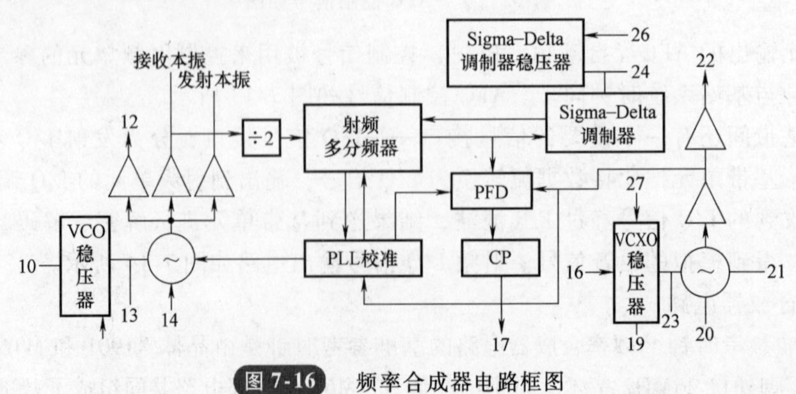

图 7-16 频率合成器电路框图

三、射频电路故障维修分析

OPPO A115 手机的射频处理芯片 MT6139 外围电路简单、芯片集成度高，主要的故障有：无信号、信号弱、无发射、发射关机等。

1. 无信号、信号弱故障维修

手机出现无信号、信号弱等故障主要是由射频接收机部分元器件性能变劣或供电出现问题导致的。

（1）故障范围划分　手机出现信号类故障涉及的范围很广，在维修此类故障时，首先应对故障范围进行划分，然后再动手进行检修。

首先，手动搜索网络，看能否找到网络运营商标示，例如：是否会显示“中国移动”或“中国联通”。如果能够显示网络运营商标示，则说明故障在射频发射机部分；如果不能显示网络运营商标示，则说明故障在射频接收机部分。

如果通过手动搜索网络确定故障在射频接收机部分，再使用“假天线法”进一步缩小故障范围，首先用一段 10cm 左右的焊锡丝作为“假天线”，焊在 MT6139 的 4 ~ 7 脚，如果能搜索到信号或找到网络，则说明故障在天线至射频处理芯片之间，射频处理芯片至基带部分是正常的。

然后将“假天线”接在天线开关的公共端 ANT 引脚，如果能搜索到信号或找到网络，则说明故障在天线至天线开关之间，天线开关至基带部分电路是正常的。“假天线”法焊接点如图 7-17 所示。

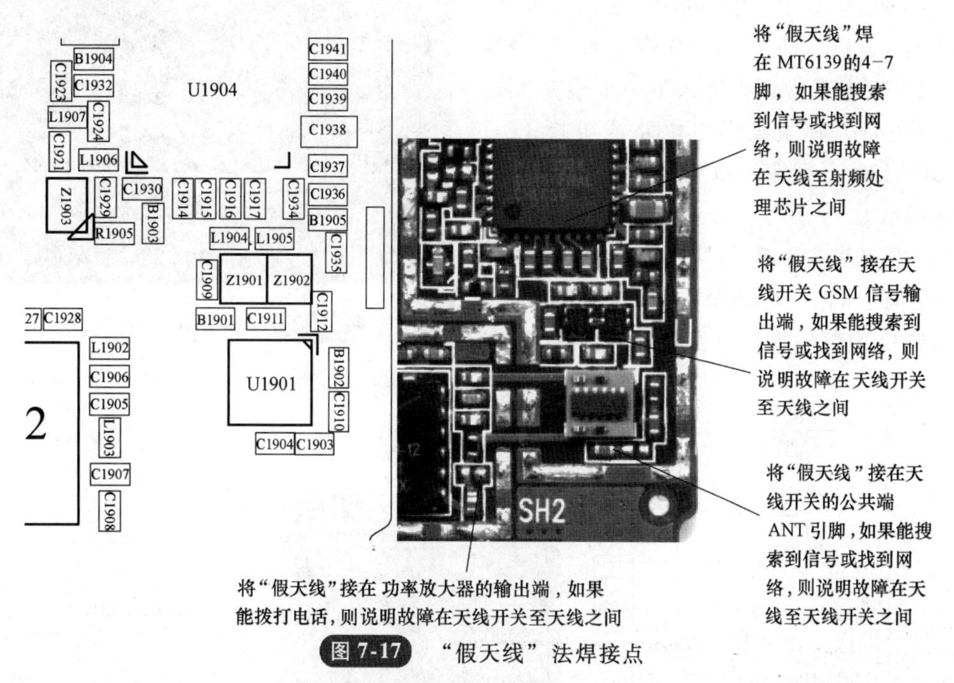
将“假天线”焊在 MT6139的4-7脚，如果能搜索到信号或找到网络，则说明故障在天线至射频处理芯片之间
将“假天线”接在天线开关 GSM 信号输出端，如果能搜索到信号或找到网络，则说明故障在天线开关至天线之间
将“假天线”接在天线开关的公共端 ANT 引脚，如果能搜索到信号或找到网络，则说明故障在天线至天线开关之间
将“假天线”接在 功率放大器的输出端，如果能拨打电话，则说明故障在天线开关至天线之间
U1904
U1901
Z1901
Z1902
Z1903
SH2

图 7-17　“假天线”法焊接点

通过以上方法，可以将射频电路故障范围进一步缩小。在射频接收机电路，天线至射频芯片之间电路都可以使用“假天线”法。在射频发射机电路、射频芯片发射信号输出端至天线之间电路都可以使用“假天线法”。

（2）射频供电电压的测量　使用 MT6139 射频处理芯片的手机中，MT6139 射频电路供电由一个外部 LDO U1903 提供，由 VBATT 供电给 LDO U1903 的 1 脚，在 MT6225 U2 脚的控制下，U1903 输出 2.8V 的电压送到射频处理芯片 MT6139 的 1、11、16、37、40 脚，给内部电路供电。

1）检查 LDO。检查 LDO U1903 的 1 脚电压，正常为 3.7V，如果该脚无电压或者不正常，则检查 VBAT 电路。

检查 LDO 的 3 脚 VCXOEN 信号是否正常。正常时，3 脚应该为高电平，如果该脚没有电压，一般为 CPU 出现问题。LDO U1903 元器件分布图及测试点如图 7-18 所示。

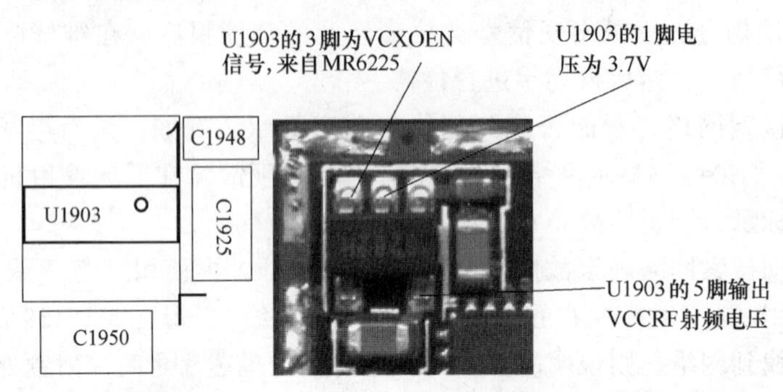

图 7-18 LDO U1903 元器件分布图及测试点

来自 MT6225 的 VCXOEN 信号波形如图 7-19所示。

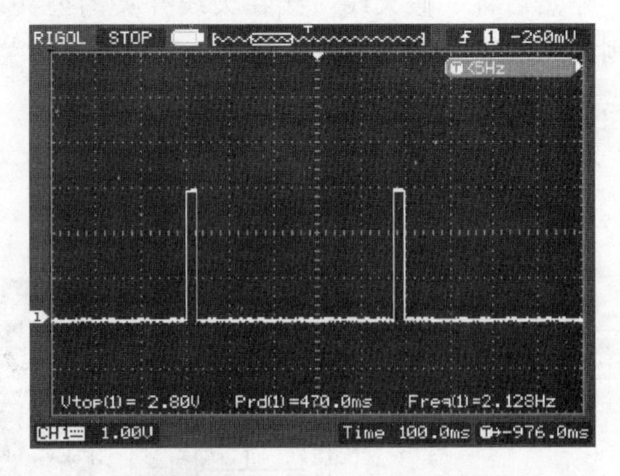

图 7-19 VCXOEN 测试波形

2）检查 MT6139 射频电压输入。检查 MT6139 的 1、11、16、37、40 脚是否有 2.8V 电压。如果供电正常，则进入下一步检查；如果供电不正常，则检查供电电路或更换 LDO 器件。MT6139 元器件分布图及电压测试点如图 7-20 所示。

（3）检查基准参考时钟信号是否正常 对于使用晶体的 MT6139，26MHz 基准参考时钟晶体与 MT6139 内部的振荡电路产生 26MHz 基准

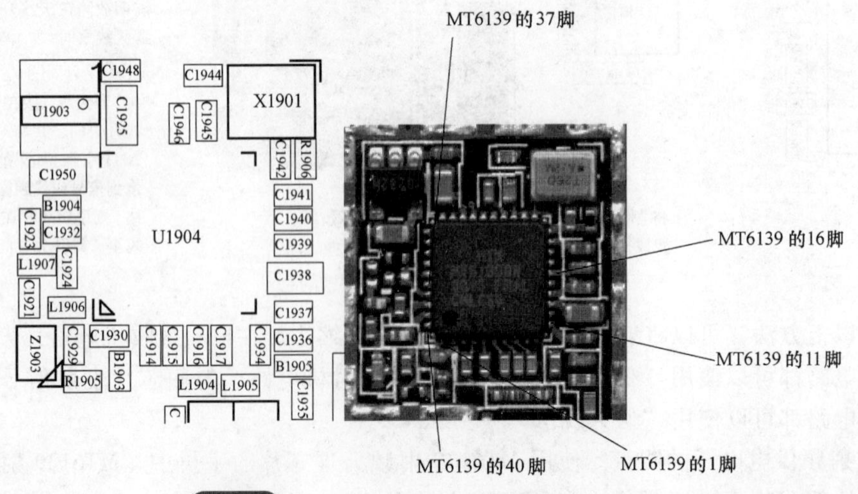

图 7-20 MT6139 元器件分布图及电压测试点

参考时钟信号，送至内部的频率合成器电路，然后从 MT6139 的 22 脚输出一个 26MHz 信号送至 CPU 电路。来自 CPU 的 AFC 信号送至 MT6139 的 20 脚。

1）供电检查。首先检查基准参考时钟信号电路的供电，对于 MT6139 芯片，检查 LDO U1903 的 5 脚电压是否正常。如果供电不正常，则检查 LDO U1903 供电电路；如果供电正常，则再检查 AFC 信号和 26MHz 时钟信号是否正常。

2）AFC 信号检查。手机中的系统基准时钟晶体振荡电路由逻辑电路提供的 AFC（自动频率控制）信号控制。在 GSM 系统中，有一个公共的广播控制信道（BCCH），它包含频率校正信息与同步信息等。手机一开机，就会在逻辑电路的控制下扫描这个信道，从中获取同步与频率校正信息，如手机系统检测到手机的时钟与系统不同步，手机逻辑电路就会输出 AFC 信号。AFC 信号改变手机中的系统基准时钟晶体电路中 VCO 两端的反偏压，从而使该 VCO 电路的输出频率发生变化，进而保证手机与系统同步。

使用示波器测量 AFC 信号是否正常。如果 AFC 信号不正常，补焊或代换 CPU，如果 AFC 信号正常，再检查 26MHz 基准时钟是否正常。AFC 信号电路元器件分布图及波形测试点如图 7-21 所示。AFC 信号波形如图 7-22 所示。

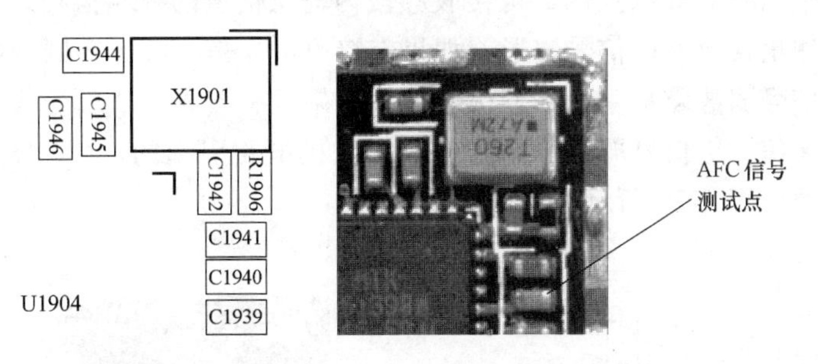

图 7-21 AFC 信号电路元器件分布图及波形测试点

3）26MHz 基准参考时钟信号检查。26MHz 基准参考时钟信号在手机中有两个作用，一是作为逻辑电路的主时钟，是逻辑电路工作的必要条件；二是作为射频电路的基准频率时钟，完成射频系统共用收发本振频率合成、PLL 锁相以及倍频作为基准副载波用于 I/Q 调制解调。因此，信号对 26MHz 的频率要求精度较高，只有 26MHz 信号基准频率精确，才能保证收发本振的频率准确，使手机与基站保持正常的通信，完成基本的收发功能。

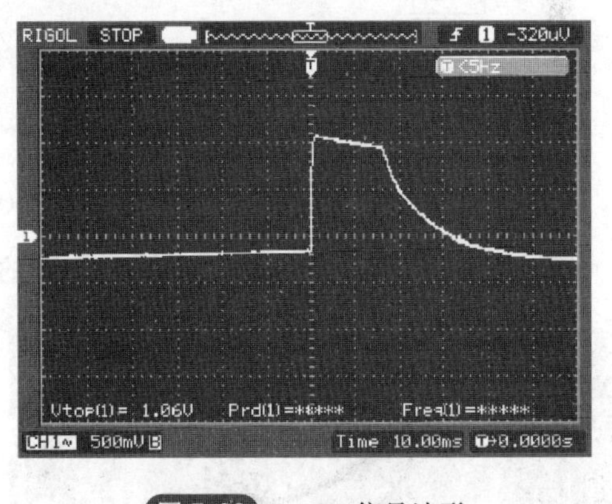

图 7-22 AFC 信号波形

使用示波器测量 26MHz 信号输出端波形，如果没有正常波形，则检查或代换晶振组件或晶体，代换射频处理芯片 MT6139。如果基准参考时钟信号正常，再检查其他电路。26MHz 信号电路元器件分布图及波形测试点如图7-23所示。26MHz 基准参考时钟信号波形如图 7-24 所示。

（4）检查 I/Q 信号 RX I/Q 信号是无接收故障检修的重要信号之一。用数字示波器检

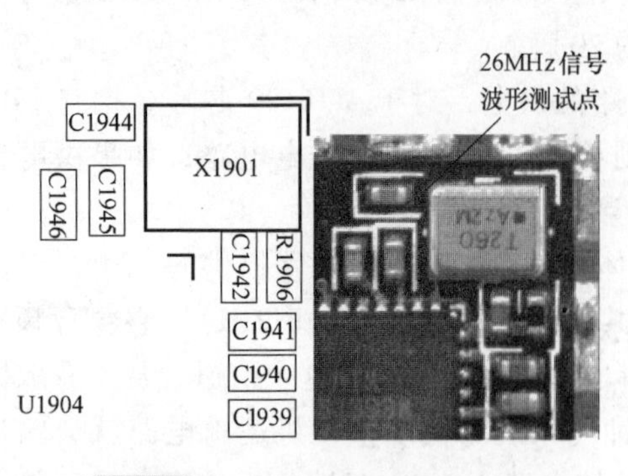

图 7-23 26MHz 信号电路元器件分布图及波形测试点

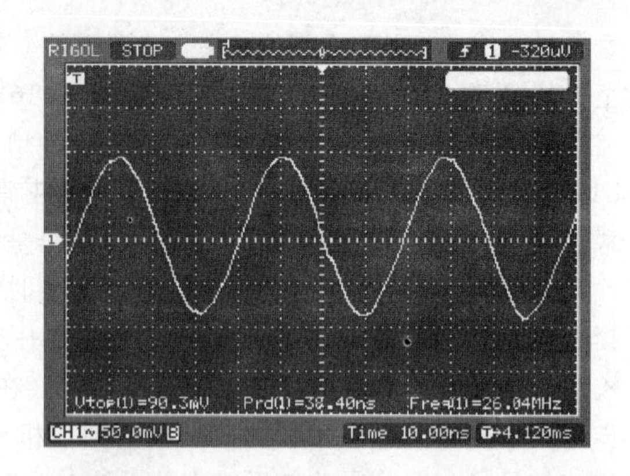

图 7-24 26MHz 基准参考时钟信号波形

查是最方便的，将示波器设置为 DC 输入或 AC 输入均可，但要注意调节 DIV 旋钮和 SEC 旋钮，使 RX I/Q 信号易于辨认。为了检查 RX IQ 信号时使 RX I/Q 信号清楚明显，最好从天线处给故障机一个 -35dBm 以上的，可接收频段内任意信道的射频信号。

使用示波器测量接收 I/Q 信号波形，如果有接收 I/Q 信号波形，则说明射频接收机电路正常，无信号、信号弱故障是基带部分引起的。如果没有接收 I/Q 信号或接收 I/Q 信号波形不正常，则说明无信号、信号弱故障是由射频接收机电路引起的。MT6139 的 I/Q 信号测试点及元器件分布图如图 7-25 所示。

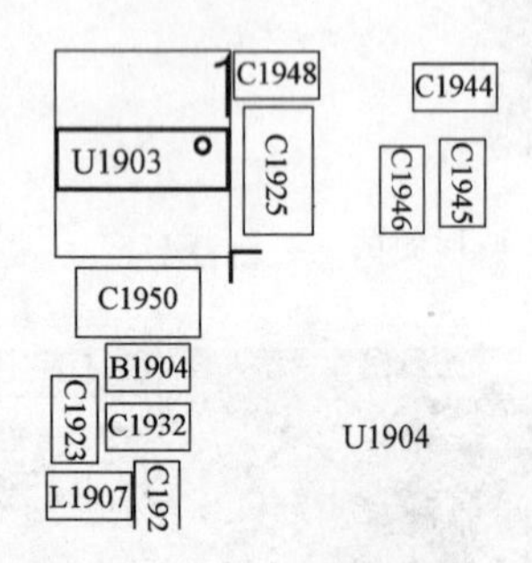

图 7-25 MT6139 的 I/Q 信号测试点及元器件分布图

MT6139 的 33 脚、34 脚、35 脚、36 脚的 I/Q 信号波形如图 7-26 所示。

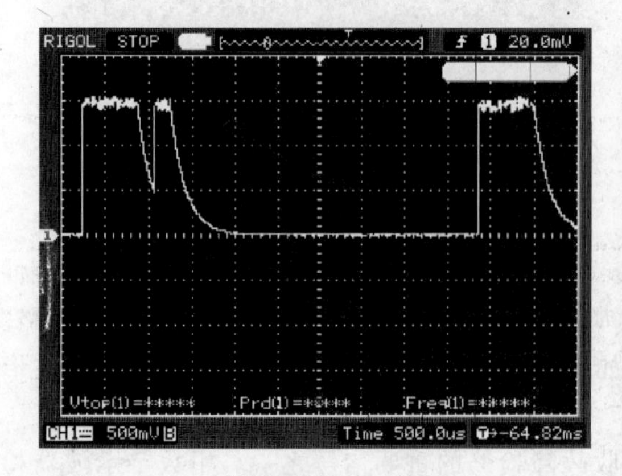

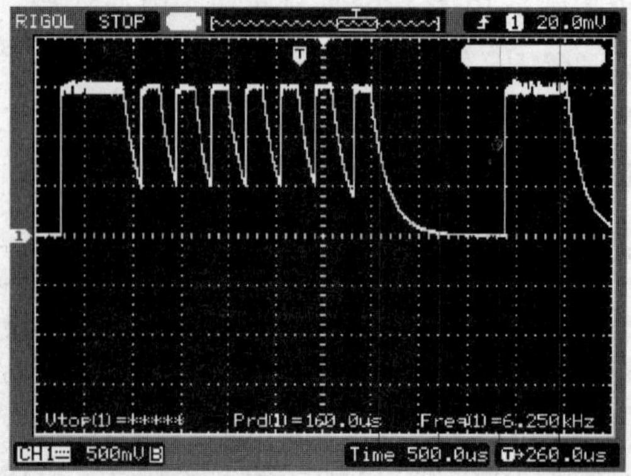

图 7-26 MT6139 的 33 脚、34 脚、35 脚、36 脚的 I/Q 信号波形

(5) 检查频率合成器“三线”信号　手机 CPU 通过串行“三线”信号（即 CPU 的 EN、SDATA、SCLK）对锁相环电路发出改变频率的指令，去改变程控分频器的分频比，从而改变 VCO 的振荡频率，以满足不同小区、不同信道的频率。

使用示波器测量频率合成器的“三线”信号是否正常。如果信号不正常，则一般为 CPU 问题或者线路问题，检查或更换 CPU。如果“三线”信号正常，则说明无信号、信号弱故障不是由此引起的，检查 MT613 外围电路或更换芯片。MT6139 频率合成器“三线”测试点及元器件分布图如图 7-27 所示。

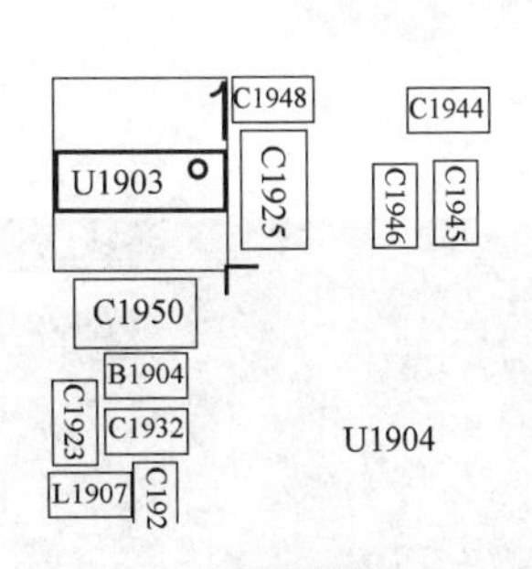

图 7-27　MT6139 频率合成器“三线”测试点及元器件分布图

MT6139 的 32 脚串行使能信号 EN、31 脚串行时钟信号 SCLK、30 脚串行数据信号 SDATA 的波形如图 7-28～图 7-30 所示。

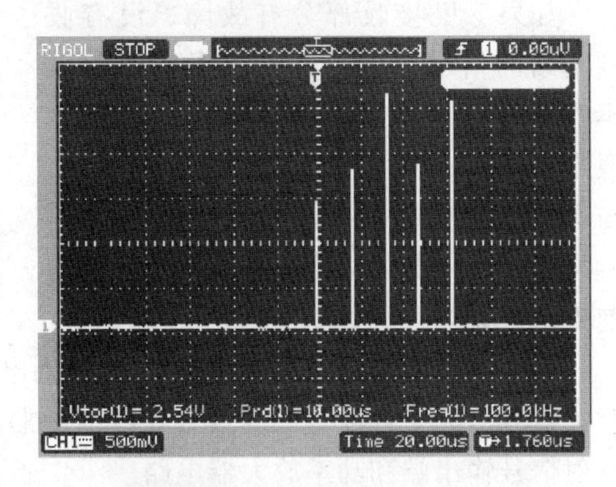

图 7-28　串行使能信号（EN）

(6) 检查 RFVCO 使能信号 RFVCOEN　RFVCOEN 信号 RFVCOEN 是 MT6139 内部 VCO 的控制信号，由 CPU 输出送至 MT6139 的 28 脚。

使用示波器测量 RFVCOEN 信号的波形，如果波形不正常，一般为 CPU 问题或者线路问题，检查或更换 CPU。如果波形正常，则说明无信号、信号弱故障不是由此引起的，检查

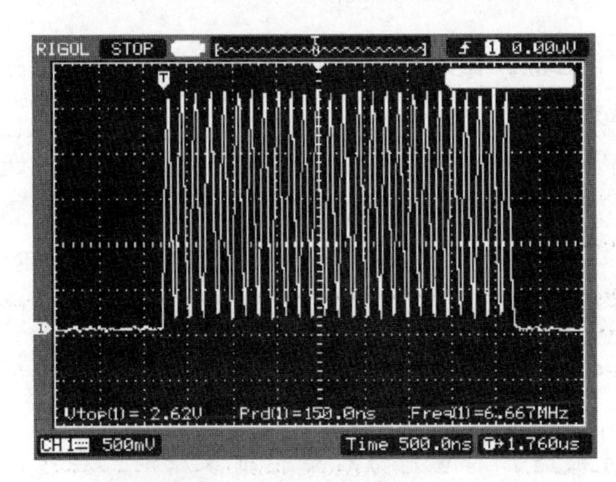

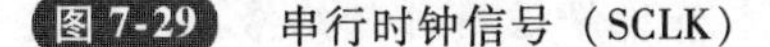
图 7-29　串行时钟信号（SCLK）

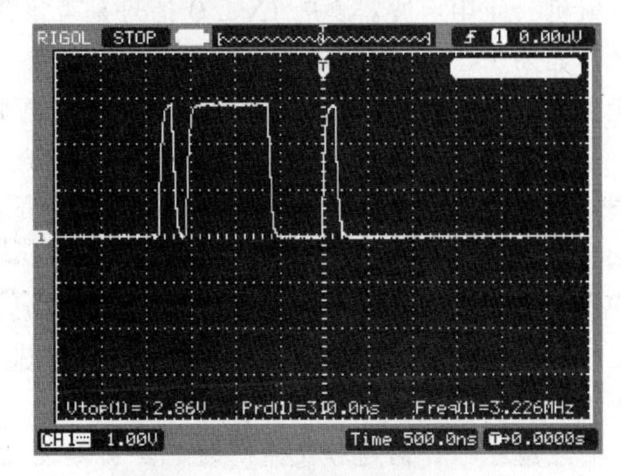

图 7-30　串行数据信号（SDATA）

MT6139 外围电路或更换芯片。RFVCOEN 信号测试点如图 7-31 所示。RFVCOEN 信号的波形如图 7-32 所示。

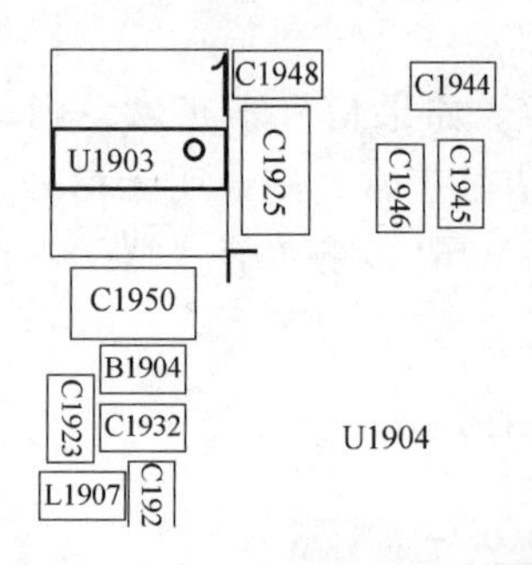

图 7-31 RFVCOEN 信号测试点

2. 无发射故障维修

按照 GSM 系统理论，接收决定发射，手机的接收比发射超前 3 个时隙（约 18ms），是手机找系统而不是系统找手机，也就是说，手机是先接收后发射，这是手机的入网原理。

如果手机接收部分有故障，没有收到基站的信道分配信息，则发送通路就不能进入准备状态。很多手机只要接收通道是好的，就会有信号强度值显示，与有无发射信号无关。所以在维修发射机故障时，一定要保证在接收机正常的前提下进行。

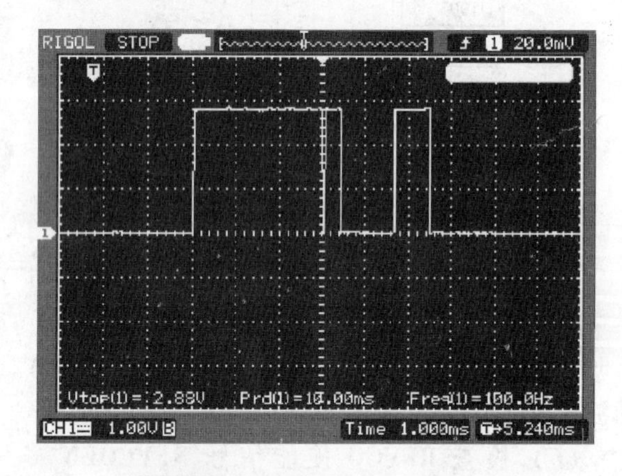

图 7-32 RFVCOEN 信号的波形

（1）检查射频处理芯片　如果接收机电路正常，则说明射频处理芯片供电、基准参考时钟信号、频率合成器三线信号等基本正常。检查的重点是 TX I/Q 信号、射频处理芯片的发射信号输出端和功率放大器电路。

（2）检查 TX I/Q 信号　TX I/Q 信号是无发射故障检修的重要信号之一，拨打 112 启动发射机，使用示波器测量 TX I/Q 信号是否正常。

如果 TX I/Q 信号正常，则说明基带部分工作正常，在射频处理电路或功率放大器电路无发射故障；如果 TX I/Q 信号不正常，则说明故障在基带部分。

（3）检查发射输出信号　MT6139 的 38、39 脚输出发射的 GSM、DCS 射频信号，送至功率放大器电路，该部分信号需要使用频谱分析仪配合测试软件使用。如果不具备测试条件，则可使用“假天线法”进行维修，用一段 10cm 的焊锡丝，焊在 MT6139 的 38、39 脚上，如果有信号，则说明故障在功率放大器电路至天线之间。如果没有信号，则说明故障在射频处理电路，可代换 MT6139 芯片。MT6139 射频输出信号测试点如图 7-33 所示。

注意：CPU 问题和软件问题也会引起无信号故障，本着先易后难的维修原则，在维修无信号故障时，可先下载软件，如果无法解决再参考本节维修思路进行维修。

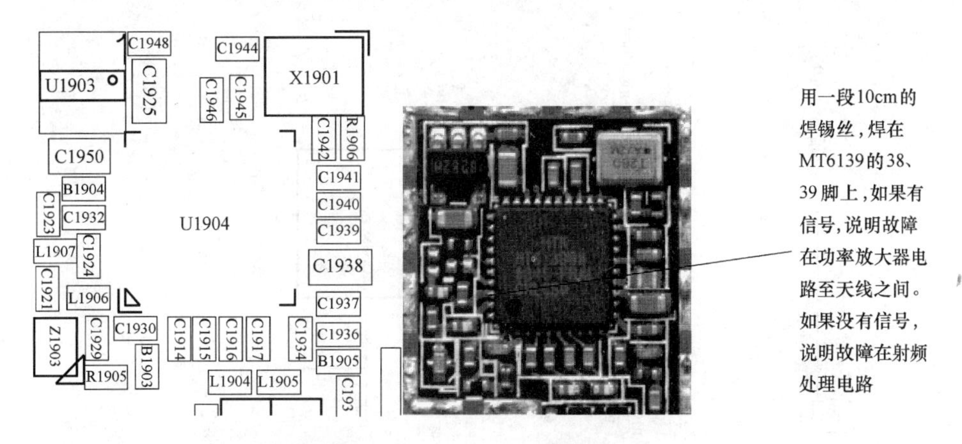

图 7-33　MT6139 射频输出信号测试点

MTK 芯片组手机中、滤波器和天线开关都是故障的多发区域，合理利用“假天线法”可大大降低维修时间，提高维修效率。

第二节　功率放大器电路原理与维修

一、SKY77318 简介

在 MTK 芯片组手机中，配合 MT6139 射频处理芯片的功放一般为 SKY77318，它是一个高功率、高效率集成 4 个频段的功率放大器。该放大器内置功率控制环路，可提供 50dB 的控制范围，对外为开环控制，只需外接 VRAMP 信号就可以准确控制发射功率。SKY77318 集成了 VBATT 跟踪电路，可以监视电池电压并防止功率控制环路达到饱和，因此减少了开关次数。

功率放大器是采用电压控制的方式实现的，它的作用是将信号功率按照需求进行放大。通过 VRAMP 信号将功率分为不同的等级。GSM 的发射信号为 5 ~ 19 级，功率为 3.2mW ~ 2W；DCS 的发射功率为 0 ~ 15 级，功率为 1mW ~ 1W。

二、SKY77318 工作原理

U1902 是功率放大器，型号为 SKY77318。U1902 中集成了功率放大控制芯片的功能，PA_EN 信号是 U1902 的使能信号，用以控制功率放大器工作；BANDSW_DCS 是频段选择信号，用来选择不同的频段；VAPC 信号通过电压来实现对 PA 的控制，用于控制不同的功率等级。SKY77318 功率放大器如图 7-34 所示。

射频处理芯片 MT6139 的 38 脚输出 GSM 射频发射信号，39 脚输出 DCS 射频发射信号，分别送入功率放大器 U1902 的 4、3 脚，经 U1902 放大出来的射频信号，分别送入天线开关 U1901 的 7、5 脚，经过天线发射出去。

三、功率放大器电路故障维修

功率放大器电路是无发射故障的多发点，在维修时要特别注意。可以使用示波器测量频段选择信号（BANDSW_DCS）、自动功率控制信号（VAPC）及功放使能信号（PA-Enable）是否正常。功率放大器测试点及元器件分布图如图 7-35 所示。

功率放大器 U1902 的 1 脚的频段选择信号（BANDSW_DCS），如图 7-36 所示。

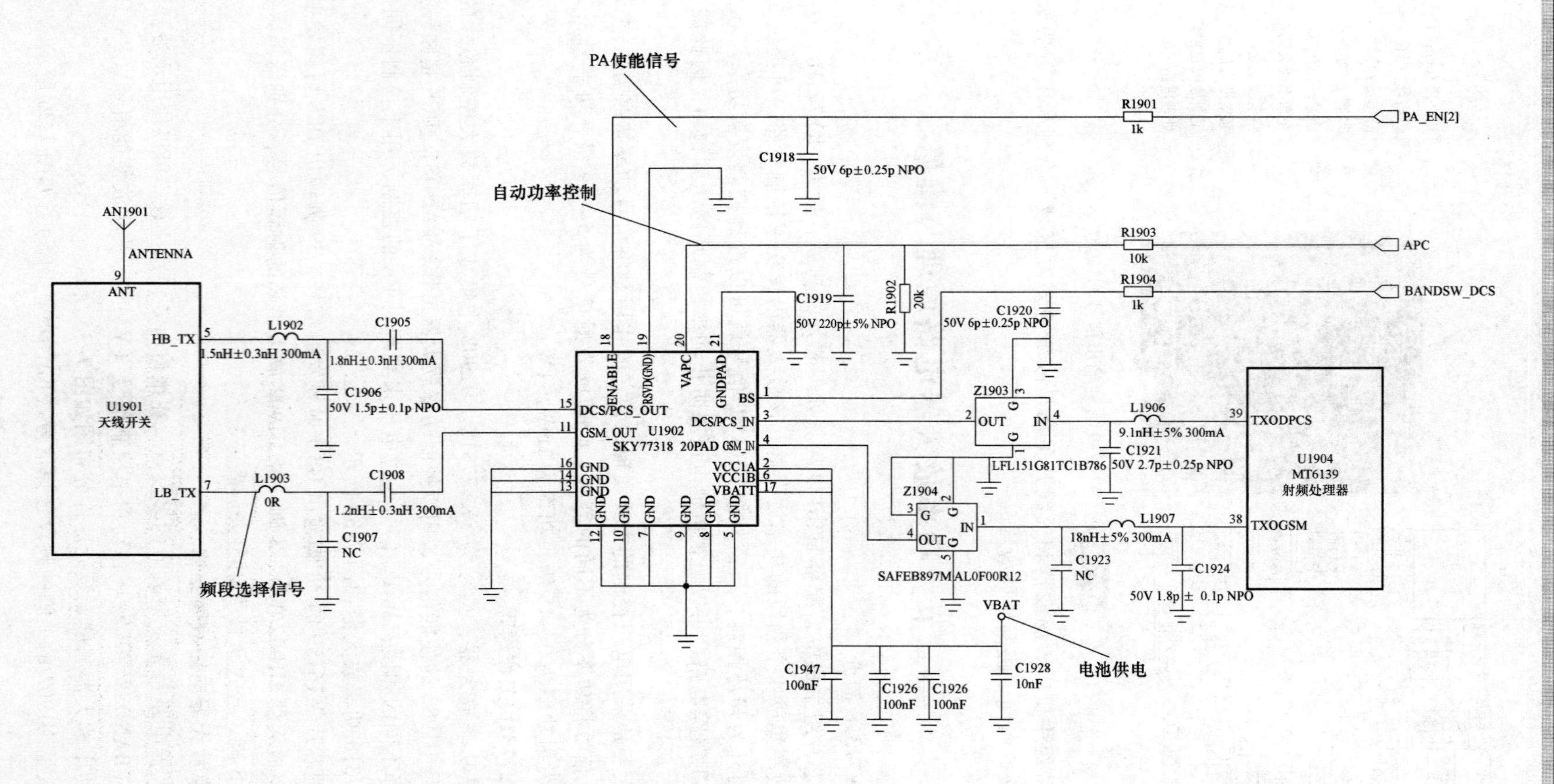

图 7-34 SKY77318 功率放大器

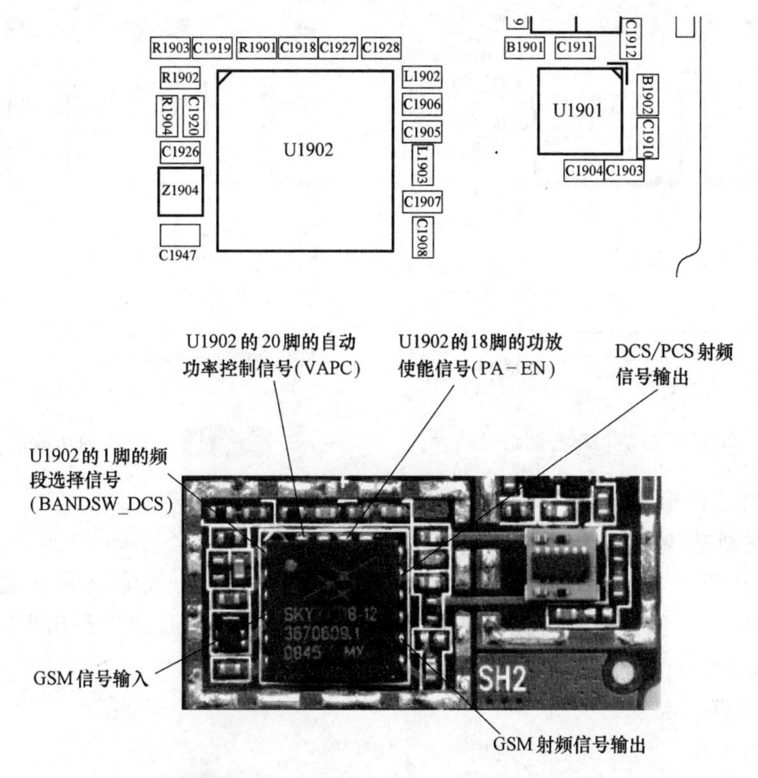

图 7-35 功率放大器测试点及元器件分布图

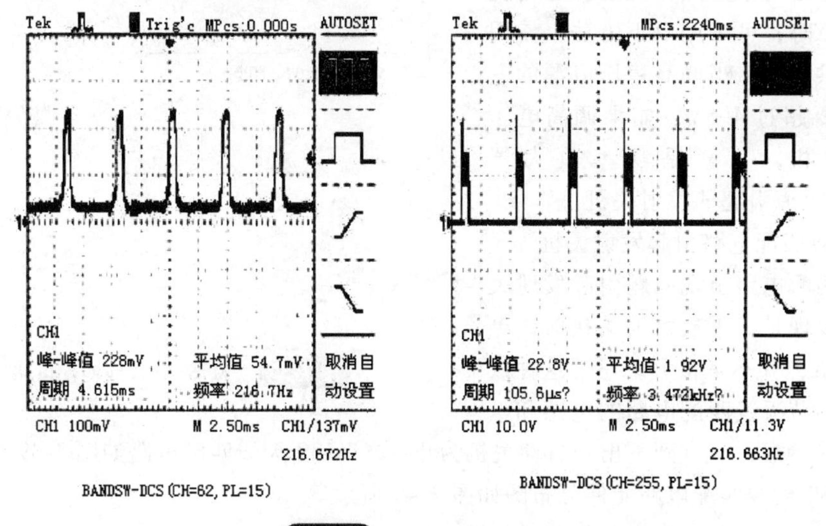

图 7-36 频段选择信号

功率放大器 U1902 的 20 脚的自动功率控制信号（VAPC）如图 7-37 所示。功率放大器 U1902 的 18 脚的功放使能信号（PA- EN）如图 7-38 所示。

如果以上信号中任意一个信号不正常，则说明 CPU 电路有问题或电路有断线现象；如果以上信号均正常，则代换功率放大器。

对于功率放大器信号输出端至天线之间的电路，同样可以使用“假天线法”划定故障

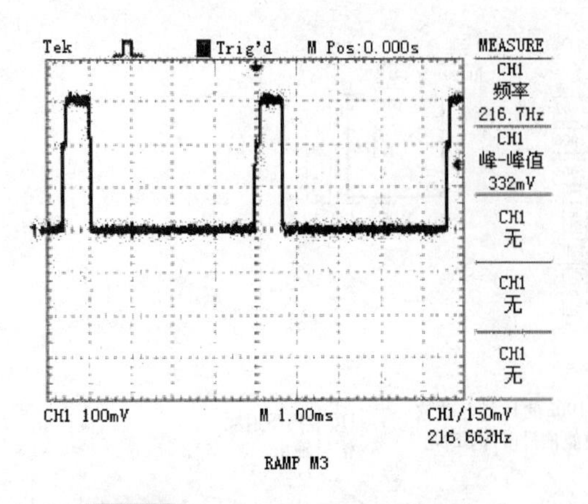

图 7-37 20 脚的自动功率控制信号

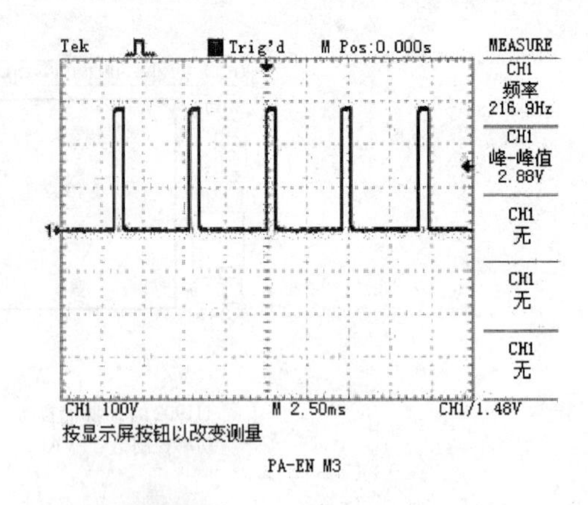

图 7-38 18 脚的功放使能信号

范围，然后再用“代换法”进行维修。

四、发射关机故障维修

在 MTK 芯片组手机中，功率放大器电路引起发射关机的故障还是比较多，下面以 SKY77318 功放电路为例说明发射关机故障的维修方法。MTK 芯片组手机出现发射关机的情况一般由三种原因引起。

1. 功率放大器引起发射关机

功率放大器由于工作在高频、大电流的状态下，出现问题的概率较高，在判断是否是由功率放大器问题引起的发射关机故障时，可采用以下方法：使用稳压电源供电，适当调高稳压电源的电压，但不要超过 4.5V；如果调高电压后还是关机，一般是功率放大器 SKY77318 故障引起的发射关机。

2. 天线匹配电路引起发射关机

天线匹配电路出现问题引起发射关机的故障表现是：手机发射关机时，电流为 200mA，并不是很大。对于这种故障，可以调节天线匹配电路的电感和电容，更改其参数，一直到不出现自动关机为止。MT6139 天线匹配电路如图 7-39 所示。

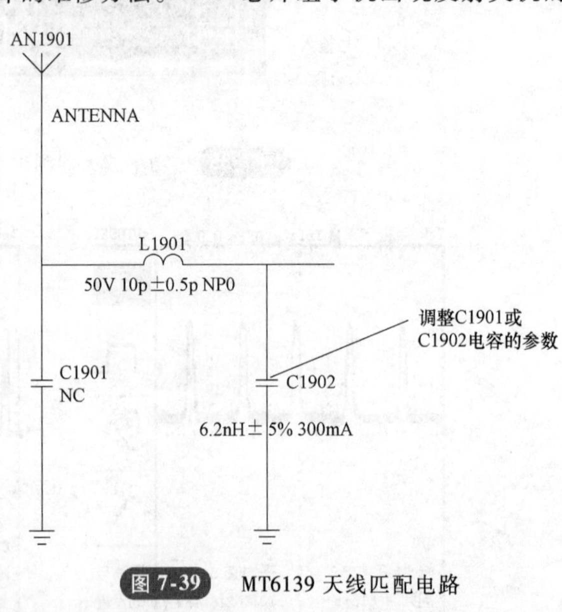

图 7-39 MT6139 天线匹配电路

MT6139 天线匹配电路元件分布图如图 7-40 所示。

3. VAPC 电压不正常引起的发射关机

VAPC 是功率放大器的功率控制电压，通过控制 VAPC 端可以控制功率放大器的电源电压，从而控制功率放大器的输出功率。功率放大器的 VRAMP 电压一般为 0.2～1.7V。

VAPC 电压不正常引起的发射关机的主要表现为手机出现发射关机时，电流偏大，在 400mA 左右或者更高，这种情况是由 VAPC 电压偏高引起的，可以适当调节 VAPC 电压来降低手机发射电流。

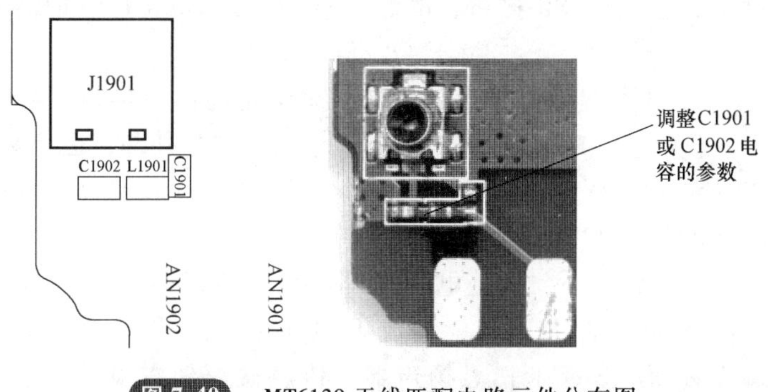

图 7-40　MT6139 天线匹配电路元件分布图

VAPC 电压的调节方法是：调大 R1903 电阻数值，将 R1903 的阻值由 10kΩ 改成 20kΩ，如果仍然出现发射关机问题，可再适当调大，但不能将阻值调得太大，否则会出现不发射现象。R1903 电阻位置如图 7-41 所示。

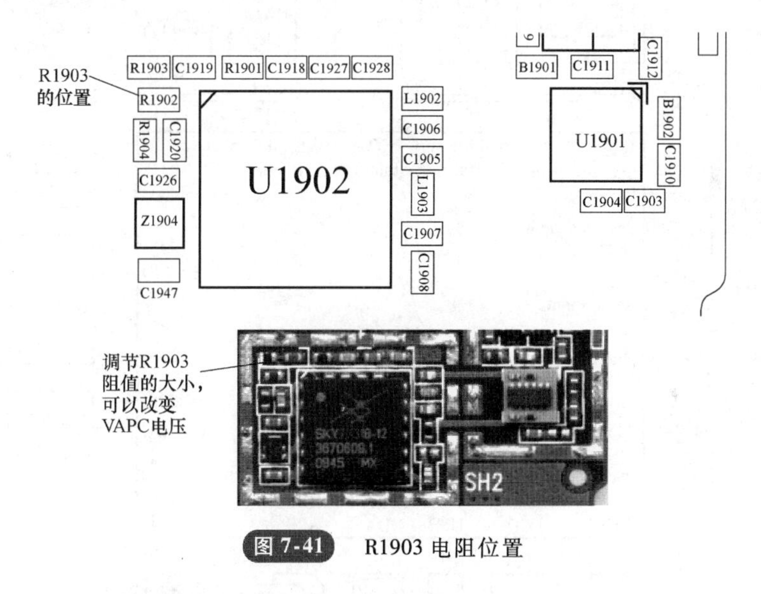

图 7-41　R1903 电阻位置

第三节　基带处理器电路原理与维修

MTK 芯片组手机中，基带处理器集成了数字基带与模拟基带，早期的 MTK 基带处理器均采用 ARM7 的内核。各基带芯片都包含处理器内核、DSP、音频处理、UART、LCD 接口、GPIO、SIM 卡接口等基本的功能单元，它们的差异在于音频、视频、照相机与扩展接口等方面。

一、MT6225 基带处理器

MT6225 是一个先进的、低功耗的 GSM/GPRS 基带处理器芯片，该芯片基于 32bit 的 ARM7EJ-S RISC 核，处理速度可达 104MHz。MT6225 支持无限多媒体应用、64 和弦铃声、数字音频处理、JAVA 加速、彩信等；同时还提供多种功能扩展接口，例如存储器扩展接口、NAND FLASH 接口、IRDA、USB 等。MT6225 采用 12mm × 12mm TFBGA 封装，共 264 只引脚。主要功能有基带信号的处理，MP3、MP4 信号处理，NAND FLASH 控制，内置音频

CODEC，音频数据 I^2C 总线，USB 接口，电源管理，内置 0.3M CAMERA 处理 IC，射频控制，显示控制等。

除此之外，MT6225 还可提供外部存储器接口、丰富的用户接口、数字/模拟音频接口和射频接口。除了下载程序（BOOT）外，所有程序均在芯片外部，因此易于升级。它支持 F14.4、GPRS 和 HSCSD。内核电压和接口电压得到了分离，为降低功耗提供了方便。

1. MT6225 外围电路结构

以 MT6225 基带芯片为核心，加上电源管理芯片（PMIC）如 MT6318，还有射频芯片如 MT6139，再加上 Flash 存储芯片，就构成了 MTK 手机主板的基础。把这些芯片的引脚连接天线、LCD 显示屏、SIM 卡槽、扬声器、传声器等外围设备，就实现了一个完整的 Feature Phone（指功能手机，非智能手机）的基本功能。MT6225 外围电路结构图如图 7-42 所示。

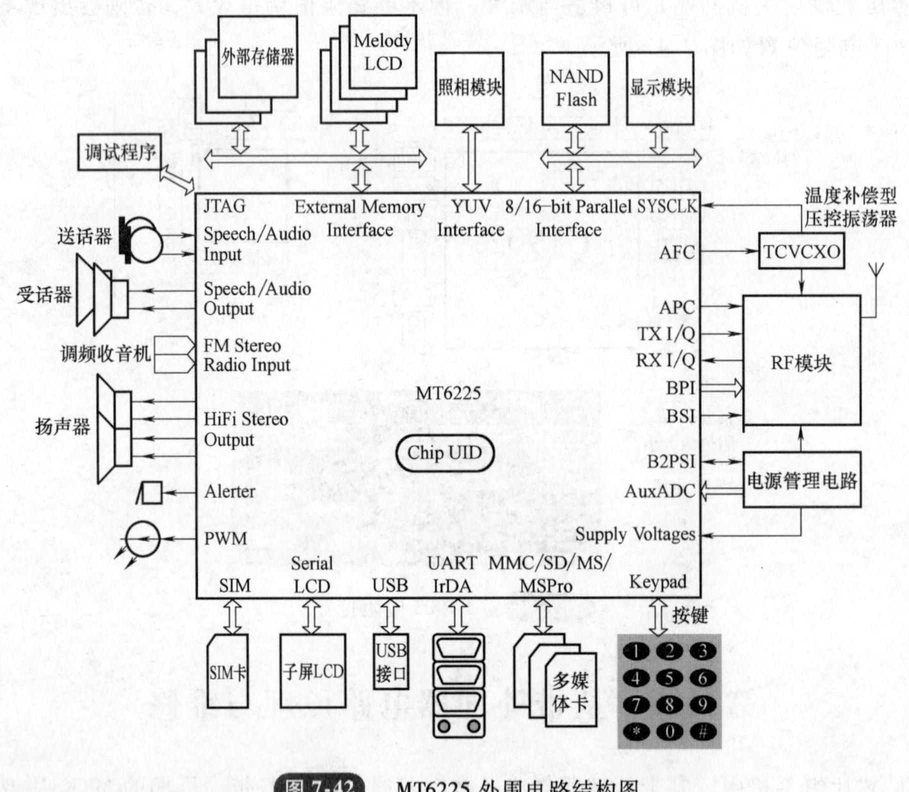

图 7-42 MT6225 外围电路结构图

2. MT6225 电路原理图

MT6225 基带芯片电路原理图如图 7-43 所示。

3. 复位与时钟电路

（1）复位电路 MT6225 有 3 类复位信号，即硬件复位、看门狗复位和软件复位。由电源管理芯片输出的低电平的系统复位信号从基带处理器的 SYSRST 端口输入，在 POWER-ON 期间，该信号为低。硬件复位信号能够初始化除实时时钟之外的所有数字电路和模拟电路。在复位状态下，所有的模拟电路关闭，所有的 PLL 关闭，13MHz 系统时钟是默认的时钟基准。MT6225 的复位电路如图 7-44 所示。

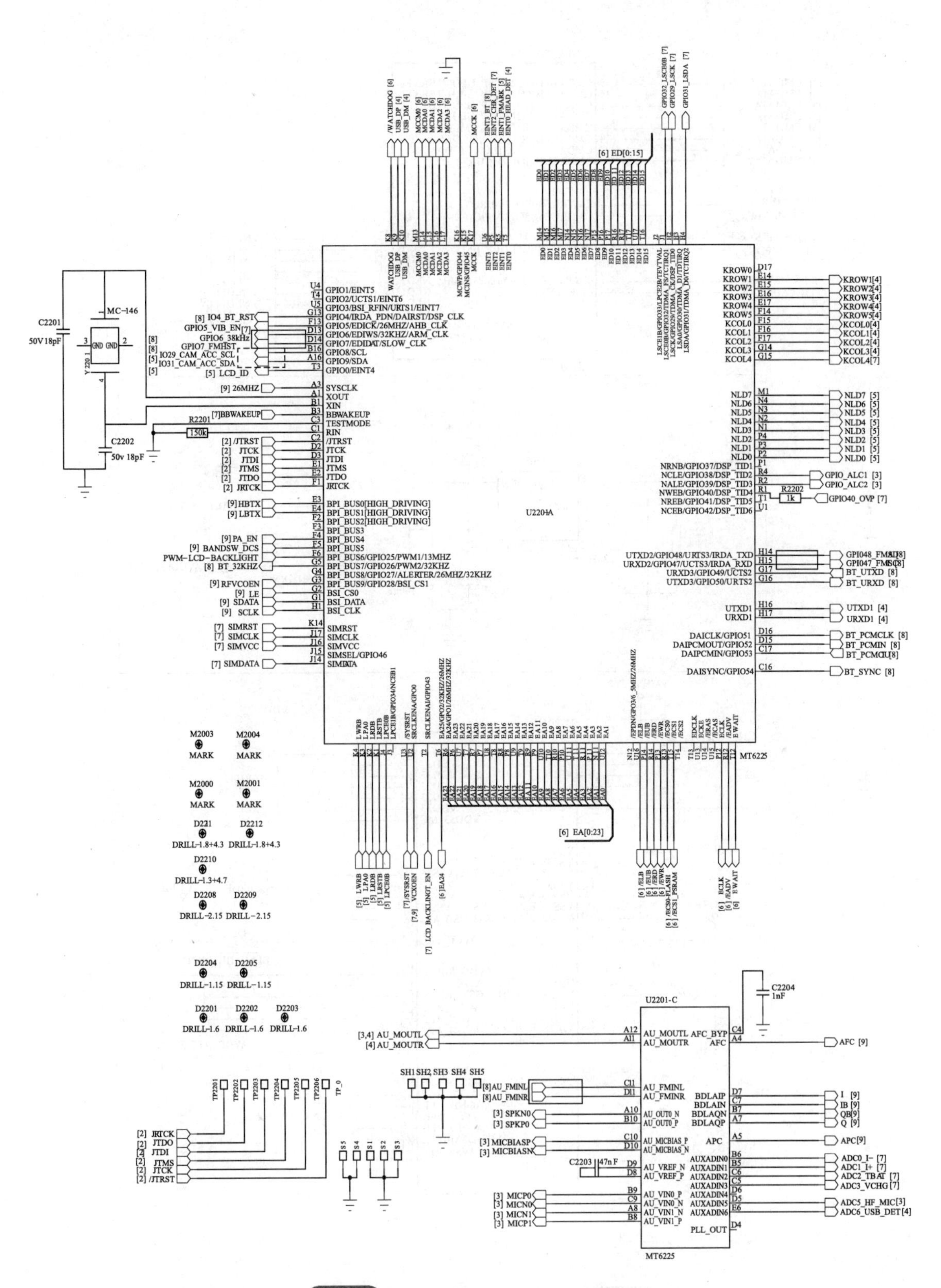

图7-43 MT6225 基带芯片电路原理图

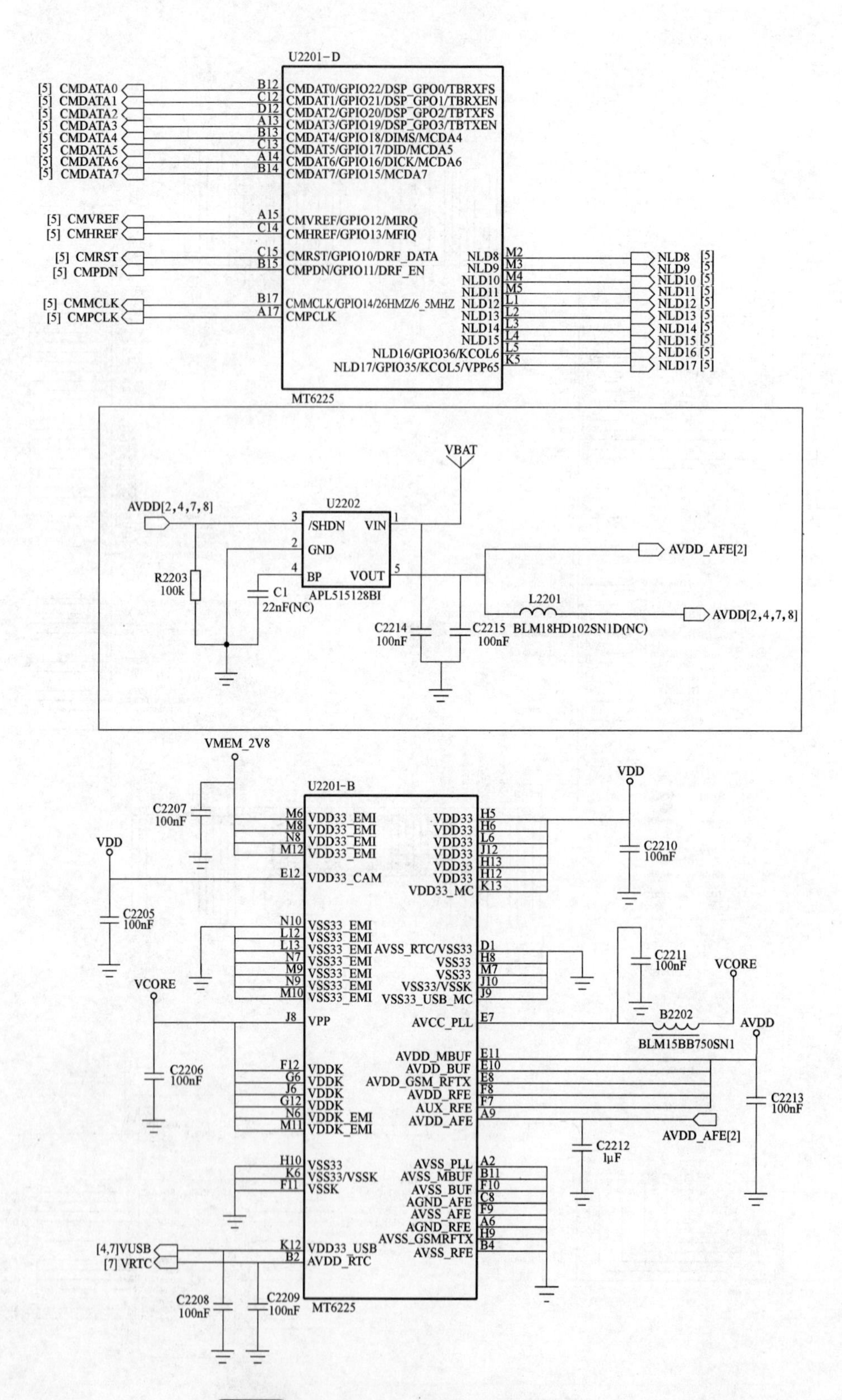

图 7-43 MT6225 基带芯片电路原理图（续）

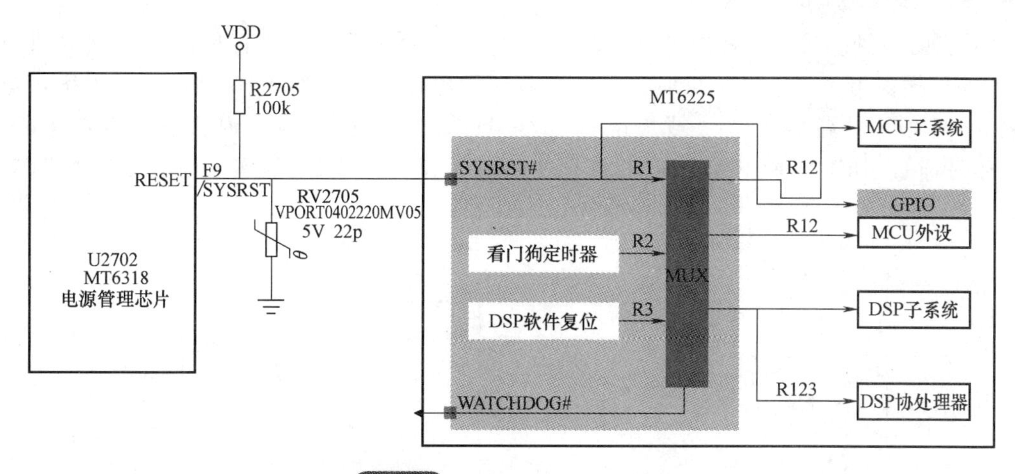

图 7-44　MT6225 的复位电路

看门狗复位是在 WATCHDOG 计时溢出后，产生一个硬件复位信号给芯片，相当于热启动。看门狗的作用就是防止程序发生死循环，或者说防止程序跑飞。

除以上两种复位外，系统还支持软件复位。在系统软件的支持下，复位信号经基带处理器内的相关电路处理后，输出其他各单元电路的复位信号。

（2）时钟电路　MT6225 使用两个主要时钟，一个是 13MHz 时钟，该时钟信号由射频处理器 MT6139 提供，其信号频率可以是 13MHz，也可以是 26MHz。MT6139 送来的时钟信号被送入 MT6225 的 SYSCLK 端口，在 MT6225 内，模拟的时钟信号被转换为方波信号。另一个时钟信号是 32.768kHz 的信号，由基带内的振荡器和外接的实时时钟晶体组成的电路产生。MT6225 的时钟电路如图 7-45 所示。

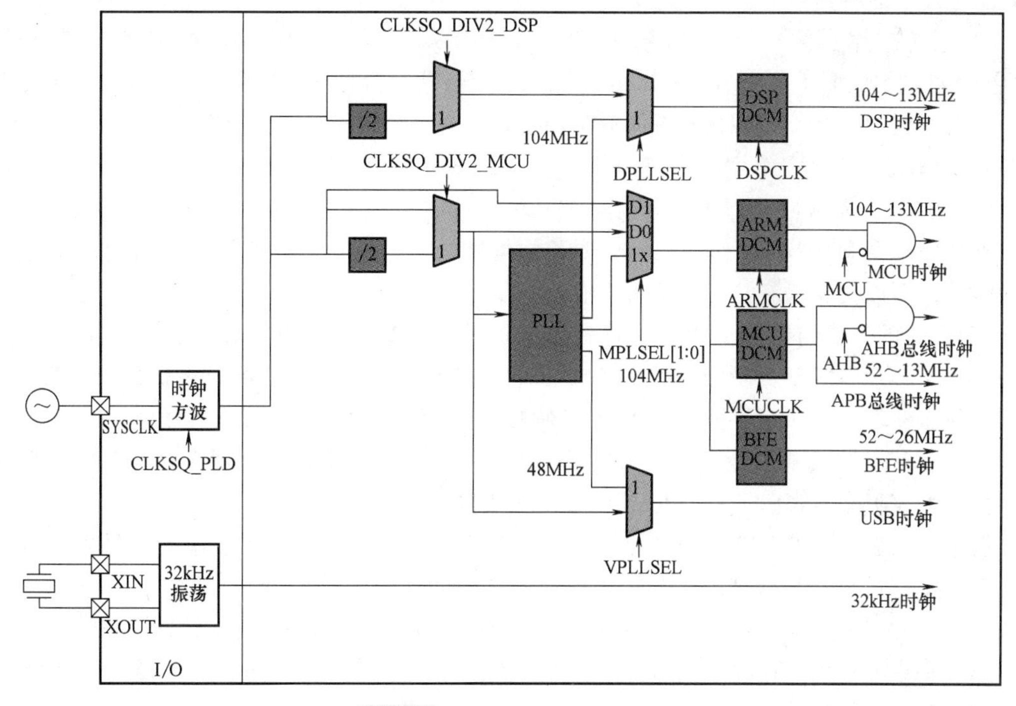

图 7-45　MT6225 的时钟电路

1）实时时钟。实时时钟电路（RTC）提供时间和数据信息，它使用一个独立供电的32.768kHz振荡器。当手机关机时，由一个专用的电压调节器给RTC供电；如果手机电池被取下，手机中的备用电池（或大电容）给RTC供电。除提供定时数据、告警中断外，RTC还可通过BBWAKEUP端口输出信号使手机开机。MT6225的实时时钟电路如图7-46所示。

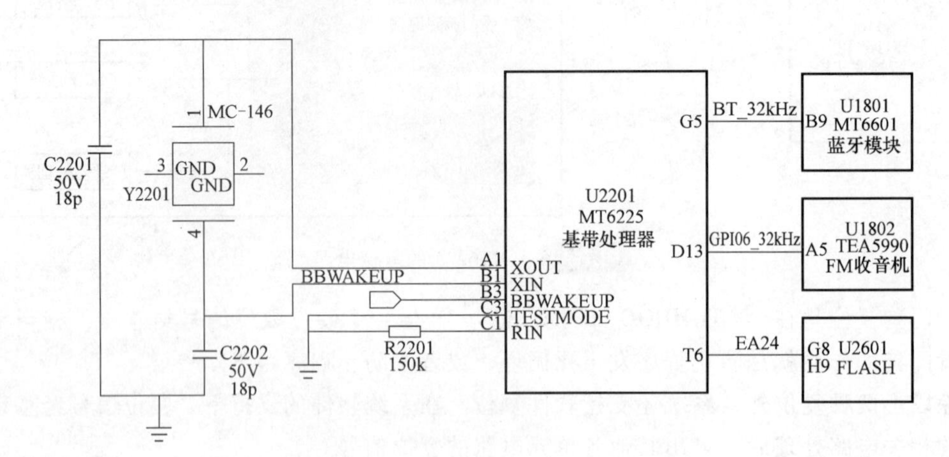

图7-46 MT6225的实时时钟电路

MT6225的实时时钟单元有5个外接信号端口，其中A1、B1外接实时时钟晶体，B3脚输出BBWAKEUP信号，C3脚是测试模式使能输入，C1脚是32.768kHz增益控制电阻。

基带处理器的32.768kHz时钟信号分别送至蓝牙模块、FM收音机、FLASH电路，在休眠状态下提供时钟信号。

2）系统时钟。送入MT6225的13MHz或26MHz的时钟信号，在MT6225内部作为其PLL的基准时钟，PLL产生624MHz的时钟信号，该信号经两个6分频器、一个13分频器处理，分别得到104MHz、104MHz和48MHz的3个主时钟信号（DSP_CLOCK、MCU_CLOCK和USB_CLOCK）。这三个主时钟信号分别送到DSP时钟域、MCU时钟域和USB单元电路。

4. 基带处理器电路故障维修分析

基带处理器MT6225工作的三个必要条件是供电、时钟和复位信号，在判断故障是否工作的时候，可以首先检查这三个必要条件。

MT6225的工作与否并不代表它就是完全正常的，MT6225功能非常强大，管理整个手机的运行，芯片内部部分功能电路损坏或芯片引脚虚焊时，也可能造成手机部分功能异常。基带处理器损坏可能引起不开机、死机、不能拍照、无显示、通话异常等故障。

（1）基带处理器供电电压　电源管理芯片MT6318供给基带处理器MT6225的有5路供电，分别为VDD、AVDD、VCORE、VMEM、VUSB等。

使用万用表分别测量5路电压是否正常，如果有一路电压不正常，说明电源管理芯片输出的电压没有送至基带处理器。基带处理器供电测试点如图7-47所示。

（2）基带处理器复位信号　基带处理器的复位信号由电源管理芯片MT6318的F9脚输出，送至基带处理器MR6225的U3脚。该信号使用示波器测量，基带处理器复位信号的测试点如图7-48所示。

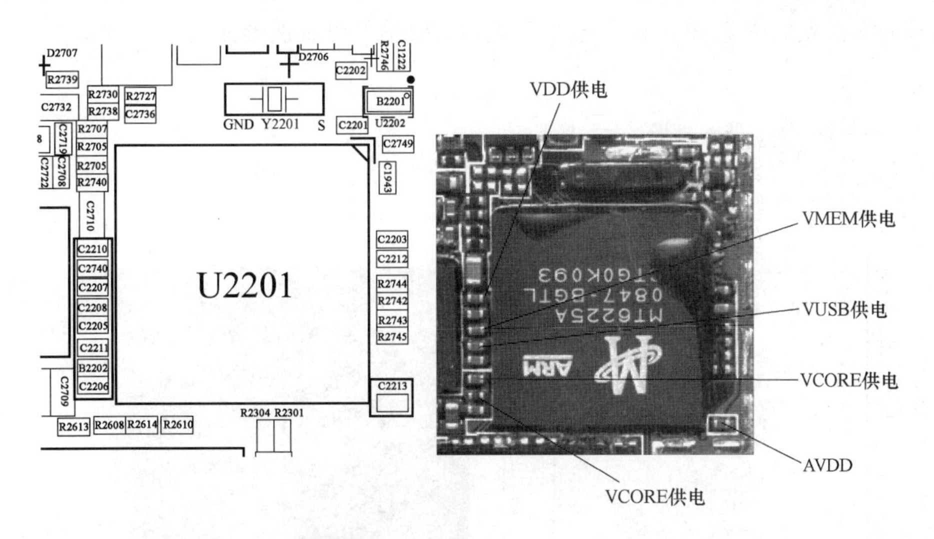

图 7-47 基带处理器供电测试点

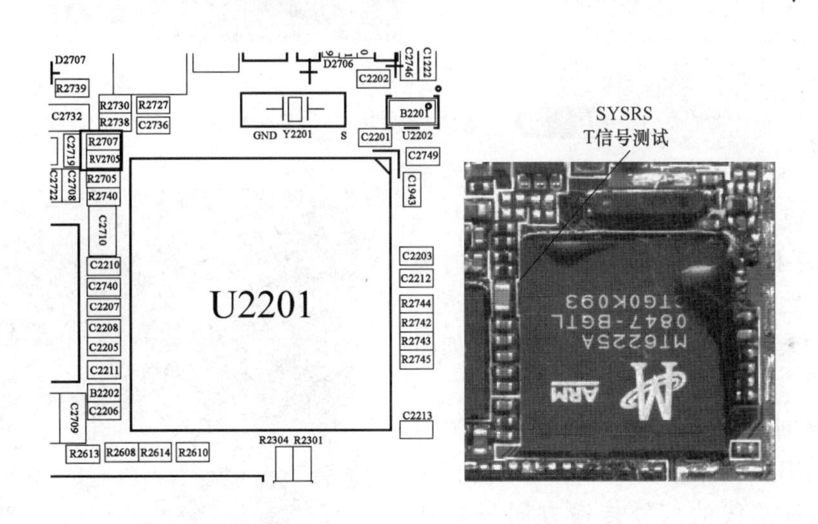

图 7-48 基带处理器复位信号的测试点

用数字示波器的双通道来观察复位信号，CH1 信道测量的是 VDD 电压，CH2 信道测量的是复位信号，复位信号延时的时间大约为 100ms。如果该信号不正常，检查或更换 MT6318 外围元件或芯片。基带处理器复位信号的波形如图 7-49 所示。

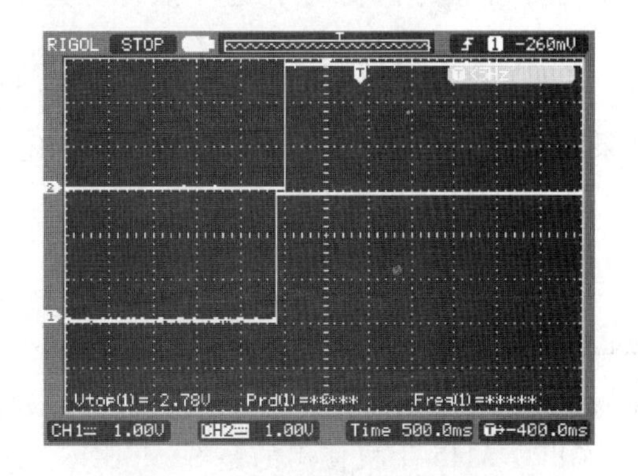

图 7-49 基带处理器复位信号的波形

（3）基带处理器时钟信号

1）26MHz 系统时钟。基带处理器的时钟信号由射频处理器 MT6139 的 22 脚输出，经耦合电容 C1944 送至基带处理器 MR6225 的 A3 脚。该信号使用示波器测量，基带处理器时钟信号的测试点如图 7-50 所示。基带处理器时钟信号测试波形如图 7-51 所示。

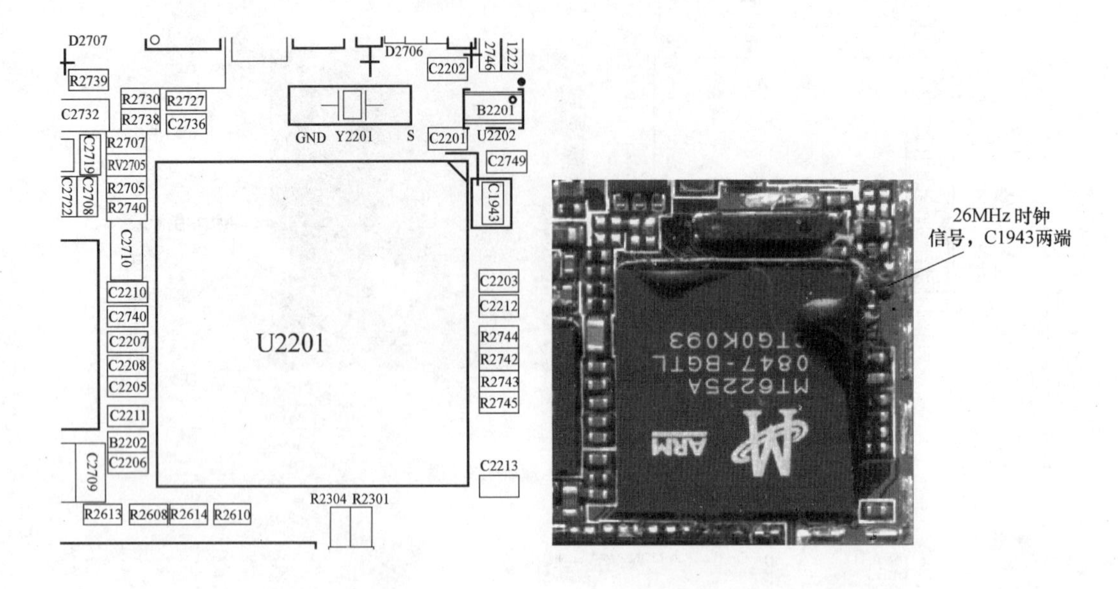

图 7-50 基带处理器时钟信号测试点

2）32.768kHz 时钟。32.768kHz 时钟在手机进入睡眠模式时代替 13MHz 时钟（26MHz 时钟）参与手机的运行，如果 32.768kHz 时钟电路出现问题，可能会造成手机无法开机、开机异常等故障。32.768kHz 时钟测试点如图 7-52 所示。

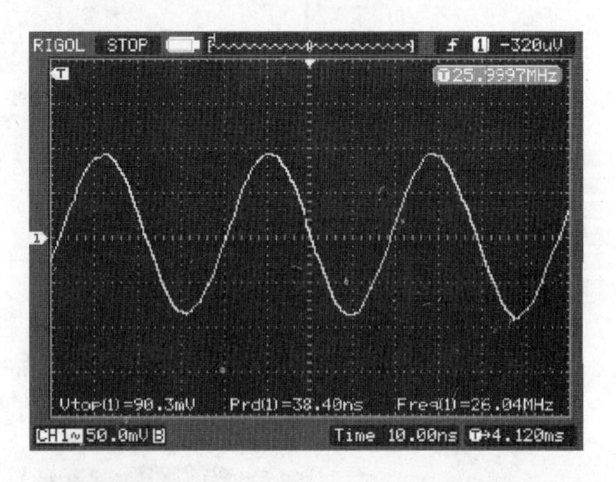

图 7-51 基带处理器时钟信号测试波形

（4）判断 CPU 是否工作的方法 了解 CPU 和 FLASH 的工作原理和通信方式后，我们知道，地址总线的信号传输方向只能从 CPU 出发，而字库也只能被动地接收 CPU 发过来的寻址信号。明确了这一点，对判断 CPU 是否工作是很有帮助的，对于一台不开机的手机，取下字库测其他地址总线的寻址信号，如果不正常，则要注意先检查 CPU 的工作条件是否满足，如：供电，复位，时钟等。如果 CPU 在工作条件完全正常的情况下，还不能正常发出寻址信号，则 CPU 可能损坏。

二、FLASH 电路

1. FLASH 工作原理

当手机开机时，CPU 传出一个复位信号 RESET 经字库使系统复位。等到 CPU 把字库的读写端、片选端选中后，就可以从字库内取出指令，在 CPU 里运算、译码、输出各部分协调的工作命令，从而完成各自的功能。FLASH 电路如图 7-53 所示。

OPPO A115 手机使用的是 SAMSUNG 的存储器 K5L5563CAA，由 256MB NOR FLANSH 和 32MB PSRAM 组成。内核电压为 1.8V，I/O 电压为 2.8V，24 条地址线，16 条数据线。

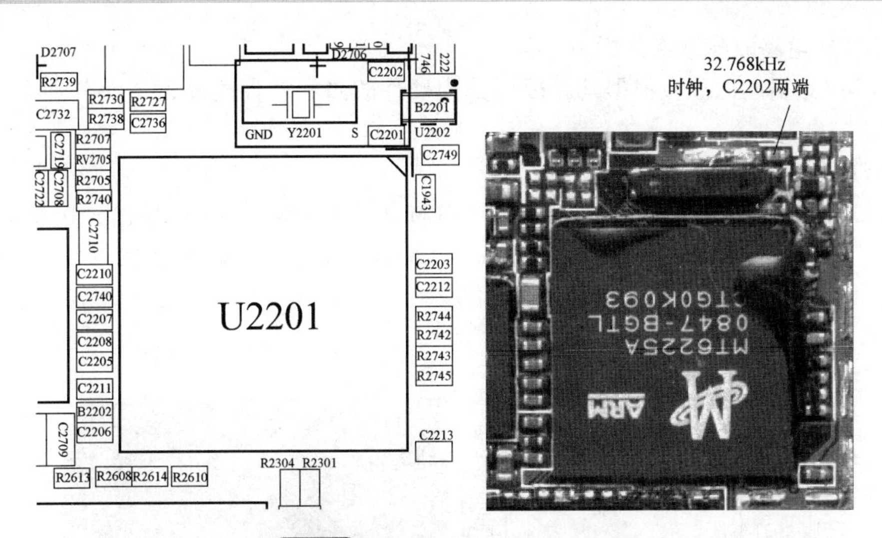

图 7-52 32.768kHz 时钟测试点

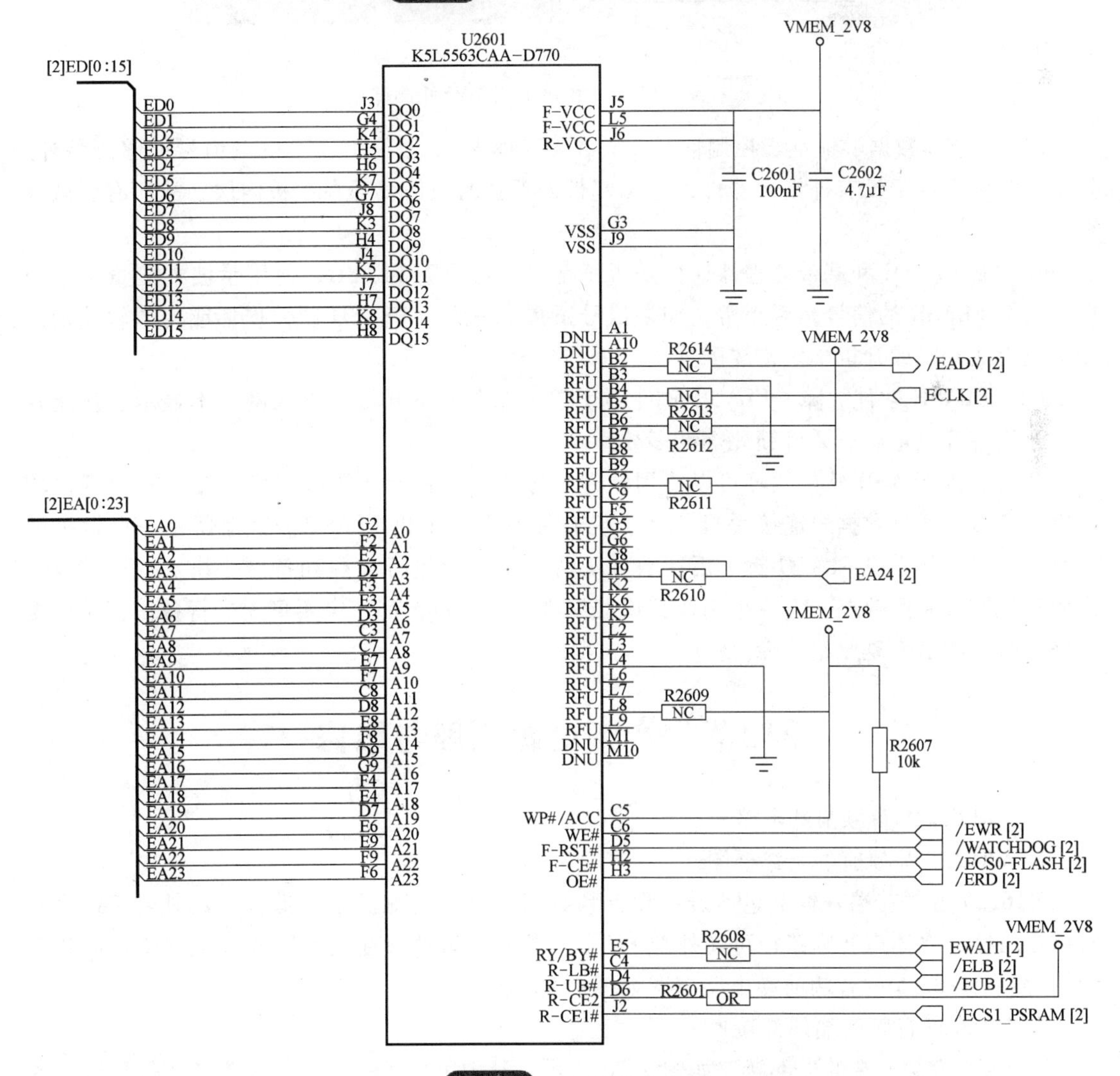

图 7-53 FLASH 电路

2. FLASH 电路故障维修分析

FLASH 电路引起的故障根据其原因可分为硬件故障和软件故障，下面分别介绍其检修方法。

（1）FLASH 电路硬件故障

1）FLASH 供电。FLASH 的供电电压 VMEM 由 MT6318 的 K8 脚输出，送至 FLASH 的 J5、L5、J6、B6、C2、L8、C5、D6 等引脚。FLASH 供电电压 VMEM 测试点如图 7-54 所示。

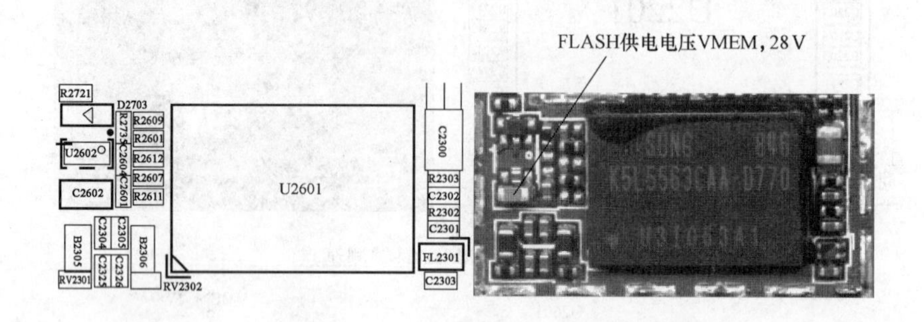

图 7-54 FLASH 供电电压 VMEM 测试点

2）FLASH 数据、地址、控制信号线。在 OPPO A115 手机中，除供电信号能够测量外，其余的测试点由于没有外接元器件，且和基带处理器的通信线都在主板内层，故所有测试都很困难。

在判断 FLASH 和基带处理器通信是否正常时，可取下 FLASH，使用示波器测量基带处理器送至 FLASH 的信号是否正常，如果信号正常，一般为 FLASH 硬件损坏或内部软件错误而造成无法开机或开机不正常故障。

（2）FLASH 软件故障　FLASH 软件不正常可能造成不开机、不入网、不显示、功能紊乱、死机、开机重启、话机锁死等许多故障。

解决手机 FLASH 软件故障可以使用软件维修仪和编程器。软件维修仪是一种免拆机软件修复仪器，通过数据线连接手机，将手机软件下载到手机 FLASH；编程器是一种拆机软件修复仪器，将手机 FLASH 拆下后，放在编程器的座上进行编程和备份手机 FLASH 资料。这两种仪器各有优缺点，无论采用什么仪器编程手机资料，都一定要事先进行备份，避免无法修复时不能够恢复原始故障。

第四节　音频电路原理与维修

一、MT6225 音频前端电路

1. MT6225 音频前端电路框图

MT6225 音频前端基本上包括语音和音频数据通道，还提供单声道音频或外部 FM 收音机播放路径，立体声音频路径可使外部 FM 收音机和语音播放通过专门的耳机通道，以获得 CD 音质。MT6225 的音频前端电路框图如图 7-55 所示。

2. MT6225 音频前端外部接口

MT6225 音频前端的外部接口如图 7-56 所示，其中 B9、C9、A8、B8 为音频信号输入端

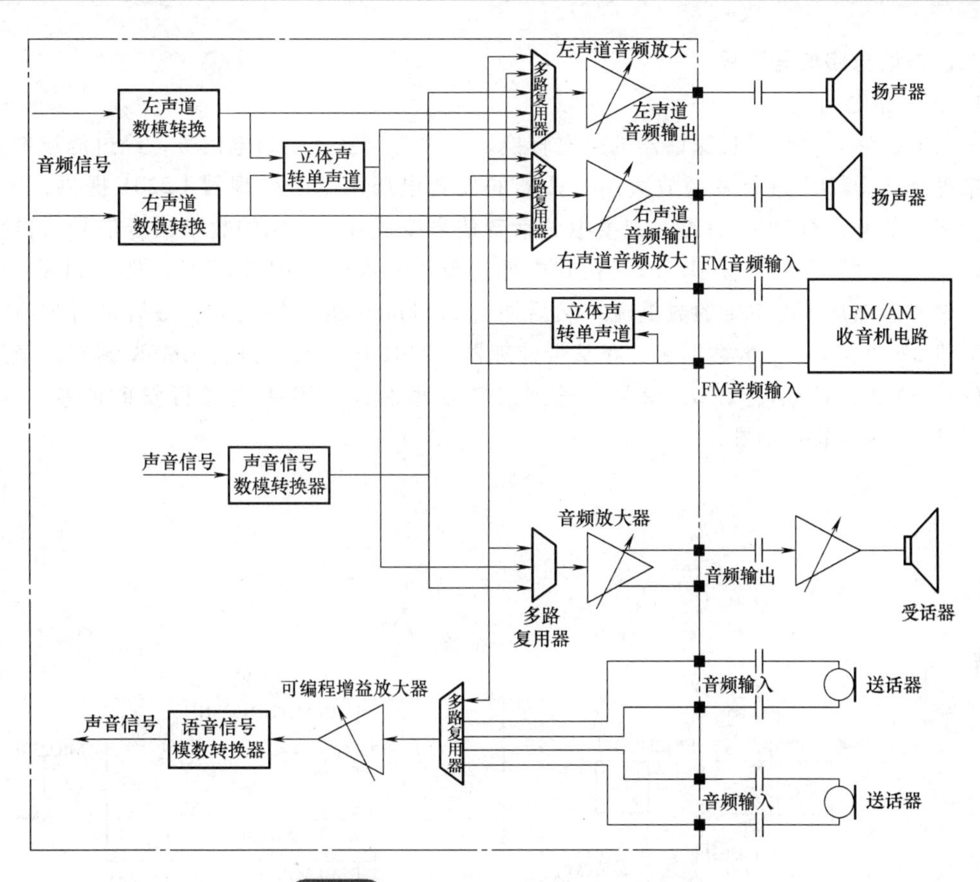

图 7-55　MT6225 的音频前端电路框图

口，连接外部送话器电路；C10、D10 为送话器偏压输出端口；A10、B10 为接收音频信号输出端口，C11、D11 为 FM 立体声音频输出；A11、A12 为 MP3 音频输出。

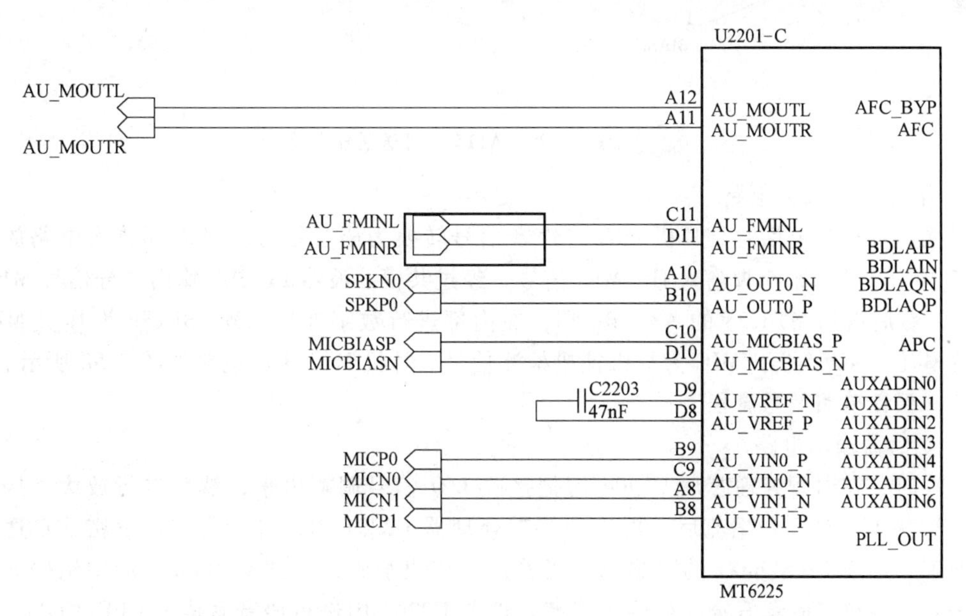

图 7-56　MT6225 的音频前端的外部接口

二、送话电路信号流程

1. 送话器电路

发射时，话音信号经过送话器的声电转换，将声音信号变换为电信号，经过滤波网络送到基带处理器 U2201 进行音频放大。送话器的偏置电压由基带处理器 U2201 提供，U2201 对模拟音频信号进行 PCM 编码，把模拟的话音信号变成 64kbit/s 的数字话音信号。再把此话音数据流送到基带处理器 U2201，在其内部进行语音编码（RPE-LTP），把 64kbit/s 的数字话音信号压缩成 13kbit/s 的数据流，然后加上 9. 8kbit/s 的纠错码元，最后进行加密、交织，形成 270. 833kbit/s 的数据流，在基带处理器 U2201 内，对其进行 GMSK 调制，最后产生 TXIP、TXIN、TXQN、TXQP 信号，送到射频处理芯片 U1904 内进行发射调制。OPPO A115 手机送话器电路如图 7-57 所示。

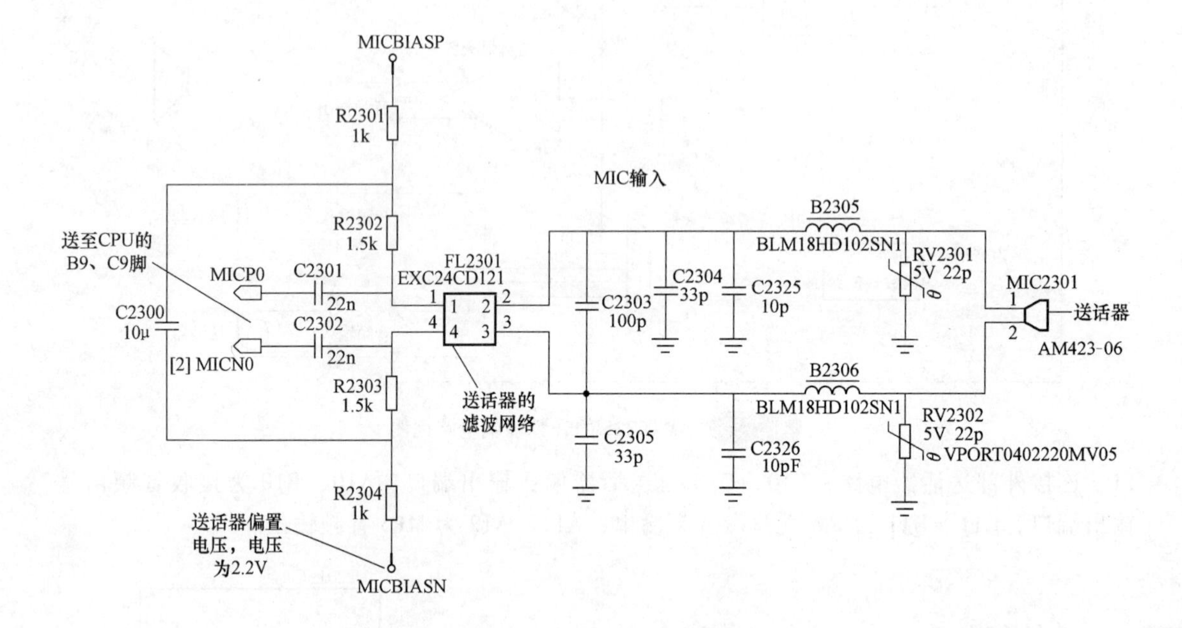

图 7-57 OPPO A115 手机送话器电路

2. 耳机 MIC 送话电路

当采用耳机打电话时，耳机 MIC 将声音信号转换为语音信号，经内部放大电路放大后从 USB 接口 J2701 第 5 脚输入 HS_MIC 信号，经过共模滤波器 FL2302 输出差分信号 MICP1、MICN1，然后送到 MT6225 的 A8、B8 脚，在内部进行数字处理。MICBIASP 为耳机 MIC 电路偏置电压。ADC5_HF_MIC 为耳机挂机检测信号。耳机 MIC 送话电路如图 7-58 所示。

三、受话电路信号流程

1. 受话器输出电路

接收时，在射频处理芯片 U1904 内把接收 I/Q 信号调解出来，然后进行放大，接着进行 GMSK 解调，产生数据流后，再送到基带处理器 U2201 内，进行交织、解密、自适应均衡等处理，形成 22. 8kbit/s 的数据流。接着进行信道解码，去掉 9. 8kbit/s 的纠错码元，得到 13kbit/s 的数字话音信号。最后在基带处理器 U2201 内进行语音解码（RPE-LTP），还原为 64kbit/s 的数字话音信号，然后进行 PCM 解码，把 64kbit/s 的数字话音信号还原成模拟

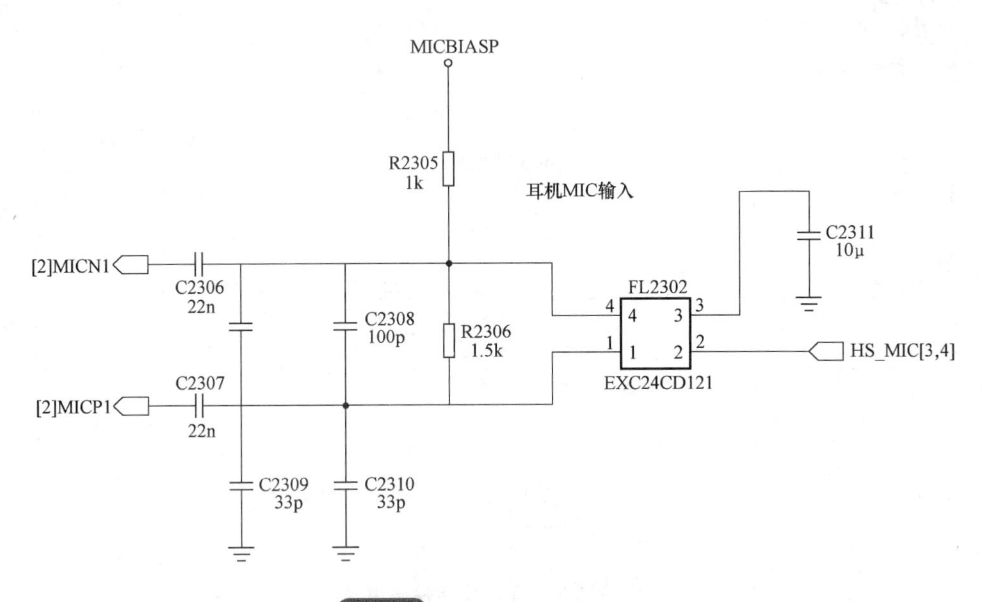

图 7-58　耳机 MIC 送话电路

的话音信号，放大后从基带处理器 U2201 的 A10、B10 输出接收音频信号，经过滤波网络驱动受话器发出声音。MTK 芯片组手机受话器电路如图 7-59 所示。

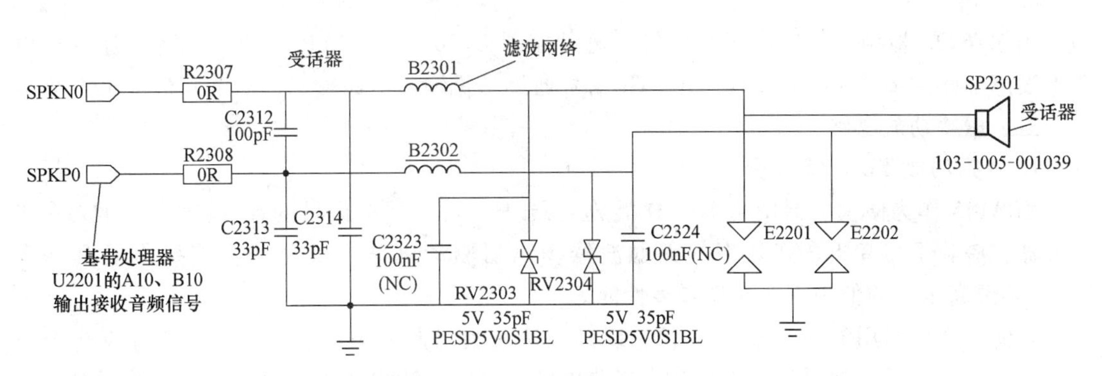

图 7-59　MTK 芯片组手机受话器电路

2. 耳机受话输出电路

当插入耳机时，经语音解码的语音信号从基带处理器 U2201 的 A11、A12 脚输出，经过耳机输出电路输出，驱动耳机发出声音。耳机受话输出电路如图 7-60 所示。

3. 免提受话输出电路

当按下免提后，经语音解码、PCM 解码和内部放大后的语音信号从基带处理器的 U2201 的 A12、A11 脚输出，经过音频功率放大器 YDA145 功率放大后，推动扬声器 SP2302 发出声音。

四、MP3、MP4 播放电路

当进入 MP3、MP4 播放模式时，基带处理器通过内部的播放软件读取存储器里面的音乐文件，经处理后再进行 PCM 编码，形成的数字音频数据流，通过 CPU 内部集成音频 CODCE 进行 D-A 转换，经音频放大后，从 MT6225 的第 A12、A11 脚输出立体声音频信号

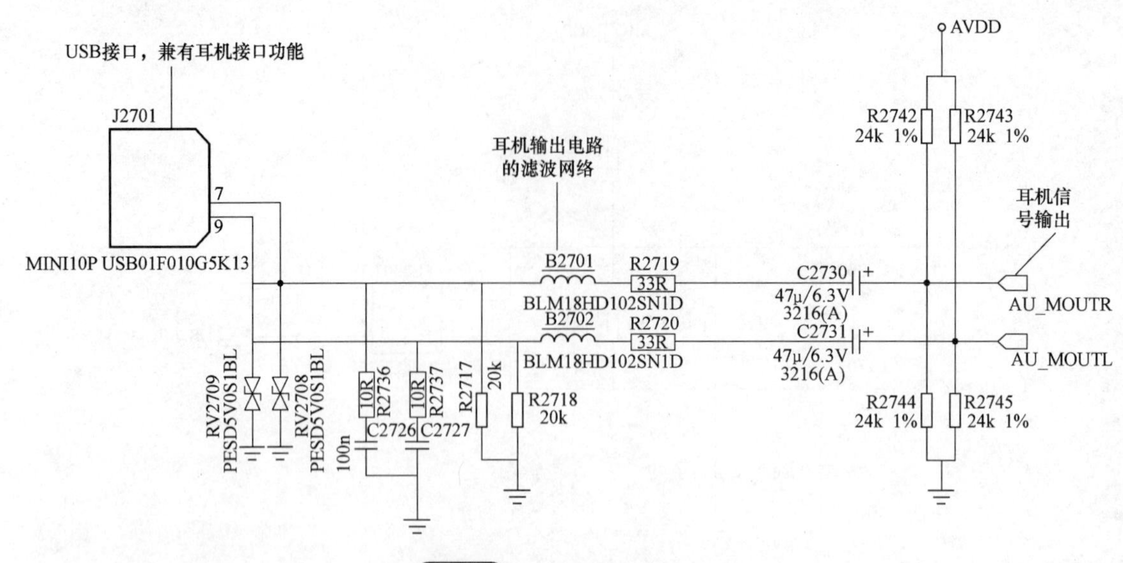

图 7-60 耳机受话输出电路

AU_MOUTL、AU_MOUTR。其中 U_MOUTL 信号经 C2315、R2311 耦合送到功放 IC（U2301 YDA145）的 A1 脚，在内部进行功率放大后从 A3、C3 脚输出单声道差分信号推动扬声器 SP2302 发出声音。

当 MT6225 检测到耳机接入的时候，通过控制 U2301（YDA145）使其静音，外放扬声器不发声，此时 U_MOUTL、AU_MOUTR 信号通过耳机输出电路输出，启动耳机发出声音。

五、振铃功放电路

1. 音频功放 YDA145 简介

YDA145 作为便携机器用超小型 D 类放大器 IC，是同类中最早的数-模输入 2.1W 立体放大器，搭载了高音质、高效率的无滤波器扬声器驱动电路“纯脉冲直接扬声器驱动电路”，实现高水准的低失真率和低噪声性能。

以前便携机器用的 D 类放大器 IC，以扩大声音为目的，单声道结构，为使铃声和 MP3 格式等的立体音乐数据再生，需要 2 个集成电路。同时由于电源电压变化和扬声器反电动势的影响，容易产生音质下降的问题，音乐播放的音质不好。

YDA145 装载的“纯脉冲直接扬声器驱动电路”，能降低失真和噪声发生，直接驱动扬声器。与以前的便携机器用 D 类放大器 IC 相比，抑制失真和噪声性能提高了一个等级。并且适合便携机器上使用的小型扬声器的特性，实现驱动功能，电源效率比以前的产品提高了 10% 以上，降低了电力的消耗。因有模拟信号输入，可容易地与以前的模拟放大器进行置换。

YDA145 的特征是自动控制音乐信号的最大幅度和失真率，保证了播放任何音乐最大音量时的完美音质。这不同于传统的 AGC 或者 ALC 电路。充放时间可以通过外部阻抗和电容来自由设定。独立的左、右通道的电源关闭功能在待机状态时为最小耗电。同时具备了作为扬声器输出终端的保护功能、超载保护功能、内部装置的过热保护功能，以及低供应电压故障的防止功能。

YDA145 内部电路框图如图 7-61 所示。YDA145 的引脚排列如图 7-62 所示。

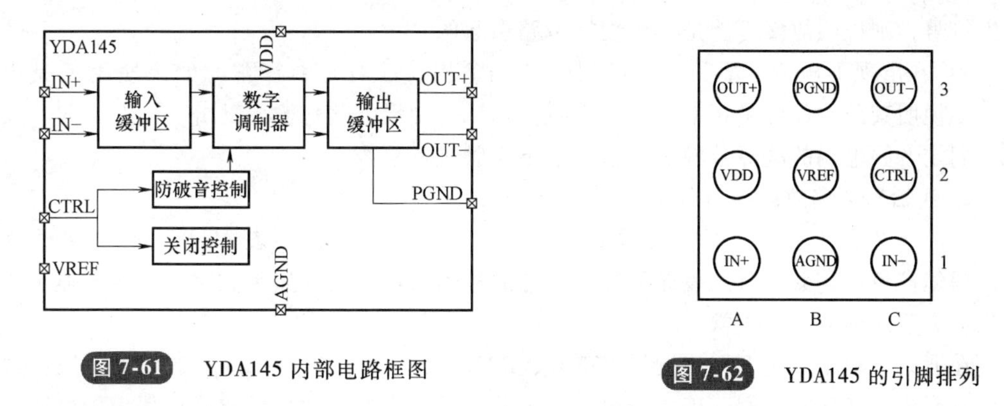

图 7-61 YDA145 内部电路框图

图 7-62 YDA145 的引脚排列

2. 振铃电路工作原理

当手机来电时，MT6225 检测到寻呼信息，从 A12、A11 脚输出振铃信号，其中 AU_MOUTL 信号经 C2315、R2311 耦合送到功放 IC（U2301 YDA145）的 A1 脚，在内部进行功率放大后从 A3、C3 脚输出单声道差分信号推动扬声器 SP2302 发出声音，如果此时耳机已经插入，耳机与扬声器同时发出振铃声音。

由于加入了限幅功能设计，所以需要外接两个 GPIO 口，根据不同的高低设计来改变 CTRL 端电压值，使其起到限幅作用。YDA145 音频功率放大电路原理图如图 7-63 所示。

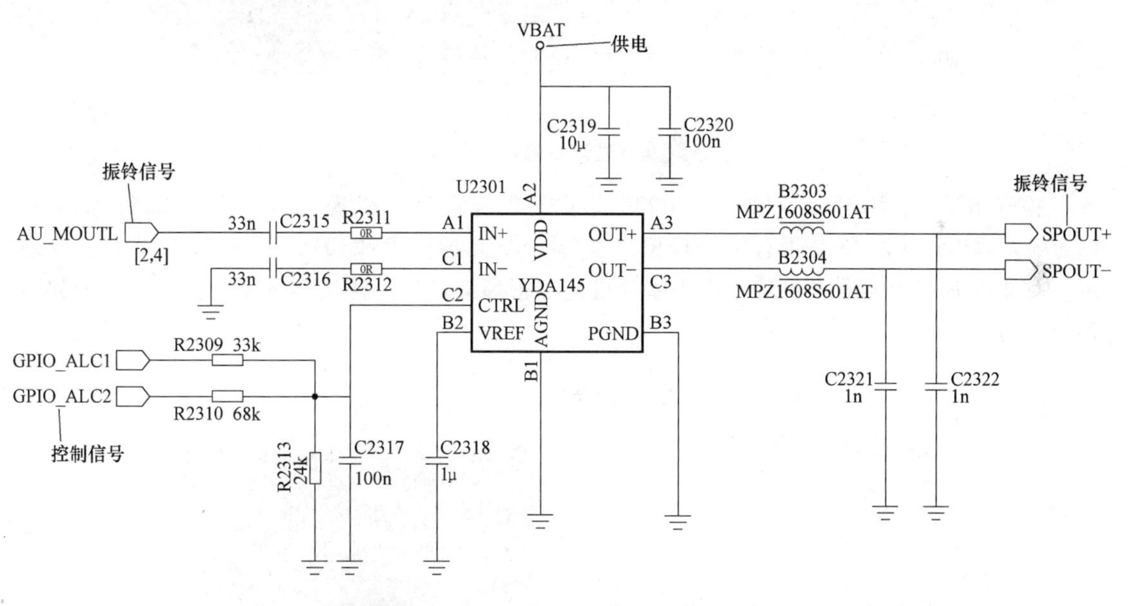

图 7-63 YDA145 音频功率放大电路原理图

六、音频电路故障维修分析

检修 MTK 芯片组手机音频电路故障的时候，首先要判断故障是在耳机电路还是机内送话、受话电路。

1）在出现不送话、不受话故障时，看使用耳机是否能够正常通话？如果使用耳机能够正常通话，则说明故障在耳机电路和机内送话、受话电路的公共部分是好的，检查机内送话、受话电路和耳机切换电路。

2）在出现不送话、不受话故障时，看屏幕是否有耳机符号，如果不插入耳机时屏幕有耳机符号，则说明故障可能是耳机切换电路引起的。

3）在出现不送话、不受话故障时，使用免提功能看是否正常，如果使用免提功能正常，则说明其公共部分是正常的，检查机内送话、受话电路的输出部分。

划定音频电路的故障范围后，再按以下步骤进行检修。

1. 送话器电路故障维修分析

（1）不送话　首先测量送话器是否损坏，可以用数字万用表 2k 档，红笔接送话器正极，黑笔接负极，数字万用表显示数值，然后用嘴吹送话器，如果数字万用表的显示数值有变化，表明送话器基本正常。

在通话过程中，用万用表测量 R2301、R2304 上是否有 1.8 ~2.6V 的偏置电压，这个电压只有在建立通话时才有，正常待机状态下是测量不到的。如果没有送话器偏置电压，一般为基带处理器虚焊或损坏。送话器偏置电压测试点如图 7-64 所示。

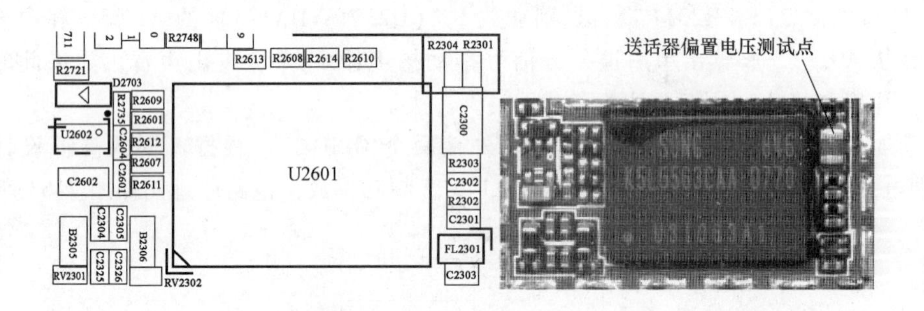

图 7-64　送话器偏置电压测试点

检查 B2303、B2306、FL2301、C2301、C2302 是否有开路现象，检查 C2325、C2304、C2303、C2305、C2326 是否有短路现象。检查 ESD 元器件 RV2301、RV2302 是否有击穿现象。如果检查以上元器件正常，则为基带处理器损坏或虚焊。送话器电路元器件分布图如图 7-65 所示。

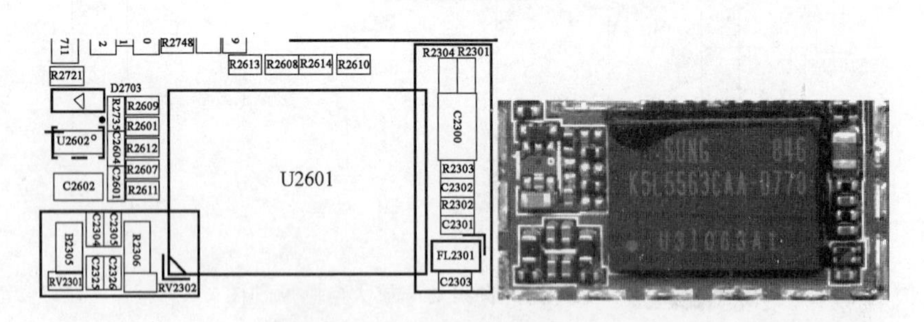

图 7-65　送话器电路元器件分布图

（2）送话声音小　进水、摔过的手机出现送话声音小的故障较多，手机摔过或进水后容易造成送话器灵敏度降低。对于送话声音小的故障，一般先代换送话器，然后检查送话器滤波网络元件是否有漏电短路问题。

2. 受话器电路故障维修分析

首先检查受话器是否损坏，可以使用万用表的蜂鸣器档，测量受话器的两根引线，正常情况下，应该有 30Ω 以下的电阻值，如果阻值很大或开路，则说明受话器已经损坏；或者将稳压电源调到 2～3V，将受话器的两根引线接触稳压电源的输出正负极，受话器内会有“咔啦”的声音。如果没有声音，则说明受话器已经损坏。

依次检查受话器通路的 R2307、R2308、B2301、B2302 等元器件是否有开路现象；检查 C2312、C2313、C2314、C2323、C2324 是否有短路现象；检查 ESD 元件 RV2303、RV2304 是否击穿。如果以上元器件检查正常，一般为基带处理器损坏或虚焊。受话器电路元器件分布图如图 7-66 所示。

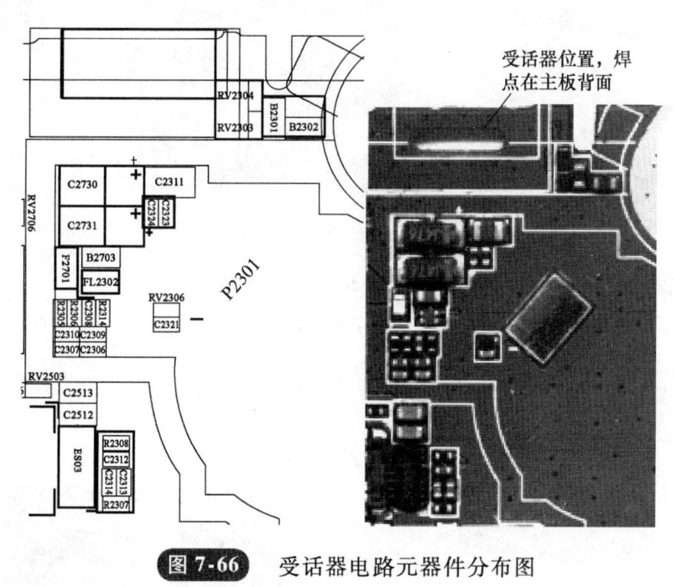

图 7-66　受话器电路元器件分布图

3. 耳机电路故障维修分析

（1）耳机检测电路　EINT0_HEAD_DET 为耳机检测信号，当未插入耳机时，J2701 的 8、10 脚是断开的，EINT0_HEAD_DET 信号由 AVDD 经 R2740 上拉到 2.8V 左右。当接入耳机后，J2701 的 8、10 脚短路，EINT0_HEAD_DET 信号输出低电平，基带处理器检测到耳机接入，在 LCD 上显示出耳机符号。

在不插入耳机时，使用万用表测量 R2712 上是否为 2.8V 电压，如果没有电压，检查 R2740 是否开路，VDD 电压是否加到 R2740，I/O 接口是否有污物。

插入耳机时，R2712 上的电压应该为 0V，如果不为 0V，检查 R2712 至 I/O 接口是否开路，I/O 接口焊盘是否脱落等。检查耳机插头是否损坏。耳机检测电路测试点如图 7-67 所示。

（2）耳机送话、受话电路　对于耳机不送话、不受话故障，首先更换一个耳机进行拨打电话测试，如果能够正常通话，则说明故障是由耳机引起的；如果仍然不能通话，则说明故障在手机主板上。

检查手机 I/O 接口是否正常，如果 I/O 接口内有污物，或者进水后腐蚀，则可能会出现接触不良或不送话、不受话故障，可以先对 I/O 接口进行清洗，如果不行再更换。

检查耳机送话器通道元器件是否正常，分别检查 B2703 是否开路，C2728 是否短路或漏电，ESD 元件 RV2715 是否击穿。

检查耳机受话器通道元器件是否正常，分别检查 B2701、B2702 是否开路，C2730、

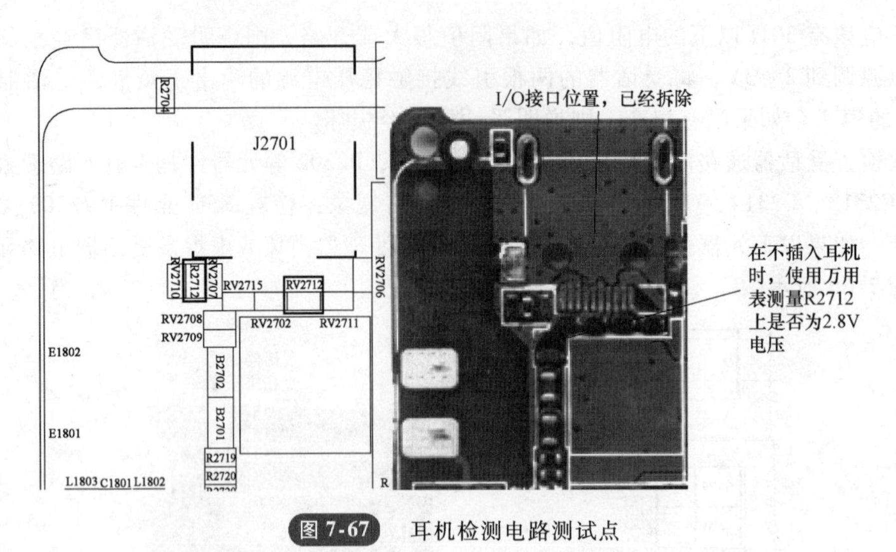

图 7-67 耳机检测电路测试点

C2731 是否短路或漏电，ESD 元件 RV2709、RV2708 是否击穿。

耳机送话、受话电路元器件分布图如图 7-68 所示。

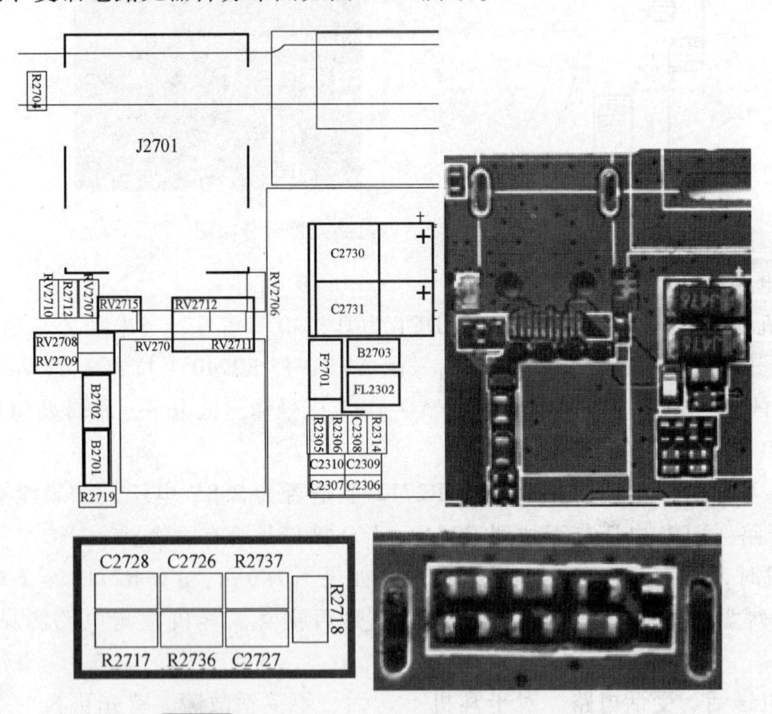

图 7-68 耳机送话、受话电路元器件分布图

(3) 音频功率放大器电路故障维修分析　音频功率放大器电路故障主要表现为：无法播放 MP3、MP4 音乐，免提没有声音等故障，如果音频功率放大器内部短路还会造成手机不开机、大电流等故障。

如果无法播放 MP3、MP4 音乐，可以先用耳机测试下，看能否播放音乐，如果耳机能播放音乐，则说明其公共部分正常；然后通话试一下免提功能是否可以使用，如果此时免提无法使用，则说明故障在音频功率放大器电路。

检修音频功率放大器电路，可使用“单元三步法”，“单元三步法”检查的内容为：“电、信、控”三个关键点，“电”是供电，“信”是信号的路径，“控”是控制电平。对单元电路维修时，只要检查这三个点，可基本判定手机故障范围。

首先检查音频功率放大器 YDA145 的供电是否正常，使用万用表测量 C2319 两端的电压是否为 3.7V，如果电压为 3.7V，说明供电正常。其次检查控制电平是否正常，使用万用表测量 R2309、R2310，检查 GPIO_ALC1 和 GPIO_ALC2 控制电平是否正常，如果控制电平正常，则说明基带处理器正常。

将手机设置为播放 MP3、MP4 状态，使用示波器测量 C2315、R2311 上是否有音频波形，测量 B2303、B2304 是否有放大的音频波形，检查扬声器两端放大后的音频波形是否正常。音频功率放大器电路测试点如图 7-69 所示。

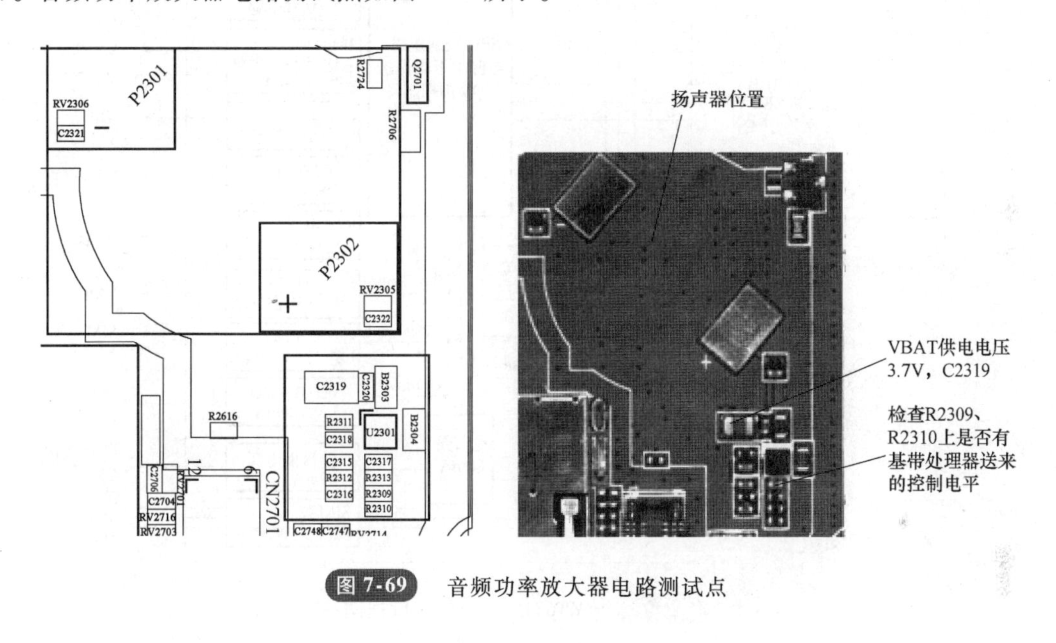

图 7-69 音频功率放大器电路测试点

第五节 电源管理电路原理与维修

在 MTK 芯片组手机中，电源管理芯片主要为 MT6305、MT6318 和 MT6326，在本节中，我们以 OPPO A115 手机的电源管理芯片 MT6318 为例，介绍 MTK 芯片组手机的电源管理电路原理和故障维修方法。

一、电源管理芯片 MT6318

1. MT6318 简介

MT6318 是 MTK 系列芯片中的电源与充电控制芯片，是专门为 GSM 手机设计的 PMIC，使用 MT6318 可以节省许多外部器件，有利于减小手机体积，降低整机功耗。所以 MT6318 电源管理芯片是现在大量 MP3、MP4 音乐手机常用的芯片。

MT6318 主要集成以下功能电路：SIM 卡接口电路、600mW 单通道 AB 类音频功率放大器、按键背景灯驱动、SPI 总线控制、GSM/GPRS 基带电源管理、内建 11 个 LDO 对外设（如 RF、时钟、SIM 卡、存储器、CPU 等）供电。另外，还具备 RGB3 路 LED 驱动，1 路

DC/DC 电感开关升压 BL 电路，1 路 DC/DC 电容电荷泵 KP 电路，振动器驱动等。

2. MT6318 内部结构框图

MT6318 的内部接口框图如图 7-70 所示。

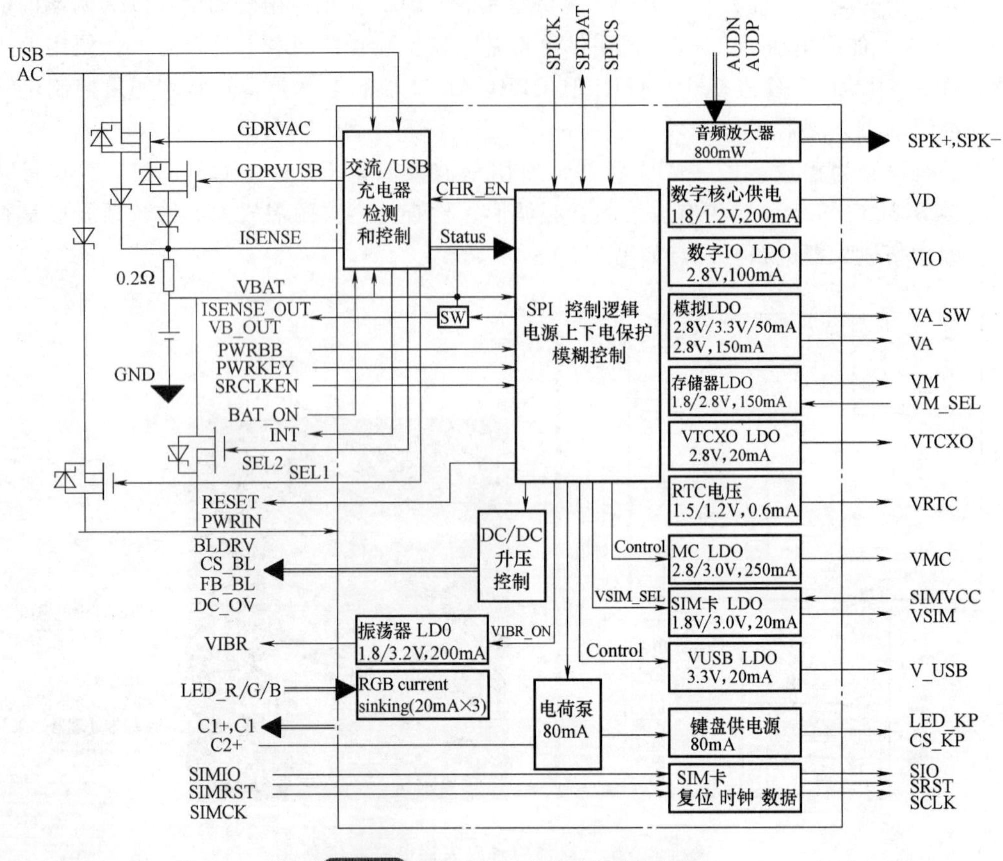

图 7-70 MT6318 的内部接口框图

二、MT6318 开关机流程

OPPO A115 手机 MT6318 电源电路原理图如图 7-71 所示，在本节的工作原理分析中，均以此电路作为参考。

1. 开机触发

MT6318 有两个触发端口，一个是 MT6318 的 K7 脚，作为开机触发，低电平触发开机；另一个是 MT6318 的 A9 脚，作为开机维持。

2. 手机开机流程

手机的开关机过程主要受到电源管理芯片 MT6318、基带处理器 MT6225 及闪速存储器的控制。当给手机加电后，立即有 3.7V 的 VBAT 电压产生，而且电源管理芯片 MT6318 的开机触发脚为高电平，按下开关键时，会把此脚电压拉低，大约 30ms，MT6318 芯片内部电路被启动，电源管理芯片内部的 LDO 送出各路工作电压。

在按下开关机按键的同时，CPU G15 脚电平被拉低，内部电路启动，CPU 从 U2 脚输出一个高电平控制信号 VCTXOEN 去开启 U1903 稳压电路，给射频芯片 MT6139 提供工作电压 VCCRF，此时 X1901（26MHz）晶体起振。主时钟振荡信号经过 MT6139 的 21 脚输出，除

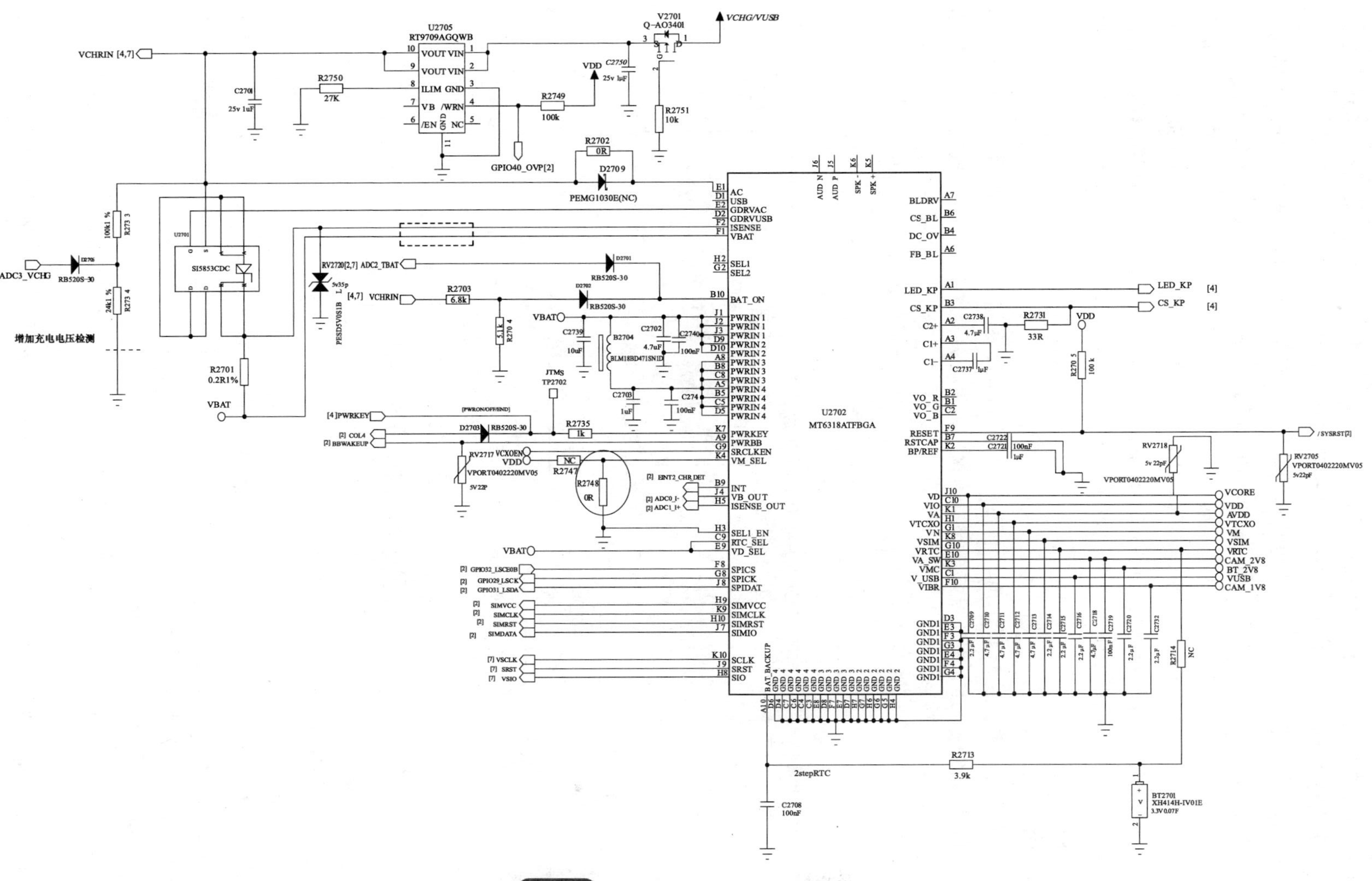

图 7-71　MT6318 电源电路原理图

给射频电路提供本振信号外，另一路信号再从 22 脚送到 MT6225 的 A3 脚；200ms 之后，SYSRST 系统复位信号从 F9 脚送出到基带处理器 MT6225 的 U3 脚进行复位。

当系统时钟、复位信号、逻辑供电均送到基带处理器 MT6225 后，MT6225 的 L5 脚输出一个 2.8V 电压，此电压经过二极管连接至 MT6318 的 K7 脚，按下开机按键后该脚电压被拉为低电平，当超过一定时间（64ms）时，U100 会判断为开机请求，CPU 从 K8 脚输出看门狗（/WATCHDOG）复位信号给存储器 U2601 的 D5 脚进行系统复位。同时 CPU 运行系统自检，当运行系统检测成功后从 B3 脚输出高电平开机维持信号（BBWAKEUP）送至 MT6318 的 A9 脚。MT6318 维持各路电压输出，CPU 调用 FLASH 内部的开机程序完成开机过程。

3. 关机流程

当按下关机按键超过 3s 以上时，基带处理器 MT6225 断开开机维持信号，电源管理芯片 MT6318 失去维持电压，无法维持各路电压输出，手机关机。手机的开关机流程如图 7-72 所示。

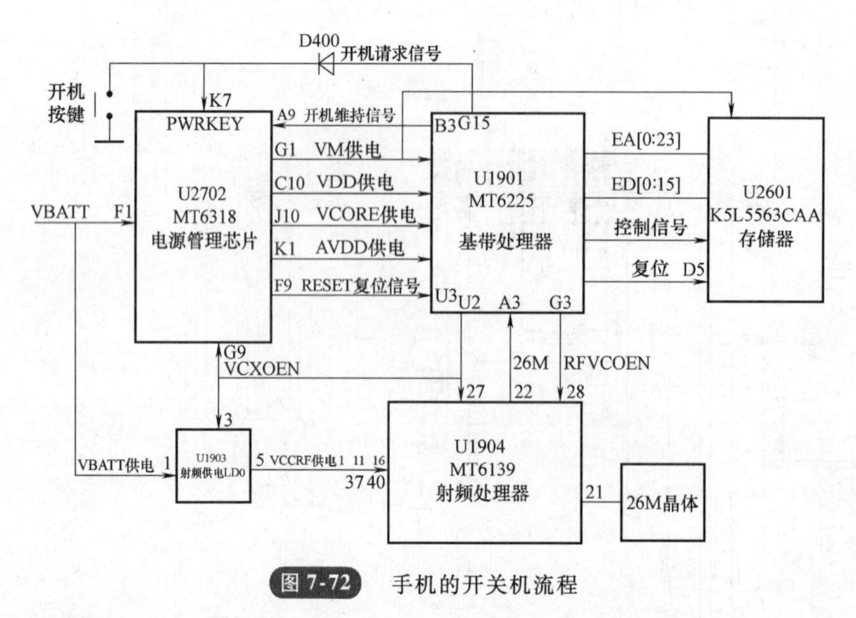

图 7-72 手机的开关机流程

三、充电电路

MT6318 电池充电电路如图 7-73 所示。

1. 充电电压检测电路

R2733、R2734 组成了充电电压检测电路，充电电压的范围一般为 4.2 ~ 9V，充电器输入最大可承受 15V，USB 输入最大可承受 9V。ADC3_VCHG 充电电压检测信号通过二极管 D2706 送至基带处理器的 C5 脚。

2. 充电电路原理

充电模式分为 USB 以及充电器充电，根据 USB_DM 上的上拉电阻来判断是否为 USB 线接入。

当外部充电器接到充电插孔时，CHANGE 电源分三路提供，第一路经 R2733、R2734 分压取得 ADC3_VCHG 充电检测信号，第二路经二极管 D2709 供给 U2702 的 E1 脚，第三路提

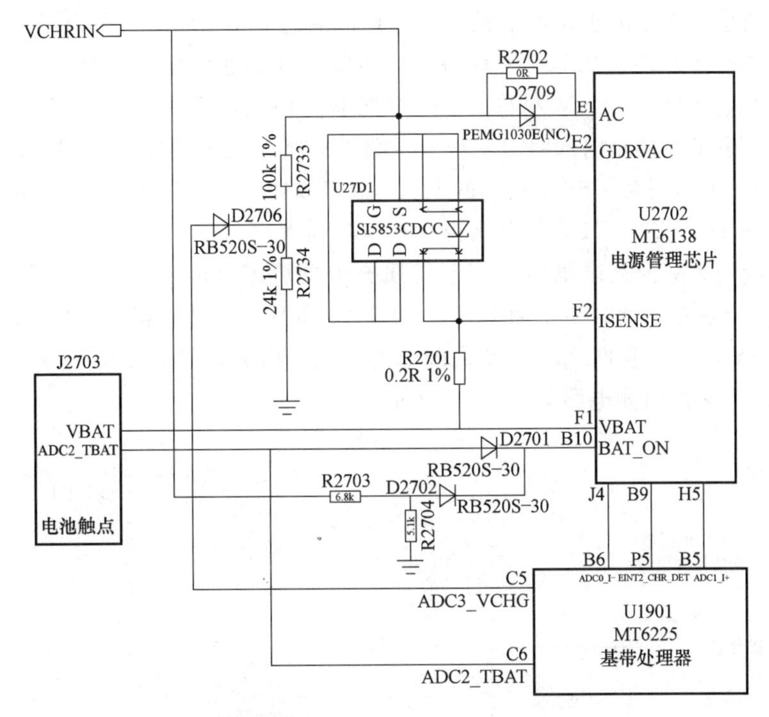

图 7-73 MT6318 电池充电电路

供给 U2701，经 R2701 到电池正极。

其工作原理如下：当充电器接入手机时，充电电压送到 MT6138 的 E1 和 B10 脚，MT6138 执行充电工作，电源管理模块从 E2 脚输出 GATEDRV 控制信号，控制充电控制管的导通，充电电压将通过 R2701 限流给电池正极充电，同时基带处理器通过提供的 ADC0 -、ADC1 + 电量反馈信号，经电源管理模块 MT6138 的 F2 脚，ISENSE 检测实现对充电过程的监控，经 MT6138 的 B9 脚 CHR DET 送到基带处理器，当检测充电完成后，MT6318 控制 E2 输出信号使充电管 U2701 截止，停止充电。关机充电和开机充电原理相同，只是在关机状态下，CPU 未执行其他程序，使手机仍处于关机状态。

BAT_ON 为充电保护功能，当此引脚电压大于 2.5V 的时候，停止充电。当充电电压超过一定额度时或者取下电池时停止充电。

3. 充电电流检测电路

在充电电路上采用 SI5855P-MOS 管控制，R2701 为 0.2Ω 精确电阻，充电电流的大小通过寄存器来设置，最小值为 50mA，最大值为 800mA。R2701 与 MT6318 内部电路共同组成充电电流检测电路，ISENSE 用来检测其充电电流的大小，GDRVAC 通过控制 MOS 管的开关，来控制 U2701 导通程度从而控制充电电流的大小。

4. USB、电源适配器检测电路

在电路中，ADC6_USB_DET 为 USB、电源适配器检测信号。在 MT6225 已经正常而无 VUSB 的条件下，MT6225 的 USB DP 和 USB DM 均保持对地低阻状态，此时这两端均为低电势，在 VUSB 有电压而未进行通信的状态下，USB DP 和 USB DM 对电源和地均为高阻态，此时 USB DP 和 USB DM 的电压由外部的分压电阻来设定。

如果插入的是 USB，由于无通信状态下计算机端的 USB DM 端为低电平，会将手机端的 USB DM 电压拉低到 0.3V。D2705 为肖特基二极管，其导通电压仅为 0.3V。因此，检测端电压 ADC6_ USB_ DET 在 0.6V 左右，软件中把小于 1V 的电压均判为 USB 插入；当插入正常的充电器时，由于在插座内部将 D + 和 D - 端子短路，而手机端的 USB DP 被电阻 R2711 上拉至 2V 以上，所以导致 USB DM 端的电压也高于 2V，检测端 ADC6_ USB_ DET 的电压必然高于 2V，软件中将高于 2V 的电压视为充电器插入。

当插入劣质的非标准充电器时，由于劣质充电器厂家可能未按国家标准将 USB D + 和 USB D - 端子进行短路，此时由电阻 R2702、R2710 和 D2750 共同将 ADC6_ USB_ DET 端的电压设置在 1.8V 左右，软件将 1 ~ 2V 之间的电压识别为劣质非标准充电器。

USB、电源适配器检测电路如图 7-74 所示。

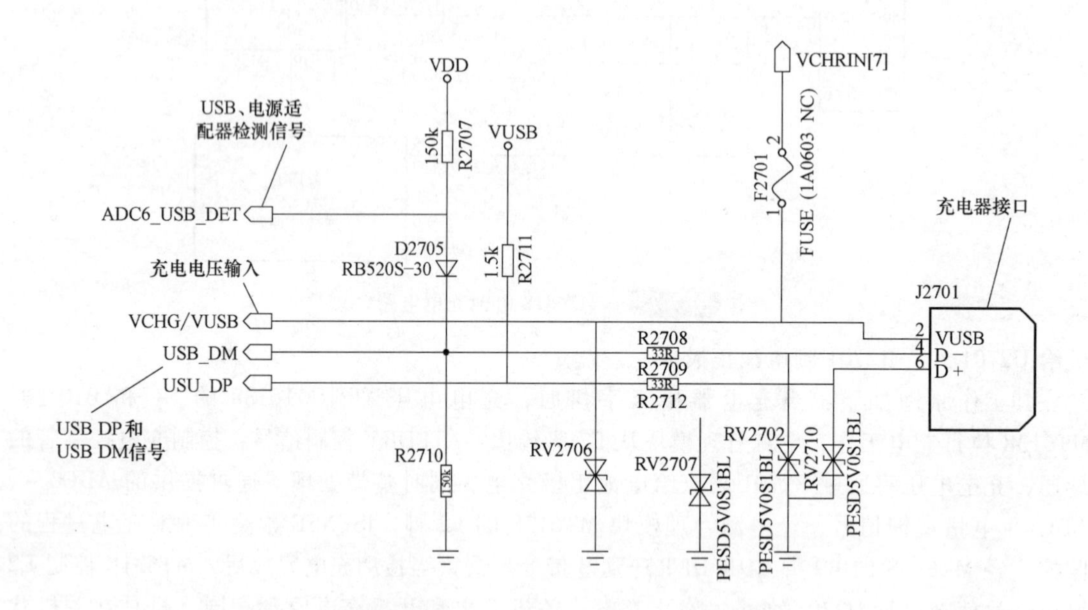

图 7-74 USB、电源适配器检测电路

5. 电池温度检测电路

如图 7-75 所示，VBAT 为电池充电电压输入或电池向电路提供工作电压，ADC2_ TBAT 为电池温度检测信号，AVDD 经 R2721 与电池电芯上的 10kΩ 温敏电阻串联分压，在充电时，当电池温度变化时，温敏电阻阻值发生变化，ADC2_ TBAT 信号电压也随之发生变化，经 R2722 送至 CPU 的 C6 脚，经 D2701 送到 MT6318 的 D10 脚检测当前电池温度。

四、电源电路故障维修分析

1. 不开机故障维修分析

不开机是指手机加上电源后，按开机键约 3 ~ 5s，手机不能正常进入开机状态，即没有正常进入自检及查找网络的过程。针对不开机故障可按以下步骤进行检修。

（1）检查电池电压　对于电源管理芯片是 MT6318 的手机，使用万用表电压档测量 MT6318 的 C2739、C2702、C2740、C2703、C2741 两端的电压，看是否有 3.7V 电压，如图 7-76 所示。

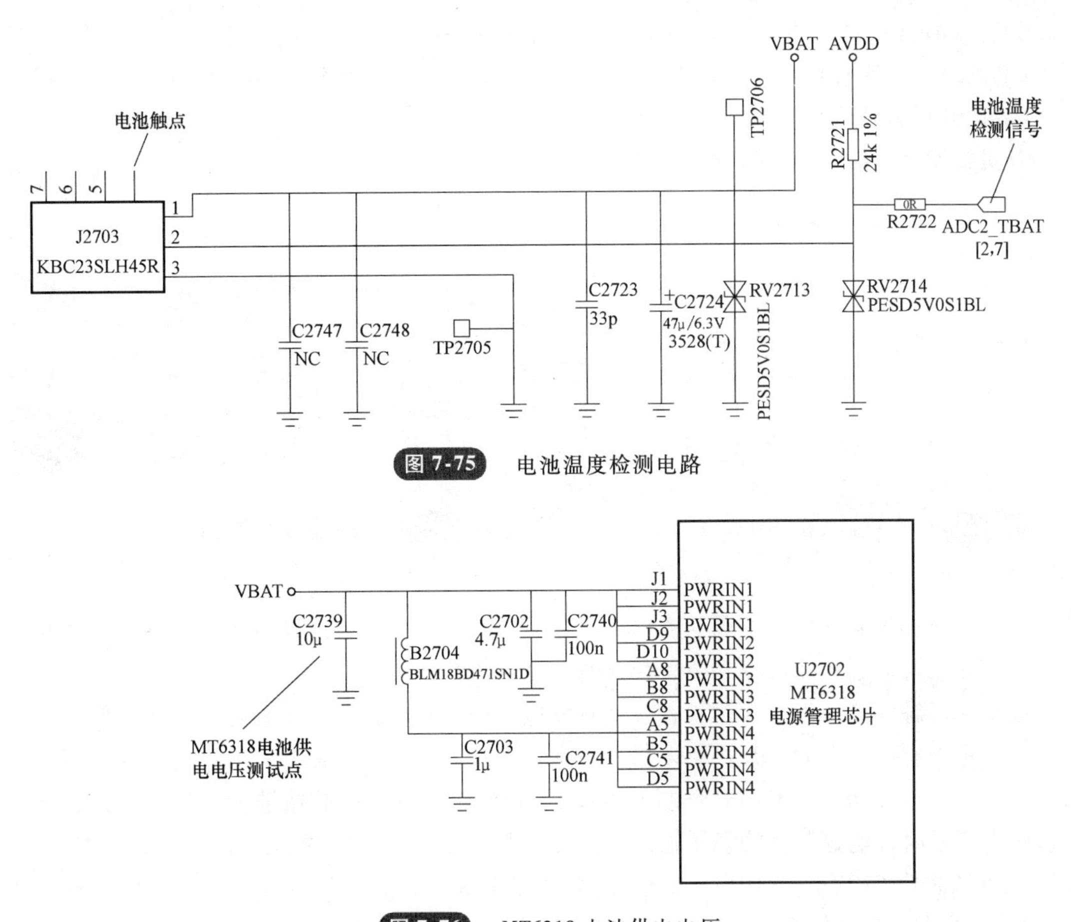

图 7-75 电池温度检测电路

图 7-76 MT6318 电池供电电压

MT6318 电池供电电压测试点如图 7-77 所示。

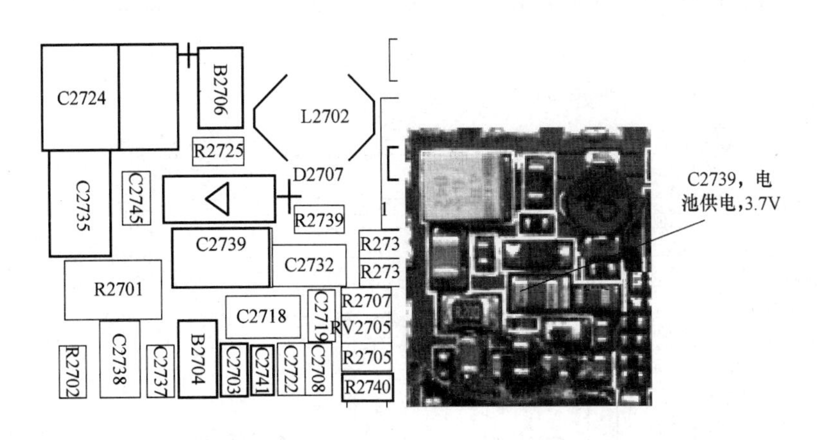

图 7-77 MT6318 电池供电电压测试点

如果经过以上检查，有 3.7V 电压，则说明电池供电正常，问题在电源管理电路；如果检查发现没有 3.7V 电压，说明电池供电电路不正常，检查电池、电池触点、电池触点至电源管理芯片电路。

（2）检查开机触发信号　MT6318是低电平触发开机，按下开机按键后，用万用表测量MT6318的K7脚附近的D2703负极是否为低电平，松开开机按键后，是否变为高电平。MT6318的开机触发信号如图7-78所示。

开机触发信号电路元器件如图7-79所示。

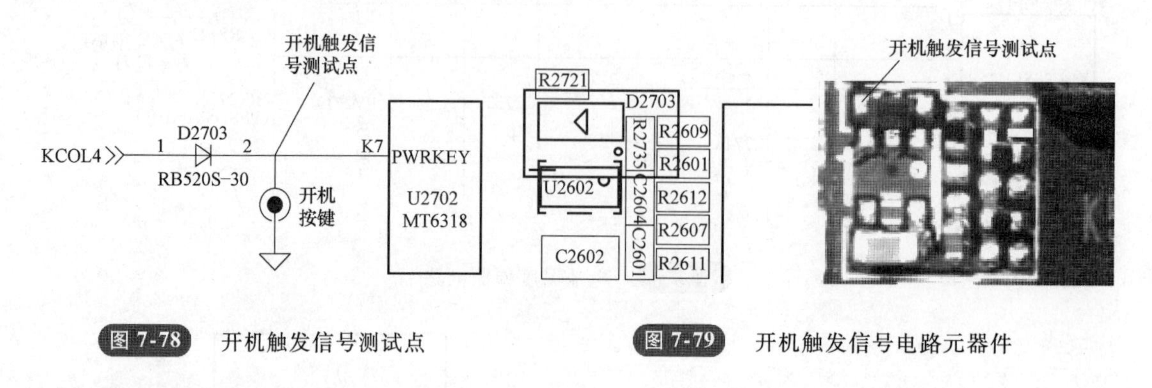

图7-78　开机触发信号测试点

图7-79　开机触发信号电路元器件

注意：开机触发电路的二极管开路也会引起不开机故障，在维修过程中要注意，二极管开路后，开机电流像软件故障电流，但要与软件故障区分开。

如果开机触发信号不正常，检查开机触发电路的开关机按键和主板布线是否正常，电源管理芯片是否有虚焊。如果开机触发信号正常，一般为电源管理芯片及其外围电路问题。

（3）检查输出电压　MT6318电源芯片内一般集成有多组受控或非受控稳压电路，当有开机触发信号时，电源芯片的稳压输出端应有七路电压输出。电源芯片J10脚（VCORE）=1.8V；电源芯片C10脚（VDD）=2.8V；电源芯片K1脚（AVDD）=2.8V；电源芯片G10脚（VRTC）=1.5V；电源芯片G1脚（VMEM）=1.8V；电源芯片H1脚（VTCXO）=2.8V；电源芯片E10脚（VA-SW）=2.8V或3.3V的电压；另外还要注意检查电源K2脚（VREF）=1.3V，以此作为参考电压。MT6318电源芯片输出电压如图7-80所示。

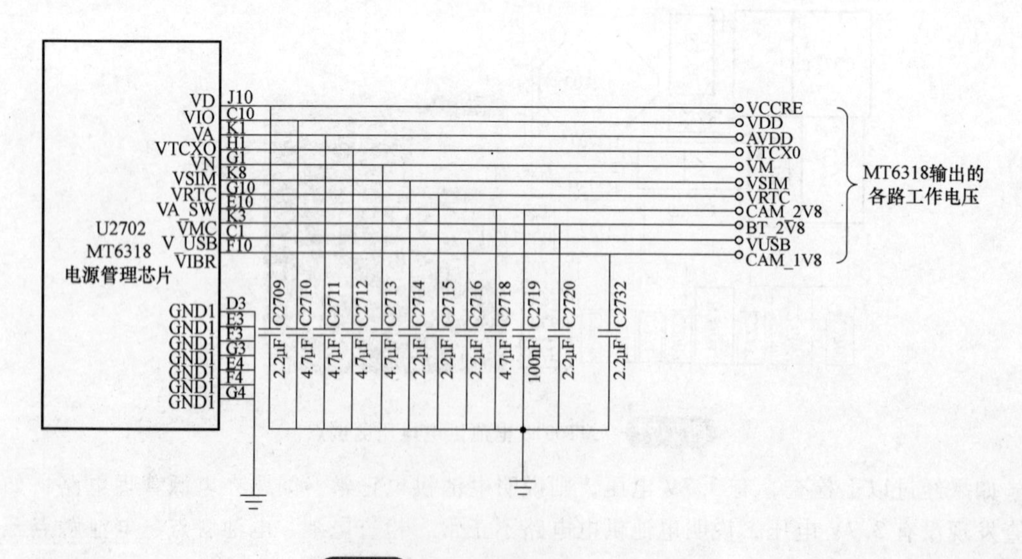

图7-80　MT6318电源芯片输出电压

MT6318 电源芯片输出电压测试点如图 7-81 所示。

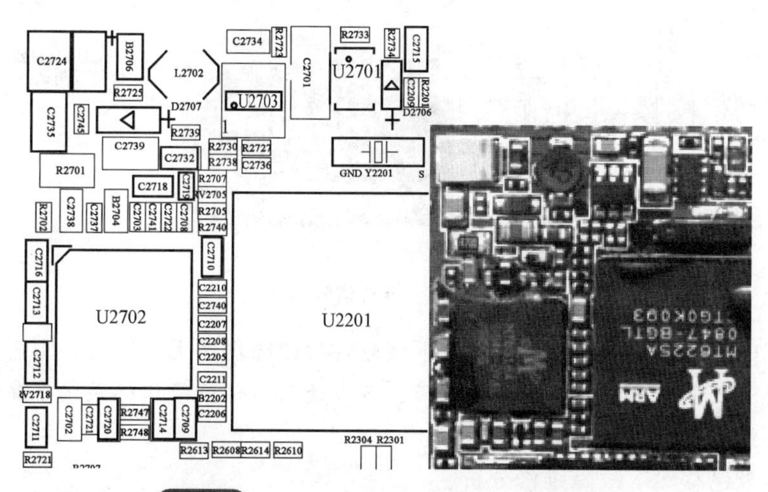

图 7-81 MT6318 电源芯片输出电压测试点

分别测量电源管理芯片输出的各路工作电压，检查是否正常，如果输出电压都正常，则说明不开机故障不是由电源管理部分引起的，需要检查时钟、逻辑电路等。如果输出电压不正常，在排除虚焊、外围电路问题后可代换电源管理芯片。

注意：手机开机的工作条件。手机要正常持续开机，需具备以下四个条件：一是电源 IC 工作正常；二是时钟工作正常；三是逻辑电路正常；四是软件工作正常。

排除电源管理芯片问题后，如果还是不开机，注意其他电路的检修，本节只分析电源电路引起的不开机问题。

2. 开机不维持故障维修分析

开机不维持故障也叫作松手关机，当按下手机开机按键时，输出低电平信号到电源管理芯片，都是给 CPU 一个开机请求信号，电源管理芯片工作并输出各路工作电压，各部分电路工作后，CPU 电路开始工作并送出维持信号至电源管理电路，如果 CPU 没有输出维持信号，会造成松手关机故障。

对于开机不维持故障的检测维修，主要检测 CPU 输出的维持信号是否正常，检测 MT6318 第 A9 脚有没有维持电压，如果有电压，则证明 CPU 已把维持电压送过来了，一般是电源损坏而引起的故障，更换电源故障排除。

如果 MT6318 的 A9 脚没有电压，一般是 CPU 虚焊或损坏引起的，要对 CPU 进行补焊或对 CPU 重新植锡，如果故障仍然无法排除则更换 CPU。电源管理电路开机维持信号如图 7-82 所示。

维持信号测试点如图 7-83 所示。

3. 低电关机故障维修分析

在 MT6318 电源管理芯片的手机中，引起低电压关机的主要是 MT6318 芯片，可先代换电源管理芯片，然后再检查其他电路。

如果检查没有断线情况存在，则可以下载软件试一下。一般情况下，没有进水、摔过的机器，因软件

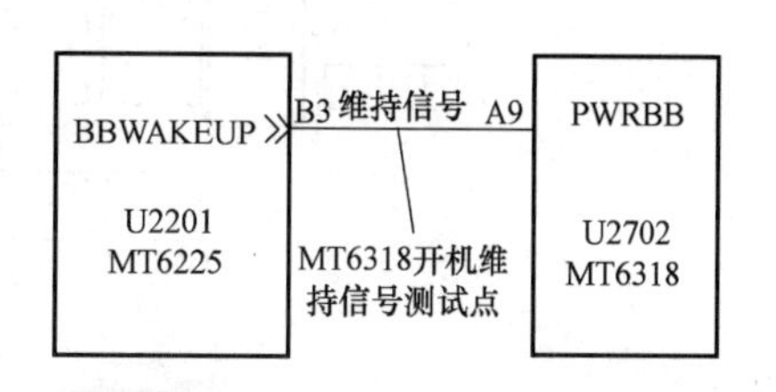

图 7-82 电源管理电路开机维持信号

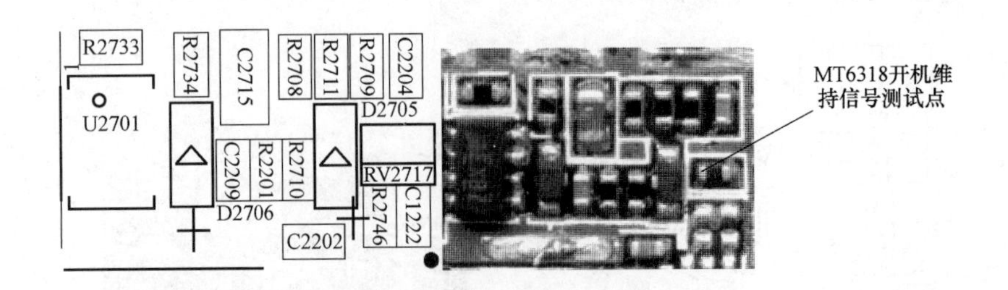

图 7-83 维持信号测试点

问题引起的低电压关机问题比较多。如果下载软件后故障仍然无法解决，则需要更换 CPU。

注意：对于正常使用中出现的软件故障，可以使用软件维修仪格式化字库资料的最后一兆，根据软件维修仪提示操作即可。

4. “充电器已移除”故障维修分析

MTK 芯片组手机经常会在屏幕显示“充电器已连接”、“充电器已移除”等信息，看似接触不良，实则为电路问题，主要是由充电检测信号不正常造成的。

MT6318 芯片的 B9 脚是充电检测脚信号，当充电检测脚信号为低电平时，CPU 视为充电状态，屏幕显示“充电器已连接”，屏幕电池显示充电状态；当充电检测脚信号为高电平时，屏幕显示“充电器已移除”，屏幕显示充电结束。

引起该故障的主要原因有：CPU 虚焊、电源管理芯片 MT6318 虚焊、充电 IC 损坏、尾插腐蚀等。

注意：当屏幕显示“充电器已连接”、“充电器已移除”等问题时，由 CPU 虚焊和充电接口接触不良引起的故障较多，一般补焊可解决。

5. 不充电故障维修分析

MTK 芯片组手机的不充电故障很多，排除充电器、电池等因素外，电路方面的故障主要来自于电源管理芯片和 CPU。

不充电故障的原理图和分析可参考前面介绍，不充电故障多是由充电 IC 坏或充电 IC 的控制引脚断线引起的。

对于不充电故障，可检查充电 IC、手机尾插、充电 IC 的 3 脚至尾插是否断线，检查 MT6318 的 E2 脚充电控制信号是否为高电平，在充电时检查 MT6318 的 F2 脚是否有电压。

充电电路主要元器件分布图如图 7-84 所示。

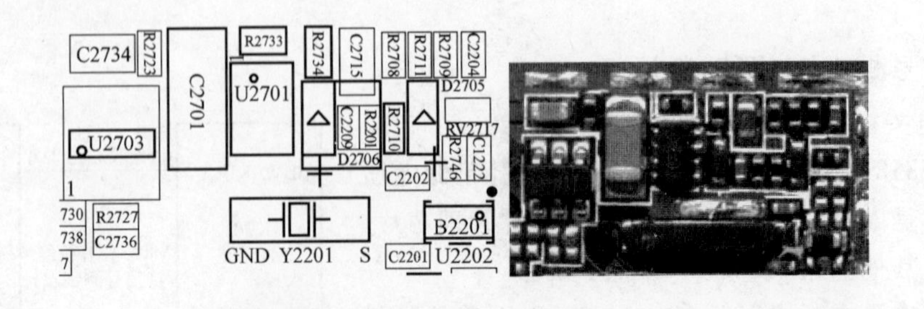

图 7-84 充电电路主要元器件分布图

第六节 人机接口电路原理与维修

人机接口，又称为输入/输出接口（I/O 接口），是中央处理器和人机交互设备之间的交接界面，通过接口可以实现中央处理器与外设之间的信息交换。

MTK 芯片组手机中的人机接口电路主要包括：背光灯电路、键盘电路、振动器电路、T-FLASH 卡电路、摄像头电路、SIM 卡电路、LCD 显示电路等。

一、背光灯电路

1. LCD 背光灯电路

（1）LCD 背光灯电路工作原理　开机后，L2702 和 RT9285B 内部升压电路开始升压储能，受脉宽调试方式控制，RT9285B 第 1 脚内部场效应晶体管工作在开关状态。当场效应晶体管截止，VBAT 与 L2702 上产生的电动势叠加，通过外部二极管 D2707 整流后向 LCD 背光灯进行供电。当场效应晶体管导通时，L2702 与 RT9285B 继续升压储能，VBAT 与 L2702 上产生的感应电动势叠加后向 LCD 背光灯进行供电。LCD 背光灯及 R2729 组成分压检测电路，将检测电压通过 R2729 反馈到 RT9285B 的第 3 脚，与内部 250mV 基准电压相比较，通过控制场效应晶体管栅极脉宽信号的占空比，使输出电压稳定。RT9285B 的反馈电压为 250mV，通过调整参考电阻 R2729 可以改变 LED 电流。

因 RT9285B 采用脉冲宽度调节方式来调节 LCD 背光灯亮度，由 MR6225 的 F6 脚输出的 PWM-LCD-BACKLIGHT 脉宽信号加到 RT9285B 的第 4 脚（使能端），从而达到控制 LCD 背光灯亮度的目的。LCD 背光电路如图 7-85 所示。

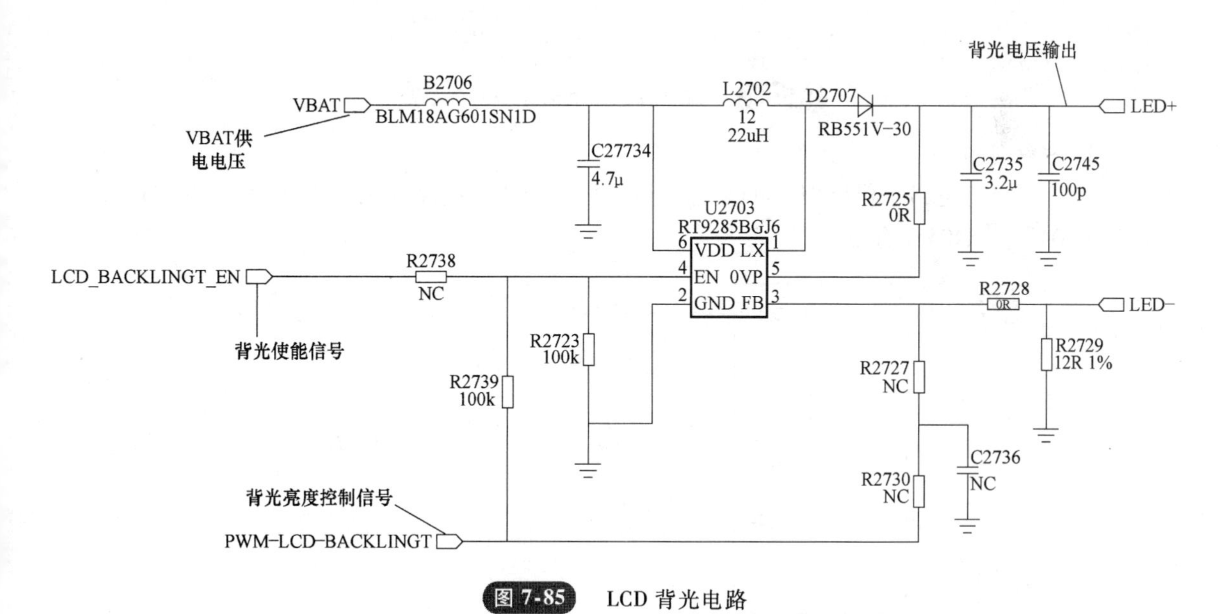

图 7-85　LCD 背光电路

U2703、RT9285B 和 L2702 组成一个升压 DC-DC 电路，采用脉宽调制的方式控制，能够同时带动 5 个发光二极管一起正常工作。

RT9285B 引脚功能如下：6 脚为电池供电端，4 脚为驱动使能端（高电平有效），1 脚为开关控制端，3 脚为反馈端，5 脚为过电压保护。

（2）LCD 背光灯电路故障维修分析　LCD 背光灯电路故障会导致手机出现黑屏无显示故障，对于此故障可首先代换 LCD 组件，排除 LED 发光二极管问题，然后再检查主板电路。

用万用表测量 C2745、C2735 两端应该有 10V 左右的直流电压，如果没有直流电压，则说明故障在 LCD 背光灯升压电路；如果有直流电压，则说明故障在后级输出部分，重点检查 FPC 接口和 LED 发光二极管。

按任意一个按键，启动 LCD 背景灯电路，使用万用表测量 U2703 的 4 脚是否有高低电平变化，测试点是 R2723 的两端。如果有高低电平的变化，则说明控制信号正常；如果没有高低电平的变化，则可能是基带处理器虚焊或损坏。

使用万用表测量 B2706 上是否有 3.7V 电压，如果有 3.7V 电压，则说明供电基本正常，应重点检查 L2702、U2703、D2707 等元器件。U2703 损坏可能引起手机大电流现象，维修时应注意甄别。LCD 背光灯电路元器件分布图如图 7-86 所示。

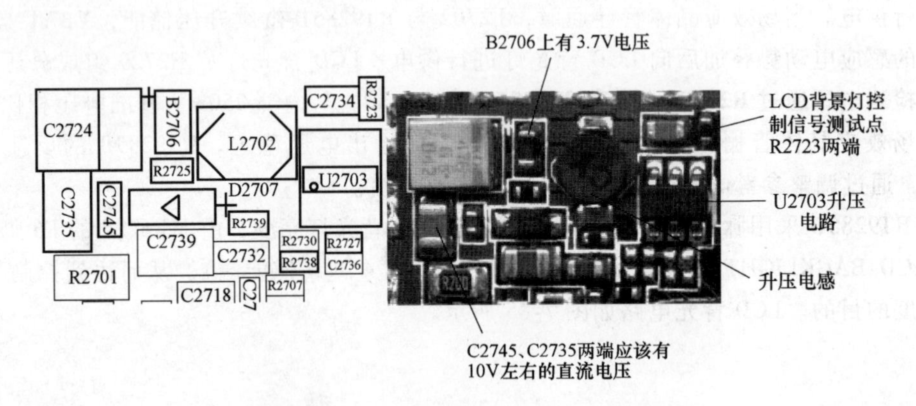

图 7-86　LCD 背光灯电路元器件分布图

2. 键盘灯电路

（1）键盘灯电路工作原理　MTK 芯片组手机的键盘灯电路如图 7-87 所示，由 MT6138、D404、D405、R405 等组成。

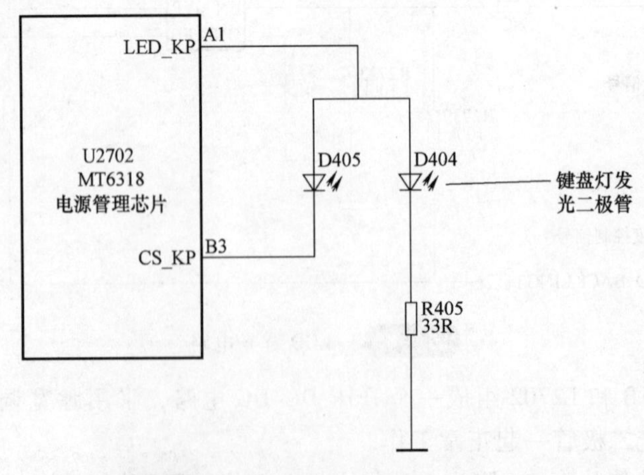

图 7-87　MTK 芯片组手机的键盘灯电路

当操作按键时，MT6138 的 A1 脚输出高电平驱动信号 LED_ KP，驱动键盘背景灯 D404 点亮。CS_ KP 用来控制按键板背光灯的亮度，当 CS_ KP 为低电平时，D404、D405 同时被点亮；当 CS_ KP 为高电平时，只有 D404 被点亮；待机时，LED_ KP 为低电平，D404、D405 均不点亮。

（2）键盘灯电路故障维修分析　OPPO A115 手机键盘灯电路比较简单，只有两个发光二极管和一个电阻，如果 D404、D405 都不发光，可能是电源管理芯片 MT6138 的 A1 没有输出 LED_ KP 信号；如果只有 D404 不发光，可能是 D404 损坏或电阻 R405 开路；如果只有 D405 不发光，可能是 D405 损坏或电源管理芯片 MR6138 没有输出 CS_ KP 信号。

如果 D404、D405 两个二极管都不发光，使用万用表测量 D404、D405 的公共端电压，按下任意按键的时候，是否有高电平，如果没有高电平，补焊或更换 MT6138。

如果只有 D404 不发光，D405 能够正常发光，检查发光二极管 D404 或电阻 R405；如果只有 D405 不发光，D404 能够正常发光，检查发光二极管 D405 或 MT6138 是否有虚焊或损坏。

二、振动器电路

1. 振动器电路工作原理

当手机设置为振动模式，有电话打入的时候，MT6225 的 F13 脚输出控制信号 GPIO5_ VIB_ EN，N 沟道场效应晶体管 Q2701 导通，电动机中有电流流过，电动机带动凸轮旋转产生振动。当 GPIO5_ VIB_ EN 控制信号停止时，Q2701 迅速截止，这时在电动机上会产生瞬间的感应电动势，其极性下正上负，由于二极管 D2704 的作用使该感应电动势迅速释放，加速电动机停止振动。振动器电路如图 7-88 所示。

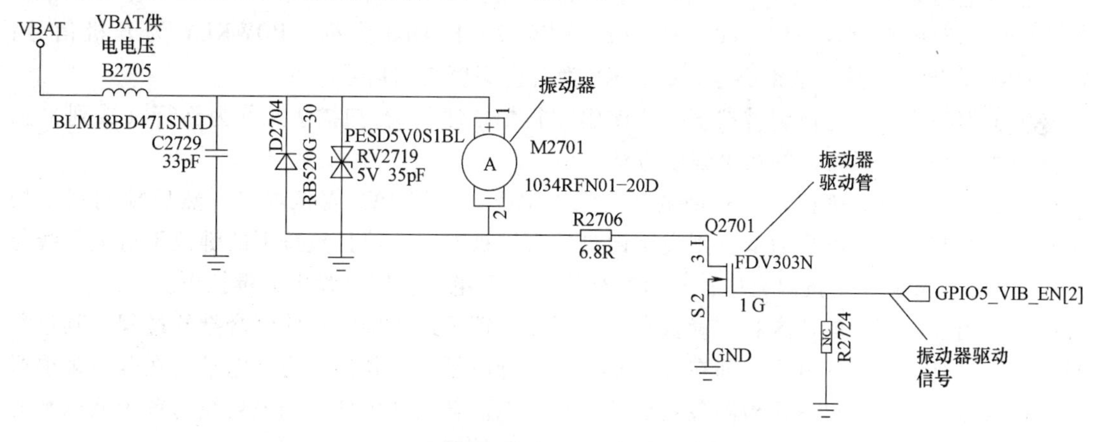

图 7-88　振动器电路

2. 振动器电路故障维修分析

振动器电路的故障主要有无振动、振动异常等，对于振动器电路故障首先检查振动器是否良好，在 OPPO A115 手机中使用的扁平式振动器，检查振动器好坏可以使用以下方法：将稳压电源电压调至 3V 左右，将振动器的引线接到稳压电源的输出端，如果振动器能够转动，则说明就是好的；如果不能转动，则说明振动器已经损坏。

检查 VBAT 电压是否正常，用万用表测量 B2705 上是否有 3.7V 电压，如果有 3.7V 电压，说明供电正常。振动器供电测试点如图 7-89 所示。

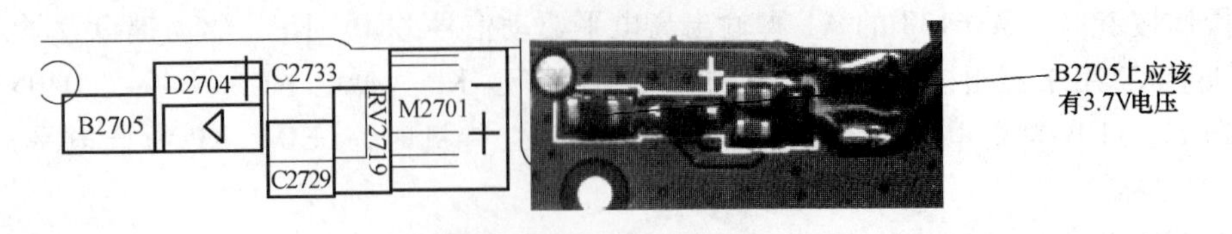

图 7-89 振动器供电测试点

启动手机的振动模式，检查 Q2701 栅极的 GPIO05_ VIB_ EN 信号是否有高电平，如果有高电平，说明基带处理器送来的控制信号是正常的，再检查 Q2701 的源极是否有低电平，如果有低电平，说明振动器驱动管 Q2701 正常，否则可能是驱动管 Q2701 损坏。振动器驱动管测试点如图 7-90 所示。

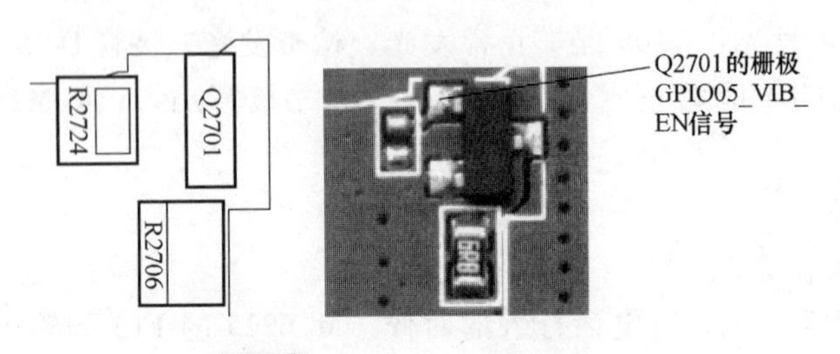

图 7-90 振动器驱动管测试点

三、键盘电路

1. 键盘电路工作原理

键盘电路是一个 5 行 4 列的按键矩阵，在按键矩阵中，KROW1、KROW2、KROW3、KROW4、KROW5 为行；KCOL0、KCOL1、KCOL2、KCOL3 为列；POWKEY 为开机信号；LED_ KP 为键盘背景灯电路供电；CS_ KP 为背光亮度控制信号。

确定矩阵式键盘上何键被按下一般使用“行扫描法”。行扫描法又称为逐行（或列）扫描查询法，是一种最常用的按键识别方法。

判断键盘中有无键按下：先将全部行线 KROW1 ~ KROW5 置低电平，然后检测列线的状态。只要有一列的电平为低，则表示键盘中有键被按下，而且被按下的键位于低电平线与 5 根行线相交叉的 5 个按键之中；若所有列线均为高电平，则键盘中无键按下。

判断闭合键所在的位置：在确认有键按下后，即可进入确定具体闭合键的过程。其过程是，依次将行线置为低电平，即在置某根行线为低电平时，其他线为高电平。在确定某根行线位置为低电平后，再逐行检测各列线的电平状态。若某列为低，则该列线与置为低电平的行线交叉处的按键就是闭合的按键。键盘矩阵电路如图 7-91 所示。

2. 键盘电路故障维修分析

在 MTK 芯片组手机中，键盘电路故障主要表现在个别按键失灵、某一行（或某一列）按键失灵、全部按键失灵等。

（1）个别按键失灵　个别按键失灵表现为按下某一个按键时无效，屏幕不显示对应的数字，必须用力按下按键才行，这种情况主要是由按键的导电触片上有污物或者进水腐蚀造成接触不良引起的，对应按键的 ESD 元件出现故障也可能会造成按键失灵现象。

对于这种情况，只要清洗对应的按键，或拆下对应的 ESD 元件就可以解决。

（2）某一行（或某一列）按键失灵　某一行（或某一列）按键失灵表现为手机键盘上

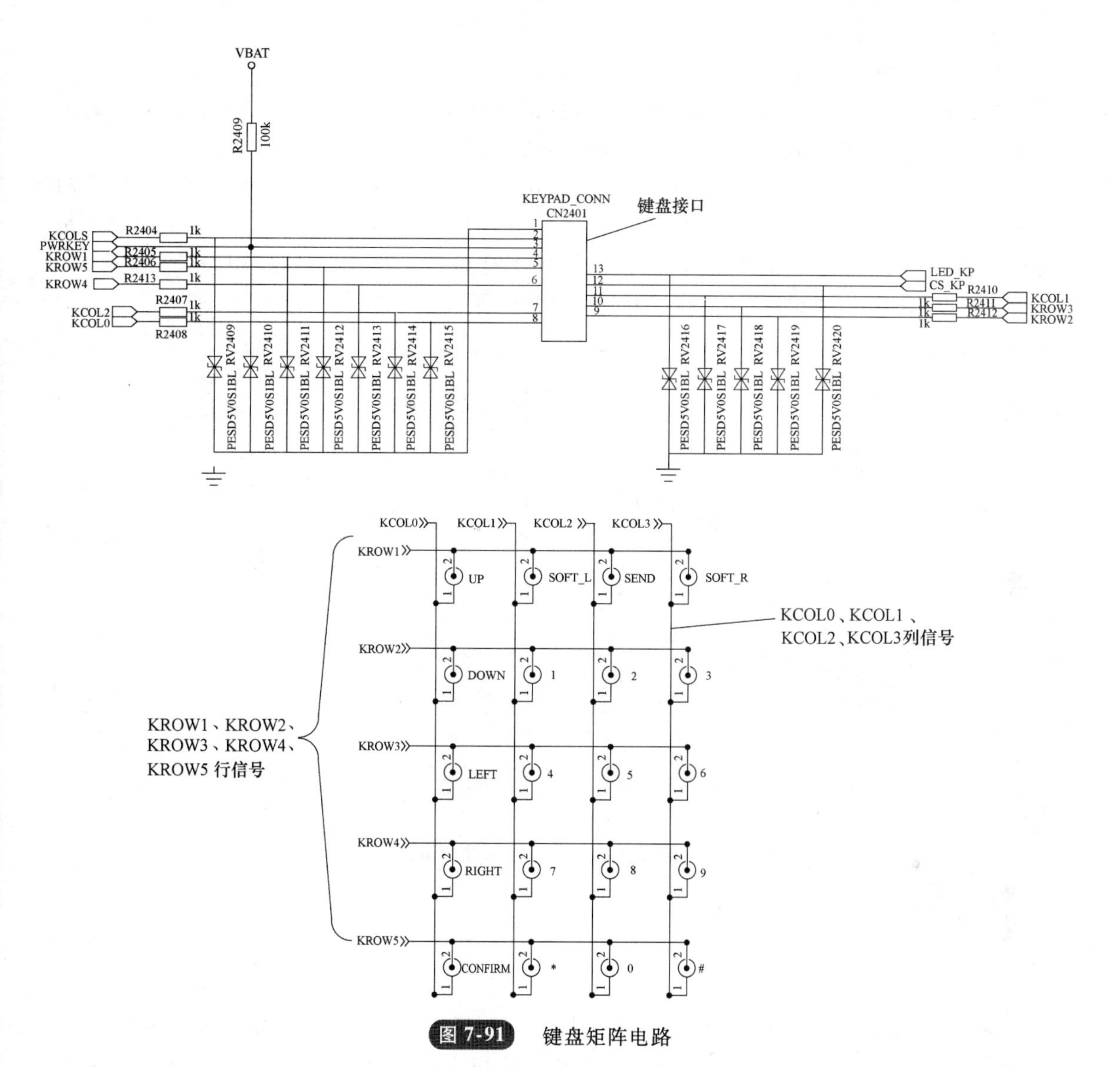

图 7-91 键盘矩阵电路

某一行的所有按键失灵，例如 1、2、3 按键失灵，或者表现为某一列的按键全部失灵，例如 1、4、7 按键失灵。这种情况主要是某一行（或某一列）的公共线出现问题，一般为 ESD 保护元件问题或该条线路断线造成。

对于这种情况，一般的解决方法是：先找出出现问题的这条线，然后拆除其外接的所有 ESD 元件，如果还是无法解决故障，可以补焊或更换基带处理器。软件问题也可能造成此故障。

（3）全部按键失灵 全部按键失灵表现为除开关机按键之外的所有按键全部失效，这种情况主要有两种情况引起：一是某一个按键短路，按键短路后，基带处理器处于按键指令工作条件下，所以所有的按键都不能使用；二是基带处理器问题，造成不能识别键盘行列矩阵信号。

对于这种情况，一是检查键盘行列矩阵电路的 ESD 保护元件是否有漏电现象，二是补焊或更换基带处理器 MT6225，软件问题也可能造成此故障。

四、T-FLASH 卡电路

1. T-FLASH 卡电路工作原理

T-FLASH 卡主要是用来扩充存储数据容量，接口电路较为简单，包括电源信号、时钟信号及数据信号。T-FLASH 卡接口电路如图 7-92 所示。

当有 T-FLASH 卡插入 TF 卡槽的时候，供电后，先有 MCCK 时钟信号，T-FLASH 卡的时钟为 12MHz。通过 MCCMD 信号发送指令查看是何种类型的 T-FLASH 卡，是单线的还是多线的，如果是单线就用 MCCMD 通信，如果支持多线就用 MCDA0、MCDA1、MCDA2、MCDA3 进行通信。RV2601～RV2607 为 ESD（静电释放）元件。

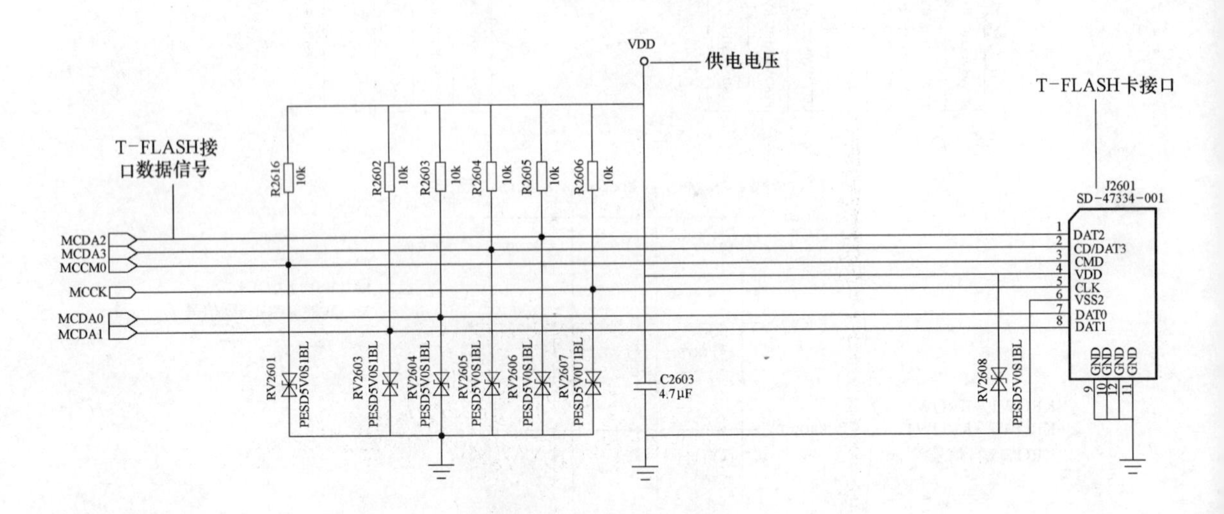

图 7-92 T-FLASH 卡接口电路

2. T-FLASH 卡电路故障维修分析

T-FLASH 卡电路故障主要表现在不识别 T-FLASH 卡或无法读取 T-FLASH 卡内的数据和资料。

对于 T-FLASH 卡故障，建议先更换一个 T-FLASH 卡，如果能够正常读取数据和资料，一般为 T-FLASH 卡损坏，可将 T-FLASH 卡在计算机上格式化后再放在手机上看是否能打开，如果在计算机上也无法识别，可能是 T-FLASH 卡损坏。

排除 T-FLASH 卡本身问题后，检查 T-FLASH 卡槽是否有变形、虚焊、引脚翘起等问题，检查 RV2608 上是否有 2.8V 的 VDD 电压，使用示波器测量 RV2607 上是否有 MCCK 时钟波形，RV2601 上是否有 CMD 信号。

T-FLASH 卡电路外接的 ESD 保护元件 RV2601、RV2603-RV2608 损坏也会造成不识别 T-FLASH 卡问题，这些 ESD 保护元件可以拆除不用。

如果以上检查仍然无法排除故障，则补焊或更换基带处理器。

T-FLASH 卡电路元器件分布图如图 7-93 所示。

五、摄像头电路

1. 摄像头电路工作原理

当手机进入拍照或摄像状态时，电源管理芯片 MT6318 会提供 2.8V 供电电压给摄像头

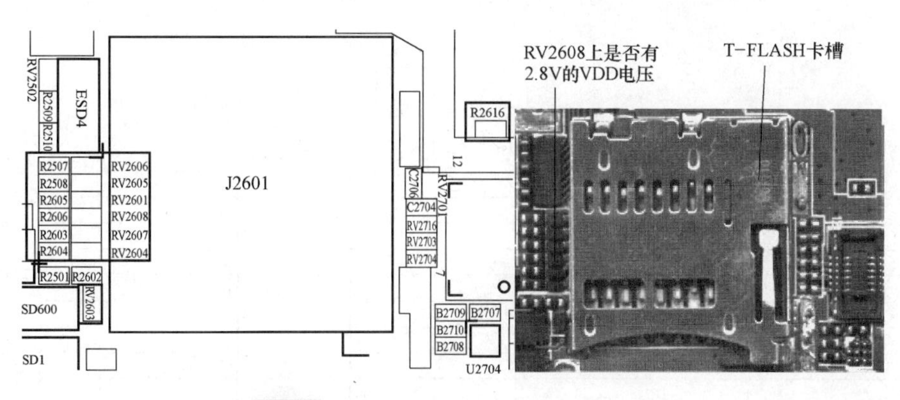

图 7-93　T-FLASH 卡电路元器件分布图

组件接口 CN2502 的 10 脚和 12 脚，提供 1.8V 供电电压给摄像头组件接口 CN2502 的 7 脚，同时 CPU 送出复位信号到摄像头组件接口 CN2502 的 6 脚使摄像头复位，I^2C 总线信号送到摄像头组件接口的 8、9 脚，摄像头的控制信号分别送到摄像头组件接口 CN2502 的 2、3、4、5、11 脚。

此时摄像头组件进入工作状态，摄像头捕捉的景物在图像传感器上转化成电信号后，经过摄像头组件 U500 的 16～23 脚数据通信接口，送至 CPU MT6225 内部，经 CPU 内部的数字信号处理器中处理后，送至 LCD 显示出摄像头捕捉的景物。

ESD3 和 ESD4 为 ESD（静电释放）防护作用。

MTK 芯片组手机的摄像头电路如图 7-94 所示。

2. 摄像头电路故障维修分析

MTK 芯片组手机经常会出现装置未就绪、照相花屏、照相死机、拍照时屏幕显示黑底色、拍照保存无图像等故障，这些故障都和摄像头电路有关。

（1）摄像头损坏引起的故障　摄像头损坏后会引起照相花屏、照相死机、拍照时屏幕显示黑底色、拍照保存无图像等故障，对于这种情况可以使用代换法进行判断，找一个功能正常的摄像头进行代换，如果故障消失，表明是摄像头不良引起的故障。

（2）摄像头电路引起的故障　摄像头电路引起的故障有装置未就绪、照相花屏、照相死机、拍照时屏幕显示黑底色、拍照保存无图像等，造成这些故障的原因有：供电不正常、CPU 虚焊或损坏、软件故障、CPU 和摄像头通信有问题等。

首先用万用表测量摄像头电路 1.8V、2.8V 供电是否正常。1.8V 电压的测试点在 C2516 两端，2.8V 电压测试点在 B2502 上。

由软件损坏引起的摄像故障，可以格式化 FLASH 或者重新下载软件，如果故障仍然无法解决，可以补焊或更换 CPU。摄像头电路测试点如图 7-95 所示。

六、SIM 卡电路

1. SIM 卡电路工作原理

SIM 卡接口电路如图 7-96 所示，其中的信号功能分别为：VSIM-SIM 为卡供电，由 MT6318 的 K8 脚提供；VSIO-SIM 为卡数据信号；SRST-SIM 为卡复位信号；VSCLK-SIM 为卡时钟信号。主板 CN2701 接口与 SIM 卡板接口连接。

（1）SIM 卡的供电（VSIM）　SIM 卡的供电有 5V、3V、1.8V 三种，以前的大卡是

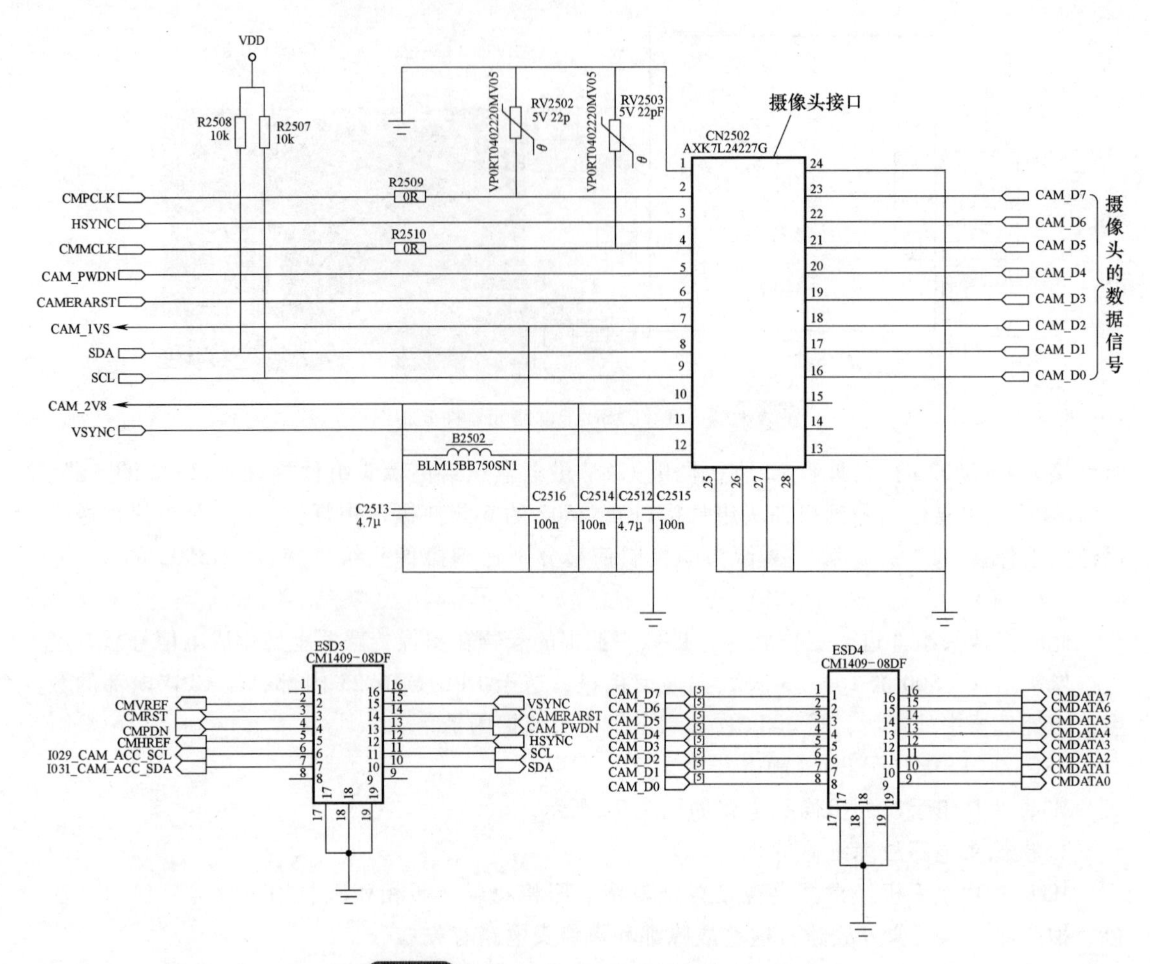

图 7-94 MTK 芯片组手机的摄像头电路

5V/3V，而现在的卡一般是 3V/1.8V，所以在手机的稳压电路之中，我们往往可以看到卡的供电电路。

（2）卡的时钟（SIM-CLK） SIM 卡的时钟一般采用两种时钟，一种是采用 13MHz 进行 4 分频而得到的 3.25MHz 作为基准时钟，另一种是采用 1.083MHz。

（3）SIM-IO（SIM 卡数据） SIM 卡的数据，它是与手机进行 SIM 卡内部信息传输的通信线，此线路在手机之中的故障率是最高的。

（4）SIM-RESET SIM 卡的工作复位信号，是用以对 SIM 卡内部处理器进行复位的。

（5）SIM-VPP SIM 卡的编程供电，一般在手机之中都为空脚，不为空脚的则与 VSIM 供电线相连。

（6）SIM-GND SIM 卡的接地端。

GSM 手机的 SIM 卡的脚位功能只有以上 6 个。而实际中起作用的只有 5 个脚位，SIM-VPP 可视作空脚。

2. SIM 卡电路故障维修分析

SIM 卡电路出现的故障主要为不识卡、SIM 卡错误等，在判断 SIM 卡电路故障时，首先将 SIM 卡装到正常的手机上看是否能识卡并找到网络，如果正常，则说明故障在 SIM 卡电

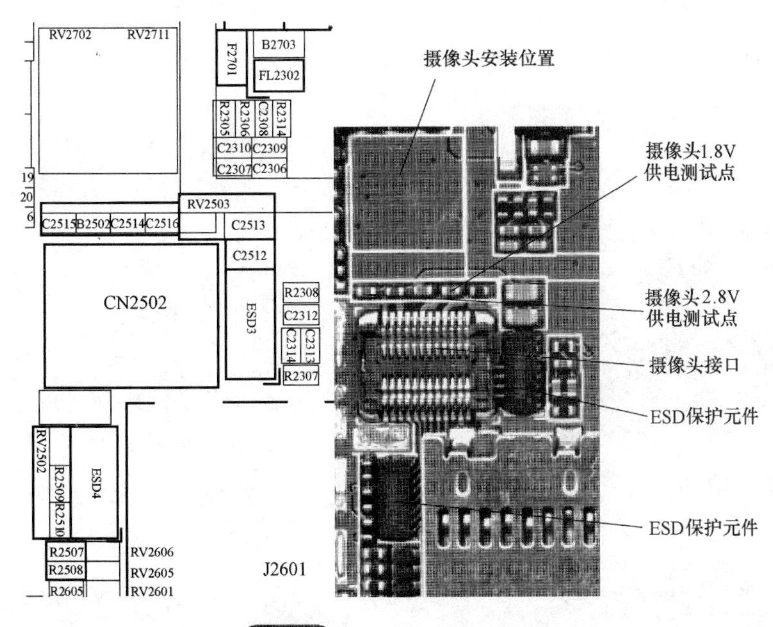

图 7-95 摄像头电路测试点

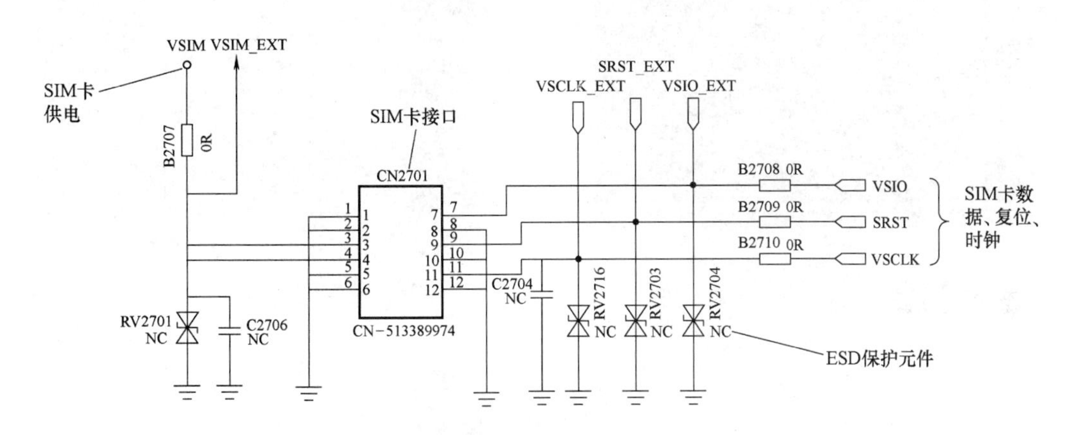

图 7-96 SIM 卡接口电路

路，不是 SIM 卡本身问题引起的。

SIM 卡共有 6 个触点，除一个空脚和一个接地外，其余引脚的波形可以使用示波器进行测量，一般在开机 5s 之内测量。SIM 卡供电引脚波形如图 7-97 所示。SIM 卡时钟波形如图 7-98 所示。SIM 卡数据引脚波形如图 7-99 所示。SIM 卡复位引脚波形如图 7-100 所示。

如果某一个引脚没有波形，除 SIM 卡座虚焊外，一般为 MT6138 或基带处理器 MT6225 虚焊或损坏，另外，SIM 卡座引脚外接的 ESD 保护元件击穿也会导致不识卡故障。SIM 卡电路元器件分布图如图 7-101 所示。

七、LCD 显示电路

1. LCD 显示电路工作原理

在 MTK 芯片组手机中，CPU 内置了一个多功能的 LCD 显示控制器，该控制器支持多种不同的 LCD 模块，一般采用并行的 LCD，基带处理器的数据通信线 NLD0 ~ NLD17 连接到 LCD 接口的 U503 的 7 ~ 24 脚。LCD 显示电路接口如图 7-102 所示。

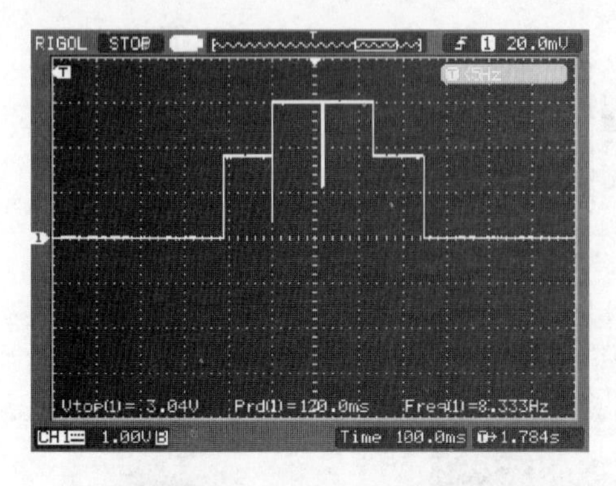

图 7-97 SIM 卡供电引脚波形

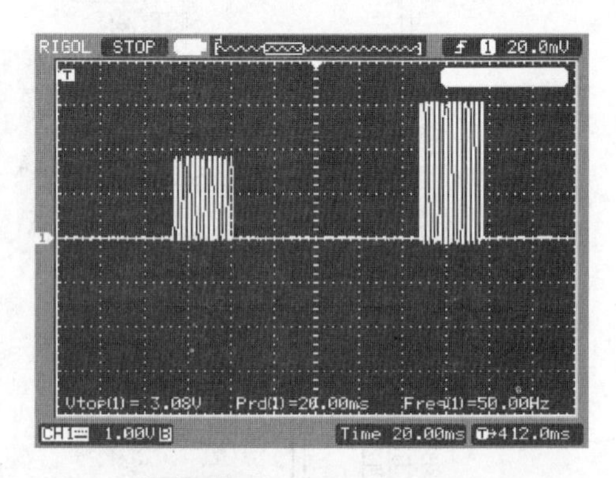

图 7-98 SIM 卡时钟波形

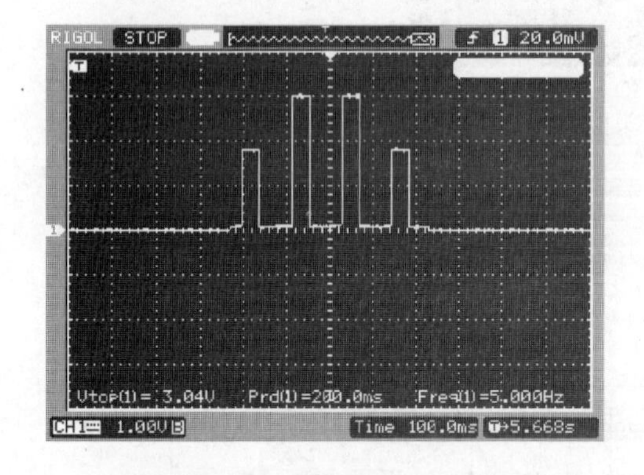

图 7-99 SIM 卡数据引脚波形

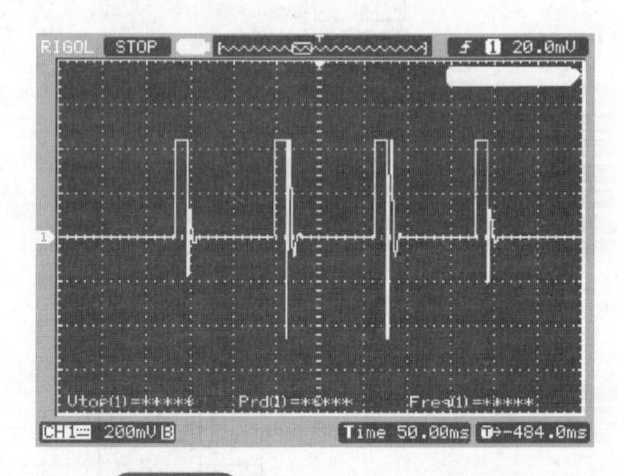

图 7-100 SIM 卡复位引脚波形

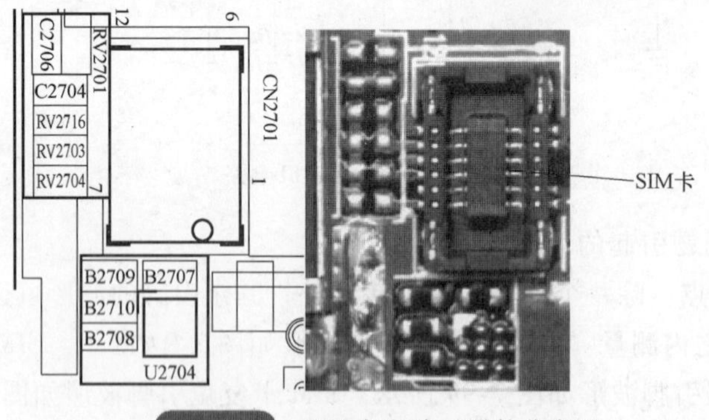

图 7-101 SIM 卡电路元器件分布图

在电路中，ESD600、ESD1、ESD2 起保护作用，主要是防静电和电磁干扰。在电路中，要求 ESD + EMI 器件与 LCD 连接器靠近。ESD 元器件内部结构如图 7-103 所示。

2. LCD 显示电路故障维修分析

LCD 显示电路主要的故障有：不显示（显示白屏）、显示不全、花屏、倒屏、显示错位等。

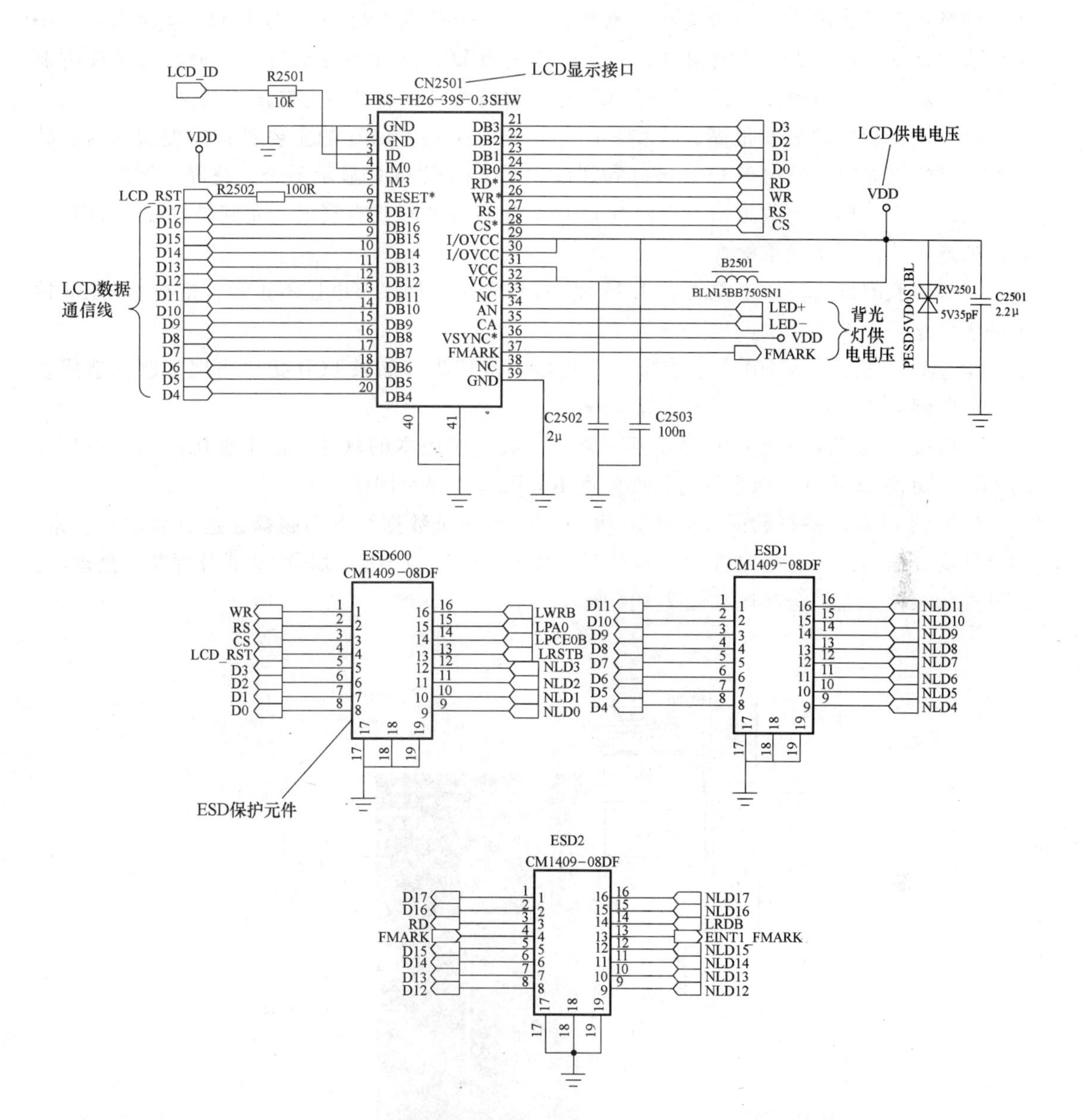

图 7-102 LCD 显示电路接口

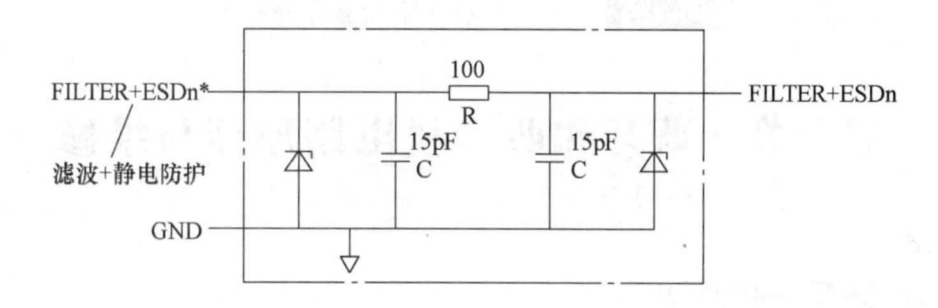

图 7-103 ESD 元器件内部结构

注意：显示黑屏是由LCD背景灯电路引起的，由于现在的LCD都是TFT全透射的，如果没有背光灯，屏幕上看不到图像；显示白屏是由LCD显示电路故障引起的，由于没有驱动信号，屏幕上看不到图像，白屏是LCD背景灯的灯光，和显示电路没有关系。

LCD本身损坏的概率很高，这和其制作材料有关系，LCD的主要材料是玻璃基材，磕碰和摔过的机器很容易出现LCD破碎和裂痕。对于出现LCD显示不全、花屏、倒屏、显示错位、LCD上有阴影等故障，首先检查LCD本身是否破碎或有裂痕。尤其是排线和LCD上芯片的连接处，更要着重检查。

用万用表测量C2501上是否有2.8V的VDD电压，如果该电压不正常，检查MT6138输出的供电是否正常。

检查LCD接口CN2501是否有虚焊、接触不良现象，如果LCD接口出现问题会造成显示花屏、倒屏、显示错误、不显示等故障。

软件故障也可能引起LCD显示不正常，下载对应版本的软件，由于手机使用不同厂家的LCD，更换LCD后可能会因为软件版本不同引起无显示问题。

CPU到LCD的并行数据通信线有18条，任何一条数据线有问题都会造成显示不正常，如果怀疑数据通信线有问题可补焊ESD保护元件ESD1、ESD2、ESD600或补焊基带处理器。LCD显示电路元器件分布图如图7-104所示。

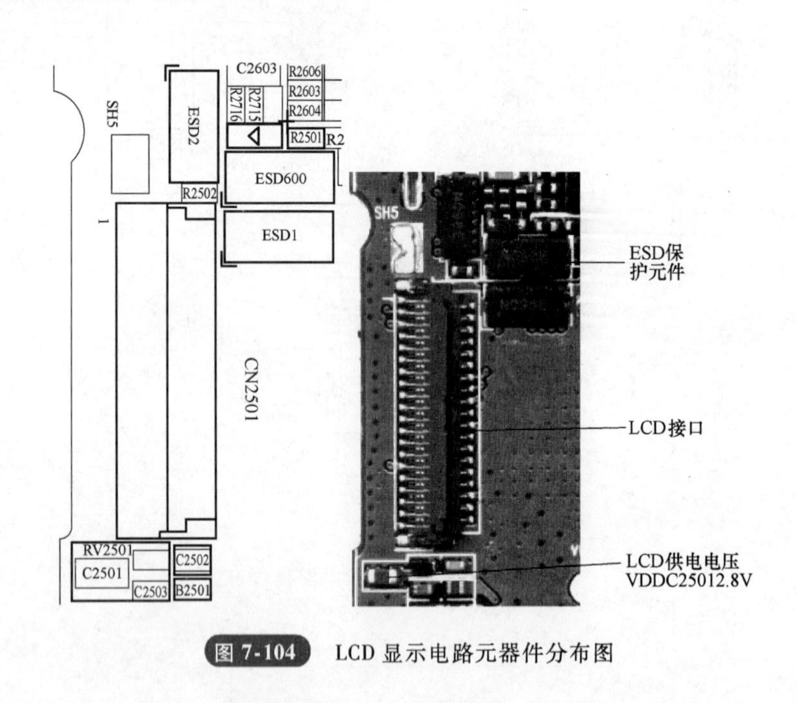

图7-104 LCD显示电路元器件分布图

第七节 蓝牙和收音机电路原理与维修

一、蓝牙电路

1. 蓝牙通信模块MT6601简介

MT6601是一个高度集成的蓝牙通信模块，它集成了蓝牙射频、蓝牙基带及其他相关单元电路。

MT6601 的射频单元采用零中频结构，无需外接的信道滤波器和 VCO 谐振元件。芯片内集成了射频前端匹配电路，无需外部的射频开关和平衡电路。芯片内射频单元包含完整的接收、发射路径，它集成了 PLL、VCO、功放和调制解调器。

MT6601 的基带处理器包含用以处理调频、纠错、加密、数据组包和解包的硬件引擎，以减轻芯片内 ARM 处理器的负荷。MT6601 的内部电路框图如图 7-105 所示。

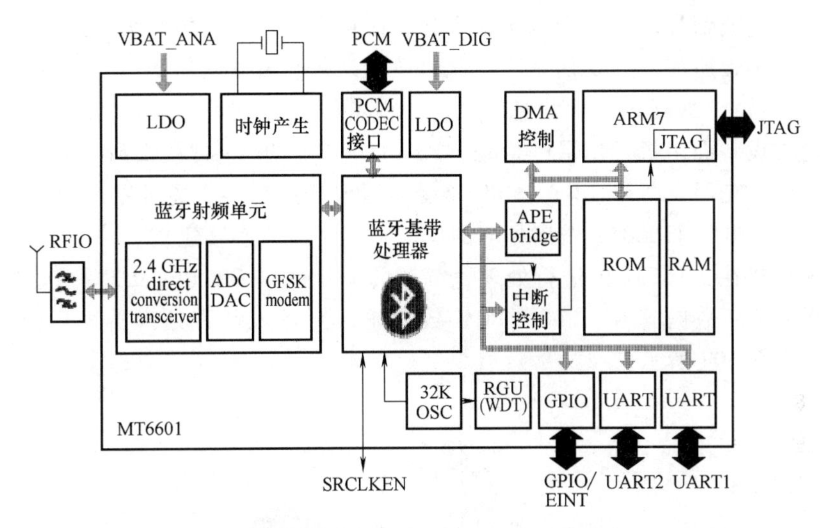

图 7-105 MT6601 的内部电路框图

MT6601 的 PCM 接口提供主/从模式操作，它连接到手机基带的语音通道，用以传输数字语音信号。UART 接口支持硬件流量控制，支持高速波特率，该接口连接到手机基带处理器，用以传输控制数据信号。外部的参考时钟接口支持不同的时钟信号频率。

电源管理芯片 MT6318 为 MT6601 提供供电，MT6601 通过握手信号 PTA（PTA，Packet Trafficarbitr Ation）与 WLAN 电路通信，使蓝牙和 WLAN 分时在 2.4G 工作，这样可以避免噪声干扰和阻塞干扰。MT6601 与管理芯片的通信如图 7-106 所示。

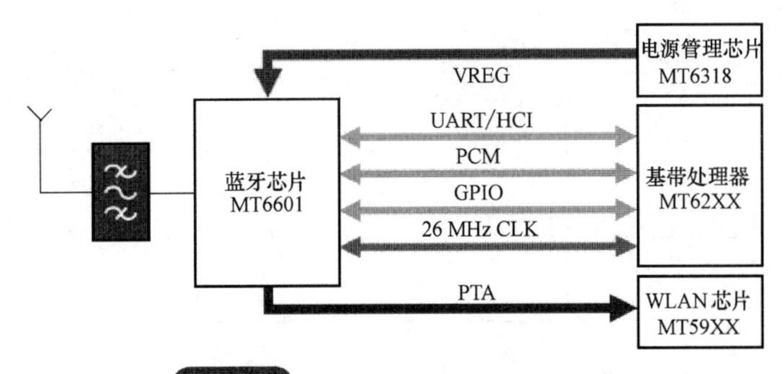

图 7-106 MT6601 与管理芯片的通信

2. 蓝牙通信模块 MT6601 电路工作原理

MT6601 的 D1、D8、D9、J4 脚送入的是 2.8V 的 I/O 电源；MT6601 的 A2、A4、A5、E1、D2、C1 脚是射频供电 1.8V。

MT6601 的 A6、B6 脚外接 32MHz 晶体振荡器，通过选择 G5、H5 脚的高低电平，可选择 13MHz、26MHz 或 32MHz 时钟。休眠时使用 32.768kHz 时钟，该时钟从 MT6601 的 B9 脚输入。32MHz 时钟信号由 X1801 与 MT6601T 内部振荡电路产生，用于蓝牙的定时器、计数器和系统复位、休眠、唤醒等功能的实现。

当手机菜单进入并启动蓝牙功能时，首先从 A3 脚送出蓝牙无线连接的请求信号，通过带通滤波器 Z1801 输出，经 L1803、C1801、L1802 组成的网络匹配电路滤波后由天线向四周传出去，蓝牙模块以无线电波查询方式，扫描周围是否有蓝牙设备，附近的蓝牙设备收到手机发出的无线电波信号后，就会送出一个分组信息来响应手机的请求，这个信息包括手机和对方之间建立连接所需的一切信息，但此时还不是处于数据通信状态，只有通过手机操作进行蓝牙连接，从 A3 脚送出寻呼信息，在对方设备做出回应后，它们之间的通信连接才建立；或者是对方设备向手机发出寻呼信息，BT-MT6601T 的 A3 脚在收到此信息后从 C9 脚向 CPU 发出一个请求信号 EINT3_ BT，CPU 接受此请求（此功能要通过用户操作来实现）后，通过 SPI 总线控制 BT-MT6601T 做出相应的反应，此时通信连接建立。

蓝牙接收信号在 MT6601 内进行处理，解调的信号通过 G9（PCM 时钟）、G8（PCM 同步信号）、F9（PCM 数据输出）、F8（PCM 数据输入）送入基带处理器进行处理。MT6601 电路原理图如图 7-107 所示。

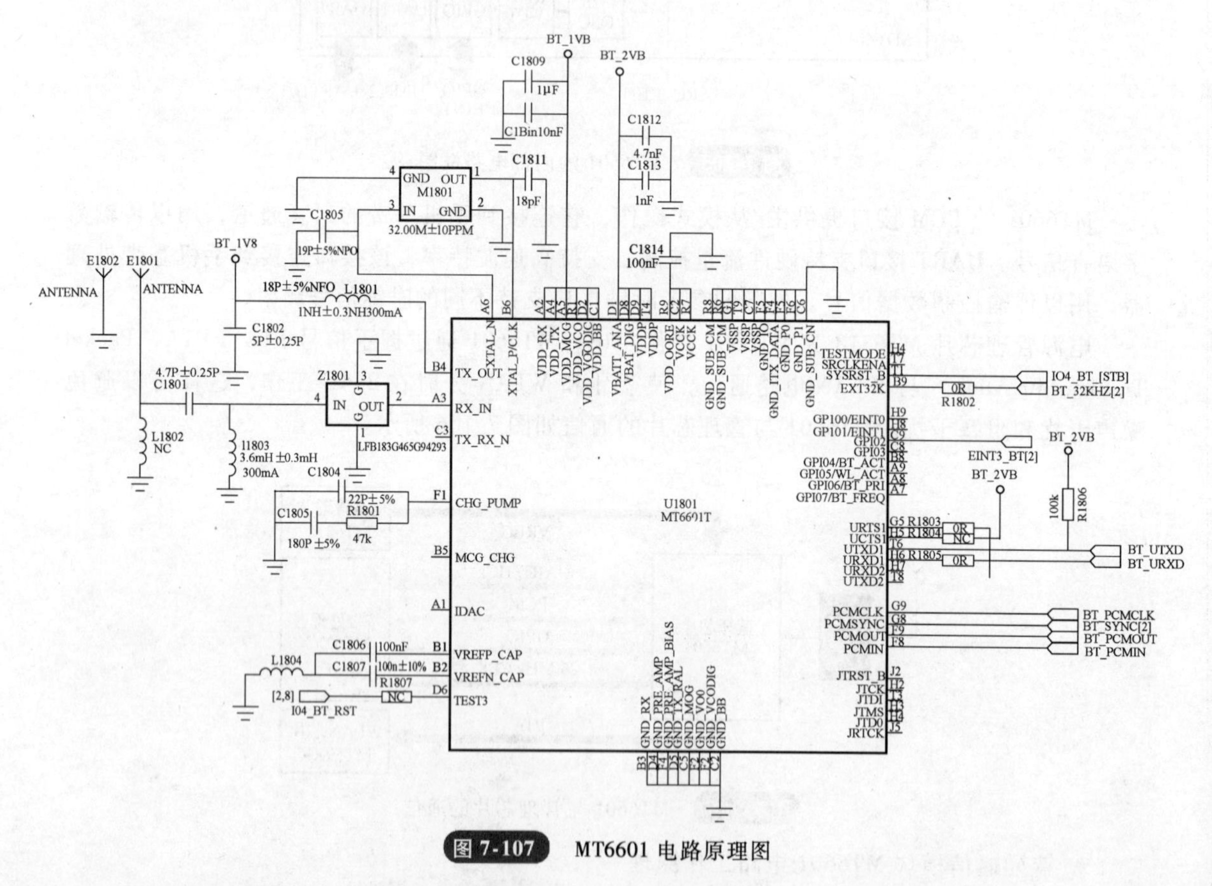

图 7-107 MT6601 电路原理图

3. 蓝牙通信模块电路故障维修分析

蓝牙模块损坏故障表现为蓝牙功能打不开，或者无法使用，对于蓝牙模块故障主要检查以下几个方面。

（1）供电　检查 C1802、C1809、C1810 上是否有 1.8V 的电压，检查 C1812、C1813 上

是否有 2.8V 电压。如果电压不正常，检查供电电路。

（2）时钟 检查蓝牙模块的 C1811 上是否有 32MHz 的时钟信号，如果没有 32MHz 时钟信号，则检查 X1801 及其外围元件；检查 R1802 上是否有 32kHz 的时钟信号，如果没有，则检查 32kHz 时钟信号电路。

（3）通信及控制信号 检查蓝牙模块 MT6601T 与基带处理器的通信及控制信号；检查蓝牙模块天线及滤波器等；重新下载手机软件；补焊基带处理器。蓝牙模块 MT6601T 电路元器件分布图如图 7-108 所示。

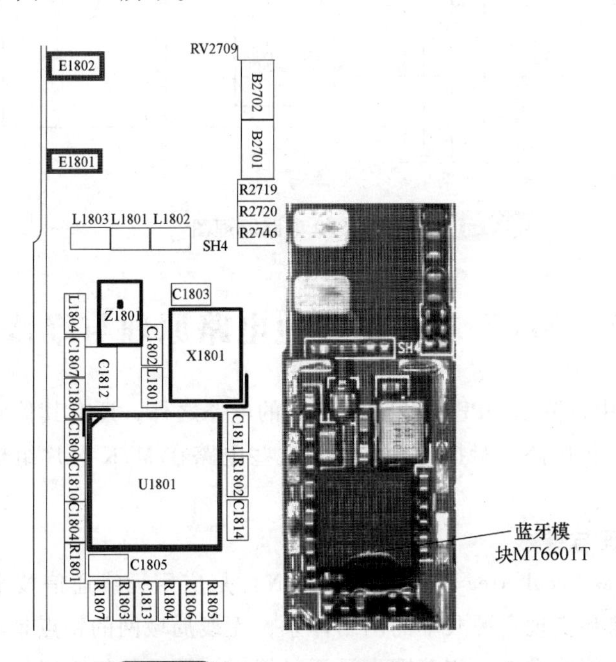

图 7-108 蓝牙模块 MT6601T 电路元器件分布图

二、FM 收音机电路

1. TEA5990 工作原理

在 OPPO A115 手机中，U1802 TEA5990 工作使用 32kHz 的时钟信息，该时钟信息由 MT6225 提供，用以实现收音的功能。

当进入 FM 功能时，TEA5990 启动，信号通过天线 FN_ ANT、C1815、L1805 滤波后由 E1 脚进入 TEA5990，再经过 TEA5990 的处理后，由 TEA5990 的 E6、D6 输入给 MT6225，经过 MT6225 解码后，输入给音频模块，实现声音的还原。TEA5990 电路原理图如图 7-109 所示。

2. FM 收音机电路故障维修分析

（1）供电 检查 FM 收音机芯片 TEA5990 的 F6 脚是否有 2.8V 的 VDD 电压，测试点在 C1821 两端。

（2）时钟及通信 检查 32kHz 时钟信号是否正常，测试点在 C1816 上；检查 I^2C 数据总线是否正常，测试点在 R1809、R1810 的非接电源端上；检查复位信号是否正常，测试点在 D2711 的正极；检查 FM 收音机信号输出是否正常，测试点在 C1819、C1820 上。

（3）输入天线信号检查 检查从 I/O 接口到 FM 收音机芯片的天线输入信号是否正常，检查 L2404、D2430、C1815、L1812 是否正常；补焊或更换 U1802。

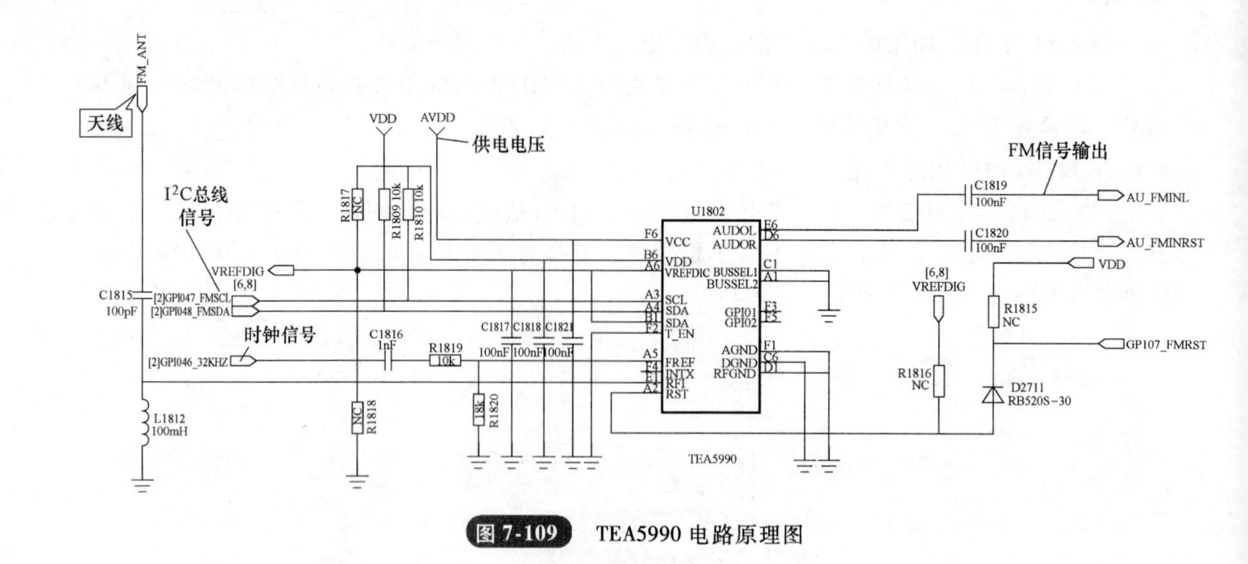

图 7-109 TEA5990 电路原理图

第八节 MTK 芯片组其他电路原理与维修

在 MTK 芯片组手机中，除了 OPPO A115 手机中的电路之外，还有其他常见电路，例如 WLAN 电路、双 SIM 卡待机电路、触摸屏电路等，这些电路在 MTK 芯片组也比较常见，下面我们分别进行介绍。

一、WLAN 电路原理与维修

无线局域网（Wireless Local Area Network，WLAN）是应用无线通信技术将计算机设备互联起来，构成相互通信和实现资源共享的网络体系，无线局域网的特点是不再使用通信电缆。无线传输媒体可使通信终端在一定范围内灵活、简便、移动地接入通信网，因此无线局域网作为有线局域网的延伸，具有广阔的发展前景。

1. WLAN 模块简介

MTK 芯片组手机中采用 AL2236 + MT5911 的组合模块，WLAN 模块采用 52 引脚的 LGA 封装形式，支持协议为 IEEE 802. 11 b/g，支持频段为 2. 4G，和基带处理的接口方式为 E-HPI、SPI 或 SDIO 方式。WLAN 模块电路框图如图 7-110 所示。

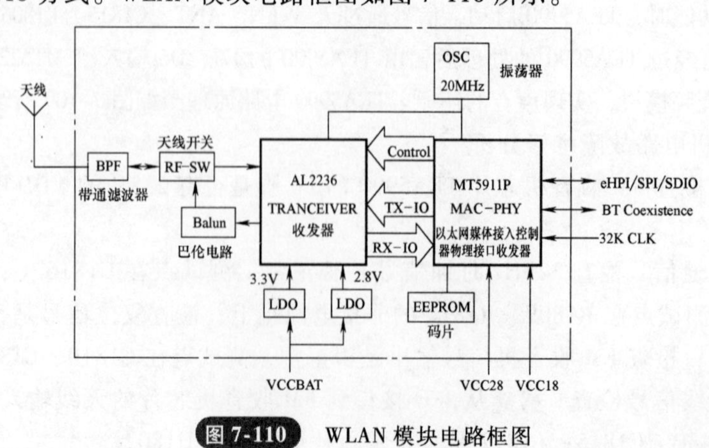

图 7-110 WLAN 模块电路框图

2. WLAN 模块工作原理

WLAN 信号从 U801 接收下来，经过 C801、L801 和 L802 组成的滤波网络，送至 WLAN 模块的 52 脚，发射信号也是经该通道送至天线发射出去。

VBAT 电压送至 WLAN 模块的 29 脚，2.8V 的供电电压送至 WLAN 模块的 36、37 脚，1.8V 的供电电压送至 WLAN 模块的 39 脚。

蓝牙模块的 A8（BT_ priority）、A9（BT_ confirm）与 WLAN 的 40、42 脚进行通信，这个通信信号就是握手信号，蓝牙和 WLAN 都工作在 2.4GHz，如果同时工作，可能会引起干扰，为了避免这种干扰，就采取分时工作方式，分时是利用蓝牙和 WLAN 间的握手信号，使蓝牙和 WLAN 分时在 2.4G 工作，这样可以避免噪声干扰和阻塞干扰。

WLAN 模块和基带处理器的接口方式采用的是 E-HPI 方式，WLAN 模块的 HI-D01 ~ HI-D15 与基带处理器的 NLD0 ~ NLD15 连接进行数据传输。WLAN 模块的电路原理图如图 7-111所示。

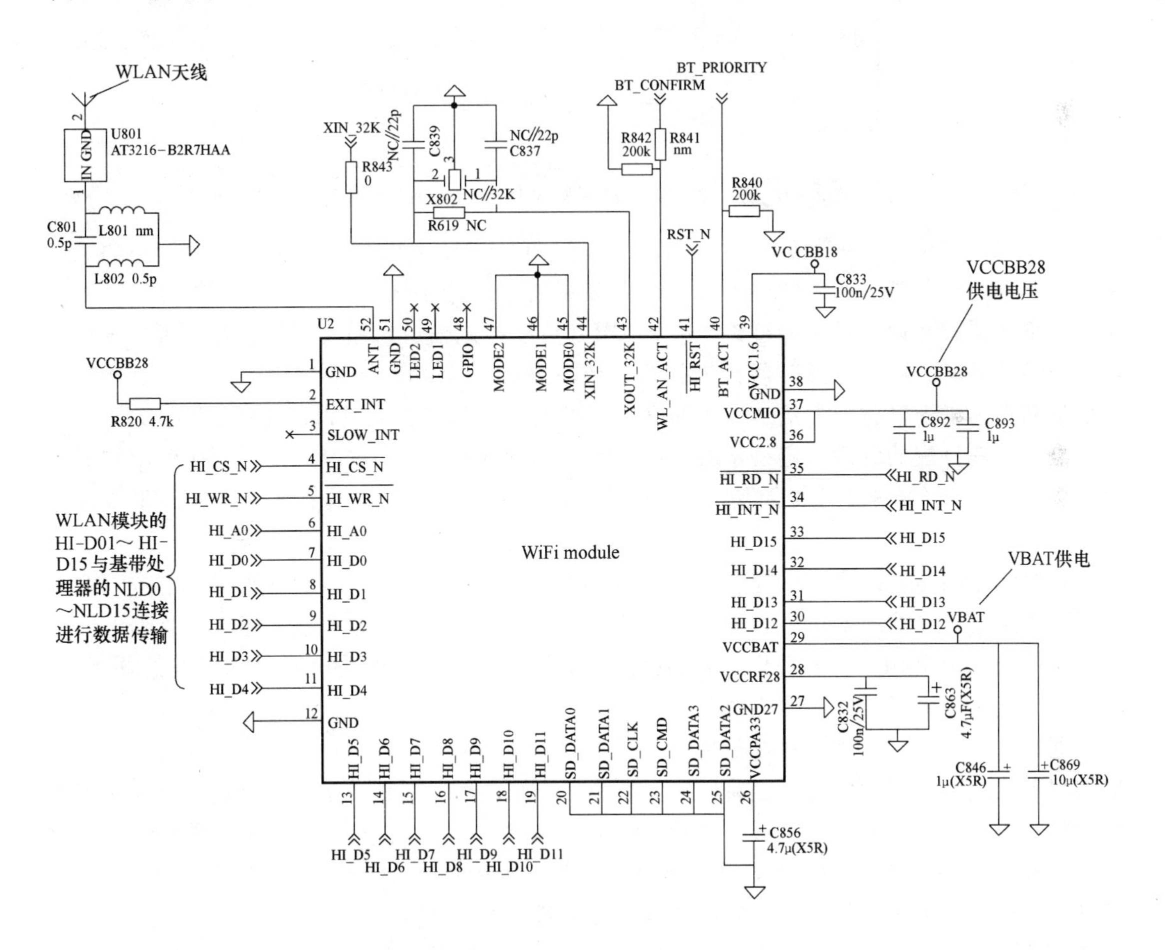

图 7-111 WLAN 模块的电路原理图

3. WLAN 模块故障维修分析

WLAN 模块电路的外围元器件比较简单，在该部分电路中一般外围元器件较少损坏，WLAN 模块虚焊或损坏较多。

检查 WLAN 模块 29 脚的 VBAT 电压是否有 3.7V 的供电电压；检查 WLAN 模块 36、37 脚是否有 2.8V 的供电电压；检查 WLAN 模块的 39 脚是否有 1.8V 的供电电压。

检查 WLAN 模块的 44 脚是否有 32kHz 的时钟信号；检查 WLAN 模块与基带处理器的通信线是否正常；检查 WLAN 模块 52 脚的天线输入电路是否正常。

二、双 SIM 卡待机电路

1. 双 SIM 卡控制器 MT6302

双 SIM 卡控制器 MT6302 是一个 20 引脚 QFN 封装的芯片，用于基带处理器 MT6225、MT6223、MT6226、MT6227、MT6229 的 SIM 卡切换电路。双 SIM 卡控制器 MT6302 电路结构框图如图 7-112 所示。

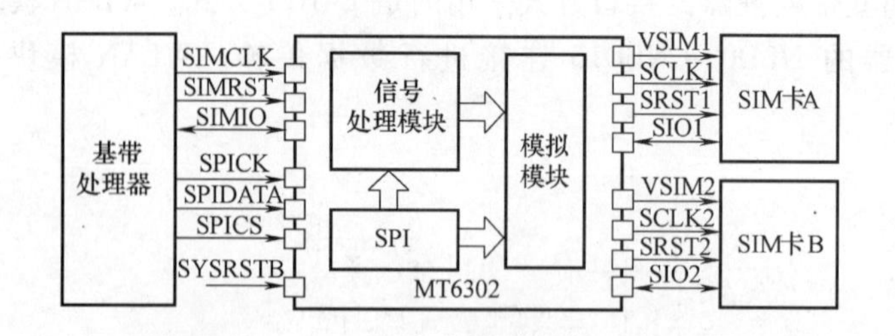

图 7-112 双 SIM 卡控制器 MT6302 电路结构框图

一般双卡双待功能主要是针对相同运营商的两个 SIM 卡而言的，这是因为相同的运营商可以实现小区共享，所以两个卡可以同时驻留到相同的小区，从而 SI（服务信息）可以实现共享。也就是说，只需要解析一次 BCCH（广播控制信道）就可以了。当出现位置更新等阶段性任务时，可以分开时间段来执行，或者另外一个 SIM 卡申请信道时，如果所分配的信道和当前卡上已分配的信道发生冲突，可以重新申请信道。因为是同一小区，如果是相同频点，一般分配的物理信道是不同的；如果是不同频点，因为 SDCCH（独立专用控制信道)/8 + SACCH（慢速随路控制信道)/C8 可以分配的专用信道一共有 8 个，所以出现冲突的概率也并非很大。

需要注意的是，因为协议规定，RF 发射和接收之间必须间隔 1 ~ 2 个时隙（因为 RF 发射需要占用上一时隙的 Guard-Period（保护时段）时间，并不能对邻近物理信道造成干扰)，所以实际处理两个 SIM 卡的动作时需要保证安全的时间间隔。当处理两个 SIM 卡的寻呼/通话信息时，只需要同时检测相应块上的 PCH（寻呼信道）信息即可。

通道申请和专用信道上的处理流程可以参考前面的论述，当其中一个卡正在通话时，一般情况下，此时上层软件可以停掉另外一张卡的动作，其通话请求信息可以利用移动运营商提供的呼叫转移以及来电秘书服务等保证信息不被丢失。当所分配的 TCH（语音信道）物理信道和 TS0 物理信道有安全的时间间隔时，例如分配的 TCH 物理信道为 TS3，此时上层软件完全可以不关闭另外一张卡的动作，可以继续解析其相对应的 PCH 信息，并进而利用通道申请等动作了解是否有电话呼入等动作，当然如果通话过程中还需要检测另一张卡的动作将会使协议栈和 BaseBand（基带）的实际工作流程更为复杂。双 SIM 卡控制器 MT6302 引脚功能如图 7-113 所示。

2. 手机 SIM 卡

SIM 卡是带有微处理器的芯片卡，内有 5 个模块，每个模块对应一个功能：CPU（8

位)、程序存储器 ROM(6～16KB)、工作存储器 RAM(128～256KB)、数据存储器 EEPROM(2～8KB)和串行通信单元，这 5 个模块集成在一个集成电路中，SIM 卡在与手机连接时，最少需要 5 个连接线，即电源(VCC)、时钟(CLK)、数据 I/O 口(DATA)、复位(RST)和接地端(GND)。

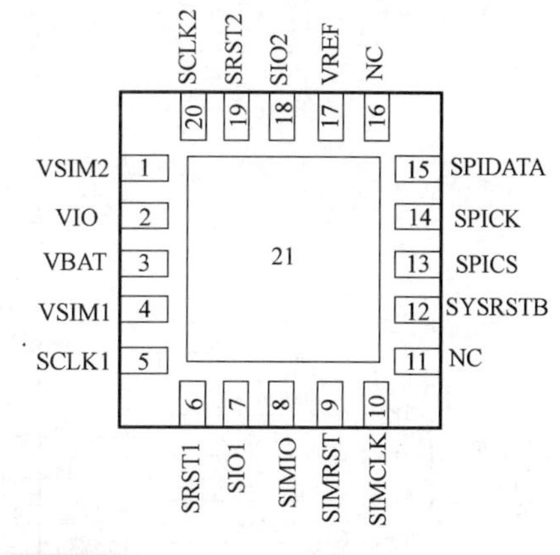

图 7-113 双 SIM 卡控制器 MT6302 引脚功能

电源开关时，SIM 卡电气性能为：当开启电源期间，按以下次序激活各触点。RST 低电平状态；VCC 加电；I/O 接口处于接收状态；VPP 加电；CLK 提供稳定的时钟信号。当关闭电源时，RST 低电平状态；CLK 低电平状态；VPP 掉电；I/O 接口处于低电平状态；VCC 掉电。

SIM 卡保存的数据可以归纳为以下 4 种类型：

1）由 SIM 卡生产商存入的系统原始数据。

2）由 GSM 网络运营部门或其他经营部门在将卡发放给用户时注入的网络参数和用户数据。

3）由用户自己存入的数据。比如：短消息、固定拨号、缩位拨号、性能参数、话费记数等。

4）用户在用卡过程中自动存入和更新的网络接续和用户信息类数据。

3. 双 SIM 卡控制电路工作原理

MTK 芯片组手机的双卡双待机功能由 CPU MT6225、双 SIM 卡控制器 MT6302、SIM 卡 1 接口、SIM 卡 2 接口等组成。

CPU MT6225 通过 SPICS(选片信号，MT6302 的 13 脚)、SPICK(时钟信号，MT6302 的 14 脚)、SPIDATA(数据信号 MT6302 的 15 脚)与 MT6302 进行通信，控制 MT6302 的工作。MT6302 的 12 脚输入的是系统复位信号。

双 SIM 卡控制器 MT6302 的 4、5、6、7 脚与 SIM 卡 1 进行通信，双 SIM 卡控制器 MT6302 的 1、18、19、20 脚与 SIM 卡 2 进行通信。双 SIM 卡控制器电路如图 7-114 所示。

4. SIM 卡电路故障维修分析

SIM 卡电路故障主要会引起不识卡、漏电或不开机等故障。对于双 SIM 卡切换芯片电路的维修，可先用示波器测量 U901 的 8、9、10 脚的 SIM 卡输入信号的波形是否正常，然后用示波器测量 12、13、14、15 脚的 SIM 卡控制信号的波形是否正常，进而判断故障在基带处理器部分还是在 MT6302 部分。

如果以上测量各路信号都正常，则说明基带处理器部分送来的 SIM 卡信号和各路控制信号都是正常的。

然后分别测量 MT6302 的 4、5、6、7 脚和 18、19、20、1 脚的 SIM 卡数据信号是否正常，如果不正常，则故障在 MT6302，对其进行补焊或更换；如果输出的 SIM 卡数据信号正常，则检查 SIM 卡座是否有虚焊，触点是否变形。

由于 VBAT 电压直接给 MT6302 供电，所以如果 MT6302 短路或漏电会造成手机不开机

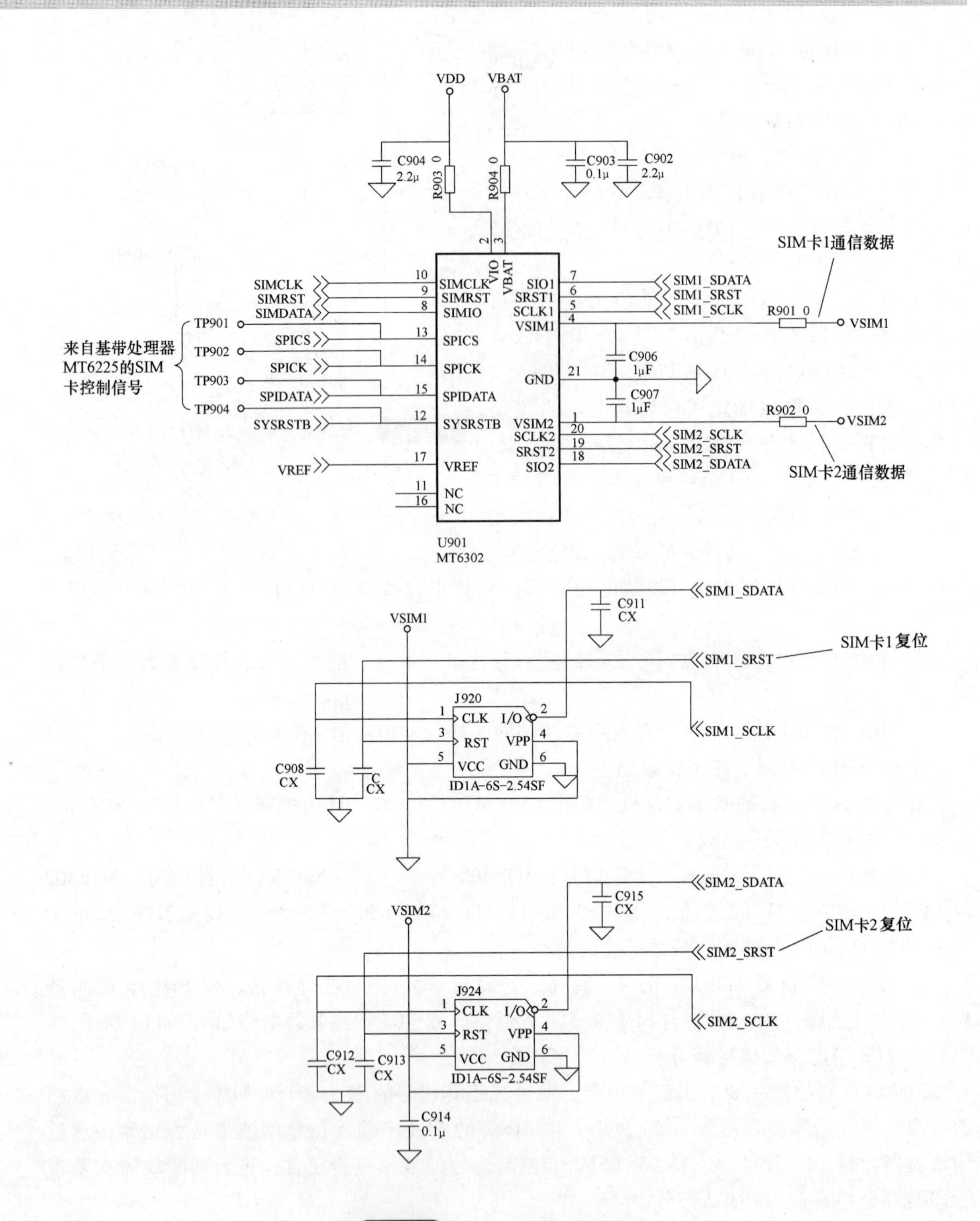

图 7-114 双 SIM 卡控制器电路

或漏电问题；软件问题也会引起不识卡故障。

三、触摸屏电路

1. 触摸屏控制器 MT6301

触摸屏控制器 MT6301 是一个具有保持功能的电容式 12 位模/数转换器，在使用 2MHz 的时钟时，其数据吞吐率可达 125kbit/s。

触摸屏控制器 MT6301 电路框图如图 7-115 所示。QFN 封装的 MT6301 引脚排列如图 7-116所示。

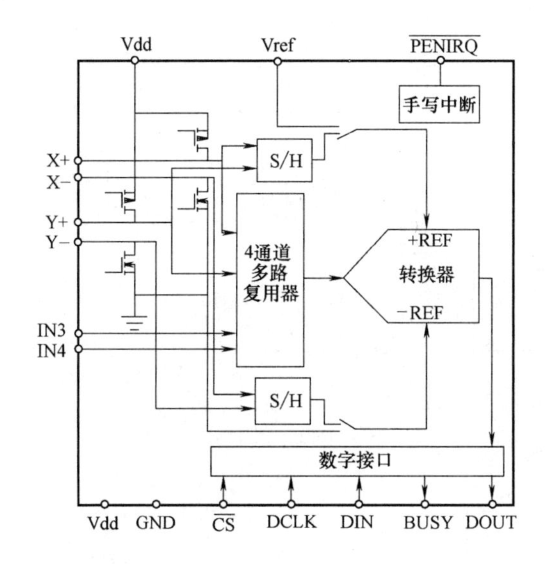

图 7-115 触摸屏控制器 MT6301 电路框图

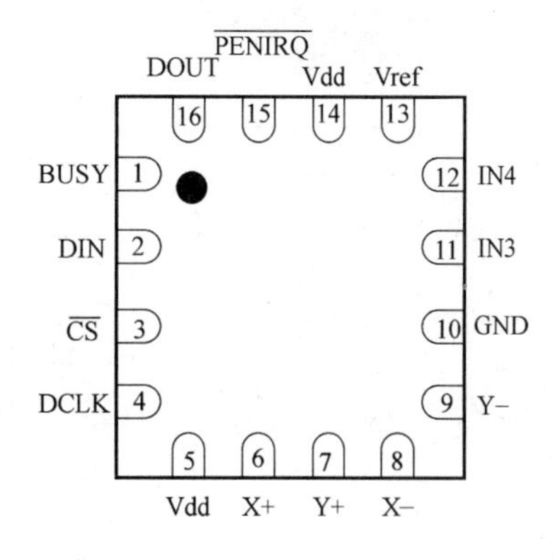

图 7-116 QFN 封装的 MT6301 引脚排列

2. 触摸屏控制器 MT6301 电路原理

电阻触摸屏是一块 4 层的透明的复合薄膜屏，最下面是玻璃或有机玻璃构成的基层，最上面是一层外表面经过硬化处理从而光滑防刮的塑料层，中间是两层金属导电层，分别在基层之上和塑料层内表面，在两导电层之间有许多细小的透明隔离点把它们隔开。当手指触摸屏幕时，两导电层在触摸点处接触。

触摸屏的两个金属导电层是触摸屏的两个工作面，在每个工作面的两端各涂有一条银胶，称为该工作面的一对电极，若在一个工作面的电极对上施加电压，则在该工作面上就会形成均匀连续的平行电压分布。

当在 X 轴的电极对上施加一确定的电压，而 Y 轴电极对上不加电压时，在 X 轴平行电压场中，触点处的电压值可以在 Y + （或 Y - ） 电极上反映出来，通过测量 Y + 电极对地的电压大小，便可得知触点的 X 坐标值。同理，当在 Y 轴电极对上加电压，而 X 轴电极对上不加电压时，通过测量 X + 电极的电压，便可得知触点的 Y 坐标。

触摸屏将电压通过 X + 、X - 、Y + 、Y - 反馈到 MT6301 芯片内部进行比较，基带处理器通过串行接口来设置 MT6301 内的寄存器，MT6301 转换得到的数据通过串行接口传输到基带处理器。触摸屏控制器 MT6301 电路原理图如图 7-117 所示。

3. 触摸屏控制器 MT6301 故障维修分析

电阻式触摸屏是由两个金属导电层上下装在一起组成的，由于金属导电层的触摸屏表面经常被点击，在使用过程中很容易产生细小的裂痕，而裂纹一旦产生，原来经该处的电流被迫绕裂纹而行，本该均匀分布的电压随之遭到破坏，表现为裂纹处点不准。随着裂纹的加剧和增多，触摸屏慢慢就会失效，因此使用寿命短是四线电阻触摸屏的主要问题。

（1） 软件引起触摸屏故障　触摸屏软件引起的故障较多，主要表现为以下几个特征：

1） 按触摸屏数字键时按 1 出 3、按 4 出 6、按 7 出 9，或按 1 出 9、按 3 出 7，或按 1 出

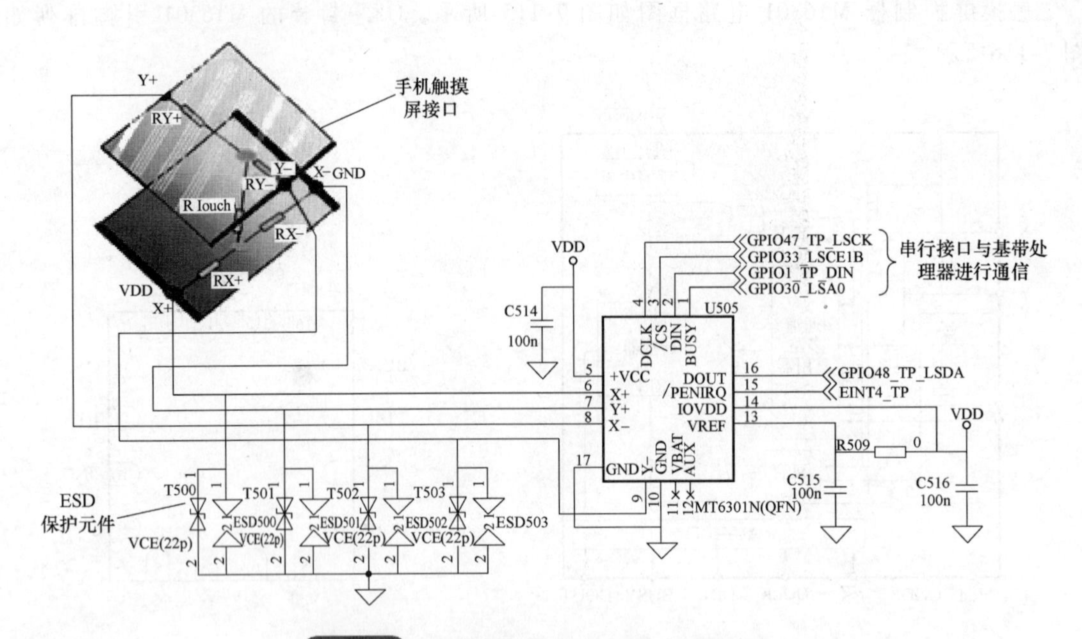

图 7-117 触摸屏控制器 MT6301 电路原理图

7，按 3 出 9，这是轴向颠倒引起的，在手机菜单中校验触摸屏后仍然无法使用。

2）触摸屏不能用，测量触摸屏四个引线电压，可以测出 Y + 和 Y − 两个 2.8V 电压或者 X + 、X − 电压等，触摸屏的轴向输入电压和输出电压一致，证明触摸屏是好的。

3）软件引起的锁定轴位，触摸屏只能横向不能竖向触摸或只能竖向不能横向触摸等，锁定轴向中心点，只能按动触摸屏的中心点，点击其他菜单无效。

以上几种故障表现主要是软件问题引起，可先使用手机自带的触摸屏校准菜单进行校准，如果仍然不行，使用软件校准屏幕或者下载软件。

（2）硬件引起触屏故障

1）触摸屏没有明显的损坏，点击触摸屏没有任何反应的，测触摸屏电压只有一个电压其他的就只有零点几伏电压等。

2）触摸屏在写字时有断续现象或画横线时出现短线、弯曲、走线等，触摸屏上部不可以用或下部不可以用等，触摸屏四角有一个角不可以用或多个角不可以用等。

3）在点触摸屏时纵向没有反应，就是说菜单没有反应。

以上几种故障表现主要是硬件问题引起，需要更换触摸屏或检查更换 MT6301 芯片。另外 MT6301 芯片内部短路会造成开机大电流故障。

Chapter 8

第八章 3G手机原理与维修

在本章中我们以苹果公司的 iPhone 4S 手机为例讲解 3G 手机的原理与维修。3G 手机通俗地说就是指第三代（The Third Generation）手机。

从第一代模拟制式手机到第二代的 GSM、TDMA 等数字手机，再到现在的第三代手机，手机已经成了集语音通信和多媒体通信相结合，并且包括图像、音乐、网页浏览、电话会议以及其他一些信息服务等增值服务的新一代移动通信系统。目前的 GSM 移动通信网的传输速度为 9.6KB，而第三代手机最终可能达到的数据传输速度将高达每秒 2MB。而为此做支撑的则是互联网技术充分糅合到 3G 手机系统中，其中最重要的就是数据打包技术。

第一节　射频处理器电路原理与维修

一、分集接收电路

移动通信信道是一种多径衰落信道。发射的信号要经过直射、反射、散射等多条传播路径才能到达接收端，这些多径信号相互叠加就会形成衰落。而且随着移动台的移动，各条传播路径上的信号幅度、时延及相位随时随地发生变化，因此接收到的信号的电平是起伏的、不稳定的。

分集技术是指系统能同时接收两个或更多个输入信号，这些输入信号的衰落互不相关。续收机可以对多个携有相同信息且衰落特性相互独立的接收信号在合并处理之后进行判决，以获得更好的解调能力。

手机接收信号经手机天线、天线接口 J3、测试接口 J4、DRX 滤波器 U21、DRX GPS 连续收发天线开关 U3、DRX 天线开关，DRX 接收滤波器 U7 送到射频处理器 U2，然后经过 DRX 模拟基带信号接口送至基带处理器 U4，如图 8-1 所示。

二、GPS 路径信号处理

GPS 接收信号经 GPS 天线、GPS 天线接口 J5、测试接口 J7、GPS 滤波器 U17、GPS 低噪声放大器 U15 和 U7 送入到射频处理器 U2，然后经过 GPS 基带信号接口送至基带处理器 U4。

三、天线开关电路

手机接收信号经手机天然、天线接口 J3、测试接口 J4、DRX 波波器 U21、DRX GPS 连续收发天线开关 U3 送至连续收发电路。U3 之前至天线这部分电路是分集接收电路和射频收发电路共用的部分。

四、射频信号处理电路

在 iPhone 4S 手机中，WCDMA 部分使用了 3 个功放，完成了频段 1、频段 2、频段 5 和频段 8 的 3G 信号的处理。

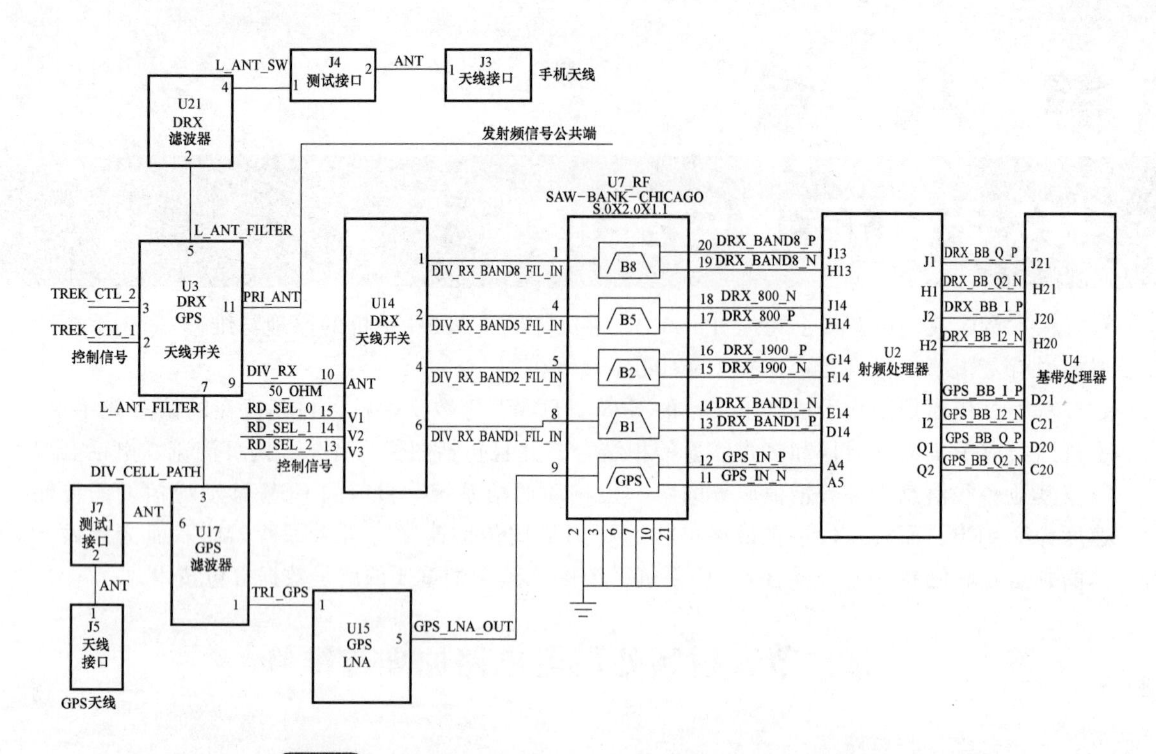

图 8-1 分集接收电路、GPS 接收电路和天线开关电路

GSM 部分与频段 8 合用一个功放，完成了 GSM 的 4 个频段的信号处理。

1. WCDMA 部分收发信号路径

（1）频段 1 收发信号　频段 1 接收信号经天线公用部分到天线开关 U3 的 5 脚，然后在控制信号的控制下从 U3 的 11 脚输出入到 U8 的 15 脚。信号从 U8 的 3 脚送到 U11 的 26 脚，频段 1 的射频接收信号从 U11 的 1、2 脚输出，送至 U2 的 A9、A10 脚。

频段 1 的发射信号从 U2 的 N14 脚输出，经 FL5 送至 U10 的 1 脚，再经 U10 进行功率放大以后从 22 脚输出，送至 U11 的 22 脚。然后从 U11 的 26 脚输出送至 U8 的 3 脚，从 U8 的 15 脚输出送到 U3 的 11 脚，U3 的 5 脚输出至天线公用部分。

（2）频段 8 收发信号　频段 8 接收信号经天线公用部分到天线开关 U3 的 5 脚，然后在控制信号的控制下从 U3 的 11 脚输出入到 U8 的 15 脚。信号从 U8 的 4 脚送到 U11 的 12 脚，频段 1 的射频接收信号从 U11 的 6、7 脚输出，送至 U2 的 B8、B9 脚。

频段 8 的发射信号从 U2 的 V13 脚输出，经 FL1 送至 U10 的 11 脚，再经 U10 进行功率放大以后从 20 脚输出，送至 U11 的 16 脚。然后从 U11 的 12 脚输出送至 U8 的 4 脚，从 U8 的 15 脚输出送到 U3 的 11 脚，U3 的 5 脚输出至天线公用部分。

频段 2 和频段 5 的处理方式基本相同，只不过是采用了单独的功率放大器而已，不再进行赘述。

2. GSM 部分收发信号路径

（1）DCS 收发信号路径　DCS 接收信号经天线公用部分到天线开关 U3 的 5 脚，然后在控制信号的控制下从 U3 的 11 脚输出入到 U8 的 15 脚。然后从 U8 的 2 脚送到 U11 的 28 脚，DCS 射频接收信号从 U11 的 4、5 脚输出，送至 U2 的 A11、A12 脚。

DCS 射频发射信号从 U2 的 T14 脚输出，送至 U10 的 2 脚，在 U10 内部进行功率放大后从 U10 的 13 脚输出送到 U8 的 17 脚，然后从 U8 的 15 脚输出至 U3 的 11 脚，从 U3 的 5 脚输出，经天线公用部分从天线发射出去。

（2）GSM 收发信号路径　GSM900/850 信号的接收路径与 WCDMA 的频段 5 和频段 8 共用，不再进行赘述。射频处理器收发信号如图 8-2 所示。

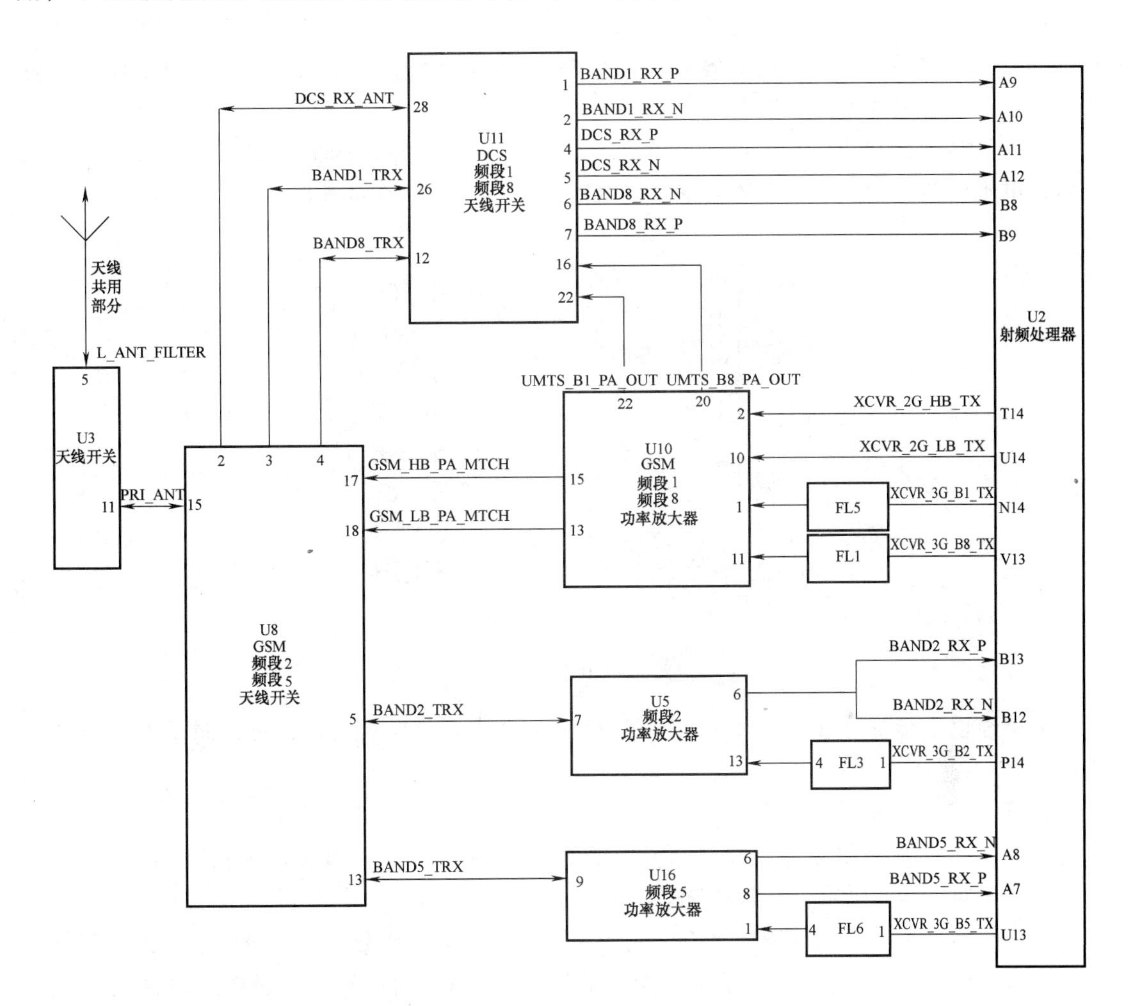

图 8-2　射频处理器收发信号

注：——→表示信号方向；←——→表示信号的公用通道。

在图 8-2 中有 3 个天线开关，U3 是 GSP、分集接收电路、射频收发电路的天线开关；U11 是 DCS、频段 1、频段 8 的天线开关；U8 是 GSM、频段 2、频段 5 天线开关。

功率放大器 U10、U5、U16 除了功率放大器功能外，内部还有收发信号的天线开关功能。

五、GSM 射频电路故障维修

iPhone 4S 手机 GSM 部分射频部分的故障主要表现为无信号、信号弱、无发射等，GSM 部分电路故障检修可参考以下流程。

在检修 GSM 部分之前，首先要检查手机能够在 WCDMA 系统中使用，如果能在 WCDMA 系统中使用，就按照以下流程进行检修，如果在 WCDMA 系统中也无法使用，首先要检查射频处理器 U2 是否工作或电源供电是否正常。

1. 供电电路故障维修

如果 GSM 系统和 WCDMA 都不能正常工作，首先要检查射频处理器 U2 的供电是否正常，如果供电正常再检查其他电路。

（1）RF1 电压检查　检查电容 C79 上是否有 1.5V 电压，如果该测试点没有电压，则说明供电不正常，检查电源管理电路。

（2）RF2 电压检查　检查电容 C150 上是否有 1.5V 电压，如果该测试点没有电压，则说明供电不正常，检查电源管理电路。供电电路元器件分布图如图 8-3 所示。

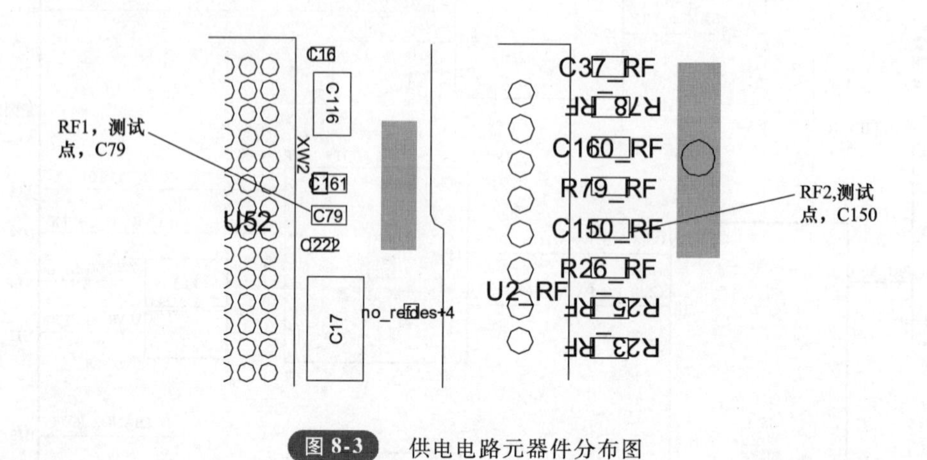

图 8-3　供电电路元器件分布图

如果经以上步骤检查后，射频处理器 U2 的 2 路主要供电均正常，再按照以下步骤进行维修。

2. 天线及天线开关电路维修

（1）天线匹配网络故障维修　天线匹配网络出现故障，一般表现为信号差、无信号、拨打电话困难、信号时有时无等故障。

对于天线匹配网络的故障，可以使用综合测试仪配合频谱分析仪，当然还有比较简单的办法，就是使用“假天线法”，依次在天线至天线开关 U3 的 5 脚之间通道元器件上焊上一段 10cm 左右的焊锡丝作为假天线。如果信号能够正常，则说明加焊假天线之前的元器件有开路情况。天线匹配网络元器件分布图如图 8-4 所示。

（2）天线开关电路故障维修　天线开关电路出现故障，一般表现为信号差、无信号、拨打电话困难、信号时有时无等现象。与天线匹配电路故障特点相同。

对于天线开关电路的故障，可以使用综合测试仪配合频谱分析仪，当然还有比较简单的办法，就是使用“假天线法”，依次在天线开关 U3 的 11 脚至射频处理器 U2 的输入端之间的通道元器件上焊上一段 10cm 左右的焊锡丝作为假天线。如果信号能够正常，则说明加焊假天线之前的元器件有开路、损坏情况。

下面以 GSM 1800M 频段为例说明天线开关电路故障的维修方法。首先在 U8 的 15 脚焊一个“假天线”，如果此时信号正常且能够正常通话了，则说明故障在 U8 之前至天线部分，

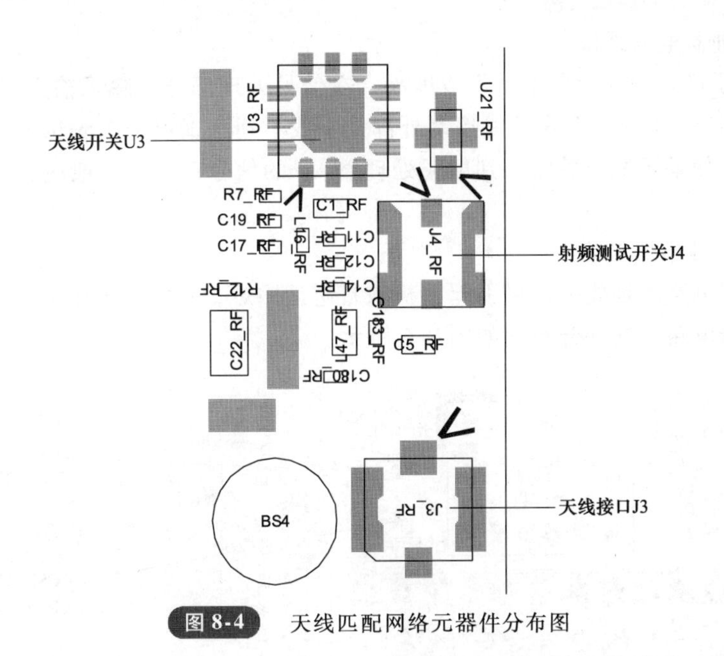

图 8-4　天线匹配网络元器件分布图

依次检查天线开关及天线匹配电路、天线等，如果在 U8 的 15 脚焊“假天线”后，故障仍然依旧，再在 U8 的 2 脚焊“假天线”，如果故障能够排除，则说明故障在天线开关 U8 电路。

其他频段的故障维修可参考 GSM 1800M 频段的维修思路，在天线开关电路使用“假天线法”比起使用综合测试仪配合频谱分析仪来简单方便，而且效率更高。在维修发射部分涉及天线开关电路时，也可以参考以上方法，在怀疑的故障部分，依次焊接上“假天线”，根据出现的情况来判断故障部位。天线开关电路元器件分布图如图 8-5 所示。

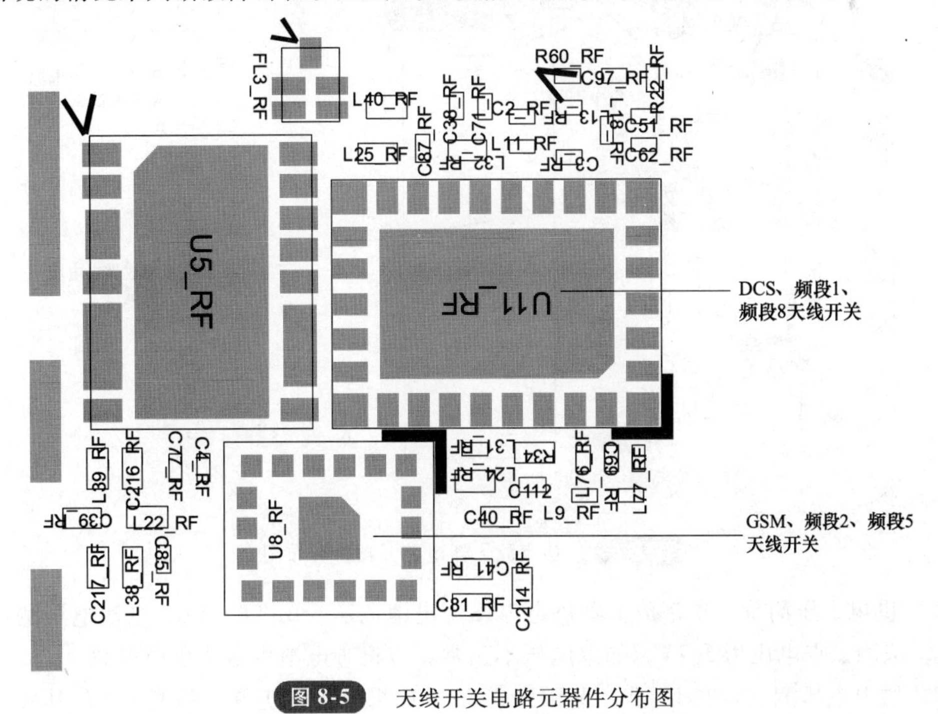

图 8-5　天线开关电路元器件分布图

3. 射频处理器电路维修

iPhone 4S 手机射频处理器电路集成度高，在信号处理部分，除了输入 GSM 的射频信号外，接收和发射基带信号、3 线总线控制外部几乎找不到测试点可以测试。所有在维修射频处理器故障时，如果天线开关输入到射频处理器 U2 的信号正常，一般应补焊或更换射频处理器。

4. 功率放大器电路维修

功率放大器电路出现故障，可引起手机拨打电话困难，不能进入服务状态、无发射等问题。功率放大器电路元器件分布图如图 8-6 所示。

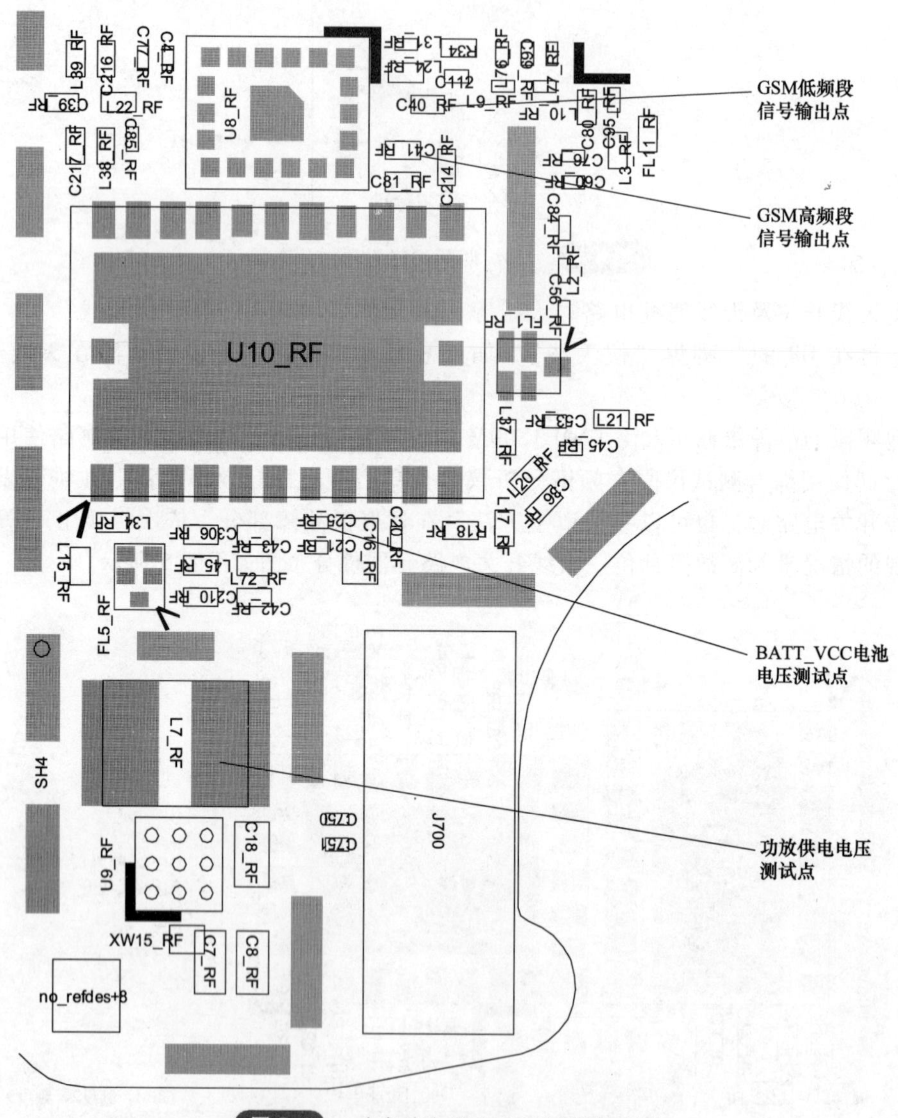

图 8-6 功率放大器电路元器件分布图

（1）供电电压测量　功率放大器供电电压为电池电压，BATT_ VCC 电池电压测试点在 C25 上，该测试点电压为 3.7V，如果电压不正常，应检查电池供电或供电通路。

功放供电电压测试点在 L7 上，电压为 2.5V，如果电压不正常，检查 U9 及其外围电路元器件。

(2) 射频输出信号测量　对于 GSM 部分射频输出信号的测量，可以使用频谱分析仪，GSM850/900 频段输出信号测试点在 C40 上，DCS1800/PCS1900 频段输出信号测试点在 C41 上。

如果输出信号不正常，检查或更换功率放大器 U10。

(3) 功率控制信号测量　功率放大器 U10 控制信号测试点在 C27、C28、C29、C30、C31 上，该测试点信号可以用示波器进行测量，如果该点波形不正常，检查基带处理器 U4。

六、WCDMA 射频电路故障维修

iPhone 4S 手机 WCDMA 部分射频部分的故障主要表现为无信号、信号弱、无发射等，WCDMA 部分电路故障检修可参考以下流程。

在检修 WCDMA 部分之前，首先要检查手机能够在 GSM 系统中使用，如果能在 GSM 系统中使用，就按照以下流程进行检修，如果在 GSM 系统中也无法使用，首先要检查射频处理器 U2 是否工作或电源供电是否正常。

WCDMA 射频电路的供电电路、射频处理器电路、参考基准时钟电路的维修请参考 GSM 射频电路故障维修。

1. 天线电路故障维修

WCDMA 射频电路的天线部分主要指天线至天线开关 U3、U8 之间的电路，主要包括天线、天线匹配电路、天线开关 U3 和 U8 等。天线、天线匹配电路的故障维修请参考 GSM 部分。

WCDMA 天线电路故障维修可以使用“假天线法”，其中天线开关 U8 的 15 脚为 WCDMA 射频公共端口，如果将“假天线”焊在天线开关 U8 的 15 脚，故障能够排除，说明故障部位在天线开关 U8 至天线之间的电路。如果故障仍然无法排除，则需要按下面的步骤继续进行检修。WCDMA 天线电路故障测试点如图 8-7 所示。

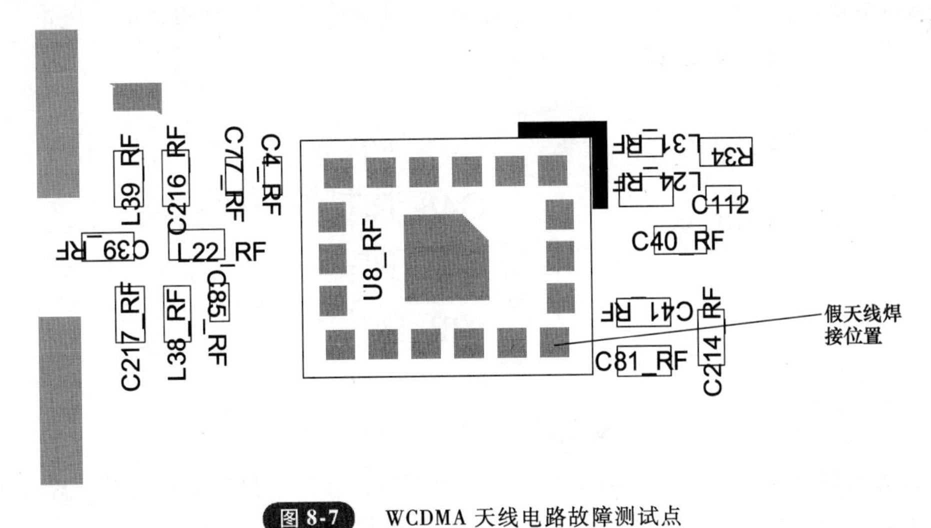

图 8-7　WCDMA 天线电路故障测试点

2. WCDMA 功率放大器电路故障维修

在 iPhone 4S 手机中，WCDMA 功放集成了天线开关、低噪声放大器、功率放大器等电路，在功率放大器电路故障维修中，以 BAND5 频段 WCDMA 功率放大器为例进行介绍，

BAND1 频段和 BAND2 频段、BAND8 频段故障维修方法与 BAND5 相同，不再进行赘述。WCDMA 功率放大器故障主要表现在无服务、拨打电话困难、发射大电流等。BAND5 频段 WCDMA 功率放大器故障测试点如图 8-8 所示。

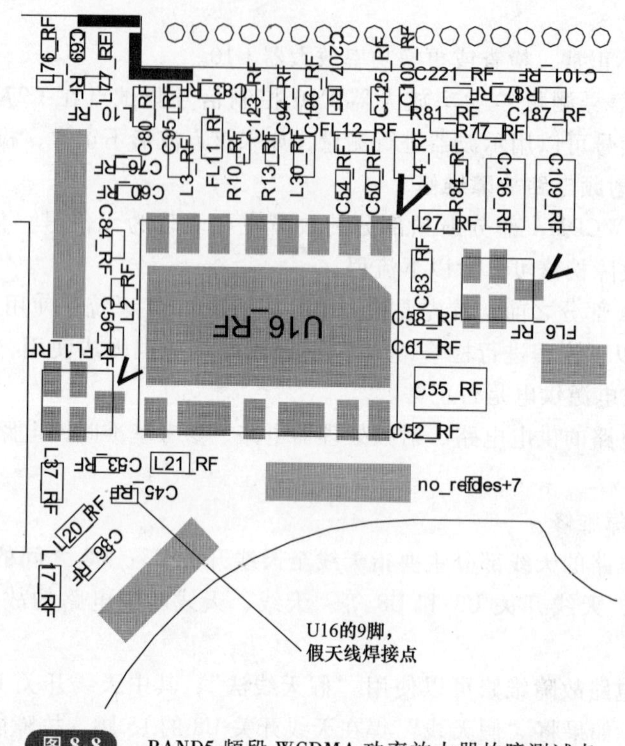

图 8-8 BAND5 频段 WCDMA 功率放大器故障测试点

（1）供电电压测量 使用示波器测量 BAND5 频段 WCDMA 功率放大器的 13、14 脚上是有 PA 供电电压，如果供电电压不正常，检查 PA 电源芯片 U9，如果供电电压正常，再检查其他部分。供电电压测试点如图 8-9 所示。

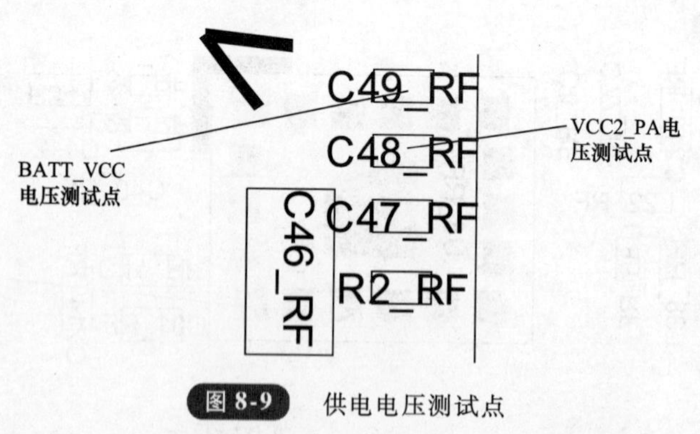

图 8-9 供电电压测试点

（2）射频信号测量 在 U16 的 9 脚焊一个假天线，如果信号正常，说明故障在 U16 至天线之间的电路，否则说明故障在 U16 至射频处理器 U2 电路之间。

（3）控制信号测量 功率放大器的 2 脚为使能信号，3 脚为模式控制，4 脚为功率检测。使用示波器依次检查波形是否正常，如果波形不正常，检查基带处理器 U4；如果波形正常则更换功率放大器 U16。

第二节 基带处理器电路原理与维修

一、基带电路工作时序

在 iPhone 4S 手机中，涉及基带开机电路的芯片主要有 AP 处理器 U52、AP 电源 U5、基带处理器 U4、基带电源 U6 等几个主要芯片。

要想基带部分工作，首先 AP 处理器部分要工作正常，只有 AP 处理器电路正常了，才能维修基带部分电路。

1. 基带供电开关 U1001

U1001 为整个基带电路供电，U1001 的工作受控于 AP 电源 U5，AP 电源 D6 脚输出一个启动信号后，U1001 才开始工作，输出基带电源供电电压 BATT_ VCC_ FET。

2. 基带电源 U6（VREG_ MSMC、VREG_ MSME 电压）

基带电源 U6 只要有供电就会有两个电压输出，分别是 VREG_ MSMC 和 VREG_ MSME，这两个电压是为基带处理器 U4、闪存 U12 及其基带外围电路供电的。基带其余工作电压必须等基带处理器工作正常后才会有输出的。如果没有 VREG_ MSMC、VREG_ MSME 两个电压输出，就检查 U6 和 U1001。

3. 基带处理器 U4

基带处理器 U4 的运行受 AP 处理器 U52 控制，基带处理器 U4 运行后，输出 PS_ HOLD 电压维持开机状态，这时基带电源才会有其他之路的电压输出。基带处理器通过 SSBI 接口控制基带电源 U6 的供电的输出。

4. 基带电源 U6（其余各路电压）

这里的基带电源 U6，才正式开始工作，输出各路工作电压至基带各部分电路。

5. 基带开机时序（见图 8-10）

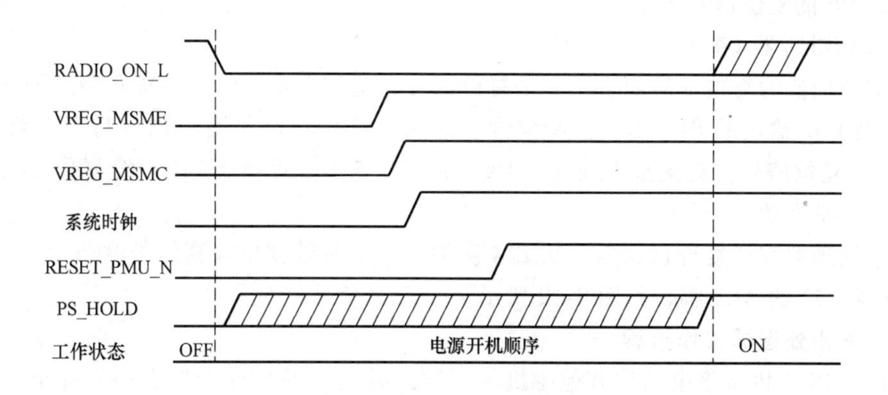

图 8-10 基带开机时序

二、时钟信号工作流程

和基带有关的时钟有 2 个，分别是主时钟 19.2MHz，睡眠时钟 32.768kHz。

主时钟 Y1_ RF 输入到基带电源的 A1、A2 脚，基带电源 U6 的 D10 脚外接主时钟温度补偿电阻 R58。基带电源 U6 的外部没有接 32.768kHz 的时钟，可能有主时钟进行分频获取的。因此不需要外部时钟晶体，同时基带部分的睡眠时钟和 AP 部分睡眠时钟送到不同电路，之间没有任何关系。

主时钟在基带电源上电立即有时钟输出，等基带处理器 U4 开始进入睡眠状态时，U4 输出一个 XO_ OUT_ D1_ EN 信号使主时钟停止输出，只有睡眠时钟送至基带处理器，如图 8-11 所示。

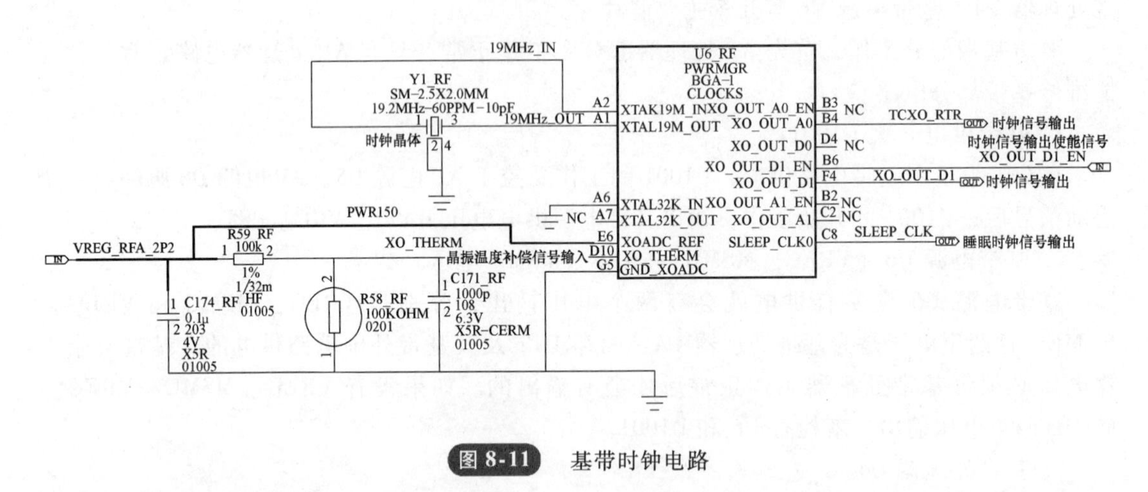

图 8-11 基带时钟电路

三、复位信号工作流程

1、基带电源 U6 复位

基带电源 U6 的复位信号来自于 AP 处理器 U52 的 AD3 脚，当处于恢复模式时，AP 处理器是不会输出复位信号给基带电源 U6 的，U6 就没有 VREG_ MSMC 和 VREG_ MSME 两路电压输出。

如果 VREG_ MSMC、VREG_ MSME 两路电压输出正常，则说明 AP 处理器 U52 输出给基带电源 U6 的复位信号正常。

2. 基带处理器 U4 复位

基带处理器的复位信号组合了 2 个复位信号，基带电源 U6 输出的 PON_ RESET_ N 和 AP 处理器 U52 输出的 BB_ RST_ N 信号，这两个信号经过单路三输入与门电路 U13 输出 RESIN_ N 复位信号，送至基带处理器 U4，完成了基带处理器 U4 的系统复位过程，这个复位信号低电平有效。

基带处理器完成复位过程后，从 E14 脚输出一个基带复位检测信号 RESET_ DET_ N 至 AP 处理器 U52 的 AC3 脚，如图 8-12 所示。

四、基带处理器工作过程

iPhone 4S 手机基带电路和其他手机的不同之处是，基带处理器必须先完全工作后，才能控制基带电源 U6 工作。

1. 供电

基带处理器 U4 的供电来自于基带电源 U6，当然基带电源 U6 上电后，只是部分电路工作，并不能完全工作，基带电源 U6 输出 VREG_ MSMC、VREG_ MSME 两路电源提供给基带处理器 U4 及闪存 U12。

2. 复位信号

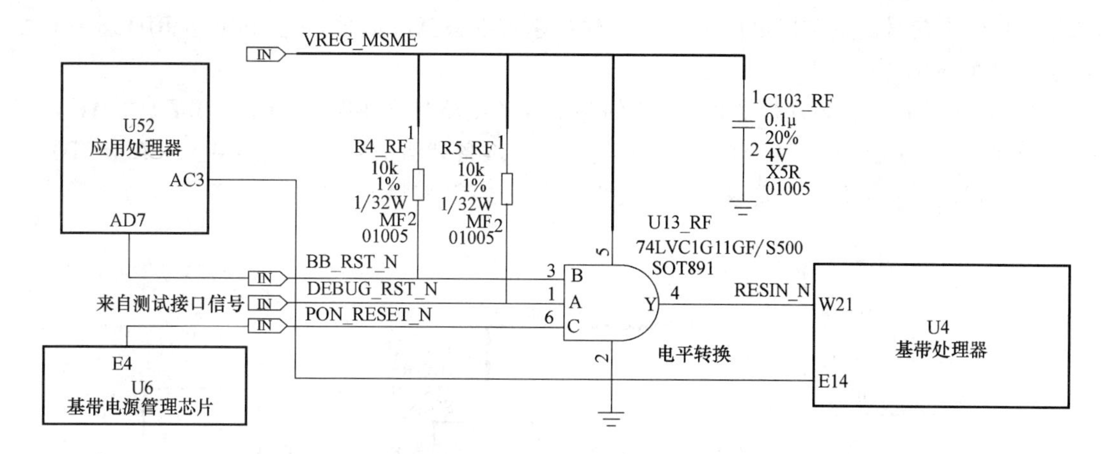

图 8-12 基带处理器复位信号

基带处理器 U4 的复位信号由三单与门电路 U13 完成。

3. 时钟

基带处理器的时钟由基带电源 U6 提供。

4. 软件

当基带处理器具备以上条件后，基带处理器 U4 开始从闪存中调取程序至 SDRAM 区进行运行。

5. 基带电源的控制

当基带处理器 U4 软件开始运行后，输出维持信号 PS_ HOLD 至基带电源 U6 的 R2 脚，维持基带电源 U6 的持续开机。

基带电源 U6 的各路供电电压的输出是受来自基带处理器 U4 的 SSBI_ PMIC 信号控制的，在 SSBI 接口的控制下，基带电源输出各路电压。

基带电源的 L8 脚输出中断信号至基带处理器 U4 的 U20 脚。中断，简单地说就是 CPU 正在工作时，这时硬件（比如说键盘按了一下）触发了一个电信号，这个信号通过中断线到达中断控制器（CPU），控制器接收到这个信号，向 CPU 发送 INT 信号申请 CPU 来执行刚才的硬件操作，并且将中断类型号也发给 CPU，此时 CPU 就丢下自己正在做的事情，但不是随便丢到旁边而是保存了当前正在做的事情的相关资料，然后去处理这个申请，根据中断类型号找到它的中断向量（也就是中断程序在内存中的地址），然后去执行这段程序（这段程序是已经写好的，在内存中），执行完后再向控制器发送一个 INTA 信号表示我已经处理完你刚才的申请。这个时候 CPU 就可以继续做它刚才被打断做的事情了，这个时候刚才保存的相关信息就帮助 CPU 接着执行下面的程序，而不至于忘记自己刚才正在做什么。

6. HSIC 接口

基带处理器 U4 与 AP 处理器 U5 的通信是通过 HSIC 接口进行的，HSIC 是高速集成电路的缩写。我理解的意思是基带处理器和应用处理器之间使用这样的 HSIC 控制信号，控制和信号传输速度会非常快，类似高速 USB 接口的传输。

当基带处理器 U4 开始工作后，V21 脚输出 PS_ HOLD 信号，PS_ HOLD 信号分两路，一路送至基带电源 U6 的 R6。

V21 脚输出 PS_ HOLD 信号，同时基带处理器 U4 的 A16 脚输出 HSIC_ DEVICE_ RDY

信号，这两个信号经过与门电路 U18 后，输出基带准备就绪信号 BB_ HSIC_ RDY 至 AP 处理器 U52 的 AD1 脚。

AP 处理器 U52 收到基带处理器 U4 的基带准备就绪信号 BB_ HSIC_ RDY 后，AP 处理器 U52 的 AP3 脚会输出一个 AP 控制 BB 高速接口准备就绪信号 HOST_ BB_ HSIC_ RDY 至基带处理器的 AA18 脚，完成这样一个过程，类似于握手过程，如图 8-13 所示。

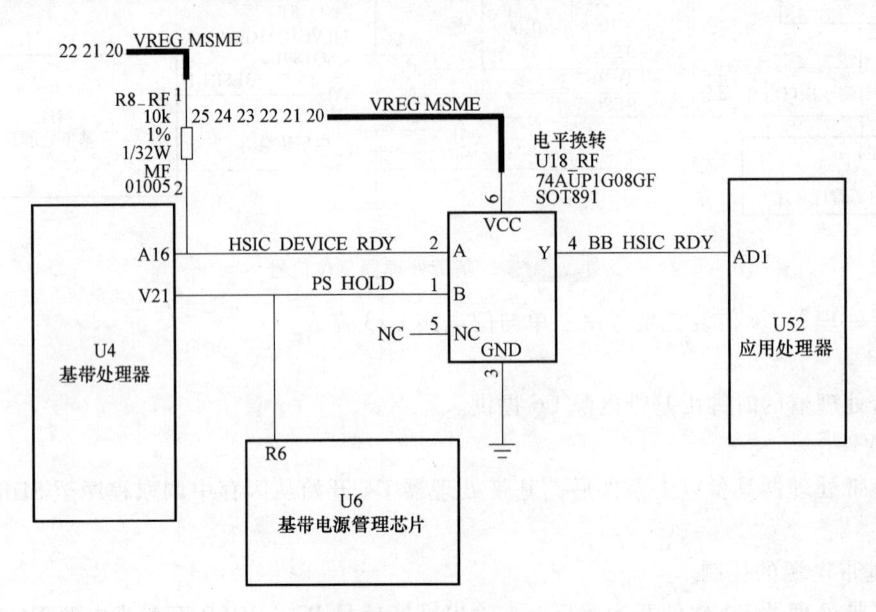

图 8-13 HSIC 握手信号

完成以上过程后，基带处理器 U4 和 AP 处理器 U52 就会通过 HSIC 接口 HSIC_ BB_ DATA、HSIC_ BB_ STROBE 进行通信，如图 8-14 所示。

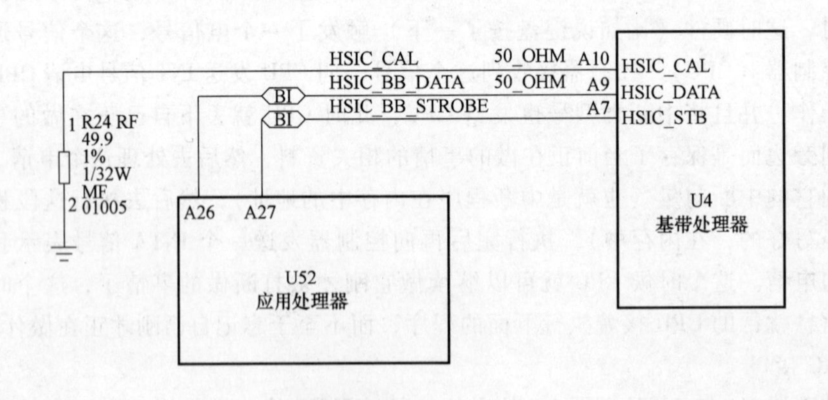

图 8-14 HSIC 接口

7. IPC 接口

IPC（Inter-Process Communication，进程间通信），IPC 接口是 AP 处理器与基带处理器之间进行一些底层软件的控制。iPhone 4S 的 IPC 接口如图 8-15 所示。

8. 基带紧急控制信号

AP 处理器 U52 的 AE3 脚输出基带紧急控制信号 BB_ EMERGENCY_ DWLD，当基带出现问题时，AP 处理器 U52 输出这样一个信号控制基带处理器停止工作。

9. 基带处理器工作框图

iPhone 4S 手机基带处理器工作框图如图 8-16 所示。

10. 基带开机测试点（见表 8-1）

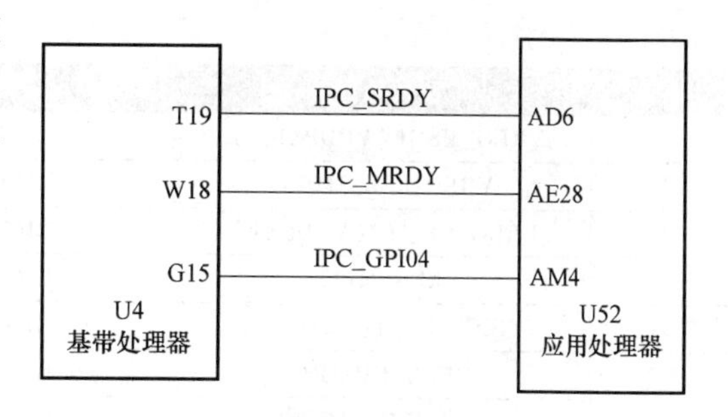

图 8-15　IPC 接口

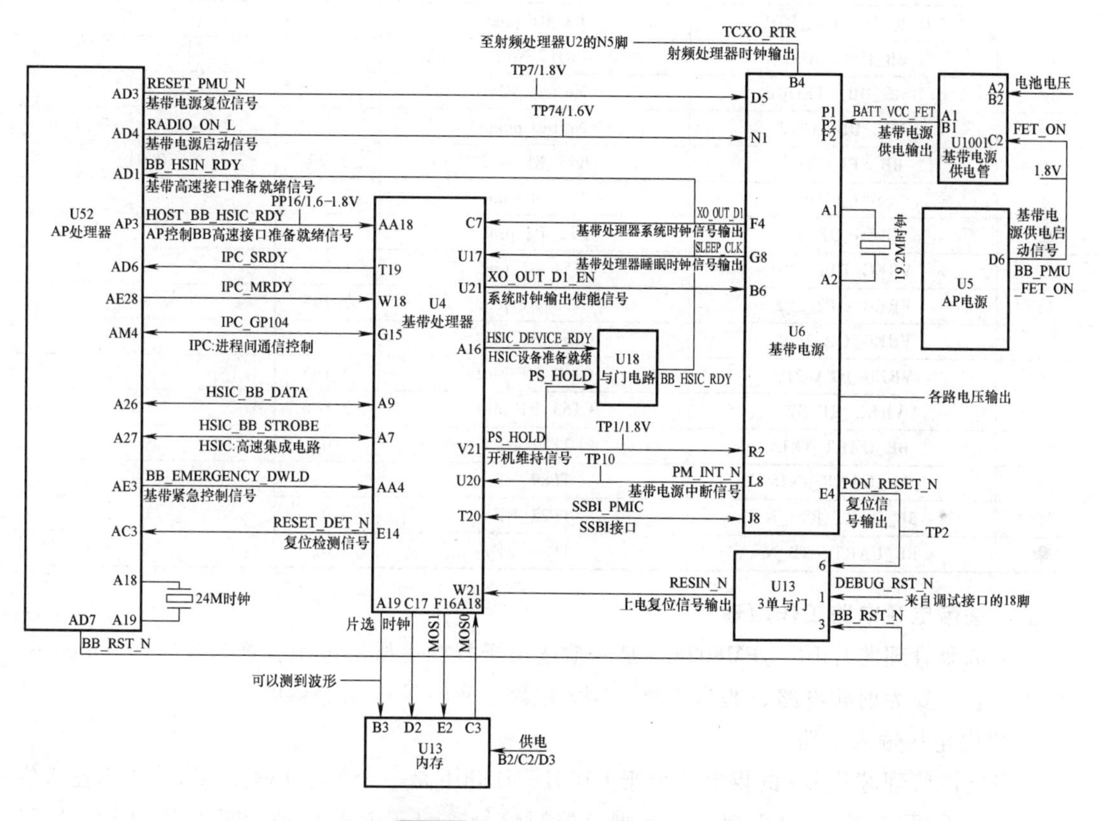

图 8-16　基带处理器工作框图

表 8-1　基带部分测试点（基带开机时序）

序号	测试项目	测试点	正向	反向
1	RADIO_ON_N(GPIO14)	TP74_RF	0	0
2	RESET_PMU_N	TP7_RF	1.8	1.81
3	PON_RESET_N	No test point		
4	DEBUG_RST_N	R5_RF pin2	1.799	1.799
5	BB_RST_N	R4_RF pin2	1.799	1.799
6	VREG_MSMC(VDD_CORE)	C152_RF pin2	1.099	1.094

（续）

序号	测试项目	测试点	正向	反向
7	VREG_MSME(VDDPX1,2)	C157_RF pin2	1.799	1.799
8	VREG_USB_3P075	C165_RF pin1	3.077	3.068
9	VREG_GP_1P2(VDDPX4)	C168_RF pin1	1.2	1.199
10	VREG_MPLL	C169_RF pin1	1.105	1.096
11	VREG_SDCC1(VDDPX3)	C170_RF pin1	2.855	2.845
12	VREG_GP_1P8	C172_RF pin1	1.8	1.795
13	VREG_L16	C166_RF pin1	2.6	2.595
14	VREG_L17	C178_RF pin1	2.84	2.829
15	PS_HOLD	TP1_RF	1.799	1.799
16	HSIC_DEVICE_RDY	R8_RF pin2	1.79	1.799
17	BB_HSIC_RDY	H4P GPIO17 No test point		
18	HSIC_BB_STROBE	No test point		
19	HSIC_BB_DATA	No test point		
20	BB_SPI_CS_N	R43_RF pin1	1.79	0.91
21	SSBI_PMIC	No test point		
22	VREG_QFUSE	C72_RF pin1	0	0
23	VREG_RF1_1P3	C154_RF pin2	1.236	0
24	VREG_RF2_2P2	C159_RF pin2	2.198	0
25	VREG_GP_2P05	C161_RF pin1	2.05	0
26	VREG_RFA_2P2	C162_RF pin1	2.195	0
27	VREG_RF_SW	C163_RF pin1	2.846	1.008
28	BB_UART_TXD	TP82_RF	0	0
29	BB_UART_RXD	TP89_RF	1.8	1.8
30	BB_UART_RTS_N	TP28_RF	0	0
31	BB_UART_CTS_N	TP29_RF	0	0

五、基带电源电路工作原理

基带电源管理芯片 U6（PM8028）是一款适用于智能手机的电源管理芯片，在 iPhone 4S 手机中，它主要为射频电路、基带电路、GPS 电路、WLAN 电路等供电。

1. 供电电压输入电路

基带电源管理芯片 U6 的供电受控于 U1001，U1001 是一个电子开关，A2、B2 脚输入的是电池电压 BATT_ VCC，C2 脚是控制脚，控制信号来自于基带电源管理芯片的 U5 的 D6 脚。供电电压从 A1、B1 脚输出送至基带电源管理芯片 U6，如图 8-17 所示。

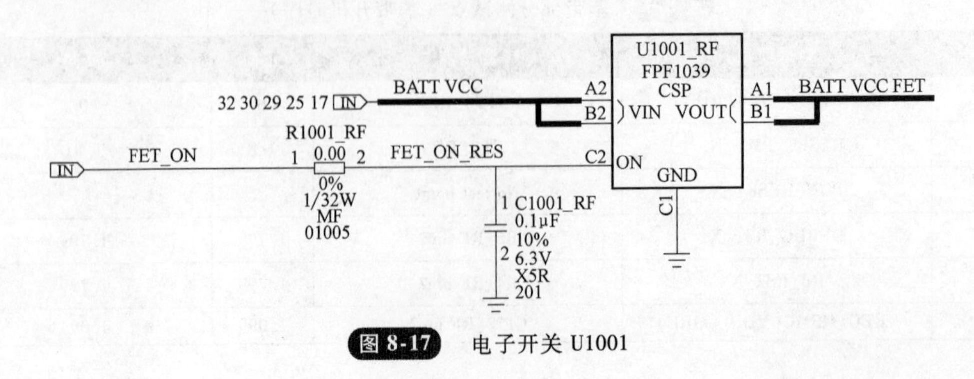

图 8-17 电子开关 U1001

从电子开关 U1001 输出的 BATT_ VCC_ FET 电压，送入到基带电源管理芯片 U6 的 P1、P2 脚，如图 8-18 所示。

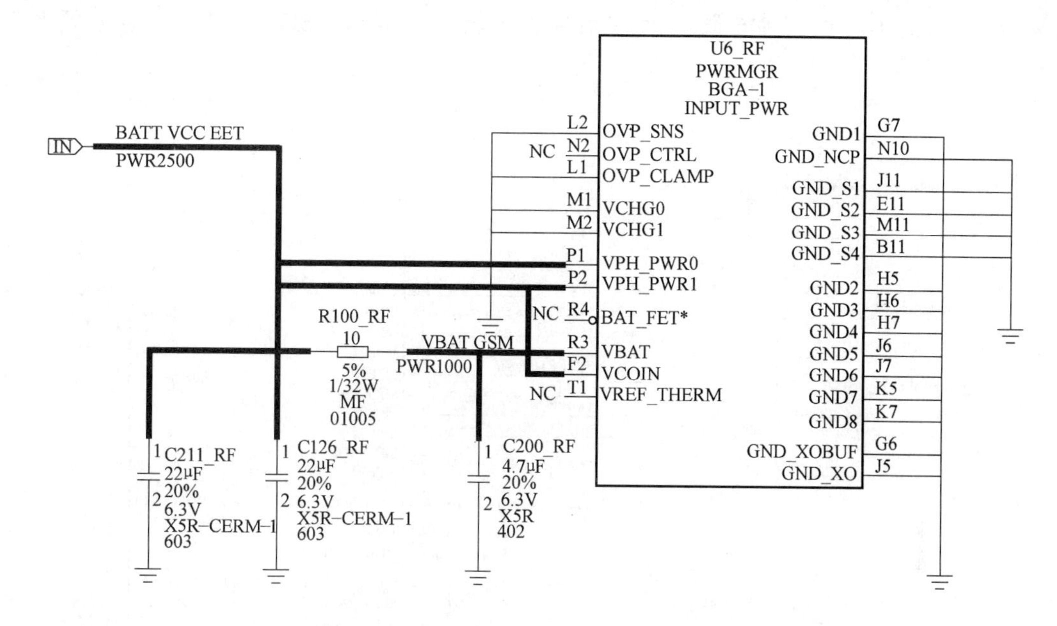

图 8-18 基带电源管理芯片 U6 电压输入

2. 控制电路

基带处理器 U4 输出的 PS_ HOLD 信号送入基带电源管理芯片 U6 的 R2 脚，应用处理器 U52 的 AD4 脚输出 RADIO_ ON 信号送至 U6 的 N1 脚，应用处理器 U52 的 AD3 脚输出 RESET_ BB_ PMU_ L 信号送至 U6 的 D5 脚，基带处理器 U4 输出 SSBI_ PMIC 信号送至 U6 的 J8 脚。

基带电源管理芯片 U6 的 E4 脚输出复位信号，L8 脚输出 PM_ INT_ N 中断信号，D8、B9、A10、E8 脚输出功放启动信号。基带电源管理芯片 U6 的控制电路如图 8-19 所示。

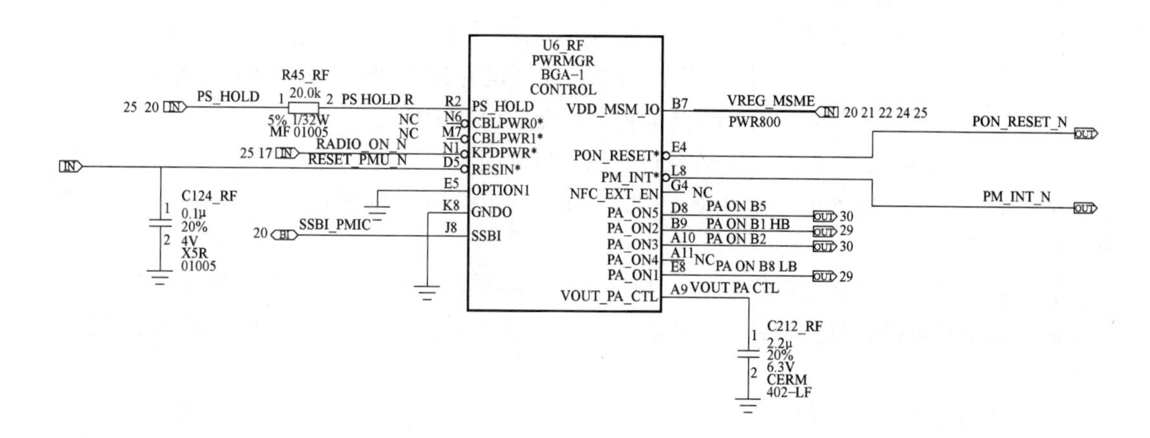

图 8-19 基带电源管理芯片 U6 的控制电路

3. SIM 卡接口电路

iPhone 4S 手机的 SIM 卡座连接到基带电源管理芯片 U6 的 M4、N4、N5 脚，SIM 卡数据信号通过 U6 的 L4、M5、M6 脚与通信基带处理器进行通信。SIM 卡接口电路如图 8-20 所示。

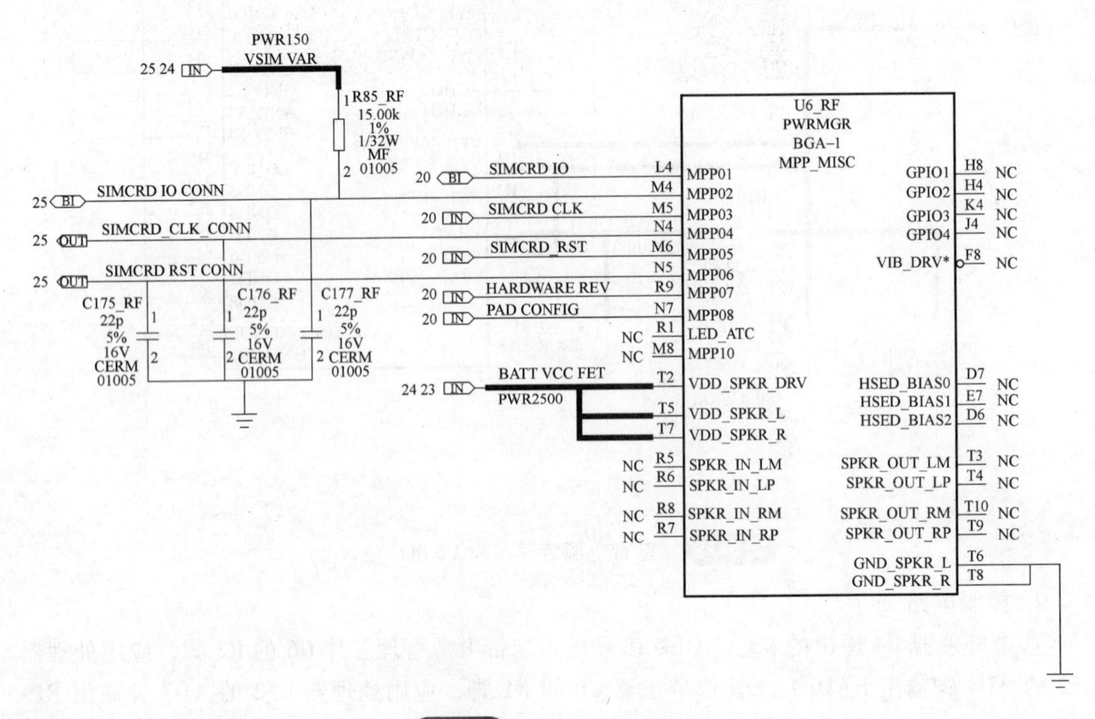

图 8-20 SIM 卡接口电路

4. LDO 电路

基带电源管理芯片 U6 有多路 LDO 电压输出，分别为射频电路、基带电路、GPS 电路、WLAN 电路等供电。LDO 电路如图 8-21 所示。

六、基带电路故障维修

1. 基带电源电路故障维修

基带电源芯片 U6 主要为射频部分电路进行供电，还为 WLAN、蓝牙、收音机电路、GPS 电路等供电。U1001 为基带电源供电芯片，受应用处理器控制。

首先检测 U1001 的 A2、B2 脚是否有电池电压输入，如果有，检查 C1001 上控制信号是否正常，如果控制信号正常，再检查 U1001 的输出端 C126 上的电压是否正常。如果正常，再检查基带电源管理芯片 U6。

使用万用表测量基带电源管理芯片 U6 输出的各路工作电压是否正常，如果有电压不正常，负载也没有短路现象，则补焊或更换基带电源管理芯片 U6。基带电源电路测试点如图 8-22 所示。

2. 基带处理器电路故障维修

在 iPhone 4S 手机中，基带处理器问题主要是进水、摔坏引起的，只要把握好工作条件和开机时序，就不会很难了。

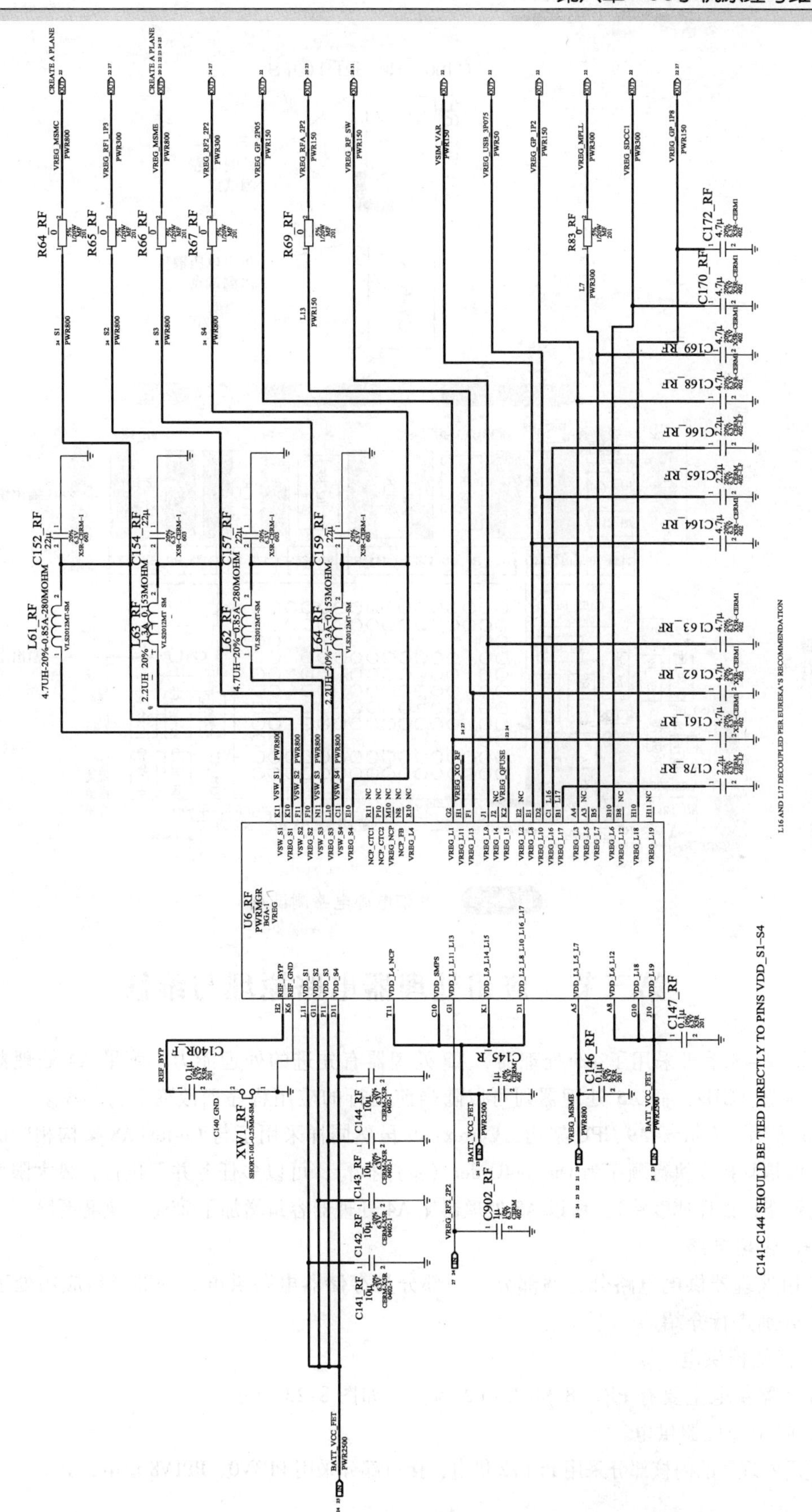
U6_RF
PWRMGR
C141-C144 SHOULD BE TIED DIRECTLY TO PINS VDD_S1-S4
L16 AND L17 DECOUPLED PER EUREKA'S RECOMMENDATION

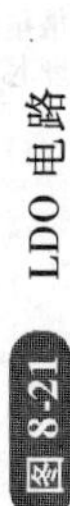
图 8-21 LDO 电路

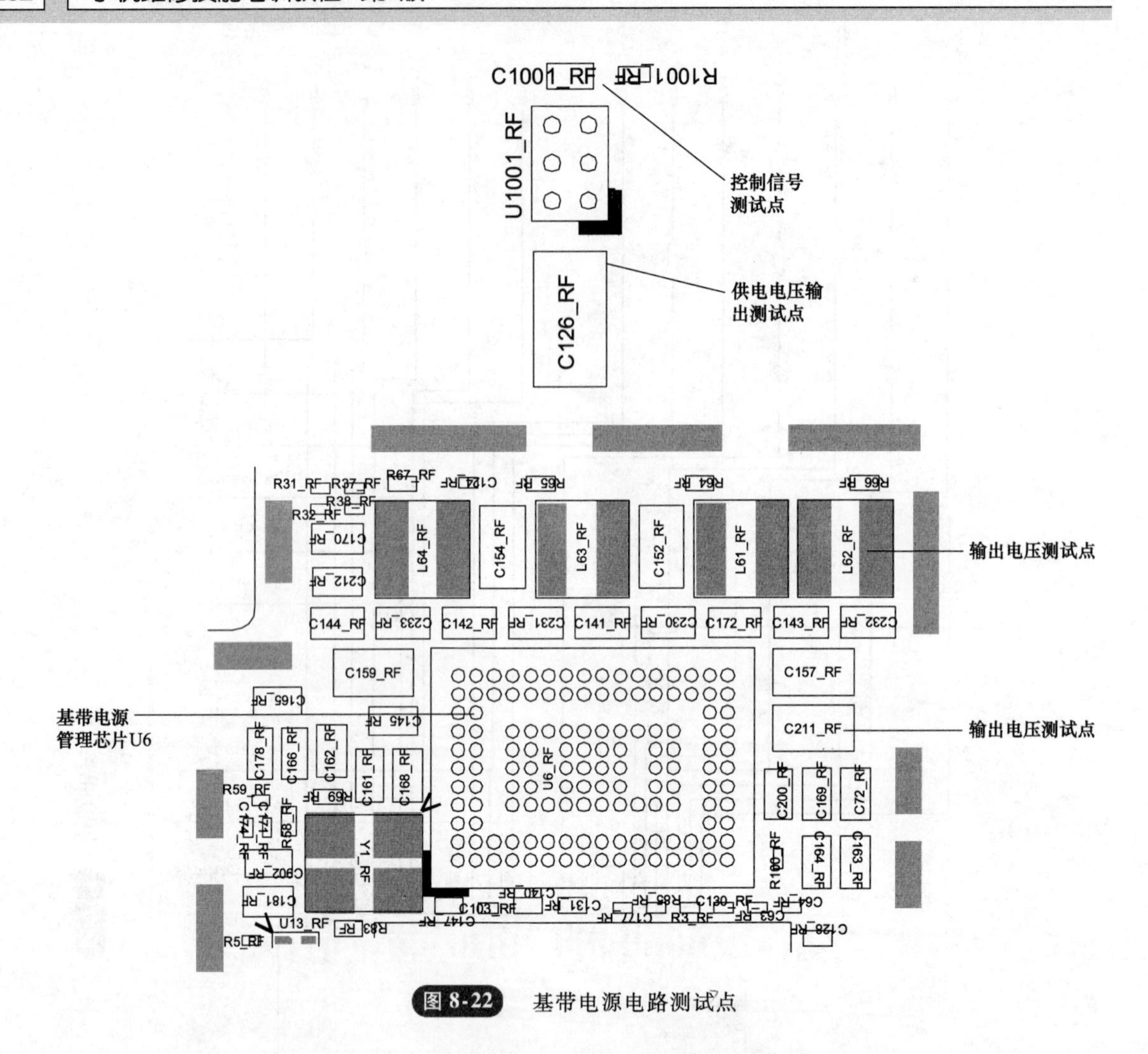

图 8-22 基带电源电路测试点

第三节 应用处理器电路原理与维修

iPhone 4S 手机采用了 A5 处理器，A5 处理器有先进的处理能力，苹果 A4 处理器的工作频率固定在 1GHz，而 A5 处理器则可以随当前运行的应用程序而改变运行频率。

A5 采用了 Cortex-A9 CPU 架构，Cortex-A9 虽然同样采用了与 Cortex-A8 架构相同的双指令解码，但是其指令执行顺序为 Out-of-Order（乱序执行，可以多任务并行执行，最大限度发挥处理器的效能，处理速度快），所以 A5 处理器比 A4 处理器容量增加了 25%，速度更快。

一、供电电路

应用处理器供电电路分为两部分，一部分是存储器电路供电，一部分是应用处理器内核供电，分别进行介绍。

1. 存储器供电

存储器供电主要有 PP1V8 和 PP1V2 两种，如图 8-23 所示。

2. 应用处理器供电

应用处理器的内核部分采用 PP1V2 供电，接口部分采用 PP3V0、PP1V8 供电，如图 8-24 所示。

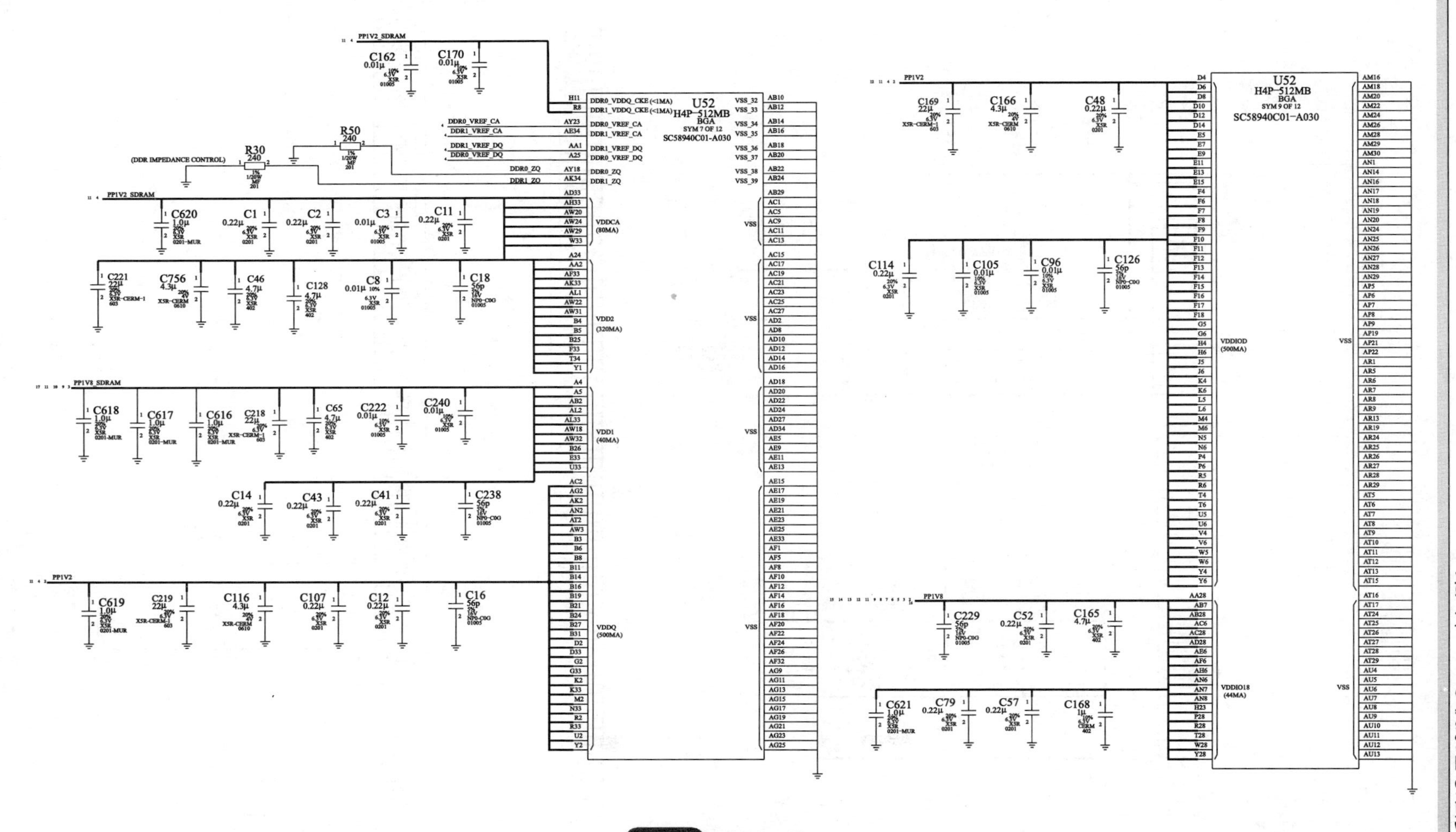
U52
H4P-512MB
BGA
SYM 7 OF 12
SYM 9 OF 12
SC58940C01-A030
PP1V2_SDRAM
PP1V8_SDRAM
PP1V2
PP1V8
(DDR IMPEDANCE CONTROL)
DDR0_VREF_CA
DDR1_VREF_CA
DDR1_VREF_DQ
DDR0_VREF_DQ
DDR0_ZQ
DDR1_ZQ
VDDCA (80MA)
VDD2 (320MA)
VDD1 (40MA)
VDDQ (500MA)
VDDIOD (500MA)
VDDIO18 (44MA)
VSS

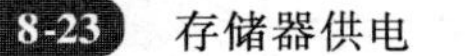
图 8-23 存储器供电

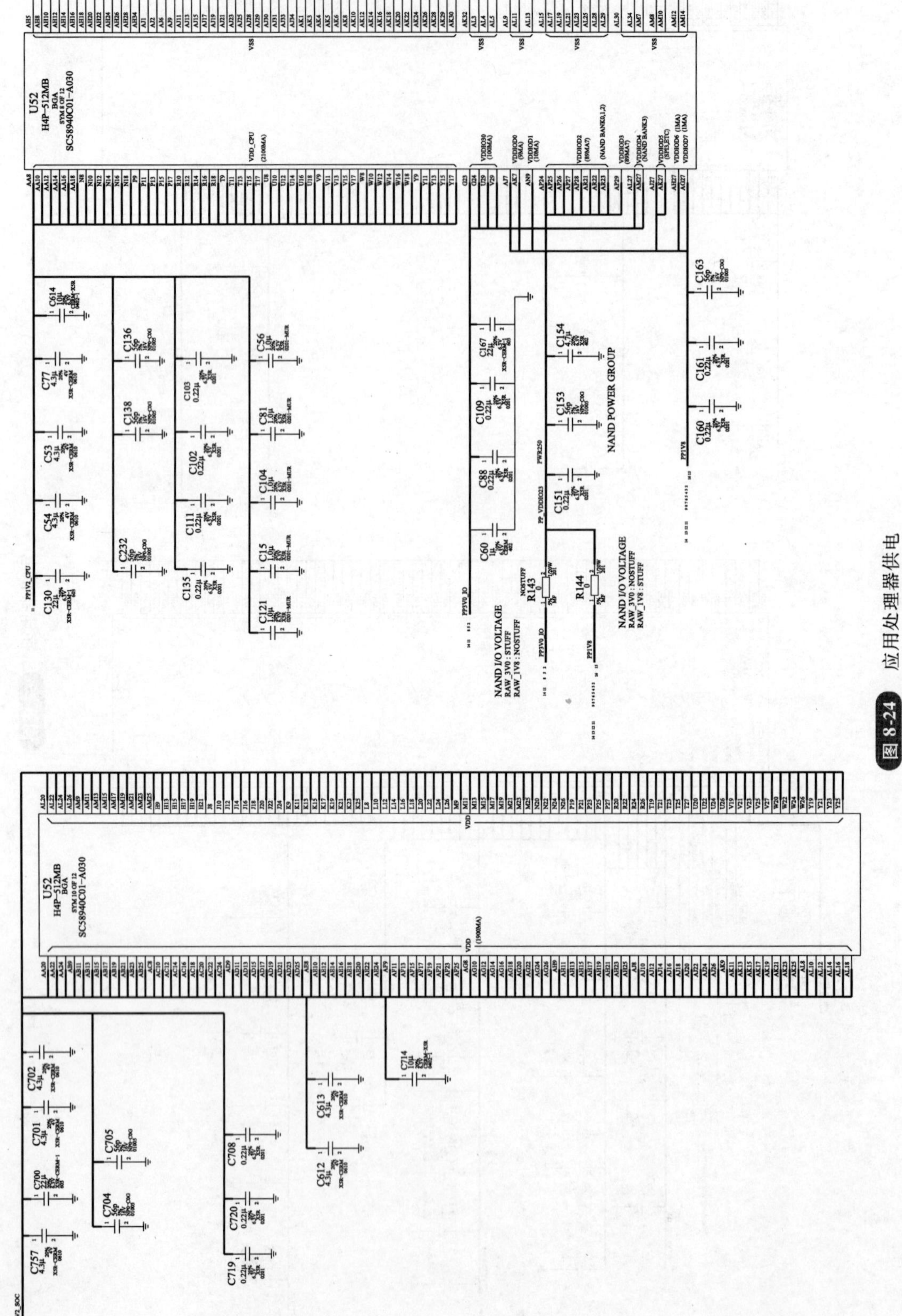

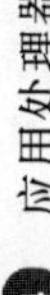
图 8-24 应用处理器供电

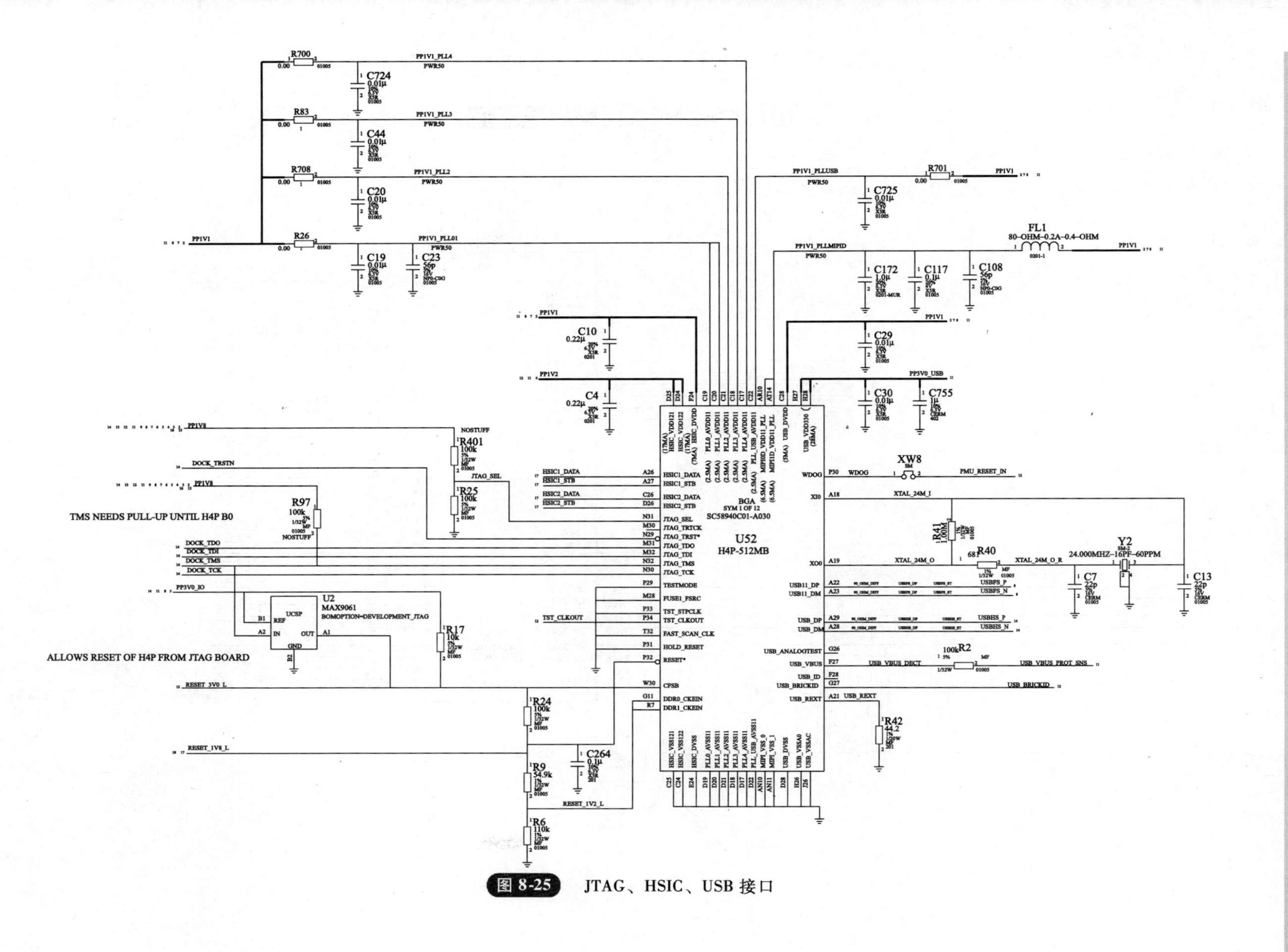

图 8-25　JTAG、HSIC、USB 接口

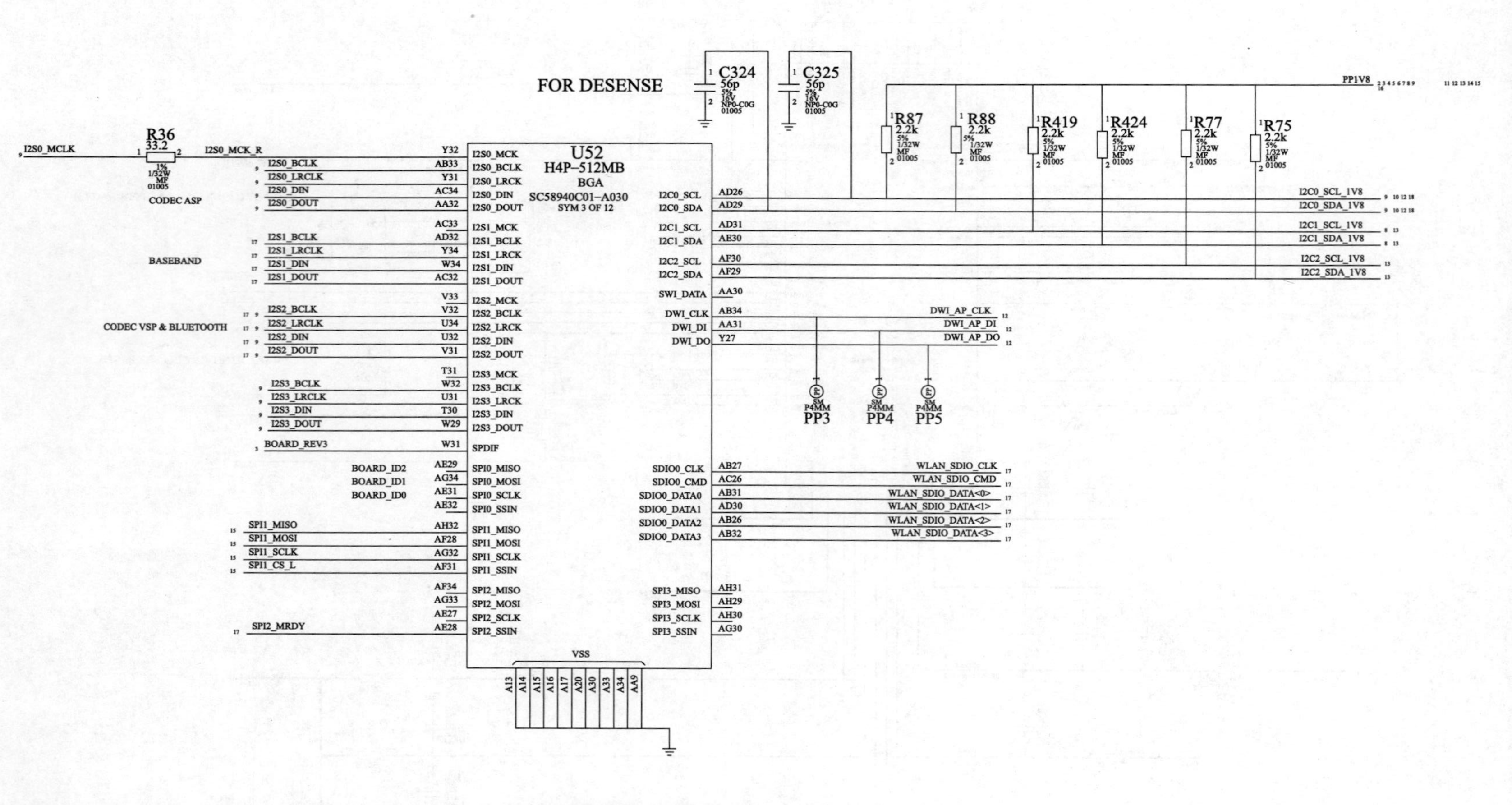

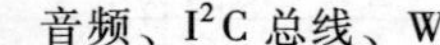
图 8-26 音频、I²C 总线、WLAN 接口

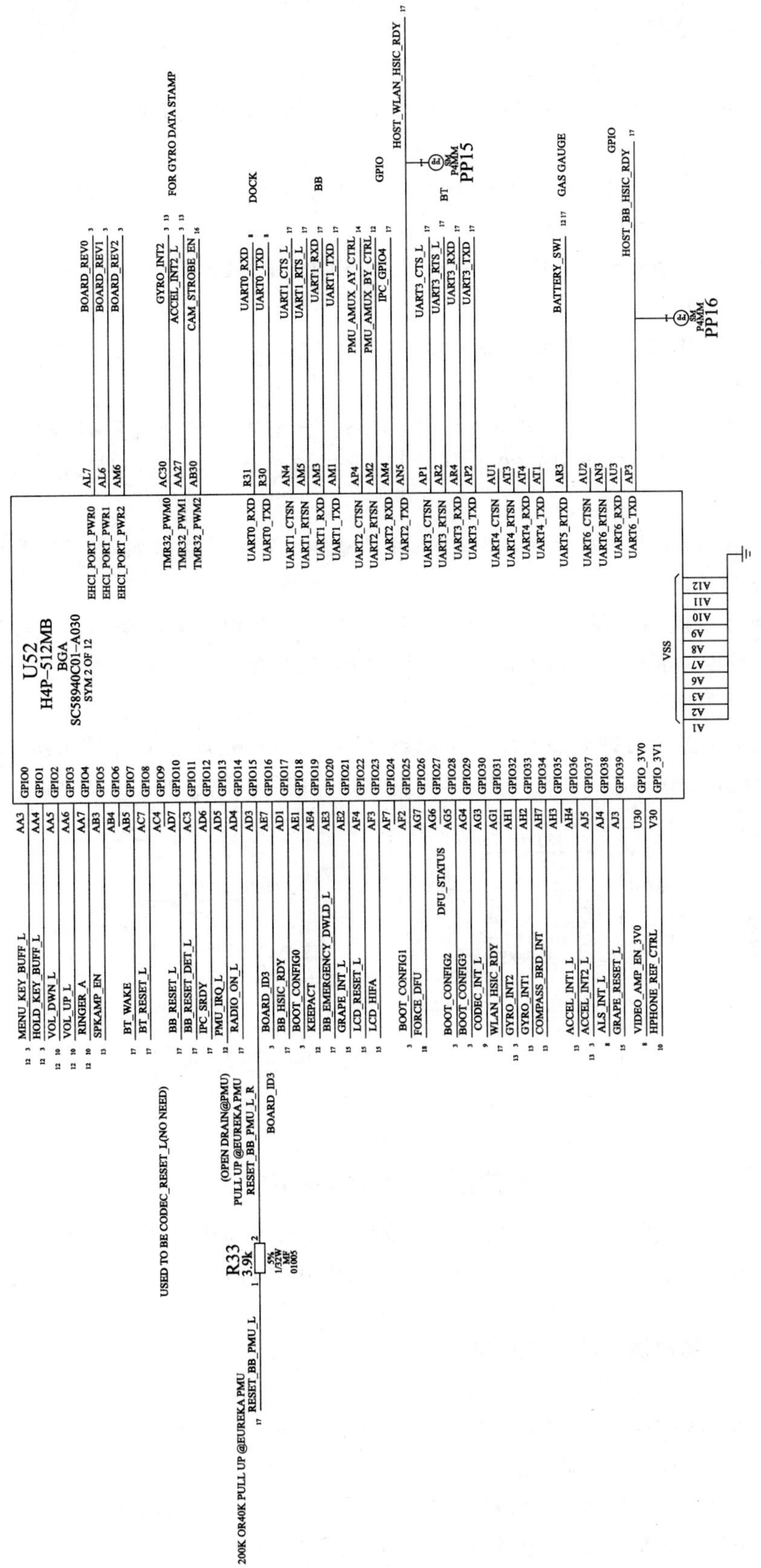

U52
H4P-512MB
BGA
SC58940C01-A030
SYM 2 OF 12
12 3 MENU_KEY_BUFF_L AA3 GPIO0
12 3 HOLD_KEY_BUFF_L AA4 GPIO1
12 10 VOL_DWN_L AA5 GPIO2
12 10 VOL_UP_L AA6 GPIO3
12 10 RINGER_A AA7 GPIO4
13 SPKAMP_EN AB3 GPIO5
AB4 GPIO6
17 BT_WAKE AB5 GPIO7
17 BT_RESET_L AC7 GPIO8
AC4 GPIO9
17 BB_RESET_L AD7 GPIO10
17 BB_RESET_DET_L AC3 GPIO11
17 IPC_SRDY AD6 GPIO12
12 PMU_IRQ_L AD5 GPIO13
17 RADIO_ON_L AD4 GPIO14
AD3 GPIO15
3 BOARD_ID3 AE7 GPIO16
17 BB_HSIC_RDY AD1 GPIO17
3 BOOT_CONFIG0 AE1 GPIO18
12 KEEPACT AE4 GPIO19
17 BB_EMERGENCY_DWLD_L AE3 GPIO20
15 GRAPE_INT_L AE2 GPIO21
15 LCD_RESET_L AF4 GPIO22
15 LCD_HIFA AF3 GPIO23
AF7 GPIO24
3 BOOT_CONFIG1 AF2 GPIO25
18 FORCE_DFU AG7 GPIO26
DFU_STATUS AG6 GPIO27
3 BOOT_CONFIG2 AG5 GPIO28
3 BOOT_CONFIG3 AG4 GPIO29
9 CODEC_INT_L AG3 GPIO30
17 WLAN_HSIC_RDY AG1 GPIO31
13 3 GYRO_INT2 AH1 GPIO32
13 GYRO_INT1 AH2 GPIO33
13 COMPASS_BRD_INT AH7 GPIO34
AH3 GPIO35
13 ACCEL_INT1_L AH4 GPIO36
13 3 ACCEL_INT2_L AJ5 GPIO37
8 ALS_INT_L AJ4 GPIO38
15 GRAPE_RESET_L AJ3 GPIO39
8 VIDEO_AMP_EN_3V0 U30 GPIO_3V0
10 HPHONE_REF_CTRL V30 GPIO_3V1
EHCI_PORT_PWR0 AL7 BOARD_REV0 3
EHCI_PORT_PWR1 AL6 BOARD_REV1 3
EHCI_PORT_PWR2 AM6 BOARD_REV2 3
TMR32_PWM0 AC30 GYRO_INT2 3 13 FOR GYRO DATA STAMP
TMR32_PWM1 AA27 ACCEL_INT2_L 3 13
TMR32_PWM2 AB30 CAM_STROBE_EN 16
UART0_RXD R31 UART0_RXD 8 DOCK
UART0_TXD R30 UART0_TXD 8
UART1_CTSN AN4 UART1_CTS_L 17
UART1_RTSN AM5 UART1_RTS_L 17
UART1_RXD AM3 UART1_RXD 17 BB
UART1_TXD AM1 UART1_TXD 17
UART2_CTSN AP4 PMU_AMUX_AY_CTRL 14
UART2_RTSN AM2 PMU_AMUX_BY_CTRL 12
UART2_RXD AM4 IPC_GPIO4 17 GPIO
UART2_TXD AN5 HOST_WLAN_HSIC_RDY 17
UART3_CTSN AP1 UART3_CTS_L 17
UART3_RTSN AR2 UART3_RTS_L 17 BT
UART3_RXD AR4 UART3_RXD 17
UART3_TXD AP2 UART3_TXD 17
PP15 SM P4MM
UART4_CTSN AU1
UART4_RTSN AT3
UART4_RXD AT4
UART4_TXD AT1
UART5_RTXD AR3 BATTERY_SWI 12 17 GAS GAUGE
UART6_CTSN AU2
UART6_RTSN AN3
UART6_RXD AU3
UART6_TXD AP3 HOST_BB_HSIC_RDY 17 GPIO
PP16 SM P4MM
VSS A1 A2 A3 A6 A7 A8 A9 A10 A11 A12
USED TO BE CODEC_RESET_L(NO NEED)
(OPEN DRAIN@PMU)
PULL UP @EUREKA PMU
RESET_BB_PMU_L_R
BOARD_ID3
R33
3.9k
1 2
5%
1/32W
MF
01005
200K OR40K PULL UP @EUREKA PMU
17 RESET_BB_PMU_L

图 8-27 控制信号接口

二、通信接口电路

1. JTAG、HSIC、USB 接口

1）iPhone 4S 手机的 JTAG 接口包括 DOCK_TRSTN、DOCK_TDO、DOCK_TDI、DOCK_TMS、DOCK_TCK。

2）HSIC（High Speed Inter-Chip，HSIC，高速片间）接口包括 HSIC1_DATA、HSIC1_STB、HSIC2_DATA、HSIC2_STB。

3）USB 接口包括 USBFS_P、USBFS_N、USBHS_P、USBHS_N、USB_VBUS_PROT_SNS、USB_BRICKID。

JTAG、HSIC、USB 接口如图 8-25 所示。

2. 音频、I^2C 总线、WLAN 接口

音频信号接口使用了 I^2S0、I^2S1、I^2S2、I^2S3，分别用来传送编解码信号、基带信号、蓝牙信号等。I^2C 总线接口使用 I^2C0、I^2C1、I^2C2 三组总线，完成应用处理器与其他电路的通信。

WLAN 使用 SDIO 接口进行通信。音频、I^2C 总线、WLAN 接口如图 8-26 所示。

3. 控制信号接口

iPhone 4S 手机应用处理器输出的控制信号很多，主要包括复位信号、主板温度检测信号、各功能部分的中断信号、按键信号等，如图 8-27 所示。

4. 应用处理器时钟

应用处理器电路的时钟如图所示，主时钟 Y2 接在 AP 处理器 U52 的 A18、A19 脚。休眠时钟接在 AP 电源管理芯片 U5 的 P1、U1 脚。时钟信号的路径如图 8-28 所示。

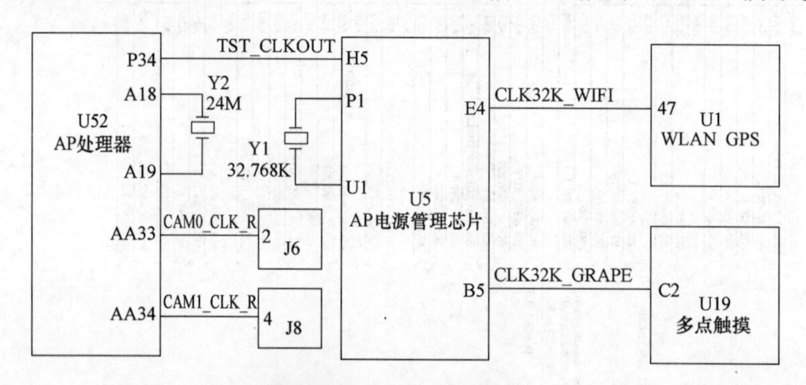

图 8-28 时钟信号的路径

对于 iPhone 4S 手机的应用处理器电路，我们只进行了简单介绍，在分析应用处理器工作原理时，要从供电、通信接口入手，先搞明白各芯片之间的关系，然后再弄清楚每一个引脚的功能。

三、应用处理器电源电路工作原理

1. 电池接口电路

iPhone 4S 手机电池接口电路相对较简单，电池触点 J9 的 1 脚接地，2 脚为电池温度检测，3 脚为电池电量检测，4 脚为电池供电电压输出。其中，电池温度检测信号送至应用处理器电源管理电路 U5 的 L2 脚，电池电量检测信号送至应用处理器 U52 的 AR3 脚和应用处理器电源管理电路 U5 的 B8 脚。电池接口电路如图 8-29 所示。

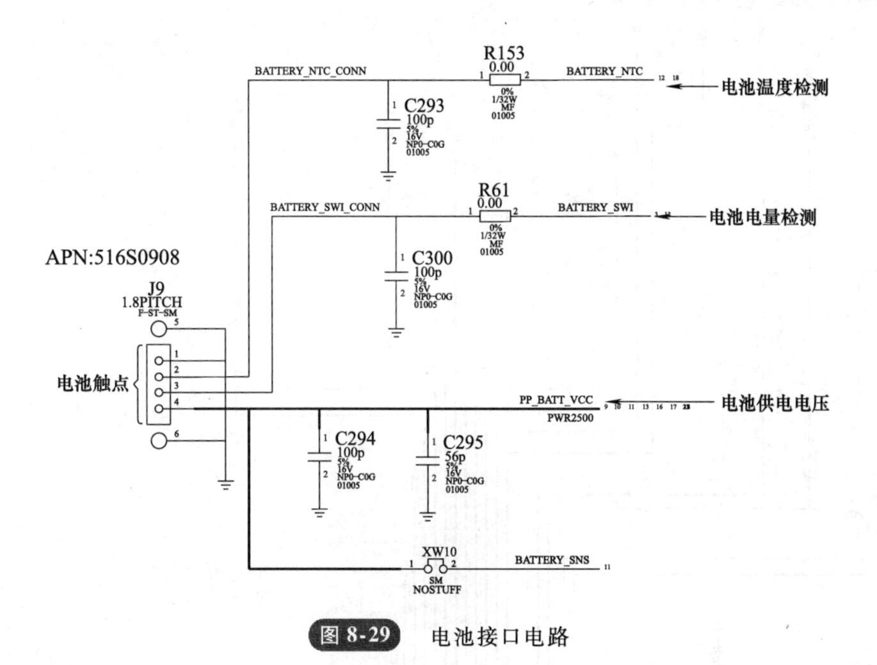

图 8-29　电池接口电路

2. 开机信号电路

在 iPhone 手机中，开机按键又叫作睡眠/唤醒按钮，在待机状态下，轻按睡眠/唤醒按钮进入锁定状态，在睡眠状态下轻按睡眠/唤醒按钮会唤醒手机。

开机信号经过反相器 U8，分别送给应用处理器 U52 的 AA4 脚和应用处理器电源管理芯片 U5 的 D13 脚，如图 8-30 所示。

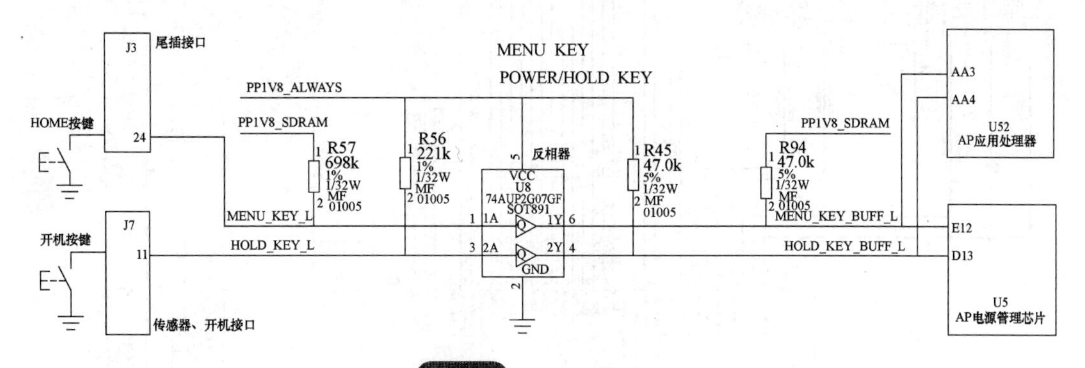

图 8-30　开机流程框图

3. DFU 模式

DFU 的全称是 Development Firmware Upgrade，实际意思是 iPhone 固件的强制升降级模式。例如，在降级 iPhone 固件时，如果出现过错误 1 或者错误 6，那么在恢复或者降级固件时，需要使 iPhone 进入 DFU 模式才能够完全降级。

以下是两种进入 DFU 模式的方法：

1）开启 iTunes，并将 iPhone 连上计算机，然后将 iPhone 关机。

2）按住开机键直到出现苹果 Logo，不要松手。

3）在按住开机键同时，按住 Home 键，直到苹果 Logo 消失。

4）此时松开开机键，直到计算机出现 DFU 模式连接。

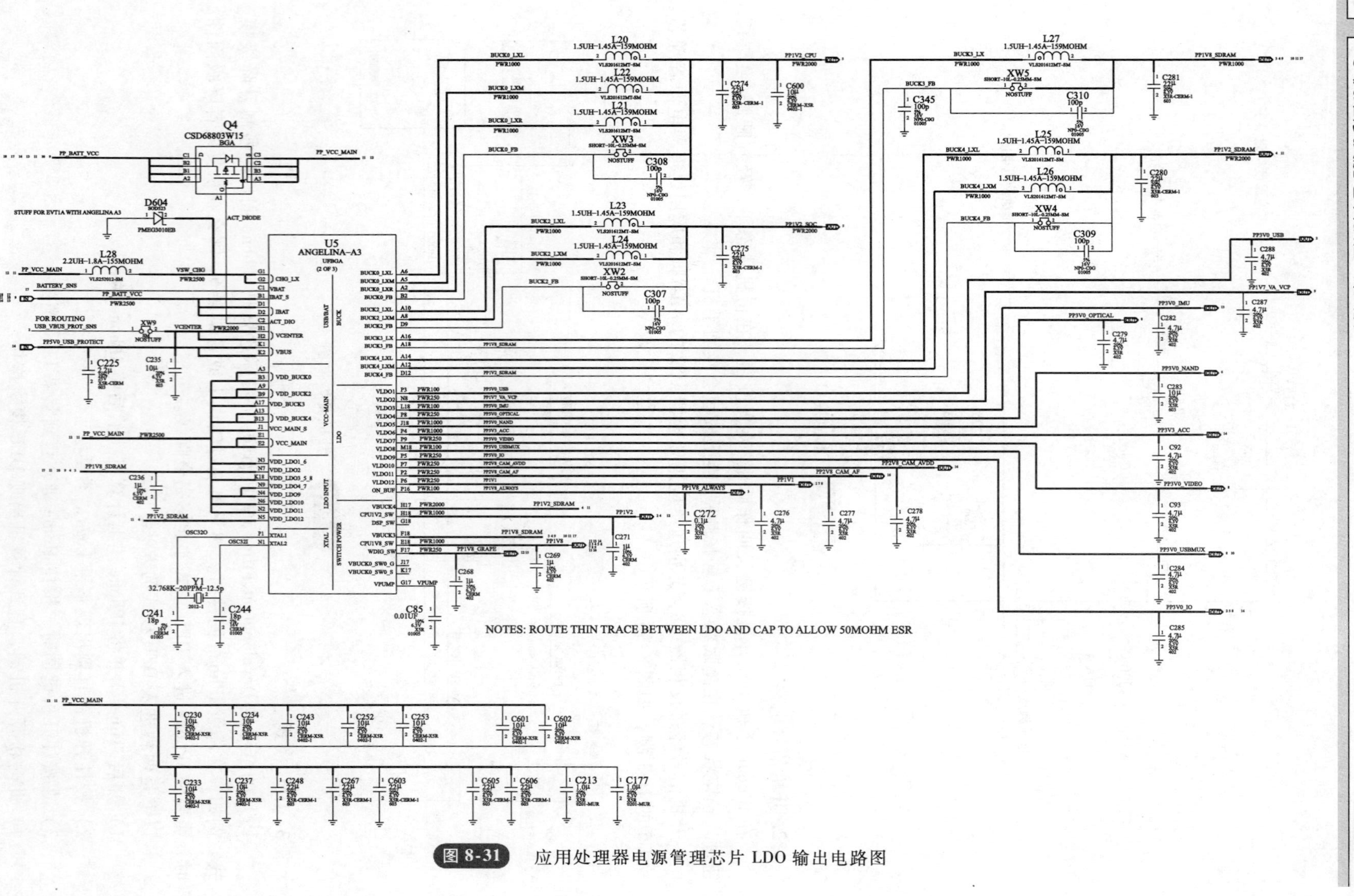

图 8-31 应用处理器电源管理芯片 LDO 输出电路图

5）iTunes 出现恢复提示，按住 Shift，选择相应固件进行恢复。

4. LDO 输出

iPhone 4S 手机有多路 LDO 输出，分别为应用处理器各部分电路提供能源，应用处理器电源管理芯片 LDO 输出电路图如图 8-31 所示。

5. 充电控制电路

iPhone 4S 的充电控制电路具体分析如图 8-32 所示。

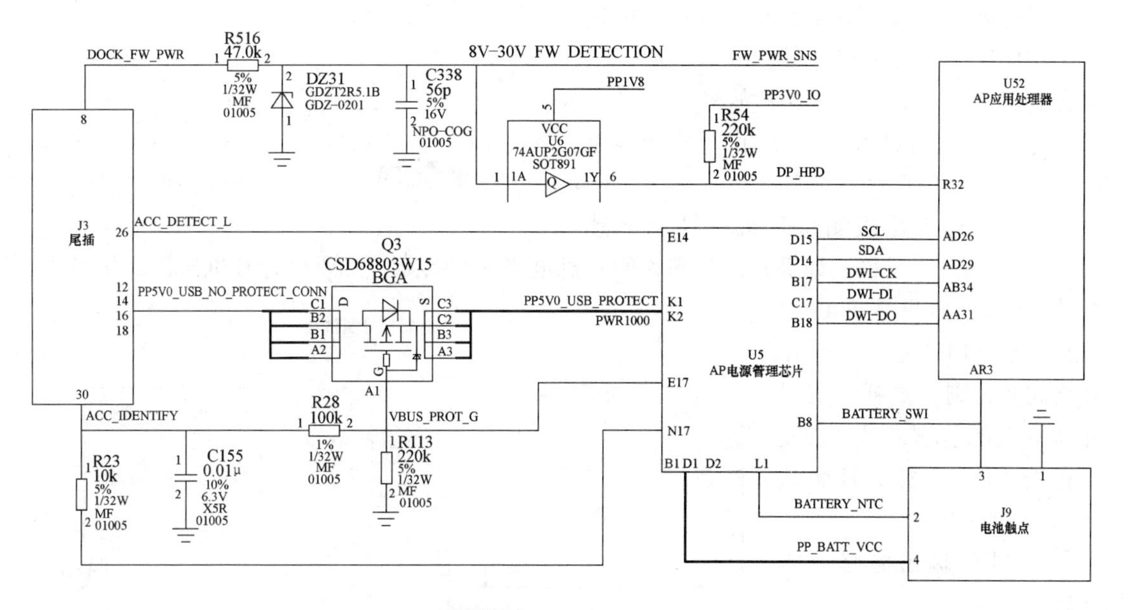

图 8-32 充电控制电路

查看与充电有关的器件，充电器和电池，尾插 J3，负责连接充电器；电源管理芯片 U5，负责进行充电；应用处理器，负责监控 U5 工作；电池触点 J9，一方面通过触点对电池进行充电，同时将电池的温度和电池电量信息反馈给 U5 和 U52。

首先，查看手机是否有充电器接入，接入的到底是充电器还是其他附件，尾插 26 脚是附件检测，检测是否有附件接入尾插。

尾插 30 脚负责检查是充电器还是 USB 线充电，根据 R28、R23 的分压值和 U5 的 E17 脚的参考值进行比较，将电压输入到 U5 的 N17 脚，从而识别出是否为充电器接入还是 USB 接入充电。尾插 8 脚是 1394 充电器检测电路，此部分电路出现问题会出现显示充电，但充不进去，输入的充电电压经 R516、DZ31 稳压后分成两路，一路送到 U5，另一路经反相器 U6 送到 U52。Q3 是限压保护管，防止充电器输入电压过高造成 U5 损坏。U52 通过 I^2C 总线、DWI 接口和 U5 进行通信。

电池内部有 NTC 电阻，NTC 就是负温度系数的热敏电阻，电池触点的 2 脚将电池内部温度信息送至 U5 的 L1 脚。电池触点将电池电量检测信号从 3 脚输出，分别送到 U5 的 B8 脚和 U52 的 AR3 脚。

6. 实时时钟电路

实时时钟晶体 Y1 接在应用处理器电源管理芯片 U5 的 P1、N1 脚，和 U5 内部的电路共同构成实时时钟振荡电路。实时时钟电路原理图如图 8-33 所示。

四、应用处理器电路故障维修

1. 开机电路故障维修

在维修开机电路故障之前，首先要排除电池问题，如果显示“不支持用此配件充电”，一般为电池电量过低，将电池拆下后，用稳压电源进行充电激活就行了。

开机电路故障主要表现为按下开机按键后无任何反应，使用充电器连接手机后，手机会显示正在充电状态，这种故障一般是为开机电路故障，故障范围一般在开机按键至应用处理器电源管理芯片之间。

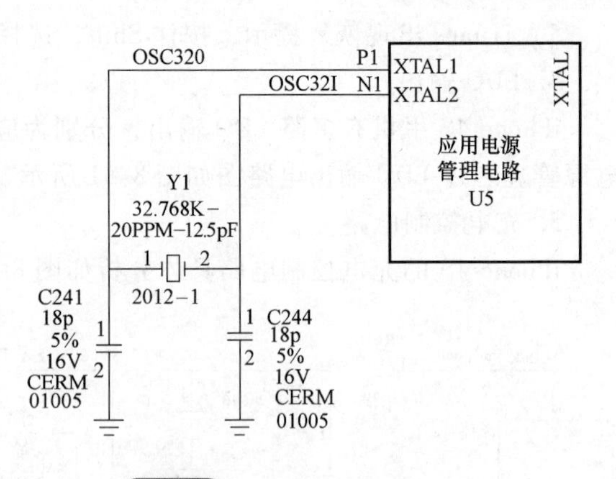

图 8-33 实时时钟电路原理图

首先使用万用表测量开机按键至电感FL12的一端是否开路，如果开路，则说明开机电路存在故障，需要检查开机按键、接口J7、电感FL12。如果从开机按键至电感FL12之间不存在开路问题，则需要补焊应用处理器电源管理芯片U5和反相器U8。开机信号测试点如图8-34所示。

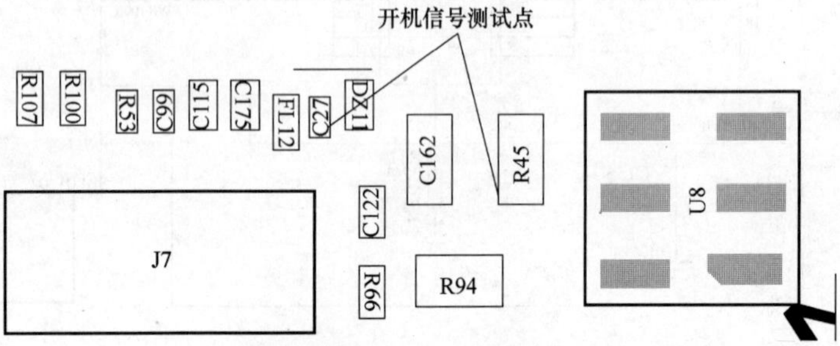

图 8-34 开机信号测试点

2. LDO 输出电路故障维修

按下开机按键，使用万用表或者示波器分别测量LDO输出的各路工作电压，如果输出电压正常，则说明应用处理器电源管理芯片U5工作正常；如果部分无输出或者全部无输出，则需要检查应用处理器电源管理芯片U5及外围电路。

在测量LDO输出点电压时，一般测量电源管理芯片U5周围个头较大的电感和电容，如果发现哪一个电压不正常，对照图样位号在原理图再进行分析。LDO输出电路测试点如图8-35所示。

3. USB 充电电路故障维修

USB充电电路故障主要表现为连接USB充电器后手机无反应，不显示充电界面，在排除充电器及电池问题后，可按照以下步骤进行维修。

首先使用万用表或示波器测量L3、L4上是否有5V左右的充电电压信号，如果没有则检查充电器、尾插、接口J3等。如果L3、L4有电压再检查Q3的输出电压信号是否正常，如果该信号不正常，检查Q3及外围电路元件。如果该点电压正常，则检查或者补焊、更换应用处理器电源管理芯片U5。USB充电电路测试点如图8-36所示。

4. 应用处理器电路故障维修

在iPhone 4S手机中，由于应用处理器芯片封胶，拆装难度非常大，所以在维修时一定要注意，引起应用处理器损坏的原因也很多，例如：进水、摔坏、充电都有可能造成应用处理器损坏。

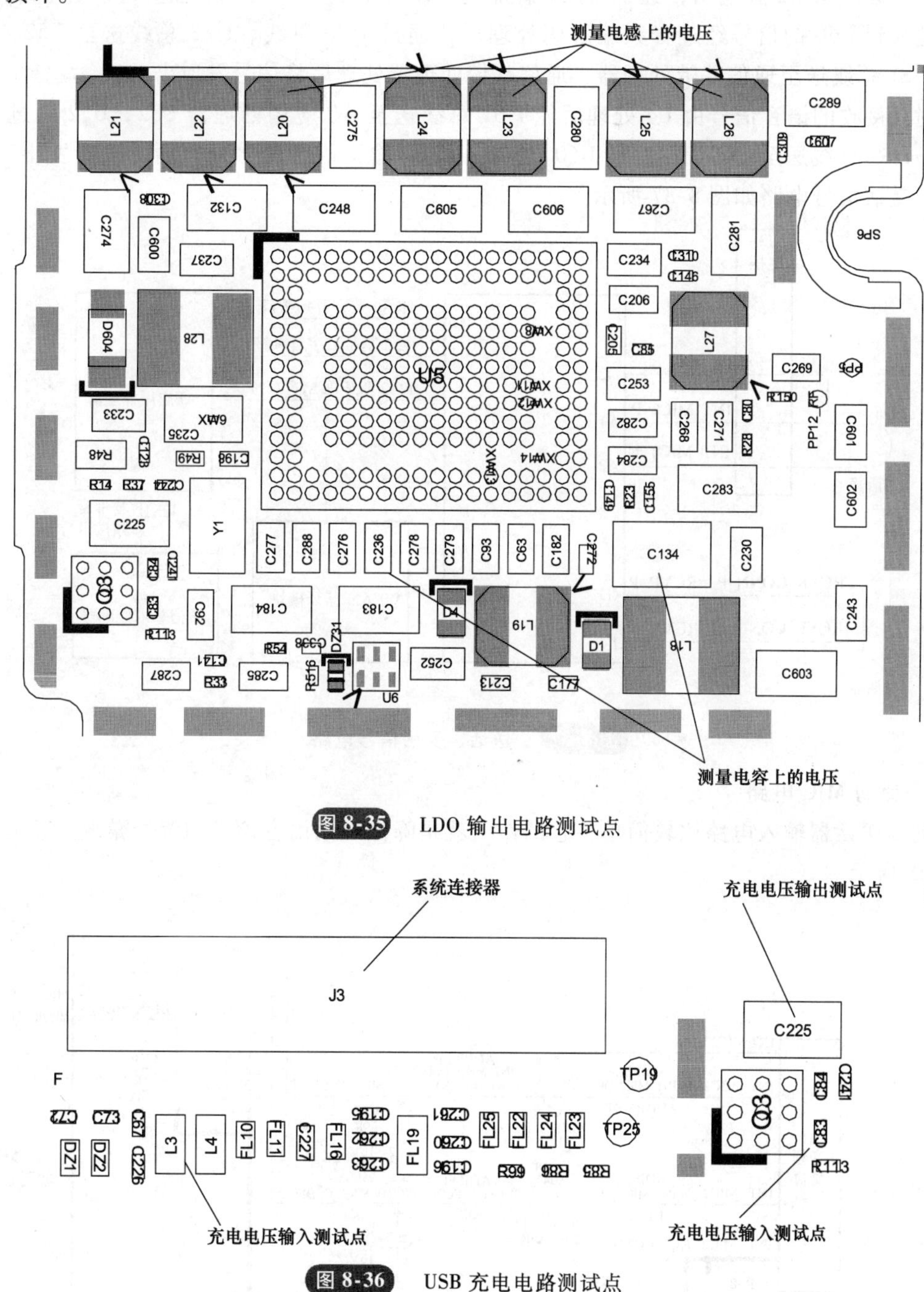

图 8-35　LDO 输出电路测试点

图 8-36　USB 充电电路测试点

第四节　音频电路原理与维修

一、音频电路工作原理

1. 送话受话信号电路

送话器的信号经尾插 J3 的 39、41 脚，送至音频编解码芯片的 A2、A1 脚，U60 为送话器提供的偏压从 D2 脚输出，经 J3 的 37 脚加到 MIC 上，这个偏压只有建立通话时才有。

送入到 U60 的信号经过音频编解码处理后，通过 I^2S0 总线、I^2S3 总线送至 U52，U52 通过 I^2S1 总线送至通信基带处理器，通信基带处理器处理后将信号发射出去。

射频接收的语音信号由 U4 处理后经 I^2S1 总线送至 AP 应用处理器 U52，U52 通过 I^2S0 总线、I^2S3 总线送至 U60，然后从 U60 的 G3、F3 脚输出语音信号，推动受话器发出声音。送话、受话信号电路如图 8-37 所示。

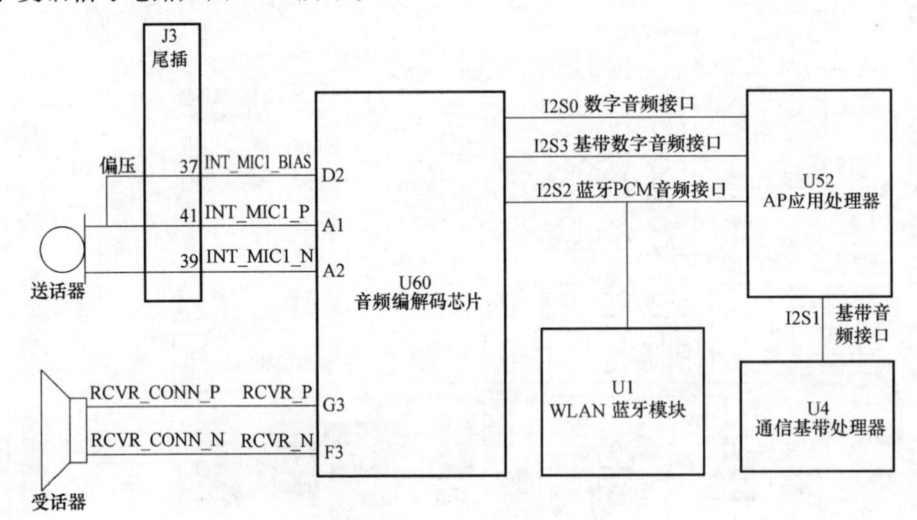

图 8-37 送话、受话信号电路

2. 辅助 MIC 电路

辅助送话器输入电路比较简单，它的作用就是降低送话语音信号的背景噪声，其电路如图 8-38 所示。

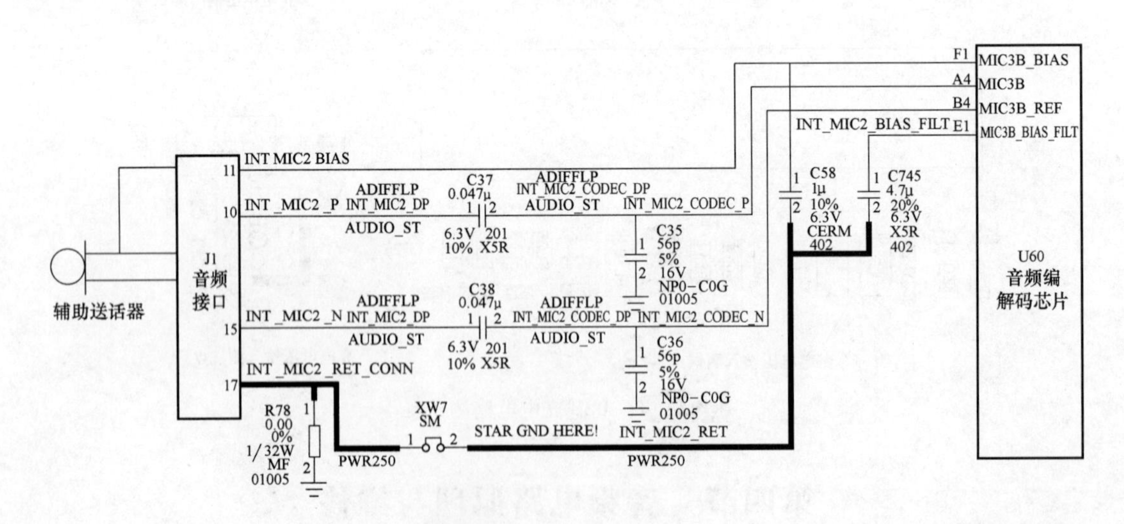

图 8-38 辅助送话器电路

3. 耳机信号电路

iPhone 4S 的耳机电路比 iPhone3GS、iPhone4 要简单很多，该部分电路应该具有耳机检测、耳机类型检测、接听控制等功能。

耳机送话器信号送入到音频接口 J1 的 9、13 脚，然后再送入到耳机 MIC 放大芯片 U7 的 B1、C1 脚，经过放大后从 U7 的 D2、D1 脚输出至音频编解码芯片 U60 的 B1、B2 脚。U60 的 D3、C3 脚为耳机 MIC 检测脚。耳机 MIC 的偏压由 U60 的 C2 脚提供送至 U7 的 D4 脚。

耳机听筒信号从 U6 的 G9、G10 脚输出至 J1 的 5、7 脚，推动耳机发出声音来。耳机信号电路如图 8-39 所示。

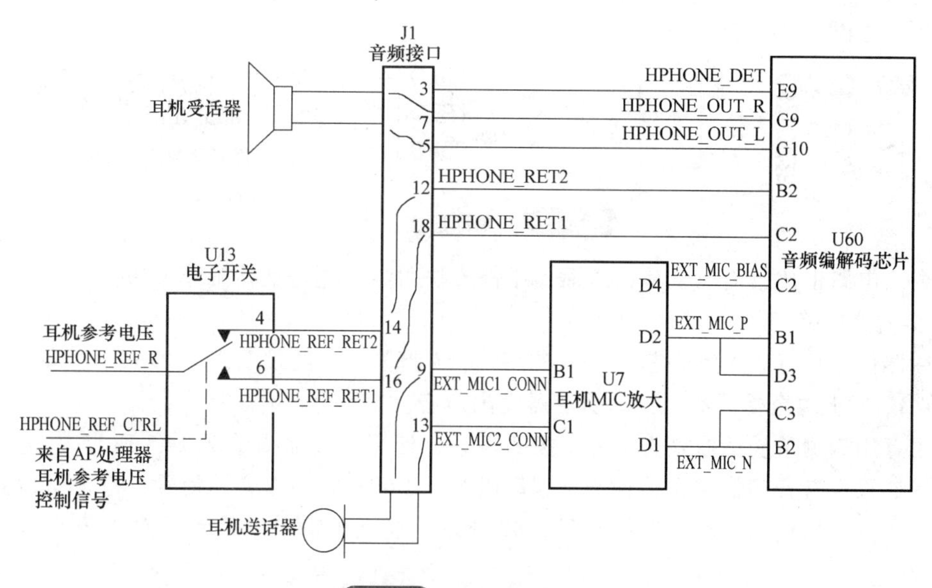

图 8-39 耳机信号电路

U13 为低功耗电子开关，受 AP 处理器控制，耳机参考电压来自 U60 的 F9 脚。

4. 扬声器音频放大电路

该部分电路的特点类似于 MTK 芯片手机的音频小功放，其电路如图 8-40 所示。

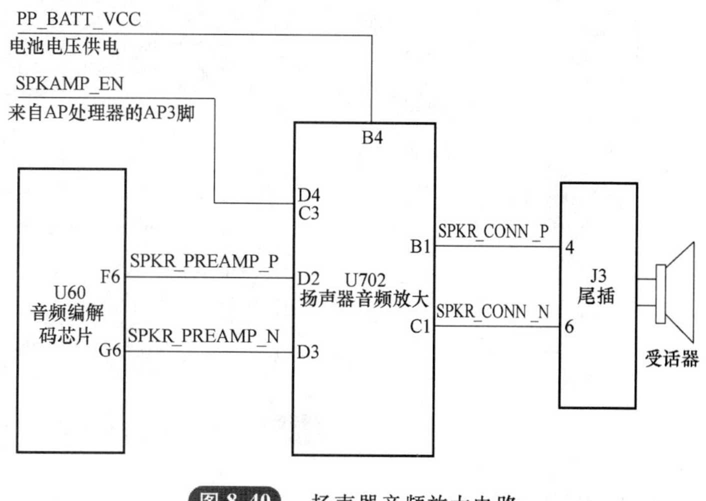

图 8-40 扬声器音频放大电路

二、音频电路故障维修

1. 送话器电路

送话器和尾部连接器是制作在一起的，在判断送话器电路故障时，首先代换整个尾部连接器组件，如果故障能够排除，再检查尾部连接器，看具体故障部位。

如果代换尾部连接器组件后，故障仍然无法排除，检查尾部连接器 J3、音频编解码芯片 U60 等是否存在问题。尾部连接器接口如图 8-41 所示。

在 iPhone 4S 手机中，除了主送话器，还有一个辅助送话器，辅助送话器的作用是降低

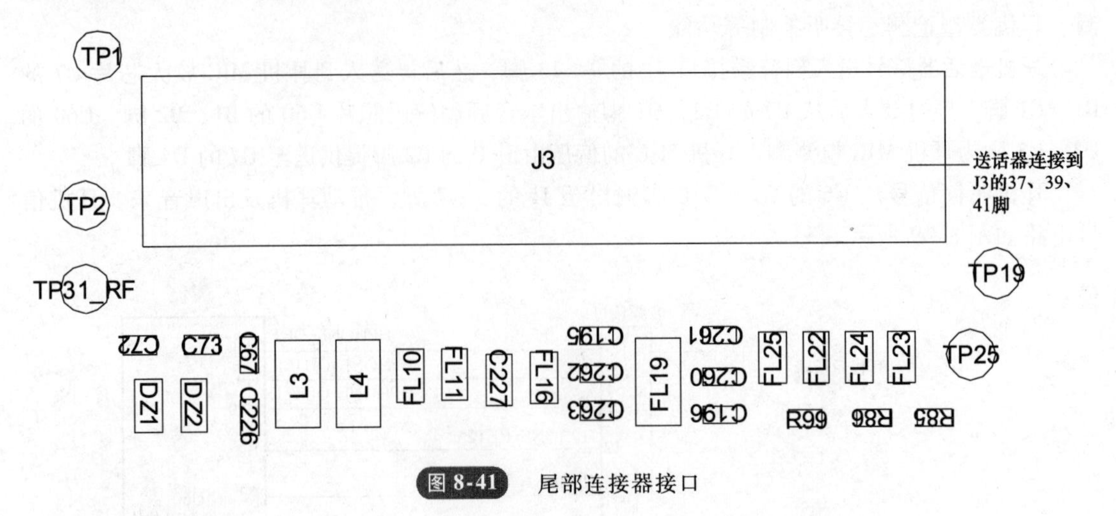

图 8-41 尾部连接器接口

背景噪声，电路也比较简单，辅助送话器维修方法可参考主送话器维修方法。

2. 受话器电路

受话器信号从音频编解码芯片 U60 的 G3、F3 脚输出，经过 FL14、FL15、C124、C156、DZ4、DZ3、SP1 送至受话器，推动受话器发出声音。

使用万用表测量受话器是否正常。拨通电话，使用示波器测量 FL14、FL15 上是否有音频信号，如果没有音频信号，检查音频编解码芯片 U60；如果有音频信号，检查受话器输出电路元件。受话器输出电路元器件如图 8-42 所示。受话器输出电路元器件测试点如图 8-43 所示。

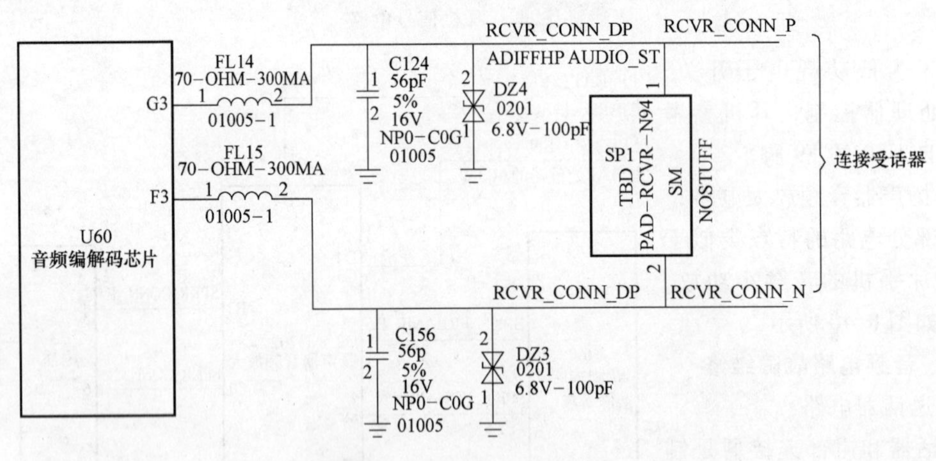

图 8-42 受话器输出电路元器件

3. 扬声器电路

iPhone 4S 手机扬声器电路使用 TPA2015D1（U702）进行音频放大。对于扬声器电路故障，首先使用万用表测量扬声器是否正常，如果不正常，先更换扬声器。

排除扬声器问题后，用手机播放 MP3，测量 L10、L12 上是否有音频波形。如果没有音频波形，则要检查 U702 电路；如果有音频波形，检查 L10、L12 至扬声器之间是否正常。

如果怀疑故障在U702电路，先检查供电是否正常，使用万用表测量C747上是否有电压，如果电压不正常或没有电压，检查供电电路，测量R13两端是否有高电平，如果没有高电平，检查处理器U52是否正常。使用示波器测量C296、C297上是否有音频波形，如果音频波形正常，则更换U702或检查周围元件。如果没有音频波形，则检查音频编解码芯片U60是否正常。音频放大电路U702原理图如图8-44所示。

音频放大电路U702元器件测试点如图8-45所示。

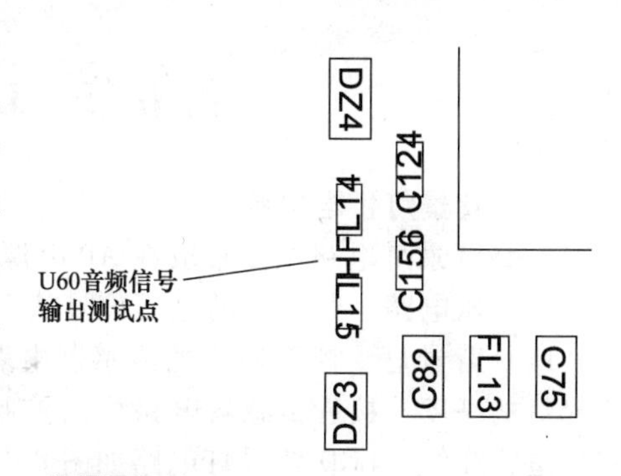

图8-43 受话器输出电路元器件测试点

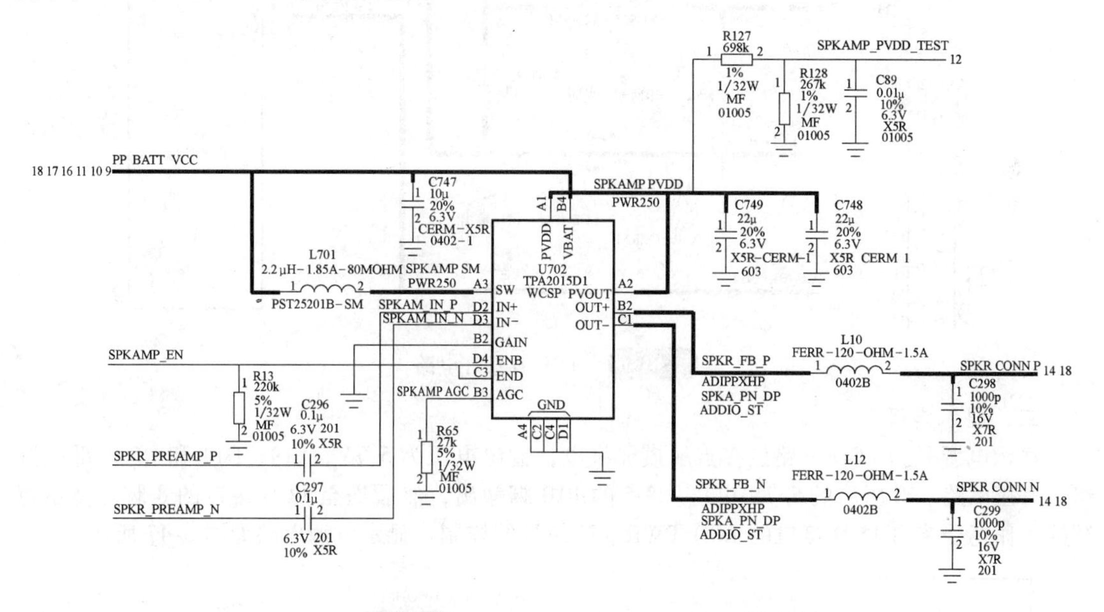

图8-44 音频放大电路U702原理图

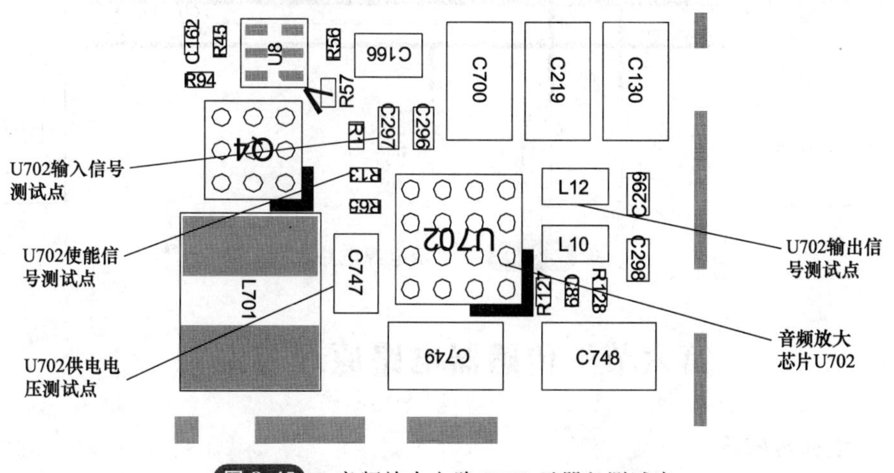

图8-45 音频放大电路U702元器件测试点

第五节 LCD 供电电路原理

一、背景灯供电电路

LCD 背景灯电路主要集成在 AP 电源管理芯片 U5 的内部，L18、D1 和 U5 内部电路共同组成了升压电路。升压后的电压信号从 U5 的 P14、P18 脚输出，送到 LCD 接口的 4、2 脚。

LCD 背景灯受控于环境光传感器电路和接近传感器电路，环境光传感器电路可以调节背光灯的亮度，接近传感器电路可以控制 LCD 背景灯的开关，控制部分在后面的传感器电路中进行介绍。LCD 背景灯电路如图 8-46 所示。

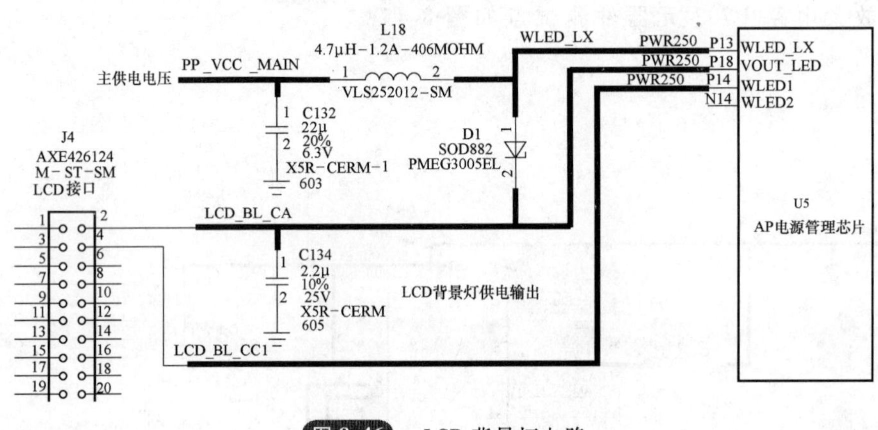

图 8-46 LCD 背景灯电路

二、显示电源

显示电源是为 LCD 电路、多点触摸屏供电，输出电压为 5.7V，L19、D14 和 U5 内部电路组成升压电路。升压后的 5.7V 电压从 U5 的 P10 脚输出，然后送至 LCD 接口的 8 脚。显示电源的工作还受来自 LCD 接口的 LCD_PWR_EN 信号的控制。显示电源电路如图 8-47 所示。

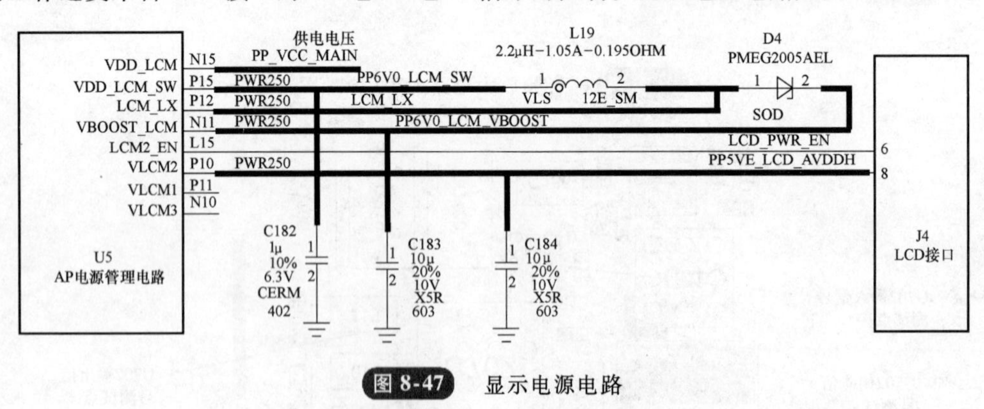

图 8-47 显示电源电路

第六节 传感器电路原理与维修

一、环境光传感器

环境光传感器（ALS）在 4S 中的作用就是，当环境光线变化时，手机会自动调节屏幕亮度。

环境光传感器和手机的通信是通过 I^2C 总线进行的，环境光传感器将中断信号经 J7 的 5 脚，送至 U52 的 AJ5 脚。AP 应用处理器 U52 通过 AP 电源管理芯片 U5 控制 LCD 背景灯工作电压，从而控制背景灯亮度随环境而变化。环境光传感器电路框图如图 8-48 所示。

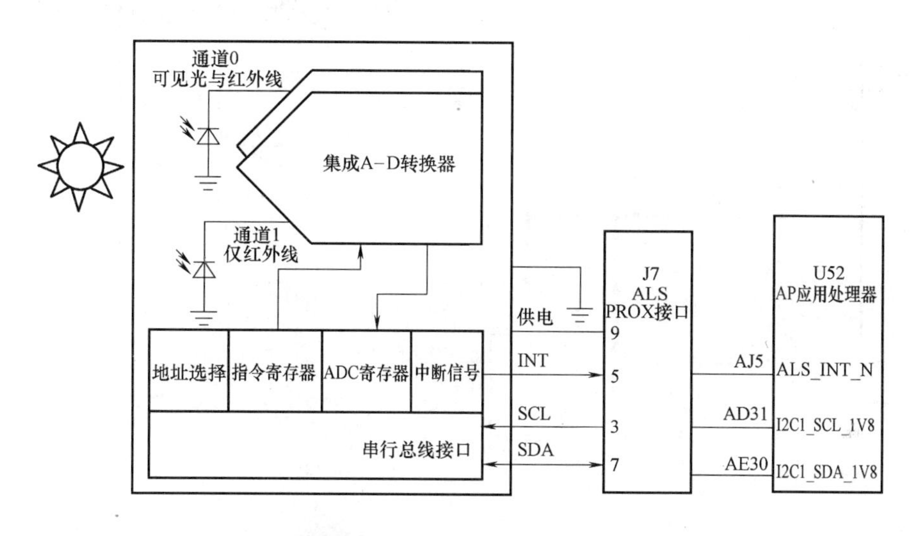

图 8-48　环境光传感器电路框图

二、接近传感器

1. 接近传感器电路原理

接近传感器电路框图如图 8-49 所示。

接近传感器由一个红外线发光二极管和红外线接收二极管组成，供电电压送到传感器接口 J7 的 12 脚，多点触摸芯片 U19 的 E6 脚输出控制信号控制 Q1，Q1 通过 J7 的 10 脚控制红外线发射二极管的工作，当脸部靠近红外线发射二极管时，红外线二极管发射的红外线经脸部反射回来，然后再被红外线接收二极管接收后，信号经 J7 的 2 脚输出送至多点触摸芯片 U19，U19 然后输出控制信号关闭屏幕。

U19 的 F2 脚使出接近传感器使能信号，通过 U11 进行电平转换后，送至 J7 的脚，控制接近传感器模块的工作。

2. 传感器电路故障维修

接近感应器一般都在手机受话器的两侧或者是在手机受话器凹槽中，这样便于它的工作。当用户在接听或拨打电话时，将手机靠近头部，接近感应器可以测出之间的距离到了一定程度后便通知屏幕触摸屏锁定或背景灯熄灭，拿开时再次恢复触摸屏功能或点亮背景灯，这样更方便用户操作也更为节省电量。

接近传感器电路故障主要表现为当拨通电话面部靠近手机受话器部位时，无法锁定触摸屏及关闭显示屏背景灯。对于接近传感器电路故障维修，首先代换传感器组件，如果更换传感器组件后故障排除，则说明故障是由传感器组件引起的。

如更换接近传感器组件后故障无法排除，依次检查电平转换器 U11、LED 供电控制 Q1、接口 J7 等元器件及应用处理器 U52。接近传感器电路测试点如图 8-50 所示。

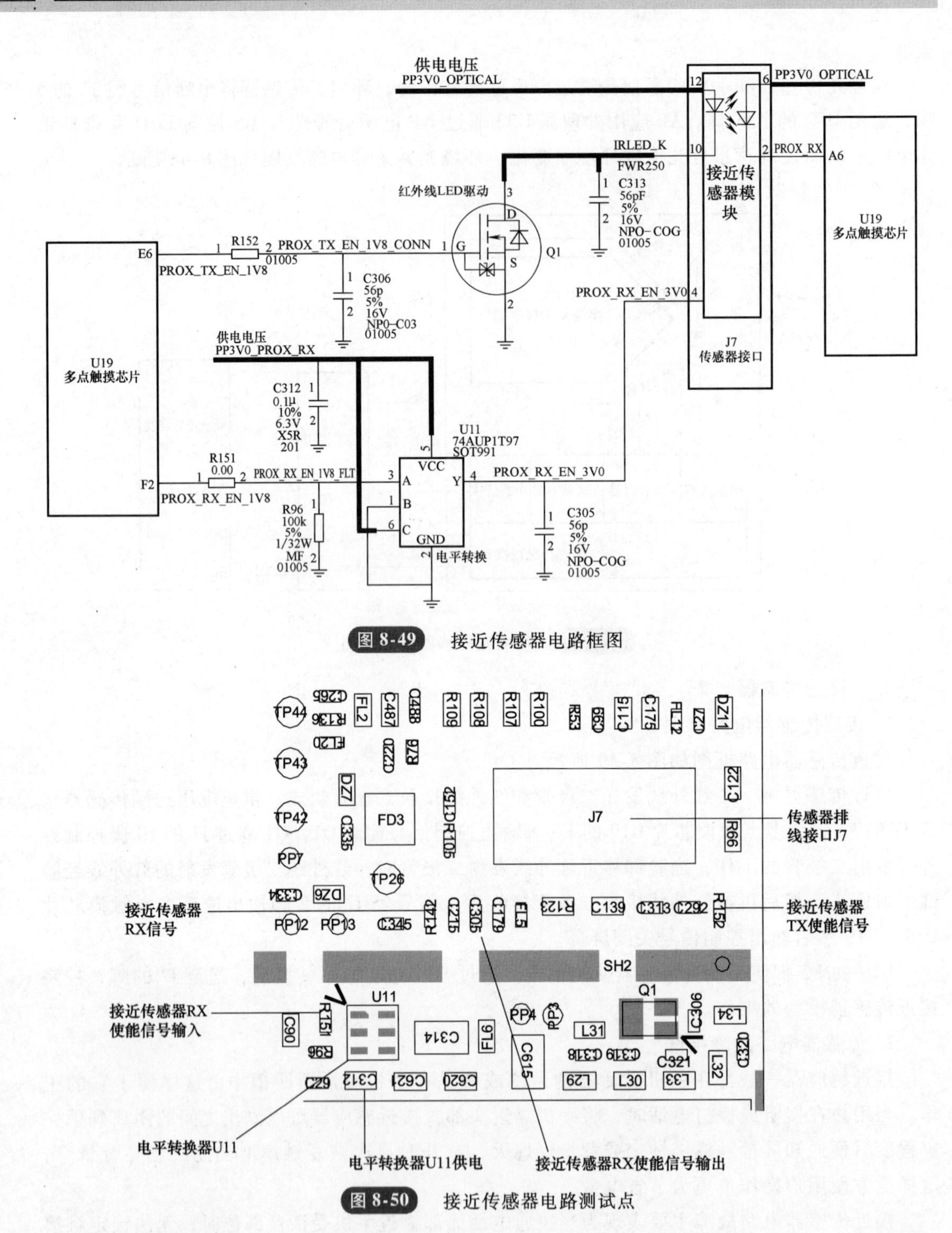

图 8-49 接近传感器电路框图

图 8-50 接近传感器电路测试点

三、加速传感器

加速度传感器是一种能够测量加速力的电子设备。加速力就是当物体在加速过程中作用在物体上的力，就好比地球引力，即重力。加速力可以是个常量，比如 g，也可以是变量。加速度计有两种：一种是角加速度计，是由陀螺仪（角速度传感器）的改进的；另一种就是线加速度计。加速度传感器主要应用于、自由落体检测、运动激活功能、游戏和虚拟现实输入设备、振动监测及补偿等。

加速传感器电路故障主要表现为手机显示图片不能随机身方向改变而变化，与加速传感器有关的游戏也无法操作。使用万用表测量 PP3V0_IMU、PP1V8 电压是否正常，如果不正常，检查供电电路元器件是否有问题。若供电正常，检查 U3 是否虚焊或损坏，检查应用处理器 U52 是否虚焊或损坏。加速传感器电路如图 8-51 所示。加速传感器电路测试点如图 8-52所示。

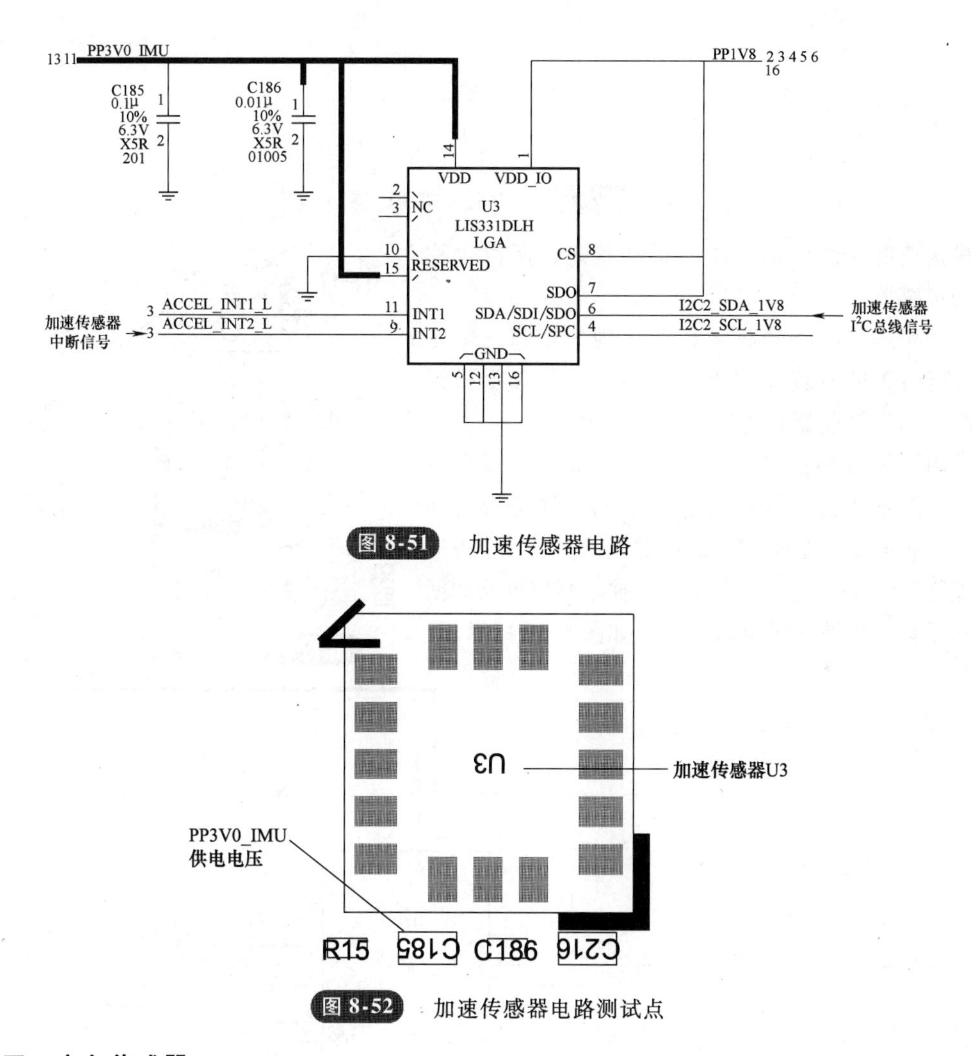

图 8-51　加速传感器电路

图 8-52　加速传感器电路测试点

四、方向传感器

方向传感器又叫作电子指南针，是一种能够测定方向的传感器。在 iPhone 4S 手机中，使用了 U4 作为方向传感器。使用万用表测量 PP3V0_IMU、PP1V8 电压是否正常，如果不正常，检查供电电路元器件是否有问题。若供电正常，检查 U4 是否虚焊或损坏，检查应用处理器 U52 是否虚焊或损坏。方向传感器电路如图 8-53 所示。方向传感器电路测试点如图 8-54 所示。

五、三轴陀螺仪电路

三轴陀螺仪可以同时测定 6 个方向的位置、移动轨迹、加速。三轴陀螺仪最大的作用就

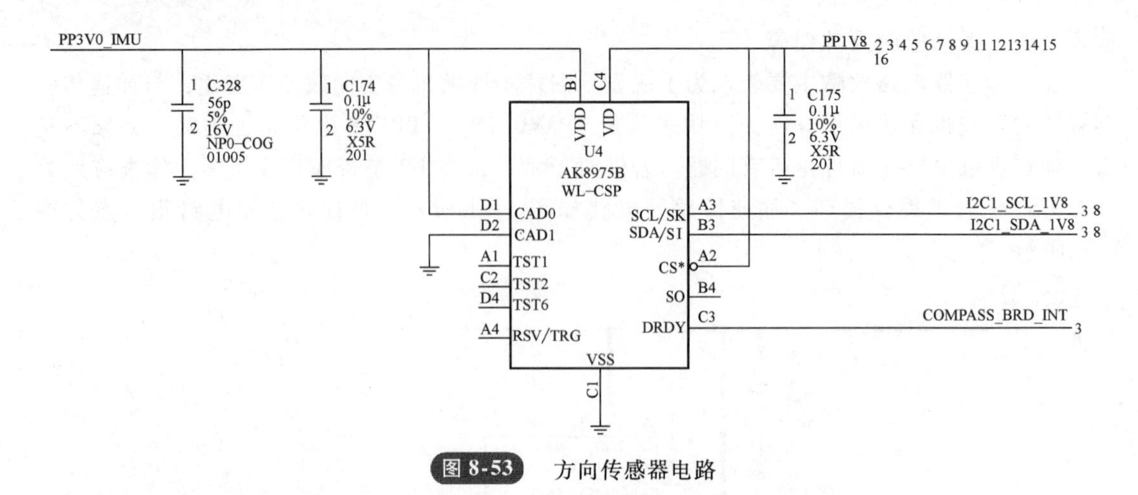

图8-53 方向传感器电路

是测量角速度，以判别物体的运动状态，所以也称为运动传感器。

三轴陀螺仪电路的故障主要表现为：和三轴陀螺仪功能有关的游戏和功能无法使用，部分手机开机漏电也和三轴陀螺仪电路有关。

使用万用表测量 PP3V0_IMU、PP1V8 电压是否正常，如果不正常，检查供电电路元器件是否有问题。若供电正常，检查 U16 是否虚焊或损坏，检查应用处理器 U52 是否虚焊或损坏。三轴陀螺仪电路如图8-55 所示。三轴陀螺仪电路测试点如图 8-56 所示。

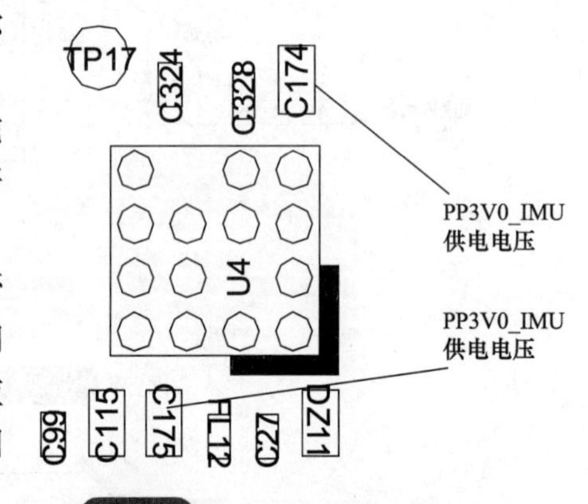

图8-54 方向传感器电路测试点

图8-55 三轴陀螺仪电路

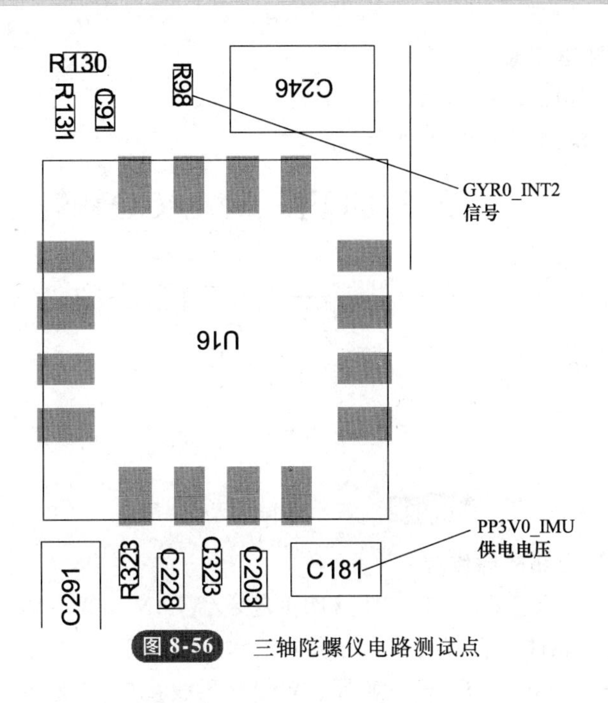

图 8-56　三轴陀螺仪电路测试点

第七节　蓝牙/WLAN 电路原理与维修

在智能手机中，蓝牙/WLAN 已经成为标准配置，下面我们介绍蓝牙/WLAN 电路的故障维修方法。

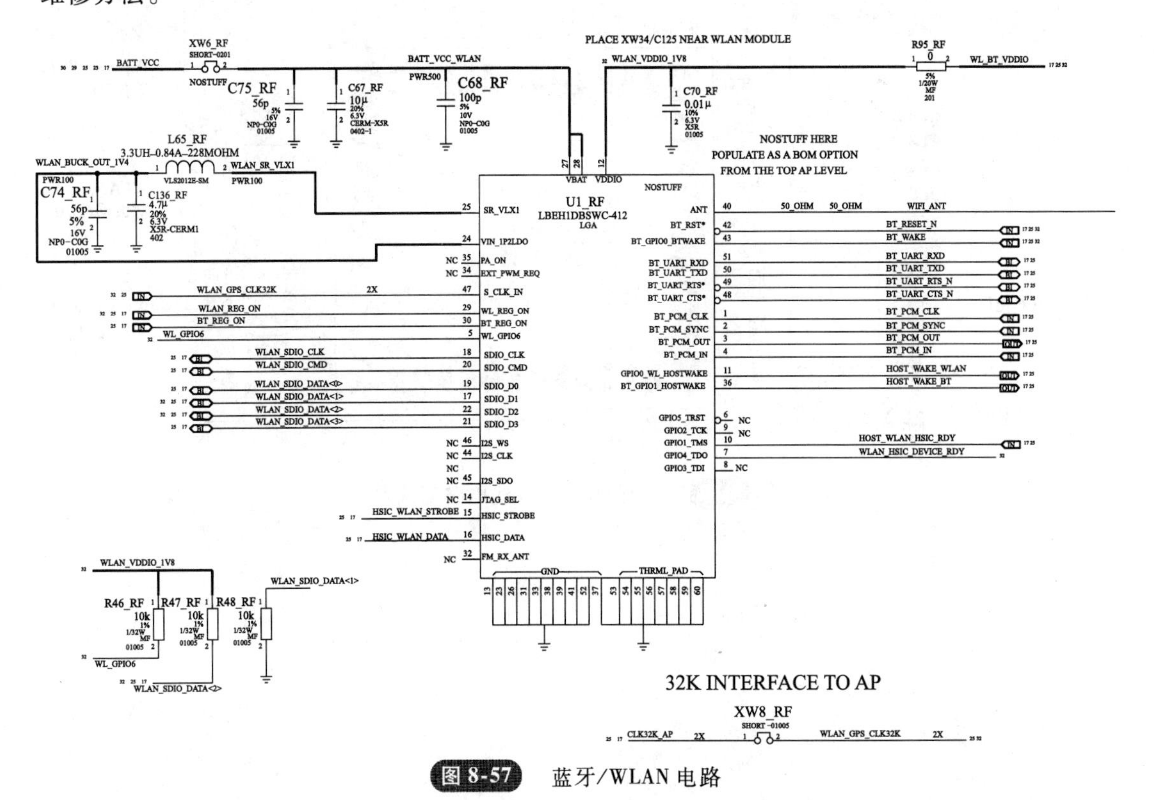

图 8-57　蓝牙/WLAN 电路

一、蓝牙/WLAN 电路原理

蓝牙/WLAN 电路如图 8-57 所示。

蓝牙/WLAN 天线电路如图 8-58 所示。

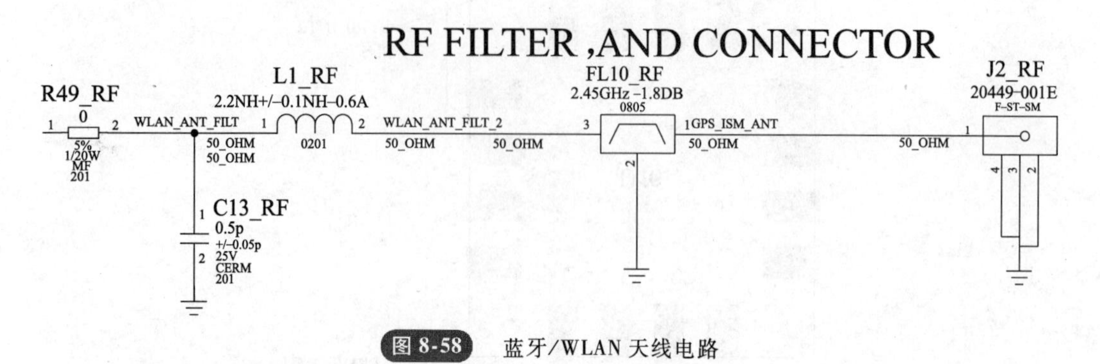

图 8-58 蓝牙/WLAN 天线电路

二、蓝牙/WLAN 电路故障维修

使用万用表测量 BATT_VCC、WL_BT_VDDI 蓝牙/WLAN 天线电路电压是否正常，如果不正常，检查供电电路元件是否有问题。若供电正常，检查 U1 是否虚焊或损坏，检查应用处理器 U52 是否虚焊或损坏。分别检查蓝牙、WLAN 天线接口 J2 是否有接触不良问题，检查滤波器 FL10，检查蓝牙、WLAN 天线滤波元件 L1、C13、R49 是否虚焊或损坏。蓝牙/WLAN 天线电路测试点如图 8-59 所示。

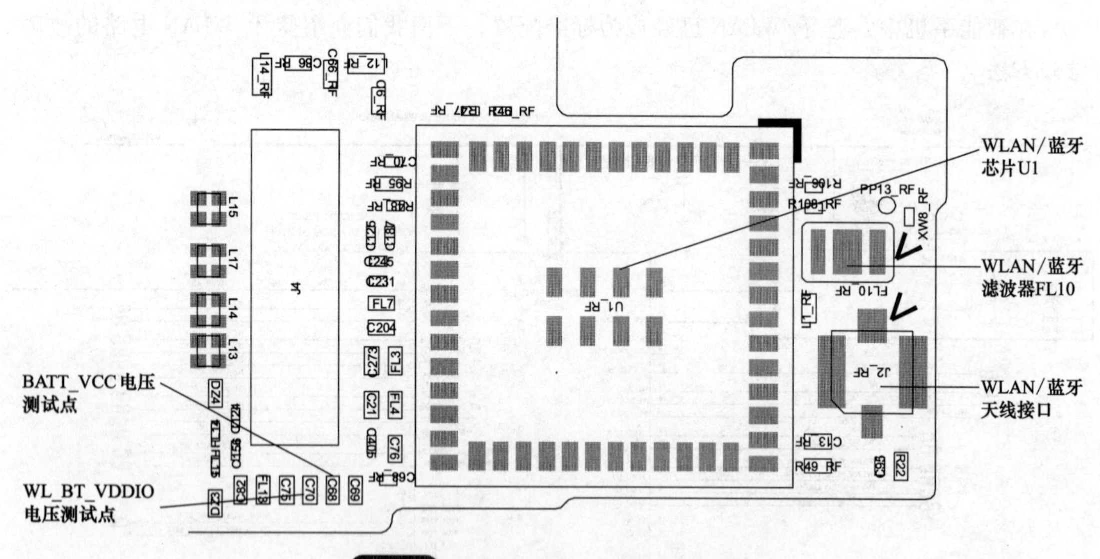

图 8-59 蓝牙/WLAN 天线电路测试点

Chapter 9

第九章 4G手机原理与维修

在本章中以三星 Galaxy S4 的 i9505 手机为例讲解智能手机电路分析与维修，Galaxy S4 在国内有四种版本，分别是标准版 GT-i9500、移动版单卡 i9508、联通版双卡双待 i9502 和电信版双卡双待版 i959。

第一节　三星 i9505 手机整机电路结构

三星 i9505 是三星 i9500 的 4G 版本。该机搭载的是高通骁龙 Snapdragon 600 四核处理器。屏幕采用的是 4.99in 的 Super AMOLED，分辨率为 1920 像素 ×1080 像素。摄像头采用是 1300 万像素。

网络模式支持 GSM、WCDMA、LTE，数据业务支持 GPRS、EDGE、HSPA +，支持特频段：2G：GSM　850/900/1800/1900MHz；3G：WCDMA　850/900/1900/2100MHz，；4G：LTE：800/850/1800/1900/2100/2600MHz。

三星 i9505 手机电路结构框图如图 9-1 所示。

第二节　射频电路的工作原理

三星 i9505 手机是 i9500 的 4G 版本，支持 FDD-LTE 4G 制式，下面以 i9505 为例介绍智能手机射频电路的工作原理。

一、射频电路简介

1. 射频电路结构框图

三星 i9505 手机的射频电路主要由天线开关 F101、DRX 天线开关、多模多频功率放大器 U101、射频处理器 U300、基带处理器 MDM9215M 等组成。射频电路结构框图如图 9-2 所示。

2. HSPA +

简单地说，HSPA + 就是 3G 向 4G 网络演化过程中的一种技术，有人把 HSPA + 俗称为 3.75G。理论网速，HSPA + 网络下行峰值速度可达到 21.6Mbit/s、上行峰值速度可达到 5.76Mbit/s，相比当下 3G 网络速度要快很多哦。

HSPA + （High-Speed Packet Access +，增强型高速分组接入技术），是 HSPA 的强化版本，最高的下行速度为 21Mbit/s，大部分 HSPA + 手机基本都是支持 5.76Mbit/s 的最高上行速度和 21Mbit/s 或者 28Mbit/s 的最高下行速度，相比较 HSPA 的速度更快。总的来说，HSPA + 比 HSPA 的速度更快，性能更好，技术更先进，同时网络也更稳定，是目前 LTE 技术运用之前的最快的网络！

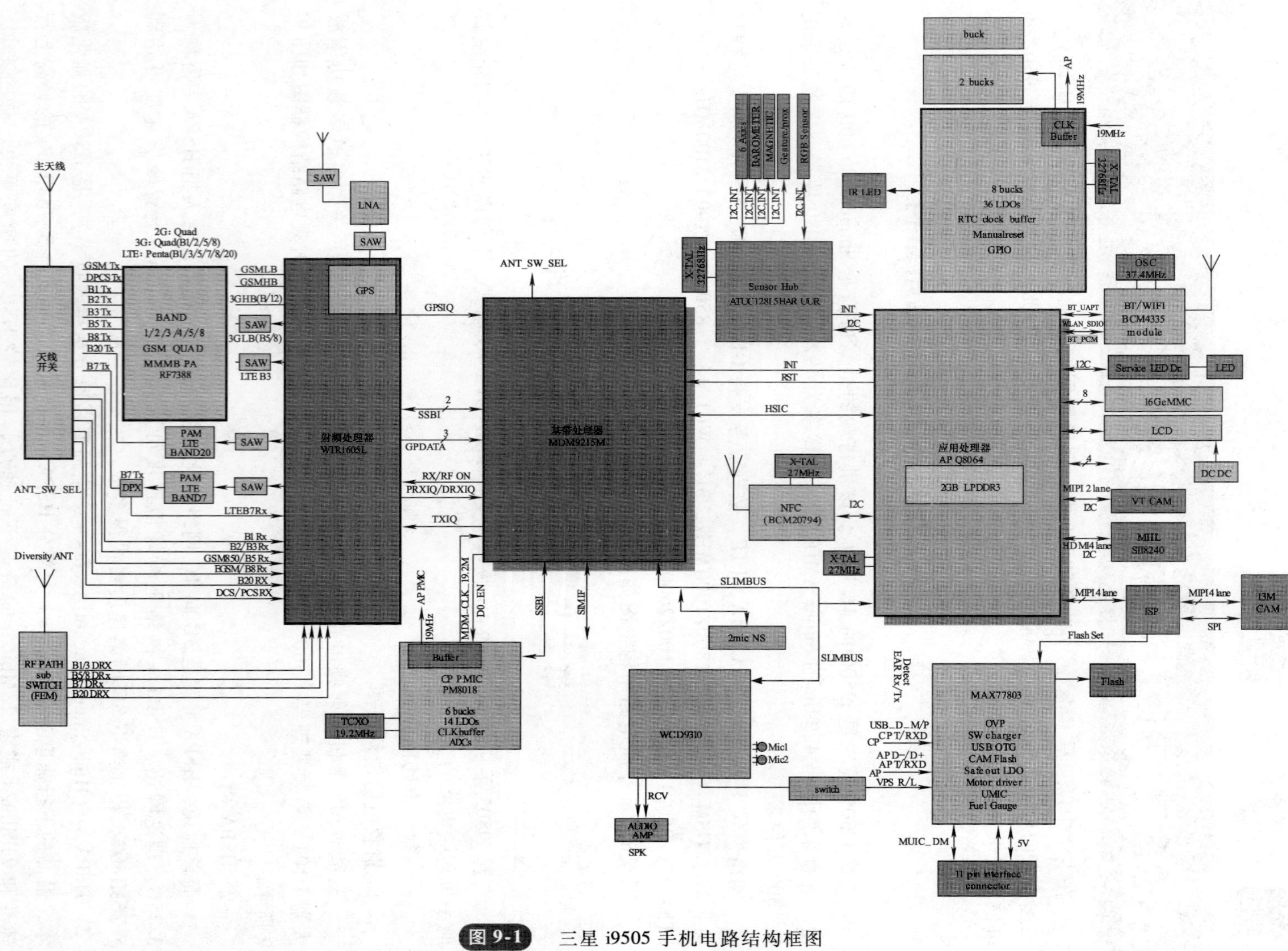

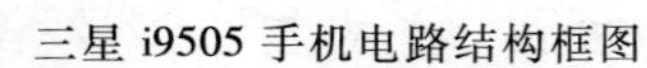
图 9-1 三星 i9505 手机电路结构框图

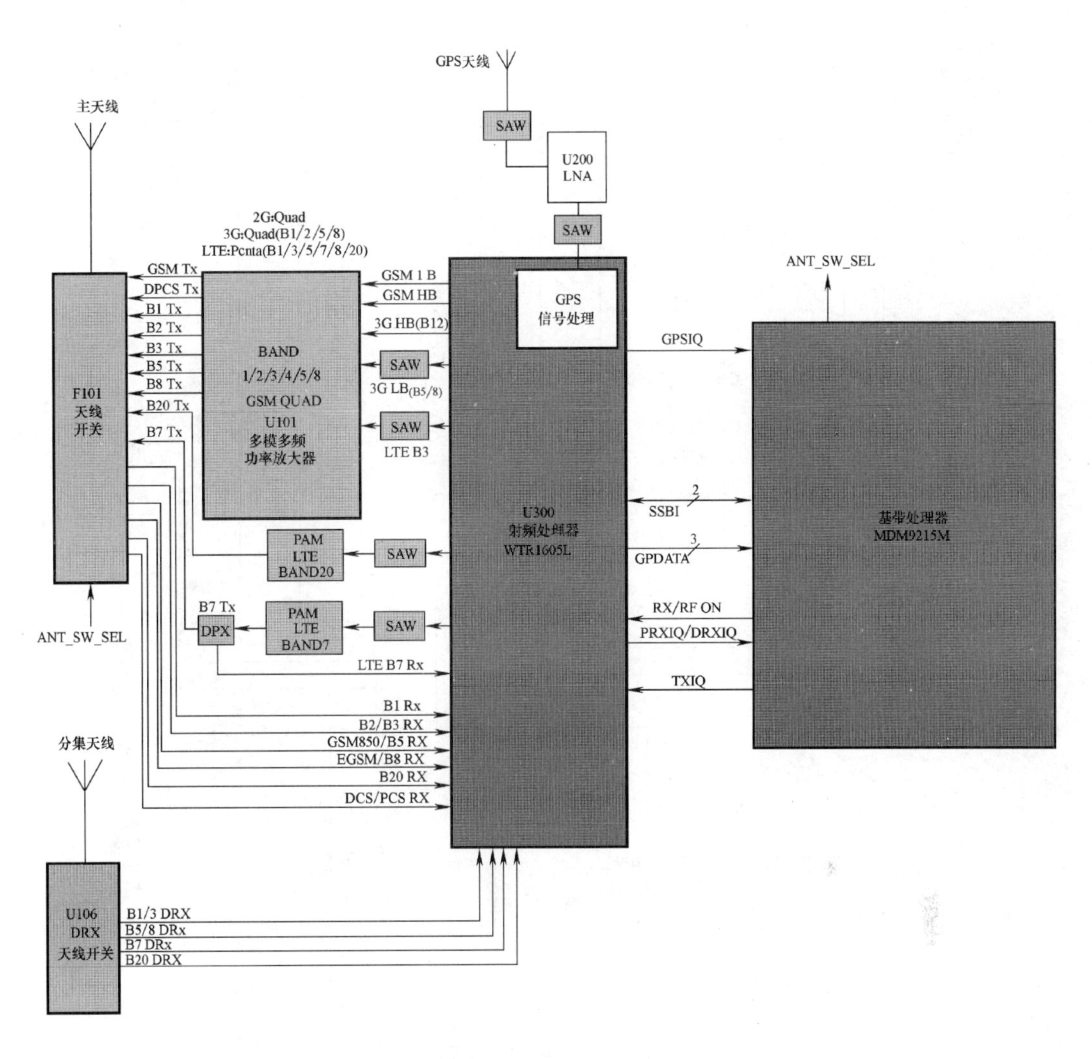

图 9-2　射频电路结构框图

3. 分集接收技术

为了减少由多径引起的系统性能降低，基站系统 BTS 在无线接口采用分集接收技术，即接收处理部分有两套，接收两路不同的信号。

分集技术就是把各个分支的信号，按照一定的方法再集合起来变害为利。把收到的多径信号先分离成互不相关的多路信号，由少变多，再将这些信号的能量合并起来，由多变少，从而改善接收质量。

由于衰落具有频率、时间和空间的选择性，所以分集技术主要包括时间分集、空间分集、频率分集、极化分集等。

二、天线开关电路

天线开关电路非常简单，所有频段天线信号，只需要一个天线开关 F101 就可以全部完成了，天线经过 RFS100 连接到 F101 的 16 脚。天线开关电路如图 9-3 所示。

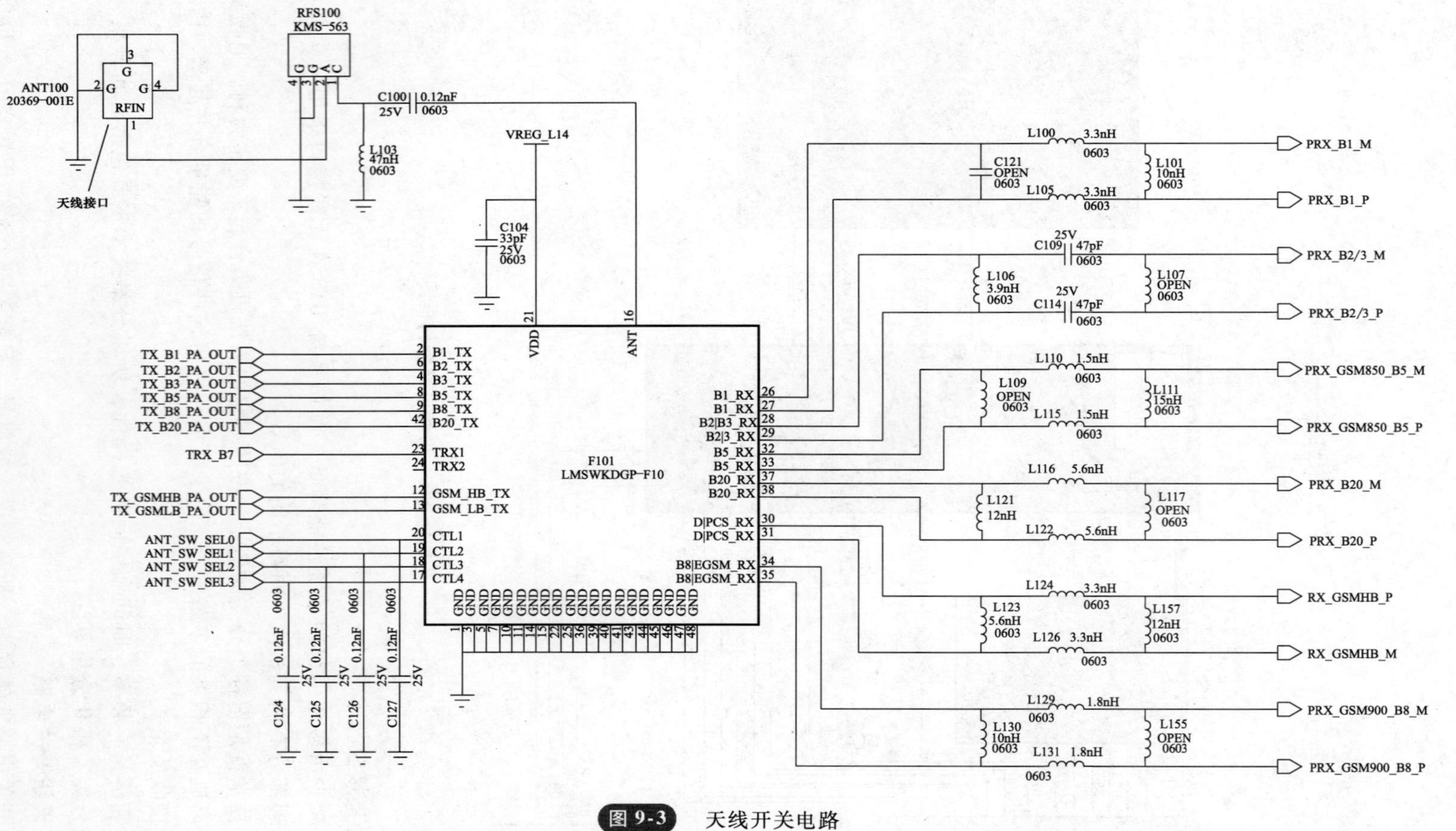
RFS100
KMS-563
ANT100
20369-001E
RFIN
天线接口
C100 0.12nF 25V 0603
L103 47nH 0603
VREG_L14
C104 33pF 25V 0603
F101
LMSWKDGP-F10
VDD
ANT
TX_B1_PA_OUT
TX_B2_PA_OUT
TX_B3_PA_OUT
TX_B5_PA_OUT
TX_B8_PA_OUT
TX_B20_PA_OUT
TRX_B7
TX_GSMHB_PA_OUT
TX_GSMLB_PA_OUT
ANT_SW_SEL0
ANT_SW_SEL1
ANT_SW_SEL2
ANT_SW_SEL3
B1_TX
B2_TX
B3_TX
B5_TX
B8_TX
B20_TX
TRX1
TRX2
GSM_HB_TX
GSM_LB_TX
CTL1
CTL2
CTL3
CTL4
GND
B1_RX
B2|B3_RX
B2|3_RX
B5_RX
B20_RX
D|PCS_RX
B8|EGSM_RX
C124 0.12nF 25V 0603
C125 0.12nF 25V 0603
C126 0.12nF 25V 0603
C127 0.12nF 25V 0603
L100 3.3nH 0603
C121 OPEN 0603
L101 10nH 0603
L105 3.3nH 0603
C109 25V 47pF 0603
L106 3.9nH 0603
L107 OPEN 0603
C114 25V 47pF 0603
L110 1.5nH 0603
L109 OPEN 0603
L111 15nH 0603
L115 1.5nH 0603
L116 5.6nH
L121 12nH
L117 OPEN 0603
L122 5.6nH
L124 3.3nH 0603
L123 5.6nH 0603
L157 12nH 0603
L126 3.3nH 0603
L129 1.8nH 0603
L130 10nH 0603
L155 OPEN 0603
L131 1.8nH 0603
PRX_B1_M
PRX_B1_P
PRX_B2/3_M
PRX_B2/3_P
PRX_GSM850_B5_M
PRX_GSM850_B5_P
PRX_B20_M
PRX_B20_P
RX_GSMHB_P
RX_GSMHB_M
PRX_GSM900_B8_M
PRX_GSM900_B8_P

图9-3 天线开关电路

在三星 i9505 手机中，2G 支持 GSM850、900、1800、1900MHz，3G 支持 BAND1、BAND2、BAND5、BAND8，4G 支持 BAND1、BAND3、BAND5、BAND7、BAND8、BAND20，现在看来 i9505 手机好像只支持 FDD-LTE 制式。

三星 i9505 手机支持频段如图 9-4 所示。

2G			3G	UMTS B1	1922 ~ 2168MHz	4G	LTE B1	1920 ~ 2170MHz
	PCS1900 B2	1850 ~ 1990MHz		UMTS B2	1850 ~ 1990MHz			
	DCS1800 B3	1710 ~ 1880MHz					LTE B3	1710 ~ 1880MHz
	GSM850 B5	824 ~ 894MHz		UMTS B5	824 ~ 894MHz		LTE B5	820 ~ 870MHz
							LTE B7	2505 ~ 2684.9MHz
	GSM900 B8	880 ~ 959.8MHz		UMTS B8	882.4 ~ 957.6MHz		LTE B8	885 ~ 954.9MHz
							LTE B20	796 ~ 857MHz

图 9-4 三星 i9505 手机支持频段

在传统功能手机中，只支持 2G 网络，所以只有 1 ~ 4 个频段，但是在智能手机中，一般会支持 2G、3G、4G 网络，中国移动还推动了“五模十频”。

“五模十频”终端可同时支持 TD-LTE、LTE FDD、TD-SCDMA、WCDMA 和 GSM 五种通信模式，支持 TD-LTE Band38/39/40、TD-SCDMA Band34/39、WCDMA Band1/2/5、LTE FDD Band7/3、GSM Band2/3/8 等 10 个频段，部分终端还可支持 TD-LTE Band41、LTE FDD Band1/17、GSM Band5 等频段，实现终端全球漫游。

现在问题来了，这么多的频段我们如何来分析智能手机的射频电路呢？这里我们要稍微改变一下分析思路，在分析 GSM 射频电路时，我们一般要找 900M 频段信号收发通道，但是在智能手机中，只有 BAND8 才这样的标注。其实我们只要 BAND8 频段的频率范围就可以了，不止 GSM 900M 频段使用 BAND8 频段，WCDMA、LTE FDD 也使用 BAND 频段这个通道来收发其射频信号。所以，在智能手机中，我们只分析某一个 BAND 频段的射频信号收发就行了。

三、功率放大器电路

在三星 i9505 手机中，使用了三个功率放大器完成所有频段信号的放大，芯片集成度高，外围元件少，这样就给维修和电路分析提供了便利。

1. 多频多模功放电路

在三星 i9505 手机中，除了 BAND7、BAND20 之外，其余所有频段的射频信号放大使用了一个多频多模功放电路 U101。多频多模功放电路 U101 集成了 BAND1、BAND2、BAND3、BAND5、BAND8、GSM 等频段的功率放大电路。

其中多频多模功放电路 U101 的 5、6、7、8、9、10 脚为频段切换、使能控制脚，1、2、4、13、14 脚为各频段发射信号输入脚。22、24、29、31、32、34、35 脚为发射信号输出脚，输出的发射信号送至天线开关 F101 的对应引脚。多频多模功放电路 U101 的 11、26 脚为电池电压供电脚，27、28 脚为功放供电脚。多频多模功放电路如图 9-5 所示。

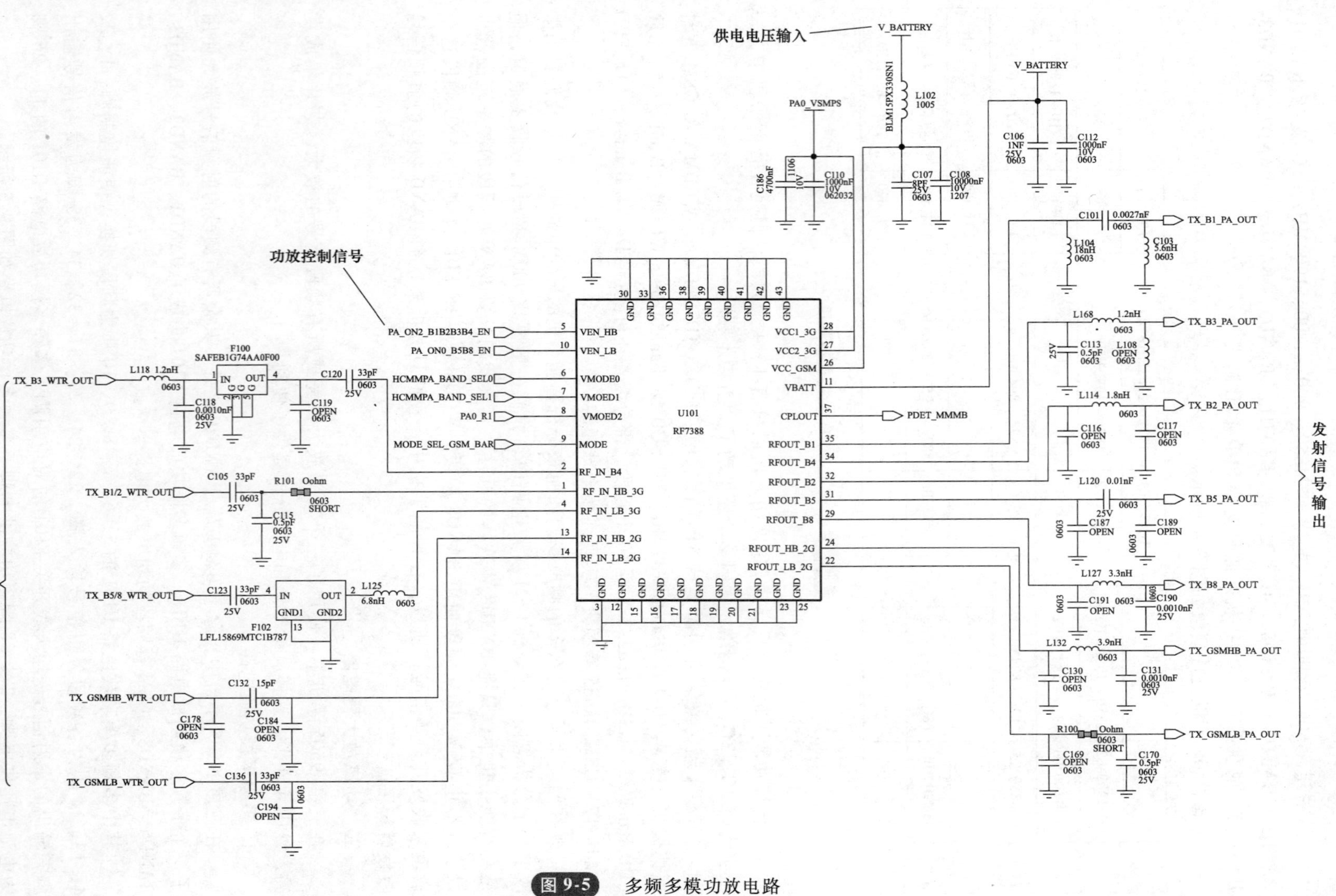

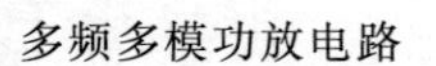
图 9-5 多频多模功放电路

2. BAND7 功放电路

由于 BAND7 的频率远远高于其他频段，所以单独使用了一个功放 PA101，在 BAND7 的收发通道中，天线开关 U101 只是起到一个通路的作用。

BAND7 有一个单独的天线开关 F104，其公共端为 F104 的 6 脚，接收信号从 F104 的 1 脚输出，经过一个“巴伦”电路后，分成平衡信号 PRX_B7_P、PRX_B7_N 送入到射频处理器 U300 的 7、15 脚。

BAND7 的发射信号由射频处理器 U300 的 103 脚输出，经过发射滤波器 F105 送入 BAND7 功率放大器 PA101 的 2 脚，在内部进行放大后从 9 脚输出送至 BAND7 天线开关 F104 的 3 脚。然后发射信号从 F104 的 6 脚输出，经过 U101 从天线发送出去。BAND7 功率放大器 PA101 的 3、4 脚为模式控制脚，5 脚为功放使能信号控制端，6 脚为功率控制检测信号输出。BAND7 功率放大器 PA101 的 1 脚为电池电压输入脚，10 脚功放供电脚。BAND7 功率放大器电路如图 9-6 所示。

3. BAND20 功放电路

BAND20 功率放大器的电路比较简单，来自射频处理器 U300 的 140 脚的 BAND20 射频发射信号经发射滤波器 F103 送入到功率放大器 PA102 的 2 脚，经过放大的发射信号从 PA102 的 9 脚输出，然后送入到天线开关 F101 的 42 脚，从 F101 的 16 脚输出，经过天线发送出去。

功率放大器 PA102 的 1 脚为电池供电脚，10 脚为功放供电脚。3、4 脚为模式控制脚，5 脚为功放使能信号控制端，6 脚为功率控制检测信号输出，8 脚为功率检测输入脚。BAND20 功率放大器电路如图 9-7 所示。

4. 功放供电电路

在三星 i9505 射频电路中，使用了一个单独的芯片 U301 为功放电路供电。电池电压经过电感 L330 送到 U301 的 C3 脚。

使能信号 APT_EN 送到 U301 的 B1 脚，控制信号 APT_VCON 送到 U301 的 A1 脚，U301 及其外围 L301、C325 共同组成 DC/DC 电路。功放供电电路如图 9-8 所示。

5. 分集接收电路

分集的基本原理是通过多个信道（时间、频率或者空间）接收到承载相同信息的多个副本，由于多个信道的传输特性不同，信号多个副本的衰落也不相同。接收机使用多个副本包含的信息能比较正确地恢复原发送信号。

分集接收电路在网络信号较弱时，可进一步搜索网络增加信号强度，实现手机实时通话和数据传输不断线的功能。三星 i9505 手机的分集接收电路比较简单，天线接收的信号经过天线测试接口 RFS101，送入到 DRX 天线开关 U106 的 24 脚，DRX 接收信号分别从 9、10、14、15、16、17、18、19 脚输出，送到射频处理器进行处理。控制信号送到分集天线开关 U106 的 4、5、6、7 脚。分集接收电路如图 9-9 所示。

四、射频处理器电路

在三星 i9505 手机中，使用了高通的 WTR1605L 芯片，该芯片支持 7 种不同的 4G LTE 频段，1GHz 以下的频段 3 种，1GHz 以上的频段 3 种，而且支持超高 2.5GHz 以上的频段。由于使用了高度集成的 WTR1605L 芯片，所以外围元件较少，电路相对比较简单。

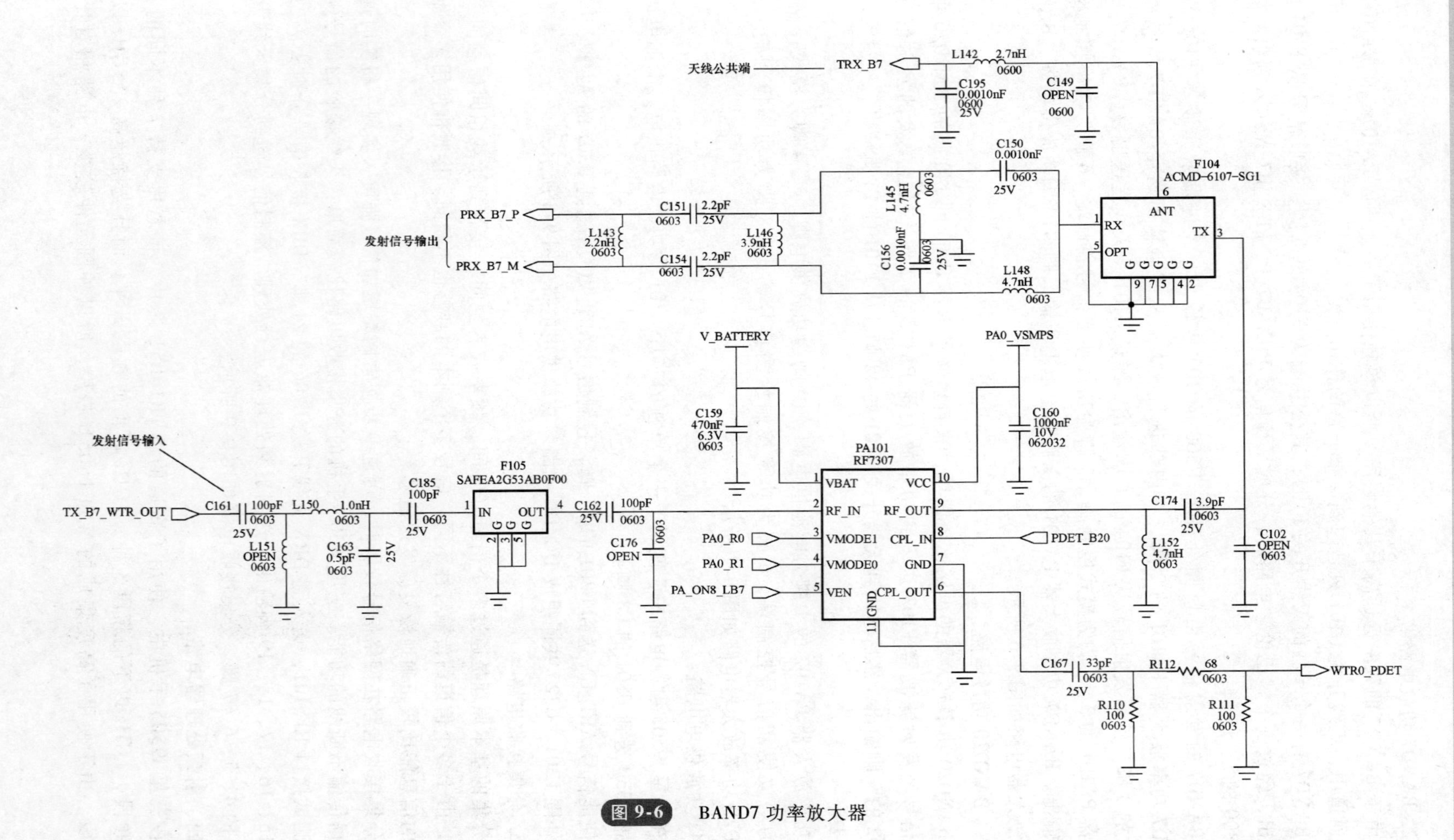

图 9-6 BAND7 功率放大器

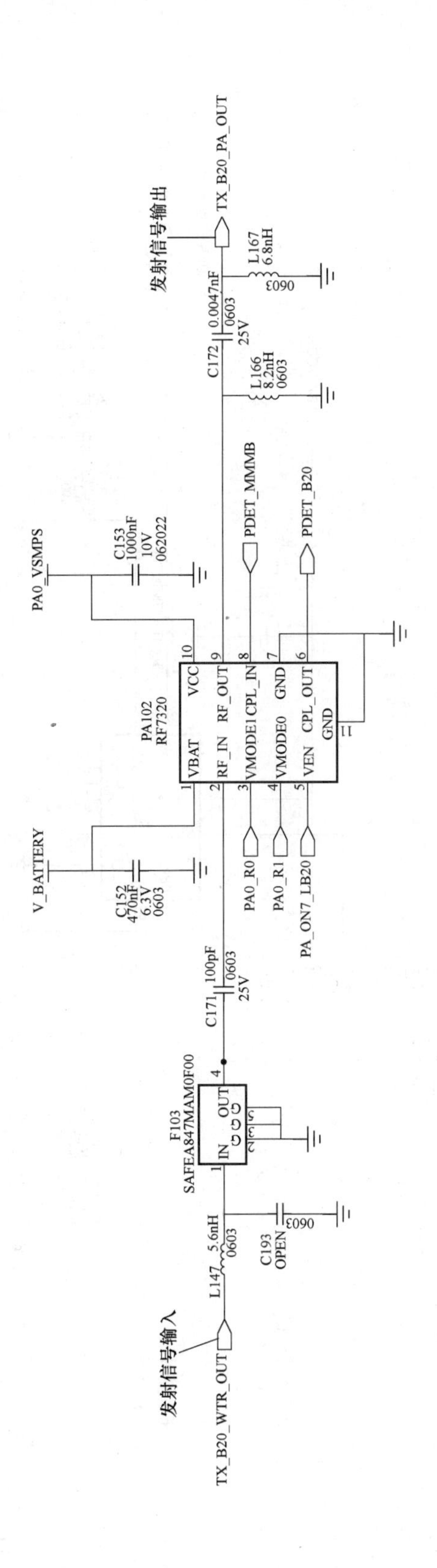

图 9-7 BAND20 功率放大器电路

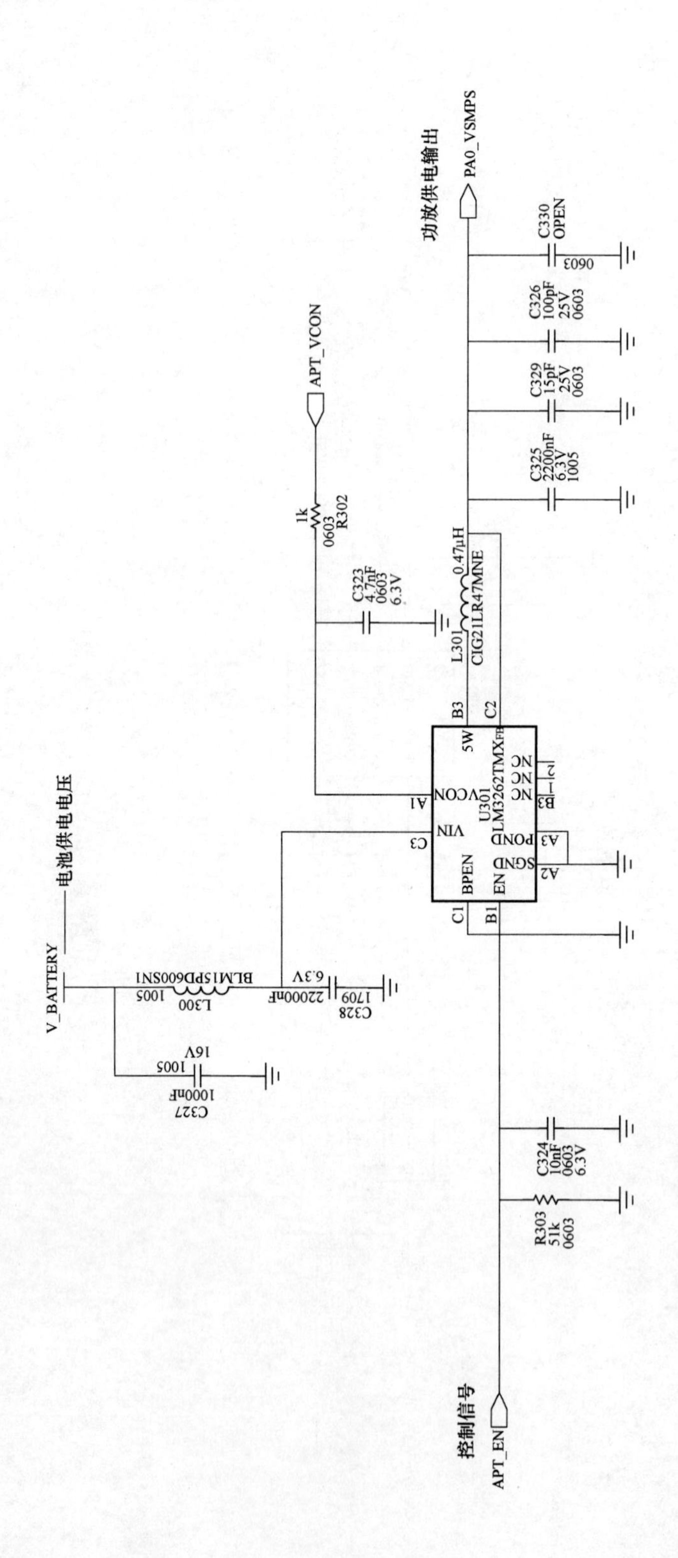
电池供电电压
V_BATTERY
L300
BLM15PD600SN1
1005
C327
1000nF
1005
16V
C328
22000nF
1709
6.3V
APT_VCON
1k
R302
0603
C323
4.7nF
0603
6.3V
U301
LM3262TMX
VIN
VCON
BPEN
EN
SGND
PGND
SW
FB
NC
L301
CIG21LR47MNE
0.47μH
功放供电输出
PA0_VSMPS
C325
2200nF
6.3V
1005
C329
15pF
25V
0603
C326
100pF
25V
0603
C330
OPEN
0603
控制信号
APT_EN
R303
51k
0603
C324
10nF
0603
6.3V

图 9-8 功放供电电路

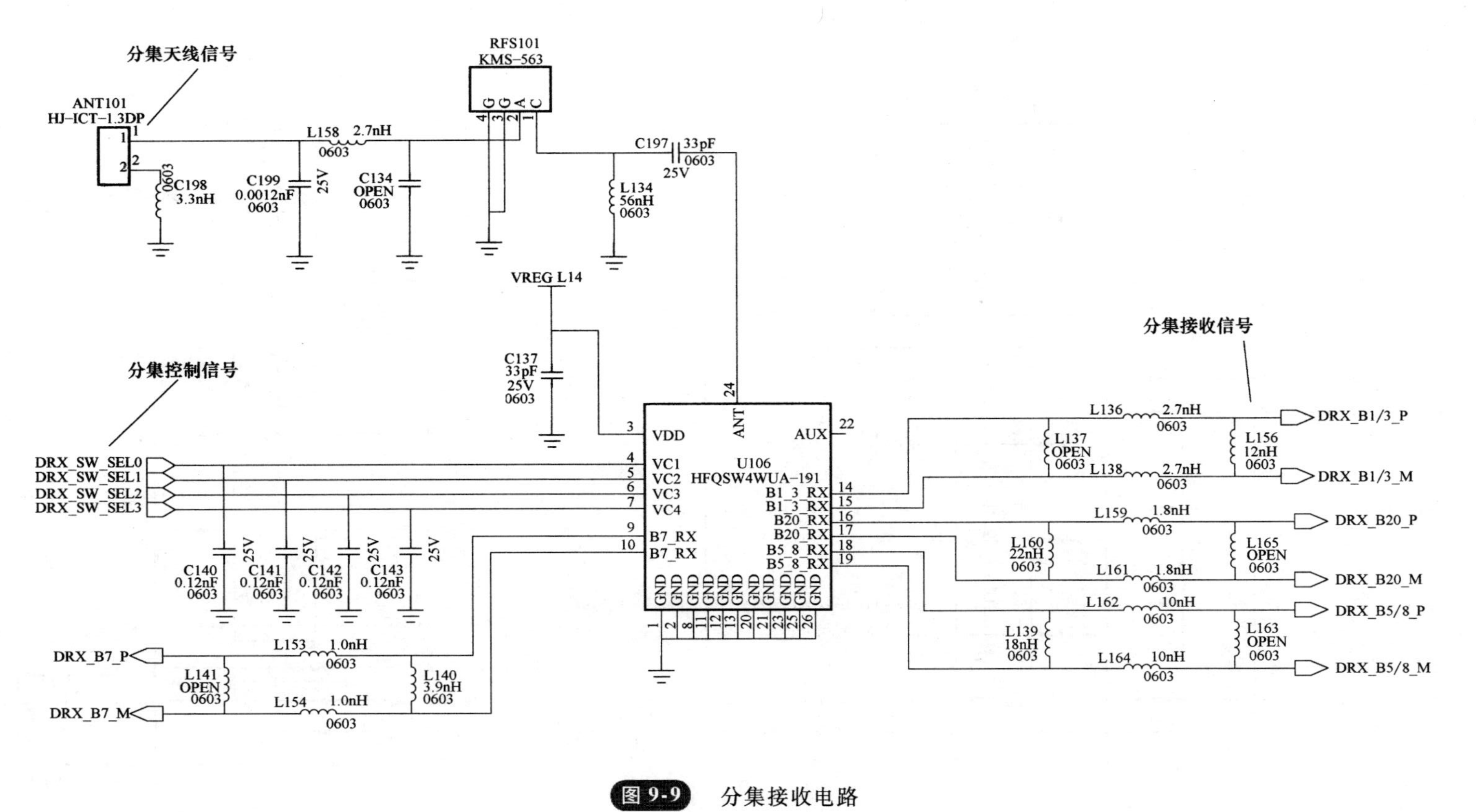
分集天线信号
ANT101
HJ-ICT-1.3DP
C198
3.3nH
0603
L158
2.7nH
0603
C199
0.0012nF
0603
25V
C134
OPEN
0603
RFS101
KMS-563
C197
33pF
0603
25V
L134
56nH
0603
VREG L14
C137
33pF
25V
0603
U106
HFQSW4WUA-191
VDD
VC1
VC2
VC3
VC4
B7_RX
B7_RX
ANT
AUX
B1_3_RX
B1_3_RX
B20_RX
B20_RX
B5_8_RX
B5_8_RX
GND
分集控制信号
DRX_SW_SEL0
DRX_SW_SEL1
DRX_SW_SEL2
DRX_SW_SEL3
C140
0.12nF
0603
C141
0.12nF
0603
C142
0.12nF
0603
C143
0.12nF
0603
L153
1.0nH
0603
L154
1.0nH
0603
L140
3.9nH
0603
L141
OPEN
0603
DRX_B7_P
DRX_B7_M
分集接收信号
L136
2.7nH
0603
L137
OPEN
0603
L138
2.7nH
0603
L156
12nH
0603
L159
1.8nH
0603
L160
22nH
0603
L161
1.8nH
0603
L165
OPEN
0603
L162
10nH
0603
L139
18nH
0603
L164
10nH
0603
L163
OPEN
0603
DRX_B1/3_P
DRX_B1/3_M
DRX_B20_P
DRX_B20_M
DRX_B5/8_P
DRX_B5/8_M

图 9-9　分集接收电路

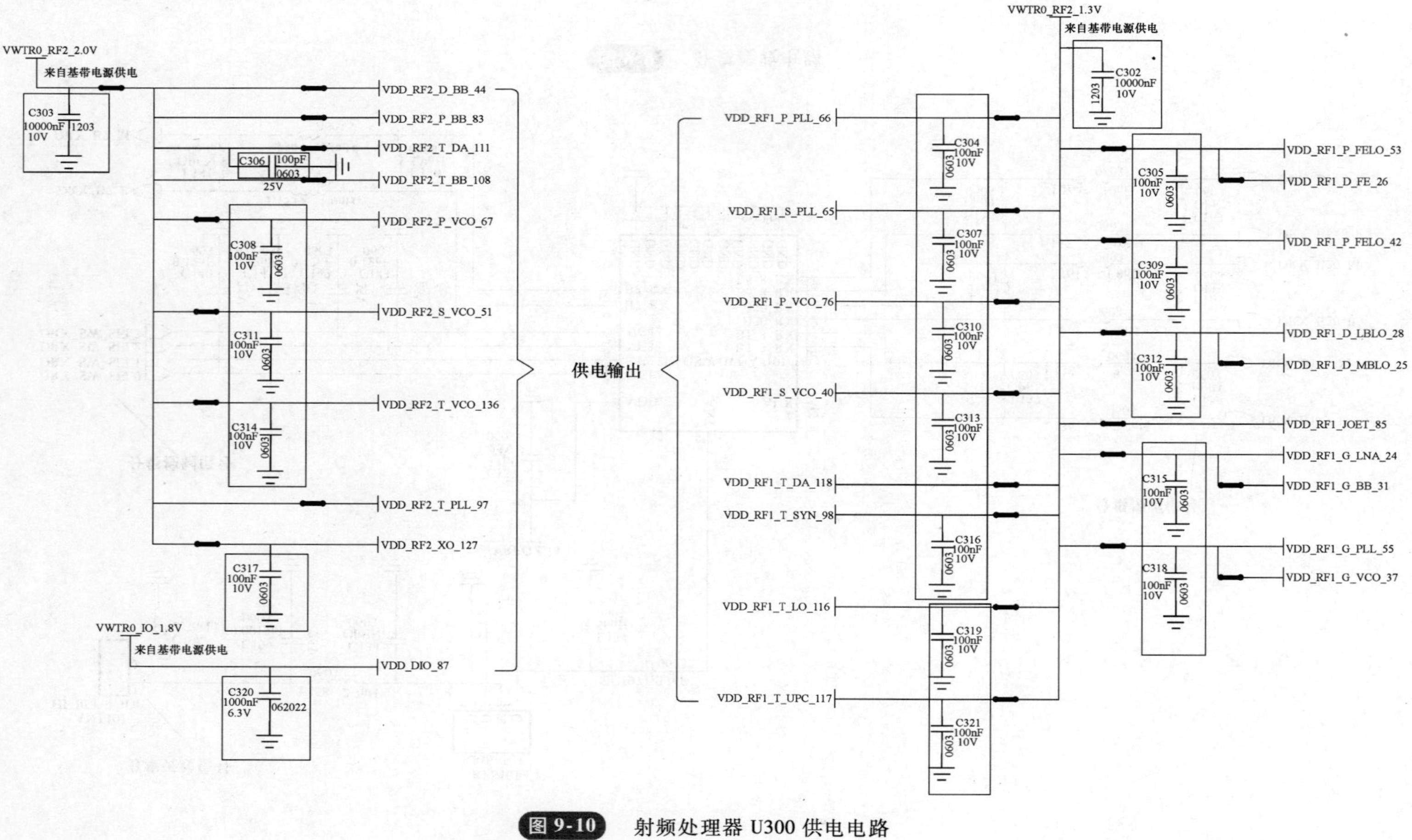

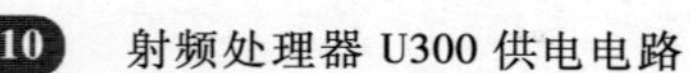
图 9-10 射频处理器 U300 供电电路

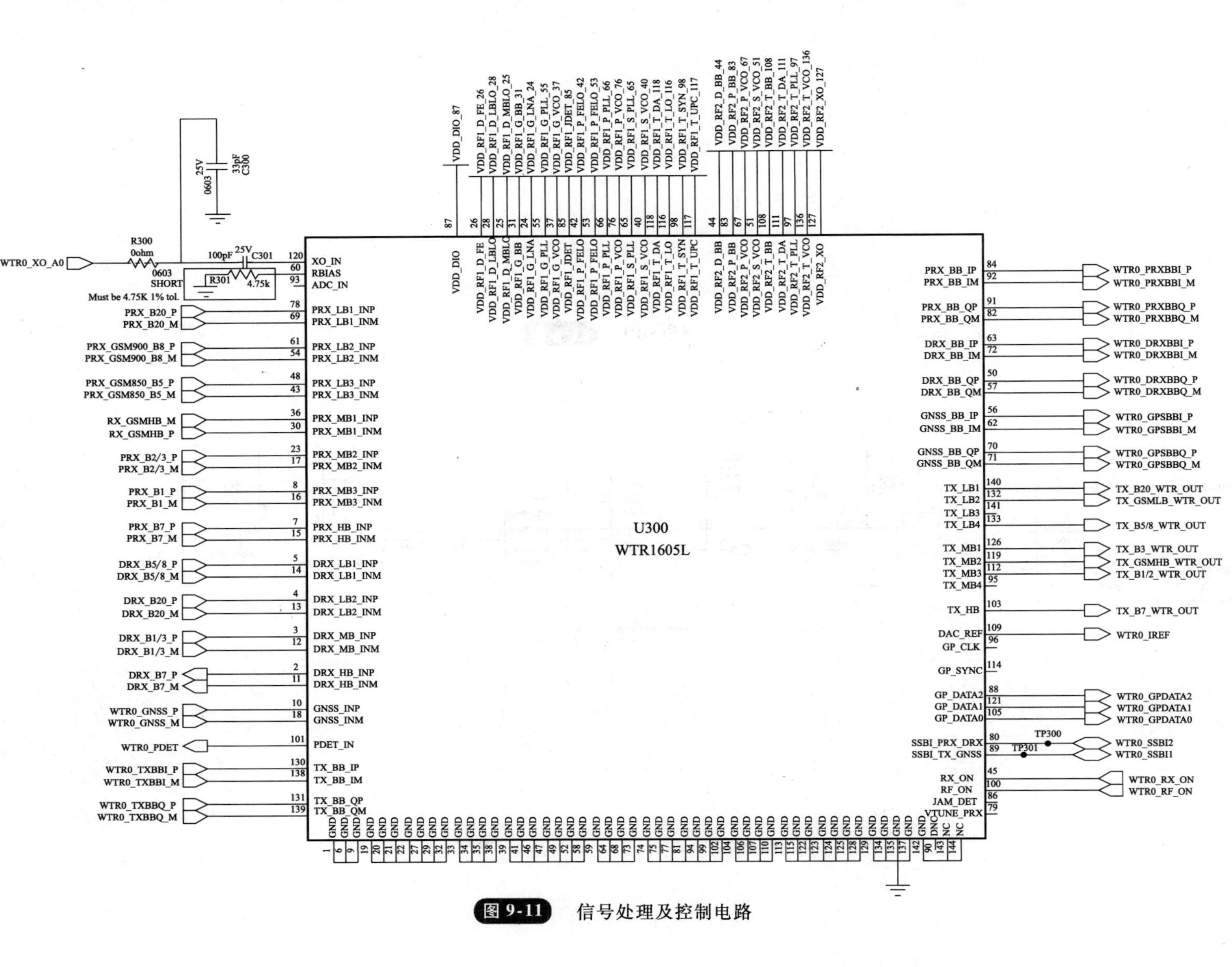

图 9-11 信号处理及控制电路

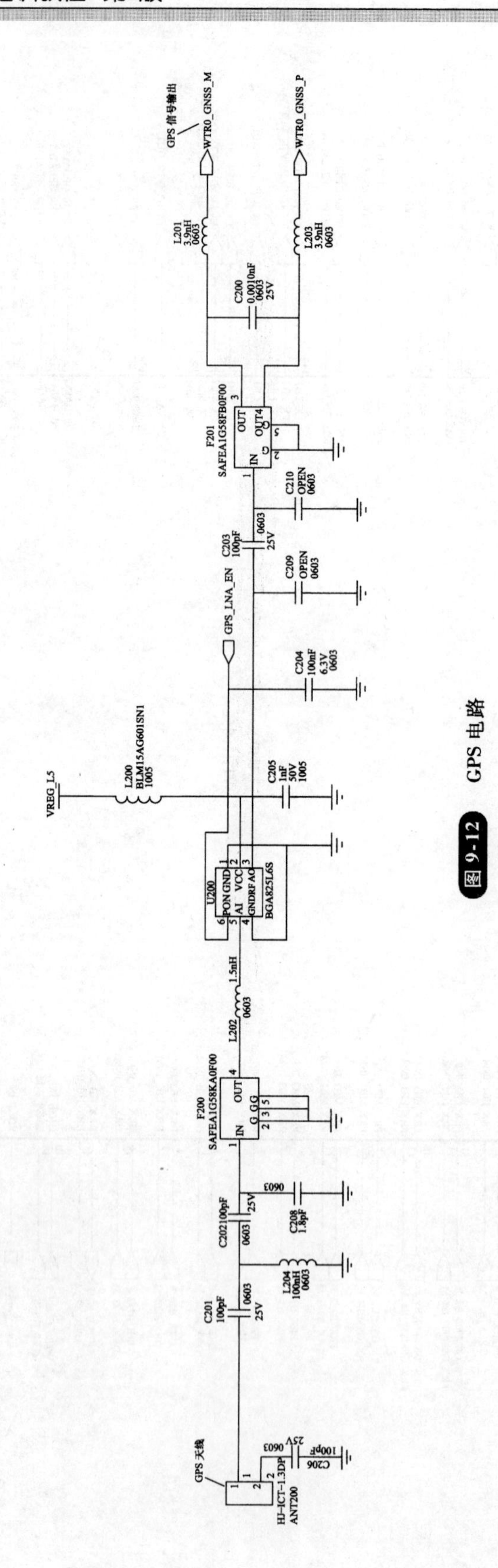
GPS 信号输出
WTR0_GNSS_M
WTR0_GNSS_P
L201 3.9nH 0603
L203 3.9nH 0603
C200 0.0010nF 0603 25V
F201 SAFEA1G58FB0F00
IN OUT OUT4 G
C210 OPEN 0603
C203 100pF 0603 25V
GPS_LNA_EN
C209 OPEN 0603
C204 100nF 6.3V 0603
VREG_L5
L200 BLM15AG601SN1 1005
C205 1nF 50V 1005
U200
PON GND
AI VCC
GNDRF AO
BGA825L6S
L202 1.5nH 0603
F200 SAFEA1G58KA0F00
IN OUT G GG
C202 100pF 0603 25V
C208 1.8pF 0603
L204 100nH 0603
C201 100pF 0603 25V
GPS 天线
HJ-ICT-1.3DP ANT200
C206 100pF 25V 0603

图 9-12 GPS 电路

1. 供电电路

射频处理器 U300 有 28 路供电，是由基带电源管理芯片 U400 提供，其中 VWTR0_RF2_2.0V 供电分成 9 路输出送到射频处理器 U300，VWTR0_RF1_1.3V 供电分成 18 路输出送到射频处理器 U300，VWTR0_IO_1.8V 输出 1 路供电送到射频处理器 U300。射频处理器 U300 供电电路如图 9-10 所示。

2. 信号处理及控制电路

时钟信号来自基带电源管理芯片 U400 的 19 脚，送入到射频处理器 U300 的 120 脚，U300 外围不再有时钟晶体。

接收信号送到射频处理器 U300 内部进行处理后，其中 PRX 接收基带 I/Q 信号从 82、84、91、92 脚输出，后再送入基带处理器 U501；DRX 接收基带 I/Q 信号从 50、57、63、72 脚输出，送入 U501；GNSS（Global Navigation Satellite System，伽利略卫星定位系统）接收基带 I/Q 信号从 56、62、70、71 脚输出，送入 U501。发射的基带 I/Q 信号，从基带处理器 U501 输出后，送到射频处理器 U300 的 130、131、138、139 脚，在 U300 内部处理器经功率放大器放大，从天线发送出去。基带处理器 U501 通过 WTR0_GPDATA0、WTR0_GPDATA1、WTR0_GPDATA2、WTR0_SSBI1、WTR0_SSBI2、WTR0_RX_ON、WTR0_RF_ON 信号控制射频处理器 U300 的工作。信号处理及控制电路如图 9-11 所示。

五、GPS 电路

射频处理器 U300 内部集成了 GPS 信号的处理部分，所以外围主要是 GPS 射频信号的接收处理电路。GPS 信号从 GPS 天线接收后，经过 GPS 射频测试接口 F200，送到低噪声放大器 U200 内部进行放大，放大后的 GPS 信号经过“巴伦”电路 F201 平衡输出 WTR0_GNSS_M、WTR0_GNSS_P 信号送至射频处理器 U300 的 10、18 脚，在 U300 内部进行解调处理。GPS 电路如图 9-12 所示。

第三节 基带电路的工作原理

在三星 i9505 手机中，基带处理器使用高通的 MDM9215M 芯片，该芯片是一个 4G 芯片，支持 GSM、UMTS、LTE 制式。

一、基带电路框图

三星 i9505 手机基带主要包括基带处理器 U501、基带电源管理芯片 U400，完成了基带信号处理、基带部分供电等功能。三星 i9505 手机基带电路框图如图 9-13 所示。

基带处理器 U501 和射频处理器 U300 之间的通信主要通过 SSBI（Single-Wire Serial Bus Interface）串行总线和 GPDATA 等。基带处理器 U501 和应用处理器 UCP600 之间的通信主要靠 HSIC（高速芯片间接口）完成。

二、基带处理器

高通 MDM9215M 是一款完美支持 4G 的芯片，在包括 iPhone 5S 的众多 4G 手机中采用，我们已经详细了解了 iPhone 5S 中 MDM9215M 的框图，下面以三星 i9505 手机为例简单描述电路工作原理。

1. 基带处理器供电电路

基带处理器部分供电电路，如图 9-14 所示。

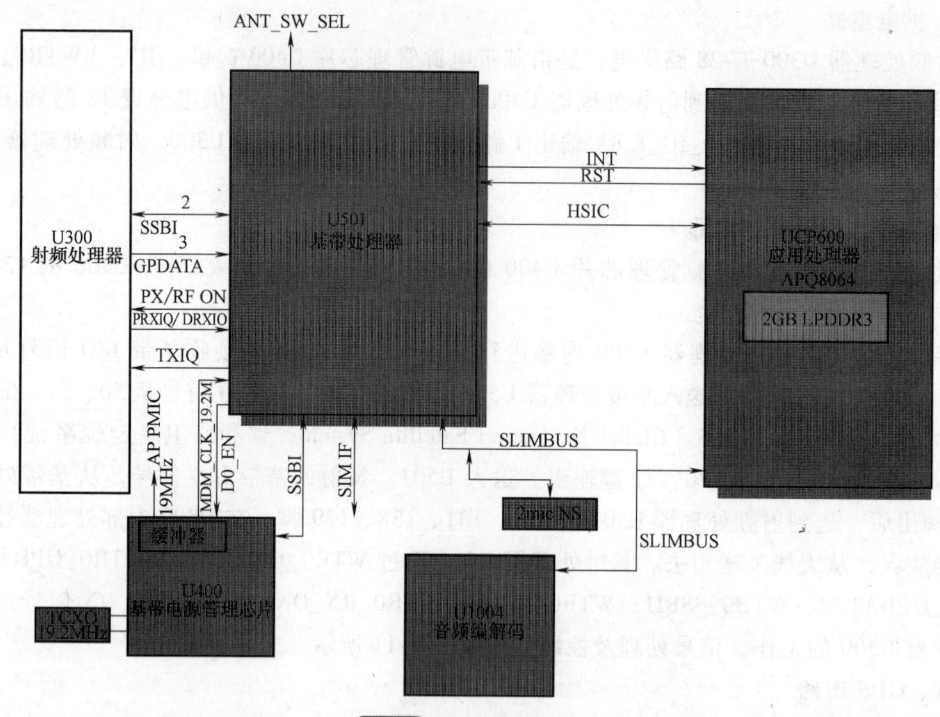

图 9-13 基带电路框图

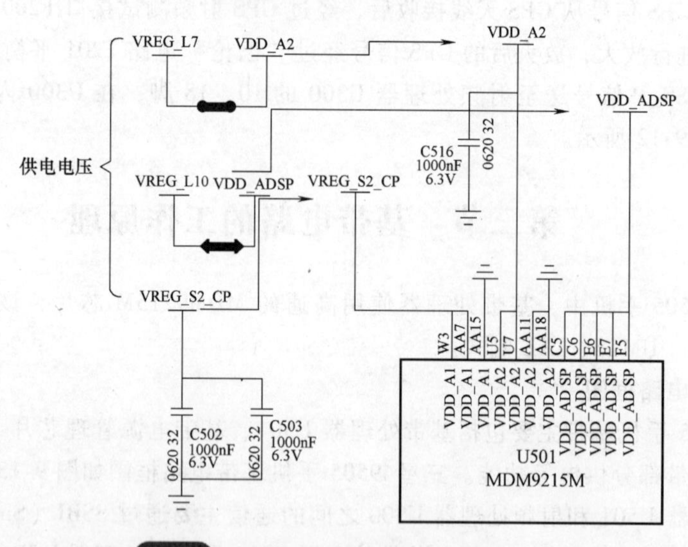

图 9-14 基带处理器部分供电电路

基带电源管理芯片 U400 输出 VREG_L7、VREG_L10 供电电压，其中 VREG_L7 和 VDD_A2 连接，将 VREG_L7 电压转换成 VDD_A2 电压，VDD_A2 电压再送到基带处理器 U501 的 U6、U7 脚；VREG_L10 和 VDD_ADSP 连接，将 VREG_L10 电压转换成 VDD_ADSP 电压，VDD_ADSP 电压再送到基带处理器 U501 的 W9、AA7 脚。在整个过程中，电压信号没有产生任何变化，只是在不同的地方，名字叫法不同而已。

2. 基带 I/Q 信号电路

当前的数字射频芯片都用到了I/Q信号，即使是RFID芯片，内部也用到了I/Q信号。I/Q信号一般是模拟的，也有数字的，比如方波。基带内处理的一般是数字信号，在出口处都要进行D-A（数-模）转换。

在基带处理器U501内部处理的基带I/Q信号包括：PRX接收基带I/Q信号、DRX接收基带I/Q信号、GPS接收基带I/Q信号、发射基带I/Q信号等，如图9-15所示。

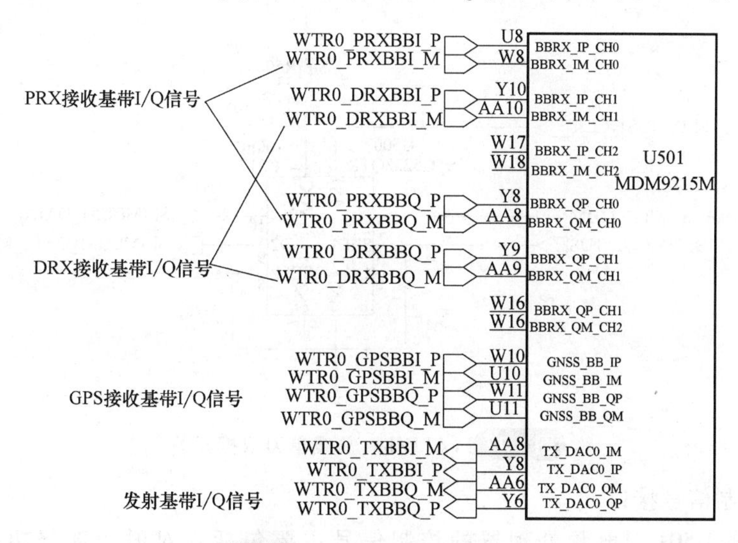

图9-15 基带I/Q信号电路

3. 基带控制信号

基带处理器的休眠时钟信号SLEEP_CLK来自基带电源管理芯片U400的26脚，基带基准时钟MDM_CLK来自U400的25脚，基带复位信号PMIC_RESOUT_N来自U400的4脚。

基带处理器U501的Y2、Y4、Y3、AA2、AA3、W4、AA4脚是JTAG接口，主要用于芯片内部测试和在线编程功能。基带控制信号如图9-16所示。

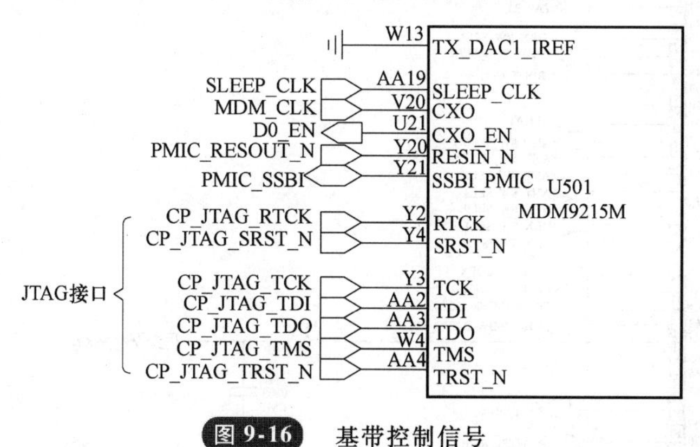

图9-16 基带控制信号

4. 串行媒体总线（SLIMbus）

低功耗芯片间串行媒体总线（SLIMbus）是基带或移动终端应用处理器与外设部件间的标准接口。SLIMbus支持高质量音频多信道的传输，支持音频、数据、总线和单条总线上的设备控制，SLIMbus包括两个终端以及连接多个SLIMbus总线设备的数据线（DATA）和时钟线（CLK）。

SLIMbus 总线在三星 i9505 手机中，主要用于基带处理器和应用处理器之间的数据传输，它比 I²C、SPI 总线的优点是使用更少的引脚能够完成更多的功能。

在三星 i9505 手机中，还是用了一个单刀双掷开关（SPDT Switch）来完成基带处理器 U501 和应用处理器 UCP600 之间的信号传输，如图 9-17 所示。

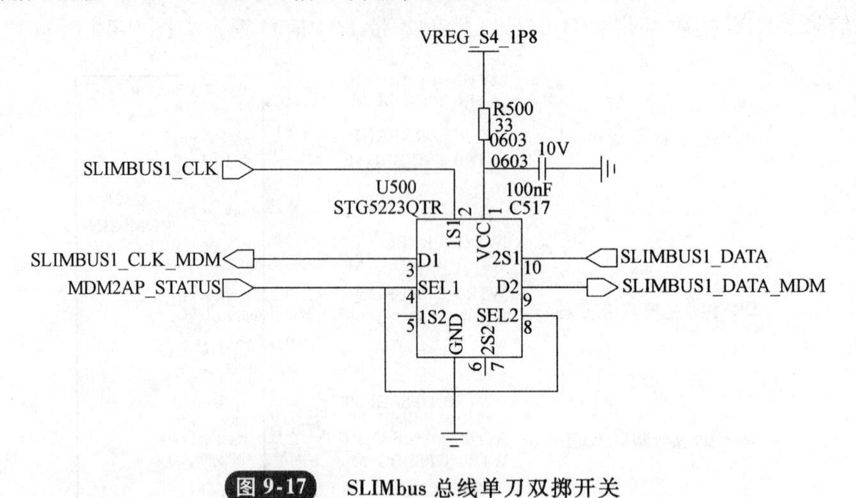

图 9-17 SLIMbus 总线单刀双掷开关

5. 射频控制信号接口

基带处理器 U501 对射频处理器的控制信号主要包括：对射频部分功率放大器的控

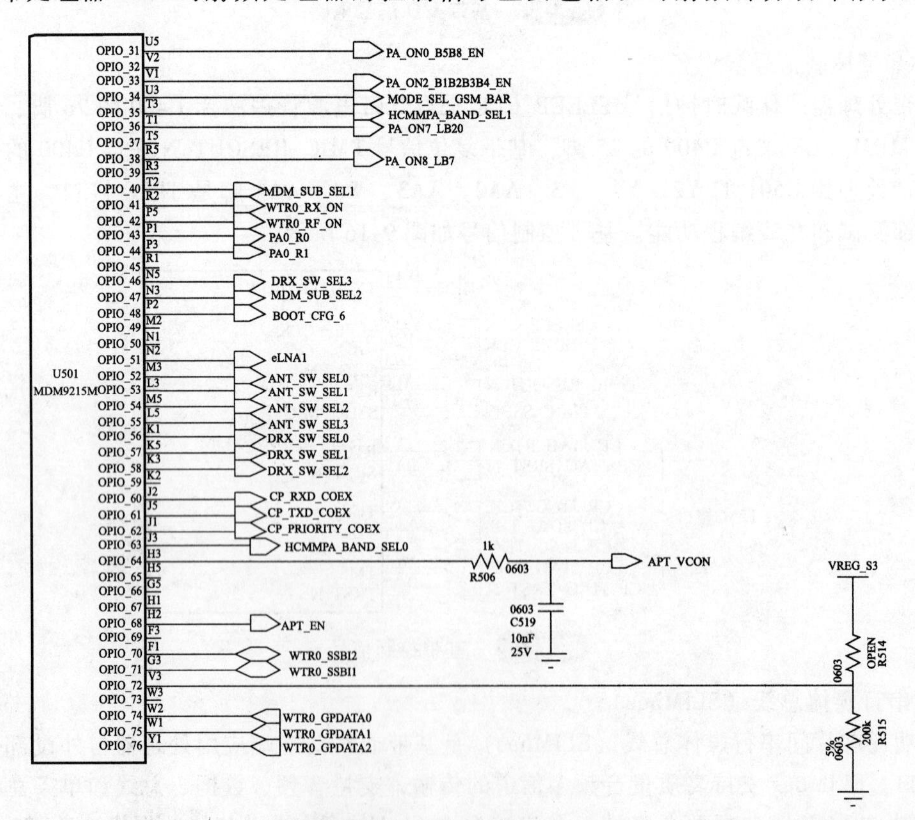

图 9-18 射频控制信号接口

制信号、对射频处理器的控制信号、对射频功放供电电路的控制信号、对射频部分天线开关的控制信号等。这些控制信号在介绍射频电路时已经讲过了，在此不再赘述。

基带处理和射频处理器之间还使用了 WTR0_SSBI1、WTR0_SSBI2 串行总线接口实现芯片功能的控制。基带处理器 U501 通过 WTR0_RX_ON、WTR0_RF_ON 对射频处理器 U300 射频部分进行控制。射频控制信号接口如图 9-18 所示。

三、基带电源管理电路

在三星 i9505 手机中使用了高通的 PM8018 电源管理芯片。

1. LDO 电压输出电路

三星 i9505 基带电源管理芯片有 14 路 LDO 电压输出，为不同的电路提供供电，如图 9-19 所示。

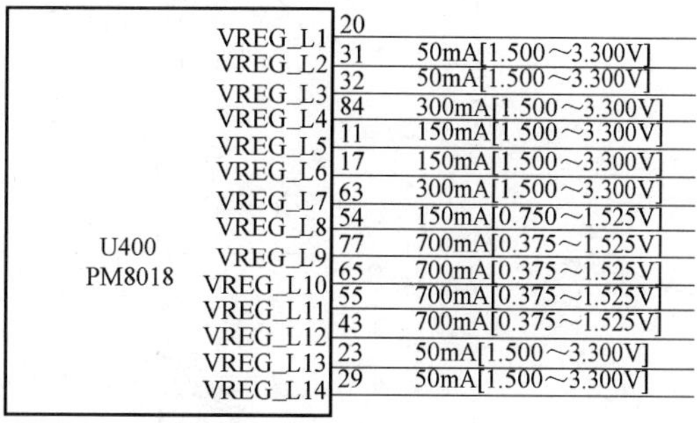

2. Buck 电压输出电路

为了保证在低电压状态下能够输出稳定的大电流，三星 i9505 手机使用了 5 路 Buck 电路，供给基带处理器及相关的电路。Buck 电压输出电路如图 9-20 所示。

U400
PM8018
VREG_L1 VREG_L2 VREG_L3 VREG_L4 VREG_L5 VREG_L6 VREG_L7 VREG_L8 VREG_L9 VREG_L10 VREG_L11 VREG_L12 VREG_L13 VREG_L14
20 31 32 84 11 17 63 54 77 65 55 43 23 29
50mA[1.500～3.300V]
50mA[1.500～3.300V]
300mA[1.500～3.300V]
150mA[1.500～3.300V]
150mA[1.500～3.300V]
300mA[1.500～3.300V]
150mA[0.750～1.525V]
700mA[0.375～1.525V]
700mA[0.375～1.525V]
700mA[0.375～1.525V]
700mA[0.375～1.525V]
50mA[1.500～3.300V]
50mA[1.500～3.300V]

图 9-19 LDO 电压输出电路

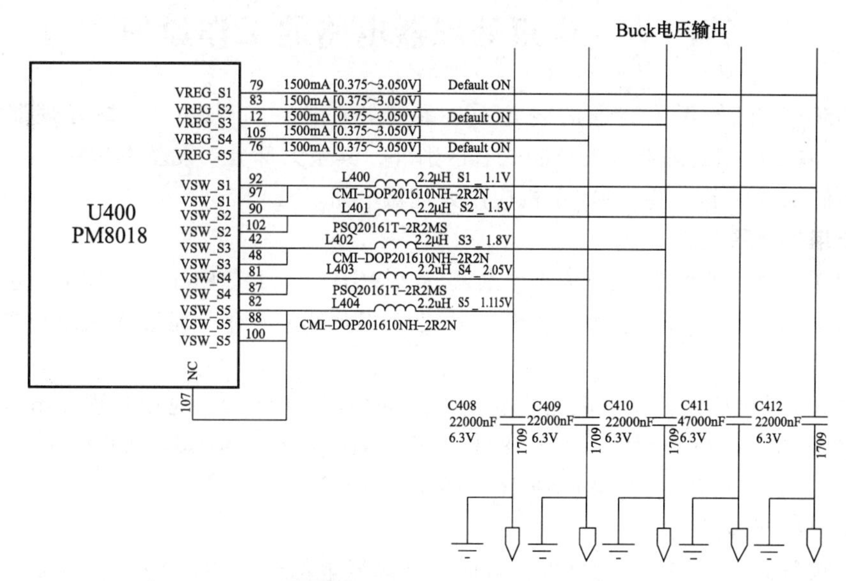

图 9-20 Buck 电压输出电路

3. 时钟信号电路

基带电源管理芯片 U400 除了提供供电电压输出外，还提供了 32kHz、19.2MHz 时钟信号时钟信号的输出。电源管理芯片 U400 的 1、2 脚外接 19.2MHz 时钟晶体，10 脚外接时钟晶体的温度检测，其中 19 脚输出的 WTR0_XO_A0 时钟信号送到射频处理器，25 脚输出的 MDM_CLK 时钟信号送到基带处理器。32kHz 时钟信号由应用处理器电源管理芯片 U800 产生后送到基带电源管理芯片 U400 的 3 脚，在 U400 内部进行处理后从 26 脚输出，再送到基带处理器电路。时钟信号电路如图 9-21 所示。

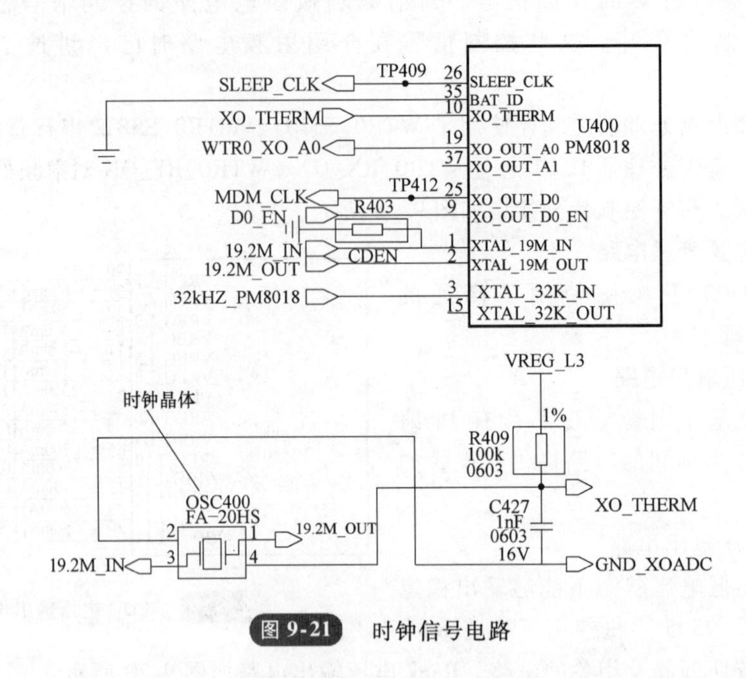

图 9-21 时钟信号电路

第四节　应用处理器电路的工作原理

三星 i9505 手机使用了高通的骁龙 600 系列处理器，与号称“八核处理器”的三星 i9500 相对，除了应用处理器、支持制式有区别外，其余大部分功能基本相同。

下面我们来看一下三星 i9505 手机应用处理器电路。

一、应用处理器电路

骁龙 600 系列处理器采用单核速度最高达 1.9GHz 的四核 Krait 300 CPU、速度增强的 Adreno320 GPU 和 HexagonQDSP6 V4DSP，并支持 LPDDR3 内存，能够提供用户需要的高级用户体验。

三星 i9505 手机应用处理器电路主要由应用处理器 UCP600、应用处理器电源管理芯片 U800、编解码芯片 U1004、微控制器 U803、NFC 芯片 U203、传感器 HUB U203、蓝牙/WIFI 芯片 U201 等组成。应用处理器电路框图如图 9-22 所示。

二、应用处理器供电电路

应用处理器芯片 UCP600 的供电来自应用处理器电源管理芯片 U800，21 路供电电压由应用处理器电源管理芯片 U800 输出，送至应用处理器芯片 UCP600 的各部分电路。

1. 应用处理器内核供电芯片

应用处理器芯片 UCP600 的内核供电使用了 U802（PM88210 芯片），供电电压 VPH_PWR 送到 U802 的 3、9、19、33、39 脚。供电电压 VREG_S1B_1P05_KP2、VREG_S2B_1P05_KP3、VREG_S4_1P8 分别从 U802 的 4、10、34、40、31 脚输出。其中，U802 的 14、28 脚输入的是过流检测信号。

U802 的 2 脚输入的是复位信号，8 脚输入的是 HOLD 信号，18 脚输入的是中断请求信号，17、32、38 脚是 SSBI 总线信号接口。

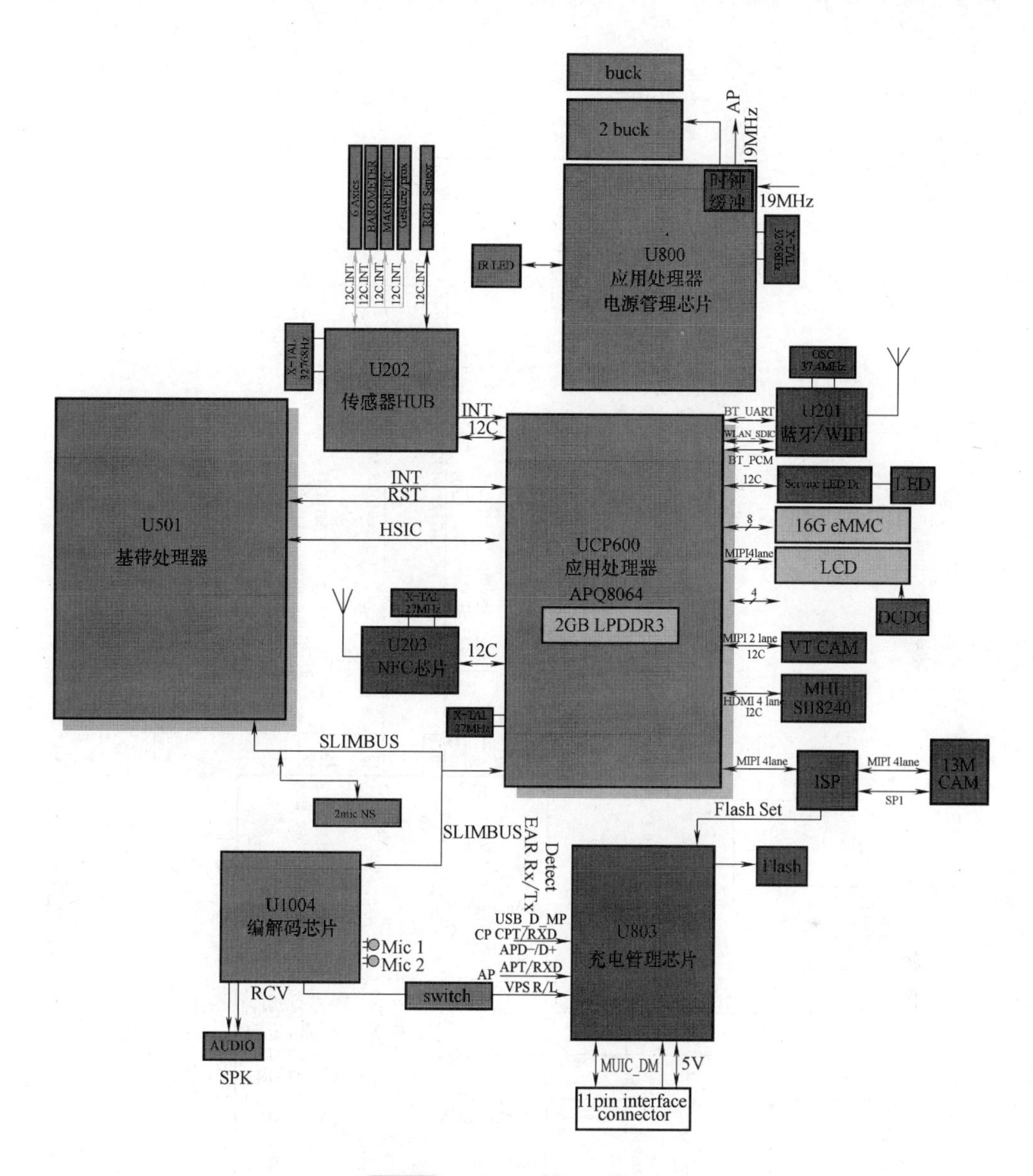

图 9-22 应用处理器电路框图

内核供电电路如图 9-23 所示。

2. 穿心电容

穿心电容在基带处理器、应用处理器供电电路使用得比较多，而且大都离芯片非常近，这和处理器电路的工作特点有关：低电压、大电流、高频率。

穿心电容在电路中使用较多，一般为陶瓷电容。由于其物理结构，这种陶瓷电容又称为穿心式电容。穿心电容的容量最小为 10pF，工作电压可达直流 2000V，即使在 10GHz 频率，也不会产生明显的自谐振。用于电路的供电系统，可以抑制经由电源线传导给电路的电磁干扰，也可以抑制电路产生的干扰反馈到供电电源，是解决 EMI（电磁干扰）问题最经济的选择。穿心电容如图 9-24 所示。

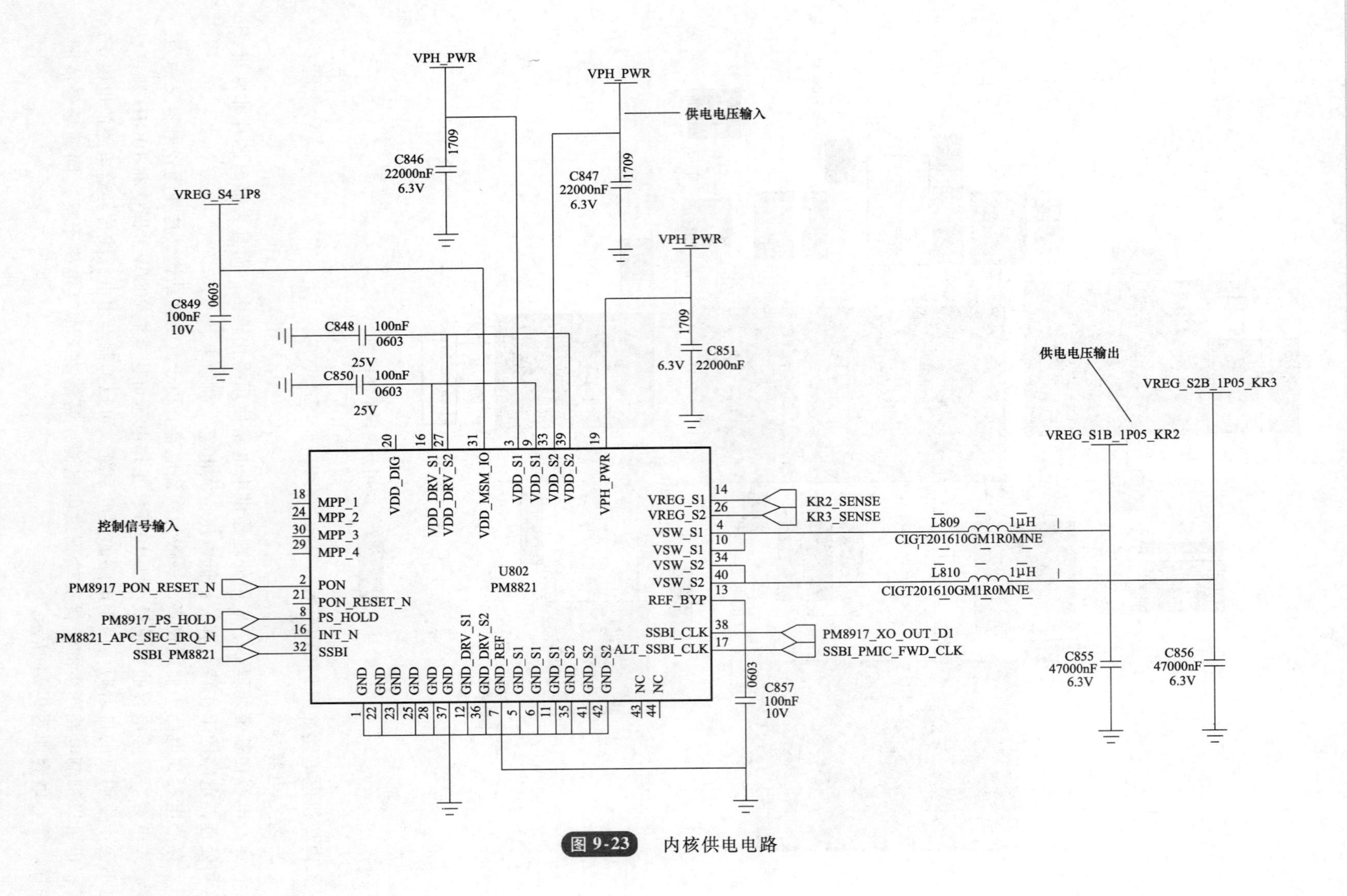

VPH_PWR
VPH_PWR
供电电压输入
C846
22000nF
6.3V
1709
C847
22000nF
6.3V
1709
VREG_S4_1P8
VPH_PWR
C849
100nF
10V
0603
C848
100nF
0603
25V
C850
100nF
0603
25V
1709
C851
6.3V
22000nF
供电电压输出
VREG_S2B_1P05_KR3
VREG_S1B_1P05_KR2
VDD_DIG
VDD_DRV_S1
VDD_DRV_S2
VDD_MSM_IO
VDD_S1
VDD_S1
VDD_S2
VDD_S2
VPH_PWR
MPP_1
MPP_2
MPP_3
MPP_4
控制信号输入
U802
PM8821
PM8917_PON_RESET_N
PON
PON_RESET_N
PM8917_PS_HOLD
PS_HOLD
PM8821_APC_SEC_IRQ_N
INT_N
SSBI_PM8821
SSBI
VREG_S1
VREG_S2
VSW_S1
VSW_S1
VSW_S2
VSW_S2
REF_BYP
KR2_SENSE
KR3_SENSE
L809
1μH
CIGT201610GM1R0MNE
L810
1μH
CIGT201610GM1R0MNE
SSBI_CLK
ALT_SSBI_CLK
PM8917_XO_OUT_D1
SSBI_PMIC_FWD_CLK
GND
GND
GND
GND
GND
GND
GND_DRV_S1
GND_DRV_S2
GND_REF
GND_S1
GND_S1
GND_S1
GND_S2
GND_S2
GND_S2
NC
NC
C857
100nF
10V
0603
C855
47000nF
6.3V
C856
47000nF
6.3V

图 9-23 内核供电电路

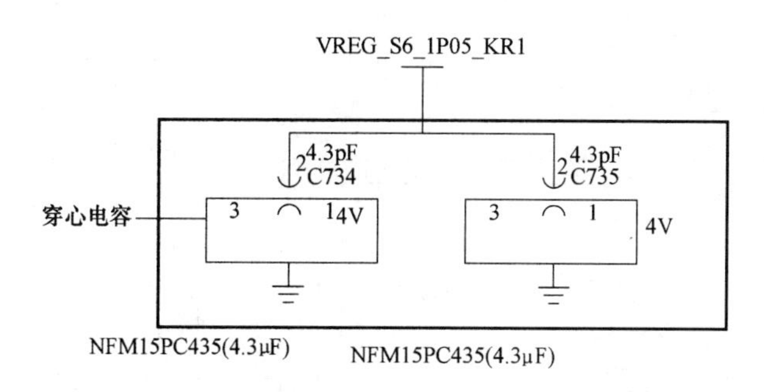

图 9-24 穿心电容

三、应用处理器电源管理电路

应用处理器电源管理电路采用了高通的 PM8917 芯片，该芯片完成了应用处理器部分所有功能电路的供电。

1. 电池接口电路

一般手机的电池接口就是电池接口，而在三星 i9505 手机中，电池接口还兼有 NFC 天线的功能。在电池接口 BTC900 中，4 脚为电池电压供电脚，3 脚为电量检测脚；其中 1、3 脚还兼有 NTC 天线的功能。电池接口电路如图 9-25 所示。

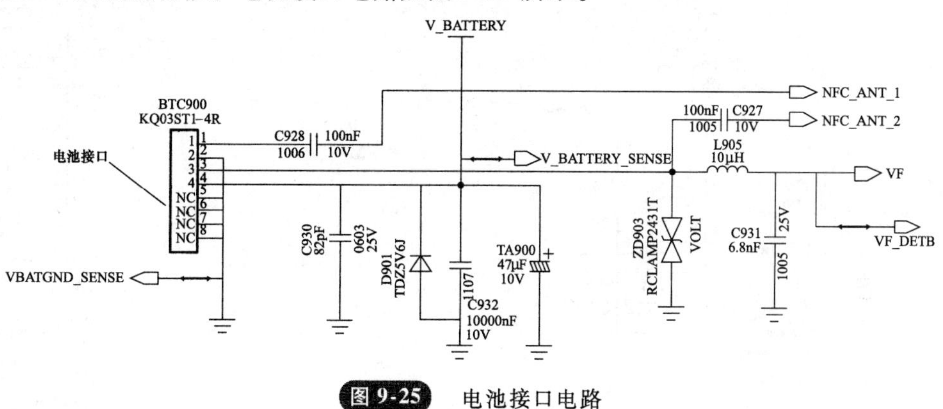

图 9-25 电池接口电路

2. 电源按键电路

三星 i9505 电源按键电路由一个按键开关 TAC900 和隔离电阻 R910 组成，当按下开机按键 TAC900 超过一定时间后，输出一个低电平至电源管理芯片 U800 内部，启动 U800 内部电路开始工作，输出各路工作电压。

在开机状态下，轻按电源按键则进入待机状态或锁定状态；在待机状态下，轻按电源按键则会点亮屏幕或解锁。如果手机出现死机、定屏、严重错误时，按住电源按键 7s 以上，则手机会进入复位模式。电源按键电路如图 9-26 所示。

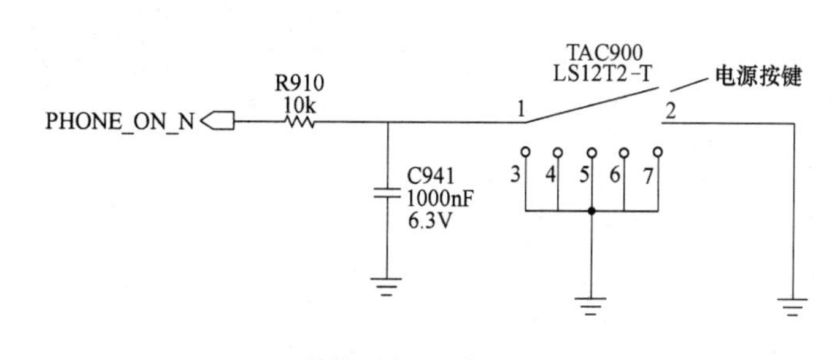

图 9-26 电源按键电路

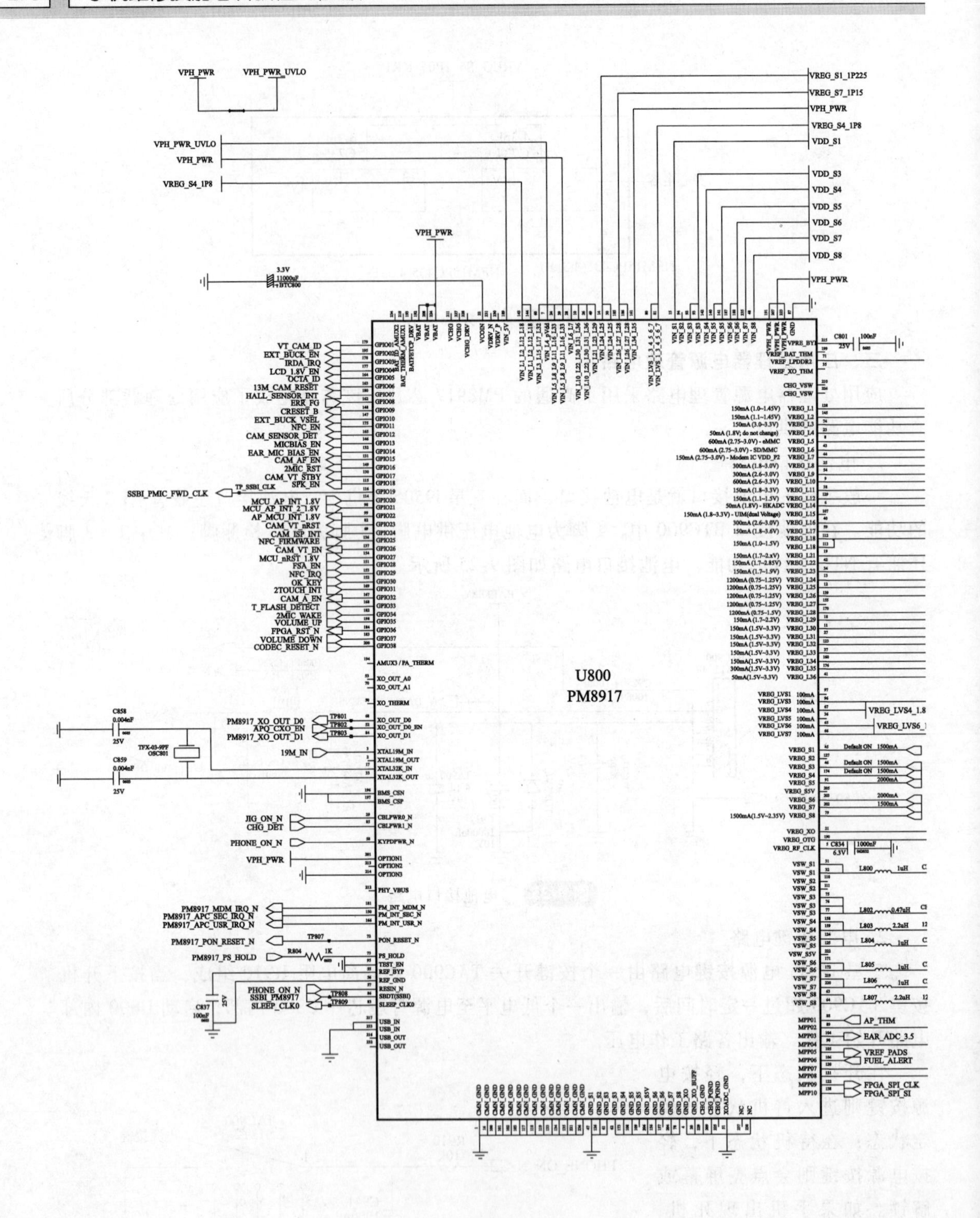

图 9-27 电源

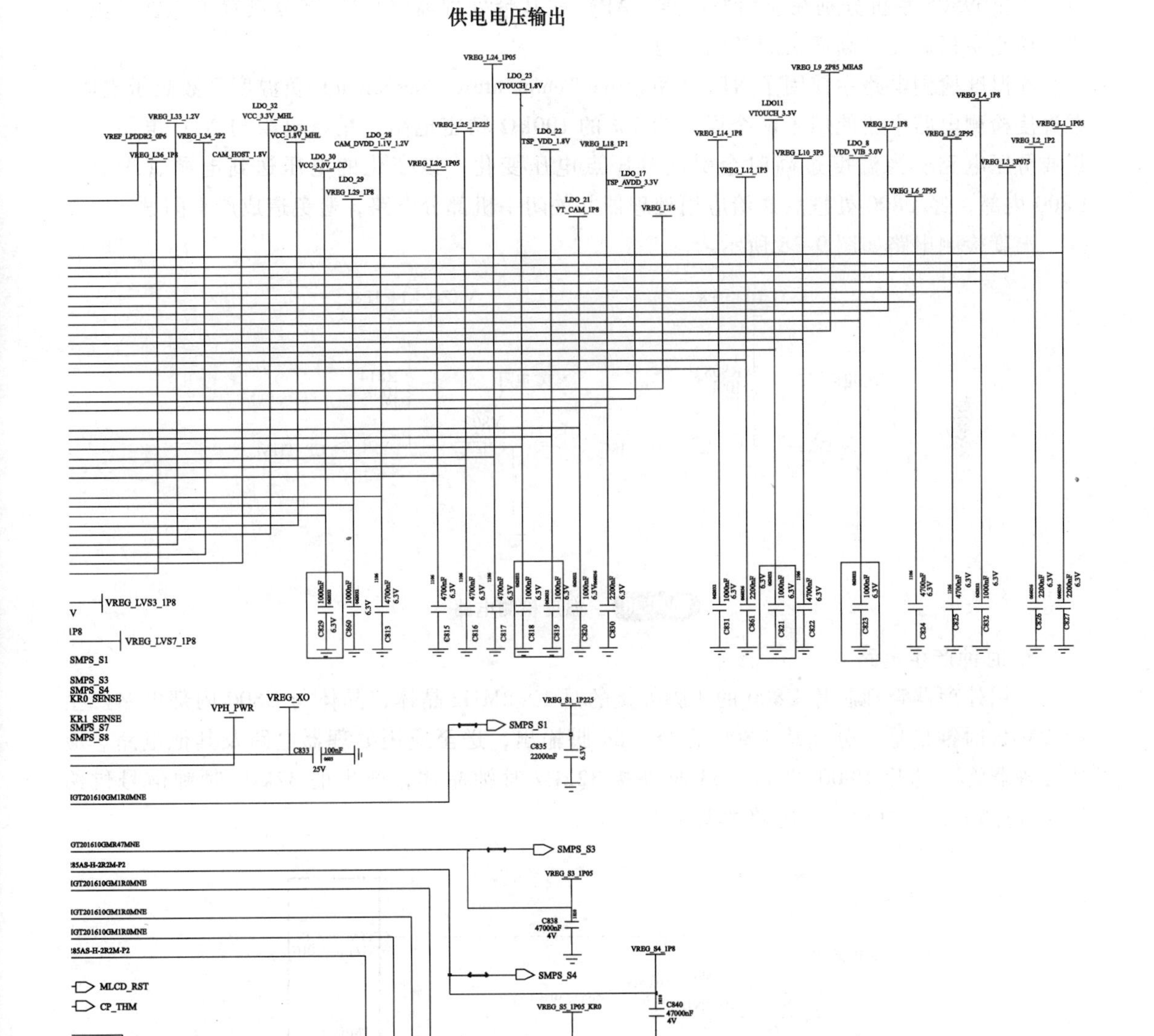

供电电压输出
VREG_L24_1P05
LDO_23
VTOUCH_1.8V
VREG_L9_2P85_MEAS
VREG_L4_1P8
LDO11
VTOUCH_3.3V
VREG_L33_1.2V
LDO_32
VCC_3.3V_MHL
VREG_L25_1P225
VREG_L7_1P8
VREG_L1_1P05
VREF_LPDDR2_0P6
VREG_L34_2P2
LDO_31
VCC_1.8V_MHL
LDO_28
CAM_DVDD_1.1V_1.2V
LDO_22
TSP_VDD_1.8V
VREG_L18_1P1
VREG_L14_1P8
VREG_L5_2P95
VREG_L2_1P2
VREG_L36_1P8
CAM_HOST_1.8V
LDO_30
VCC_3.0V_LCD
VREG_L26_1P05
VREG_L10_3P3
LDO_8
VDD_VIB_3.0V
VREG_L3_1P075
VREG_L12_1P3
LDO_29
VREG_L29_1P8
LDO_17
TSP_AVDD_3.3V
VREG_L6_2P95
LDO_21
VT_CAM_1P8
VREG_L16
VREG_LVS3_1P8
VREG_LVS7_1P8
SMPS_S1
SMPS_S3
SMPS_S4
KR0_SENSE
KR1_SENSE
SMPS_S7
SMPS_S8
VPH_PWR
VREG_XO
VREG_S1_1P225
C835
22000nF
6.3V
C833
100nF
25V
MLCD_RST
CP_THM
VREG_S3_1P05
C838
47000nF
4V
VREG_S4_1P8
C840
47000nF
4V
VREG_S5_1P05_KR0
C841
47000nF
4V
VREG_L14_1P8
R809
100K
MAIN_THM
R811
OPEN
VREG_S6_1P05_KR1
C842
47000nF
4V
VREG_S7_1P15
C843
22000nF
6.3V
VREG_L29_1P8
R805
12k
R806
1k
VF
R807
82k
C844
10nF
6.3V
VREG_S8_1P2
C845
22000nF
6.3V

输出电路

3. 电源供电输出电路

高通的 PM8917 芯片可完成 45 路供电的输出，输出电流最大的一路达 1200mA。输出的这些电压主要供给应用处理器及附属电路。电源输出电路如图 9-27 所示。

4. 温度检测电路

三星 i9505 手机分别在应用处理器（AP）和基带处理器（CP）部分设置了温度检测电路，防止主板温度过高而引起其他问题。

在温度检测电路中使用了 NTC（Negative Temperature Coefficient）负温度系数热敏电阻。在温度检测电路中还使用了两个误差为 1% 的 100kΩ 精密电阻，精密电阻与 NTC 电阻共同组成分压电路。当温度过高时会引起分压点电压变化，该变化的电压送到电源管理芯片 U800 内部，经 U800 处理后送给应用处理器并关闭手机部分电路，避免造成严重问题。

温度检测电路如图 9-28 所示。

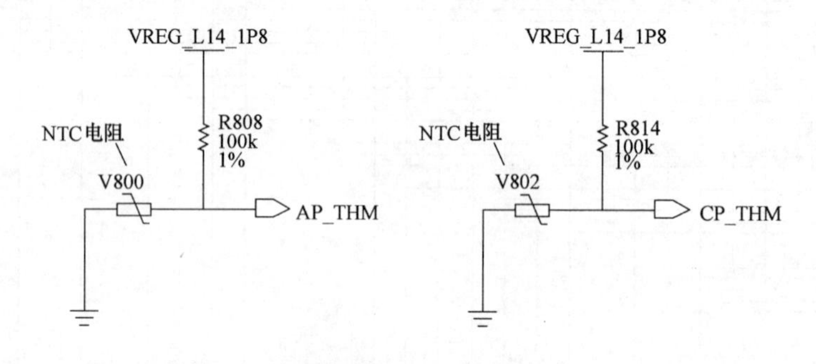

图 9-28 温度检测电路

5. 时钟产生电路

应用处理器管理芯片 U800 的 3 脚外接的是 19.2MHz 晶体，晶体与 U800 内部电路产生 19.2MHz 时钟信号，分别从 U800 的 68、84 脚输出，送至应用处理器电路及其他电路。应用处理器管理芯片 U800 的 17、33 脚外接 32kHz 时钟晶体，产生的 32kHz 时钟信号供给 U800 内部电路。时钟产生电路如图 9-29 所示。

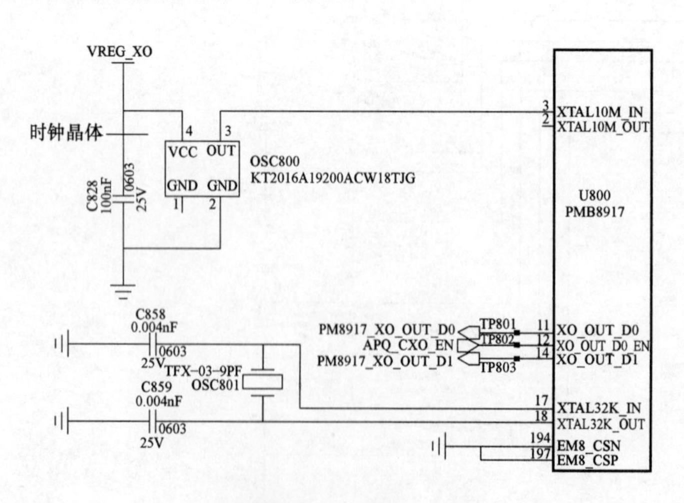

图 9-29 时钟产生电路

6. 充电电路

三星 i9505 手机充电电路使用了一个专门的芯片 U903（MAX77803）。充电电压 VBUS_5V 从尾插接口进来后送至保护芯片 U906（MAX14654）的 B3、C2、C3 脚，然后从 U906 的 A2、A3、B2 脚输出 CHG_IN_5V 电压，送至充电管理芯片 U903。充电输入电路如图 9-30 所示。

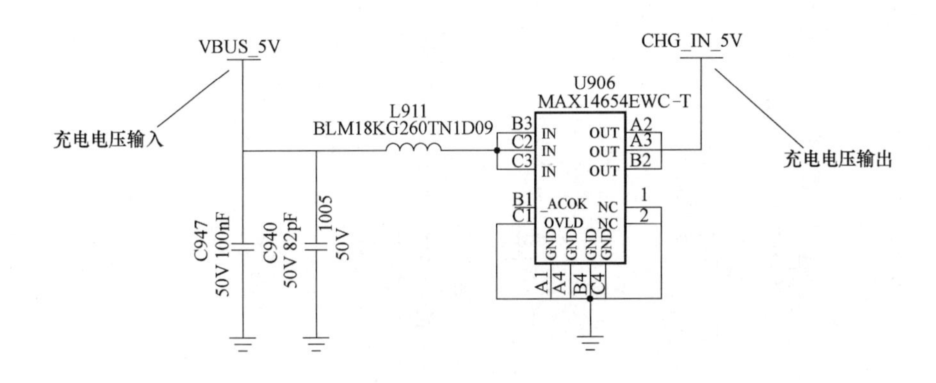

图 9-30　充电输入电路

三星 i9505 除了支持正常的充电外，还支持无线充电功能。如果要使用无线充电功能，需要配备专用的无线充电器、专用的手机后壳才行。从专用手机后壳感应线圈感应电压经过 ANT900、电感 L901 输出 WPC_5V 电压，送至充电管理芯片 U903。无线充电输入电路如图 9-31 所示。

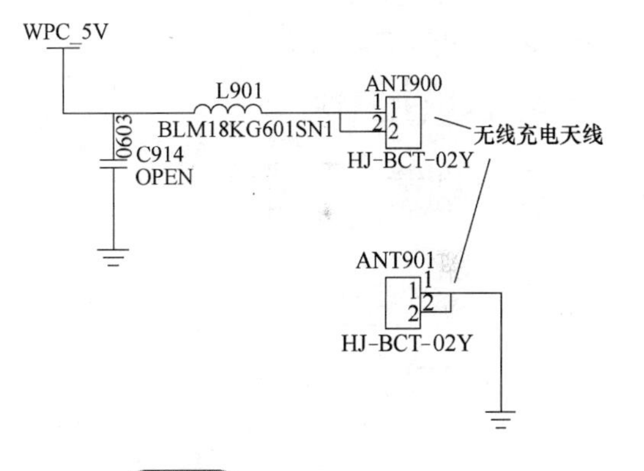

图 9-31　无线充电输入电路

其中，充电电压 CHG_IN_5V 送到 U903 的 C1、D1、D2 脚，无线充电电压 WPC_5V 送到 U903 的 B1、B2 脚。从 H5、H6、J5、J6 脚输出到电池进行充电。

U903 的 F3 脚（VF_DETB）为充电检测脚，H8 脚（V_BATTERY_SENSE）为电池电压检测脚。充电管理电路如图 8-32 所示。

U903 除了充电管理功能外，还有 JTAG 接口、USB 接口、I^2C 总线等多接口切换功能，在此不再赘述。

四、音频编解码电路

在三星 i9505 手机中，使用了一个独立的音频编解码芯片——高通 WCD9310，该芯片在三星、LG、小米手机中都有使用。

1. 供电电路

编解码芯片 U1004 的供电电路有 4 路，其中 VREG_L25_1P225 送到 U1004 的 26 脚，VREG_S4_1P8 送到 U1004 的 33 脚，VREG_CDC_A 送到 U1004 的 41 脚，VPH_PWR 送到 U1004 的 63 脚，VREG_CDC_RXTX 送到 U1004 的 30、64 脚。编解码芯片供电电路如图9-33 所示。

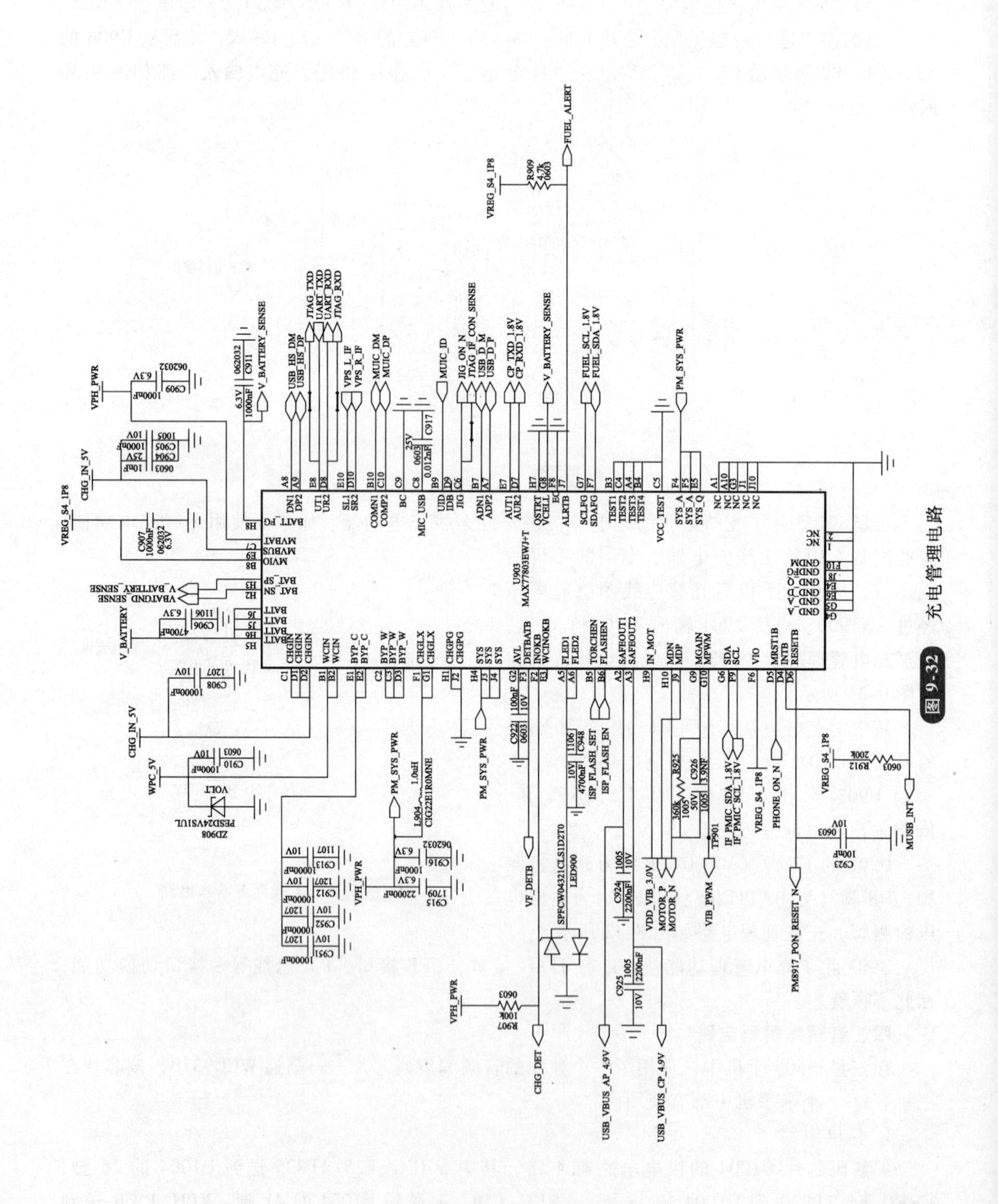
U903
MAX77803EWJ+T
FUEL_ALERT
VREG_S4_1P8
R909
4.7k
0603
VPH_PWR
CHG_IN_5V
V_BATTERY
V_BATTERY_SENSE
VBATGND_SENSE
WPC_5V
VOLT
ZD908
PESD24VS1UL
PM_SYS_PWR
L904
1.0uH
CIG22E1R0MNE
VF_DETB
CHG_DET
LED900
SPFCW04321CLS1D2T0
ISP_FLASH_SET
ISP_FLASH_EN
VDD_VIB_3.0V
MOTOR_P
MOTOR_N
VIB_PWM
TP901
IF_PMIC_SDA_1.8V
IF_PMIC_SCL_1.8V
PHONE_ON_N
PM8917_PON_RESET_N
MUSB_INT
R912
200k
R907
100K
USB_VBUS_AP_4.9V
USB_VBUS_CP_4.9V
USB_HS_DM
USB_HS_DP
JTAG_TXD
UART_TXD
UART_RXD
JTAG_RXD
VPS_L_IF
VPS_R_IF
MUIC_DM
MUIC_DP
MUIC_ID
JIG_ON_N
JTAG_IF_CON_SENSE
USB_D_M
USB_D_P
CP_TXD_1.8V
CP_RXD_1.8V
FUEL_SCL_1.8V
FUEL_SDA_1.8V
PM_SYS_PWR

图 9-32 充电管理电路

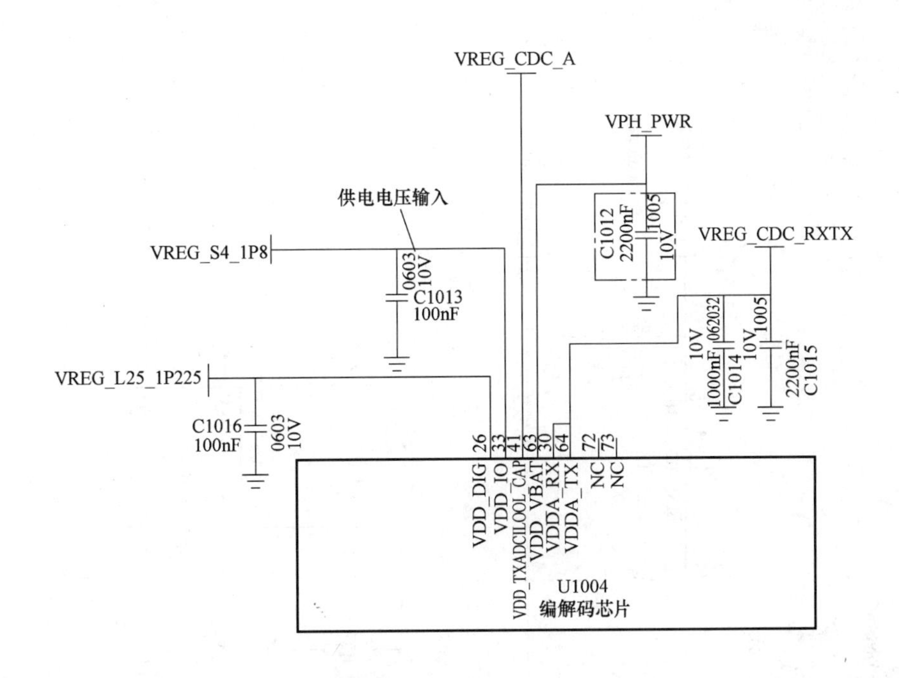

图 9-33 编解码芯片供电电路

2. MIC 信号输入电路

有 4 路 MIC 信号输入到编解码芯片 U1004 的内部，分别是耳机 MIC、主 MIC、辅助 MIC 和免提 MIC。

耳机 MIC 信号从耳机接口输入后，然后再送到 U1005 的 8 脚，耳机 MIC 信号从 U1005 的 7 脚输出后，分成两路信号 EAR_MIC_P、EAR_MIC_N 送到编解码芯片 U1004 的 54、58 脚。EAR_ADC_3.5 为耳机 MIC 接入检测信号，EAR_MICBIAS_2.8V 为耳机 MIC 偏压供电。U1009 为高速 CMOS 或门电路，输入信号 L_DET_N 或 G_DET_N 任意一个为高电平时，输出信号 DET_EP_N 为高电平，该电路为耳机接入检测电路。耳机 MIC 电路如图 9-34 所示。

主 MIC 部分电路比较简单，主 MIC 信号 MAIN_MIC_N_CONN、MAIN_MIC_P_CONN 从接口 HDC900 输入，送入到 U1004 的 48、52 脚。主 MIC 部分电路如图 9-35 所示。

辅助 MIC 部分电路看起来也不是很复杂，主要实现语音辅助程序、声控照相等功能，MIC1000 接收到的声音信号经过转换后，变为电信号 SUB_MIC_P、SUB_MIC_N，经过电感 L1000、L1002 送入到编解码芯片 U1004 的 59、53 脚。SUB_MICBIAS_LDO_1.8V 为辅助 MIC 偏压供电。辅助 MIC 部分电路如图 9-36 所示。

免提 MIC 部分电路的工作原理与辅助 MIC 部分电路的工作原理完全相同，在这里我们就不再赘述。免提 MIC 部分电路如图 9-37 所示。

3. MIC 偏压电路

在 MIC 电路中，一般会有一个 2.8V 的偏置电压。这个偏置电压的作用是给送话器提供一个电压，保证其有适合的静态工作点。另外，还要注意 MIC 电路的偏置电压，它只有建立通话以后才存在，待机状态下这个电压是测量不到的。MAIN_MICBIAS_2.8V、EAR_MICBIAS_2.8V 偏置电压由 U1001、U1002 产生，主 MIC、耳机 MIC 偏压电路如图 9-38 所示。

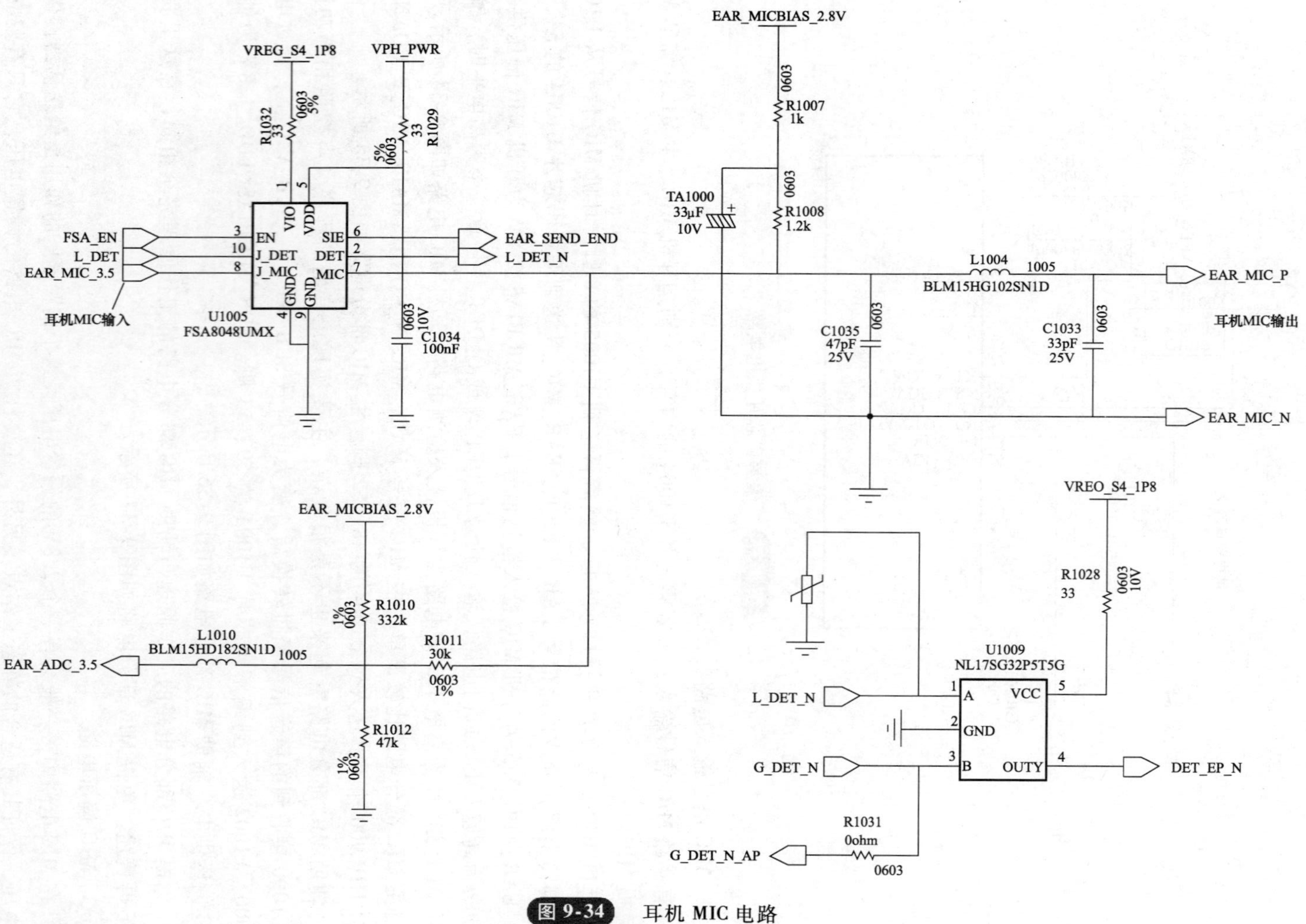

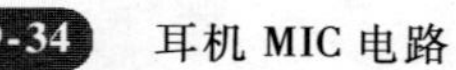
图 9-34 耳机 MIC 电路

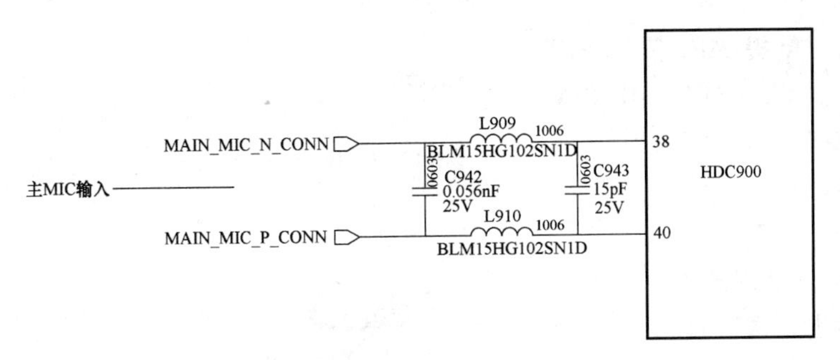

图 9-35 主 MIC 部分电路

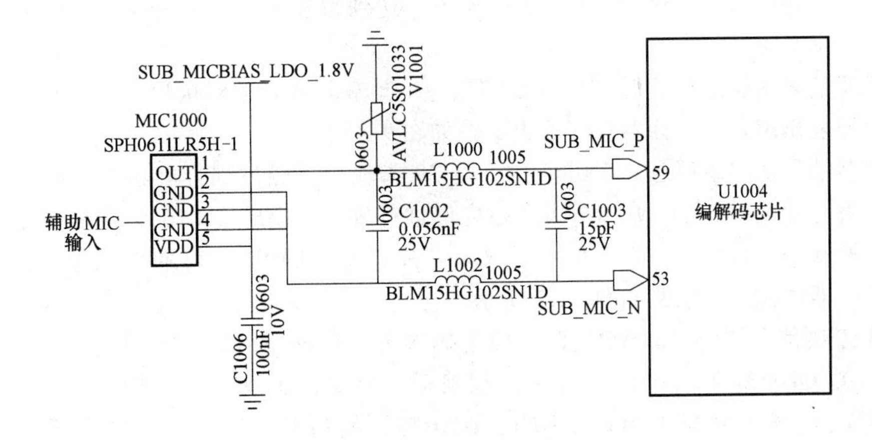

图 9-36 辅助 MIC 部分电路

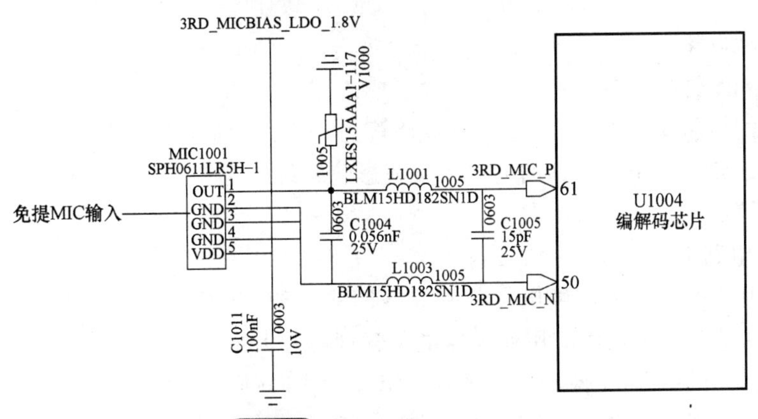

图 9-37 免提 MIC 部分电路

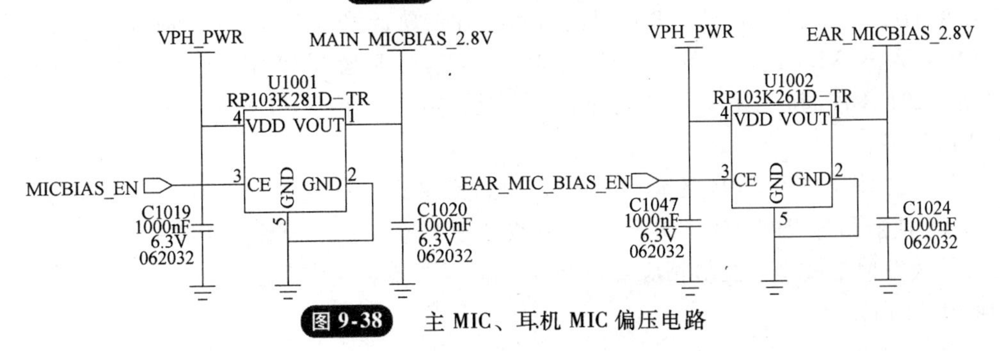

图 9-38 主 MIC、耳机 MIC 偏压电路

辅助 MIC、免提 MIC 偏压 SUB_MICBIAS_LDO_1.8V、3RD_MICBIAS_LDO_1.8V 由编解码芯片 U1004 产生，如图 9-39 所示。

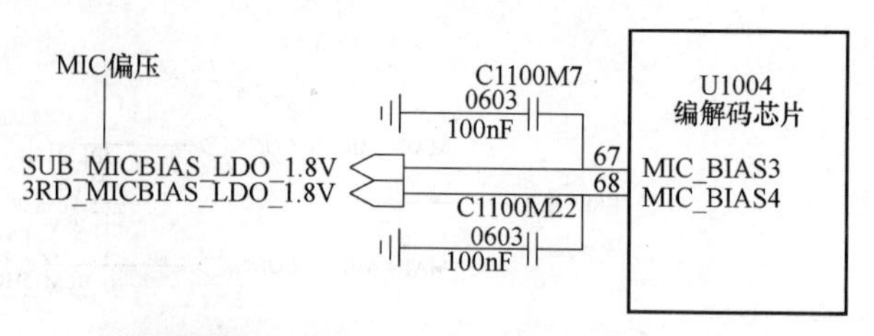

图 9-39 辅助 MIC、免提 MIC 偏压电路

4. 音频输出电路

耳机音频信号从编解码芯片 U1004 的 12、17 脚输出，送到接口 HDC1000 的 7、9、15 脚，再经过耳机接口送到耳机，推动耳机发出声音。EAROUT_FB 为耳机参考检测信号，从接口 HDC1000 的 11、13 脚输出，送到编解码芯片 U1004 的 18 脚。耳机音频输出电路如图 9-40 所示。

受话器信号从编解码芯片 U1004 的 23、28 脚输出后，送到接口 HDC1101 的 3、5 脚，推动受话器发出声音。受话器音频输出电路如图 9-41 所示。

扬声器信号从编解码芯片 U1004 的 34、39 脚输出，经过耦合电容 C1000、C1001 送到扬声器放大芯片 U1000 的 A1、C1 脚，在内部进行放大处理后从 U1000 的 A3、C3 脚输出至扬声器，推动扬声器发出声音。扬声器放大芯片 U1000 的 B1、B2 脚为供电脚，C2 脚为使能脚，扬声器放大芯片电路如图 9-42 所示。

VPS 音频信号 VPS_L、VPS_R 从编解码芯片 U1004 的 29、46 输出后，分别送到音频模拟开关 U1003 的 3、9 脚，在内部切换后，从 2、10 脚输出 VPS_L_IF、VPS_R_IF 信号，再送至微控制器 U803 的 E10、D10 脚，然后在 U803 内部再进行处理。VPS_SOUND_EN 为音频模拟开关 U1003 的内部电子开关控制信号。VPS 音频信号电路如图 9-43 所示。

五、红外线电路

1. 三星 i9505 红外线发射器

作为三星的最新旗舰手机，三星 i9505 将配备一个内置的红外 LED 发射器，同时配以相应的应用程序，允许它来控制你的电视和家庭影院系统，也就是说用户可以把三星 i9505 当作一个电视遥控器。

2. 红外线电路工作原理

红外线芯片 U904 有 3 路供电，分别是 VREG_L33_1.2V、VREG_L9_2P85 和 VREG_LVS4_1.8V，这三路供电均由应用处理器电源管理芯片 U800 提供。

红外线芯片 U904 的 F2 脚 FPGA_MAIN_CLK 为主时钟信号输入，E2 脚 FPGA_RST_N 为复位信号输入。红外线芯片 U904 通过 E6 脚的 FPGA_SPI_CLK、F6 脚的 FPGA_SPI_SI、C4 脚的 CDONE、F4 脚的 CRESET_B 信号与应用处理器电源管理芯片 U800 进行通信。红外线芯片 U904 输出 WLAN_EN、BT_WAKE、BT_EN 信号至蓝牙/WIFI 模块 U201，分析认为 U904 和 U201 不能同时工作，如果红外要工作时，则给蓝牙/WIFI 模块一个使能信号，使其处于待命状态。

另外，红外线芯片 U904 还输出移动终端高清影音标准接口（MHL）复位信号 MHL_RST、VPS 使能信号 VPS_SOUND_EN。红外线芯片 U904 的 K1 脚输出 IRDA_CONTROL 信号送到红外线发射二极管，控制相应红外接收设备（彩电、空调等）的工作。红外线芯片电路如图 9-44 所示。

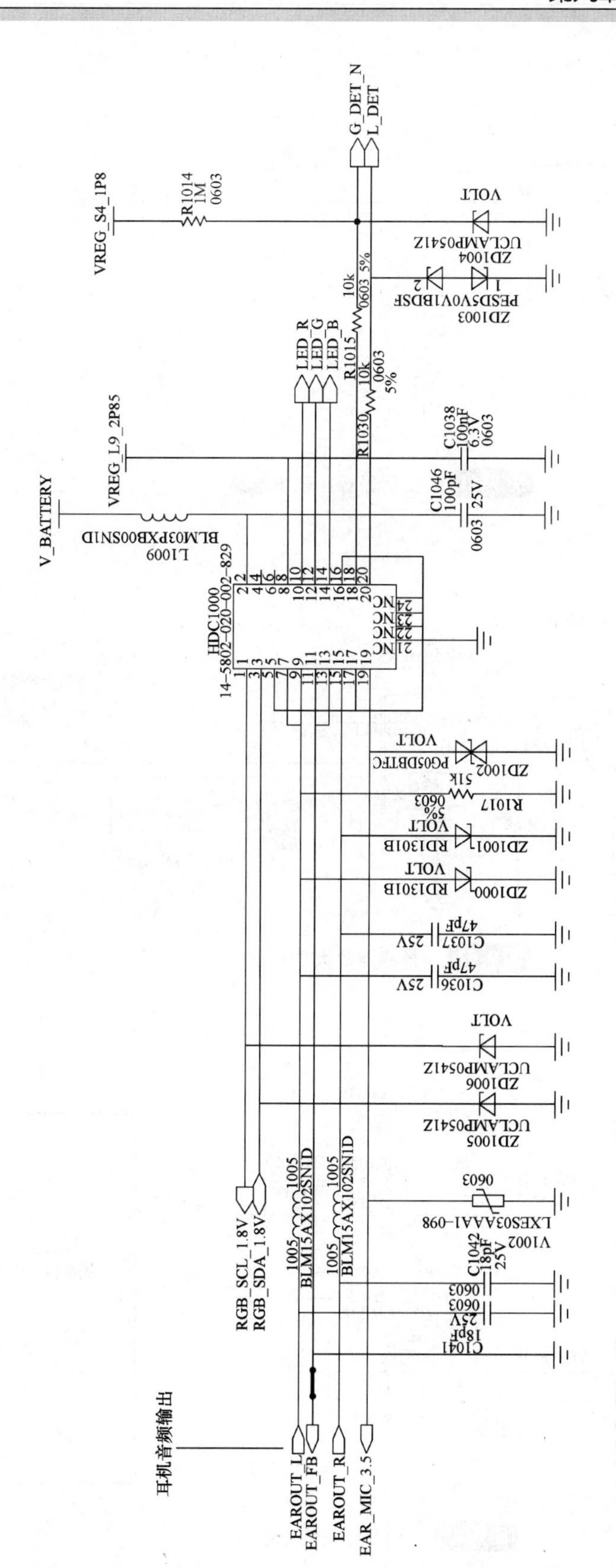

图 9-40 耳机音频输出电路

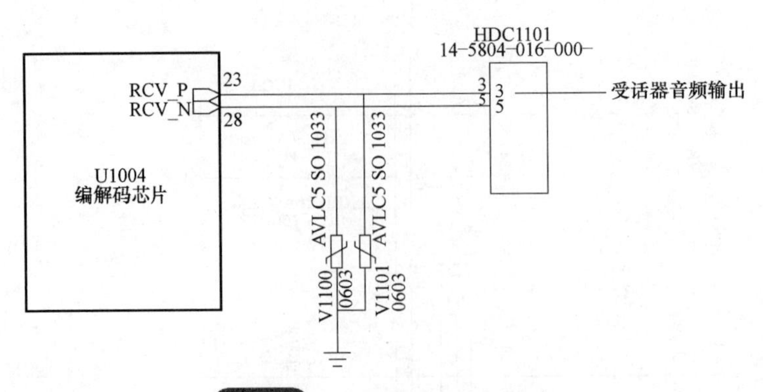

图 9-41 受话器音频输出电路

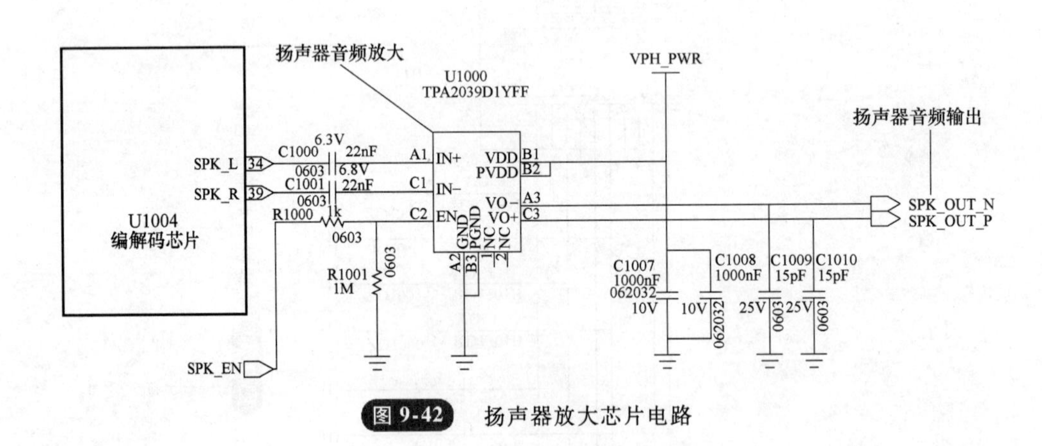

图 9-42 扬声器放大芯片电路

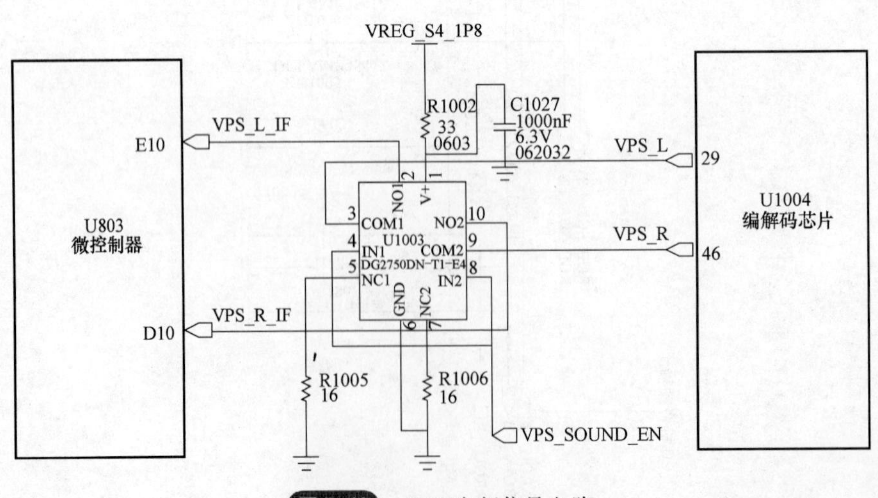

图 9-43 VPS 音频信号电路

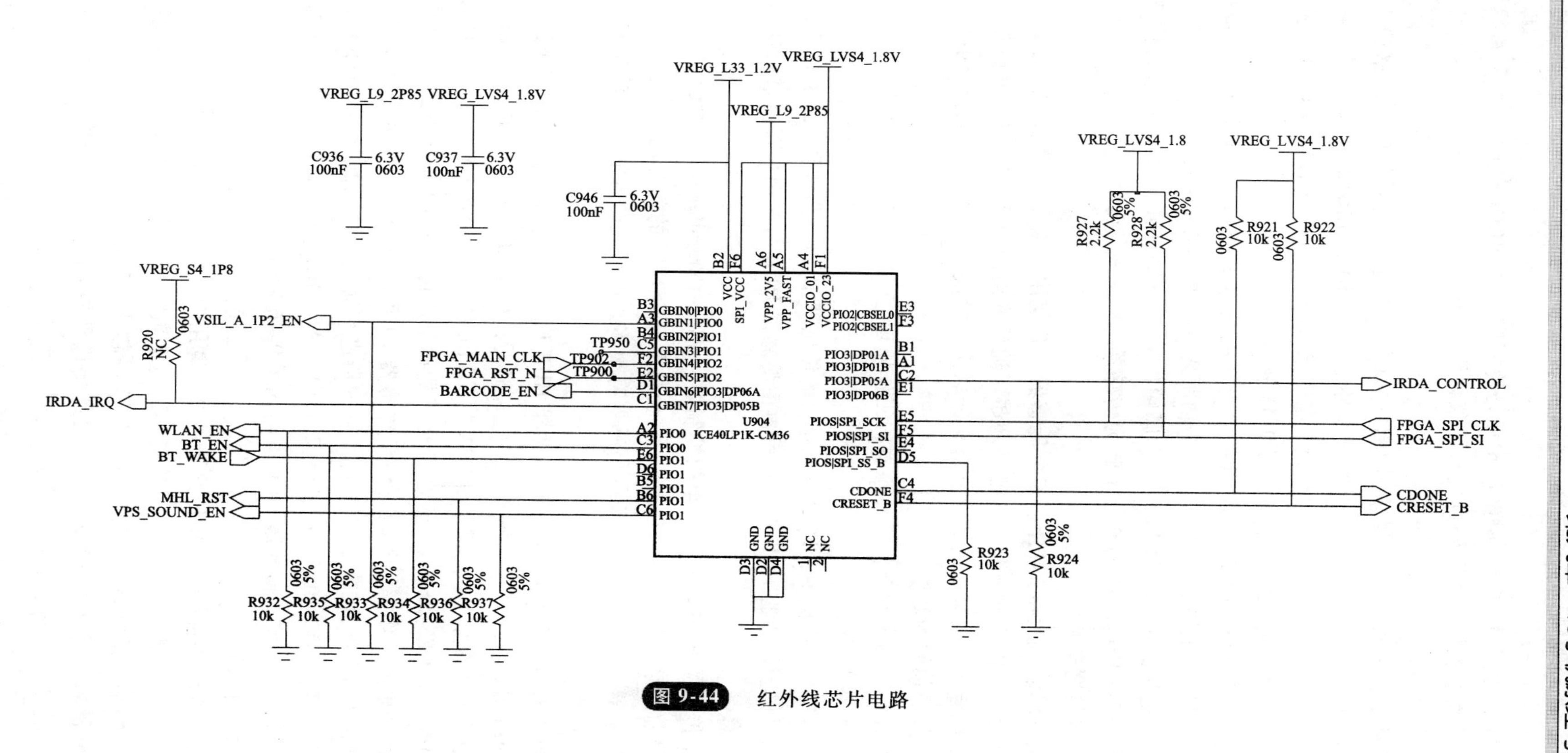

图 9-44 红外线芯片电路

红外线芯片 U904 的 D1 脚输出条形码使能信号 BARCODE_EN，由距离感应器来发送光束脉冲，从而模拟黑白条形码以便扫描仪识别。

3. 红外线发射二极管电路

红外线芯片 U904 的 K1 脚输出 IRDA_CONTROL 信号送到红外发射驱动管 Q1101，然后再由 Q1101 驱动红外发射二极管发出红外信号。VREG_L10_3P3 为红外发射二极管供电电压，送到接口 HDC1101 的 13、15 脚。电阻 R1110-R1119、R1156 为红外线发射二极管的限流电阻。红外线发射二极管电路如图 9-45 所示。

红外线芯片 U904 的 D1 脚输出条形码使能信号 BARCODE_EN 送到距离传感器驱动管 Q1100，经过限流电路 R1162-R1167 驱动距离传感器发出光束脉冲。GES_LED_3.3V 为距离传感器供电电压。接口 HDC1101 的 8 脚输出 GES_SENSOR_INT 信号送到传感器 HUB U202 的 E4 脚。接口 HDC1101 的 9、11 脚为传感器 I^2C 总线信号。

六、传感器电路

三星 i9505 手机无缝整合了多个传感器，并使用了大量的识别技术以识别用户的行为，带来了方便轻松的用户体验。这已经超越了通话和应用程序运行等简单功能，而将重点放在了帮助用户与朋友、家庭成员建立真正的联系，解决生活中各种不必要的麻烦，丰富使用者的生活，关注他们的健康。

下面我们分别来看下各个传感器的工作原理。

1. 传感器 HUB

在三星 i9505 手机中，增加一个专门的传感器 HUB（集线器），所有的传感器信息先通过 I^2C 总线送到传感器 HUB 中，然后再由传感器 HUB 与应用处理器进行通信，处理所有的传感器信息。

这个传感器 HUB 其实是一个微控制器（Micro Controller Unit，MCU），传感器 HUB 会自动识别当前的系统负载，一旦需要，它会马上开启 CPU 的部分功能。此外，传感器 HUB 还能控制传感器，尽管三星 i9505 的传感器有很多，但高效的智能省电系统不会使用户的电池电量很快消耗。

供电 VREG_LVS4_1.8V 送到传感器 HUB U202 的 B1、E1、C7、D7 脚，传感器 HUB 通过 SENSOR_SCL_1.8V、SENSOR_SDA_1.8V 及 RGB_SCL_1.8V、RGB_SDA_1.8V 两组传感器 I^2C 总线及中断信号 M_SENSOR_INT、GYRO_DEN、GYRO_INT、ACC_INT2、ACC_INT1、GYRO_DRDY、GES_SENSOR_INT 与传感器通信。传感器 HUB 外边的 OSC200 作为其系统时钟，为内部电路工作提供基准时钟，传感器 HUB 通过 I^2C 总线 AP_MCU_SCL_1.8V、AP_MCU_SDA_1.8V 及 MCU_CHG 与应用处理器进行通信。传感器 HUB 通过 MCU_nRST_1.8V、MCU_AP_INT_1.8V、MCU_AP_INT_2_1.8V、AP_MCU_INT_1.8V 等与应用处理器电源管理芯片 U800 进行通信。传感器 HUB 电路如图 9-46 所示。

2. 气压传感器

三星 i9505 手机内置气压传感器可以计算用户当前所在位置的大气压。

另外，像三星等手机的气压传感器还包括温度传感器，它可以捕捉到温度来对结果进行修正，以增加测量结果的精度。气压传感器芯片 U204 通过 I^2C 总线与传感器 HUB 进行通信，将测量的气压数据信息通过 I^2C 总线传送到相应电路进行处理。U204 的 2、3 脚为供电脚。气压传感器电路如图 9-47 所示。

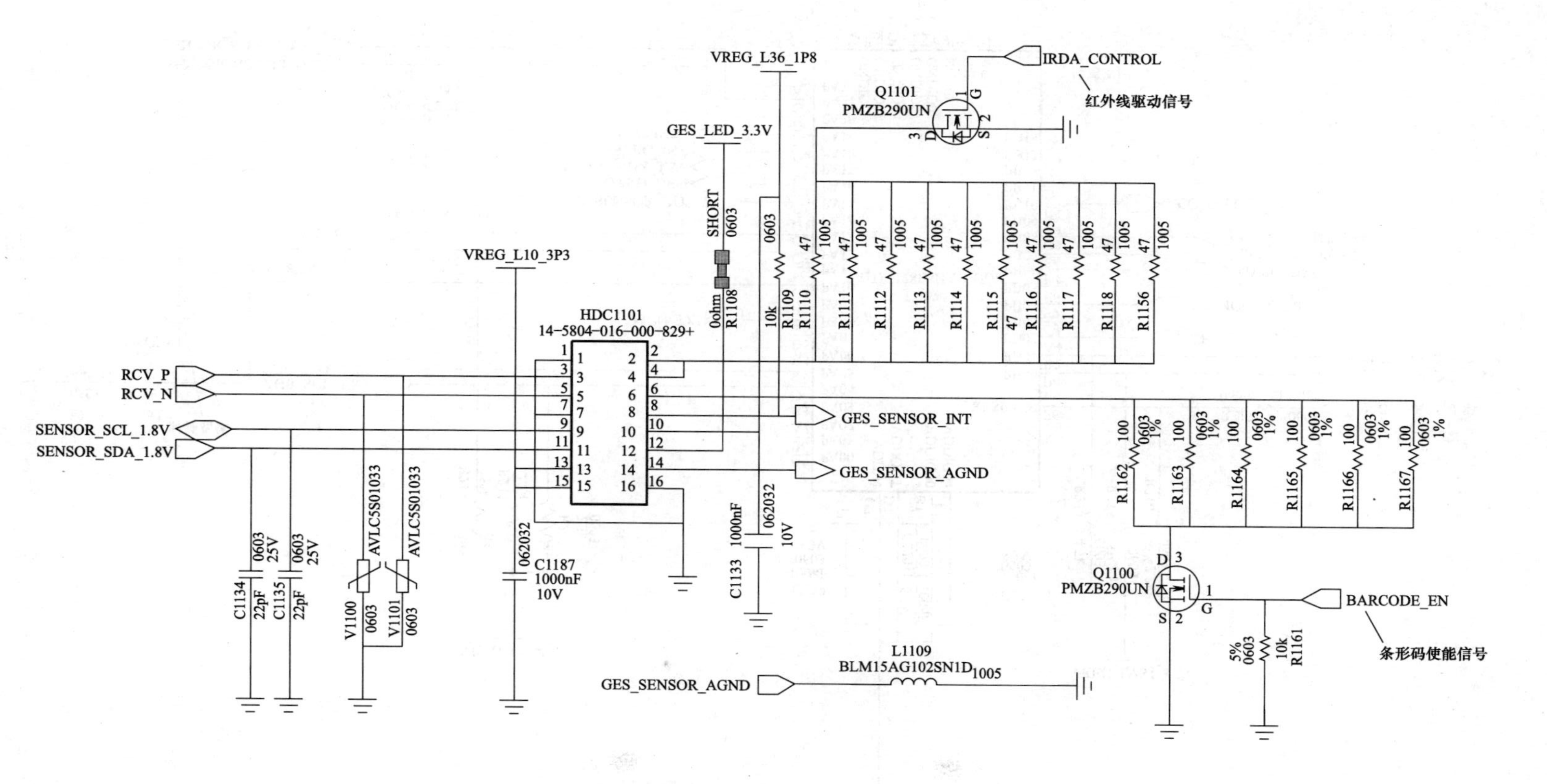

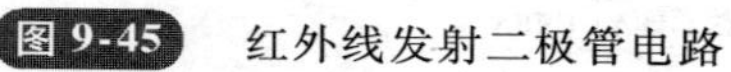
图 9-45 红外线发射二极管电路

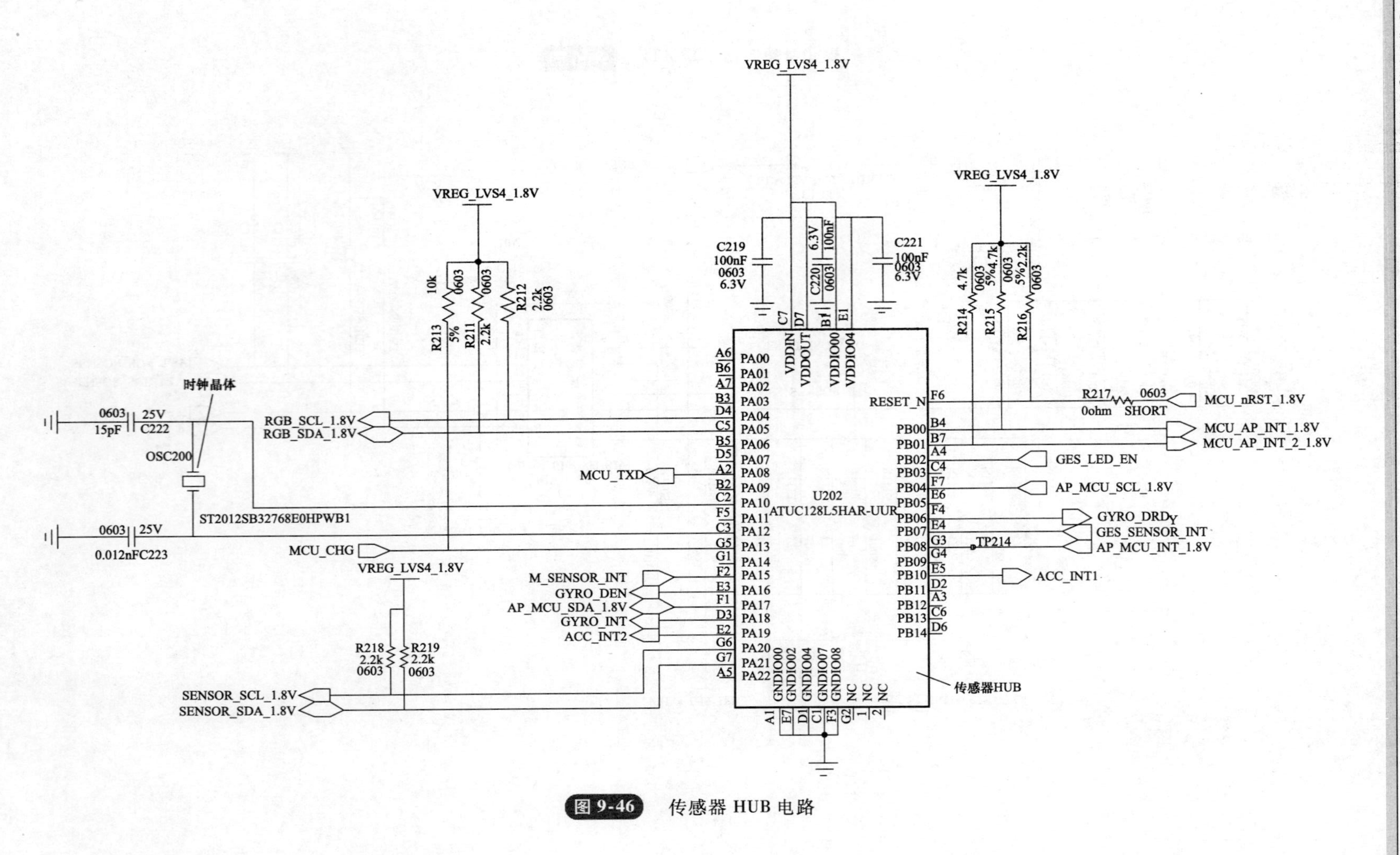

图 9-46 传感器 HUB 电路

3. 磁力传感器

三星 i9505 手机的磁力传感器是基于三个轴心来探测磁场强度，基于这个原理的应用最常见的就是手机的电子罗盘。电子罗盘，也叫作数字指南针，是利用地磁场来确定北极的一种方法。

三星 i9505 手机的磁力传感器芯片 U205 是通过 I^2C 总线与传感器 HUB 进行通信的，U205 的 A1 脚还输出中断信号 M_SENSOR_INT 至传感器 HUB。U205 的 A2、C2 脚为供电脚。

磁力传感器电路如图 9-48 所示。

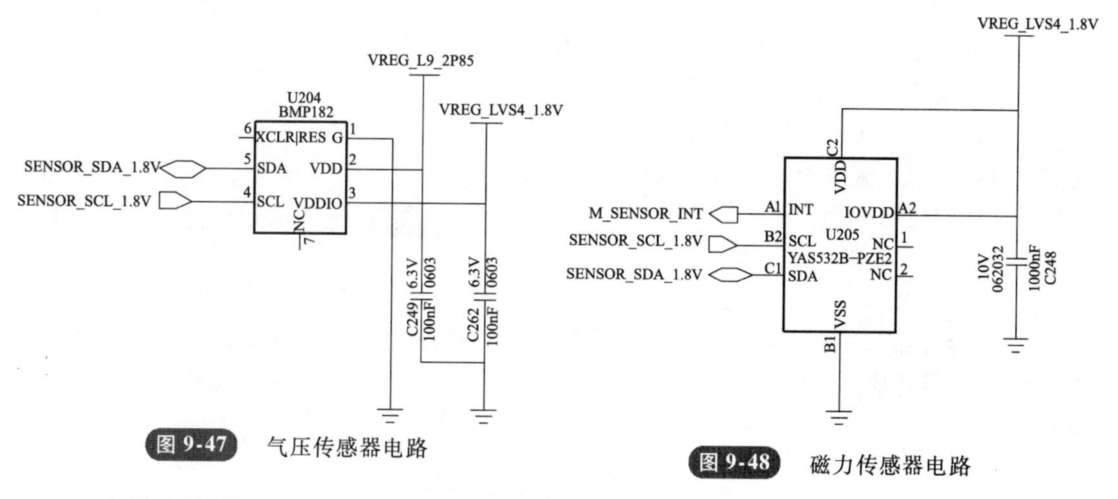

图 9-47　气压传感器电路

图 9-48　磁力传感器电路

4. 六维力传感器

六维力传感器是一种可以同时检测三个力分量和三个力矩分量的力传感器，根据 X、Y、Z 方向的力分量和力矩分量可以得到合力和合力矩。

在三星 i9505 手机中六维力传感器实际内部集成了陀螺仪加上加速度传感器的功能。陀螺仪是基于三个轴心来探测手机的旋转状态，而加速度传感器基于三个轴心来探测手机当前的运动状态。

六维力传感器芯片 U207 通过 I^2C 总线与传感器 HUB 进行通信，其中陀螺仪输出 GYRO_DEN、GYRO_INT、GYRO_DRDY 至传感器 HUB，加速度传感器输出中断信号 ACC_INT1、ACC_INT2 至传感器 HUB。供电电压分别送到六维力传感器芯片 U207 的 1、22、23、24 脚。六维力传感器电路如图 9-49 所示。

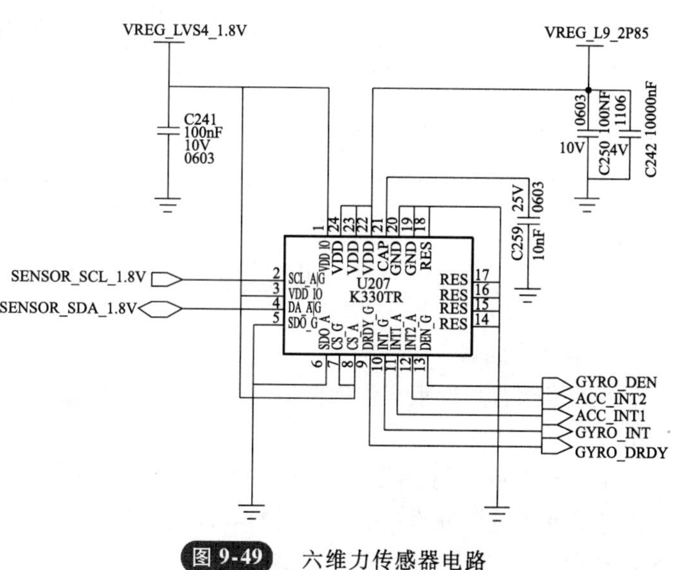

图 9-49　六维力传感器电路

5. 霍尔传感器

霍尔传感器是根据霍尔效应制作的一种磁场传感器。其中在手机中的应用主要是翻盖手机、滑盖手机、保护套的控制。

霍尔传感器芯片 U1006 的工作原理比较简单，当有磁铁靠近 U1006 时，U1006 的 4 脚输出高电平信号 HALL_SENSOR_INT 至应用处理器电源管理芯片 U800 的 180 脚，启动相应电路工作。U1006 的 1 脚为供电脚。霍尔传感器电路如图 9-50 所示。

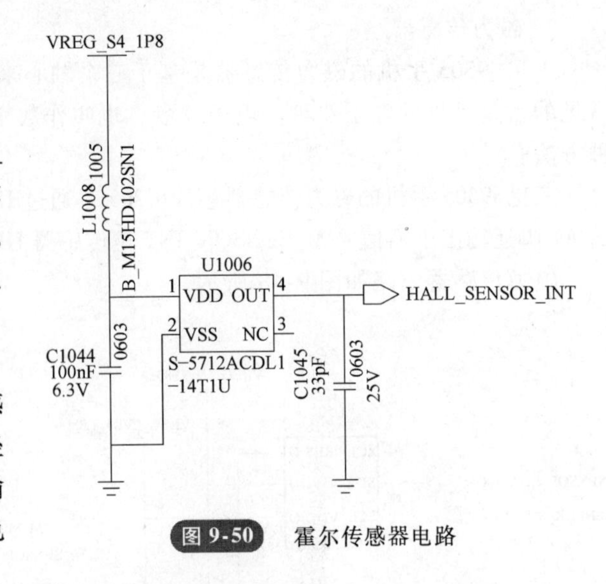

图 9-50 霍尔传感器电路

6. 颜色/色彩传感器

颜色传感器也叫作色彩识别传感器，它是在独立的光敏二极管上覆盖经过修正的红、绿、蓝滤光片，然后对输出信号进行相应的处理，就可以将颜色信号识别出来。

在三星 i9505 手机中，颜色/色彩传感器主要用于测量光源的红、绿、蓝、白光的强度。颜色/色彩传感器芯片 U1008 通过 I^2C 总线与应用处理器 UCP600 进行通信，U1008 的 A4、B4、C4 脚外接感应二极管，U1008 的 A2、C3 脚为供电脚。颜色/色彩传感器电路如图 9-51 所示。

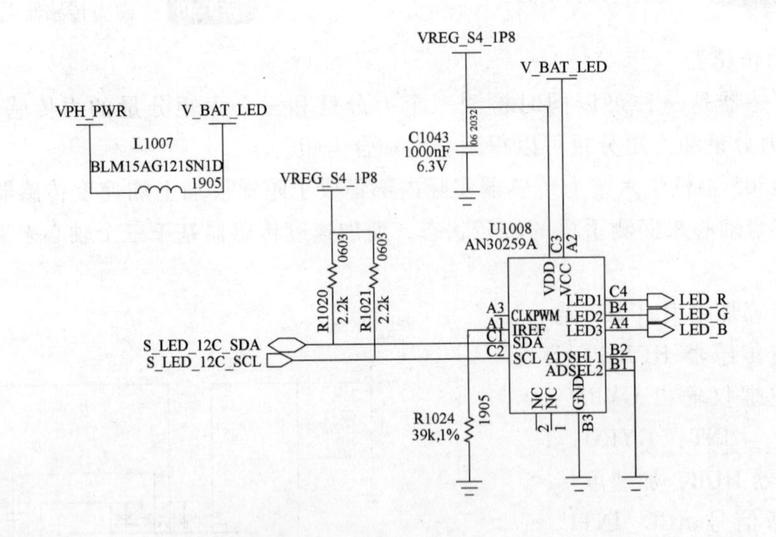

图 9-51 颜色/色彩传感器电路

7. 手势传感器

手势传感器和近距离传感器不同，不过也是根据红外线来识别用户在传感器前方的手势动作。

在三星 i9505 手机中，位于前置摄像头一侧的两个传感器会用于手势和近距离感测。手势传感器可通过探测用户手掌发射的红外线来识别手部动作。手势传感器通过 I^2C 总线和传感器 HUB 进行通信，手势传感器输出中断信号 GES_SENSOR_INT 至传感器 HUB，接口

HDC1101 的 12 脚为手势传感器供电脚。手势传感器电路如图 9-52 所示。

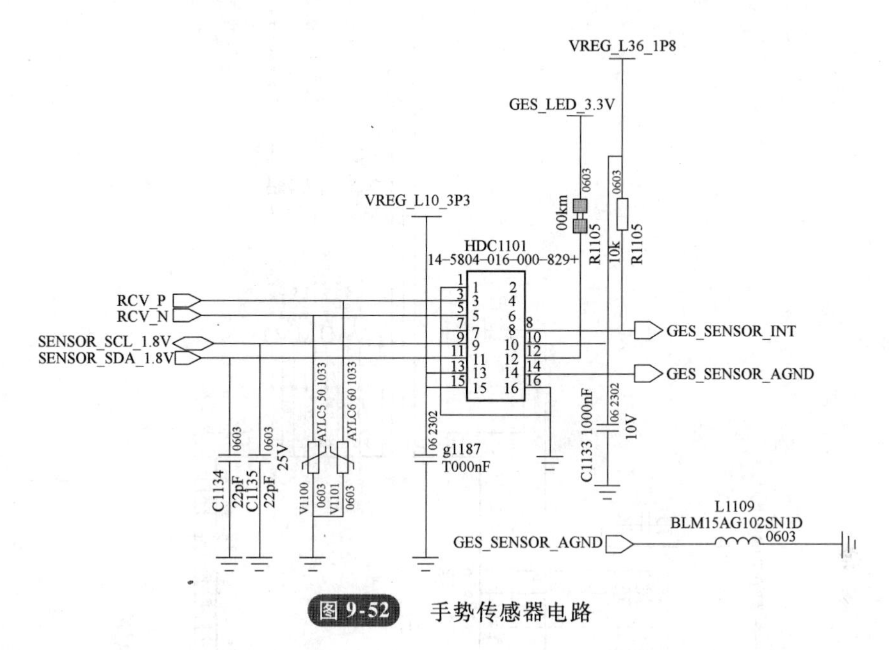

图 9-52 手势传感器电路

在手势传感器电路中，GES_LED_3.3V 供电使用了一个专门的 LDO 模块 U1105，U1105 的 6 脚输入 VPH_PWR 电压，在 GES_LED_EN 电压的控制下，输出 GES_LED_3.3V 供电电压。U1105 供电模块如图 9-53 所示。

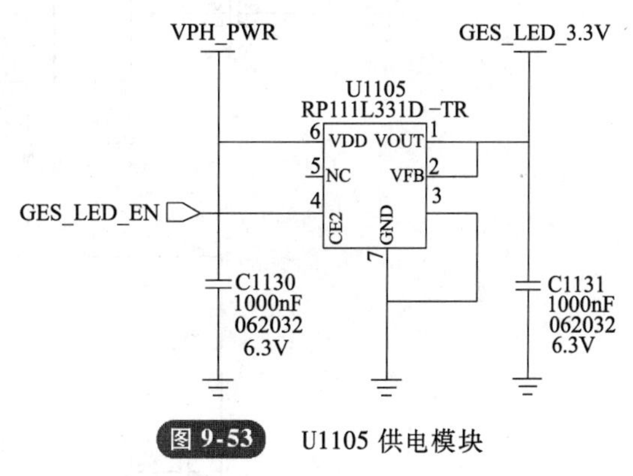

图 9-53 U1105 供电模块

七、蓝牙/WIFI 电路

在三星 i9505 手机中，蓝牙模块和 WIFI 模块集成在一个模块中，下面我们分别讲述其工作原理。

蓝牙/WIFI 模块供电有两路，其中 VPH_PWR 电压送到 U201 的 B1、C1、L9 脚，VREG_L7_1P8 电压送到 U201 的 P6 脚。蓝牙和 WIFI 天线部分是共用的，天线接口 ANT201 经过 L205、C213、C264 组成的滤波网络连接到 U201 的 A8 脚。

WIFI 模块通过 SDIO 接口与应用处理器 UCP600 进行通信，蓝牙模块通过 UART 接口与应用处理器 UCP600 进行通信。

蓝牙模块和 WIFI 模块都工作在 2.4G，所以必须分时工作，蓝牙模块和 WIFI 模块的分时工作依靠 WLAN_EN、BT_EN、BT_WAKE、BT_HOST_WAKE、WLAN_HOST_WAKE 实现。蓝牙的收发的射频的语音信号通过 CP_RXD_COEX、CP_TXD_COEX、CP_PRIORITY_COEX 与基带处理器进行传输。蓝牙收发的语音信号通过 PCM 接口与应用处理器进行传输。蓝牙/WIFI 模块的时钟信号 SLEEP_CLK0 由应用处理器提供。蓝牙/WIFI 电路如图 9-54 所示。

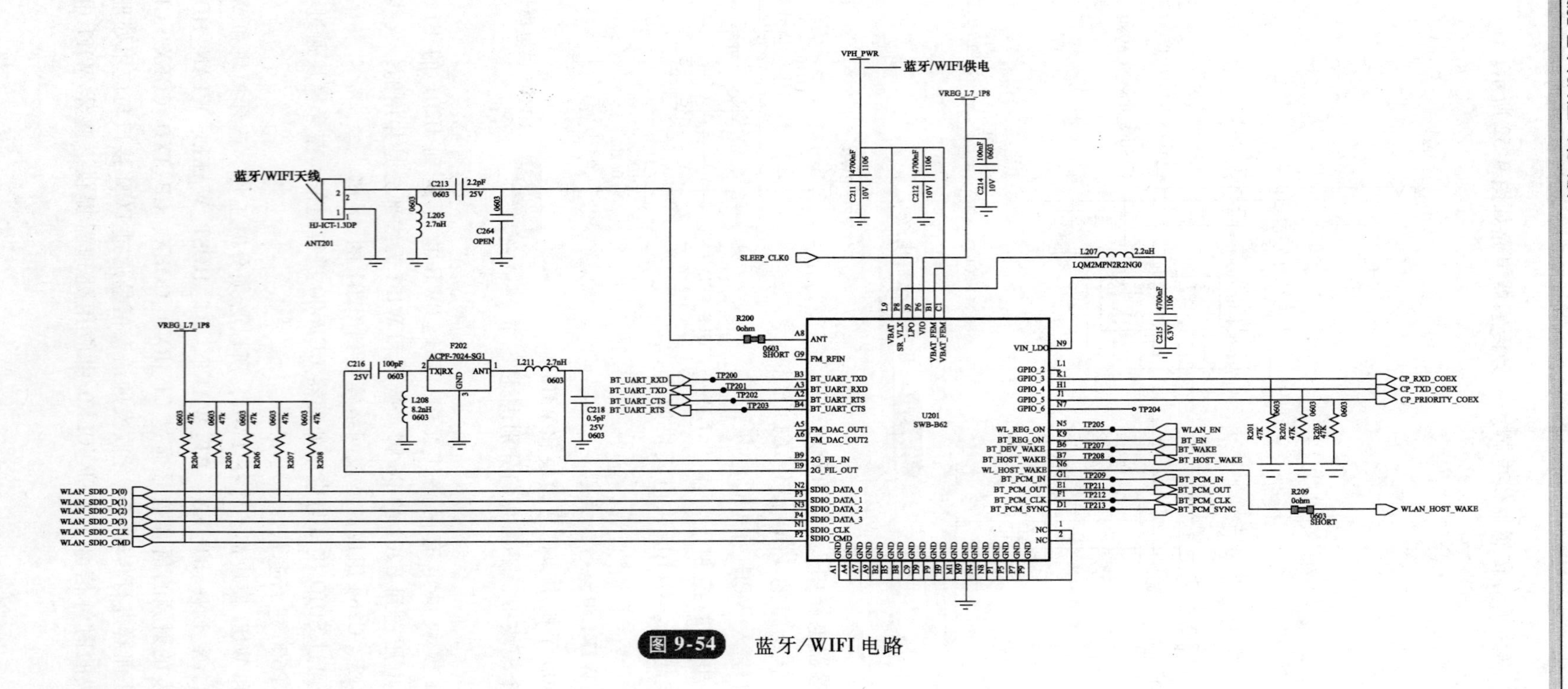

图 9-54 蓝牙/WIFI 电路

八、NFC 电路

近场通信（Near Field Communication，NFC），又称为近距离无线通信，是一种短距离的高频无线通信技术，允许电子设备之间进行非接触式点对点数据传输，在 10cm 内交换数据。

1. NFC 的应用

NFC 设备目前大家熟悉的主要是应用在手机应用中，NFC 技术在手机上应用主要有以下五类。

(1) 接触通过　如门禁管理、车票和门票等，用户将存储着票证或门控密码的设备靠近读卡器即可，也可用于物流管理。

(2) 接触支付　如非接触式移动支付，用户将设备靠近嵌有 NFC 模块的 POS 机可进行支付，并确认交易。

(3) 接触连接　如把两个 NFC 设备相连接，进行点对点数据传输，例如下载音乐、图片互传和交换通讯录等。

(4) 接触浏览　用户可将 NFC 手机接靠近街头有 NFC 功能的智能公用电话或海报，来浏览相关信息等。

(5) 下载接触　用户可通过 GPRS 网络接收或下载信息，用于支付或门禁等功能，如前述，用户可发送特定格式的短信至家政服务员的手机来控制家政服务员进出住宅的权限。

2. NFC 电路分析

NTC 天线 NFC_ANT_1、NFC_ANT_2 的信号经过天线匹配网络，至 U203 的 28、29 脚。U203 的 19、20 脚外接 OSC201 时钟晶体，为 NFC 电路提供时钟信号。U203 通过 I^2C 总线 NFC_SDA_1. 8V、NFC_SCL_1. 8V 与应用处理器进行通信。

U203 有多路供电电压输入，分别是 V_BATTERY、VREG_S4_1P8、NFC_SIMVCC、VDD_EE、VREG_L6。NFC 电路如图 9-55 所示。

九、照相机电路

三星 i9505 手机配备的主镜头为索尼 Exmor RS 镜头，1300 万像素为目前 Android 阵营的顶级规格，它拥有了非常高的解析度，并且大光圈带来了更大的进光量，无论是照片背景虚化还是夜晚拍摄的效果都有了更好的表现。三星 i9505 手机拍照功能非常丰富，它具备像现在很多机型有的全景拍照、美肤、HDR 模式等功能，并且作为旗舰机型，它还加入了双镜头拍摄、动态照片、留声拍摄、优选拍摄等众多新功能。

1. 后置摄像头电路

在三星 i9505 手机中，三星后置摄像头使用了一个专门的 ISP 处理器 U1110 来处理摄像头信号，后置摄像头的数据信号 SENSOR_D0、SENSOR_D1、SENSOR_D2、SENSOR_D3、SENSOR_CLK 送到 ISP 处理器 U1110 内部进行处理。摄像头的自动对焦是由 ISP 处理器 U1110 的 AF_SDA、AF_SCL 信号完成的。

后置摄像头的工作由 SPI 总线 S_SPI_MISO/S_SPI_MOSI/S_SPI_SCLK/S_SPI_SSN、I^2C 总线 S_SCL_1. 8V/S_SDA_1. 8V 完成，ISP 处理器 U1110 通过 SPI 总线/I^2C 总线控制后置摄像头的工作。ISP 处理器 U1110 电路在这里就不画出来了，后置摄像头接口 HDC1102 的外围信号就完全体现了 ISP 处理器 U1110 的功能了，如图 9-56 所示。

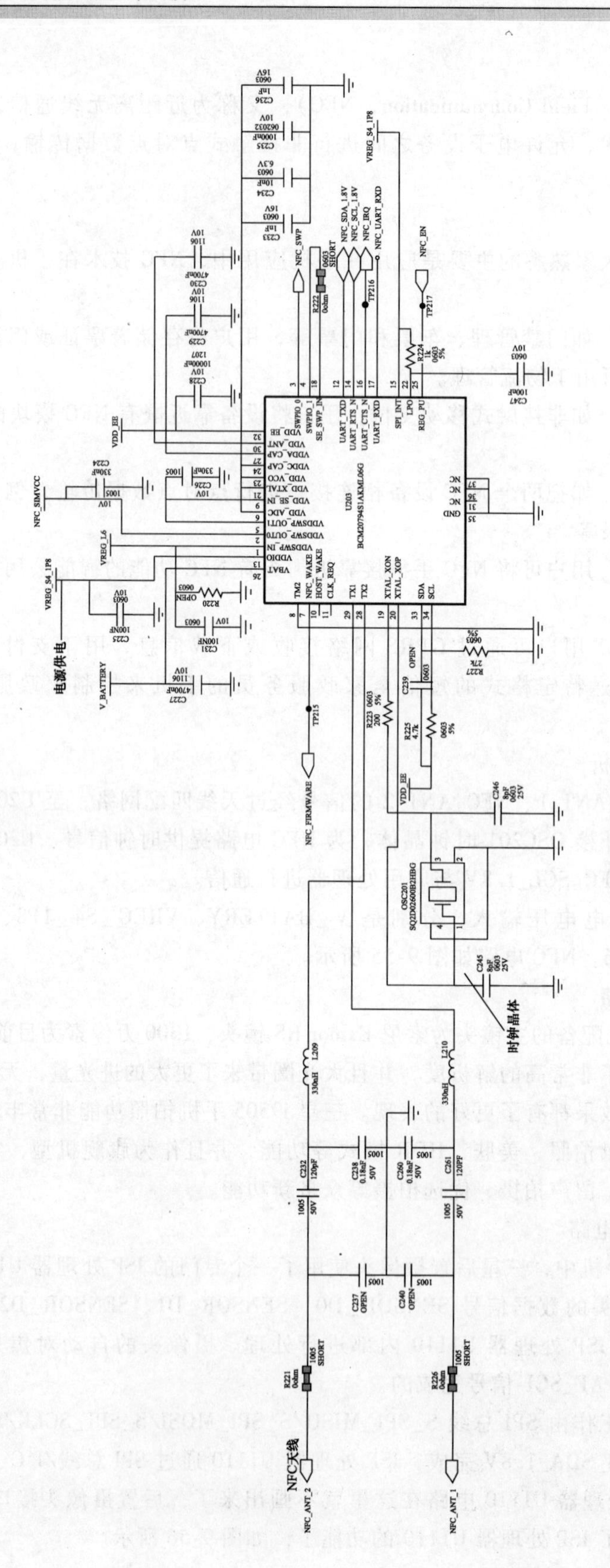
电源供电
时钟晶体
NFC天线
U203
BCM20795S1AKML0G
OSC201
NFC_FIRMWARE
NFC_ANT_1
NFC_ANT_2
NFC_EN
NFC_SWP
NFC_SDA_1.8V
NFC_SCL_1.8V
NFC_IRQ
NFC_UART_RXD
VREG_S4_1P8
VREG_L6
NFC_SIMVCC
V_BATTERY
VDD_EE

图 9-55 NFC 电路

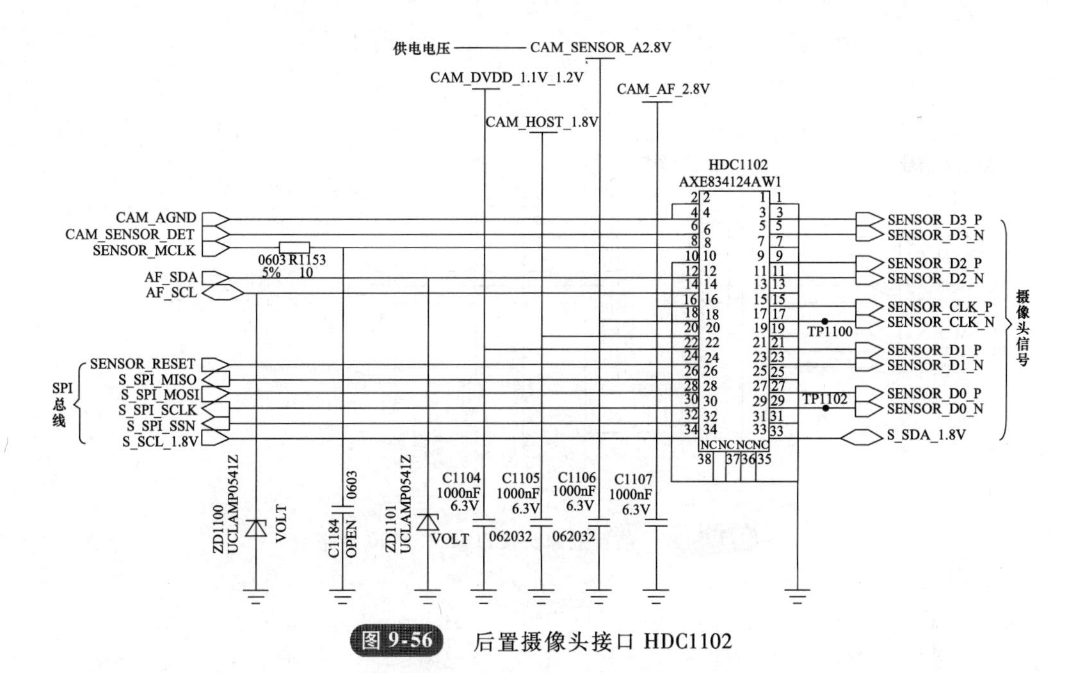

图 9-56 后置摄像头接口 HDC1102

后置摄像头电路使用了一个专门的 LDO 供电芯片 U1106，分别为摄像头和对焦电路供电。其中 CAM_A_EN 为摄像头供电使能信号，当该信号为高电平时，U1106 输出 CAM_SENSOR_A2. 8V 电压。CAM_AF_EN 为对焦供电使能信号，当该信号为高电平时，U1106 输出 CAM_AF_A2. 8V 电压。LDO 供电芯片 U1106 电路如图 9-57 所示。

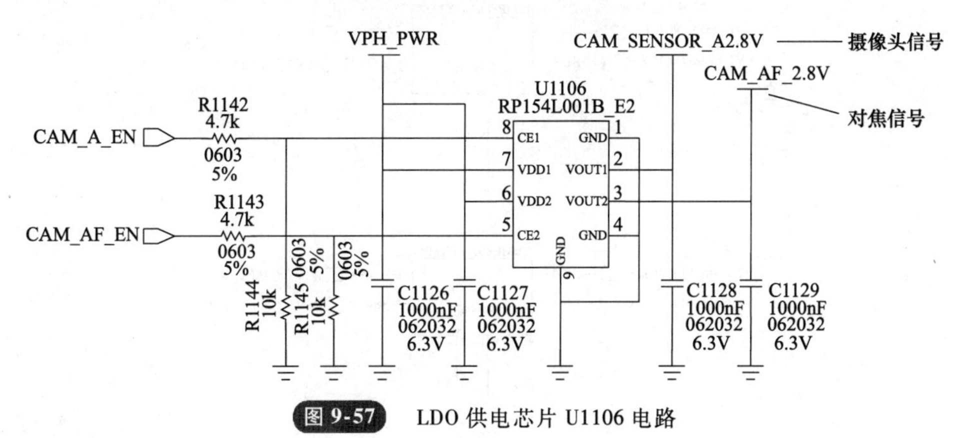

图 9-57 LDO 供电芯片 U1106 电路

2. 前置摄像头电路

在三星 i9505 手机中，前置摄像头像素为 210 万，前置摄像头的信号处理由应用处理器 UCP600 完成。

前置摄像头接口 HDC1100 的 7、9、13、15、19、21 脚是前置摄像头数据信号输出端，摄像头的控制通过 I^2C 总线 VT_CAM_SCL_1. 8V/VT_CAM_SDA_1. 8V、CAM_VT_nRST、CAM_VT_STBY、VT_CAM_MCLK 完成。前置摄像头接口 HDC1100 的 8、10 脚为供电脚。前置摄像头接口 HDC1100 电路如图 9-58 所示。

在前置摄像头电路中，数据信号的传输还使用了电磁干扰（EMI）滤波器，滤除信号传输过程中出现的高频干扰。EMI 滤波电路如图 9-59 所示。

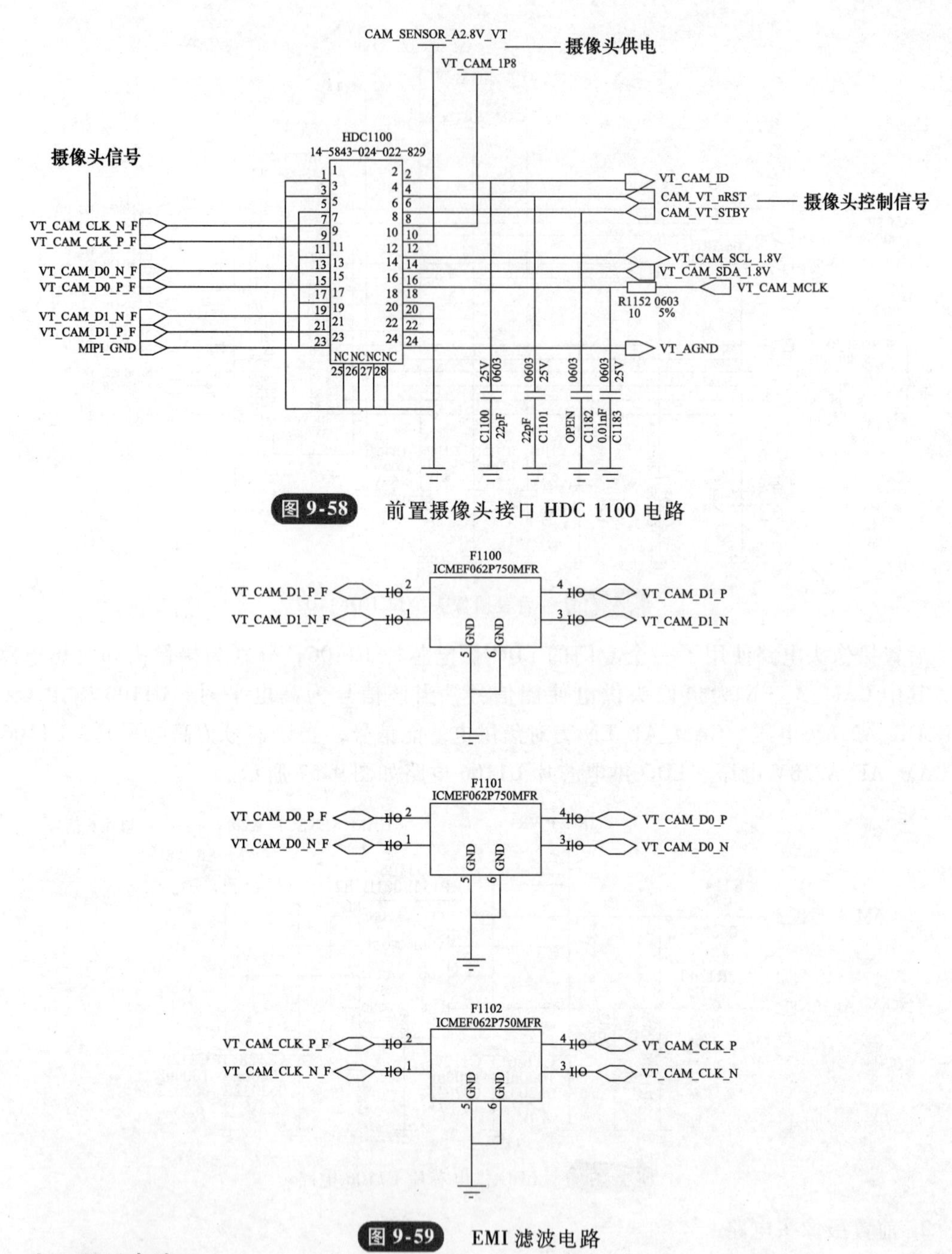

图 9-58 前置摄像头接口 HDC 1100 电路

图 9-59 EMI 滤波电路

十、显示电路

1. 显示屏电路

三星 i9505 手机显示屏电路主要由数据信号、控制信号和供电三部分组成。

1）数据信号的采用了 MIPI（Mobile Industry Processor Interface）总线，MIPI 总线在需要传输大量数据（如图像）时可以高速传输，而在不需要大数据量传输时又能够减少功耗。在智能手机中，越来越多地采用 MIPI 总线，F1103、F1104、F1105、F1106、F1107 为 MIPI 总线的 EMI 滤波器，滤除传输过程中的高频干扰信号。

2）显示屏的控制信号主要有 I^2C 总线、中断信号、ID 识别信号、复位信号等，其中

I^2C 总线信号 TSP_SCL_1.8V、TSP_SDA_1.8V 送到显示屏接口 HDC1103 的 10、12 脚，中断信号 TSP_INT_1.8V 由显示屏接口 HDC1103 的 4 脚输出，ID 识别信号 OCTA_ID 送入到显示屏接口 HDC1103 的 26 脚，复位信号 MLCD_RST 送到显示屏接口 HDC1103 的 30 脚。

3）显示屏电路供电主要有 TSP_VDD_1.8V、VCC_1.8V_LCD、TSP_VDD_3.0V、TSP_AVDD_3.3V、VCC_3.0V_LCD。另外 ELVSS_-4.4V、ELVDD_4.6V、ELAVDD_7.0V 是显示屏背光供电。显示屏电路如图 9-60 所示。

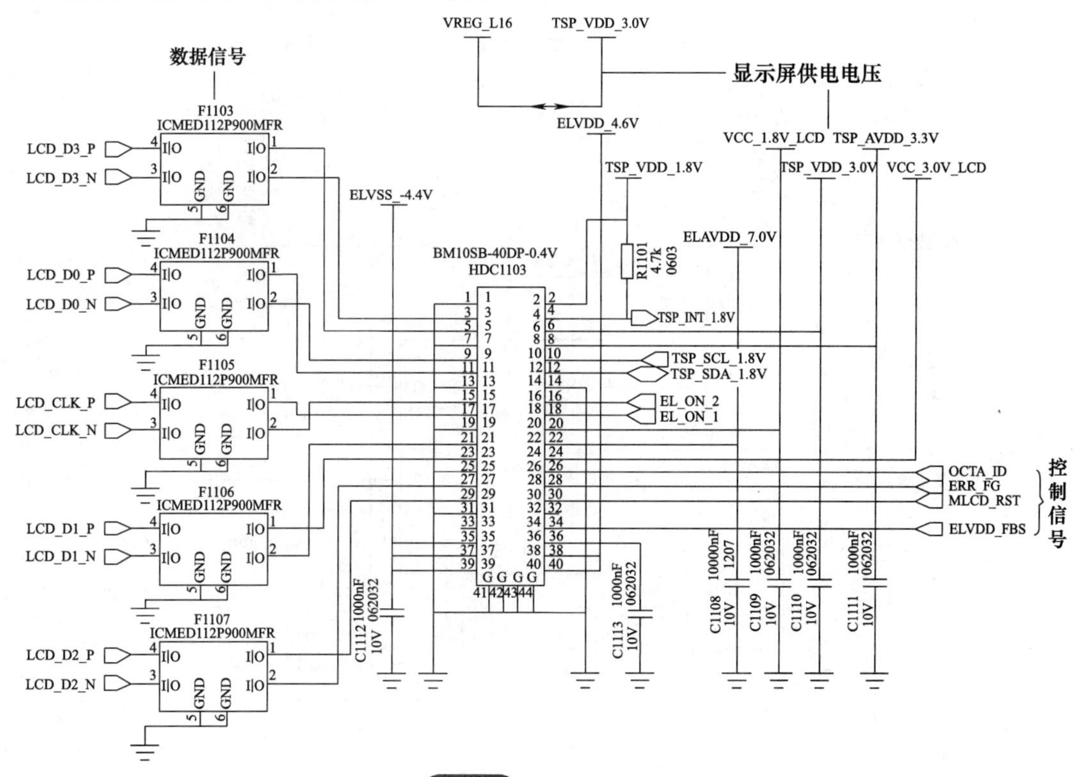

图 9-60 显示屏电路

显示屏供电 VCC_1.8V_LCD 由一个专门的 LDO 芯片完成，供电电压 VPH_PWR 送到 U1129 的 6 脚，当 LCD_1.8V_EN 为高电平的时候，U1129 的 4 脚输出 VCC_1.8V_LCD 电压。显示屏供电电路如图 9-61 所示。

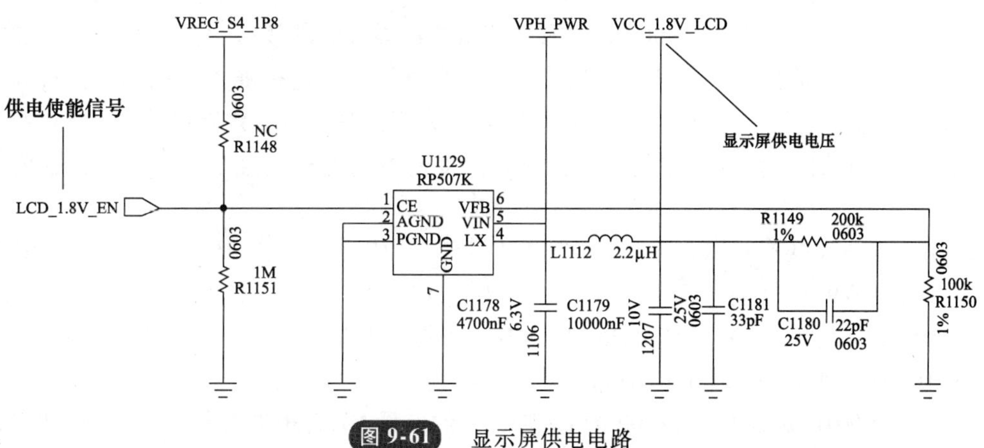

图 9-61 显示屏供电电路

2. 显示背光电路

显示屏背光电路使用了一个专门的升压芯片 U1103，完成了 ELVSS_－4.4V、ELVDD_4.6V、ELAVDD_7.0V 电压的输出。供电电压 VPH_PWR 送到升压芯片 U1103 的 1、10 脚，其中 ELVSS_-4.4V 从 U1103 的 17 脚输出，ELVDD_4.6V 从 U1103 的 7 脚输出，ELAVDD_7.0V 从 U1103 的 2 脚输出。升压芯片 U1103 的 8 脚输入的是 ELVDD_FBS 过电流反馈信号，13、14 脚输入的 EL_ON_1 、EL_ON_2 为控制反馈信号。显示背光电路如图 9-62 所示。

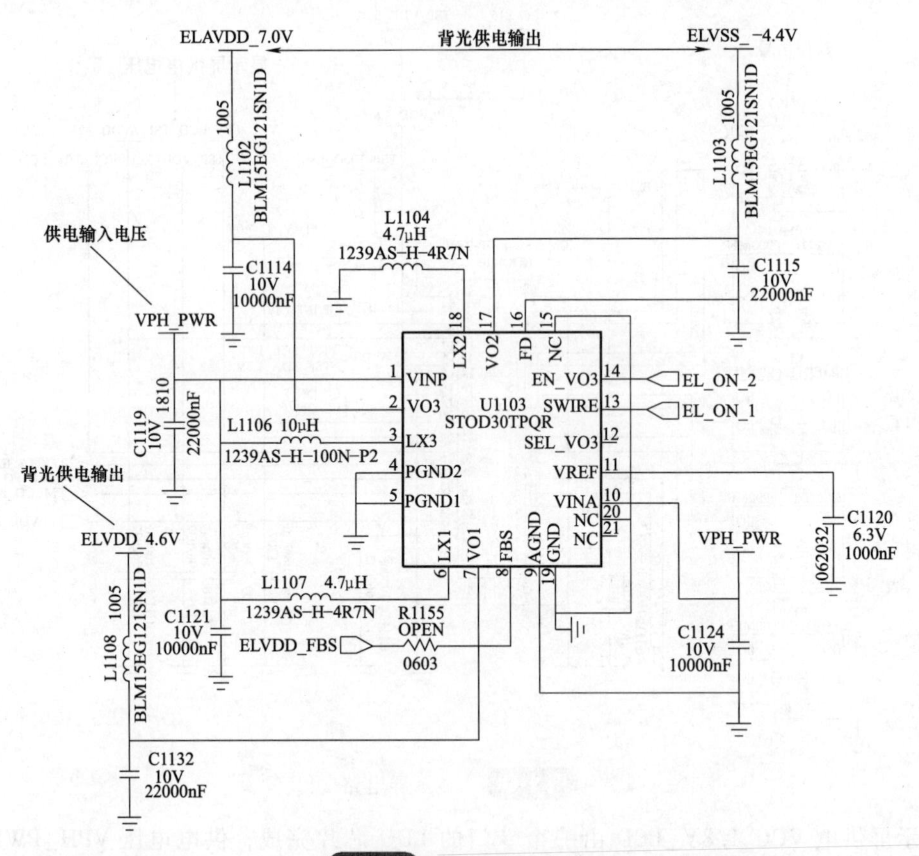

图 9-62 显示背光电路

十一、MHL 电路

MHL（Mobile High-Definition Link，移动终端高清影音标准接口）是一种连接便携式消费电子装置的影音标准接口，MHL 仅使用一条信号电缆，通过标准 HDMI 输入接口即可呈现于高清电视上。它运用了现有的 Micro USB 接口，不论是手机、数码相机、数字摄影机和便携式多媒体播放器，皆可将完整的媒体内容直接传输到电视上且不损伤影片高分辨率的效果。

MHL 供电电路共有 4 路，分别是 VSIL_A_1P2、VCC_1.8V_MHL、VCC_3.3V_MHL 和 VSIL_1.2C。HDMI 信号输入到 U1109 的 F1、G1、G2、G3、G4、G5、G6、G7 脚。MHL 信号从 U1109 的 A3、A4、A7、F7 脚输出。MHL 信号一共有 5 个，分别是 MHL_DP、MHL_DM、MHL_ID、HDMI_HPD 和 GND。

中断信号 MHL_INT 送到 U1109 的 C7 脚，复位信号 MHL_RST 送到 U1109 的 D7 脚，应

用处理器通过 I^2C 总线 MHL_SCL_1.8V、MHL_SDA_1.8V 对 U1109 进行控制和数据传输。MHL 电路如图 9-63 所示。

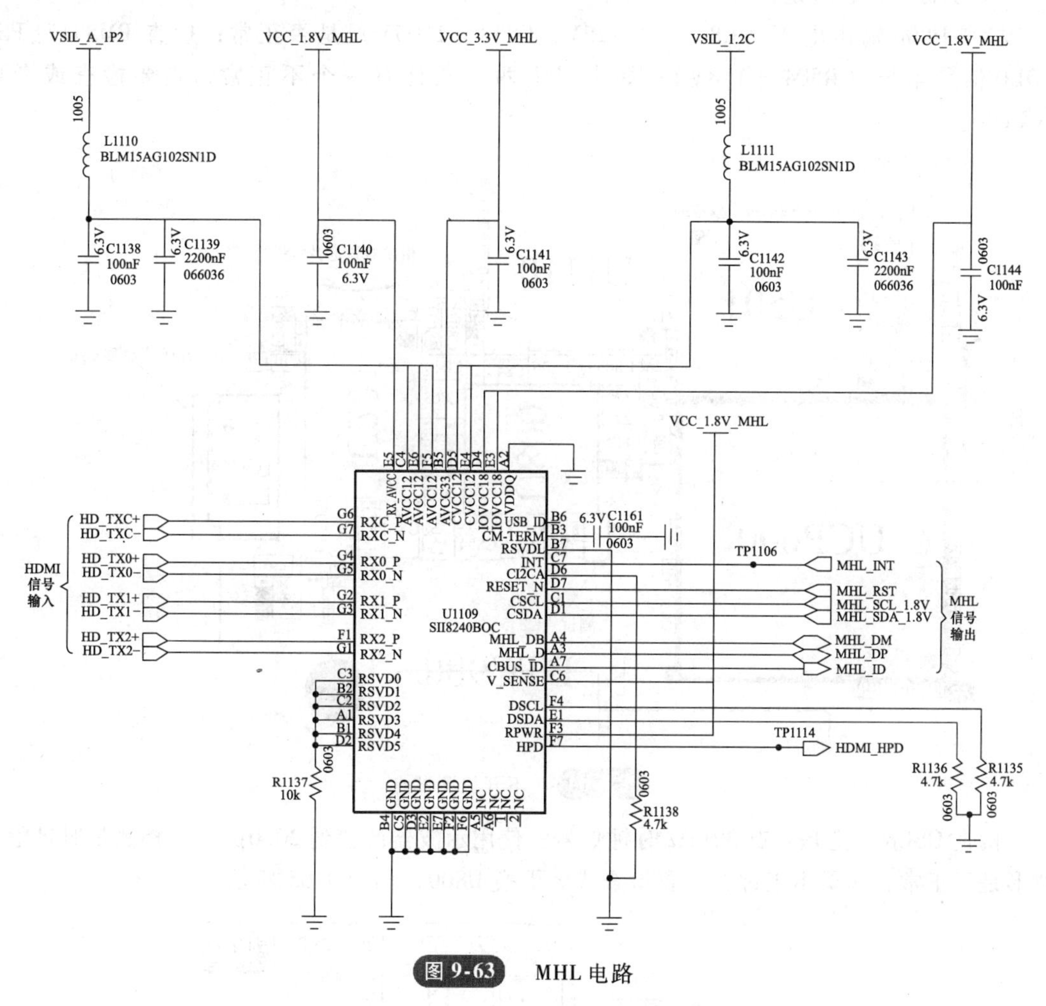

图 9-63　MHL 电路

第五节　电路故障维修

以三星 i9505 手机为例介绍智能手机的电路故障维修，从前面介绍的原理来看，虽然智能手机电路比功能手机电路复杂很多，但是基本维修方法和处理步骤是完全相同的。无论手机如何变，基本原理还是不变的。

一、电源电路故障维修

三星 i9505 手机如果出现不开机故障，可以按照以下思路进行维修。

1. 不开机故障维修

按下开机按键不能开机，如果此时手机没有任何反应，则首先要检查电池电压是否大于 3.4V，如果电池电压低于 3.4V 则要对电池进行充电。

如果电池电压正常，按下开机按键以后，有振动、有声音，还是不开机，那就不是开机问题了，是显示屏没有显示，检查显示屏组件吧。

使用稳压电压为手机供电，按下开机按键以后，电流表没任何反应，则要检查开机按键TAC900是否正常，看是否有开路问题。

检查U800输出电压（C835 = 1.225V，C838 = 1.05V）是否正常；检查PM8917_PS_HOLD信号电压（R804 = 1.8V）；如果以上两个条件有一个不正常，则要检查或者更换U800。

不开机测试点如图9-64所示。

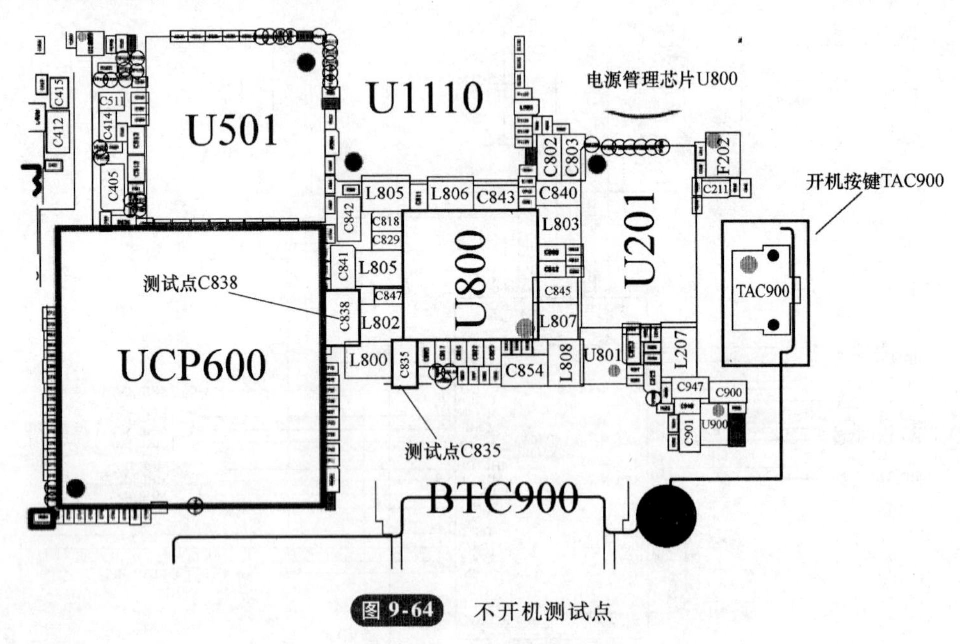

图 9-64 不开机测试点

检查OSC801上是否有32kHz时钟信号？使用示波器调整到20.0μs. div档测量时钟信号波形是否正常，如果不正常，则要检查或者更换U800，如图9-65所示。

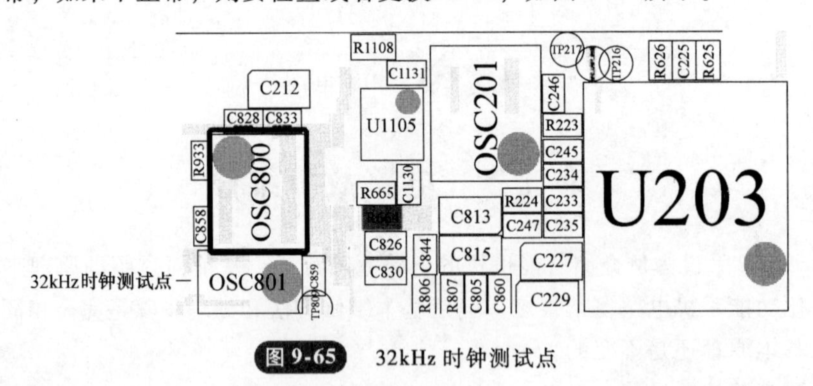

图 9-65 32kHz 时钟测试点

2. 初始化故障维修

三星i9505手机不能初始化，无法正常开机进入系统，这种问题可以先下载软件，如果能正常则说明软件问题引起不能初始化。如果仍然不正常，则需要按下面步骤进行维修。

首先检测应用处理器复位信号PM8917_PON_RESET_N（TP807）是否正常，是否有1.8V复位电压，如果不正常则要检查或更换电源管理芯片U800。检查或者测试OSC800上是否有19.2MHz信号，使用20.0μs. div档位测量，如果不正常检查或更换OSC800、UCP600芯片。初始化测试点如图9-66所示。

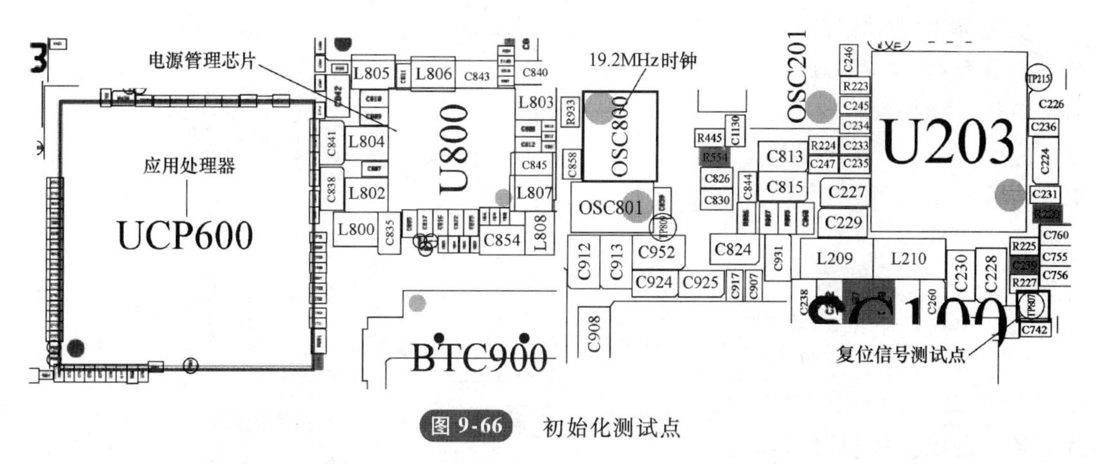

图 9-66 初始化测试点

3. 充电故障维修

充电电路故障涉及的方面比较多，除了要检查手机本身外还要主要检查充电器、数据线、电池。

测量 VBUS_5V 是否有 5V 电压，测试点在 L911 上，如果该测试点没有 5V 电压，则要检查充电器、数据线是否正常。测量 CHG_IN_5V（C908）是否有 5V 电压，如果没有 5V 电压，则要检查或者更换 U906 芯片，应急维修时可以将 U906 的 A2、A3、B2 脚和 C2、C3、B3 脚短接。

如果手机仍然无法充电，则要检查或者更换充电管理芯片 U903。充电故障测试点如图 9-67 所示。

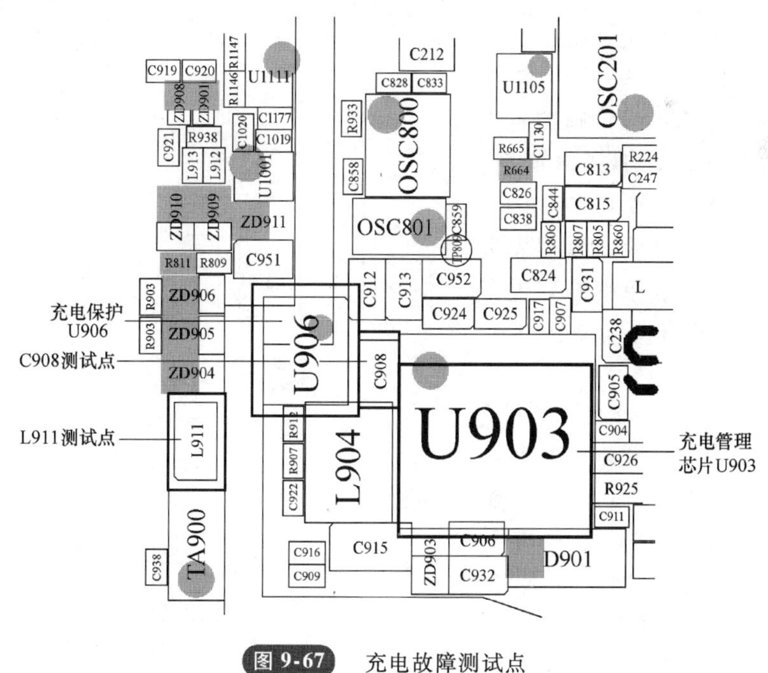

图 9-67 充电故障测试点

二、传感器电路故障维修

在三星 i9505 手机中，使用了一个传感器 HUB，所以如果所有传感器都失效了，首先要检查传感器 HUB U202 芯片。

使用示波器测量 OSC 200 上是否有 32.768kHz 的时钟信号，如果没有或不正常，应检查 OSC 200 或相应电路。检查 AP_MCU_SDA_1.8V、AP_MCU_SCL_1.8V 总线是否正常？测试点是 R621 和 R622。如果总线电压不正常，检查 R621、R622 和传感器 HUB U202 芯片。传感器电路故障测试点如图 9-68 所示。

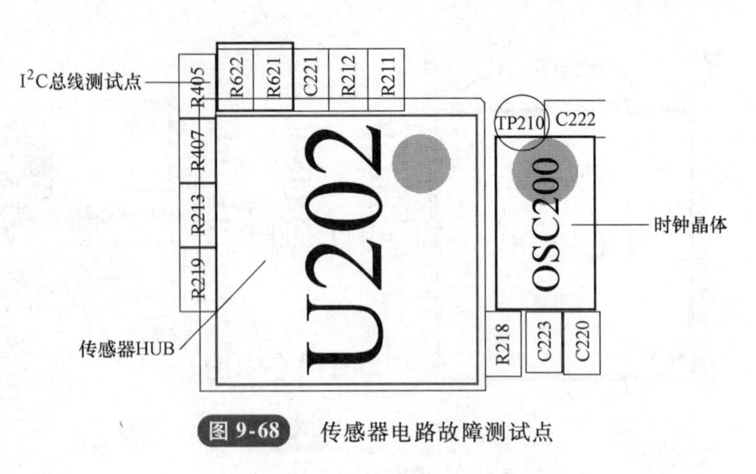

图 9-68 传感器电路故障测试点

三、音频电路故障维修

1. 主 MIC 电路故障维修

对于主 MIC 电路故障，首先拨打电话测试、录音测试、免提测试，确定问题是否由主 MIC 引起的，然后检查接口 HDC900 是否正常。如果接口 HDC900 没有问题则应进入下一步检查。

测量主 MIC 偏置电压是否正常？测试点在 C1020 上，电压一般为 2.8V。如果该电压不正常，则需要检测偏压 LDO 芯片 U1001 是否有问题。检查主 MIC 的滤波电感 L909、L910 是否有开路现象，可以使用万用表进行测量。如果有开路现象则需要进行更换。主 MIC 电路测试点如图 9-69 所示。

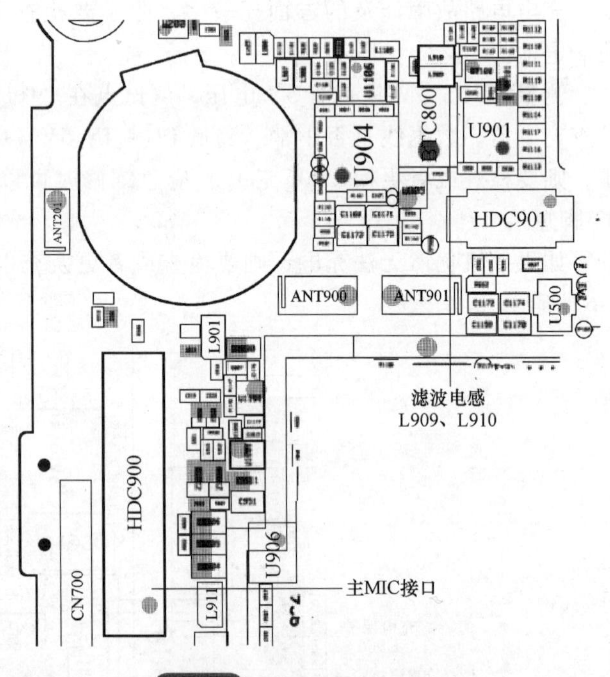

图 9-69 主 MIC 电路测试点

2. 辅助 MIC 电路故障维修

对于辅助 MIC 电路故障，首先使用语音辅助程序、声控照相等功能测试，确定问题是否由辅助 MIC 电路引起的，然后检查辅助 MIC MIC1000 是否有问题。测试 C1006 或 C1017 上是否有 1.8V 电压，如果电压不正常，补焊或者替换 U1004；如果电压正常，检查滤波电感 L1000、L1002 是否有问题。辅助 MIC 电路测试点如图 9-70 所示。

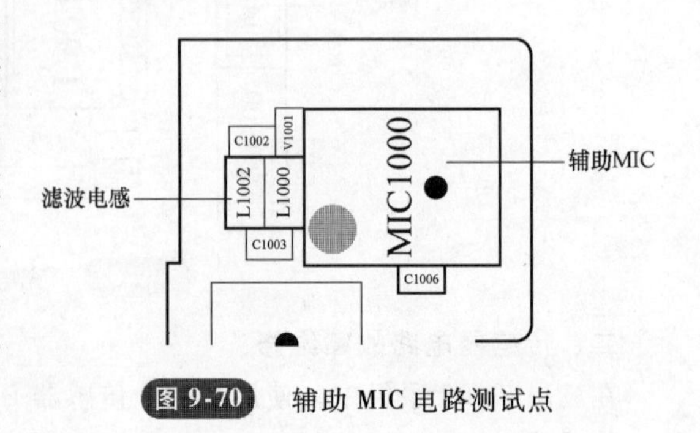

图 9-70 辅助 MIC 电路测试点

3. 免提 MIC 电路故障维修

对于免提 MIC 电路故障，使用免提模式测试，确定问题是否出在免提 MIC 电路。

测试 C1011 或 C1022 上是否有 1.8V 电压，如果电压不正常，补焊或者替换 U1004；如果电压正常，检查滤波电感 L1001、L1003 是否有问题。免提 MIC 电路测试点如图 9-71 所示。

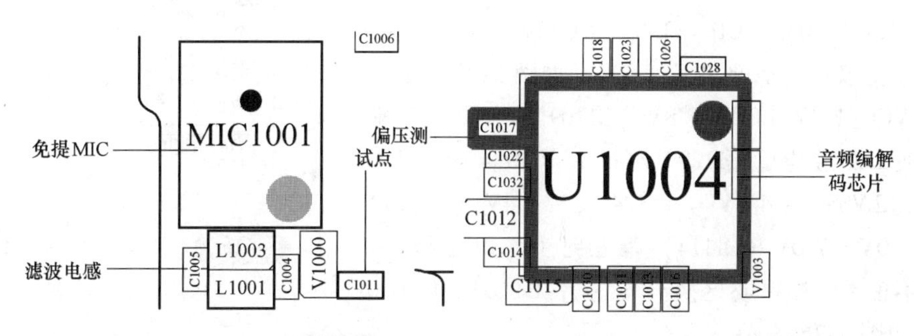

图 9-71 免提 MIC 电路测试点

4. 扬声器电路故障维修

对于扬声器电路故障，使能免提及音乐播放功能测试，看问题是否在扬声器电路。如果确认问题在扬声器电路，首先检测扬声器是否损坏，接口 HDC900 是否有问题。

扬声器放大电路使用了一个专门的音频放大芯片 U1000，检查 U1000 电路工作状态是否正常，供电电压 VPH_PWR 是否正常，输入信号是否正常，使能控制信号是否正常。扬声器电路测试点如图 9-72 所示。

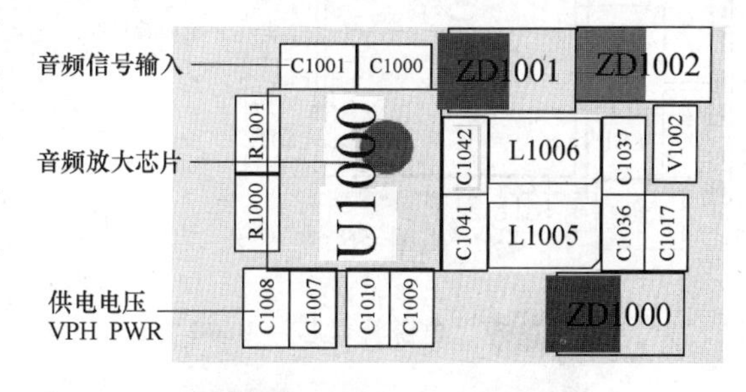

图 9-72 扬声器电路测试点

5. 受声器电路故障维修

拨打或接听一个电话，看问题是否在受声器电路，如果确认受声器电路故障，使用万用表测量受声器是否正常，检测接口 HDC1101 是否有问题。检测压敏电阻 V1100、V1101 是否损坏，应急维修时，可以将两个压敏电阻去掉不用。

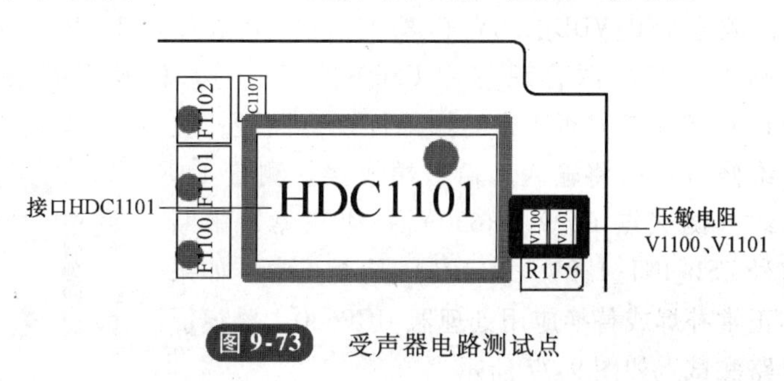

图 9-73 受声器电路测试点

使用万用表测量受声器信号输出端的对地阻值，并与正常的机器进行比较，如果发现阻值异常，补焊或更换编解码芯片 U1004。受声器电路测试点如图 9-73 所示。

四、显示及触摸电路故障维修

为了描述和维修方便，我们将 LCD 电路和触摸屏电路故障维修放在一起进行分析。

1. LCD 电路故障维修

LCD 电路故障主要表现为不显示、显示花屏、屏幕破裂等问题。对于无显示故障首先要更换 LCD 测试，看是否由 LCD 本身问题造成的故障。对于 LCD 电路故障，首先要检查 LCD 接口 HDC1103 是否有变形、浸液、裂痕、脱焊等问题。LCD 接口 HDC1103 如图 9-74 所示。

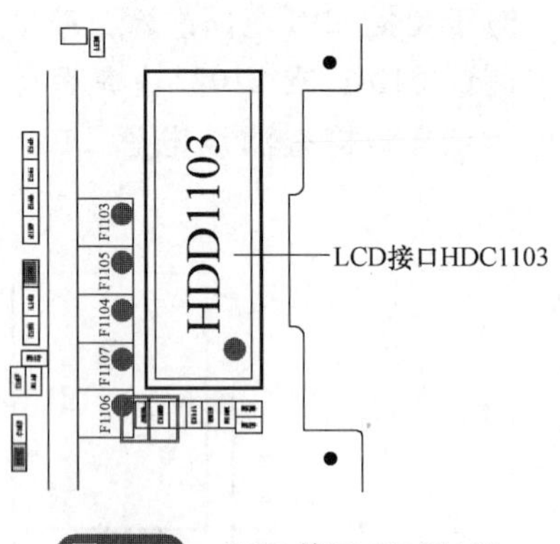

图 9-74 LCD 接口 HDC1103

测量 VCC_3.0V_LCD = 3.0V（C829），如果不正常，检查或更换电源管理芯片 U800，如图 9-75 所示。

测量 VCC_1.8V_LCD = 1.8V（C1109），如果不正常，检查或更换 LDO 供电管 U1129。测量 ELVDD_4.6V = 4.6V（C1132）、ELVSS_ −4.0V = −1.4 ~ −4.4V（C1115）、ELAVDD_7.0V = 7.0V（C1114）等三路工作电压是否正常？如果不正常，补焊或更换升压芯片 U1103。LCD 电路测试点如图 9-76 所示。

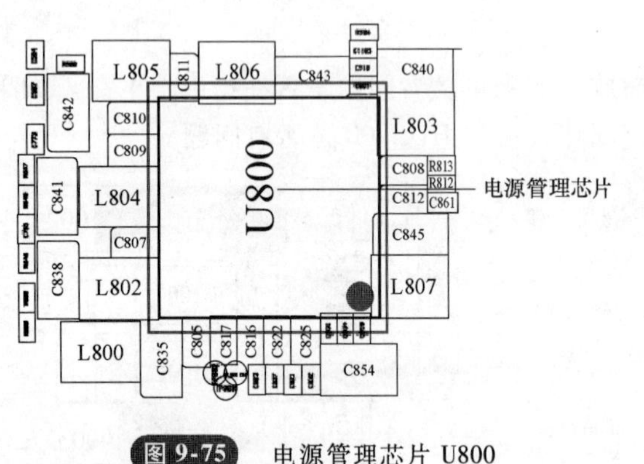

图 9-75 电源管理芯片 U800

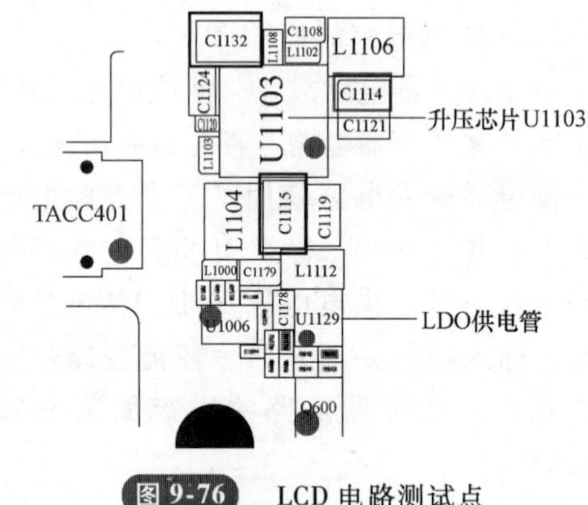

图 9-76 LCD 电路测试点

2. 触摸屏电路故障维修

针对触摸电路故障，一般维修首先要代换触摸屏组件进行测试，待排除触摸屏本身问题以后再动手进行维修。

测量 TSP_VDD_1.8V（C819）及 TSP_AVDD_3.3V（C1111）电压是否正常？如果不正常则需要对电源管理芯片 U800 进行检查。检查 EMI 滤波元件 F1103、F1104、F1105、F1106、F1107 是否正常？如果怀疑有问题，应急维修时可以将输入、输出端短接。测量 I^2C 总线（测试点 R629、R630）是否正常，中断信号 TSP_INT_1.8V（R1101）是否正常。如果不正常补焊或替换应用处理器 UCP600。触摸屏电路测试点如图 9-77 所示。

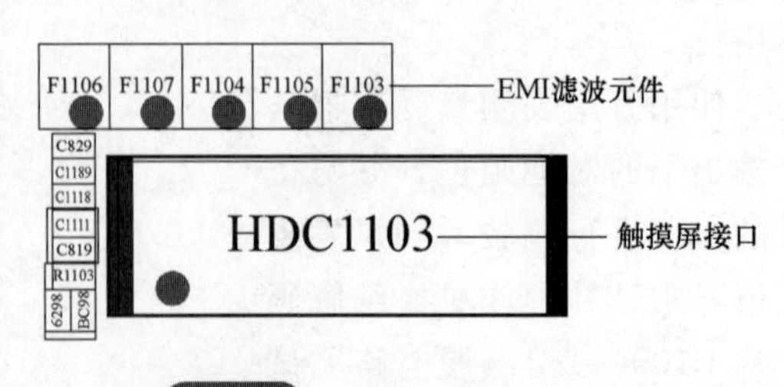

图 9-77 触摸屏电路测试点

五、摄像头电路故障维修

1. 后置摄像头电路故障维修

对于后置摄像头故障维修，我们一般先用代换法，找个好的摄像头进行替换，如果故障排除了，说明是摄像头问题引起的。这种方法简单、安全。如果使用代换法仍然无法排除故障，则需要按照下面的步骤进行维修。

测量后置摄像头的各路供电电压 C1106 = 2.8V、C1104 = 1.05V、C1107 = 2.8V、C1105 = 1.8V 等是否正常？如果不正常，则要检查 LDO 供电管 U1106 工作是否正常，输出的 2 路电压是否正常；检查电源管理芯片 U800 输出的 CAM_DVDD_1.1V_1.2V、CAM_HOST_1.8V 电压是否正常。补焊或者替换有问题的元件。

测量 R1153 上是否有 24MHz 时钟信号？该信号由照相机 ISP 芯片 U1110 输出，如果该时钟信号没有或不正常，则需要补焊和更换 ISP 芯片 U1110。检查电感 L1100 是否正常？如果开路或阻值变大则需要进行更换。后置摄像头电路测试点如图 9-78 所示。

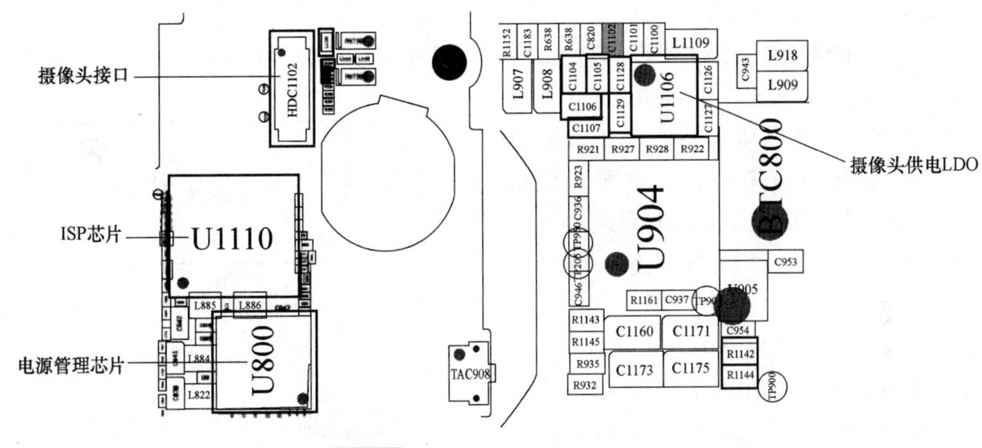

图 9-78　后置摄像头电路测试点

2. 前置摄像头电路故障维修

前置摄像头电路故障维修，首先要使用代换法进行代换，确认是电路故障引起的故障时再动手进行维修。

测量前置摄像头供电 C1176 = 2.8V、C820 = 1.8V 电压是否正常，其中 C1176 上的供电

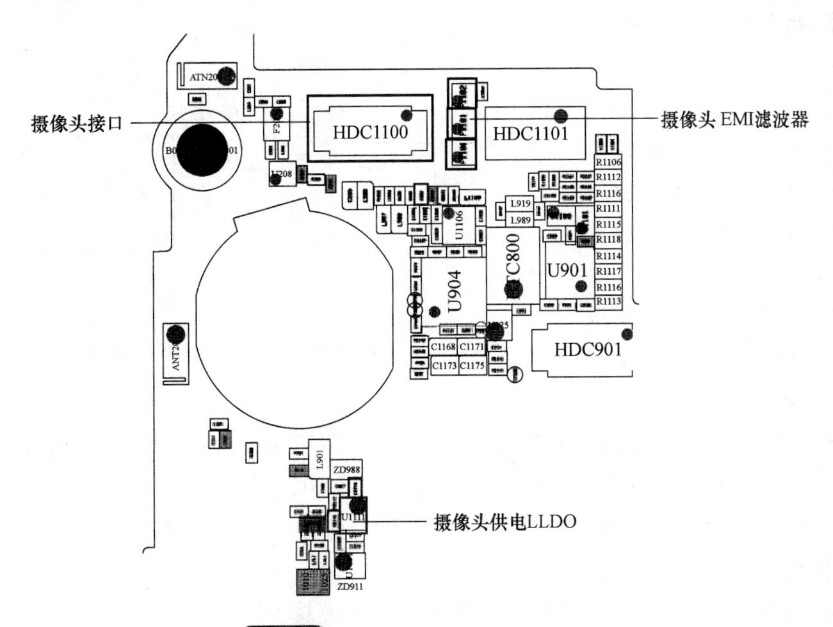

图 9-79　前置摄像头电路测试点

由 LDO 芯片 U1111 提供，如果该电压不正常，检查 U1111 的工作状态是否正常。C820 上的电压由电源管理芯片 U800 提供，如果该电压不正常，则需要补焊或更换 U800 芯片。测量 R1153 上是否有 24MHz 时钟信号？该信号由照相机 ISP 芯片 U1110 输出，如果该时钟信号没有或不正常，则需要补焊和更换 ISP 芯片 U1110。补焊或代换 EMI 滤波元件 F1100、F1101、F1102，如果三个元件其中一个损坏，应急维修时可以直接输入和输出端进行短接。检查电感 L1100 是否正常？如果开路或阻值变大则需要进行更换。前置摄像头电路测试点如图 9-79 所示。

六、SIM 卡电路故障维修

SIM 卡故障维修相对比较简单，首先要检查 SIM 卡接口 HDC901 是否正常，可以用正常的小板进行代换。测量 SIM 卡供电 C934 上是否有 1.8V 或者 3V 的电压，一般用示波器测量比较准确，如果电压不正常，就要对供电电路进行检查。基带处理器 U501 问题也会引起 SIM 卡故障。SIM 卡故障测试点如图 9-80 所示。

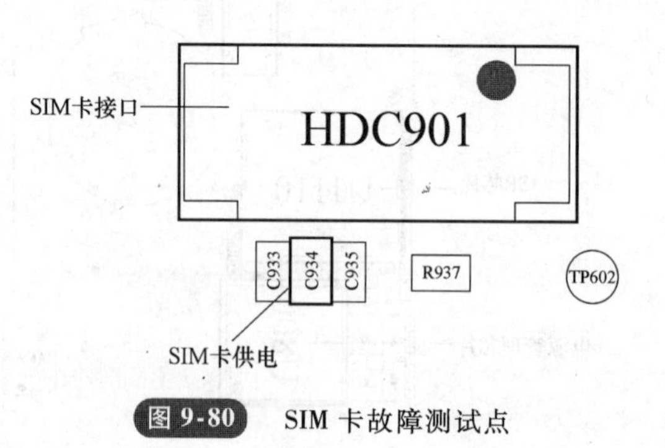

图 9-80 SIM 卡故障测试点

七、OTG 电路故障维修

OTG 电路故障维修相对比较简单，检查 CHG_IN_5V（C908）上是否有 5V 电压，如果没有，检查或更换 U903 芯片。注意，U903 不仅有充电功能，而且还支持 OTG 功能。检查 VBUS_5V（L911）上是否有 5V 电压，如果没有，检查或更换 U906 芯片。OTG 电路故障测试点如图 9-81 所示。

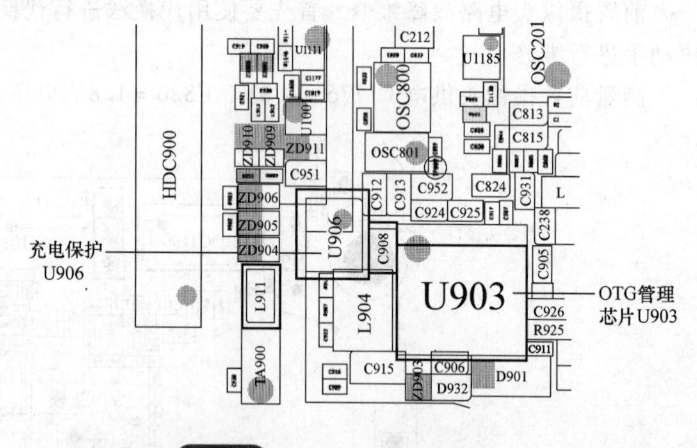

图 9-81 OTG 电路故障测试点

八、蓝牙/WIFI 电路故障维修

蓝牙/WIFI 电路外围元件较少，芯片集成度高，维修难度低。但是对芯片的焊接工艺要求高，因为芯片对温度和焊接时间要求严格。

对于供电问题，使用万用表测量 VREG _ L7_ 1P8（C214）是否有 1.8V 电压。如果电压不正常，则要检查电源管理芯片 U800 是否有问题。测量电感 L207 上是否有 1.5V 电压，如果没有或不正常，检查或更换 L207。

对于信号问题，检查 C216、L211 是否正常，补焊或更换。检查天线 ANT 201、耦合电容 C213 是否正常。

如果以上检查都没有问题，则要更换蓝牙/WIFI 模块 U201。

蓝牙/WIFI 电路测试点如图 9-82 所示。

九、GPS 电路故障维修

首先检查位置服务功能是否启用，如果没有启用，需要在设置中启用定位服务。如果启用定位服务功能以后 GPS 功能还是无法使用，说明不是设置问题，是电路故障。

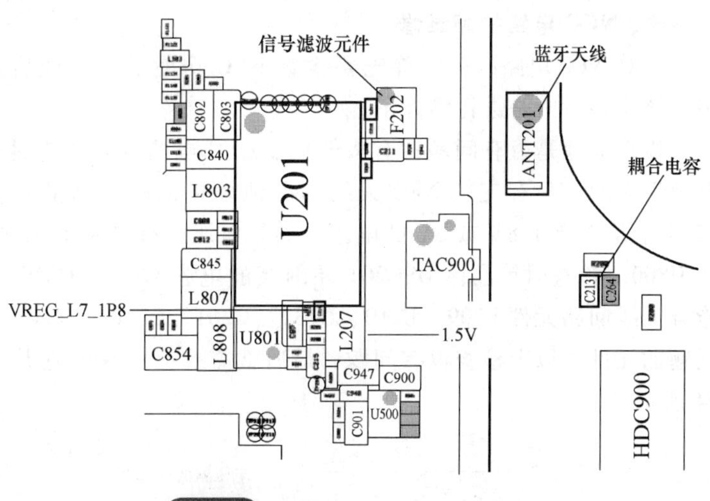

图 9-82 蓝牙/WIFI 电路测试点

检测 GPS 天线接口 ANT200 是否正常？如果不正常则需要更换天线或天线接口，检查 GPS 接收信号通路元件 C201、C202、L202、C203、L201、L203 等，看是否有开路或损坏问题。检查 C301 上是否有 19.2MHz 时钟信号，如果没有时钟信号或者不正常，检查或更换时钟晶体 OSC400。测量 C205 上是否有 2.8V 供电电压，这个电压是给低噪声放大器 U200 供电的，如果该电压不正常则需要检测电源管理芯片 U400。测量 C204 上是否有 1.8V 电压，该电压是低噪声放大器 U200 的使能信号，如果该电压不正常则需要检测基带处理器 U501 是否正常。GPS 电路测试点如图 9-83 所示。

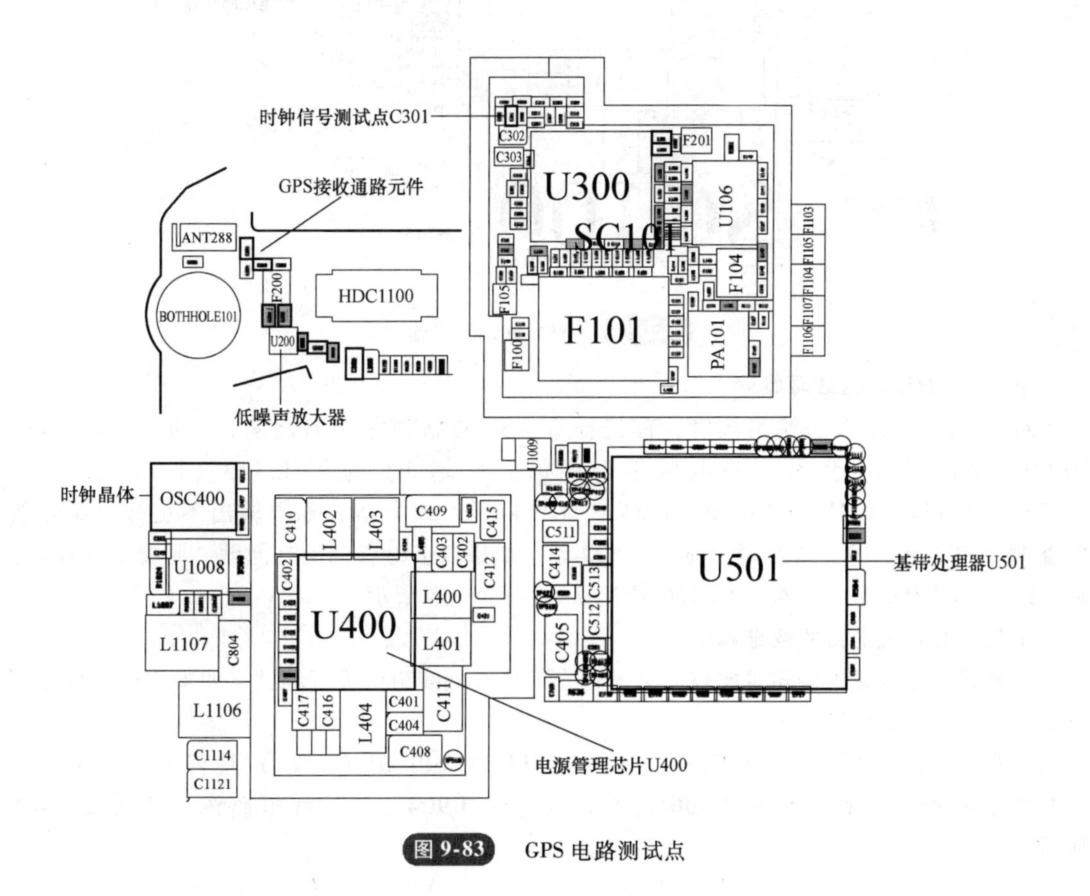

图 9-83 GPS 电路测试点

十、NFC 电路故障维修

针对 NFC 电路故障，首先要检查 NFC 功能是否已经启用，如果已经启用仍然无法使用，就需要对电路进行维修了。

检查电池是否有问题？有人会问，NFC 电路故障和电池有什么关系？NFC 的天线是在电池里面的，只有支持 NFC 天线的电池才可以的。测量 C225 上是否有 1.8V 电压？测量 C231 上是否有 1.8V 或 3V 的电压？如果电压没有或者不正常，则要检查或更换电源管理芯片 U800。检查时钟晶体 OSC201 外围接的电容 C245、C246，如果不正常则需要进行更换。检查天线回路元件 L209、L210、C232、C261、C238、C260、R221、R226，补焊或者更换有问题的元件。以上检查没有问题，最后就需要更换 NFC 芯片 U203。NFC 电路测试点如图 9-84 所示。

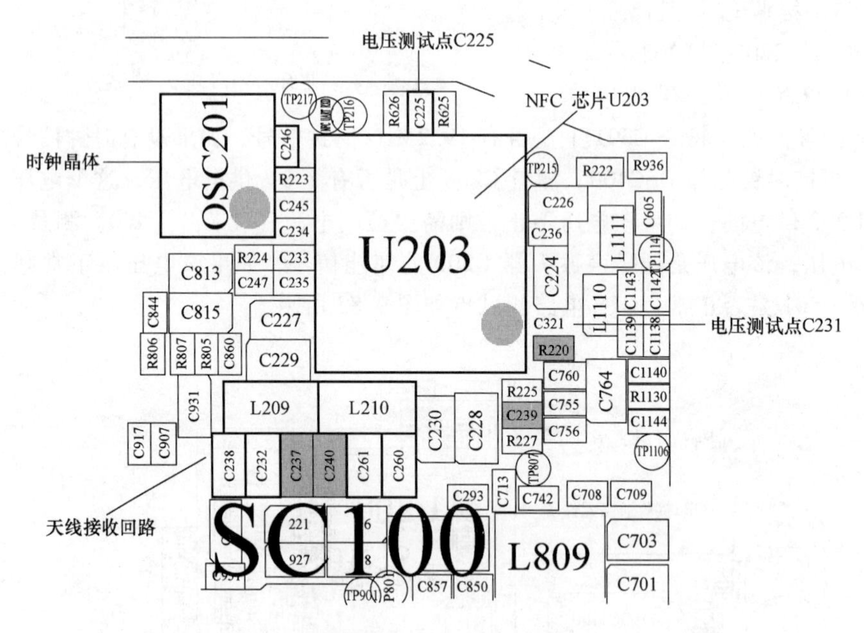

图 9-84 NFC 电路测试点

十一、MHL 电路故障维修

对于 MHL 功能无法使用故障，首先检查 USB 连接线是否有问题，然后再检查接口 HDC900 是否正常。测量各路电压是否能够正常输出，包括 L1110（1.2V）、C1141（3.3V）、L1111（1.2V）、C1140（1.8V）、C1144（1.8V）等，如果输出不正常，要分别检查 LDO 芯片 U1107 及电源管理芯片 U800 等。如果以上检查都没有问题，则要对 MHL 芯片 U1109 进行补焊或者代换。MHL 电路测试点如图 9-85 所示。

十二、红外线电路故障维修

红外线电路故障维修相对比较简单，首先代换红外线组件进行测试，如果故障仍然无法排除，则需要对电路进行检修。

测量 SPI 总线 FPGA_SPI_CLK（R927）、FPGA_SPI_SI（R928）是否正常？如果不正常则要检查电源管理芯片 U800 及红外线芯片 U904。红外线电路测试点如图 9-86 所示。

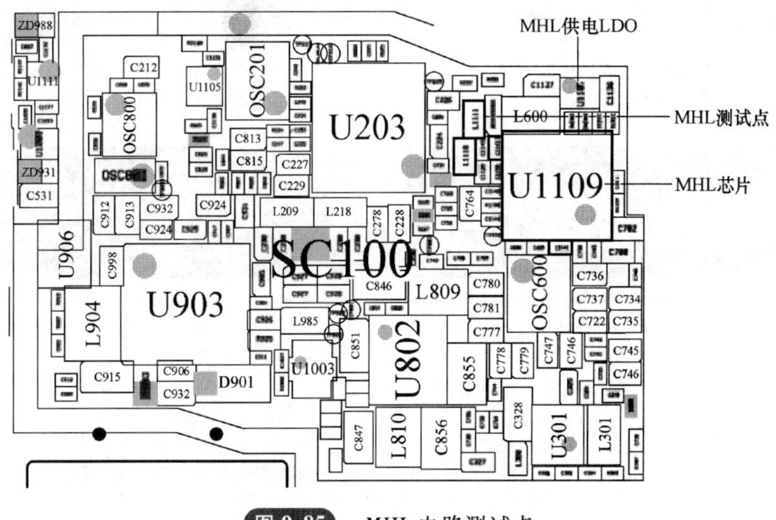

图 9-85　MHL 电路测试点

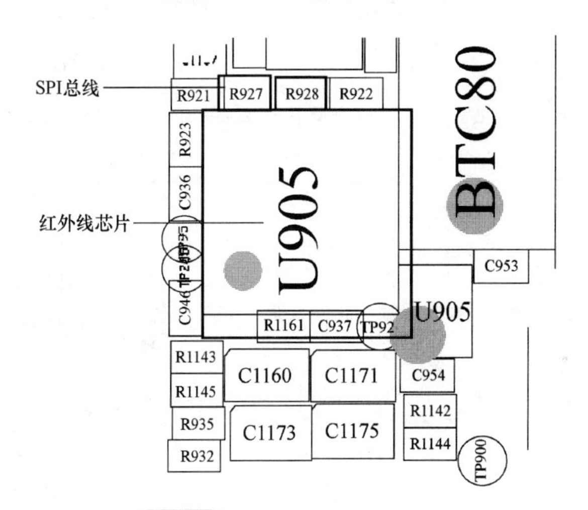

图 9-86　红外线电路测试点

附　　录

手机常用元器件符号

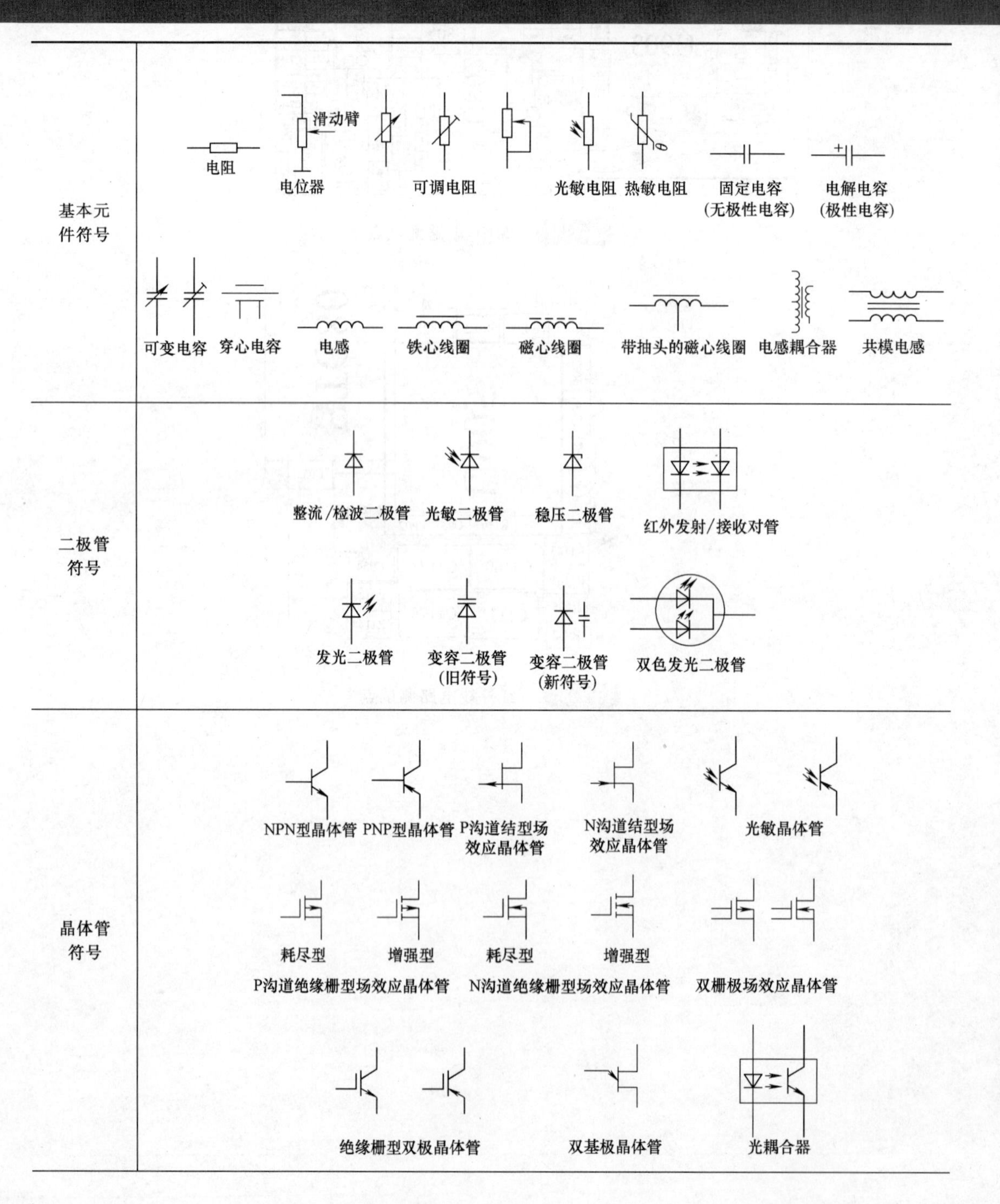

基本元件符号
滑动臂
电阻
电位器
可调电阻
光敏电阻
热敏电阻
固定电容
(无极性电容)
电解电容
(极性电容)
可变电容
穿心电容
电感
铁心线圈
磁心线圈
带抽头的磁心线圈
电感耦合器
共模电感
二极管符号
整流/检波二极管
光敏二极管
稳压二极管
红外发射/接收对管
发光二极管
变容二极管
(旧符号)
变容二极管
(新符号)
双色发光二极管
晶体管符号
NPN型晶体管
PNP型晶体管
P沟道结型场效应晶体管
N沟道结型场效应晶体管
光敏晶体管
耗尽型
增强型
P沟道绝缘栅型场效应晶体管
耗尽型
增强型
N沟道绝缘栅型场效应晶体管
双栅极场效应晶体管
绝缘栅型双极晶体管
双基极晶体管
光耦合器

（续）

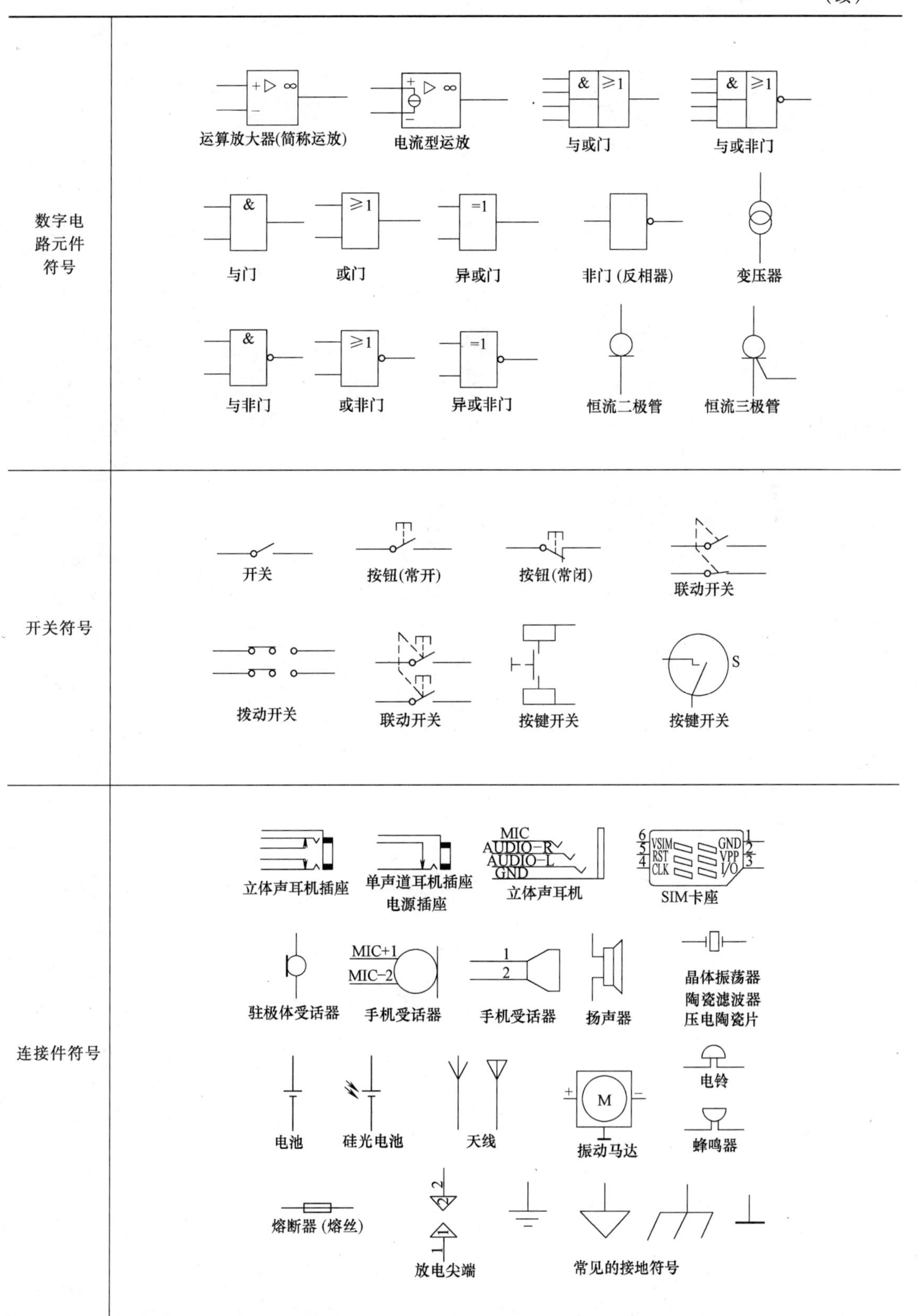
数字电路元件符号
运算放大器(简称运放)
电流型运放
与或门
与或非门
与门
或门
异或门
非门(反相器)
变压器
与非门
或非门
异或非门
恒流二极管
恒流三极管
开关符号
开关
按钮(常开)
按钮(常闭)
联动开关
拨动开关
联动开关
按键开关
按键开关
连接件符号
立体声耳机插座
单声道耳机插座
电源插座
MIC
AUDIO-R
AUDIO-L
GND
立体声耳机
VSIM
RST
CLK
GND
VPP
I/O
SIM卡座
驻极体受话器
MIC+1
MIC-2
手机受话器
手机受话器
扬声器
晶体振荡器
陶瓷滤波器
压电陶瓷片
电铃
电池
硅光电池
天线
M
振动马达
蜂鸣器
熔断器 (熔丝)
放电尖端
常见的接地符号

参考文献

［1］ 刘南平. 手机原理与维修［M］. 北京：北京师范大学出版社，2008.

［2］ 侯海亭，卢刚，朱鸿燕. 手机维修仪器使用［M］. 北京：清华大学出版社，2011.

［3］ 陈子聪. 手机原理与维修实训［M］. 北京：人民邮电出版社，2008.

［4］ 侯海亭，郭天赐，李南极. 4G手机维修从入门到精通［M］. 北京：清华大学出版社，2014.

机械工业出版社

读者信息反馈表

感谢您购买《手机维修技能培训教程　第2版》（刘成刚等　编著）一书。为了更好地为您服务，有针对性地为您提供图书信息，方便您选购合适图书，我们希望了解您的需求和对我社教材的意见和建议，愿这小小的表格为我们架起一座沟通的桥梁。

<table>
<tr><td>姓　　名</td><td></td><td>所在单位名称</td><td colspan="2"></td></tr>
<tr><td>性　　别</td><td></td><td>所从事工作（或专业）</td><td colspan="2"></td></tr>
<tr><td>通信地址</td><td colspan="2"></td><td>邮　编</td><td></td></tr>
<tr><td>办公电话</td><td colspan="2"></td><td>移动电话</td><td></td></tr>
<tr><td>E-mail</td><td colspan="4"></td></tr>
<tr><td colspan="5">1. 您选择图书时主要考虑的因素（在相应项前面画√）
（　　）出版社　（　　）内容　（　　）价格　（　　）封面设计　（　　）其他
2. 您选择我们图书的途径（在相应项前面画√）
（　　）书目　（　　）书店　（　　）网站　（　　）朋友推介　（　　）其他</td></tr>
<tr><td colspan="5">希望我们与您经常保持联系的方式：
□电子邮件信息　□定期邮寄书目
□通过编辑联络　□定期电话咨询</td></tr>
<tr><td colspan="5">您关注（或需要）哪些类图书和教材：</td></tr>
<tr><td colspan="5">您对我社图书出版有哪些意见和建议（可从内容、质量、设计、需求等方面谈）：</td></tr>
<tr><td colspan="5">您今后是否准备出版相应的教材、图书或专著（请写出出版的专业方向、准备出版的时间、出版社的选择等）：</td></tr>
</table>

为方便读者进行交流，我们特开设了移动电话机维修交流 QQ 群：374975613，欢迎广大朋友加入该群，也可登录该群下载读者意见反馈表。

请联系我们——

地　　址　北京市西城区百万庄大街22号　机械工业出版社技能教育分社

邮　　编　100037

社长电话　(010) 88379711　88379083　68329397（带传真）

E-mail　414171716@ qq. com, cyztian@ 126. com